S. FISCHER

Hans Jürgen Balmes

Der Rhein

Biographie eines Flusses

S. FISCHER

Aus Verantwortung für die Umwelt hat sich der S. Fischer Verlag zu einer nachhaltigen Buchproduktion verpflichtet. Der bewusste Umgang mit unseren Ressourcen, der Schutz unseres Klimas und der Natur gehören zu unseren obersten Unternehmenszielen. Gemeinsam mit unseren Partnern und Lieferanten setzen wir uns für eine klimaneutrale Buchproduktion ein, die den Erwerb von Klimazertifikaten zur Kompensation des CO_2-Ausstoßes einschließt. Weitere Informationen finden Sie unter: www.klimaneutralerverlag.de

Originalausgabe
Erschienen bei S. FISCHER
3. Auflage Oktober 2021

Lektorat: Corinna Fiedler
Zeichnungen: Alma Lucia Balmes
Karten vom Autor
Satz: Dörlemann Satz, Lemförde
Druck und Bindung: CPI books GmbH, Leck
Printed in Germany
ISBN 978-3-10-397430-0

Für John Berger,
der das Flüstern der Flüsse kannte,
für Monika Schoeller,
die danach fragte –

und für Maria,
die mit mir reiste

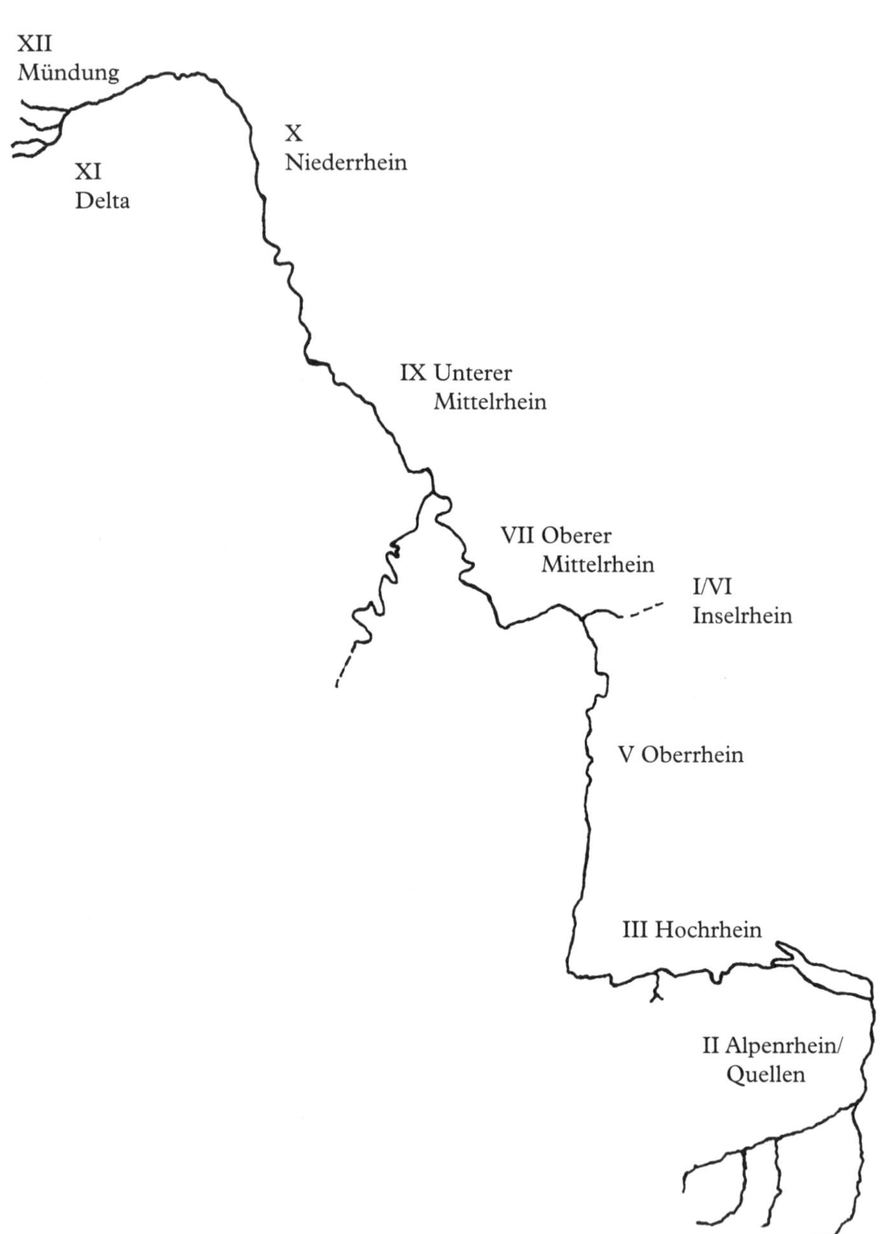
XII
Mündung
X
Niederrhein
XI
Delta
IX Unterer
Mittelrhein
VII Oberer
Mittelrhein
I/VI
Inselrhein
V Oberrhein
III Hochrhein
II Alpenrhein/
Quellen

Inhalt

VII Das Wilde Gefähr

Durch das Rheinische Schiefergebirge

VIII Kornsand

IX Unterbrochenes Land

Am unteren Mittelrhein

X Schwimmende Nester

Am Niederrhein

XI Zwischen den Wassern
Im Delta

XII Ferne Gäste
Zur Mündung

Anhang

Auf, ins Boot

Manchmal besucht uns mitten im Leben der Wunsch, etwas Neues von Anfang bis Ende zu erfahren und es auf einer Skizze, einer Wegzeichnung festzuhalten. Gelänge uns so eine Landkarte, würde sie uns zeigen, wie wir in das Gewebe der Welt eingeflochten sind. Oft spüren wir diese Sehnsucht, aber wenn wir keinen Gegenstand finden, der unsere Aufmerksamkeit ganz auf sich zieht, vergessen wir den Anflug, bis sich wieder das Gefühl einer inneren Leere regt.

Als ich vor sechs Jahren begann, am Fluss zu wandern, hatte ich Kopien aus William Turners Skizzenbüchern von seiner Rheinreise im Rucksack und staunte, wie sehr die Landschaft auf seinen Blättern der sich vor mir ausbreitenden glich. Auf Hunderten von Exkursionen wollte ich einen Blick auf seinen ursprünglichen Zustand erhaschen, doch der Strom ist von seinen Quellen bis zur Mündung durch Eingriffe des Menschen geprägt.

Der Beginn des Rheins war ein Grabenbruch in der Erdkruste, wodurch ein Tal entstand, das er von der Mitte seines heutigen Laufs her immer weiter vergrößerte: Er wuchs seinen Quellen entgegen. Bergrutsche und Vulkane versperrten seinen Lauf. Erst nach der letzten Eiszeit vor 8000 Jahren fand er zu dem Flussbett, wie wir es heute kennen. Er ist einer der ältesten Ströme Europas, und doch ist sein Tal eines der jüngsten. Je mehr ich über seine Entstehung erfuhr, desto erstaunlicher wurde mir seine Biographie.

Auf den Reisen lernte ich Menschen kennen, die Schalensteine aus der Bronzezeit erforschen oder für Trauerseeschwalben Nistplätze bauen. Ich traf einen DJ in Schaffhausen, der zum Philosophen des Flow wurde, den letzten Lotsen von Sankt Goar und eine Frau, die in ihrer Jugend auf Fossilien stieß und noch im Alter davon leidenschaftlich erzählte. Und dazwischen war ich mit dem Fluss allein, seinem Rauschen und Fließen, den Tieren und Pflanzen am Ufer, seiner Stille.

Jedes Reisebuch versucht, einem Land wie zum ersten Mal zu begegnen. Unterwegs waren das seltene Augenblicke: im Faltboot auf einer Wildwasserstrecke, beim Beobachten bedrohter Vögel. Aber ich fand den Moment immer wieder auf den Bildern Turners, die die Landschaft topographisch genau wiedergeben und zugleich das Tal zum Ort eines kosmologischen Geschehens machen. Aus Licht und Luft, Fels und Wasser schuf er eine Atmosphäre, in der wir die Wildheit des Flusses spüren.

Kann man sich der Seele einer Landschaft nähern? Der Rhein wurde mir zu einem Strom, der seinen eigenen Beginn immer wieder einholen will, sein Tal zu einer lebendigen Gestalt, unerschöpflich wie sein Fließen.

I Der Fluss der Zeit

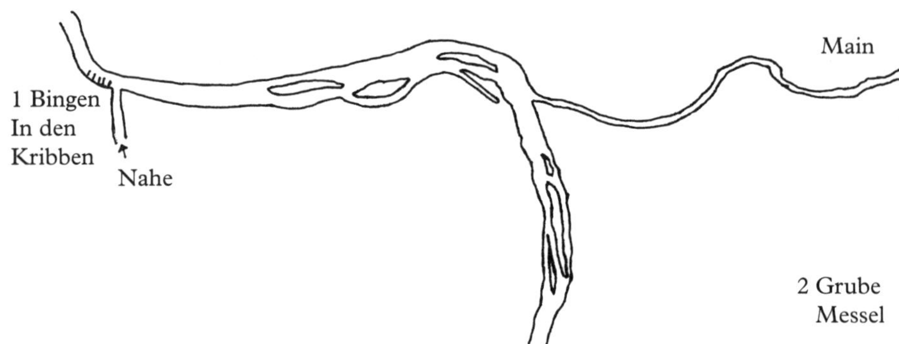
Main
1 Bingen
In den
Kribben
Nahe
2 Grube
Messel

1 Bingen
In den Kribben

Mitten im Fluss sitze ich am Binger Loch auf einem der beiden längs im Flussbett liegenden Steindämme. Rheinkilometer 530, steht an der Tafel auf dem Ufer gegenüber. So viele Kilometer hat der Fluss von Konstanz bisher hinter sich gebracht, und noch einmal so viele liegen vor ihm bis zum Meer: Hier ist seine Mitte. Und hier war auch einmal sein Ende. Während links und rechts steile Berghänge schattig emporwachsen, reflektiert das Wasser vor mir das letzte Licht. Der Fluss steht hoch, und der schnell fließende Strom mit seinen Strudeln scheint fast über die Dämme zu schwappen. Hinter mir liegt zwischen den Uferverbauungen der völlig unbewegte Spiegel eines Auenteiches – als wollte das Wasser mir seine beiden Zustände demonstrieren: das Fließen und das Innehalten.

Die Dämme wurden gebaut, um den Rhein an dieser gefährlichen Biegung schiffbar zu machen. Das Binger Loch ist die Pforte, durch die sich der Fluss in das Rheinische Schiefergebirge drängt: Nach dem weiten Becken des Inselrheins, wie er von Mainz bis Rüdesheim heißt, verengt sich das Tal plötzlich. Stromauf, hinter dem mitten im Wasser stehenden Mäuseturm, ist noch etwas von dem breiten Flusslauf zu erkennen. Weil keine steilen Hänge es hindern, sammelt sich hier das Licht und lässt den Horizont in einem Glitzern unsichtbar werden. Dort liegen unter der Wasseroberfläche quer zum Strom Felsbänder, die bei Niedrigwasser sichtbar werden. Gleichzeitig mündet rechts die Nahe. Der Nebenfluss wird von einer Wand aus Rheinwasser gestaut und scheint auf den letzten Metern fast zu stehen, bis der Strom ihn wie ein rotbraunes Farbband an seinem Rand mitreißt. Erst nach ein paar Kilometern werden sie sich mischen.

Die Nahe entlädt Schutt und Geröll in den Rhein, Kiesbänke, auf denen sich bei Niedrigwasser Flussregenpfeifer und Möwen niederlassen. Den Schiffern bleibt so nur eine schmale Fahrrinne, und damit diese immer genug Wasser führt und es sich nicht am Rand staut, hat man die Dämme gebaut: Einer setzt am hinter der Nahemündung vorspringenden Rheinufer an, der andere mitten im Fluss stromab des berüchtigten Hardsteins, eines Felsbrockens, der selbst bei Hochwasser lange sichtbar bleibt, genauso wie flussauf der Mühlstein, an dem früher Schiffsmühlen vertäut lagen. Mehl wurde auf dem Fluss gemahlen. Heute trägt diese Klippe ein Kreuz und birgt in einer Kassette das Herz und Hirn eines Mannes, der der Landschaft über den Tod hinaus verbunden sein wollte: Niklas Vogt, der als Abgesandter am Wiener Kongress teilgenommen hatte. Ein Dichter und zugleich Historiker, wer sonst würde sich ein Grab inmitten einer der wichtigsten Verkehrsadern Europas wünschen? An einer Stelle drohenden Schiffbruchs oder dankbarer Erleichterung, wenn die gefährliche Passage gemeistert war und die kleinen hölzernen Barken wieder gegen größere, stabiler im Wasser liegende Frachtschiffe getauscht werden konnten.

Die Klippe des Hardsteins ist hingegen ein Vogelfelsen, der meist, wie auch heute Abend, von ein paar Kormoranen gegen kreischend anfliegende Möwen verteidigt wird. Hinter ihren Schreien brummen schwere Dieselmotoren. Lastkähne stemmen sich gegen die Strömung bergan, die den Gegenverkehr mit einer fast gespenstischen Leichtigkeit nach unten trägt. Endlos rasseln Güterzüge vorbei. Als Kinder verloren wir oft nach 110 Waggons den Überblick, weil die Finger nicht reichten. Für einen Moment ist es still. Ein Auto wartet gegenüber an der Ampel der Baustelle, es fährt an, und einsam tutet eine Lokalbahn, die um die Kurve biegt. Das Signal wird als Echo vom gegenüberliegenden Uferhang zurückgeworfen.

⋆

Einst ragte hinter dem Hardstein beim Rheinkilometer 530,8 quer zur Strömung ein Quarzit-Riff aus dem Fluss: das Binger Loch, eine gerade zwei Meter breite Lücke in diesem Felsband. Als natürliche Wehrmauer staute das Riff das Wasser in den Inselrhein zurück. Um dieses Loch knapp vor dem rechten Flussufer, wo die Strömung plötzlich anzog, zu passieren, mussten im Mittelalter die Güter zwischen Rüdesheim und Bacharach in kleinere Boote umgeladen werden. Im 17. Jahrhundert konnte im Auftrag von Frankfurter Kaufleuten eine vier Meter breite Scharte in das Riff gesprengt werden. Schon allein dadurch sank der Wasserspiegel im Rheingau so sehr, dass viele der Inseln trockenfielen und in Mainz die Eichenpfähle, auf denen der Dom ruht, nicht mehr im Grundwasser standen. Sie begannen zu faulen. Erst 1925 konnte man die Rettungsarbeiten an dem Fundament abschließen.

Von 1831 bis 1840 sprengte man den Durchlass Meter für Meter breiter. Aber auch das reichte nicht für die Dampfschlepper. 1894 maß die Öffnung schließlich dreißig Meter, und inzwischen war auch das einen Kilometer lange Parallelwerk entstanden, der zweite Steindamm im Fluss, der eine zweite Fahrrinne für die Talfahrt schuf. Es wurde sogar eine dritte Fahrrinne geplant, die aber, so die Befürchtung, den Inselrhein hätte vollkommen leerlaufen lassen. Obwohl das Riff zwischen 1966 und 1974 durch Unterwasserexplosionen beinahe vollkommen abgetragen wurde und die Öffnung heute wie das Flussbett des Rheins an der Loreley 120 Meter breit ist, konnte im Rheingau durch quer zur Strömung liegende Buhnen oder Kribben das Fließen so verlangsamt werden, dass der Fluss ein Strom blieb. Überall am Rhein ragen vom Ufer diese Wehre wie steinerne Stege in das Wasser. Das Rauschen des Binger Lochs, das man früher bis hundert Meter hoch an den Aussichtspunkten über dem Wasser hören konnte, ist verstummt.

Nachdem er die Engstelle passiert hat, schwenkt der Strom vor einem steilen grünen Hang nach Norden ab und gerät aus dem Blick. Es ist eine tückisch enge Kurve; kein Wunder, dass man bis in die achtziger Jahre Lotsen brauchte, die die Schiffe begleiteten. Seitdem hat jeder Radar.

*

Von dem Damm, auf dem ich sitze, führen in beinahe rechtem Winkel Steinwälle zum Ufer, die Kribben, die wie ein Fächer stromab immer etwas niedriger angelegt sind. Steht das Wasser hoch, schwappt etwas über die Steine, sammelt sich im ersten Becken und rieselt dann von Teich zu Teich. Am Ausgang der Verbauung hat sich zwischen Ufer und dem im Fluss auslaufenden Damm eine offene sandige Bucht gebildet. Unter den mit ihren Wurzeln in den Fluss ausgreifenden Weiden sollen Karpfen stehen, hofft der Angler, der einfach nicht aufgibt, aber seit Mittag nichts gefangen hat – und das mit drei Ruten.

Die Verbauung aus dem 19. Jahrhundert ist nun schon so alt, dass sie selbst zu einem Stück Natur geworden ist. Die obersten Becken sind völlig verlandet: sumpfige Parzellen voll riesiger Weiden und Pappeln, dazwischen ein versprengter Ahorn oder eine Eiche. Übereinandergestürzte Baumstämme, von Lianen überwachsen und mit Brombeergestrüpp überwuchert. Es ist ein Dschungel wie einst die Auenwälder am Oberrhein, die die Ingenieure im 19. Jahrhundert vertrieben: Der Fluss wurde dort zum Schifffahrtskanal. Aber hier pflanzte sich von selbst eine zweite Auenlandschaft, die uns zeigt, wie die Ufer einmal ausgesehen haben – und das so überzeugend, dass sogar Reiherenten aus Skandinavien hier statt auf weiten Altrheinarmen überwintern.

*

Flüsse stellen wir uns immer zwischen Mündung und Quelle eingespannt vor. Sie bestimmen den notwendig erscheinenden Lauf. Aber das Bild vom Rhein, das wir heute in Atlanten finden, ist nur die letzte Version von Hunderten, Tausenden. Der Fluss wuchs bergauf: Vom Kaiserstuhl bis in die Alpen erschloss er sich durch Rückwärtserosion immer neue Zuflüsse, bis endlich gegen Ende der letzten Eiszeit der Bodensee in seiner heutigen Form entstand und die beiden Quelläste, den des Vorder- und den des Hinterrheins, mit dem Strom verband. Gleichzeitig gab es die Mündung in der jetzigen Form nicht. Die Nordsee lag trocken und wurde von einer gewaltigen Ebene eingenommen, dem Doggerland, über das eiszeitliche Jäger riesigen Tierherden von Europa nach Britannien zu Fuß folgten.

Heute ist die ganze Natur am Rhein von der Mündung bis zum Fuß der Alpen und hinauf zu den Quellen vom Menschen geprägt. Eine Landkarte des Mündungsdeltas, aus dem um 600 n. Chr. friesische Kaufleute in die gesamte Nord- und Ostsee aufbrachen, aber auch auf dem Rhein hinauf bis Straßburg und Basel Handel trieben, wäre mit einer heutigen Karte nicht zu vergleichen – damals war es eine Sumpflandschaft, die Häuser standen auf morastigen Inseln und künstlich trockengelegten Anhöhen, deren Umrisse mit jeder Sturm- und Springflut neu gezeichnet wurden. Der Oberrhein, der in seinem mehrere Kilometer breiten Bett in unendlich vielen Schlaufen von Basel nach Mainz mäanderte, wurde vor rund 150 Jahren zu einer eingedeichten Wasserstraße kanalisiert, wodurch die Rheinschiffe zwischen Mannheim und Basel über hundert Kilometer sparten. Die Auenwälder an seinem Ufer sind heute nur noch spärliche Reste der einstigen Wildnis und wurden meist als Rückhalteflächen für Hochwasser neu angelegt. Eine renaturierte Szenerie, die den Anschein des Ursprünglichen weckt.

*

Die Entstehung des Rheins widerspricht so der einfachen Logik von Quelle und Mündung. Sein Anfang ist in der Mitte zu suchen, und es waren keine Quellen, die einen Wasserlauf entstehen ließen, sondern die Absenkung eines Geländes, die ihn ermöglichte. Die Bildung des Oberrheingrabens zwischen dem Schwarzwald und den Vogesen, dem Odenwald und der Pfalz begann vor 50 Millionen Jahren; das Tal reichte schließlich bis zum Kaiserstuhl. In diesen Trog ergossen sich von den nördlichen Schwarzwald- und Vogesenhängen Flüsse und Bäche und bildeten bei feuchtem, heißem Klima Süßwasserseen, die in trockenen Perioden durch die von den Zuflüssen eingeschwemmten Mineralien zu Salzseen wurden. Erst um 15 Millionen Jahre vor unserer Zeit sollte sich in diesem Graben aus den Gewässern und Seen der Ur-Rhein bilden. Träge und mit weit weniger Wasser als jetzt floss er von dem heutigen Kaiserstuhl bei Freiburg bis nach Worms, von dort mitten durch Rheinhessen über Alzey bis zum Binger Loch.

Keine vierzig Kilometer Luftlinie von hier bietet der einstige Vulkan der Grube Messel die Chance zu einer geologischen und evolutionären Zeitreise an die Ufer des späteren Ur-Rheins. Ein zweiter Krater aber macht den heutigen Rhein auch zum Fluss des Anthropozäns – des geologischen Zeitalters, in dem wir vielen Geologen und Klimaforschern zufolge leben. Es ist die erste Epoche der Erdgeschichte, die so vom Menschen geprägt ist, dass sich seine Spuren überall auf der Welt nachweisen lassen: der Niederschlag von Atombomben und Atomversuchen zwischen Erdschichten, die steigende CO_2-Konzentration in Baumringen, Smog als feine schwarze Striche in Bohrkernen aus dem Eis der Antarktis. Diese zweite Grube liegt genau in der heutigen Mündung der Flusses. Der sogenannte »Slufter« ist ein von Menschen erbauter künstlicher Krater, der als Giftmülldeponie für den hochtoxischen Schlamm vom Grund des Rotterdamer Hafens dient. Seine Gefahr liegt nicht in der Tiefe, sondern an der Oberfläche.

Zwei Krater, zwischen denen sich die Geschichte des Flusses entfaltet.

2 Die Grube Messel
Das kleine Pferd

Östlich von Bingen gibt es ein einzigartiges Fenster in die Zeit, als die Landschaft in dieser Umgebung sich zu senken begann: der eigentliche Anfang des Rheins. Es bildete sich ein Graben, der nach einem Fluss benannt ist, der ihn erst Millionen Jahre später durchfließen würde, doch ohne ihn nie hätte entstehen können. Heute fährt man durch den nördlichen Ausläufer des Odenwalds dorthin. Vor 50 Millionen Jahren sollen sich hier Mangrovenwälder zwischen Salzwasserlagunen erstreckt haben, die der sinkende Meeresspiegel bis vor dem Taunus stehengelassen hatte. Eine Sumpflandschaft mit tropischen Pflanzen, von denen wir manche wiedererkennen würden: Schachtelhalme, riesige Lorbeerbäume, Eukalyptus, Vorfahren unserer Walnussbäume, Weinranken und lianenhafte Mondsamengewächse, deren Schlingen bis in die Baumwipfel reichten. Die Dinosaurier waren seit 20 Millionen Jahren verschwunden, aber entfernte Nachfahren von ihnen, Diatrymas, riesige, über zwei Meter messende Laufvögel, die mit ihren starken Schenkeln und riesigen Schnäbeln wie befiederte Tyrannosaurus Rex wirkten, durchstreiften den dichten Urwald. Und in den Tümpeln lauerten Krokodile auf eines der vielen kleinen Tiere, die sich durch die Bäume hangelten oder wie Rieseneichhörnchen zwischen den Kronen von Zweig zu Zweig glitten. Scheue Pferdchen, die kaum größer wurden als kleine Hunde, drückten sich verstohlen neben den Urahnen von Tapiren und Ameisenbären durch das dichte Unterholz.

Ameisen waren bis zu acht Zentimeter lang und hatten eine doppelt so große Flügelspannweite – als wären es Spatzen. Von den Vögeln würden wir den Wiedehopf wiedererkennen oder eine der vielen Rallen, kleine Stelzvögel, die das Ufer nach Insekten, Muscheln und Schnecken absuchten, zwischen kleinen Säugetieren, die sich wie Otter halb im Wasser, halb an Land bewegten, und nachtaktiven Fledermäusen, die sich mit Echoschall orientierten. Das Land lag damals in der heißesten Epoche der Erdgeschichte auf dem Breitengrad von Sizilien.

Durch die beginnende Absenkung des Oberrheingrabens vor 50 Millionen Jahren war die Gegend tektonisch unsicher. Gesteinsplatten rieben sich unterirdisch aneinander. In den Verwerfungen und Spalten stieg Magma aus dem Erdinneren; in der näheren Umgebung, dem heutigen Rhein-Main-Becken, gab es bis zu achtundfünfzig tätige Vulkane, die über einen langen Zeitraum hinweg ausbrachen. Wir wüssten nichts von dieser Welt, wenn nicht einer dieser Vulkanausbrüche mit einer riesigen Wasserdampfexplosion einhergegangen wäre, die vor ungefähr 47,8 Millionen Jahren einen 700 Meter tiefen und zwei bis zweieinhalb Kilometer breiten Krater entstehen ließ. In ihm bildete sich schon kurz danach ein See, wie wir ihn von den Eifelvulkanen kennen, ein Maar, das Süßwasser enthielt und durch seinen hohen Uferkragen zunächst von Zuflüssen abgeschnitten war. Schnell war das Wasser voller Grünalgen, die abgestorben auf den Boden des Maars sanken und durch ihren Verfall den unteren Schichten des Sees völlig den Sauerstoff entzogen. Das Gewässer war so nur am Rand und an seiner Oberfläche belebt. Geriet ein Tier in den sauerstoffarmen, durch Cyanobakterien vergifteten Bereich, erstickte es und sank auf den Grund hinab, wie die Grünalgen selbst, die sich Jahr für Jahr jeweils in zwei noch heute deutlich erkennbaren Schichten am Seegrund ablagerten, wo sie sich durch den Druck der nachfolgenden Sedimente über die nächsten ein bis eineinhalb Millionen Jahre in Ölschiefer verwandelten. Aus zwanzig Schichten entstand ein Millimeter Sediment.

40 Millionen Jahre später, als der Ur-Rhein sein noch heute erkennbares Flussbett bildete, war von diesem Krater nichts mehr zu erahnen. Vielleicht gab es noch eine leichte Senke in der Landschaft – aber die bis zu 300 Meter hohen Seitenwände aus Tuff waren abgetragen, der See lange verlandet und überwuchert. Und so wäre es geblieben, hätte man nicht in der Nähe Braunkohle gefun-

den, weitergegraben und wäre im einstigen Vulkansee auf Ölschiefer gestoßen. Ende des 18. Jahrhunderts baute man ihn als Brennmaterial ab, wobei er dazu nicht sehr taugte, denn er hinterließ große Schlackenreste. Aber wiederum ein Jahrhundert später erfand man ein Verfahren, dem Gestein Teer, Paraffin und Öl zu entziehen. Dreißig große Schwelöfen standen bald südlich des Dorfes Messel. Durch diese Verhüttung entstand hier 1924 ein Viertel der gesamten deutschen Ölproduktion, und ein Großteil der in den Weltkriegen notwendigen Öl- und Benzinvorräte wurde hier gewonnen. Schließlich kontrollierte bis 1945 die IG Farben die Herstellung, was zu der heute siebzig Meter tiefen Grube führte, deren Durchmesser sich nur halb so weit erstreckt wie der ursprüngliche Krater: die heutige Grube Messel.

Längst wäre das alles als Episode aus der Welt vor der Erfindung der Riesentanker, die das Erdöl aus Nahost zu uns transportierten, vergessen, hätte man nicht zwischen den Ölschieferplatten Fossilien entdeckt. Der erste Fund im Dezember 1875 galt Krokodilen, die nicht wie üblich als in den Stein gepresste Schatten überliefert waren, sondern deren Skelette so plastisch hervorstanden, dass man einzelne Kiefer und Knochen anfassen konnte. In den nächsten Jahrzehnten rissen die Fossilienfunde nicht ab.

Durch den Sauerstoffmangel konnten die in das Maar gesunkenen Tierkadaver nicht mehr verwesen. Immer wieder stößt man auf versteinerte Schildkrötenpaare, die beim Paarungsakt erstickten, als sie in die zur Oberfläche aufsteigende giftige Strömung gerieten. Neben ihnen und den Krokodilknochen liegen Insekten, Frösche, Schlangen, Vögel sowie, und das ist das Besondere, eine Vielzahl an Beispielen der frühesten Säugetiergenerationen. Es sind fast ausnahmslos kleine Tiere: Beuteltiere, so groß wie Meerschweinchen, Fledermäuse, Insektenfresser, Nagetiere, die ersten, nicht größer als Frettchen werdenden Raubtiere – und Ida, klein wie eine Meerkatze, eine frühe Vorfahrin der Primaten, unsere fernste Verwandte.

*

Von den Terrassen, entlang denen man einst den Ölschiefer industriell abbaute, ist bei der Begehung heute nichts mehr zu erkennen. Die Flanken sind zugewuchert, überall stehen Birken und Pappeln, und in dem dichten Gras bedeckt der Fingerhut ganze Abhänge. Der an manchen Stellen offen zutage liegende Ölschiefer ist anthrazitschwarz und an der Luft rot oxidiert. Wenn der Wind in die Bäume fährt, flimmert die Grube von Grüntönen. An einer Seite hat die Firma Ytong unbrauchbare Steine über den Rand gekippt, eine kreidefarbene Halde, von Eidechsen und Schlangen erobert, die dem Anblick einen alpinen Charakter gibt. Sonst ist in der Grube nichts Dramatisches sichtbar, doch das Gefühl, auf Millionen Jahren zu stehen und vielleicht auf ebenso vielen Fossilien, lässt alles anders erscheinen.

Auf der sechzig Meter tiefen Sohle des Kraters, einer planierten Schotterfläche, steht ein rundes Wellblechsilo, das mit den beiden Bullaugen in der Kuppel einer Raumfähre gleicht. Die Ebene wurde angelegt, als man in den siebziger Jahren versuchte, aus dem großen Loch, das durch den Ölschieferabbau entstanden war, die größte Mülldeponie Südhessens zu machen. Die Straße, die sich am südlichen Kraterhang entlangzieht, war für Mülllaster gedacht, die hier unten mit dem Deponieren beginnen sollten. Doch beherzte Anwohner aus Messel gründeten eine Bürgerinitiative und kämpften engagiert und mit Einsatz ihres eigenen Vermögens dagegen. Fast zehn Jahre lang klagten sie von einer Instanz zur nächsten, bis am Schluss nicht allein die Vernunft entschied, den weltweit einzigartigen Fossilienfundort zu erhalten, sondern ein Fehler im Planfeststellungsverfahren. Die Grube wurde so gerettet, 1992 der Forschung übergeben und nur drei Jahre später schon von der UNESCO zum Weltnaturerbe erklärt.

Als der Führer, der uns durch die Grube begleitet, die Geschichte hier unten noch einmal rekapituliert, lässt uns die Vorstellung, im Müll der frühen Achtziger zu stehen, erschaudern. Vielleicht steckt in fehlerhaften Planfeststellungsverfahren eine höhere Gerechtigkeit. In Gedanken entzünden wir eine Kerze für den damaligen Umweltminister, nach dem nun eine kleine hier gefundene Würgeschlange benannt ist: *Paleopython {Joschka} fischeri.*

Von diesen Jahren bürgerlichen Eigensinns und Ungehorsams hatte mir am Vormittag Ingeborg Voigt erzählt, die im Heimatmuseum in Messel an einem kleinen Tisch saß, erfreut über jeden Besucher. Die Fossiliensammlung in dem Fachwerkhäuschen bietet einen kurzen, aber vollständigen Gang durch die Schätze aus der Grube Messel. Um die großen, wunderbar plastisch präparierten Skelette von Urpferdchen und Tapiren, von Schlammfischen und Knochenhechten, von Insekten und Schlangen würde jede naturkundliche Sammlung der Welt sie beneiden.

Staunend stehe ich vor den zarten Abdrücken von Federn, deren Musterung zu erkennen ist, bewundere vor Jahrmillionen gepresste Käfer, deren Flügel noch blau irisieren, das Braun des Lorbeerlaubs und der Weinbeerenblätter, die genauso aussehen wie heute, die filigrane Zeichnung einer Palmenblüte, den verschlungenen Knoten des Fruchtstandes eines Mondsamengewächses. Dass selbst das Zarteste wie ein Blatt oder der Pelz eines Säugetiers einen Schatten im Stein hinterlassen hat, hat eine stille Größe, die sich, je kleiner und feiner die vom Auge entdeckten Details werden, immer weiter ausbreitet. Im Bauch der Schlange steckt ein kleines Krokodil, und im Bauch des Krokodils in der Schlange steckt ein Käfer. Ein grüner Schimmer auf dem Insekt, und hier ein Wiedehopf. Der Fächer seiner Schwanzfedern zeigt die gleiche Zeichnung wie heute – eine Lichtpause aufgehobener Vergänglichkeit.

Ölschiefer besteht zu vierzig Prozent aus Wasser. Löst man etwas Gestein aus einem Block, trocknet es augenblicklich aus und zerfällt: deshalb müssen neue Funde ständig feucht gehalten werden. Zunächst goss man die Fossilien in Gips, um sie zu bewahren, in den letzten Jahren ist man aber dazu übergegangen, sie in Kunstharz zu konservieren, die Knochen selbst mit Kunstharz zu durchtränken und das überschüssige Gestein zu entfernen. Dadurch entstanden durchscheinende Exponate, als hätte man die Pflanzen, Vögel, Fische in Bernstein gegossen. Andere Fossilien konnte man sogar freitragend herauspräparieren, so dass sie dreidimensional als an Schnüren befestigte Plastiken frei im Raum hängen.

Im Museum lässt mich Ingeborg Voigt in Ruhe schauen, bevor sie mich auf das nächste Detail hinweist, die vier Zehen am Vorderlauf des Urpferdes, während es hinten nur drei sind. Die Tiere lebten auf dem Waldboden, der Huf wuchs den Pferden erst später, als sie den Wald verließen und zu Bewohnern der Grassteppe wurden. Da mussten die Beine länger werden, denn sie waren zu groß, um sich zu verstecken; sie wurden Fluchttiere. Aber das kleine Urpferd drückte sich noch ins Unterholz oder versteckte sich zwischen den Brettwurzeln der hohen Bäume, wie wir sie von Sumpfzypressen kennen. Von Funden in Mägen der Urpferde wissen wir heute, dass es sich von Laub und Weinbeeren ernährte. Manche der Fossilien sind mitsamt Verdauungstrakt so gut erhalten, dass das ganze Biotop als Lebensraum vor uns sichtbar wird. Der zu Beginn mit dem Urpferd verwechselte Tapir, der größte Säuger in Messel, ist heute ein Bewohner Lateinamerikas und Sumatras, aber in Europa ausgestorben. Und weil Sumatra vor 50 Millionen Jahren durch eine Meeresstraße von Euroasien getrennt war, muss es eine Landbrücke zum nordamerikanischen Kontinent gegeben haben, über die nicht nur die Tapire, sondern auch die Pferde gereist waren.

Ingeborg Voigt hat selbst hier gegraben, bis vielleicht 1984, erinnert sie sich. Eine Gruppe von Amateuren, von den sagenhaften Krokodilfunden begeistert, ging jeden Samstag in die Grube – eine Geste des Widerstands gegen die geplante Mülldeponie und gleichzeitig der verzweifelte Versuch, so viel wie möglich vor der drohenden Zerstörung zu retten. »In dem Krater war es ganz still.« Man wusste damals noch nicht sicher, ob es ein Vulkan gewesen war, aber viele vermuteten es schon. »Ganz still, nur die Flugzeuge hoch oben im Blau über dem grünen Horizont. Es hatte beinah etwas Heiliges.« Ingeborg Voigt hatte gleich am Anfang etwas Größeres gefunden, dann nichts mehr. Sie lebte anschließend viele Jahre im Ausland, aber dieses Erlebnis schien ihr zu folgen. Wenn sie erzählt, strahlt ihr Blick und vermittelt eine Ahnung davon, wie ein früher Fund in der Grube Messel einem Leben einen ganz anderen Klang geben kann. Später fand sie in der naturhistorischen Sammlung einer kleinen Stadt im Norden Mexikos zufällig ein Exponat von hier: »Messel ist überall.«

*

Graben darf man hier schon lange nicht mehr, mit Ausnahme der Forschergruppen vom Landesmuseum Darmstadt und dem Senckenberg-Museum in Frankfurt. Die Grube ist eingezäunt, und man darf nur in geführten Gruppen hinein. Von der Grubensohle aus sind die Zelte und Sonnensegel zu erkennen, die die Grabungsstellen markieren, wo jeweils von April bis September das Gestein Kubikmeter für Kubikmeter untersucht, mit GPS die Position jedes Fundes geortet und seine Koordinaten festgehalten werden. Durch diese akribische Dokumentation konnte man zum Beispiel anhand der Ausrichtung der Fischfossilien die Strömung innerhalb des Kessels und von möglichen späteren Zuflüssen bestimmen. Jeden Sommer findet man zwei- bis dreitausend neue Versteinerungen, die archiviert und im Winter ausgewertet werden. Nicht immer sind dabei so beeindruckende Funde wie das Urpferdchen oder der bis zu achtzig Zentimeter große *Buxolestes piscator*, eine Art früher Otter. Aber durch die Vielzahl sich wiederholender Funde wird unsere Kenntnis dieser wenigen Quadratkilometer aus einer Zeit vor 47,8 Millionen Jahren dichter und dichter.

Bevor er erodierte, wird der Kraterrand so steil gewesen sein, dass nur wenige oder keine Flüsse in das Maar mündeten und nur wenige Fischarten in ihm lebten. Am Ufer muss es einen Gürtel aus Sumpfpflanzen und Seerosen gegeben haben, der wie ein Filterkragen wirkte und Samen und Pollen aufgefangen hat, denn es sind nur wenige von ihnen im Ölschiefer überliefert. Das Ufer könnte ausgesehen haben wie heute am Amazonas, doch ab zwanzig Metern Tiefe war das Gewässer wegen des fehlenden Sauerstoffs tödlich. Auf manche Fischarten ist man auch in ungefähr gleich alten Fundstätten in Nordamerika gestoßen, wo sie aber zum Teil größer wurden – das Maar wird kein Eden gewesen sein, die Nahrungskette war dicht ineinander verzahnt und die Konkurrenz groß. Die vielen verschiedenen Krokodilarten, die man unter den Fossilien findet, haben jedoch vermutlich nie gleichzeitig am Ufer gelauert.

Pionierpflanzen aus Kiesgruben und Halden überwuchern die Hänge. Die breite Rampe, die für die Mülllaster gebaut wurde, musste bereits saniert werden, weil das Gestein keinen festen Halt bietet. Das Wasser wird aus der Grube abgepumpt, damit es die Fossilien nicht ein zweites Mal überschwemmt. Dazu dient der mysteriöse runde Wellblechschuppen mit den Bullaugen. Aber zwei, drei kleine Tümpel konnten sich am Grund bilden, um die Birken, Weiden, Zitterpappeln, Fingerhut, Disteln stehen. Auf den Wiesen dazwischen sind gleich fünf, sechs verschiedene Gräser zu entdecken. Zwischen den Binsen, dem niedrigen Schilf und der Entengrütze schwimmen Kormorane und Stockenten. Reiher wachen wie senkrechte graue Seismographen über die Reglosigkeit der Wasserspiegel, bis sie mit dem gleichen kantigen Regenschirmtanz aufsteigen wie die fossilen »Messel-Rallen«. Diese haben vermutlich ähnlich gelebt wie die Sandregenpfeifer, die zum Nisten wieder in die Grube gelockt werden sollen, weshalb auf der rotbraun-schwarzen Schotterfläche weiße Rechtecke aus Kiesel ausgelegt sind, um ihnen einen Brutplatz zu bieten.

1980 hat man über 700 Meter tief nach unten gebohrt, um endgültig zu klären, ob Messel vulkanischen Ursprungs ist. Bei 365 Metern stieß man auf Lapillituff, ein Gestein mit vielen Einschlüssen, wie es nur in Vulkanschloten entsteht. Heute sprudelt aus dem Bohrloch ein artesischer Brunnen, um den wir Besucher bei unserer Begehung staunend stehen. Das Wasser war 14 Millionen Jahre unter Tage, es riecht leicht schweflig und schmeckt nach Eisen, wie die Sauerbrunnen in der Eifel oder dem Hunsrück, an denen man bei Sommerwanderungen seinen Durst und Puls kühlt. Das ist auch jetzt willkommen, denn der Stein reflektiert die Hitze und sammelt sie zugleich.

Wir versuchen in der Geröllhalde, die von einer offiziellen Grabung übrig geblieben ist, unser Glück als Paläontologen und zerpflücken einige der herumliegenden Ölschieferbruchstücke. Die Sedimentschichten sind mikroskopisch dünn und eng aufeinandergepresst. Mit wechselndem Geschick zwängen wir die Fingernägel zwischen die Lagen und ziehen sie wie einen scharfkantig vertrockneten Blätterteig auseinander. Als versuchten wir, die Seiten eines mineralogischen Buches der Zeit aufzuschlagen. Aber keiner in unserer Gruppe stößt auf etwas, und als wir später beim Aufstieg aus der Grube die Funde anderer Besucher sehen, können wir nur staunen: ein Blatt, das aussieht wie das der Weide unten am Teich, in Glyzerin eingelegte Insektenfossilien, bei denen man tatsächlich ein blaugrünes Irisieren feststellen kann, der schuppige Bogen vom Hinterleib eines Knochenhechts, der wie das geborstene Stück einer stumpf gewordenen groben, runden Stahlraspel wirkt. Und seltsame Kringel, die wir von Hand zu Hand weiterreichen. Keiner kommt darauf, was das ist. »Davon gibt es viele«, sagt unser Führer, »kommt nie einer drauf: Krokodilknödel.« Wir geben alles zurück, denn nichts darf den umzäunten Bezirk verlassen.

Aus dem letzten der quadratischen Wellblechcontainer der Forscher, die wie arktische Klimaforschungsstationen wirken und in denen das Grabungswerkzeug und die Funde zwischengelagert werden, nimmt der junge Geologe, der im Sommer durch die Grube führt, die lebensgroße plastische Rekonstruktion des bedeutendsten Fundes der Grube: des Urpferdchens. Es ist kaum größer als ein gedrungener Terrier, von dem der Modellbauer vielleicht die braunen Augen übernommen hat. Wegen der kürzeren Vorderbeine scheint sein Kopf knapp unterhalb der Kuppe des rehartigen Hinterleibs zu liegen, es muss den Kopf hochrecken, um unserem Blick zu begegnen.

Die frühen Generationen kleiner Säuger enthielten viele solcher großen Anpassungskünstler wie den eichhörnchenartig auf Bäumen lebenden »Langfinger«, *Heterohyus nanus*. Er besaß verlängerte Zeige- und Mittelfinger, mit denen er Käfer, Larven und Raupen aus dem Holz der Urwaldstämme pulte. Die vor 35 Millionen Jahren ausgestorbenen Tiere, die Lemuren oder Beuteltieren ähnelten, hatten so eine Nahrungsnische besetzt, die heute die Spechte nutzen. Detail für Detail entdecken Forscher die Beziehungen und Abhängigkeiten zwischen den Tieren und zeichnen uns eine Welt wie durch ein umgekehrtes Fernglas, mit dem wir aus der Gegenwart heraus immer weiter in die Tiefe blicken.

Es ist paradox, dass uns das Fernste das Neueste ist und sich die Urzeit hier erst in den letzten hundert Jahren zu erkennen gab. Indem wir die Lebenswelt vor 48 Millionen Jahren rekonstruieren, öffnen wir aber nicht nur ein Fenster zur Vergangenheit, sondern auch in die Zukunft. Denn wenn es stimmt, was Biologen beobachten, werden in den nächsten hundert Jahren alle Großsäuger bis auf Zuchttiere wie Rinder, Schafe, Schweine und Pferde ausgestorben sein. Die größten wildlebenden Säuger werden dann nicht größer sein, als ein kleiner Hund oder eine Hauskatze, wie sie zwischen den Gartenhäuschen hinter den Kribben bei Bingen durch die Hecken streicht. Vielleicht werden wir dem Blick des Urpferdchens bald wieder begegnen, eines Zeugen aus der Zeit, als die Erde sich senkte und den Graben schuf, den der Rhein heute durchfließt.

3 Zurück in den Kribben

In der Dämmerung finden Hören und Sehen zu einer Balance. Eben noch schillerten die sich über das Wasser neigenden Weiden in allen Schattierungen von Silbrig bis Grün. Nachtigallen schlugen und riefen eine ganze Wolke aus Vogelrufen wach: Grasmücken, Amseln, Buchfinken, Stieglitze, Grünfinken, Mauersegler. Bachstelzen flogen flach und niedrig wie die Steine, die wir als Kinder über das Wasser flitschen ließen, auf den Strom hinaus und ließen sich knicksend wieder auf dem Damm nieder. Auf den glatten petrolfarbenen Spiegeln der Tümpel, die unter den Wasserläufern zitterten, sammelten sich Schwäne, Gänse und Stockenten auf grau gebleichtem Treibholz, das sich seit dem letzten Hochwasser hier gesammelt hat, und durchkämmten die grünen Teppiche aus Entengrütze, Algen und Seerosen.

Das Gelb der Seerosen, das Türkis der Libellen, das Blau der Färberdisteln und das Rosé des Frauenhuts waren als einzige Farben in dem Grün auszumachen, das nun in ein dunkles Oliv, in ein Grau, in ein Schwarz zurückfällt. Die Vogelrufe werden seltener, und in den Pausen hört man das Rauschen und Gluckern des Stroms, der am Damm vorbeizieht, und gleichzeitig ein silbriges Rieseln, mit dem das Wasser von einem der stillen Teiche in den nächsten rinnt. Die Geräusche werden spärlicher, das Pfeifen des Regionalzugs oder der Kuckuck im Hang gegenüber werden zu Markierungen zwischen langen Pausen – wie die Positionslampen der beinahe lautlos im dunklen Tal stromab gleitenden Lastkähne. Die einzelnen Geräusche sind wie das Futter in einem Mantel aus Stille. Sie legt sich auf die Dinge wie der Pappelsamen, der aus den mehr als haushohen Bäumen schwebt und sich wie ein Watteteppich über die Landschaft breitet. »Als hätte selbst der Mond geblüht.«

Die Schatten rücken näher und nehmen die Dinge in sich auf. Ein Reflex glitzert auf dem Wasser, wo ein Fisch sprang, und wieder ist alles schwarz. Die Stille verschiebt die Dimensionen, sie drängt sich zwischen Sehen und Hören, und es ist ein wenig so, wie wenn man sich im Fluss treiben lässt und die Ohren ins Wasser taucht. Man hört die Kiesel auf dem Grund, die Schraube eines Schiffes, das schon weiter ist als sein Geräusch. Alles scheint gleichzeitig näher und klarer und doch verzögert, wie sich ein Klang erst allmählich »aus der Glocke schält«.

Vielleicht machen die Stille und die Schatten es leichter, sich vorzustellen, dass sich statt des steilen Berghangs hier eine endlose Schwemmebene dahinzog, die bis an die Nordsee reichte. Auf dieser flachen Ebene floss der Ur-Rhein, wie die Ur-Mosel, in weiten Mäandern. Im Lauf von Millionen Jahren gruben die Flüsse ihre Schlingen und Schleifen immer tiefer in die sich erhebende Masse von Fels und Gestein: Sie schufen ihr Bett nicht durch ein Anrennen gegen Felsklüfte, sondern mit der Geduld der Erosion, dem Sand, dem Geröll und Jahrmillionen an Zeit.

Der Meeresspiegel änderte sich fortlaufend. Einmal begann die See erst hinter einem Landrücken, der heute die von der Nordsee überspülte Doggerbank bildet, so dass die Themse sich mit dem Rhein vereinigen konnte und zu seinem Nebenfluss wurde. Früher dachte man, das wäre irgendwo nördlich zwischen Jütland und Schottland geschehen, später fand man heraus, dass sich die beiden Flüsse weiter südlich trafen und in den letzten Zipfel des Kanals mündeten, der noch nicht vom Atlantik in die Nordsee führte, sondern als Meeresarm auf der Höhe des heutigen Calais endete.

Vielleicht ist die Zeit das Moment, das unsere Einbildung den Zweifel an solchen Vorstellungen nie ganz verlieren lässt. Wie in einem unendlich gestreckten Zeitraffer werden Dinge in einen Raum gestellt, die tatsächlich nie gleichzeitig an einem Ort existierten, in einer solchen Erzählung aber mit dem Abstand von Jahrmillionen nebeneinander stehen. Vielleicht kann die Stille ein künstlicher Horizont sein, der den Spalt zwischen der unmittelbaren Anschaulichkeit des Ortes und der Vorstellung von seiner allmählichen geologischen

Entstehung schließt. Die Kontinente driften jährlich 20 Millimeter auseinander, aber das scheint schnell im Vergleich zu den sich immer noch hebenden Gebirgen: Einen Millimeter wachsen die Alpen wie manche Regionen des Rheinischen Schiefergebirges auch heute noch.

Landschaft ist ein lebendiger, wenn auch manchmal unendlich langsamer Prozess. Horizontal erstreckt sie sich in den Raum unserer Gegenwart, aber vertikal in die verschiedenen Erscheinungsformen, die sie in der Tiefe der Zeit angenommen hat – und die ihre jetzige Gestalt bestimmen, wie unsere Wahrnehmung von ihr.

II In den Alpen

Zu den Quellen

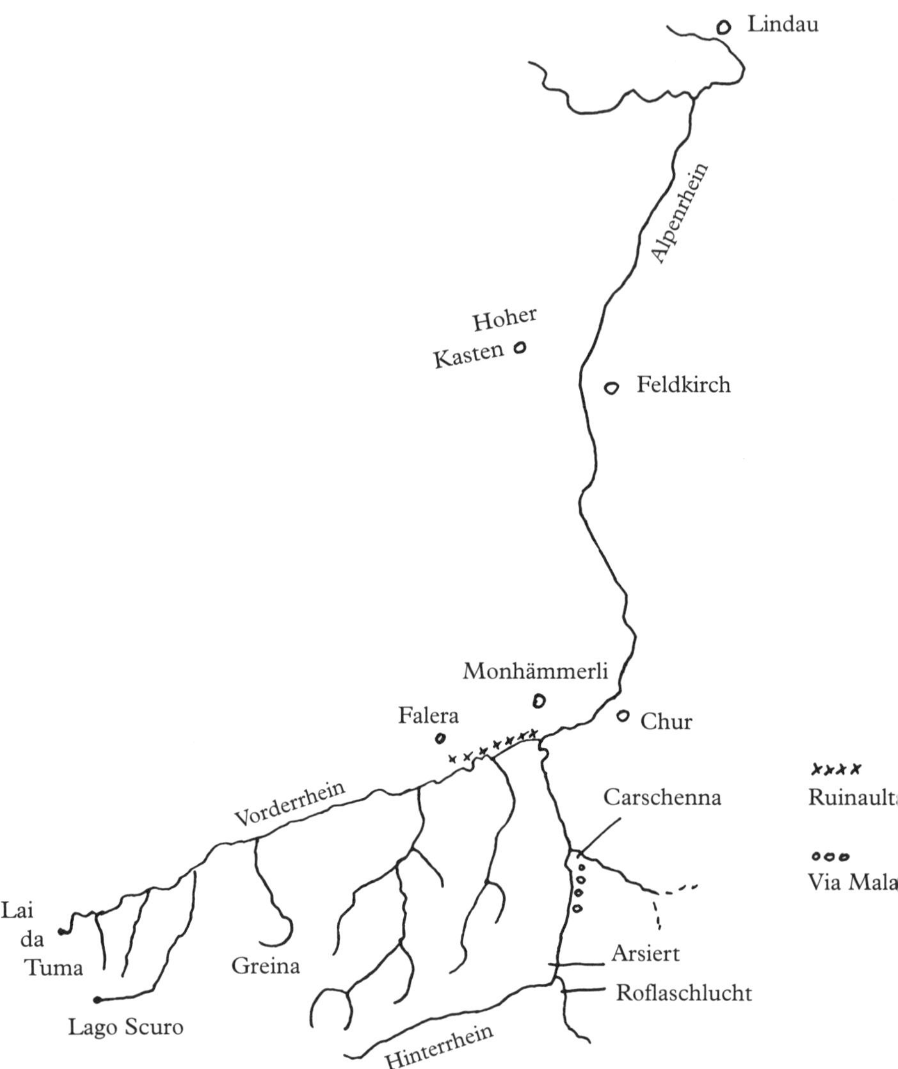

Lindau
Alpenrhein
Hoher Kasten
Feldkirch
Monhämmerli
Falera
Chur
Vorderrhein
Carschenna
Lai da Tuma
Greina
Arsiert
Roflaschlucht
Lago Scuro
Hinterrhein

1 Zum Ursprung Erster Versuch

»Am Bach liegt noch Schnee«, hat der Hüttenwart am Vortag am Telefon gewarnt. Am Bach? Wo ich denn hinwolle, so früh im Juni? Zur Rheinquelle. Na, aber am Bach liege noch Schnee, doch mit richtigen Bergschuhen sollte es schon gehen. – In dem kleinen Laden im Dorf Hinterrhein kaufe ich eine Wanderkarte. Als ich mir die Route zeigen lasse, heißt es: »Na, da brauchen Sie aber Ski.«

Vom Dorf aus gesehen steht die weiße Pyramide des Rheinquellhorns hoch über dem engen Tal, zu dem ich unterwegs bin. Der Zapportgletscher zieht sich über die nordöstliche Flanke des Berges hin und blinkt unter dem schmalen schwarzen Granitband, das, gekrönt von einer weißen Feder, das Dreieck aus Weiß nach oben abschließt. Unter diesem Band verborgen liegt der Paradiesgletscher und an seinem Fuß der »Ursprung«, wie die Wanderkarte das Quellgebiet des Hinterrheins bezeichnet. »Früher war es schön da«, erzählt die Frau im Dorfladen, »da kam der Rhein direkt aus dem Gletscher. Doch in den letzten Jahren ist das Eis so weit zurückgegangen, jetzt sickert er aus der Moräne.« Wir stehen vor dem Laden, direkt neben der San-Bernardino-Autobahn. Dahinter erhascht man einen Blick auf den »Bach«, der hier, gerade zwölf Kilometer nach der Quelle, schon ein Fluss ist – so stark ist der Zustrom aus dem kurzen Gletschertal. Seinen Namen hat er vielleicht sogar schon hier gefunden: »rei« ist die indogermanische Silbe für »fließen«, aus der die Kelten »Rhenos« und vielleicht schon die Bewohner vor ihnen das rätoromanische »Rein« oder »Ragn« bildeten – ein Name, der über die 1230 Kilometer bis zum Meer von Sprache zu Sprache variiert wird, aber sich nie verliert. Hoch in den Bergen stehen wir schon am Rhein.

Am »Kiosk der Nationalstraße 13«, wie der Betonklotz am Eingang des San-Bernardino-Tunnels heißt, parke ich das Auto und schultere den Rucksack – vier Kilometer über den Panzerschießplatz, der fast den ganzen vorderen Talboden einnimmt, eine Geröllandschaft, die bis vor ein paar Tagen noch unter Schnee lag. Am Hinterrhein blüht der Löwenzahn fünf Wochen später als im Flachland. Bulldozer und Bagger versuchen, wieder ihre Ordnung in das Gestein zu zwingen, das der Rhein jedes Jahr anders in die Ebene schiebt. Hier, mitten in Europa, denke ich und kicke ein geborstenes Granatenteil vor mir her. Vorne bei den Baugeräten kracht eine Sprengladung. Da wird mal wieder eine Million verlocht, hieß es im Dorfladen, alles unterirdisch.

Der Wind kommt vom Gletscher herab, wärmt sich aber über der sandigen Geröllwüste auf. Erst am Ende des Übungsgeländes, wo die Bergflanken so eng zusammentreten, dass das Tal vollständig vom Rhein eingenommen wird, wird es kühl. Gletscherwind saust einem um die Ohren, wenn man hochblickt zum Gipfel, der beim Weitergehen langsam hinter den steilen Hängen verschwindet, über die sich das Schmelzwasser in Sturzbächen ergießt. Ihr Brausen erfüllt das Tal, und erst hier in der Enge, wo der Rhein nicht mehr eingedämmt ist, hört man auch sein Tosen – ein Wildbach, der unter Bändern aus Schnee verschwindet und wieder auftaucht. »Der Schnee am Bach«, das sind Lawinenkegel, die zum Teil das ganze Tal zugeschüttet haben. Die ersten sind bereits eingebrochen und zeigen türkis schimmerndes Eis über dem ins Bläuliche spielenden silbrigen Oliv des Wassers, das zwischen grauen und schwarzen Granitbrocken seine Gischt schlägt. Weiter oben schieben sich Lawinenreste als Schneebretter über den Bachlauf: Denkt man sich die Grotte, die das Wasser durchfließt, vierhundert Meter höher unterhalb des Paradiesgletschers versetzt, hätte der Rhein wieder ein Gletschertor als Quelle.

Der zwischen Geröll und Schnee sich immer wieder verlierende Weg führt am Südhang vorbei, wo es über Mittag heiß wird. Zwischen den Schneekegeln fliegen Schmetterlinge und Insekten, unter einem überhängenden Felsen stiebt ein Rotschwänzchen hervor.

Sein Nest sieht aus wie ein vom Hochwasser angespültes wirres Strohbündel, es muss nachts ein eisiger Ort sein, um hier zu brüten.

Auf einmal, ich stapfe gerade über Schnee, pfeift ein Murmeltier. Auf dem Panzerplatz war schon eines über den Weg gehuscht, im Winterkleid dürr wie ein Wiesel. Hier zwischen den Bergwänden ist der Pfiff aber von einer panikartigen Lautstärke. Eine Bachstelze fliegt auf – vielleicht ist mit dem Pfiff beabsichtigt, so viele Bewegungen auszulösen, dass sein Ursprung immer schwerer zu lokalisieren ist. Eine Strategie der Zerstreuung? Die Stelze flieht am Berghang entlang, wo sich oben rechts etwas regt. Zunächst traue ich meinen Augen nicht, doch, ein Steinbock, ein altes Tier steht dort auf einer felsigen Kanzel mit frischem, flaschengrünem Gras, misst mich mit stolzem, ruhendem Blick, wedelt mit dem Schwanz und legt sich nieder, vielleicht fünfzehn Meter im Hang über mir. Die mächtigen Hörner, mit dem Fernglas kann ich über vierzehn Ringe erkennen, das bernsteinfarbene Blinken der Augen. Auf dem Widerrist steht das helle Winterfell flauschig hoch, er legt den Kopf zurück und kratzt sich mit den Spitzen seiner Hörner am Rücken. Mit einem Auge schaut er hinunter zu mir, mit dem anderen sichert er von seinem Platz aus das in dem engen Seitentobel herunterkommende Rudel, zwei weitere Böcke und drei Weibchen, die Flanken nussbraun, die stämmigen Läufe dunkler, bei den Hufen fast schwarz. Die Geißen bleiben halb in Deckung, sie äsen, während sich der Wächter wiederkäuend sonnt.

Scheinbar gelassen, lässt er mich nicht aus dem Blick. Am Anfang, im ersten Erkennen, hatte ich kurz nach hinten geschaut. Ein Satz von ihm, und ich läge im Bach. So bleibe ich reglos, und die Gegenwart schnurrt zu unserem Starren zusammen. Es scheint still zu werden, der Bach, der Wind, nur noch das Sirren eines Insekts. Doch anders als auf der Pirsch läuft hier nichts auf eine Entscheidung zu, auf eine Tat. Das Unerwartete seines Auftretens hat mir die Beklemmung vor dem massigen Tier genommen. Bloße Aufmerksamkeit füllt den leeren Raum, den die Stille geschaffen hat. Dieser Moment umschließt uns, und ich versuche, für den Steinbock transparent zu werden. Im Bemühen, ja kein Geräusch zu verursachen, achte ich auf jede Regung meines Körpers, gerade so, als machte ich mich leicht, um jemanden in den Schlaf zu wiegen. Man ist anwesend, aber nicht die geringste Regung darf dies verraten – als wären wir in der Stille erst wirklich gegenwärtig.

Plötzlich rauscht wieder der Bach, und der Moment war – eine Lücke in der Zeit, an die sich keine Bedeutung heftet. Ein Staunen, ein verlegener Blick auf die Uhr.

Ich klettere den Schneekegel hinunter: Dort, wo eine dünne Schicht aus Löss und Steinen das Weiß bedeckt, ist er verharscht und spiegelglatt. Noch einmal entdecke ich eine Wegmarkierung, doch nicht oben im Hang, wo ich stehe, sondern unten am Bach. Die Fortsetzung des Weges lässt sich nur erahnen, etwas weiter bachauf verschwindet der Rhein unter dem nächsten Schneebrett. Ohne Steigeisen ist heute nichts zu machen. Ich setze mich ins Gras zwischen die gedrungenen Weißerlen und Weidensträucher, oben nickt im Wind eine kleine Birke, und betrachte das ovale Stück Kiesbett zwischen den Schneeschranken: den Rhein, das die Hänge hinunterrinnende Tauwasser, die sich über die Bergkante ergießenden Wasserfälle, die Frostrisse, die den Hang Jahr für Jahr aufklaffen lassen und die die Vegetation in dem kurzen Sommer wieder schließt. Auf dem Rucksack sonnen sich Fliegen, ein Tagpfauenauge wird vom Wind auf den Schnee getragen und schaukelt zurück, ein Vogel huscht vorbei.

In der Arktis gibt es eisfreie Stellen, die wie Oasen alles Leben in einem Gebiet anziehen. Verfehlt man den Ort, wirkt die ganze Landschaft unwirtlich und tot. Dort stehen die gleichen Pflanzen wie hier – Weidensträucher, Birken, Steinbrech –, eiszeitliche Pioniervegetation, die, den sich zurückziehenden Gletschern folgend, den ganzen Kontinent durchwandert hat, von den Küsten bis hierher ins Herz Europas, wo die Ströme entspringen.

In einigen Wochen werden hier Schafe weiden und die Steinböcke sich vor ihren domestizierten Verwandten und der Hitze höher in die Berge zurückziehen. Die Lawinenkegel werden bis in den August den Durchgang erschweren, und der Weg wird nach dem vielen

Neuschnee, der bis in den März hinein fiel und seine Lawinen ins Tal schüttete, nur schwer wiederherzustellen sein. Bei Manövern wird das Tal gesperrt – ein Exil der Natur unter dem Phosphoreszieren der Leuchtspurgeschosse.

2 Der Alpenrhein

Wie kam der Rhein zu seinen Quellen? Der Fluss wuchs ihnen bergauf entgegen, und der Teil, der im Atlas zuerst kommt, die Quellen, verbanden sich erst ganz zuletzt mit dem Strom.

Vor zwei Millionen Jahren floss der Ur-Rhein – um Orientierungspunkte auf unseren Karten zu geben – vom heutigen Baden-Baden nach Worms, von dort über Alzey nach Bingen. Durch weitere Absenkungen des Grabens bis zum Kaiserstuhl und schließlich bis zum Voralpenland hinter Basel verlängerte sich sein Bett. Damals gab es den höchstgelegenen Abschnitt des heutigen Stroms, den Alpenrhein, bereits. Gebildet hatte er sich aus dem Zusammenfluss von Vorder- und Hinterrhein vor rund fünf Millionen Jahren. Schon damals trafen sich die beiden Zuflüsse – der eine aus dem Gotthard-Massiv, der andere aus dem Rheinwald kommend – etwas südlich von Chur bei Reichenau und flossen wie heute im gleichen Tal weiter. Bei Bregenz gab es aber noch keinen Bodensee. Der Alpenrhein floss damals nach Norden weiter. Über ein Flusstal bei Ravensburg und den Federsee bei Biberach erreichte er die Donau, um mit ihr nach Osten zu strömen. Auch die Ur-Donau hatte noch einen anderen Lauf: Sie entsprang nicht im Schwarzwald, sondern entwässerte den Alpenbereich, der später die Rhône und die Aare speisen sollte.

Doch auch die Wasserscheide verschob sich vor zwei Millionen Jahren. In den von den Eiszeiten umgeformten Alpen verlor die Donau den Anschluss an deren nördliche Gebirgsketten, die Rhône wie die Aare bildeten sich. Letztere orientierte sich nach Süden. Die Rhône durcheilte schon damals das Wallis und das Gebiet, in dem sich in den nächsten Eiszeiten der Genfer See bilden sollte, die Aare hingegen floss zunächst durch das Schweizer Mittelland und mündete in den Doubs, der durch den Jura ins Burgund floss und von dort weiter nach Süden, wo er auf die Rhône traf.

Erst vor eineinhalb Millionen Jahren fand die Aare den Durchbruch nach Norden und Anschluss an den Ur-Rhein, der sein Quellgebiet in der Zwischenzeit immer weiter in Richtung Basel nach Süden und Osten verschoben hatte. Durch die Vertiefung wurde sein Flussbett auch immer weiter; es kam zu einer rückwärtsgewandten Erosion, die Quellen fraßen sich weiter in das Land hinein und saugten andere Rinnsale und Bäche mit ihrem Lauf auf. So hatte er anderen buchstäblich das Wasser abgegraben und wanderte im Lauf der Jahrmillionen den südlichen Schwarzwaldrand entlang hoch, schließlich bis ins Gebiet der heutigen Aare-Mündung. Der Durchbruch der Aare zum Ur-Rhein hin ließ dessen Wassermassen so anschwellen, dass am anderen Ende des Stromes das Flussbett, das nicht über Mainz, sondern von Worms über Alzey bis Bingen führte, sie nicht mehr fassen konnte. Der Rhein schuf sich einen neuen Lauf, bog hinter Worms nicht westlich nach Rheinhessen ab, sondern floss weiter nach Norden, wo er sich mit dem Main traf und gemeinsam mit ihm Bingen zustrebte.

Gleichzeitig bildete sich zwischen den Alpen und der Schwäbischen Alb durch die andauernden Gebirgshebungen eine Mulde, die von Eiszeit zu Eiszeit durch die vorstoßenden und sich zurückziehenden Gletscher immer weiter eingetieft wurde. Aber erst der letzte Vorstoß des Rheingletschers in der vor 10 000 Jahren endenden letzten Eiszeit schuf die heutige Gestalt dieser Senke, die zum ersten Mal Hochrhein und Alpenrhein miteinander verbinden sollte.

Dieser vor 29 000 Jahren entstandene Rheingletscher kann mit den heutigen Alpengletschern nicht verglichen werden. Er hatte seinen Mittelpunkt über dem heutigen Chur und reichte zur Zeit seiner größten Ausdehnung bis nach Schaffhausen und Biberach. Er bedeckte im Westen den Gotthard, im Süden den San Bernardino, im Osten den Arlberg, war also über 150 Kilometer lang. Aus der Eiskappe ragten nur noch wenige Berge hervor: das Hörnli zwischen Zürich und Sankt Gallen, die Schesaplana gegenüber von Bad Ragaz, der Hochgrat oder der Hohe Ifen im Allgäu. Solche Inseln im Eis hatte man zuerst in Grönland beobachtet und sie nach dem Inuit-Ausdruck für »aus Land gemacht« »Nunataks« genannt. Auf ihnen überdauerten bestimmte Pflanzen Eis und Frost. Zur Zeit der größten Ausdehnung des Rheingletschers vor 24 000 Jahren maß der Eispanzer über Konstanz 900 Meter, bei Chur gar 2000 Meter. Die Täler des Alpenrheins lagen vollständig unter Eis, der Fluss war unsichtbar. Doch der gewaltige Eisstrom schuf ihm ein neues Bett. Er hobelte die Senke zu einem riesigen, 63 Kilometer langen, 14 Kilometer breiten und bis zu 250 Meter tiefen Becken aus und füllte es mit Schmelzwasser: der Bodensee.

Mit dem sich zurückziehenden Gletscher kam der Alpenrhein wieder zum Vorschein, der nun den Bodensee füllte. Durch die hohen, heute den See umgebenden Moränen – Gesteinshügel und Schotterflächen, die der Gletscher vor sich hergeschoben und zurückgelassen hat – veränderte sich die Topographie grundlegend, und es entstanden die für das Voralpenland typischen Hügellandschaften, wie wir sie aus dem Appenzell oder dem Allgäu kennen. Viele sich früher nach Norden zur Donau orientierende Flüsse wurden durch diese Seitenmoränen nach Westen abgeleitet und mündeten nun wie die Töss und die Thur in den Hochrhein. Die Limmat fließt seitdem in die Aare und mündet gemeinsam mit ihr nur wenige Kilometer später in den Rhein. Die ihm durch die beiden Flüsse beim Schweizer Koblenz zufließende Wassermasse ist manchmal größer als die des Stromes selbst.

Durch die Tiefenerosion des Rheins erhöhte sich der Wasserabfluss aus dem Bodensee; sein Spiegel sank. Der Untersee trennte sich vom Bodensee, so dass man auch von zwei nur durch den kurzen Lauf des Seerheins verbundenen Seen sprechen kann. Die letzten Reste des Rheingletschers, die den Alpenrhein speisten, lagen schließlich bei Andeer im Schams oberhalb der wilden Schlucht der Via Mala. Während hier, knapp vor dem Gletschertor, die ersten Pionierpflanzen in den Kiesbetten und zwischen dem vom Gletscher glattgeschliffenen Granit wurzelten, drangen vom Bodensee die ersten Menschen in das Tal ein – steinzeitliche Jäger, die erst vier oder fünf Jahrtausende später sesshaft werden, die Täler besiedeln und über die Pässe auf die andere Seite wandern sollten. In die Granitplatten bei Andeer wie an vielen anderen Stellen werden sie später schalenartige Vertiefungen schlagen, Linien ritzen, Löcher bohren, um den Aufgang der Sonne zu markieren wie deren Untergang. Hoch über dem Vorderrhein bei Falera werden sie Menhir-Reihen errichten, um den Sonnenkalender auf die Erde zu zeichnen.

3 Zum Ursprung
Zweiter Anlauf

»Dr. F. G. Strebler und Prof. Dr. C. Schröler von SAC Sektion Uto vom Hinterrhein botanisierungshalber bei wunderbarem Wetter hier hinaufgestiegen. In der Zapporthütte bei den Bergamasker Hirten freundlich empfangen und mit Polenta, Buina, Schotten und dem Fleisch einer Tags zuvor gefallenen Kuh regaliert. Die Zapporter Alp gehört Herrn Schuhmacher zum Rothen Haus in Nufenen und wird alljährlich an Bergamasker Hirten verpachtet. Sie soll 500 Schafe ernähren können, aber die Hirten können nie mehr als 300 zusammentreiben, weil die Alp als sehr wild übel berüchtigt ist: jedes Jahr fallen 10 Stück tot. ›Una brutta montagna!‹ ... Vom Signal aus nehmen wir eine Photographie des Rheinwaldhorns auf ... herrliche Gebirgsnatur«, notierten die beiden Alpinisten und Botaniker am 23. August 1887 in das Hüttenbuch der Zapporthütte.

Auf ihrer Photographie wird der Kessel hinter der Zapporthütte ein großer Eisstrom gewesen sein. In ihm liefen die von den Flanken der über 3000 Meter hohen Gipfel fließenden Gletscher zusammen.

⋆

Der Gang zum Hinterrhein ist die wildeste der Rheinquellenwanderungen. Alles beginnt auf dem Truppenübungsplatz. Ab Mitte Juni muss man sich vorher erkundigen, ob man ihn begehen kann oder gerade Rekruten an Granaten und Panzern ausgebildet werden. In der schießfreien Zeit übernehmen sie dafür einen kostenlosen »Taxi«-Dienst und fahren uns auf Wunsch bis zum Ende des Manöverplatzes. So können Maria und ich gleich in die Schlucht einsteigen und müssen nicht erst lange über die Ebene laufen.

Weil der reißende Gebirgsbach jeden Weg, der am Wasser entlangführt, im Winter wegschwemmt, führt der Pfad steil durch den Nordhang der Schlucht. An Stahlseilen geht es auf engen Tritten in die felsige Wand. Steinschläge und Erdrutsche unterbrechen den Pfad immer wieder, wir müssen sie umgehen und können nur hoffen, dabei den Weg nicht zu verlieren und auf einen der vielen Viehtritte zu geraten, die von Wanderwegen nicht zu unterscheiden sind, aber abrupt vor Klippen oder steilen Gießbächen enden.

Vor 130 Jahren waren die beiden Botaniker Ende August von der Pflanzenwelt wenig begeistert, aber jetzt, Ende Juli, ist alles anders. Im Steigen durch den steilen Hang stehen uns die Blumen dicht vor Augen: von dem leuchtenden Fuchsia-Rot der Kuckucks-Lichtnelke, die wir schon im Kies des Flussbetts entdecken, zum Gelb der Alpen-Arnika, dem Orange des Goldpippau und des Habichtskrauts, der blauen Flockenblume, dem Violett des Eisenhuts. Wenige Minuten nachdem wir die Stelle passiert haben, an der ich beim ersten Versuch kehrtgemacht hatte, poltern Steine herunter, aber es ist kein Tier im Hang auszumachen. Erosion, Sonnenwärme? Hinter der Zapportstaffel haben wir die Hälfte des Weges geschafft. Nach einer steilen Passage treten wir aus dem engen Tal auf eine breite Hangschulter, zwischen deren trockenen Felspartien und Geröllhalden sumpfige Stellen mit Moospolstern liegen, darin die ersten windverwehten Wattebäusche des Scheuchzerschen Wollgrases, das hoch in den Alpen überall im flachen Wasser der Tümpel zu finden ist.

Die Alm wird noch heute wie vor hundert Jahren mit Schafen bestoßen. Das Gewölbe des Kellers, in dem früher im Sommer der Käse bis zum Alpabtrieb frisch gehalten wurde (»300 gute Käselaibe, die in Italien verkauft werden«, steht im Hüttenbuch), ist allerdings eingestürzt. Im Innern der geborstenen Kammer ist es kalt – als wäre sie eine »Windhöhle« oder ein »Wetterloch«, wie sie oft am gewachsenen Fels über einer Felspalte, hier über der lockeren Halde aus Glimmerschiefer, errichtet wurden, damit ein durch Gestein steigender kalter Windhauch sie kühlt.

Das dumpfe Rauschen des Hinterrheins tief unten in seiner

Schlucht grundiert die ganze Wanderung. Darüber hören wir von der gegenüberliegenden Seite das helle Zischeln der Wasserfälle – einmal zählen wir mehr als sechzehn eng nebeneinander liegende Bachläufe, die in immer neuen Kaskaden den schattigen Hang hinabstürzen. Auf unserer Seite gibt es weniger Bäche, einmal gluckst tief im Geröll vergraben einer unter dem Weg, dann wird sein Gurgeln wieder vom Rauschen der Wasserfälle geschluckt.

Ende Juli hält kein Schneekegel im Bach und kein Steinbock mehr unseren Aufstieg zur Hütte auf. Ein drohendes Gewitter beschleunigt unsere Schritte genau in dem Moment, als wir aus einer steilen Wand in die fast hundert Meter senkrecht unter uns liegende Schlucht schauen, durch die der Hinterrhein hinabtost. Die Klamm ist so eng und tief, dass man den wilden Gebirgsbach im dunklen Schatten nicht erkennen würde, hätte nicht gerade hier eine gewaltige Gletschermühle ein Fenster in den Fels gebohrt. »Hölle« heißt die Stelle, die darüber liegende grasbewachsene Moräne »Paradies«.

Entstanden sind diese Gletschermühlen unter Eis. Gletscher sind keine starren Eisblöcke, sondern fließen wie an der Oberfläche krustig kristallisierter Honig unendlich langsam zu Tal. Auf dem unebenen Untergrund brechen sie in Spalten, es entstehen Löcher und Hohlräume. Wenn Schmelzwasser von der Oberfläche in die senkrechten Gänge und Spalten gerät, durch das oft Hunderte von Metern mächtige Eis hinabstürzt und Steine mit sich reißt, treibt das sich wie in einer Turbine drehende Wasser diese Brocken tiefer in das unter dem Gletscher ruhende Gestein. Solche Strudellöcher findet man in allen Bach- und Flussbetten der Alpen, aber hier bildeten sich mehrere so dicht nebeneinander, dass der Rhein sie immer weiter auswaschen konnte, bis sie im Lauf von Zehntausenden von Jahren zu einem einzigen Schacht wurden.

*

Vor zweihundert Jahren reichten die Gletscher, die den Rhein speisten, noch bis an die Schlucht, und das Eis lag direkt am Abgrund der »Hölle«. – Ab »hier nimmt das Thal einen schauerlichen Charakter an«, schrieb 1815 der deutsche Mineraloge Ober-Bergrat Selb zu Wolfach, der mit einem Freund hochgewandert war. »Ein enger Schlund, der zum Teil mit lagenweise aufgeschichtetem Eise, Schnee und Felsgeschieben, gewölbeartig ausgefüllt ist, entrückt dem Auge den Lauf des Rheins. Die Gletscher nehmen am südlichen Muschelhorn den Anfang; erst wellenförmig am oberen Abhange der Felsen gruppiert, und wundersame Wölbungen und Abdachungen bildend; allmählich steigen sie tiefer herunter, und senken sich endlich in ungeheuren Eismassen bis in den Grund des Schlundes herab; alle Eismassen nach allen Richtungen geborsten, der Länge nach in der Mitte etwas vertieft, und gegen das auslaufende Ende sich verschmälernd. – So der Paradiesgletscher, jenseits der Hölle – ein tiefer Abgrund, worin der Rhein in schneckenartigen Wendungen wirbelt, und, kaum seiner Wiege entronnen, mit wenigen, aber durch ununterbrochenen Fällen verstärkten Wassern, Alles – Schnee, Eis und Geschiebe aus seinem Weg räumt {...} Über diesen grässlichen Schlund führt ein ganz schmaler Fußpfad nach der weiteren Höhe der Alp, von wo aus der eigentliche Rheingletscher mit seinen Quellen erst näher beobachtet werden kann.«

*

Auf der Zapporthütte angekommen, die wie ein gastfreundliches Schiff mit schmalen Kajüten in dem engen Talschluss vor Anker gegangen ist, werden auch wir vom Hüttenwart wunderbar in drei Gängen »regaliert«, wobei die Vorräte nicht von zu Tode gestürzten Kühen aufgefrischt werden, sondern alles hier hinaufgetragen werden muss. Die Fenster sind klein, die Planken knarren, aber der Specksteinofen ist warm, und wir lesen im Hüttenbuch von den beiden Doktoren Strebler und Schröler. Nach dem Abendessen gehen wir noch hinaus und steigen hinter der Hütte über die nächste und letzte Talschwelle, um den sich weitenden Ausblick zu haben, den die Botaniker damals photographierten. Wir setzen uns auf einen einst vom Gletscher glattgeschliffenen Granitbuckel und beobachten, wie über den wirren Geröll- und Schutthalden, die tausend Ströme hierin und dorthin geworfen haben, vorbeitreibende Wolken langsam das Rheinwaldhorn freigeben: einmal ein Blick auf einen steilen Grat, der kurz im Grau sichtbar wird, dann auf den spitz zulaufenden Gipfel, schließlich auf den Gletscher selbst. Er ist der größte der drei in dem bis 3500 Meter hinaufreichenden Talkessel: im Süden der Zapportgletscher, der gleich gegenüber der Hütte liegt, im Westen der große Paradiesgletscher, der sich unterhalb von Rheinquellhorn und Rheinwaldhorn bildet, sowie das Häxgletscherli im Nordwesten. Einst müssen sie alle im »Ursprung«, dem Quellgebiet, zusammengeflossen sein, aber nun sind sie so geschrumpft, dass sie im Sommer nicht mehr durch Eis miteinander verbunden sind und im Winter nur eine Schneedecke den alten Eindruck wiederherstellt.

Noch vor 250 Jahren hätten wir auf dem Granitfelsen unter einer viele Meter mächtigen Eisdecke gesessen. Vor 100 Jahren, lange nachdem die Alpinisten auf der Hütte bewirtet wurden, lag der Gletscher zehn Minuten zu Fuß von der Hütte entfernt. Heute muss man eine Stunde von der Hütte zwischen Geröll zum Ursprung hochsteigen, um an das vom Schutt verschüttete Gletschertor zu kommen, die Quelle des Rheins. Laut den Glaziologen der Züricher Eidgenössischen Technischen Hochschule hat der Paradiesgletscher in den letzten 150 Jahren drei Kilometer an Erstreckung eingebüßt, was ebenso viel oder sogar etwas mehr ist als seine gesamte heutige Länge.

Der Talkessel ist im Sommer vollkommen schnee- und eisfrei. Der Ursprung ist leer, und am Hang trocknet der Gletscher weiter aus. Aufgrund seiner geographischen Lage gibt es nicht genügend Schneelawinen, die ihn im Winter wieder aufbauen könnten. Im Ursprung liegt das Gestein bloß, erhitzt sich im Sommer und speichert die Wärme bis in die Nacht. Oscar Hugentobler hat den Gletscher 35 Jahre lang vermessen: »Das Zungenende des Paradiesgletschers befand sich 1969 auf 2355 Meter über dem Meer, im Jahr 2003 auf 2675 Meter. Wo 1978 noch fünfzig Meter hoch Eis lag, weideten in den letzten Jahren die Schafe.«

Der Gletscher hat sich nicht nur der Länge nach halbiert, sondern er hat, und das ist als Proportion bedeutsamer, über seine gesamte

Fläche hinweg ein Vielfaches an Mächtigkeit verloren. Dadurch ändert sich das Mikroklima rapide, Gras wächst, wo einmal Gletscherspalten waren, und die Schafe steigen höher. Hugentobler fragte sich schon vor fünfzehn Jahren, wie lange der Paradiesgletscher noch Gletscher genannt werden könne.

⋆

Zwischen den kleinen Graspolstern und Gesteinsspalten stechen unterhalb unseres Granitbuckels zwei Pflanzen im Abendlicht besonders hervor: Die eine hält sich dicht am Boden. Als würde sie sich nicht aus dem Windschatten der Steine trauen, ragt sie aus einem dichten Pulk kurzer, mit seidigen Härchen übersäter Blätter heraus, die von fern wie bereiftes Moos wirken. Die winzigen Blüten um die kleine gelbe Mitte wirken wie Vergissmeinnicht, aber können ein stärkeres, intensiv tintiges Blau annehmen, wie der Himmel im Zenit gegen Abend eines Sommertags. Bis auf die kleinen Farbtupfer der Blumen ist die Welt hier vom Grau der Steine, dem stumpfen Grün der Moose und dem leuchtenden Gelborange der Flechten bestimmt, deshalb hat die bescheidene Pflanze vielleicht ihren großartigen Namen bekommen: Himmelsherold. Die zweite Blume hat schmale Blätter, die den Stängel wie einen Wirbel aus Grashalmen umstehen. Oben ist eine kleine Kugel aufgesteckt, die aus einer Vielzahl winziger hell-violetter Blüten besteht: die Alpen-Grasnelke. Verblühen die kleinen Blütenkelche nach und nach, lösen sie sich aus der Fassung, und es bleibt ein runder Strohball aus winzigen fünfeckigen Waben, die der Wind nach und nach zerpflückt.

Beide Pflanzen haben die letzte große Kaltperiode der Erde auf Felsinseln überstanden. Der Rheingletscher war mit den benachbarten Eisströmen Linth und Lech im Alpenvorland zu einem großen Eisschild verbunden, der bis auf einige wenige Kanzeln alles unter sich begrub. Ausnahmen wie der Große Widderstein und das Hörnli zwischen Sankt Gallen und Zürich oder, weniger alpin, der Bussen bei Bad Biberach ragten als Felsspitzen aus dem Eis – die Nunataks. Zunächst nahm man an, dass auf diesen schartigen, vom Eis zurechtgeschliffenen Klippen und Hügeln ganze Gesellschaften von Tieren und Pflanzen die Vergletscherung überdauert hätten – aber die Vorstellung einer Oase im Eis ist zu idyllisch. Die Tiere werden weggezogen sein und kehrten erst nach dem Abschmelzen der Gletscher in eine *tabula-rasa*-Landschaft zurück. Aber für die heutige Verbreitung bestimmter Gebirgspflanzen gibt es keine andere Erklärung, als dass sie und ihre Samen auf Felsinseln die Zeit überstanden und von dort aus sich wieder in den Tälern ausbreiteten: Neben dem Himmelsherold und der Alpen-Grasnelke gilt das in den Alpen auch für das Schweizer Mannsschild und das Dolomiten-Fingerkraut, zwei kalkliebende Blumenpolster, die wie der Himmelsherold sich in Steinspalten ducken und nicht mehr als einen Finger hoch wachsen.

Jetzt, gegen Abend, haben sich mit dem Gewitter die dampfenden Wolken verzogen und die ganze Bergwand freigegeben. Von den Blumen schauen wir hoch zum Gipfel des Rheinwaldhorns. Es ist ein Blickwechsel von der Nähe zur Weite, vom Kleinsten zum Größten, wie er uns in den Bergen immer wieder überrascht: Beim Hochsteigen steht einem der Hang dicht vor Augen, während im Rücken die Aussicht ins Weite wächst, die beim Umdrehen schwindlig macht. Und jetzt ragt die ganze Aussicht, das volle Panorama vor uns auf, die Felspyramide, das weiße Band des geschrumpften Gletschers, die mit Schnee gefüllten Mulden an den Hangschultern, die Kare. Es gibt heute keine weiße Wand aus Schnee und Eis mehr, die das Tal frontal versperrt und aus der der Rhein wie aus einem Fass in hohem Bogen entspringt, wie es ein Stich aus dem 18. Jahrhundert darstellt. Aber die Welt aus Fels, Eis, Himmel und Schnee besitzt immer noch eine elementare Direktheit wie die stürmische See, die Wüste oder das gefrorene Meer. Es sind Endpunkte einer Reise oder der Beginn einer Schöpfung.

Der Raum um uns her legt offen, wie die Landschaft geformt wurde. Die schartigen Felshänge sind vom Hobeln und Schmirgeln durch das Eis geprägt; die Kerben der Wasserläufe deuten an, wie Bachschluchten entstehen, und demonstrieren die Erosion; ein Wolkenfetzen weht über den mit spitzen Steinen gezackten Berggrat und zeigt, welche zermürbende Energie Sonne, Hitze und Wind besitzen;

Gestein rutscht in kleinen Lawinen aus silbrigem Rieseln oder mit einem fernen Poltern herab und füllt den Talboden mit immer mehr Geröll. Nach dem Gewitter rauschen Rinnsale zwischen den Steinspalten. Aber nicht nur die mineralische Fülle erzählt vom Ursprung, auch seine Leere, das Fehlende, macht deutlich, was diesen Talkessel formte: Wir sitzen auf einem von der Gletschersohle glattgeschliffenen Granitbuckel, doch wo ist das Eis?

Der Rückzug des Eises hat an den Hängen Spuren freigelegt, die von der Zeit berichten – einer mineralischen Zeit, die zu Stein geworden vor uns steht. In ihr bildeten sich in einem Urmeer Sedimente, die sich zu Felsen verdichteten, vom Druck der Kontinentalplatten übereinandergeschoben wurden, sich aufrichteten und diese Bergkämme formten, deren Grate wir in unseren Notizbüchern wiederzugeben versuchen. Die Dynamik einer aufragenden Welle, der zitternde Schattenriss der Erde vor dem Himmel? Ein Aufwärtsstreben oder ein allmähliches Abtragen? »Wie zerbrochen oder ungeordnet sie auch sein mögen, es gibt eine wahrhafte Verbindung zwischen ihnen, so wie im Schwung einer ungestümen Welle, die in all ihren schäumenden Kämmen den beständigen Gesetzen der Schwerkraft und der Bewegung unterworfen ist. Wie weit diese augenscheinliche Einheit aus den hebenden Kräften des Wassers aus dem Berg resultiert, das ist die Frage, mit der wir uns beschäftigen müssen«, notierte John Ruskin 1856 vor der Aiguille Rouge in Chamonix während einer seiner vielen Reisen, auf denen er schreibend und zeichnend der Kunst William Turners auf die Spur kommen wollte. Aus seinem Versuch, in vier Bänden zu beweisen, dass Turner der größte Maler der Moderne sei, entwickelte Ruskin eine *science of aspects*, eine Wissenschaft der Erscheinungen, die in jedem Ding den Zusammenhang mit dem Ganzen suchte.

Früher, als Kind, waren mir die Schneeberge der Beweis, dass wir nach der endlosen Autofahrt endlich in den Alpen angekommen waren. In den Bergen zu sein, ohne die Gletscher zu sehen oder mindestens auf einer Wanderung einmal durch ein mit Schnee gefülltes Kar zu stampfen, war eine Enttäuschung. Das Wilde, das die weißen Flächen uns in solch einer Größe sonst nur als Kreidefelsen, Wolken oder Meer zeigen, fehlte dann. Ich hatte keine Ahnung davon, welche andere Zeit oder welch anderer Raum dahinterlagen, aber die weißen Flächen bildeten die Schwelle zu einer existenziellen Erfahrung, von der ich nachts mit einer Taschenlampe unter der Decke in Abenteuer- und Bergsteigergeschichten las.

Diese Bücher handelten noch nicht von dem Abschmelzen der Gletscher und der Bedrohung für unser Klima, in ihnen ging es um einen Raum, in dem sich Menschen etwas aussetzten, vor dem sie sich heroisch beweisen konnten: der Besteigung eines Berges, der Durchquerung der Arktis, der Umsegelung eines Kaps. Das ewige Eis forderte in diesen Büchern oft einen radikalen Preis, von dem auch nicht wenige Alpensagen erzählen. Um 1850 gab es ein letztes Vorstoßen der Gletscher, die Weiden und ganze Almen unter sich begruben. Böse Sennen und Hirten, so heißt es in den Legenden, wurden von den Eismassen eingeschlossen und mussten noch einmal alles, was sie während ihres Lebens getan hatten, unter dem Gletscher ausführen, vor allem wenn ein Hirte sich ein »Sennentunsch« geschaffen hatte, eine Strohpuppe, mit der er schlief. In manchen Geschichten rächte sich das Tunsch an seinem Urheber, indem es ihm die Haut abzog und sie über das Dach der Alphütte spannte. Ob das Herz in Stein oder in Eis verwandelt wird, das Mineralische war schon immer eine Strafe für die Geizigen, Gierigen, unbarmherzig Betrügerischen. In den Sagen gibt es keinen Zweifel, der Gletscher war eine Hölle oder konnte sich, so auf den Seiten der Bergsteigergeschichten, im Nu bei einem Wetterumschlag in eine solche verwandeln. Gletscher sind Schwellen, von denen man nie weiß, was einen dahinter erwartet.

Seitdem sind die Gletscher zerbrechlich geworden und für Wanderer noch tückischer, denn ihre Spalten klaffen weiter auf, und unter dem Schutt liegt gleich das harte, kristalline Eis, das nicht mehr Winter für Winter durch Neuschnee Schicht um Schicht wächst. Bevor es dunkel wird und wir zur Hütte zurückkehren, schauen wir noch einmal in den leeren Ursprung, aber alles, was von dem mächtigen Eisstrom geblieben ist, ist eine Schaufel Schnee zwischen dem Geröll.

Am nächsten Tag erleben wir beim Abstieg, wie dicht in den Bergen die Lebenswelten nebeneinanderliegen. In den Fluss, in dessen Schlucht wir beim Hinabgehen ständig schauen, sind große Schneebrücken wie mächtige vergessene Segel gerutscht, an denen die Gischt nagt. Über Nacht ist aus dem Gewitter ein Nieselregen geworden, die Steine sind rutschig. Die Rinnsale, die gestern verborgen im Geröll gluckerten, fließen heute plätschernd über den Pfad. Wir prüfen jeden Schritt, denn die Steine sind von Alpensalamandern übersät, von denen gestern nichts zu entdecken war: Blind wirkende, schwarze Amphibien, so lang wie eine Hand, die zusammen mit den am Oberrhein verschwindenden Geburtshelferkröten die einzigen Tiere sind, die seit dem Einbrechen des Rheingrabens vor 50 Millionen Jahren kontinuierlich hier am Fluss leben. Die runden Zehen, die tintenschwarze weiche Haut, die auch die Augen zu bedecken scheint, sie wirken so zerbrechlich wie am Tag zuvor die Flockenblumen, die welken Blütenbälle der Grasnelken – alles so schmal wie die Schneebänder oberhalb des »Paradieses«.

4 Schalensteine

Zum ersten Mal fand ich zu Anselmo Gadola, weil ich mich verirrt hatte. Statt auf den Splügen-Pass zu fuhr ich im Hinterrheintal nach Andeer zurück und wollte gerade den Wagen wenden, als ich mich vor einer Ausstellung mit Schalensteinen wiederfand. Welch ein Glück im Nachhinein.

Alles begann für den Forscher Gadola, folgt man seiner in einer Luftschutz-Anlage untergebrachten Ausstellung, mit einem bei Arsiert gefundenen riesigen Schalenfelsen – einer vom Gletscher glatt geschliffenen, nach Osten geneigten Granitplatte, in die Menschen in der Vorzeit schalenartige Vertiefungen geschlagen und gerieben, Felsrinnen, Kreise und Bohrlöcher getrieben haben. Solche Schalensteine aus der Stein- und Bronzezeit vor 8000 Jahren finden sich verstreut in beinahe allen Alpentälern. Meist sind es große Steine, sogenannte Megalithen, aber man stößt auch überall auf kleinere Stücke oder im Lauf der Jahrtausende herausgebrochene Felsfragmente. Manchmal sind die Bearbeitungen mit bloßem Auge zu erkennen, manchmal sind die von Gadola entdeckten äußerst schwach erhaltenen Schalen und konzentrischen Kreise so verwittert, dass man sie nur bei schräg einfallendem Licht ausmachen kann.

Generell vermutet man, dass diese Schalensteine magische Orte bezeichnen, an denen lange vor der Christianisierung in den Vertiefungen nachts Talglichter abgebrannt und unter Beschwörungen Opfergaben dargebracht wurden. Die Akademiker hüten sich vor jeder weiteren Spekulation, während Esoteriker sich in wallenden Gewändern mit Kerzen nähern. Beides geht an der Präsenz dieser Steine vorbei. Die Ersten scheinen sich vor der sinnlichen Evidenz der Steine zu hüten, die Zweiten wollen gar nicht genau hinschauen, sondern sich gleich dem Schaum ihrer Phantasien hingeben. Beides ist müßig.

In der Ausstellung kann man nachverfolgen, dass Anselmo Gadola eine eigene Lösung für das Rätsel dieser Steine sucht. Als Handwerker ist er praktisch veranlagt: Er setzte eine Stange in die zentrale Vertiefung des Felsens von Arsiert und beobachtete den ganzen Jahreslauf hindurch die von diesem Stab geworfenen Schatten, jeweils bei Sonnenauf- und Sonnenuntergang. Die Schatten berührten einige der Rinnen, trafen einige Schalen. Diesen Schattenwurf visualisierte er mit farbigen Fäden und übertrug das Muster am Zeichenbrett auf Papier. Er entdeckte Parallelen, maß wiederkehrende Winkel, verschob die entstandene Konstellation und fand heraus, dass die neue Figur ein Sechseck ergab, das alte Sonnensymbol.

Unweit des großen Felsens von Arsiert findet sich ein zweiter Schalenstein, auch ihn untersuchte er nach der gleichen Methode und fand in ihm eine Parallele zur ersten von ihm festgestellten Konstellation, nein, nicht nur eine Parallele, sondern das exakte Gegenstück. Der Fels und der Stein scheinen Pendants mit entgegengesetzten Vorzeichen zu sein, was durch die Namen ihrer Fundorte unterstrichen wird: »Arsiert« leitet sich von romanisch »arsira« oder »arsa« ab, Brand oder Feuersbrunst; der zweite Stein liegt im »Val Pardi«, dem Wiesental.

Die Liebe zu den Steinen und zur Geometrie hatte ein Lehrer der sechsten Klasse in ihm geweckt, anschließend besuchte er drei Jahre lang das Gymnasium, um danach ein Handwerk zu erlernen. Vielleicht auch deshalb vorsichtig und skeptisch, schien er vor seinen Entdeckungen auf der Hut zu sein, daher bat er einen befreundeten Vermessungsingenieur, alles nachzuprüfen. Und ja, es stimmt: Wenn er die im Mikrokosmos der Steine gefundenen Konstellationen aus Tangenten, Winkeln und Geraden auf die Landkarte überträgt, führen die Linien über das gesamte Tal des Hinterrheins hinweg zu anderen Orten mit Schalensteinen, Felszeichnungen oder gar Menhiren. So erstaunlich wie geometrisch exakt. Und wo Gadola sich in seiner nüchternen Emphase, die ihn in seinen Büchern zu poetischen Betrachtungen über seine »erlebnisreiche« Forschung führt, selbst nicht ganz traut, da traut er seinen Augen und der Landschaft, die ihn mit unverhofften Evidenzen belohnt.

Seine Präzision ist bewundernswert. Die Landkarte in der Ausstellung, die diese Konstellation zeigt, wirkt wie eine Sternenkarte der Schalensteine der gesamten Talschaft bis hinüber in die Surselva, das »über dem Wald« – das bedeutet das rätoromanische Wort – gelegene Vorderrheintal. Die Sonnenuhr, die er auf dem Felsen gefunden hat, ist das kleinste Vielfache einer viel größeren Konstruktion, die ihre Konstellation im Makrokosmos wiederholt. Gadola spricht von »auf die Landschaft bezogenen Vernetzungs-Darlegungen«, auf die er durch die Analyse des »rationalen Aspektes der kultastronomischen Funktionalität unserer Megalithen« gekommen ist.

Als ich dies in der Ausstellung zum ersten Mal las, konnte ich nicht alles nachvollziehen. Aber das Ensemble von Schautafeln, Karten und Photographien, von ausgestellten Schalensteinen und Beispielen aus anderen Tälern blieb mir im Sinn als ein Versuch, die Menschen der Vorzeit nicht für dümmer zu erklären als uns, nur weil sie das Fernrohr noch nicht kannten. Man ahnte Gadolas Haltung, ihrem Wissen die gleiche Wertschätzung entgegenzubringen wie dem unserer Zivilisation – auch wenn man nicht alles auf Anhieb versteht. Etwas von der Würde dieser Begegnung war in dem Ernst seiner ganzen Unternehmung zu spüren. Ich beschloss, im nächsten Sommer zurückzukehren.

*

Ich mache wieder den gleichen Umweg, um die Ausstellung wiederzufinden. Pünktlich steht er da, ein leger gekleideter älterer Herr, der sich freut, aber immer ein wenig gebeugt den Kopf einzuziehen scheint. Er führt durch die Ausstellung, erklärt völlig sachlich seine Entdeckungen und schweift zwischendurch ab – erzählt von der Aufregung, die ihn packte, als er vor über dreißig Jahren seine ersten Funde machte und nicht wusste, wohin mit ihnen. Von der Hartnäckigkeit, mit der er den ersten Hinweisen immer noch weiter folgte, davon, wie sein Freund, der Biogeograph Professor Conradin

Burga von der Universität Zürich, die Pollen in den Passtälern untersuchte, um herauszufinden, ab wann sie besiedelt waren. Mit diesen Zahlen konnte er wiederum die Schalensteine und ihre Bearbeitung exakter datieren. Manche Steine zeigen Vertiefungen, die erst später mit gehärteten Eisen entstanden sind – oft indem man die vorhandenen, mit Steinmeißeln geschaffenen Schalen oder Löcher weiter vertiefte. Eine für den Sommer 2018 vorgesehene radiologische Untersuchung konnte nicht stattfinden, da die ausgewählten Steinbearbeitungen zerstört worden waren.

Im Nu ist eine Stunde verstrichen, und es geht hinaus zum Schalenfelsen selbst. Gadola hatte um festes Schuhwerk gebeten, aber es wird keine lange Wanderung, sondern nur ein kurzes Stück mit dem Wagen den Hang hinauf, von dem wir zu Fuß einen kleinen Geländebuckel erreichen, dessen flacher Grat von dem berühmten Schalenfelsen Arsiert gebildet wird. Inzwischen hat er erzählt, dass es sein Haus ist, in dessen öffentlicher Zivilschutzanlage er die Ausstellung eingerichtet hat – als habe er ganz in die Nähe des Felsens ziehen wollen, dessen Entdeckung und Vermessung für ihn zur Lebensaufgabe geworden ist.

Ringsum stehen hohe Tannen, Lärchen und Birken, dazwischen ein paar Ebereschen mit orangeroten Beeren. Den Felsen, der gleich neben dem Passwanderweg Via Spluga liegt, hat Gadola schon vorher präpariert: Er hat den Stab montiert, die Schattenwurflinien mit verschiedenfarbigen Fäden markiert, Zollstöcke ausgelegt, damit man die parallelen Abstände und Maße nachvollziehen kann. Aus dem Rucksack, auf dem immer noch Farbspritzer von seinem früheren Beruf als Anstreicher zeugen, zieht er schwarze Pappkarten mit Buchstaben und Nummern und legt sie wie an einem Tatort an die entscheidenden Stellen. Nun sieht alles so aus wie auf dem Photo in der Ausstellung, und obwohl auch dort Maßstabsmarkierungen vorhanden waren, staune ich, wie groß der Felsen ist: 12,80 Meter misst die längste Rinne, die zunächst ein Dreieck beschreibt und sich dann über den ganzen Felsen zieht. Sie verbindet sieben Vertiefungen und bildet bei fünf von ihnen jeweils einen kleinen Halbkreis, als sollte vermieden werden, dass Flüssigkeit aus der Rinne gleich in die

Löcher läuft. Wenn man auf dem Felsen Arsiert der Verlängerung einer im sechsten Dreieck des sechseckigen Sonnenrads eingefügten Linie über mehrere Kilometer nördlich durch die Landschaft folgte, würde man auf die elaborierten Steinzeichen von Carschenna stoßen. Um von dem großen Schalenstein einen Aussichtspunkt zu finden, von dem aus sich diese zwölf Kilometer Luftlinie entfernten Steine im Norden mit Sichtkontakt anpeilen lassen, muss man nur eine Linie nach Süden ziehen, um auf die Rofna-Höhe zu stoßen.

Solche Korrespondenzen machten Gadola stutzig, und er ging ihnen nach. Carschenna ist einer der wichtigsten Schalenstein-Fundorte im ganzen Hinterrheintal oder vielleicht sogar in den Alpen. Auf einer Anhöhe oberhalb der Via Mala gelegen, der berüchtigten Schlucht auf dem Weg zum Splügen- wie zum San-Bernardino-Pass, finden sich in der Nähe der Burg Hohen Rätien über ein Areal von 400 Metern verstreut in Fels gehauene Zeichen und Symbole, darunter das berühmte »durchkreuzte konzentrische Kreisbild«, wie Gadola es nennt: eine in den Felsen geschlagene Schale, die von neun regelmäßig größer werdenden Kreisen umgeben ist. Über das Ganze ist stets ein rechtwinkliges Kreuz gezogen.

Direkt am Felsen Arsiert demonstriert er noch einmal seine Methode, den Schattenwurf des Stabes immer zu Sonnenauf- und Sonnenuntergang, vor allem an den kalendarischen Eckpunkten des Jahres, zu beobachten: am längsten und am kürzesten Tag, an den Tagundnachtgleichen sowie zu Beginn und Ende des Bauernwinters. Regelmäßig wiederholen sich dabei die Winkel und Konstellationen und überschneiden sich immer wieder mit Schalen und Rinnen auf dem Felsen. Es kann kein Zweifel daran bestehen, dass dieser Felsen als eine kalendarische Sonnenuhr funktioniert, auf der sesshaft werdende Menschen wichtige Informationen über den Sonnenstand erhielten, die sie für den Anbau von Getreide und anderen Feldfrüchten brauchten. Damit kommt gerade den Schattenwürfen des Bauernwinters, der im christlichen Kalender mit den wichtigen Festtagen St. Martin am 11. November und Mariae Lichtmess am 2. Februar verzeichnet ist, besondere Bedeutung zu.

In Relation zu den Achsen der Kardinal-Himmelsrichtungen stehen diese Linien immer in Winkeln von 30, 50, 60, 90 und 120 Grad zueinander. Verlängerte Gadola diese Linien zu in die Landschaft hinausführenden Geraden, stieß er im Gelände auf weitere Schalensteine. Das Sechseck, das ihn dabei leitete, entstand aus der Analyse der Daten der Tagundnachtgleichen der kalendarischen Sonnenuhr. Die kumulierten Sechsecke transformierte Gadola in die Landschaft und entdeckte so ein prähistorisches hexagonales Koordinatensystem. Mir kam es so vor, als hätte jemand ein riesiges Sonnenrad über der Landschaft ausgelegt.

Von der noch jungen Wissenschaft der Archäoastronomie wissen wir, dass von der Steinzeit an überall auf der Erde die Menschen die Zeit verstehen, fassen und festhalten wollten. Deshalb die Astronomie im babylonischen Gilgamesch-Epos, Riesenanlagen wie Stonehenge, Menhir-Reihen in der Bretagne oder auf Korsika. Auch die astronomisch-kalendarische Interpretation von Stonehenge war lange umstritten, ist heute aber vollkommen akzeptiert.

Die frühen Menschen versuchten gleichzeitig auch, den Raum zu begreifen. Und vielleicht verstanden sie ihn als Sphäre wie auch als Hand, die durch sie greift: Der Raum ist die Hand, die Körper vor mir, mein Körper, mein Mund und meine Hand, all das ist der Raum, lehrte im 13. Jahrhundert der japanische Philosoph Dōgen. Er versteht Raum nicht als die topographische Ebene einer Landkarte, auf der der Mensch aus der Distanz seinen Besitz überblickt und festschreibt, sondern sieht den Menschen selbst als zum Raum gehörig und ihn erst schaffend. Gleichwohl braucht man in diesem Raum Fixpunkte.

Gadola hat einen Blick auf diese frühen Versuche erhascht, neben der Zeit auch den Raum zu vermessen, Versuche, die sich an der Sonne orientierten und sicherlich in einen kultischen Kontext eingebunden waren. Wie, das wissen wir nicht. Er hat ein gutes Gespür für Zusammenhänge, deren Matrix wir nur rekonstruieren können, da die Prinzipien, auf denen sie beruht, verloren oder noch verborgen sind. Aber er hat kein Verständnis für jene, die den frühen Menschen nicht genügend Verstand und Klugheit zugestehen, weil wir ihre Fähigkeiten nicht erkennen. So zieht er, statt zu spekulieren, mit Maßband und Feldstecher übers Land und sucht in den Fluchtlinien der Sechsecke nach neuen Schalensteinen und nach den großen Verbindungslinien.

»Erst die Erkundung vor Ort hat mir einen Durchblick erlaubt«, schreibt Gadola in seinem ersten Buch, das wie zwei weitere – umfangreiche, detaillierte Verzeichnisse der von ihm aufgefundenen Steine – im Selbstverlag erschienen ist. Mit nüchterner Emphase berichtet er von der Entdeckung, dass man von dem Felsen Arsiert die Rofna-Höhe anvisieren und von dort nach Carschenna schauen kann. Und von da kann man nördlich das Monhämmerli ausmachen, das wiederum übers Eck von La Mutta, der großen Menhir-Setzung in Falera oberhalb des Vorderrheins, sichtbar ist. Das Monhämmerli verknüpft so die Konstellationen im Hinterrhein- mit denen im Vorderrheintal.

*

La Mutta in Falera ist kultastronomisch nicht nur für Gadola die »geistige Zentrumsörtlichkeit« der Rheintäler. Hoch über dem damals nur schwer zugänglichen Talboden des Rheins, der eine unwegsame, jedes Frühjahr vom Fluss neu geformte Wildnis aus Mäandern, Kiesbänken, Auen und Schluchten war, lebten die Menschen an den Talhängen in Weilern, die mit hoch im Hang verlaufenden Pfaden verbunden waren. La Mutta ist einer dieser vor Lawinen geschützten Hügel mit ungehinderter Fernsicht in alle vier Richtungen. Zwischen Menhiren, die rund um einen Hügel stehen, auf dem später die romanische Kirche Sankt Remigius errichtet wurde, haben Archäologen die Überreste einer über 3500 Jahre alten bronzezeitlichen Siedlung aus Holzhäusern mit Herd- und Feuerstellen ausgegraben. Man baute hier Getreide an und verarbeitete Bronze, für die man außer Kupfer Zinn brauchte, das aus dem Süden Englands oder von der iberischen Halbinsel hierherfand. Von der Bronzeproduktion zeugt der Fund einer einzigartigen Scheibennadel. Sie ist mit dreiundachtzig Zentimetern Länge ungewöhnlich groß, und es gab Spekulationen, bei dem um 1600 v. Chr. entstandenen Stück handelte es sich um so etwas wie eine »megalithische Elle«. An ihrem Ende befindet sich ein etwas über handtellergroßes regelmäßiges Oval, in das am äußeren Rand wie auf einem inneren Kreis kleine Erhebungen getrieben sind. Sie wirkt ornamentaler als die angeblich doppelt so alte Himmelsscheibe von Nebra, an die sie unmittelbar denken lässt. Eine ebenso große archäologische Sensation in La Mutta war der Fund einer Bernsteinperle von der Ostsee, die beweist, dass das Vorderrheintal schon damals an Fernhandelsrouten angeschlossen war.

Zu dem wichtigen kultastronomischen Ort wurde die Fundstätte durch ihre Menhire: Auf der Nordseite des Hügels markieren in einem 400 Meter langen Feld über dreißig meist hüfthohe Steine aus Granit oder Dorit astronomische Konstellationen. Der größte misst zwei Meter. Mehrere der geradlinig ausgerichteten Steinreihen richten sich nach der Sonne. Andere Menhire beziehen sich auf den Mond oder tragen Felsritzungen mit Sonnensymbolen. Die Geraden der Steinreihen, die an den beiden Sonnenaufgängen des Bauernwinters auf dem Hügelkamm oder an den Sonnenaufgängen über dem Taminser Calanda 30 Tage vor und nach der Sommersonnenwende (21. Mai und 21. Juli) ausgerichtet sind, bilden in ihrem Zentrum ein pythagoreisches Dreieck. Das ist kein Zufall, sondern eine Konsequenz der präzisen astronomischen Ausrichtung. Auf der anderen Seite der Hügelkuppe steht eine nach Süden gerichtete Platte, über die sich ein großer Kreis zieht, der mit seinem Durchmesser von 1,20 Meter zwei Drittel des Steins einnimmt. Links oben scheint sich ein kleinerer Kreis in ihn zu schieben – es entsteht die elliptische Form, mit der sich eine Sonnenfinsternis ankündigt. Daneben ist eine kleine »pfotenabdruckförmige« Schale. Wäre der Stein in Bronze gegossen, könnte es ein Frühwerk von Alberto Giacometti sein – doch das ist, wie die Sonnenfinsternis, eine assoziative Träumerei. Mit Sicherheit aber stellt der Stein eine Sonnenscheibe dar. Steckt ein Ast unten im Stein, streicht der Schatten über die kleine Schale – und zwar exakt um 12.35 Uhr, so das ausliegende Informationsblatt. Eine Sonnenuhr zur Bestimmung von Beginn und Ende des Bauernkalenders. Der Kreis auf der Sonnenplatte ist so groß, wie ihn ein Mensch mit seinem Arm aus dem Stand ziehen könnte.

*

Für Gadola war die Entdeckung eines von den Orten Arsiert, Carschenna und Falera gebildeten Dreiecks ein entscheidendes Moment. Damit stand der Schalenfelsen von Arsiert in direkter Korrespondenz mit den beiden wichtigsten kultastronomischen Stätten der gesamten Region, und das in einer geometrischen Formation, die wiederum Segmente der Umrisslinien eines großen Hexagons über die Landschaft legt. Ebenso wichtig war ihm, dem Anschauungsmenschen, dass die Fixpunkte dieser Korrespondenz im Gelände untereinander Sichtkontakt hatten. Denn dem Einwand der Archäologen, seine Funde seien reiner Zufall, entgegnet er mit dem Vertrauen, dass dem astronomischen Wissen »unserer prähistorischen Vorfahren {…} eine nachweislich eindeutige Vermessungsgeschicklichkeit« entspreche. So wie sie sie in Stonehenge, beim Bau der Pyramiden oder eben in Falera bewiesen haben. Und er hat von Carschenna aus diese Verbindung gefunden: das Monhämmerli, ein bewaldeter Hügel nordwestlich über dem Zusammenfluss von Vorder- und Hinterrhein und unterhalb des Taminser Calanda, über dessen Berggrat die Sonne auf Falera aufgeht. Es ist von Carschenna wie von Falera aus zu sehen. Seine Entdeckung von Carschenna aus beschreibt Gadola beglückt: »Im Sog dieses bildhaften Mittelpunktes {des geraden Laufs des Hinterrheins tief im Tal} findet seine Vorstellungkraft eine markante Erhebung am linksufrigen Vorderrhein. Dabei bietet sich seinem Augenpaar diese Erhebung beim Zusammenfluss zweier Gewässer als analoges Symbol der Vereinigung zweier kultastronomisch voneinander abhängigen Talschaften an.«

In seinen Büchern berichtet Gadola oft von sich in der dritten Person und spricht sich als »Zeitenwandler« an, dem er auch den Aphorismus zuschreibt: »Nur der Schalenstein bewahrt sich seine Seele.« Bei diesem Satz kann man nicht anders, als an ihn selbst zu denken, der mit seinen Beobachtungen immer unerschrocken auch ein Stück seiner Seele der Öffentlichkeit vorlegt. Auf eigene Faust und eigene Kosten. In seinen Büchern sind seine Funde minutiös und aufwendig mit technischen Zeichnungen illustriert, die Steine und ihre landschaftliche Einbettung sind mit Landkarten, mit schwarzweißen und farbigen Photographien dokumentiert, für die er oft im Wald Gerüste aufbaut, um aus der Vogelschau einen möglichst unverzerrten Blick zu haben. Der Forschung klingt das alles trotzdem zu wenig wissenschaftlich, und man ahnt, dass der Enthusiasmus seiner Berufung den Akademikern suspekt ist.

*

Den Felsen Arsiert, von dem alles ausging, zeigt und erklärt Gadola auf Socken, denn er hat die Schuhe abgelegt, um den Felsen zu schonen, auf dem er, wie er lächelnd sagt, »schon so viel herumgetrampelt« ist. Er deutet auf den Piz la Tschera, über dem die Morgensonne aufgeht, und weist auf den seit damals unveränderten Horizont im Westen hin, während wir uns immer wieder die Ohren zuhalten, wenn im Granitsteinbruch gegenüber gesprengt wird. Dauernd müsse man aufpassen, ständig schreibt er an Ämter, damit die von ihm entdeckten Schalensteine bei Bauarbeiten geschützt und ihre Standorte respektiert werden. Manchmal, aber selten findet er auch Schalensteine in der Nähe von Häusern und Almhütten, in Italien sogar öfters als Türschwelle. Das sei gut gegen böse Geister – als habe ein Gespür für ihre merkwürdige Präsenz sich länger erhalten als das Wissen über sie.

Heute scheint das kleine Dorf Bärenburg oberhalb von Andeer, wo sein Haus steht, wie auf einer Verkehrsinsel abgesetzt. Der Granitsteinbruch frisst sich in den Hang, und der Aushub vom Bau des Sicherheitsstollens zum Roflatunnel bedeckt Böschungen und Zwischenräume der weit ausholenden Autobahnausfahrten, die ein einstiges Beckenmoor unter sich begruben. Auf dem Rückweg wird sichtbar, wie nah der Schalenfels auf der einen Seite an Autobahn und Nationalstraße liegt und wie tief auf der anderen Seite die

Rheinschlucht abfällt, in der ein Kraftwerk den Rhein staut. Das schon enge Tal, durch das die Menschen seit Jahrtausenden auf schmalen Pfaden Erze und Getreide über die Pässe brachten, wirkt noch einmal enger, der kleine Wald um den Schalenfelsen wie eine Kulisse.

⋆

Auf der Rückfahrt von Andeer halte ich in Falera an, um noch einmal den Hügel mit den Menhiren zu sehen. Die längste Steinreihe auf der steil ansteigenden Weide, die den Nordhang des bewaldeten Hügels einnimmt, scheint auf einen Stein hinzuführen, der erst hinter der Kuppe sichtbar wird. Er wird der Mondpfeilstein genannt und gehört eher zu den kleineren Menhiren. Auf der rauen, schrägen Oberseite ist ein Bogen mit Pfeil eingeritzt, der eine halbmondförmige Schale trifft. Dieser Pfeil, so haben Astronomen in dem in Falera erbauten Planetarium herausgefunden, »peilt mit einem Azimut von 157 Grad und seinem Neigungswinkel von 16 Grad jene Stelle des Himmels über dem Piz Fess an, wo am 25. Dezember im Jahre 1089 vor Christus um 10.17 Uhr eine rund 96-prozentige Sonnenfinsternis stattfand«.

Die Präzision dieser Angabe ist etwas anderes als die Wahrnehmung, dass dieselbe Steinreihe im Westen auf die Kirche des Nachbarorts Ladir weist, die mehrere Kilometer entfernt am Hang jenseits der tiefen Kerbe einer Bachschlucht sichtbar ist. Das ist unmittelbar mit dem Auge nachzuvollziehen. Auf derselben Geraden liegen im Osten die Kapelle St. Nikolaus in Laax und weiter im Westen hinter der Kirche von Ladir jene von Ruschein. Zusammen mit der Kapelle, die mitten in dem Menhirkreis steht, sind es vier Kirchen, die sämtlich auf bronzezeitlichen Kultorten erbaut wurden. Dass diese Orte in Blickkontakt miteinander stehen, ist erstaunlich, wirkt aber historisch plausibel. Doch der Unterschied zwischen der Zeichnung des Pfeils auf dem Stein und einem Sternenteleskop scheint unüberbrückbar. Dazwischen liegt ein Sprung, der unsere Vorstellungskraft herausfordert. Und doch hat sich der Mensch über einen unvorstellbar langen Zeitraum aus beiden Richtungen auf den gleichen Punkt zubewegt: die exakte Bestimmung einer Sonnenfinsternis vor 3100 Jahren.

Südöstlich des Hügels steht hinter der Kuppe, und wie bei der Sonnenplatte ohne Sichtkontakt mit den anderen Megalithen, eine von Bäumen umstandene Kanzel. Hier liegt eine große, nach Süden geneigte Felsplatte mit schalenartigen Vertiefungen. Eine ist kreisrund und befindet sich beinahe am höchsten Punkt der gewölbten Platte. Von hier führt eine leicht s-förmig gebogene Rinne, die tief in das graue Gestein gegraben wurde, zu zwei weiteren Schalen. Eine ist mehr als doppelt so groß und wölbt sich wie eine nach unten offene Mondsichel über eine kleinere Halbmondschale, die sie fast zu umfassen scheint: als würde der Mond einen zweiten gebären. Legt man eine Tangente der kreisförmigen oberen Vertiefung mitten durch die Mondschalen, hat man die Peilung für die Position des Mondes, wie er sie, so haben Astrologen herausgefunden, alle 18⅔ Jahre im südlichen Extrem beim Untergang einnimmt. Der Azimut weist dann auf eine bronzezeitliche Grabstätte bei dem Weiler Salums.

Ich fege mit der Hand Laub, Nadeln und Zweige auf dem Felsen in die Vertiefungen, um dem Lauf der Rinne besser folgen zu können. Schaut man über den Stein hinaus in die Landschaft, sieht man die dunklen Wälder des Rheintals und darüber, am Abhang des Taminser Calanda, deutlich die Kuppe des Monhämmerli. Der Berg wird damals einen anderen Namen gehabt haben oder gar keinen, es gab keine Karte, ihn zu verzeichnen, aber mit Stein gezeichnete Koordinaten, um den eigenen Ort unter den Sternen festzuhalten und ihn exakt mit anderen zu verknüpfen. Der Berg war da, so wie jetzt, wo die Felswand über der Stadt Chur, die es noch nicht gab, im Licht aufleuchtet und der Wind in die Schwarzerlen fährt, die den Ausblick rahmen. Und es gab Augen, die den Berg sahen und wussten, dass er über dem Zusammenfluss der Wasser stand, dort, wo Vorder- und Hinterrhein sich treffen.

5 Die Ruinaulta und die Seeforellen

Als die ersten hellen Felswände der Rheinschlucht zwischen den dunklen Fichten vor uns auftauchen, sind wir von Ilanz aus bereits zwei Kilometer in einem weiten, trogförmigen Tal durch Wiesen gewandert. Mit jeder Schleife des mäandernden Flusses wachsen die Klippen höher empor. »Ruinaulta« heißt die Hunderte von Metern tief in das Gestein gewaschene Schlucht; »ruin« sind auf rätoromanisch Klippen oder Geröllhalden, »aulta« heißt hoch. Die hohe Kette des Flimsersteins, die aus den Wiesen noch nördlich in der Ferne zu sehen gewesen war, verschwindet, bald hinter glatten, bald schroffen Felswänden und Wald. Die steil aufragenden Hänge brechen sich zu Türmen, Kanzeln und Erdpyramiden, auf deren schmalen Plateaus Bäume stehen und Gras wächst, als würden sich auf den Klippen weit über unseren Köpfen Inseln in den Himmel recken. Kessel für Kessel dreht sich der Fluss in immer neue Buchten. An den Prallhängen, dort, wo das Wasser direkt gegen Felsen läuft und vom Stein abgelenkt wird, haben sich in den glatten Wänden Löcher und Höhlen gebildet. Bauchig wölben sich Hänge über den Fluss. Ihnen gegenüber bilden die von den steilen Bergen hinabschießenden Gebirgsbäche Schuttfächer, die sich weit in den Vorderrhein schieben und die großen Kiesbänke zwischen den Stromschnellen nähren. Spätestens jetzt fühlen wir uns in einer Wildnis, an einer der letzten Stellen am Vorderrhein, wo der Fluss sein Bett noch selbst regiert und sich bei jedem Hochwasser im Frühling anders durch die Auenwälder gräbt. Keine Straße, nur eine Bahn fand mit vielen Tunneln ihren Weg hier durch, ihre Gleise sind mit hohen Steinhalden gegen rutschende Schuttmassen gesichert.

Entstanden ist diese Schlucht etwa zur gleichen Zeit, als sich der Bodensee mit Wasser füllte und kurz bevor die Mündung des Rheins in die Nordsee ihre heutige Gestalt annahm – vor gerade einmal 9500 Jahren. In einem der größten Bergstürze, von denen wir wissen, lösten sich mehr als 10 000 Millionen Kubikmeter Fels von der 2700 Meter hohen Hangschulter des Flimsersteins im Norden und stürzten über 1000 Meter tief herab. Er füllte das Trogtal, das der Vorderrheingletscher geschaffen hatte, zwischen den heutigen Orten Castrich und Reichenau mehrere hundert Meter hoch mit Geröll an. Es ist unsicher, was diesen Bergrutsch auslöste. Der Gletscher, der dieses Tal geformt hatte, war damals schon lange auf dem Rückzug und hier verschwunden, aber vielleicht hat der Druck, den sein Eis einst auf die Bergflanken ausgeübt hatte, das Kalkgestein an den Hängen mürbe gemacht. Permafrost wird es noch einige hundert Jahre festgehalten haben, aber dann reichte vielleicht eine Regenperiode, ein Unwetter, um die Gesteinsschichten ins Rutschen zu bringen. Sie sperrten das Tal über eine Strecke von vierzehn Kilometern vollkommen ab. Der Rhein staute sich, und es entstand der Ilanzer See, der sich neunundzwanzig Kilometer rückwärts in die Berge erstreckte und über 1000 Jahre bestand, bis das Wasser sich schließlich einen Weg durch die Felsmassen bahnen konnte und die Schlucht mit ihren Mäandern und Schleifen schuf. Und obwohl es sich heute über dreihundert Meter tief in den Schutt und das Geröll hineingearbeitet hat, ist die ehemalige Talsohle vor dem Bergsturz noch nicht erreicht. Die Felswände wirken glatt und fest und leuchten in der Sonne wie die Kreidefelsen von Rügen oder Dover. Ist der Himmel bewölkt, wirken sie grau, bei Regen mit einem Stich ins Blaue. Wenn man genauer schaut, sieht man, dass pulverisierter Kalk die Gesteinsbrocken zu einer Masse verbacken hat, die sich aber wieder auflösen kann: Wo die Erosion den Stein besonders heftig angreift, wie in den steilen Kerben der Seitentäler, stehen die Felsen in einer Halde aus Geröll. Auf breiter Front rutschen Steinlawinen und -fächer mitten durch den Wald bis weit in den Fluss hinein. Die Stämme ragen direkt aus einer abschüssigen Ebene aus Stein. Die Landschaft hält nicht still.

Neben dem Weiß der Kalkwände und dem Eisgrün des Flusses, dessen Gischt über die grauen Felsen schlägt, fällt vor allem der Auenwald mit seinen Moosen und Flechten ins Auge. Jeder Baum bewegt sich anders, und so changiert das Grün ständig zwischen Licht und Schatten. Die dunklen Fichten an den Kalkhängen wippen mit weit ausladenden Ästen; die zwischen Ahorn und Eschen verirrten Obstbäume schwingen ihre Zweige; Weiden schaukeln im Wind und lassen ihre langen Vorhänge wie eilige Schleier über der Strömung treiben. Die Blätter der Zitterpappeln rotieren an ihren Stängeln wie Propeller hin und her, um zu vermeiden, dass sie in der Sonne zu viel Feuchtigkeit verlieren. Nur ein Windhauch, und sie sind ein einziges Flirren, wie die Eichen ein einziges Rauschen.

Die Ränder eines Weißerlenblattes stehen v-förmig hoch. Die durch die Adern gefältelten, gefransten hellgrünen Blätter drehen, wippen und neigen sich auch schon beim geringsten Hauch. Die Stängel greifen die Bewegung elastisch auf und geben sie an die Äste weiter, die sich wie ein Mobile langsam drehen, heben und senken, während sich die Blätter wie winzige Fächer bewegen. Es gibt in unseren Breiten keinen zweiten Baum, der so viele gegenläufige Bewegungen in Laub, Ästen und Zweigen zeigt wie er. Außerhalb der Alpen sind die Weißerlen in Europa selten geworden, aber in der Ruinaulta stehen sie in dichten Hainen zusammen, und an einer Stelle unten am Wasser bilden sie mit einigen Birken einen lichten Tunnel, der den Wanderweg überspannt. Ihre hellen Stämme haben keine Borke, eher eine graue bis lindgrüne Haut, überzogen von bleigrauen oder gelben Flechten, sie leuchten durch das Dickicht, darüber das Laub, ein auf und ab schaukelndes Schillern. Wenn die Sonne über der sonst schattigen Schlucht steht, scheinen sie mit vorsichtigem, um sich kreisendem Wippen das Licht zu fegen.

Felsen, Bäume, Licht – vor allem aber ist das Tal erfüllt vom Klang des Wassers. Auf einer Strecke von elf Kilometern, so weit kommen wir zu Fuß, verliert der Rhein fünfundsechzig Meter Höhe. Wenn wir uns von einer der Stromschnellen entfernen, tritt ihr Tosen zurück, wird zu einem Rauschen, bis das schnell fließende Wasser plötzlich leise ist. Wir hören wieder das Knirschen der Kiesel unter unseren Sohlen oder bemerken den hohlen federnden Waldboden, der sich zwischen den sich an Fels und Stein klammernden Wurzeln als dickes Nadelpolster gebildet hat. Meisen und Gebirgsstelzen flirren vorbei. Vor dem nackten Fels der Bergflanken und Klippen wölbt sich wie eine sommerliche Kuppel das Sirren und Zwitschern der Schwalben über der Stille. Bis sich die nächste Stromschnelle mit einem leichten Rauschen ankündigt, das erst die Stille schluckt, dann zu einem Tosen anschwillt.

In den Schleifen und Kehren hat der Fluss große Kiesbänke angeschwemmt, die sich manchmal zu Inseln türmen. Wenn man auf eine der Kiesbänke hinaustritt, umstehen einen die vorher von Bäumen verdeckten Steilhänge unmittelbar. Im Norden die steilen Kalkfelsen, im Süden der Wald, im Talgrund der Auenwald mit seinen Uferwiesen. Hier oder am nahen Ufer leben Flussuferläufer, Vögel, die wir unter den Bäumen wandernd nur selten beobachten konnten. Ihr Ruf, ein helles, schrilles »hídi-hídi-hídi«, ist über dem Brausen des Flusses kaum zu vernehmen. Eher ist die weiße Binde zu erkennen, die sich quer über die Flügel spannt und aufblitzt, wenn die Vögel im niedrigen, kurzen Flug über das Wasser flitzen, um sich sogleich wieder knicksend zwischen Kieseln niederzulassen, wo sie mit ihrem kurzen, kräftigen Schnabel Spinnen, Insekten und kleine Weichtiere aus dem Wasser picken.

Die nur lerchengroßen Flussuferläufer sind perfekt getarnt, ein weiterer Grund, warum sie in dem wilden Durcheinander der Kiesbänke, dem angeschwemmten, von der Sonne silbrig gebleichten Treibholz, den in die Höhe schießenden Disteln und anderem Kraut nicht leicht zu entdecken sind. Rücken und Kopf sind bräunlich gesprenkelt, Brust und Unterseite hell bis weiß. Sie sind Zugvögel und eigentlich Bewohner des Mittelmeerraums oder Afrikas, wo sie überwintern, um dann im März für drei Monate das zugige Sommerquartier am Rhein zu beziehen. Es gibt Hinweise, dass das Weibchen das Brutrevier aussucht, wobei das Nest von beiden Partnern im niedrigen Kraut auf sandigem Grund oder näher am Fluss zwischen Kieseln gebaut wird. Auch zwischen den Steinen wird das Nest mit Pflanzen ausgelegt, bevor das Weibchen innerhalb von vier Tagen vier Eier legt, die zusammen mehr wiegen als es selbst. Männchen und Weibchen teilen sich das Brüten, das sich über einundzwanzig Tage erstreckt. Von den Küken – so hat man bei anderen Schnepfen, ihren nächsten Verwandten, beobachtet – überlebt nur ein Viertel oder Drittel. Dieser geringe Bruterfolg wie das rasante Verschwinden ihrer Lebensräume durch die Kanalisierung der Flüsse und das Trockenlegen von Feuchtgebieten ist der Grund, warum man 2010 von nur noch sechzig bis hundertzehn Brutpaaren für die gesamte Schweiz ausgehen konnte. In der Ruinaulta haben die bedrohten Vögel eines ihrer letzten Refugien.

*

Eigentlich dürften wir gar nicht hinaus auf die Kiesbänke. Unter- wie oberhalb von Ilanz warnen überall am Vorderrhein Schilder die Wanderer, dass sich die Wasserstände manchmal von einer Minute zur nächsten ändern. »Der Vorderrhein wird {…} kurz nach der Rheinquelle zur Restwasserstrecke und bleibt es bis zum Schluss. Ab Ilanz bekommt der Rhein zusätzlich Rhythmusstörungen«, schreibt Anita Mazzetta vom WWF Graubünden. »Die Strömung schwillt im Takt der Stromproduktion mehrfach täglich heftig an und ab. Viele Wassertiere können mit den rasch wechselnden Strömungsverhältnissen nicht mehr mithalten.«

Das Schicksal, aus seinem Bett in unterirdische Stollen und auf Turbinen geleitet zu werden, ereilt fast jeden Zufluss des Rheins. Allein in der Surselva werden vierzigmal Flüsse und Bäche gefasst, gestaut, in Speicherseen umgeleitet oder gleich in Röhren zur Stromgewinnung »turbiniert«. Die meisten dieser Wasser fließen erst bei Ilanz wieder in den Vorderrhein zurück.

Weiter oben in den Bergen speist der Valserrhein einen Stausee; im Safiental wird das Wasser der Rabiusa so genutzt, dass es nicht in den Vorderrhein fließt, sondern aus dem Tal unterirdisch in den Hinterrhein umgeleitet wird. Das Gleiche geschieht mit dem längsten Quellfluss des Rheins, dem Reno da Medel, der aus dem Val Cadlimo durch Stollen auf die andere Seite der Wasserscheide ins Tessin abgeleitet wird. Die Täler an den Quellen des Rheins kommen einem vor wie die Kulisse einer gigantischen hydrologischen Modellanlage, durch deren Röhren tagsüber Wasser aus hoch in den Bergen angelegten Staubecken senkrecht hinunterrauscht und Turbinen antreibt, um nachts wieder hochgepumpt zu werden. Beim Wandern vergisst man das wieder, bis man auf 2500 Metern Höhe plötzlich vor einem Stahltor steht, das mitten in den Fels montiert ist und in den Berg zu führen scheint. Manchmal hört man dahinter die gefangenen Wasser rauschen.

*

Den besten Blick auf die Kiesbänke haben wir aus der Vogelschau: auf der nördlichen Seite von dem weit über die Schlucht hinausragenden futuristischen Aussichtsturm »I Spir«, »Die Schwalbe«, oder vom Süden her von der Straße zwischen Bonaduz und Versam oberhalb der Isla Davos. Von hier gesehen weitet sich direkt unter uns die Schlucht zu einem Kessel, von dessen nur schwer zugänglichem Grund die Kieshalden und das Geröll wie weiße Mosaiksteine aus dem Türkis des Flusses emporleuchten. Es gibt Gleise, aber keine Wege. An den steilen Hängen steht der Hochwald, an sanfter abfallenden Hügeln mischt sich das mildere Grün der Wiesen hinzu. Die dort unten aufragenden Klippen und Felswände der Ruinaulta sehen wir von hier aus inmitten immer weiter zurücktretender Hangschultern, Gipfel und Gebirgsketten, von denen weiße Wolken wehen. Der Himmel, der sich über den Gebirgen höher zu wölben scheint, füllt die ganze Landschaft mit einem azurfarbenen Schimmer, bis in die Tiefe der Schlucht. Das Licht misst den Canyon aus und sendet jede Farbe von unten in ihrem eigenen Leuchten hinauf.

Die Kiesbänke sind heute wieder das Revier der Seeforelle, hier beginnt ihr Leben als Larve, die in einem Dottersack zwischen den Steinen heranwächst. Frisch geschlüpft sind die Jungfische von ihren kleineren Schwestern, den Bachforellen, nicht zu unterscheiden, aber nach ein, zwei Jahren verlassen sie im Gegensatz zu ihnen die Heimatgewässer und ziehen in den nächsten See, um sich statt von Insekten und Schnecken von Krebstieren und Fischen zu ernähren. Sie werden wuchtiger als ihre ortstreuen Verwandten. Vom Vorderrhein ziehen sie so in den Bodensee, aus dem sie dann mit drei oder vier Jahren wieder hierher zurückkehren, um sich fortzupflanzen. »Homing« nennen das die Zoologen.

Aber 1962 hatte das Kraftwerk von Reichenau den Alpenrhein – so heißt der Fluss von Reichenau bis in den Bodensee – vollkommen von den beiden Quellästen abgeriegelt und so unter die Existenz des Wanderfisches beinahe den Schlussstrich gezogen: 1980 wurden im Tosbecken unterhalb des Stauwehrs nur noch zwei Männchen und ein Weibchen aufgegriffen, 1981 traf dort keine einzige Seeforelle mehr ein – an einer Stelle, in der im 19. Jahrhundert noch Tausende der »Rheinlanken« durchgezogen waren. Bis endlich im Jahr 2000 eine Fischtreppe fertiggestellt wurde, waren die vom Bodensee aufsteigenden Fische in einer neunzig Kilometer langen Sackgasse zwischen Bodensee und Stauwehr gefangen.

Es ist nun Ende August, und in drei Monaten schon, im November, werden dort unten die ersten Seeforellen aus dem Bodensee zwischen den Kiesbänken eintreffen. In meinem Notizbuch sind drei Photos dieser Wanderfische: ein Weibchen und zwei Männchen, die es 2006 aus dem Bodensee, den Alpenrhein hinauf bis über die Staumauer von Reichenau geschafft haben.

Wären Seeforellen keine Einzelgänger, wäre das Männchen mit dem Codenamen #46 der Anführer der Bande. Fünfundsechzig Zentimeter lang, über vier Kilo schwer, wirkt es mit seinem Stiernacken feist und bullig. Seine Schuppenhaut ist silbergrau wie Stanniolpapier, aber Rücken und Wangen sind so dicht mit schwarzen Punkten übersät, dass sie die Laterallinie zu verdecken scheinen. Sein Alter, sechs Jahre, kennen wir aus der Untersuchung der Jahresringe auf seinen Schuppen. Mit sechs ist er vermutlich eine Grundforelle, die im Bodensee in der Tiefe Fische jagt, was erklärt, warum die Seeforellen im Gegensatz zu den Bachforellen so wuchtig werden.

Das zweite Männchen, #55, ist ein ganzes Stück kürzer, achtundvierzig Zentimeter misst es und wiegt 1165 Gramm. Der Körper ist gedrungener, seine schwarzen Flecken beginnen erst zu wachsen, und die Flossen schimmern rötlich, bevor sie an ihrem Ende leicht grünlich werden. Das Auge hat einen hellen gelben Ring. Er ist knapp über vier Jahre alt und wird im See noch als Schwebforelle knapp unter dem Wasserspiegel gejagt haben. #55 könnte zu der ersten Generation von Larven gehören, die nach dem Bau der Fischtreppe wieder im Vorderrhein geschlüpft sind. Seine Rückkehr wäre das »Homing« eines echten Nachwuchses und würde den durch den Bau der Mauer unterbrochenen Kreislauf wieder schließen.

Als in den achtziger Jahren die Bedrohung der Seeforelle erkannt wurde, hat man vieles zu ihrer Rettung unternommen: In Fischereistationen wurden Larven gezüchtet und ausgesetzt; Seeforellen aus dem Genfer See und dem Walensee wurden in den Bodensee umgesiedelt und die seit der Eiszeit getrennten Populationen miteinander vermischt. An den Mündungen der Zuflüsse in den Rhein wurden Dämme abgebaut und Beckenpässe eingerichtet, damit die Fische aufsteigen konnten. Doch das Kraftwerk selbst als größtes Hindernis konnte erst viele Jahre später wieder passierbar gemacht werden. Es scheint wie ein Wunder, dass der Impuls der Seeforellen, in den Hinter- oder Vorderrhein aufzusteigen, auch nach fast vierzig Jahren, einer Periode von mehreren Generationen, nicht erloschen war.

#5, dem einzigen Weibchen unter den dreien, ist deutlich anzusehen, dass der Schwerpunkt des Körpers unterhalb der Laterallinie liegt: das über fünfjährige Weibchen wirkt beinahe trächtig. Mit 60 Zentimetern und 2538 Gramm ist sie weit kräftiger als das Männchen #55, das bei den Rivalenkämpfen an der von ihr im Kies ausgehobenen Laichgrube wohl keinen großen Eindruck machen wird. Sie wird circa 2500 Eier aus sich hervorpressen, die zum Grund sinken und dabei von den Spermien des siegreichen Milchners befruchtet werden. Die Eier und Larven brauchen zu ihrem Wachstum »lebendiges« Wasser, das lockere Geschiebe der Grube muss gut durchflossen und mit Sauerstoff versorgt sein. Die beim Bau zur Seite gefegten und ausgehobenen Steine sammeln sich wie ein

Schweif am Ende der Sandbank und bilden einen »Laichhügel«, den wir aber von oberhalb der Isla Davos aus auch mit einem Teleskop nicht entdecken werden. Dicht vor unseren Augen leben die Fische in einer verborgenen Welt.

Wir wissen so viel über die drei Fische dank der erstaunlichen Diplomarbeit, die Ricardo Mendez von der Eidgenössischen Technischen Hochschule Zürich der Wanderung der Seeforellen gewidmet hat. Auf ihrem Zug durch den wie mit einem Lineal gezogenen schnurgraden Kanal des Alpenrheins konnte er vierundzwanzig Seeforellen mit einer Elektroangel einfangen. Die Fische verloren durch den in das Wasser eingeleiteten schwachen Strom kurz das Bewusstsein. Nach dem Aufenthalt in einem Narkosebad wurden sie gewogen, gemessen und mit winzigen Elektrosendern versehen, die die Tiere in ihrer Bewegungsfreiheit nicht behinderten. Nach einer Erholungszeit von knapp einer Stunde wurden sie unweit der Fangstelle wieder ausgesetzt. Über die nächsten Monate, von August bis Dezember, konnte Mendez nun mit Hilfe radiotelemetrischer Ortungsgeräte den von ihnen gesendeten Impulsen folgen und so genau nachvollziehen, wann, wie lange und wie schnell sie wanderten, wann sie rasteten, wie schnell sie vorankamen, wie weit sie durch zwei kurze Hochwasser zurückgeworfen wurden, ob und wo sie vermutlich laichten und in welche Nebenflüsse sie aufstiegen.

Die wichtigste Frage, die sich Ricardo Mendez stellte, betraf die Reaktion der Forellen auf den sich ständig im Rhythmus der Stromerzeugung ändernden Wasserpegel, der den Zug des Wanderfisches gefährdet. An Wochentagen wechselt er aufgrund des höheren Strombedarfs häufig, nur am Wochenende oder nachts ist es ruhiger. Und tatsächlich konnte er nachweisen, dass sich die Seeforellen dem angepasst haben: #05 und #55 legten ihre weitesten Strecken, jeweils neun Kilometer, in der Nacht zurück. Am Wochenende kamen sie besser voran, tagsüber legten sie oft eine Rast ein.

Von den 24 Fischen suchten oder fanden nur unsere drei einen Weg über das größte Hindernis, die Staumauer in Reichenau. Das Weibchen scheint sich dabei am geschicktesten angestellt zu haben: Es rastete erst vier Stunden vor dem Turbinenhaus, befand sich bei der nächsten Ortung achtzehn Stunden später schon auf der Fischtreppe. #46 wartete drei Tage im Restwasserstrom einhundertfünfzig Meter unterhalb der Mauer ab, bis er nachts über die Treppe schwamm. Der schmale #55 schaffte die letzten zwei Kilometer samt Treppe in achtzehn Stunden. In den Tabellen und Statistiken von Ricardo Mendez ist ein Epos über die Fischwanderung versteckt.

Der Talkessel, zwischen dessen Kieseln die Larven über rund hundert Tage in ihren Dottersäcken heranwachsen und schlüpfen, wird nicht nur von wechselnden Überflutungen durchpflügt, sondern auch von den Hochwassern im Herbst und der Schneeschmelze im Frühling. Der täglich und stündlich steigende und fallende Wasserpegel kann ein Laichgelege ruinieren, es ausspülen, abtreiben oder austrocknen lassen, und die ganze Wanderung war umsonst. In den letzten Jahren liegt die Zahl der Seeforellen, die das Stauwehr über die Fischtreppe passieren, relativ konstant etwas über 400, im Jahr 2006 waren es genau 448 Tiere. Ist das ein Zeichen der Stagnation oder schon die Rettung des Fisches? Die Natur ist dünn geworden, sie besitzt keine Reserve mehr, die ein schlechtes Jahr, einen katastrophalen Winter, eine alles mit sich reißende Flut ausgleichen könnte. So ungezähmt der Flusskessel da unten wirkt, so schmal ist die Natur in ihm geworden.

Die Rückreise legten die drei Fische je in drei Tagen zurück – und hatten Glück, denn sie kamen über das Stauwehr, ohne in den Turbinen verletzt zu verenden. Wahrscheinlich lauerten sie auf einen Moment, an dem das Stauwehr etwas heruntergelassen wurde, die Strömung zunahm, und sprangen mit ihr über die Mauer. Erneut hatten sie die Duftspur ihres Baches aus Eiweißen, Hormonen und Salzen in sich aufgenommen, um sich im nächsten Jahr wieder auf den Weg zu machen, denn im Gegensatz zum Lachs laichen sie mehrmals im Leben. Vielleicht lernten sie auch die Fischtreppe besser kennen, die inzwischen nicht mehr mit einer Reuse kontrolliert wird, sondern von einer Videoanlage, die jeden Fisch, ohne dass er es bemerkt, automatisch zählt und misst.

⋆

Ende August muss sich die Sonne hier oben nur um wenige Grade neigen, und schon wachsen lange Schatten über das Panorama und schlucken die Berghänge. Uns gegenüber verschwindet der Hügel mit der Menhir-Reihe bei Falera. Wir ziehen die Jacken enger und reichen mit unseren steif werdenden Fingern das Fernglas hin und her, um alles in der Schlucht mit Augen aufzusaugen, bevor die Dämmerung die Farben stiehlt. Bald ist der Wind hier oben so kalt wie die Steine auf den Kiesbänken dort unten. Ein letzter Blick, und wir verstauen fröstelnd unser Zeug in die Rucksäcke.

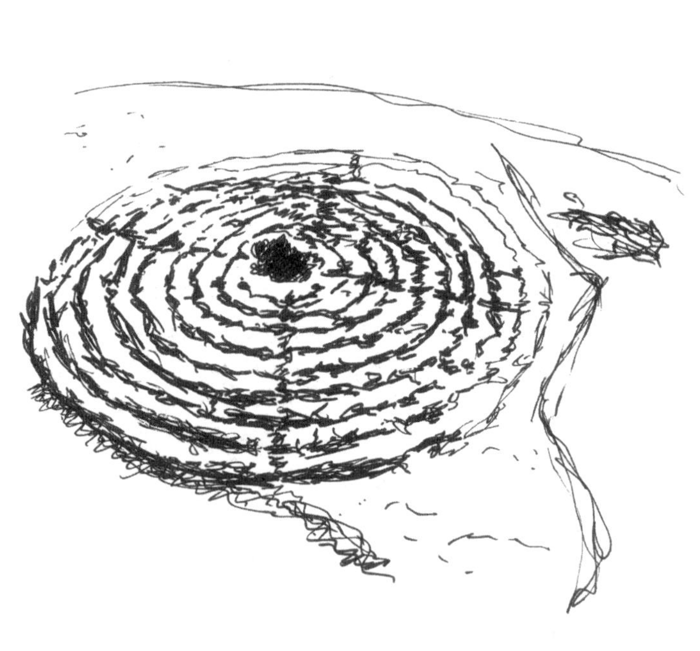

6 Zu den Quellen. Drei Wanderungen Lago Scuro – Lai da Tuma – Auf der Greina

LAGO SCURO, RENO DA MEDEL – Als hätten die Berge ihr dunkles Auge aufgeschlagen, so liegt der Lago Scuro in seiner felsigen Mulde. Vor der steilen Schieferwand am gegenüberliegenden Ufer leuchtet er in einem tiefen Petrol. Wo Felsen bis knapp unter den Seespiegel ragen, schimmert das Wasser türkis auf, spielt ins Blaue, und die mitwandernde Malerin entscheidet: »Chromdioxidgrün, feurig.« Über sein elliptisches Rund laufen konzentrische Kreise. Unten in der Senke ist es vollkommen windstill, so müssen es Amphibien oder ausgesetzte Fische sein, die nach Insekten schnappen, auf 2500 Meter Höhe.

Der Pfad entlang dem See verläuft bald unten am Wasser, dann wieder oben durch den Hang, er umgeht Felsnasen und schlängelt sich zwischen großen Steinquadern hindurch, die manchmal auf die Wegmarkierungen gerutscht sind und umgangen werden müssen. Dann steht man da und sucht nach dem nächsten rot-weiß-rot auf den Felsen gemalten Zeichen. Überall treten Bäche und kleine Rinnsale aus dem Schutt hervor. Während der kurzen Sommermonate haben sie keine Zeit, auf ihrem kurzen Weg zum See in dem rutschigen Geröll eine Rinne oder gar einen Bachlauf zu bilden. Sobald man aus dem Windschatten tritt, mischt sich ihr Plätschern, Zischen und Gurgeln mit dem Sausen des Windes, man fasst sich an den Kopf, um die Mütze festzuhalten.

Das Gebirge um diesen Talkessel liegt so hoch, dass außer Gras, Flechten und Moosen nichts mehr wächst. Zwischen den steilen schwarz-anthrazit-braun glitzernden Schutthalden und wild aufragenden Felsplatten ist kaum Erde zu sehen, jeder Schritt ein Knirschen. Die Farben der Landschaft bestimmt der Stein, überall ist er mit blaugrünen, grauen und leuchtend gelben Flechten überzogen. Das Gras ist so kurz, dass die Köpfe der Schafe bei jedem Bissen zwischen den Steinen verschwinden. Wolkenfetzen fliegen vor die Sonne, verdunkeln den See, dann spiegelt sich der Himmel wieder in ihm, er wird tiefblau, bis eine Wolke darübersegelt, so weiß wie die Schneebrücke, die von einem der auch Ende August noch zahlreichen Schneefelder ans Ufer gerutscht ist. Nun schmilzt sie wie der Abdruck eines futuristischen Flugzeugflügels langsam, und dort, wo der Schnee das Wasser berührt, hat sie einen Saum aus leuchtendem Vitriol.

*

Der Talabschluss des Val Cadlimo, durch das wir am Tag zuvor über mehrere steile Felsterrassen bis an den See hochgewandert sind, ist überall von Seen, Tümpeln, Bächen und sumpfigen Stellen durchzogen. Von der Cadlimo-Hütte, auf einem nördlichen Vorsprung hoch über dem Kessel erbaut, waren die Seen im immer schräger fallenden Abendlicht schwarze Spiegel. Im Morgenlicht liegen sie wie türkisfarbene Scheiben in der Landschaft: Der eine hochgelegene See ohne Namen, an dessen Ufer früh die Gämsen standen, und der kleine Badetümpel neben der Hütte, in dessen eisigem Wasser sich gestern Abend die Steinböcke an der Salzlecke spiegelten. Steinhühner, Falken – hier oben finden die Tiere Gras und Beute, und falls nicht, bietet das Land ihnen ein gutes Rückzugsgebiet. Den ganzen Tag hörten wir die schrillen Pfiffe der Murmeltiere, aber sie ließen sich nie sehen. Einmal strich ein Adler vorbei, gefolgt von einer Krähe, die wohl auf einen Beuteschlag des Greifvogels lauerte. Auf halbem Weg hier hinauf kamen wir an einer von Gebetsfahnen umflatterten Schäferhütte vorbei. Neben fünf Hunden und zweihundertfünfzig Schafen hat der Hirte eine Yak-Herde zu versorgen. Überall standen die zotteligen schwarzen Rinder mit den riesigen Hörnern, sie bewegten sich langsam und schienen in dem Geröll immer nur bedächtig ein Bein vor dem anderen zu heben. Wir blinzelten kurz: Graubünden oder Himalaya?

Beim Gehen in den Bergen ändert sich mit jedem Schritt die Perspektive. Zu Beginn am Lukmanier-Pass waren nach Norden noch weite Blicke in Richtung Vorderrheintal und nach Süden auf die Alpenkämme des Tessins möglich, doch dann kletterten wir über eine Felsbarriere in ein Tal, um über steile Gebirgsstufen weiter zu steigen, bis wir am Abend zur Hütte gelangten. Wir hatten uns angekündigt, waren aber wohl so langsam, dass der Hüttenwart schon einen Helikopter, der unterwegs war, nachschauen ließ, wo wir blieben. Er kreiste über uns, als wären wir verlorene Schafe.

In dem engen Tal verändert sich der Blick. Das Bild der zu Beginn der Wanderung blitzartig aus den Krüppelkiefern schießenden Steinhühner behält man länger im Sinn, als man sie vor Augen hatte. Beim Steigen rückt der Boden näher, der ruppige Pfad will gelesen werden, im Nahblick entgeht einem keine der Kratzdisteln, deren Blüten sich fast ohne Stängel direkt auf die Erde kauern. Bergnelken, Küchenschellen und Steinbrechpflanzen. Wir suchten die Felsen zwischen den Flechten nach Wegmarkierungen ab, das Gelb, das fahle Irischmoos, das grünlich schimmernde Gestein. Der ständige Wechsel von Nah- zu Fernblick, das Umwenden, um den zurückgelegten Weg mit den Augen zu messen und die sich ständig entwickelnden Perspektiven der Landschaft aus einem weiteren Winkel zu sehen, die sensorische Wachsamkeit, die entsteht, wenn man in der klaren Luft Blüten riecht, ein Insekt oder einen Vogelruf über dem Rauschen des Baches vernimmt – das alles schärft die Sinne, die plötzlich wieder mit einem Radius von 360 Grad ausgestattet sind. Wir werden aufmerksam für das in den Augenwinkeln Vorbeihuschende, die Gabe der früheren Jäger und Sammler.

Am Ende des Tals schauen wir ungehindert hinüber zu den Tessiner Alpen, die sich Bergkette für Bergkette immer weiter zurück ins Blau staffeln. Als schauten wir über den sich im Azur auflösenden Rand der Welt.

*

Wir fühlen uns auf dem Dach Europas, im Zentrum der Wasserscheiden des Kontinents. Auf dieser Seite des Gotthard-Massivs entspringt der Vorderrhein, auf der anderen die Rhône und der Ticino, die beide ins Mittelmeer fließen: Die Rhône bei Marseille in den Golfe du Lion, der Ticino über den Po in die Adria. Das Wasser aus dem Lago Scuro speist den Reno da Medel, der in die Nordsee fließt, während auf der anderen Seite Graubündens, im Engadin, nicht einmal fünfzig Kilometer Luftlinie entfernt, der Inn entspringt, der der Donau und so dem Schwarzen Meer entgegenströmt. Die Quellen der Meere scheinen alle zum Greifen nah.

Der Lago Scuro, der »dunkle« See, liegt direkt auf dieser europäischen Kontinentalscheide. Hätten die Gletscher während der letzten Eiszeit den niedrigen Felssattel, der ihn im Süden umläuft, ein wenig mehr abgehobelt, würde sein Wasser ins Tessin fließen. Hinter seinem schmalen Rand fällt die Landschaft 600 Meter beinahe senkrecht ab, und der Blick geht ungehindert in die Weite wie in die Tiefe. Dieses Gegensätze umspannende Panorama – das rätselhaft dunkle Petrol der Wasserfläche vor dem harschen schwarzen Gestein, der Fernblick in den Süden mit den grünen Alpen des Tessins und den weißen Schneekappen des Monte-Rosa-Massivs, die Vogelschau auf dem steilen Abstieg in eine von Seen, Almen und Lärchenwäldchen smaragdgrün leuchtende Ebene – macht für uns den Lago Scuro zum schönsten Quellsee des Rheins.

Vielleicht liegt im Lago Scuro sogar der eigentliche Ursprung des Stroms. Jeder, der einmal hier stand, wird an der offiziellen Festschreibung der Quellen zweifeln und den See, die Quelle des Reno da Medel, wählen. Er liegt weiter von der Nordsee entfernt und 100 Meter höher als der Lai da Tuma, der nordwestlich sieben Kilometer Luftlinie entfernte See, der offiziell als Ursprung des Rheins angesehen wird. Vom Lago Scuro müsste das Wasser weiter bis zum Meer wandern, würde es nicht nach wenigen Kilometern durch ein Stauwehr abgefangen und in einem Tunnel verschwinden, um auf der Tessiner Seite Turbinen anzutreiben und in die Adria zu münden. Doch dem Vorderrhein ergeht es nicht anders.

LAI DA TUMA, REIN ANTERIUR – Diesmal wollen wir dem Fluss und seinen Quellen nicht entgegengehen, sondern uns ihm auf dem Weg des Wassers nähern: von oben. Vom Oberalp-Pass geht es deshalb steil bergauf. 177 Stockwerke, wird das iPhone uns am Ende des Tages verraten, sind zu ersteigen, um auf den Pazola-Stock zu kommen: einen freistehenden Gipfel, um den sich der gesamte Horizont der Innerschweizer und Bündner Alpen auftut. Gezackte Gipfel umstehen uns in weiter Staffelung, die grünen Hänge sind wolkenverschleiert, Nebel umzieht die Berge, die Regenjacke ist immer bereit. Wie am Meer klart der Horizont auf, zieht sich zu, Wolkenschatten jagen über Berghänge, Sonnenflecken lassen einen Ort, eine Straße dort unten in einem Licht aufleuchten, das sie scheinbar näher rückt.

Hier auf dem Dach der Alpen beginnen die Rhône und der Rhein ihren Lauf Rücken an Rücken. Im Westen des Gotthard-Massivs glaubt man fast, die Quelle der Rhône zu sehen, doch während sie nach Süden aufbricht, fließt der Rhein vom entgegengesetzten Ende des Gebirgszugs nach Osten. Statt wie die Rhône aus einem Gletscher stürzt er sich aus einem vitriolgrünen Bergsee, dem Lai da Tuma, in das Tal, das wir von unserem Gipfel der Länge nach überblicken: Der ganze Vorderrhein liegt ausgestreckt vor uns. An klaren Tagen könne man bis nach Chur schauen, steht im Wanderführer, aber selbst heute sind am Ende Flims und die Rheinschlucht auszumachen. Als ob der Fluss einem Graben folgte, ist das Tal schnurgerade nach Osten gerichtet – bis nach Reichenau, wo sich Vorder- und Hinterrhein vereinen, um als Alpenrhein zum Bodensee umzuschwenken. Bäume sind nur weit unten zu erkennen: Wir sind in der Welt »über dem Wald« angekommen.

Vom Pazola-Stock geht es nur abwärts, in südlicher Richtung allerdings allmählich und über Bergweiden. Wir steigen immer wieder über umgestürzte Steinmauern, die den Hirten als Einfriedungen für ihr Vieh gedient haben, und stehen bald oben am Rand eines natürlichen Amphitheaters aus dramatisch steilen, bald anthrazit, bald braun glänzenden Felswänden, an deren Fuß, noch für uns verborgen, der Lai da Tuma liegt. Von überall stürzen fast senkrecht

Bäche hinab, und in der Modellierung der Hänge erkennt man die Arbeit der Gletscher. Einige Felsmulden sind auch jetzt, Ende Juli, noch mit Schnee gefüllt. Zwischen den Felsen mit ihren Flechten und Moosen liegen überall Placken von Gras verstreut, auf denen Ziegen herumklettern: ganze 380 Stück sollen es sein, die in dem Kessel mit ihren Glocken ein wie eine Wolke ständig hin und her wehendes Konzert veranstalten. Kaum haben wir sie mit dem Fernglas im Hang gegenüber entdeckt, bimmelt es um die Ecke, und wenn wir nicht aufpassen, springen sie an uns hoch: Sie sind Menschen gewohnt und wissen, was sie in ihren Rucksäcken tragen. Dazwischen zupfen sie mit Lippen und Zungen wie mit Pinzetten die Kräuter aus den Bergwiesen, den gelben Tüpfel-Enzian, den orangefarbenen Goldpippau oder die weiße Schafgarbe – im Juli leben sie in einem essbaren Herbarium. Von hier oben ist der Blick auf unser Ziel, den See, noch verdeckt, aber das Blechdach der Badus-Hütte glänzt auf halber Höhe. Erst als wir uns ihr nähern, wird am Grund ein Stück der dunklen Fläche sichtbar, auf der sich schwarzes Gestein spiegelt: der Lai da Tuma.

Der Abend vor der Hütte, die Nacht – es ist, als würden die Hänge uns gegenüber eine neue Seite aufschlagen. Der Himmel, der bis dahin eine verblassende Fläche über dem Berggrat war, wird zu einem Raum, den die Sterne nach und nach weiten und entfalten. Die Geräusche verändern sich, als wäre jedes einzelne von einem Saum aus Stille umgeben. Das Rauschen der Bäche, das Herunterschlittern von Geröll, das ein Tier losgetreten hat. In der Herde, die sich in der Hangschulter niedergelegt hat, regt sich eine Ziege. Ein heiserer Vogelruf. Die mit der Dunkelheit rasch einsetzende Kälte zieht eine Linie um alle Dinge: Alles ist klarer zu hören, aber in der Dämmerung mit den Augen nicht mehr auszumachen. Der Kopf wird wach, aber zugleich zerrt die zurückgelegte Steigung am Körper, der Schlaf ist in 2500 Metern Höhe einmal flach und dünn, dann wieder tief und fest – wir sind mitten in den Bergen, in den Falten des Gebirges, zwischen denen die Wasser entspringen.

*

Am Morgen sind es nur noch wenige Schritte hinunter an den See. Auf dem Weg dahin müssen wir durch Bäche waten und von Schrittstein zu Schrittstein durch sumpfige Niederungen springen. Gewaltige Felsbrocken, manche so groß wie Almhütten, andere wie Automobile, sind in die feuchten Wiesen gestürzt, in denen sanfte Schlingen mäandernder Bäche liegen. Gegen Osten tut sich zwischen zwei Felswänden eine Lücke auf, durch die helles Licht auf den völlig stillen Spiegel des Sees fällt. Am Ufer ist das Wasser reglos und klar, in der Mitte schimmert es in der Sonne einladend kühl und türkis. Dort, wo die Bäche einmünden, wagen sich einige Wanderer hinein und zittern. Die vertikalen Felsen und das horizontale Wasser verleihen dem Ort seine Spannung; es ist kein heroischer Ort, in dem sich ein Strom in die Welt abstößt, noch ist er idyllisch, denn der ganze Raum scheint von einem Sog durchzogen. Die Lücke, durch die das Licht fällt, ist die Öffnung, durch die das Tal den Rhein an einem flüssigen Faden aus dem See zieht. Der Fluss scheint kurz vor einer Steinbarrikade innezuhalten, bevor er sich dem Ziehen überlässt und in steilen Kaskaden den Hang hinabstürzt.

Nach einigen hundert Metern erreicht er auf der Hangschulter eine flache Mulde, eine schmale sumpfige Ebene, in der er sich verliert, um nach einem weiteren kurzen Sturz plötzlich unterirdisch zu verschwinden. Ein asphaltierter Amtsweg führt zu der Stelle, wo der Rhein in den Stollen abtaucht, in dem seine Kraft zur Stromgewinnung eingesetzt wird, um erst kurz vor Ilanz in sein eigenes Bett zurückgeleitet zu werden. Unterhalb der Stelle, an der er verschwindet, lässt die trockene Rinne des unterbrochenen Wasserfalls seine Wucht erahnen, lotrecht erstreckt sie sich über 200 Höhenmeter zum Talboden.

Der Rückweg vom Lai da Tuma zum Oberalp-Pass ist einfach und vielleicht der Grund, warum der See offiziell zur Rheinquelle ernannt wurde: Sie ist die zugänglichste von allen. Gleich neben der Passstraße wurde eine Replik des alten Leuchtturms an der Mündung des Stroms in Hoek van Holland errichtet. Am Lago Scuro wäre wenig Platz für solch ein symbolträchtiges Landschaftsmarketing, und wenn doch, würde es kaum jemand erreichen und sehen.

*

Der Schneefluss: Von der Aussichtskanzel des Pazola-Stocks warfen wir einen Blick in die Zukunft des Rheins. Am weiten Horizont konnten wir nur einen größeren Gletscher ausmachen: Das vor 200 Jahren »Eisgebirge« genannte Massiv um den Piz Medel. Noch vor 100 Jahren bestanden seine Eisfelder aus fünfundzwanzig miteinander verbundenen Gletschern, die seit ihrem letzten Vorstoß um 1850 zwei Fünftel ihrer Fläche verloren haben. Die nach Süden ausgerichteten Eisfelder sind fast völlig verschwunden. Im gleichen Zeitraum ist oberhalb von Ilanz am Vorderrhein das »ewige Eis« insgesamt um ein Viertel geschrumpft. Stoppt der Prozess der Erderwärmung nicht, werden von dem Rest bis 2050 weitere drei Viertel abtauen. Das hat Folgen, nicht nur für den Wasserstand des Rheins, sondern auch für seine Temperatur.

In einem wärmeren Europa wird in den Alpen eher Regen als Schnee fallen, und in feuchten Wintern wird der Fluss überall extrem anschwellen. Gleichzeitig werden bedeutend weniger Niederschläge von den Gletschern als Schnee und Eis zurückgehalten. Noch geben sie diese Mengen erst im Lauf des Jahres frei, wenn sie im Sommer schmelzen und dann den Fluss speisen. Bisher bedeutete dieser natürliche Speichereffekt, dass im Winter nur 30 Prozent des Wassers aus den Alpen stammen, im Sommer jedoch 70 Prozent. Diese Proportion wird sich verschieben, und die Wasserstände werden in trockenen Sommern wie 2018 drastisch fallen. Da es durch die Klimaerwärmung nicht nur in den Alpen im Winter mehr regnet als schneit und auch die Nebenflüsse durch Niederschläge beträchtlich steigen, erhöht sich die Wahrscheinlichkeit extremer Hochwasser.

Das Schmelzen der Gletscher bedeutet hier oben auch, dass in der Erde der Permafrost taut, der viele Steine und Felsen in den steilen Hängen festhält. Wenn sich das fortsetzt, wird es zu immer mehr

Steinschlag kommen, und zwar nicht nur auf den Höhen, sondern auch in den bewohnten Tälern.

Das Abschmelzen der Gletscher hat aber nicht nur Auswirkungen auf die Welt hier oben, es wird den gesamten Charakter des Rheins verändern. Als »nivaler, vom Schnee gespeister« Fluss hat er eine deutlich kühlere Temperatur als seine Nebenflüsse Neckar, Main oder Mosel, die »pluvial, vom Regen gespeist«, sind. Selbst der lange Lauf durch den Bodensee ändert nicht viel daran: Wenn man im Hochrhein schwimmt, badet man immer noch in einem kühlen Gebirgsbach. Erst im Oberrhein wärmt sich das Wasser auf.

Im Rhein sind die Fische, Muscheln, Algen und die Vögel und Säugetiere, die sich von ihnen ernähren, an die kühleren Temperaturen angepasst. Sollten sie sich ändern, wird eine 1230 Kilometer lange Flussklimazone in Mitleidenschaft gezogen. Im heißen Sommer 2018 durften manche am Rhein liegenden Kraftwerke ihr erwärmtes Kühlwasser nicht mehr in den Fluss leiten, um nicht bei den niedrigen Pegelständen die Situation zu schaffen, dass an der Grenze zu den Niederlanden die Wassertemperatur über fünfundzwanzig Grad steigt. In einem solchen Fall müssten noch mehr Kraftwerke abgeschaltet werden, denn es besteht die Gefahr, dass erste Mikroorganismen verenden und die Nahrungskette von unten her abstirbt. Als im Rekordsommer 2003 die Wassertemperatur im Rhein auf achtundzwanzig Grad stieg, fünf Grad höher als die der Elbe, kam es wegen des fehlenden Sauerstoffs zu einem großen Fischsterben. Der Rhein ist fragil geworden, und seine Verwundbarkeit nimmt hier oben ihren Anfang.

*

DIE GREINA, REIN DA SUMVITG – Während auf den Gräsern der Tau in der Sonne, die eben erst in das steile Tal dringt, wie Blüten glänzt, gehe ich in Gedanken jedes Ding im Rucksack durch. Wieso ist er nur so schwer? Die Aquarellkästen? Aber wir können nicht wissen, welche Farbe wir auf der Greina brauchen, der Hochebene zwischen Graubünden und dem Tessin, von der wir jahrelang eine Postkarte in der Küche hängen hatten: eine Landschaft, die unsere Besucher immer eher in Schottland als in der Schweiz ansiedelten. 900 Höhenmeter müssen wir noch über den Pass steigen, dann werden wir sie endlich mit eigenen Augen sehen.

Die Postkarte lag Mitte der neunziger Jahre überall in der Schweiz aus, denn die Greina war zum Symbol des Widerstands geworden. Das Hochtal sollte unter einem Stausee verschwinden, einer der letzten großen Zuflüsse des Vorderrheins, der nicht gleich von der Quelle an hydrologisch verbaut und genutzt wird, sollte nicht erst unten im Tal ein enges Reservoir speisen, sondern schon hier auf 2200 Metern über dem Meer. Im Gegensatz zu den Protesten von patriotischen Landschaftsschützern, die sich schon vom Ende des 19. Jahrhunderts an gegen Kraftwerkbau am Hochrhein richteten, war dieser Protest ökologisch motiviert. Hier ging es nicht um ein restauratives Heimatbild, sondern um eine alternative Ökonomie, um den Ausstieg aus einer Politik, die Fortschritt nur als wirtschaftliches Wachstum begreifen wollte und die dabei war, die Erde aufzuzehren. Die Greina war ein Symbol. Der Kampf um sie führte damals zu einem historischen Sieg, dem viele, so hofften wir, weitere folgen sollten. Aber die blieben, wie wir uns heute bitter eingestehen, aus.

Keine Straße, keine Seilbahn führt hier hinauf, nur Wanderwege: im Norden von Sumvitg oder über den Pass Diesrut von Vrin her – das ist unsere Route – oder im Süden vom Tessin herauf. Die Ebene selbst hat die Form eines südwestlich ausgerichteten Y, an dessen drei Enden jeweils eine Berghütte liegt – Terri, Scaletta und Monterascio.

Als wir nach neun Kilometern Aufstieg endlich auf dem Pass Diesrut stehen, liegt die Greina plötzlich unter uns: ein sich schlängelndes breites Kiesbett mit einem Flussmäander, eine baumlose grüne Schwemmebene, ein Hochmoor, das sich wie eine offene Hand an den weiten Himmel schmiegt. Das Licht ist so hell, dass die Schatten sich hinter die Dinge ducken und sie mit schwarzen Silhouetten umreißen. Die Farben leuchten umso mehr. Segantini-Licht.

Bergpieper huschen vorüber, Falken stehen am Himmel, Kuhglocken. Schon seit Jahrhunderten dient die Greina als Alm und als Übergang, der Olivone im Tessin mit Ilanz am Vorderrhein verbindet.

Im Sommer ist sie gastfreundlich gegenüber Tieren und Menschen, aber zweihundert Tage im Jahr ist sie unter Schnee begraben, und der lässt nichts von Menschen Gebautes stehen. Der Winter pflügt die Ebene ein ums andere Mal um und nimmt die niedrigen steinernen Mauern mit, zwischen denen die Hirten die Tiere einpferchten. Manchmal sind im Sommergras noch ihre Umrisse wie enigmatische Steinkreise auszumachen, aber sonst ist alles wieder neu – oder eben so, wie es immer schon war. Der Wind streicht durch die Tümpel und über die Wiesen, lässt die Wattebäusche des Wollgrases pendeln und wiegen und durchkämmt die Grasbüschel. Der Falke ruft.

Mit dem Abstieg in die Ebene scheint die Terri-Hütte wieder weiter in die Ferne zu rücken: Erst müssen wir die Greina überqueren, dann über einen Felsriegel klettern, an in den Stein geschmiedeten Ketten hinuntersteigen und wieder hoch, denn die Hütte steht über der tiefen Schlucht des nach unten schießenden Rein da Sumvitg wie ein Bergkloster auf einem Felssporn. Angekommen lassen wir die Aquarellkästen liegen, auf Socken laufen wir zum Brunnen, halten Hände und Arme ins kalte Wasser, trinken Tee und warten mit dem Fernglas auf die ersten Gämsen und Steinböcke.

Es ist, als gelte hier oben ein Maßstab, der alles in eine andere Perspektive rückt. Es ist nicht mehr der Maßstab der Menschen, sondern der der Natur. Das kann einem ein euphorisches Gefühl von Freiheit schenken, aber die Natur behält auch ihre Schrecken. Einmal trafen wir hier oben eine Familie, die in den Steinen unterhalb einer Steilwand, die durch Drahtseile gesichert war, nach etwas suchte. Ein verlorener Wanderstock? Nein, sie suchten eine Tafel, die an den Bruder des Mannes erinnerte, der hier, nur ein, zwei Kilometer oberhalb der Terri-Hütte, auf einer Skitour im Schnee verlorengegangen und erfroren sei. Wir schauen unwillkürlich hinter uns, wir können die Hütte von hier nicht sehen, aber ihre Nähe spüren. Fast hätte er es geschafft. Wir konnten den Gedanken nicht mehr abschütteln, es war, als ginge der Mann den ganzen Tag neben uns her.

*

Wer einmal hier oben ist, möchte den Moment des Abstiegs so lange wie möglich hinauszögern. Nur sieben Kilometer liegen zwischen den Hütten, der Weg von der Terri zur Scaletta ist nach den Mühen des Aufstiegs nichts. Uns bleibt jede Zeit der Welt, herumzustromern und den Varianten des Fließens zu folgen: Dem Stürzen der Wasserfälle, dem weichen Rieseln in den Wiesen, dem Versickern des Baches unter trockenem Geröll, dem Plätschern über einer Schutthalde, dem Murmeln der Rinnsale zwischen Wiese und Fels, dem Lispeln und Glucksen, wenn das Wasser langsam beschleunigt und schließlich vom Strom mitgerissen wird. Dazu das stille Wimmeln der Kaulquappen in den seichten, moorigen Mäandern, der Singflug des Bergpiepers, der Pfiff eines Murmeltiers, die Kuhglocken. Wir sitzen vor einem Moorteich, betrachten die Spiegelung der Berge im Wasser, die ziehenden Wolken, die kastanienbraunen Binsen und Seggen im flaschengrünen Ufergras, beobachten die Augen einer Kröte, die sich im Nassen verbirgt, sehen, wie Blasen aufsteigen und auf dem dunklen Spiegel mehr Rippelungen verursachen als der Wind, der das Wollgras zum Zittern bringt. Wir suchen uns Steine im Fluss, auf denen wir Stand finden können, stecken die hohlen Wanderstöcke aus Aluminium ins Wasser und legen ein Ohr auf den Griff. Wie Reiher mit Krücken stehen wir da und horchen mit Stethoskopen in die Welt unter Wasser: die dumpfe Unterseite seines Plätscherns, das Gurgeln, das in weiten Intervallen an- und abschwillt, bis es einen dröhnenden Rhythmus findet, der sich wieder verliert, die Bewegung der Kiesel, ihr Fließen am Boden der Strömung, ihr Knirschen, Rollen und Zischen. Dann das dunkle Rumpeln, wenn einer der Wackersteine, auf denen wir balancieren, sich bewegt, ins Rutschen kommt und man schnell abspringt.

Wir folgen dem Rein da Sumvitg stromauf. Die Talsohle ist von Kalkstein geprägt, in den der Fluss tiefe Schleifen eingegraben hat – als wollte er eine Vorschau auf die Rheinschlucht geben. Nur wenig oberhalb tritt er aus dem hellen Gestein eines riesigen Schuttfächers hervor. Hoch oben haben sich unterhalb der in Pyramiden auslaufenden Gipfel des Piz Vial und Piz Greina einige der letzten nach Süden gehenden Gletscher und Firnfelder erhalten. Sie speisen den Rein, aber Wasser und Sonne, Eis und Wind lassen immer mehr erodiertes Gestein die Hänge herunterrutschen. Es füllt die gesamte Talsohle und brandet vom Schiefer des gegenüberliegenden Piz Corroz zurück. Genau zwischen den beiden Bergen verläuft die Naht zwischen Nord- und Südalpen, zwischen Nord- und Südeuropa, längs im Tal markiert durch eine breite Narbe aus hell leuchtendem Dolomit, ein wie mit dem Lineal gezogenes Kalkband, in das der Fluss sein Bett gräbt – genau in die Falten der ältesten Gesteinsschichten des Kontinents.

Steinpyramiden und Wegmännchen markieren einen Pfad über den Geröllfächer, doch der Weg scheint sich ständig zu verschieben: Mit nassen Wanderstiefeln springen wir über immer neue Bäche und Rinnen, um es hinüber zu schaffen und nur einigermaßen auf Kurs zu bleiben. Das Wasser schmeckt nach einem in der Faust zusammengepressten Schneeball, es ist so kalt, dass einen die Furcht befällt, die Zähne könnten wie Porzellan springen. Die Wiesen ringsum sind gelb von Arnika und Habichtskraut. Das überhelle Licht löst die Primärfarben der Blüten aus den sie umgebenden Tönen, es ist, als wäre ein Filter von den Farben genommen. Der blauviolette Eisenhut, das Himmelsblau des Schlauch-Enzians. Hummeln, wilde Bienen und Apollofalter. In meiner Kindheit an der Mosel habe ich den weißen Schmetterling mit den vier roten Augenpunkten, sosehr ich auch suchte, nie zu Gesicht bekommen. Auf allen Tafeln mit Tagfaltern ist er der erste und größte. Hier ist es der etwas kleinere Alpenapollo, dessen Körper durch lange Härchen geschützt ist und pelzig wirkt. Er hat nicht nur auf dem unteren Flügelpaar je zwei rote Augenpunkte, sondern auch vorn auf dem oberen je einen. Wenn er auf einer Blüte sitzt, um Nektar zu trinken, zieht er die beiden Flügelhälften übereinander, und da sie gegen den Rand fast gläsern wirken, schimmern die unteren roten Augen durch und verstärken den Eindruck der oberen. Einzeln gaukelt der Apollo von einer gelben Blüte zur nächsten, aber kaum hat man einen von ihnen gesehen, finden sich immer mehr. Auch zwischen dem Geröll steht Habichtskraut; die niedrig wachsenden Steinbrech und Hauswurz, die Wirtspflanzen der Raupen, ducken sich ins Gestein. Ich versuche, dem Falter mit der Kamera zu folgen, aber seine Schönheit ist so unerwartet wie flüchtig, und immer wieder bleibt das Bild leer.

Auf der gleichen Höhe wie der Lai da Tuma, 2350 Meter über dem Meer, liegen wir im Gras zwischen den ersten Rinnsalen, die vor unseren Füßen zum Rein da Sumvitg zusammenfließen, und schauen über das Tal, das ihn aufnimmt. Mit einer großen Biegung gelangt er zu dem flachen Kiesbett und fließt unter dem behelfsmäßigen Steg, der Ponti di Pastori, hindurch in die vielfach verflochtenen Flussarme, die sich unterhalb des Pass Diesrut gebildet haben, bis er unvermittelt in einem steilen Wasserfall die Ebene verlässt und in einem engen Tobel nach unten stürzt, vorbei an der Terri-Hütte und hinunter zum Vorderrhein.

Mitten in der Landschaft, gleich bei der Ponti di Pastori, der Brücke der Hirten, gibt es einen großen Steinhaufen, der wie ein riesiger, mannshoher Bienenkorb wirkt. Eine kleine Eisentür ist wie eine Ofenklappe eingelassen, dahinter steckt eine Kassette mit dem Gästebuch der Greina, ein Stammbuch der Natur. Dort treffen wir die Frau wieder, die nach der Gedenktafel für ihren toten Schwager gesucht hat. Ob sie die Stelle gefunden habe? Nein, leider nicht. Aber in das Buch schreibt sie: »Wunderschön«.

7 Via Mala

Mit den weiten Fächern seiner beiden Quelläste und ihrer Zuflüsse tastet sich der Rhein an die Wasserscheiden des Kontinents heran. Oft berührt er sie, und die Menschen mussten ihm nur stromauf folgen, um Übergänge in das Land hinter den Barrieren aus Fels und Stein zu entdecken. Kein Fluss in Europa führt zu so vielen Alpenpässen wie der Rhein: Der Reno da Medel fließt vom Lukmanier herunter, der Vorderrhein kommt vom Oberalp-Pass, der Rein da Sumvitg vom Passo della Greina, der Hinterrhein gleichzeitig vom San Bernardino und dem Splügen. Vielleicht entspricht die dem Fließen eingeschriebene Sehnsucht nach dem Meer einer Fernsucht nach dem Hinübertreten in das Land hinter den Bergketten.

*

Über der Schlucht machen wir Rast am »Verlorenen Loch«, in einer tiefen Klamm, die der Hinterrhein wie einen engen gewundenen Kanal in den Fels gegraben hat, eine steile Kerbe, von deren Grund er aufblinkt. Wir sind auf der Via Mala, dem »schlechten« oder »bösen« Weg. Das Verlorene Loch im unteren Teil der Schlucht passiert ein grober, unverputzter Tunnel, der mitten durch einen der senkrecht hinabstürzenden Felsen führt. Mit dem Durchbruch war es 1823 zum ersten Mal gelungen, Thusis und Zillis, die Städte am Ein- und Ausgang der Via Mala, mit einer Fahrstraße zu verbinden: Nach über 2000 Jahren war der Engpass im Zugang zu zwei der wichtigsten Alpenpässe, dem Splügen und dem San Bernardino, überwunden. Aber die mit Hilfe von Mailänder Geld gebaute Trasse hielt dem ständig wachsenden Verkehr keine 150 Jahre stand. Seit 1958 rollen die Autos über eine Nationalstraße, seit 1999 über eine Autobahn, die die acht Kilometer lange Schlucht großzügig mit Tunnels umfährt. So haben wir zu Beginn unserer Wanderung die »Commerzialstraße« von 1823 ganz für uns, ohne Wohnwagen und ohne Stau.

Die Sonne fällt senkrecht in die steile Schlucht. Wenn wir es wagen, über die Brüstung hinunterzuschauen, sehen wir in dem steinigen Flussbett zwischen gewaltigen Trümmern türkis schimmernde Tümpel: Gletschermilch, das Wasser trägt das von der Last des Eises feingemahlene Steinpulver mit sich. Der Fluss ist kaum auszumachen, im Sommer ist das Wasser knapp, umso mehr, seit weit über die Hälfte für die Stromgewinnung abgezweigt wird. Die niedrige Brüstung der Straße ist an manchen Stellen abgerutscht, das Geländer durch Stein- oder Eisschlag verschwunden, Steine, groß wie Ziegel, liegen überall auf dem Asphalt. In der Mittagshitze singt kein Vogel, und in dem gleißenden Licht liegt etwas Brütendes über der Landschaft. Wenn wir hochschauen, ist zwischen den dichten Baumkronen und Fichtenwipfeln das Blau kaum auszumachen: der Weg verläuft auf halber Höhe der über 300 Meter hoch aufragenden Wände, die sich oben zusammenzuschließen scheinen.

Seit der Bronzezeit benutzten die Menschen diese Schlucht, um auf die Passhöhen des Hinterrheins zu gelangen. Die ersten Pfade orientierten sich an Erosionslinien, die der Rhein im Lauf der Jahrtausende mit seinen jeweiligen Wasserständen in die Hänge gegraben hat: Kleine Felsabsätze und in die Wand gewaschene Rinnen, die die Römer mit ihrer Straßenbaukunst erweiterten. Sie meißelten an den gefürchteten Engstellen Galerien in den Fels, bauten Stege und verbreiterten den Weg so stark, dass immer wieder diskutiert wird, ob sie mit schmalen Karren hier hindurchgefahren sind oder ob es Saumtiere waren, die die Lasten hinauf- und hinuntertrugen. Ihr alter Pfad führte von Sils/Domleschg über die Carschenna durch die uns gegenüberliegende Wand bis an den Nesselboden, wo er über eine Brücke auf die andere Flussseite wechselte und die am meisten gefürchtete Passage begann: Hier führte der Steg steil bergan, an bestimmten Strecken waren Balken in die Wand getrieben und auf ihnen Bohlengänge montiert – manche sogar mit Dach, denn durch

Stein- und Eisschlag gingen die meisten Leben und die meiste Ladung verloren.

Um 1300 machten Wildbäche den Weg über die rechte Hangschulter uns gegenüber unpassierbar. Aber die Umgehung auf der anderen Seite reichte nicht, um den Splügen als den wichtigsten Pass nach Italien zu halten, der Septimer, der vom Engadin ins Bergell und so nach Italien führt, lief ihm den Rang ab. Die Via Mala verfiel allmählich. Erst als sich Orte in der ganzen Talschaft zusammentaten und 1473 einen Vertrag schlossen, den Weg wieder instand zu setzen und eine Brücke am Ausgang der Schlucht kurz vor Zillis zu bauen, ging es wieder aufwärts. Den so entstandenen Pfad bewunderte 1599 der Basler Kaufmann Andres Ryff: »Ganz sorgfältig aus Holz gemachte Straßen, die so an die Felsen geklebt sind, dass sie der Länge nach so hoch über dem Wasser des Hinterrheins am Felsen kleben wie Schwalbennester an einem Balken, und sind nicht breiter, dass bloß ein Saumpferd passieren kann.« Bis 1818, dem Jahr, in dem der Bau der Commerzialstraße begann, galt das in dem Vertrag festgelegte Abkommen: Die »Porten«, die in Zünften zusammengeschlossenen Säumer, übernahmen den Transport auf der Via Mala und brachten Mensch und Gut von einer der sechs Umladestationen zur nächsten. Ihr Dienst war teuer, aber dafür mussten sie sich verpflichten, für die Erhaltung des Weges zu sorgen, der immer offen bleiben sollte. Neben den Transportkosten wurden Zölle fällig, und für alle, die es eilig hatten, gab es einen Strack- oder Adritturaverkehr, eine frühe Form der Eilgutbeförderung. Es entstanden die »Susten«, Lagerschuppen mit Schlafsälen und Ställen, die als Verladestationen dienten, daneben große Gasthäuser mit riesigen Speichern und getäfelten Stuben, die auf die armen Bauern wie Paläste wirkten: Die Via Mala war wieder zu einer der wichtigsten »Reichsstraßen« geworden und schenkte der ganzen Talschaft Wohlstand. Ein Hinweis, dass nun auch Kutschen die Strecke passieren konnten, findet sich in der Agenda des Landmanns Johann von Caragut: »Im November 1652 er mir von Zillis bis gahn Thussis ein fueder walschen win mit einem Ochs gfüert.« Auch der Wein war aus Italien über den Pass gekommen.

Auf unseren Wanderungen waren wir oft inmitten der Berge, in engen Tälern, aber der Raum um uns hatte stets eine bestimmte Resonanz besessen, einen je anderen Klang. Diese Schlucht wirkt jedoch auf eine stumme Art abgeschlossen. Kein Laut dringt hier hinein. Als wir nach oben schauen, entdecken wir unter den Laubbäumen – Eschen, Eichen und Ahorne – eine Ulme: Fast überall auf dem Kontinent werden sie von einem Pilz dahingerafft, aber hier, in der feuchten Kammer der Klamm, konnte der Baum überleben. Ein Schmetterling sitzt auf einem Blatt, ein Kleiner Eisvogel, ein bräunlich-schwarzer Tagfalter, dem sich ein breites weißes Band wie ein gespreiztes V über die Flügel zieht. Das Eis des »Sommervogels«, wie die Schmetterlinge auch heißen? Wie Ballons scheinen über uns die Wipfel in dem schmalen Streifen Firmament zu treiben.

Die Wildheit der Pässe und die Mühen des Aufstiegs vermittelten den Menschen das Gefühl einer Grenze und ihres eigenen Ausgesetztseins. Sie werden schon immer von einer anderen Fortbewegung geträumt haben, von einer anderen Art, die Pässe zu bezwingen. Ein Gleiten oder Schweben. Einen der phantastischsten Vorschläge machte einer, der von hier stammt, aus Vrin, dem Ort unterhalb des Pass Diesrut, der auf die Greina führt: Pietro Caminada. Wenn sich seine Vision vom Beginn des letzten Jahrhunderts erfüllt hätte, würden wir jetzt Fische statt Schmetterlinge und die Unterseite von Lastkähnen statt Baumwipfeln über uns sehen.

Dabei war Caminada alles andere als ein Phantast, er war Ingenieur. Und eines seiner eindrücklichsten Werke ist weltbekannt: Die Straßenbahn, die in Rio de Janeiro über den hohen Aquädukt führt. Er hatte die Idee, ein verkehrstechnisches Problem der Stadt zwischen den Hügeln dadurch zu lösen, dass er einen nicht mehr benötigten Aquädukt zur Steinbrücke umfunktionierte, über den er die Gleise der Santa Teresa Tramway verlegen ließ. Er hatte eine Straßenbahn in den Himmel versetzt.

1862 in Mailand als Sohn eines Auswanderers aus Vrin geboren, hatte es ihn zuerst nach Argentinien gezogen, aber 1892 besuchte er Rio de Janeiro und blieb dort. 1898, zwei Jahre nach der Straßenbahn auf dem »Arcos de lapa«, plante er eine zweigleisige Hänge-

und Hochbahn, die über Flüsse geführt werden könnte – etwa wie die gleichzeitig in Wuppertal installierte Schwebebahn. Caminada beschäftigte sich mit Hafenumbau und zeichnete als Stadtplaner einen der ersten Pläne für die am Reißbrett entworfene Hauptstadt Brasilia.

1907 kehrte er nach Italien zurück, entwarf für Rom den Umbau des Hafens, für Mailand ein neues Stadtviertel, das sich direkt vom Domplatz nach Süden erstrecken sollte, und ließ eine neue Art Schleuse, seine »Röhrenkanäle«, patentieren. Nach seinem neuen System sollten Schiffe über die Berge segeln, und nicht allein über die Berge, sondern gleich von Meer zu Meer. Die »transalpine Wasserstraße«, die er plante, sollte von Genua nach Mailand, von dort über den Comer See nach Isola unterhalb des Splügen-Passes führen, der mehr als fünfzehn Kilometer lang untertunnelt werden sollte. So würden die Schiffe auf der Schweizer Seite in der Rofla-Schlucht wieder ans Licht kommen, um dann zu Tal zu gleiten, durch die Via Mala bis zum Alpenrhein, von dort zum Bodensee, nach Basel und bis zur Nordsee. Wirtschaftlich sollte der Hafenstadt Genua so ein riesiges Hinterland erschlossen werden: mit Mailand und Turin als den wirtschaftlichen Motoren Italiens, deren Waren über die Schweiz wichtige neue Märkte finden würden. Die Schweiz war damals, das wussten die Italiener als Mitfinanziers der Commerzialstraße, wirtschaftlich zu schwach, um solch ein Mammutprojekt zu realisieren. Pietro Caminada stellte schon 1907 dem König Vittorio Emanuele III. seine Pläne vor.

Angelpunkt seines Projekts eines transalpinen Wasserwegs waren seine »Röhrenkanäle«. Statt der üblichen Flussschleusen, von denen man Hunderte brauchen würde, um Schritt für Schritt die mehr als 800 Meter Gefälle vom Bodensee bis zum Eingangstor des Tunnels auf 1250 Meter Höhe zu überwinden, dachte er an schräggestellte Röhren. Das Schiff würde auf Schienen in sie hineingeführt, das Schleusentor würde sich hinter ihm schließen, und langsam würde Wasser die Röhre fluten. Durch den Auftrieb allein würde das Schiff nun von einer Röhre zur nächsten steigen: Statt waagerecht von Schleusentor zu Schleusentor, würde das Schiff vom Wasser selbst den Berg emporgetragen. Ein riesiges Pipelinesystem würde entlang den Hängen zum Berggrat hinaufführen, in großen Speicherbecken würden Bergbäche münden, um immer genügend Wasser zu liefern.

Die Idee schien bestechend einfach, die Fachleute der Zeit hielten sie für umsetzbar, und alles schien nur noch eine Frage der Finanzierung. »Der gesamte Wasserweg Genua–Basel weist eine Länge von 591 Kilometern auf, von denen 230 Kilometer auf Seen und schiffbare Flüsse entfallen. Der eigentliche Kanal misst folglich 361 Kilometer, wovon 30 Kilometer in doppelten Galerien, 43 Kilometer im Röhrensystem und der Rest im offenen Kanal mit Gefälle geführt werden.« Damit läge von Basel aus das Mittelmeer näher als die Nordsee.

Betrachtet man die Zeichnungen, die Caminada seinem Pamphlet »Gebirgskanäle. Ein neues System für den natürlichen Transport auf Wasserwegen« (1905) beigab, erinnern sie an Collagen aus Illustrationen aus dem Bilder-Duden, wobei Abbildungen ohne Rücksicht auf die verschiedensten Maßstäbe zusammenmontiert wurden.

1923 starb Caminada, ohne die Schiffbarmachung der Alpen erlebt zu haben. Seine geopolitische Vision von einem durch Wasserwege zusammenwachsenden Europa sollte jedoch zum Keim vieler Entwürfe werden, die in den nächsten fünfzig Jahren folgten und in denen der Rhein immer eine zentrale Rolle spielte. Christian Caminada, ein Verwandter aus Vrin und späterer Bischof von Chur, schrieb in seinem Nachruf auf den Ingenieur: »Er war ein Feuerkopf mit langem weißem Bart und Haar bis auf die Schultern, ein brennender Vesuv mit Schnee auf dem Gipfel.« Sein Projekt sei eine »technische Dichtung«, formulierte es ein Konkurrent. Doch in einer Zeit, in der Jules Verne Reisen auf den Mond und zum Mittelpunkt der Erde erdachte, Gaudí in seiner Statik die Schwerkraft kompositorisch auf den Kopf stellen wollte und man sich nach den Pyramiden der Moderne sehnte, Bauwerken, die man vom Weltall aus erkennen würde, schien seine Idee gar nicht so verwegen.

*

Tief unter der Commerzialstraße treten die senkrechten Wände der Schlucht immer enger zusammen. Sie ist in sich gewunden wie ein Seidenschal, die Wände springen vor und zurück. Wo sich ein Felsen ausbuchtet, scheint sein Gegenüber zurückzuweichen, sie drehen sich umeinander, schieben sich übereinander, scheinen ineinander überzugehen. Es gibt Stellen, da verschwindet der Fluss vor dem Blick wie in eine Höhle. Der Rhein hat sich schmal wie eine biegsame Klinge tief in das Gestein geschnitten und die Gänge und Rillen seiner Strudeltöpfe in die Hänge gezeichnet.

Von der Brücke am Nesselboden können wir senkrecht in die Schlucht schauen: In einer Windung haben sich riesige Felsbrocken angestaut, ganze Baumstämme ragen aus dem Schutt, das Wasser steht in milchigen Tümpeln. Manche Baumstümpfe haben sich weit oberhalb des Flusses zwischen den Wänden verkeilt: so hoch muss das Wasser im Frühjahr hier hindurchgeschossen sein, dass es die Schlucht wie die Seitenwände eines Stollens mit Querstreben versah.

Hinter der Brücke geht es auf der anderen Seite weiter auf einem Waldweg, der durch den schrägen Hang führt. Die senkrecht stehende Sonne hat die Fichten und Tannen mit leuchtenden Konturen umgeben, aber zwischen den Bäumen ist es feucht und düster, immer wieder ist der Pfad von Erdrutschen und umgestürzten Stämmen unterbrochen. Wo der Steg an felsigen Passagen vorbeiführt, sind Drahtseile und Netze gespannt. Die Bäume geben nur selten einen Blick frei, kurze Momente, dann verschluckt der Wald wieder alles. Am Ende stehen wir auf der Straße, im Freien, gleich gegenüber dem Via-Mala-Kiosk, einem Informationszentrum und der einzigen Möglichkeit, ans Wasser zu kommen, ohne zu klettern oder sich abzuseilen.

Über 321 Stufen, Tunnels, Brüstungen, Galerien und Terrassen steigen wir hier in das Innere der Schlucht selbst: Pullover über, Jacken an, hinab in den Schatten des mehr als 60 Meter über uns ragenden Brückenbogens der Bundesstraße. Der Rhein, der sich hier in einem geschwungenen S durch den Canyon gegraben hat, verliert auf der kurzen Strecke viel von seiner Höhe. In Kaskaden springt er über eine Barriere aus Felsbrocken, von denen sich ein großer weißer zwischen den Wänden verkeilt hat und nun hoch über dem Wasser schwebt. Ein Stück des Flusses sieht aus wie ein gerader Kanal, dann schimmert er nur noch kurz zwischen den Felsen der Schlucht, die sich wie eine Tür zu schließen scheinen. In der Mitte ist ein riesiger Strudeltopf, wo sich im Eis ein Stein, angetrieben vom Wirbel eines durch Spalten senkrecht fallenden Sturzbachs, tief in den Fels gemahlen hat. Von allen Gletschermühlen, die wir am Rhein gesehen haben, ist sie die eindrucksvollste, denn das Wasser hat eine Seite der senkrecht gewundenen Röhre beinahe vollständig abgetragen: Die runden organischen Formen im Inneren liegen offen. Im noch intakten Steinkreis am Grund der Mühle erscheint der nach den Kaskaden schäumende Rhein wie unter der Linse eines Teleskops.

Eine über hundert Meter lange Halbgalerie führt zu einem Balkon, der den Blick um die Ecke in die nächste Biegung der Schlucht freigibt. An einer Stelle kann man mit ausgestreckten Armen die gegenüberliegenden Wände berühren, an einer anderen wirkt die Schlucht noch schmaler. Eine Gruppe Froschmänner mit roten Kletterhelmen rutscht durch den Wasserfall der Kaskaden, schwimmt im Kanal weiter und ist im Nu verschwunden.

*

Wieder oben, entdecken wir in der linken Wand hoch über der Schlucht eine der berüchtigten Halbgalerien, die im Mittelalter für den »bösen« oder »schlechten« Ruf des Weges standen und die heute nur durch Klettern zu erreichen sind. Die Felsnische ist mit aus Holz geschnittenen Silhouetten römischer Soldaten markiert, ohne die wir auf die aus dem Stein geschlagene Wölbung gar nicht aufmerksam geworden wären. Wo immer nötig, waren solche Stellen im Mittelalter mit den gleich Schwalbennestern an den Fels geklebten hölzernen Gehsteigen versehen – eine schmale Strandpromenade, die zwischen Himmel und Hölle balancierte.

In der Via Mala gab es viele Gefahren: Unwetter, Steinschläge, Eisstürze, das Anschwellen des Flusses, der damals noch ungezähmt und wild war, die Feuchtigkeit, die die Schlucht nie verließ. Auf dem Holz lag, wohl um es zu schonen, Erde, sie war von der Nässe glitschig, die Pfade wurden von den Hufen Hunderter Maulesel zertreten. Es gab sicher ehrliche Träger, aber auch Spediteure, die zuerst an sich dachten. Das Tosen des Flusses, der schwindelerregende Blick in die Tiefe, die Rufe der Treiber, die Geschichten von verlorenen Gütern und in den Abgrund gestürzten Menschen, die in den Susten die Runde machten: Unheimlicher konnte solch ein Steg kaum sein.

Verständlich, dass sich holländische Kaufleute im 17. Jahrhundert Sorgen über den Zustand der Straße machten, die zum wichtigsten Alpenpass nach Italien und in die reiche Lombardei führte. Ungewöhnlich war ihre Lösung: Sie beauftragten einen Maler und Zeichner, die Lage an Ort und Stelle in topographischen Skizzen genau zu dokumentieren. Jan Hackaert war zwanzig Jahre jünger als Rembrandt, als Maler widmete er sich Landschaften, die er als Reisender besuchte, vor allem die Schweiz mit den Quellen des für die Niederlande alles bestimmenden Flusses. Bereits 1653 hatte er den Rheinfall bei Schaffhausen gezeichnet, ein topographisch exaktes Bild in einem Breitformat, für das zwei große Blätter aneinandergeklebt werden mussten. Es befindet sich heute in einem gewaltigen Idealatlas, den der Amsterdamer Rechtsanwalt Laurens van der Hem für sich privat zusammenstellte. Er ging dabei von dem umfangreichsten und teuersten Kartenwerk der Zeit aus, dem monumentalen *Atlas Maior* von Joan Blaeu, mit 600 Karten und 3000 Textseiten. Van der Hem gab nur für sich weitere Karten in Auftrag, ließ Landschaften topographisch zeichnen, klebte die Blätter hinein und fügte Beschreibungen von eigener Hand hinzu. Aus den elf Bänden Blaeus wurden so fünfundvierzig, dazu kamen Ergänzungsbände und Mappen. Joan Blaeu, der auch Kartograph der Niederländisch-Ostindischen Handelsgesellschaft war, unterstützte diese Erweiterung seines Lebenswerkes. Er überließ van der Hem nicht nur das eigens für ihn geschöpfte Papier, damit sich die in weißes Pergament gebundenen Bände so weit wie möglich glichen, sondern kopierte Karten und Ansichten aus »dem sogenannten Geheimatlas der Ostindischen

Kompanie. Offenbar deswegen gestattete van der Hem zeitlebens niemandem die uneingeschränkte Einsicht in seine Sammlung, nicht einmal seiner Tochter und Erbin Agathe.«

1655 reiste Jan Hackaert ein weiteres Mal in die Schweiz und traf im März in Zürich ein. Vermutlich auf Vermittlung seines Schweizer Malerfreundes Conrad Meyer, eines Schülers des Kupferstechers Matthäus Merian, lernte er den Festungsbaumeister Johann Georg Werdmüller kennen, der ihn acht Monate lang in seiner Zürcher Stadtresidenz, dem alten Seidenhof, als Gast aufnahm und ihm seinen Sohn Hans Rudolf als Schüler anvertraute. Im Mai und Juni brachen Meyer, Hackaert und Hans Rudolf Werdmüller zu Alpenreisen auf, nach Einsiedeln, an den Walensee und ins Glarus, wo Hackaert eine monumentale Panoramazeichnung des Tals mitsamt dem alles überragenden Berg, dem Vorderglärnisch, aus acht zusammengeklebten Papieren anfertigte. Die beiden Maler feuerten sich gegenseitig an, und am Ende entstanden Zeichnungen, die die Berge nicht idealisierten, sondern die Felsen und Klüfte, die Findlinge und Wälder mit einer Direktheit und Klarheit wiedergaben, dass der Betrachter heute glaubt, mit Tinte und Graphit entstandene Lichtpausen der realen Panoramen vor sich zu sehen. Für die Zeitgenossen besaßen diese Bilder nicht den gleichen künstlerischen Anspruch wie die Ideallandschaften, die Hackaert aus Elementen seiner topographischen Zeichnungen schuf: In diesen Zeichnungen und Gemälden isolierte er Landschaftsteile, dramatisierte ihre Darstellung, fügte anekdotische Szenen und Staffagefiguren ein oder bat seine Kollegen darum – auf diesen Bildern erscheint alles so, wie es sein könnte, schöner, geschickter.

Nach der Wanderung ins Glarus und an den Walensee reiste Hackaert allein weiter. Erst folgte er dem Vorderrhein bis Ilanz und zeichnete die vom Erdrutsch entblößte Wand des Flimsersteins aus verschiedenen Perspektiven. Anschließend folgte er dem Hinterrhein hinauf zur Via Mala, wo er sich von Juli bis Mitte September aufhielt und die gesamte Talschaft abwanderte.

Hackaerts topographische Zeichnungen aus der Schweiz kennen wir vor allem aus Band 43 des Atlas von van de Hem, der sie als Liebhaber von Landkarten mehr geschätzt haben wird als Ideallandschaften. Von fast allen Ansichten bieten uns Hackaerts Bilder die frühesten visuellen Dokumente, die wir besitzen: Wir sehen den Säumerpfad in der Via Mala so, wie er über viele Jahrhunderte lang bestand. Dagegen sind die wenigen zeitgenössischen Reiseberichte ungenau und von Übertreibungen verzerrt. Die Passagiere der Säumer hatten in ihrem Gepäck keine Karten, um ihre Position zu bestimmen, und oft ist schwer auszumachen, von welcher Stelle die Rede ist. Der Blick Hackaerts ist hingegen von großer Präzision der Details und zugleich von einem Gespür für die Tektonik der Felsen und Hänge geprägt. Seine Erfassung des Raumes und seiner Tiefe scheint unbeirrbar, und zugleich kann er die Textur der Oberflächen – die Waldhänge, die Wiesen und Weiden, das fließende Wasser – in ihrer Bewegtheit wiedergeben. Oft wuchs die Zeichnung: Er musste Blätter ansetzen und nachher alles wie eine Landkarte zusammenfalten, damit sie ins Gepäck passte. Das gibt den Zeichnungen etwas Nüchternes, als seien sie für den täglichen Gebrauch bestimmt. Er benutzte schwarze Kreide oder Tusche, die er mit der Feder sehr sparsam in präzisen, kurzen Strichen verwendete, in Tupfen aufsetzte, er punktierte das Papier mit der fast trockenen Feder. Im Gegensatz zu seinen Ideallandschaften gibt es nur selten wirklich dunkle, mit dem Pinsel lavierte Partien, so dass auch die Schatten auf den Hängen in ihrem hellen Grau licht wirken. Wie auf einer leichten Bleistiftzeichnung behalten seine Blätter etwas Durchscheinendes, als würde das Gegenüber, die von ihm beobachtete Natur, durch das Papier leuchten.

Was uns an dieser Begegnung von Blick und Landschaft so berührt, ist eine Mischung von Trompe-l'œil und Déjà-vu. Wenn wir heute durch die Via Mala wandern, sieht alles genauso aus: Es sind andere Bäume, aber immer noch die gleichen Tannen. Dieselben Felsen liegen im Wasser, umfangen von dem gleichen rastlosen Fließen.

Dem Kunsthistoriker Gustav Solas gelang es, die Zeichnungen genau zu lokalisieren und dabei zu entdecken, dass sich sieben der höchst detailliert ausgearbeiteten Blätter auf einen Wegabschnitt von nur 300 Metern beziehen: ebenden Teil, auf dem sich die fünf gefürchteten hölzernen Halbgalerien befanden. Dabei ging Hackaert genauso vor wie die Wanderer heute, die mit der Kamera zuerst die Landschaft vor sich aufnehmen, um sich dann umzuwenden und den zurückgelegten Weg zu photographieren. Er dokumentierte die Strecke Abschnitt für Abschnitt. Die drei anderen der zehn überlieferten Zeichnungen aus der Via Mala betreffen alle die Brücke bei Rania, die nach dem Vertrag von 1473 erbaute Punt da Tgiern am hoch gelegenen Ende der Schlucht. Ein Blatt stellt ihre genaue Lage in der sie umgebenden Landschaft dar, eines untersucht aus der Nähe den baulichen Zustand, und das dritte zeigt im Aufblick die Fahrbahn und die Brüstung: »Hackaert hält die Wegstrecke auf dem gefährlichen Abschnitt so genau fest, dass Zustand, Breite und Verkehrskapazität objektiv zu beurteilen sein sollten.« Welche Folgerungen die Amsterdamer Handelsleute daraus zogen, wissen wir nicht. Das Motiv für die zeichnerische Untersuchung mag die Diskrepanz zwischen der mittelalterlichen Anlage des Passweges und dem anschwellenden Güterverkehr des 17. Jahrhunderts gewesen sein. Sind die eigenen Waren dort sicher? Sollte man etwa den Zünften der Säumer eine Verbreiterung der Brücke vorschlagen? Und finanzielle Hilfe anbieten?

Die Zünfte oder Porten sperrten sich gegen jede Neuerung und konnten ihre Macht bis 1834 behalten. Wenige Jahre nach dem Bau der Commerzialstraße mit dem Durchbruch am Verlorenen Loch endete ihr Monopol. Richard La Nicca, der als Ingenieur den Bau der Straße leitete, war die Symbolkraft dieses Tunnels bewusst. Er ließ die Sprengung 1820 genau zu dem Zeitpunkt ausführen, als er auf Burg Hohen Rätien, hoch über dem Eingang der Schlucht, seine Hochzeit feierte. Pietro Caminada hätte sein Glas erhoben.

An Hackaerts drei Studien der Punt da Tgiern schließt sich eine verheißungsvollere Zeichnung an: »Ausblick von der alten Raniabrücke nach Süden ins Schams«. Die Via Mala liegt nun hinter ihm. Der Blick weitet sich in die Landschaft, das Tal verliert seine Enge, öffnet sich den Pässen und scheint neuen Atem zu schöpfen. Unsere Wanderung fand über 360 Jahre später, aber an den gleichen Sommertagen statt, und ebenso wie Hackaert sahen wir die Bäume im

Licht der Mittagssonne: Die Nadelspitzen glänzten und verliehen jedem Baum seinen eigenen leuchtenden Umriss, der ihm eine Individualität gab und ihn zugleich zum Teil des Waldes machte. Die Zeichnungen zeigen uns eine Welt, die der unsrigen gleicht, eine Natur, die so lange Bestand hatte und die wir jetzt Schritt für Schritt aufgeben. Das ist das in die Zukunft projizierte Déjà-vu der fragilen, an den Rändern eingerissenen Blätter – eine nüchterne Prophetie, vor über 360 Jahren an uns adressiert.

8 Die Stimme des Wassers ist die Form der Berge

REICHENAU – Der Zusammenfluss von Vorder- und Hinterrhein, ein wenig südlich von Chur, ist keine friedliche Vereinigung, sondern eine mächtige Konfrontation: Zwei der größten Wildbäche Europas stürzen von West und Ost aufeinander zu in ein weites Becken, um das sie sich zu streiten scheinen, bevor sie gemeinsam im rechten Winkel in einem doppelt so breiten Bett nach Norden strömen. Im Sommer führt der Hinterrhein die mächtigere Wassermenge, vielleicht nur, weil die Wildbäche im Valser- und Safiental zu ihm hinübergeleitet wurden, um seine Turbinen anzutreiben. Der Vorderrhein hingegen scheint schneller zu fließen.

Wie eine Drachenschnur tanzt eine Linie zwischen den beiden Massen. Sie markiert die Wasserwand des Hinterrheins, auf die die Strömung des Vorderrheins prallt. An dieser Linie bildet sich vom Vorderrhein her eine Welle, die verebbt, eine zweite, die sich bricht, gefolgt von einer weiteren, die nach unten in einen Strudel abreißt und von der sich beschleunigenden Strömung weggezogen wird. Die Wellen gehen höher, vielleicht wurde hinter Ilanz die Wasserzufuhr des Vorderrheins verstärkt, weil man gegen Abend mehr Durchlauf im Stromwerk braucht. Ein neuer Strudel dreht einen Trichter in die Wasserfläche, zieht einen zweiten Strudel hinter sich her, und dann schauen wir zu, wie sich eine Kette von Strudeln bildet, wie das Wasser pilzförmig aufquillt, während die Linie immer weiter zwischen den Flüssen tanzt und sich Wellen brechen: keine Brandung am Strand auf Sand und Kies, sondern eine mitten im Fluss. Die Wellen, Spiralen, Pilze scheinen sich in bestimmten Mustern zu wiederholen, aber wir können die Sequenz nie richtig vorhersagen – immer wenn man denkt, jetzt der Pilz, kommt ein Wasserwirbel oder eine Welle.

Über dem Zusammenfluss liegt ein Park, der mit seinen ornamentalen Beeten und alten großen Zedern und Platanen auf die damals in Postkutschen und später mit den ersten Automobilen Reisenden wie ein Refugium gewirkt haben muss. Zur Zeit ist der Swimmingpool abgelassen. Direkt am Zusammentreffen der beiden Flüsse steht ein kleiner Tempel, durch den man über eine grobe, natürlich wirkende Wendeltreppe in eine dunkle, niedrige Grotte hinabsteigt, um auf eine in den Fels gebaute Aussichtsterrasse zu treten, die direkt über die hinwegfließende und sich immer wieder neu bildende Linie auf dem Wasser hinausführt: über den Geburtsort des Rheins.

Reichenau liegt auf einer kleinen Erhebung unterhalb des Monhämmerlis, des Hügels, der die Sichtachsen von Carschenna und Falera miteinander verbindet. Die Kirche thront auf einem Felsdorn und ist vor Lawinen geschützt, die von den steilen Hängen links und rechts herunterdonnern könnten. Der kleine Ort am Verzweigungspunkt der Passstraßen hatte über Jahrhunderte eine privilegierte Position. Als müsste er nun dafür zahlen, ist er heute isoliert auf einer Verkehrsinsel von drei Straßenbrücken und einem Eisenbahnviadukt umstellt.

Am Abend ist die Gletschermilch der Flüsse stumpf, im Schatten ist aus dem in der Sonne aufleuchtenden verwaschenen Türkis ein helles Oliv geworden. Den Verkehrslärm muss man ausblenden, die Autobahn liegt gleich hinter der Eisenbahn, deren Rattern einen kurz taub zurücklässt. In der plötzlichen Stille hört man kurz das silbrig helle Überschlagen der Wellen und das Zischen, wenn die Gischt sich auflöst.

*

IN DER ROFLA-SCHLUCHT – Vor wenigen Stunden haben wir noch hoch in den Bergen, oberhalb von Andeer, in einer engen Klamm gestanden, durch die einer der zahllosen Seitenarme des Hinterrheins hervorstürzt. Die Schlucht war jahrhundertelang verborgen geblieben, obwohl sie ganz nah an der Passstrecke zum Splügen liegt. Erst zu Beginn des letzten Jahrhunderts konnte der Rofla-Wirt unmittelbar hinter seinem Haus die Felskluft mit Hammer und Spitzhacke zugänglich machen und seine Besucher vor einen der Quellpunkte des ganzen Fließens hier im Tal führen. Zumindest kommt einem der Ort so vor, wenn man sich über den engen Pfad durch die Felswand mit düsteren Fichten und Steinbrocken vorangetastet und sich mit eingezogenem Kopf durch den aus dem Granit gebrochenen Tunnel gedrückt hat. Am Ende sieht man, was man seit der Hintertür der Gasthausstube, durch die man in die Schlucht gelangt, hört: Ein Tosen und Brausen, Schlagen und Prasseln, Zischen und Donnern, mit dem der Fluss in einem mächtigen Wasserfall zwischen den Felsen hervorstürzt. Selbst unter dem Wasserfall hindurch wurde ein Weg gemeißelt, und so kann man direkt in ihm stehen. Doch die Quelle selbst bleibt in einer engen nassen Kluft versteckt; auch wenn man sich in der gegenüberliegenden Wand abseilen würde, ginge der Blick nur ein paar Meter weiter. Der Ursprung bleibt den Augen verborgen.

Schon seit 1639 ist ein Gasthaus an der Stelle der Rofla-Schlucht bekannt – der Warenverkehr, die Säumerkolonnen, die Reisenden, die über den Splügen-Pass wollten, machten die Herberge reich. Der Bau der Gotthardbahn 1882 machte sie arm, der Verkehr blieb aus. So arm, dass der Wirtssohn Christian Melchior-Pitschen mit seiner Frau nach Amerika auswandern musste – die Überfahrt zahlte die Gemeinde. Er wurde Diener, reiste an die Niagarafälle und war beeindruckt – nicht nur von dem Naturwunder selbst, sondern auch von der Art, es zum touristischen Ziel zu machen. Mit einem Plan kehrte er zurück. Im Sommer arbeitete er als Landwirt, aber im Winter schlug er von 1907 bis 1914 einen Weg zu seinem Wasserfall frei, zu dem er zuvor nur klettern konnte: Mit Handbohrern und Sprengstoff, mit Hilfe seiner Frau und seiner Kinder schuf er einen Weg in die Schlucht, der das Überleben des Gasthauses sichern sollte. Bevor man heute in die Schlucht darf, geht man durch einen dunkel getäfelten Raum hinter der Gaststube an den Hochzeitsporträts der beiden Melchiors vorbei. Mit einem Blick auf das primitive Werkzeug in den Vitrinen nickt ihnen der Besucher staunend zu – und schon hört man das Rauschen.

Unter dem Wasserfall ist das Tosen zu einem Flackern angestiegen, zu einem Zischeln. »Das Wasser reicht bis in das Innere der Flamme.« Für den Zen-Philosophen Dōgen, der ein Leben lang über das Paradox des Fließens und der Unbewegtheit der Berge nachgedacht hat, scheint jedes Element unmittelbar in das nächste zu greifen. Der Wasserschwall schlägt mit unterschiedlicher Intensität im Tosbecken auf und lässt in seinem unablässigen Trommeln unterschiedliche Rhythmen hören. Ein silbriges Prasseln hallt hell von der Felswand gegenüber wider, in die der Wasserfall im Lauf der Jahrtausende sanfte Formen geschmirgelt hat. Es gibt keinen Wind, keinen Laut, alles ist ein Rauschen, das – je länger man hier steht – einen immer dichter zu umfangen scheint und sich nicht verliert, wenn man langsam den Rückweg antritt. Die ausgewaschenen Formen der Felsen ändern sich, bald liegen wieder schartige Brocken, kantiges Geröll, in die Schlucht gestürzte Stämme im Bach. Die Widerstände in der Strömung geben dem Rauschen Nuancen, das Wasser scheint fast gurgelnd zu strudeln, aber dann stürzt es über eine weitere Schwelle tiefer hinab in die Schlucht, und Tosen verstopft einem wieder das Ohr. Nebelschwaden und Dunstschleier wehen durch die Schlucht, lassen die Silhouetten der hageren Fichten zu Tuschezeichnungen werden, hängen in der einzelnen Eberesche, schlucken die Farbe des Farns und lassen die Flechten wachsen.

Im Lauf der Jahre kehrten wir immer wieder zu der Schlucht zurück. Eigentlich ist sie eher kurz, vielleicht führt sie nur wenige hundert Meter weit zwischen die engen Felswände in das Innere des Gebirges, aber durch ihre Intensität wuchs sie in unserer Erinnerung immer weiter. Es ist, als wenn die Berge, das Feste, scheinbar Unverrückbare, und das Wasser, das immer Flüchtige und Fließende, sich hier an ihrem Ursprung berührten: als ob das Paradox ihrer Einheit hier seinen Drehpunkt fände. Die Elemente und Formen kommen zusammen und scheiden sich zugleich voneinander. Es ist einer jener Punkte, an denen die Schöpfung sich selbst hervorzubringen scheint. Mit diesem Tosen beginnt das *Sutra der Berge und Wasser* Dōgens: Die Berge »erheben sich bis zu den Wolken, und sie wandern im Himmel. Die Berge sind die Häupter aller Wasser, die sich immer

›auf dem Wasser‹ hin und her bewegen. Weil die Füße der Berge über alle Arten des Wassers fließen können und die Wasser tanzen lassen, bewegen sie sich frei im ganzen Universum.« An dem verborgenen Ort scheint die Einsicht Dōgens einen ihrer Quellpunkte zu finden und zu einer Wahrnehmung zu führen, die durch ihre Intensität Erfahrung wie Empfindung in sich schließt: Die Stimme des Wassers ist die Form der Berge.

★

IM ALPSTEIN – Kaum hat sich nach dem ersten Pfeiler das leichte Schaukeln der Seilbahngondel beruhigt, stecken wir im Nebel. Von der Talstation aus hatten wir es geahnt, aber es war unser dritter Versuch zu dieser Wanderung, diesmal sollte uns der Nebel nicht abhalten: Vielleicht wäre ja auf der anderen Seite des Berggrats alles frei, und wir hätten ungehinderten Blick auf das Rheintal?

Ziel der Seilbahn ist der Hohe Kasten im Appenzell, der nördlichste Punkt des schmalen Grates, den der Rheingletscher zu einer scharfen Klinge aus Fels geschliffen hat. Er trennt das Rheintal von dem Alpstein mit dem Säntis – der Bergkette, die im Süden über dem Bodensee steht. Bei gutem Wetter ist der Hohe Kasten eine Aussichtsterrasse, von der aus der Blick bis Friedrichshafen und Lindau, den Rhein hinauf nach Liechtenstein und auf der anderen Seite tief hinunter zwischen die Falten des Alpsteins reicht. Noch ist davon aber nichts zu sehen: Hinter der Orientierungstafel leuchten einzig die gelben Schildchen eines alpenbotanischen Gartens. Was tun? Wir haben nur Karten für die Hinfahrt gelöst, und so geben wir uns einen Ruck, überfliegen auf der Wanderkarte noch einmal den unsichtbaren Weg und stapfen los.

Nebelfetzen fliehen die Kalkfelsen hoch, Kiefern klammern sich in die Klüfte, zwei Kolkraben tauchen auf, ihr Ruf, ein Flügelflappen, ein eleganter Bogen – schon vorbei. Vom Panorama ist nichts zu ahnen, aber wir trösten uns, denn auch bei gutem Wetter ist das Appenzell nur in Schnappschüssen zu erhaschen. Das Gelände ist zerklüftet, und ständig wechselt Nah- mit Fernblick: Einmal leuchtet fast senkrecht ein vitriolblauer See herauf, hängt auf der gegenüberliegenden Talschulter eine Alp. Dann führt der Weg über eine Kuppe, und die Aussicht reicht bis zum Säntis, nach Sankt Gallen, dann zum Bodensee und weit in den Vorarlberg.

Plötzlich reißt im Nebel ein Fenster nach unten auf: das helle Grün der Wiesen, eingefasst von dem dunkleren Grün der Waldpartien entlang der Bäche. Das Netz der Bachraine erscheint von oben wie eine Momentaufnahme der Lichtreflexe, mit denen Wellen am Strand auslaufen: das sanft in Hügeln zum Bodensee abfallende Appenzell. Doch rasch wird alles wieder verwischt, wir halten uns an die Hinweistafeln des geologischen Wanderwegs und entdecken das Wänneli, eine schiefe Ebene, die steil nach Westen ins Rheintal abfällt, eine »Bergsturznische«, wie die Lehrtafel erklärt. Jetzt endlich sehen wir 1300 Meter steil unter uns den Grund des Rheintals: regelmäßig rechteckige Felder, begradigte Bachläufe, den eingedämmten Fluss.

*

Von den Bergstürzen mit Geröllhalden und Steinlawinen, von dem herunterschießenden Wasser, das sich früher in einer unwegsamen Auen- und Schwemmlandschaft voller Rheinarme, Tümpel und Seen verlor, ist heute nichts mehr zu entdecken. Doch vor der Kanalisierung war der Alpenrhein eine unwegsame Wildnis voller sich ständig verschiebender Flussmäander und Schotterbänke. Feldkirch, der österreichische Ort unten im Tal, dessen Häuser durch ein Nebelloch blinken, war die erste Übernachtungsstation des Lindau-Mailänder Boten, der seit dem Mittelalter die beiden Städte wöchentlich miteinander verband. Er beförderte Güter und Passagiere und brauchte seit dem Ausbau der Via Mala 1473 bei günstigem Wetter dafür fünfeinhalb Tage, bei Regen und Schnee bis zu zehn. Montags brach man in Lindau auf, zunächst mit dem Schiff über den Bodensee nach Fußach an der Rheinmündung, dann auf dem Pferd und mit Saumtieren nach Feldkirch: 40 Kilometer über Land, es war die kürzeste Etappe der Reise, und doch brauchte man einen ganzen Tag.

Wenn die Wege zu schlecht waren, rieten die Bürgermeister, über Wiesen und Felder auszuweichen. Am zweiten Tag ging es an den Hängen des Alpenrheintals entlang über den schon von den Römern benutzten Luzisteig nach Chur. Bis hierher wäre vielleicht eine Kutschfahrt möglich gewesen, aber jetzt kam die Via-Mala-Etappe bis Splügen, wo die dritte Nachtherberge genommen wurde. Wegen der Lawinengefahr ging es aus Splügen morgens in aller Frühe weiter, denn, so schreibt Joseph Furttenbach 1627 in seinem Reisebuch, wenn der Schnee in der Sonne »auf den höchsten Gebürgen beginnet zu fallen / darauss er ein solche Ballen am herunder waltzen machet / dass die offt nicht nur Ross und Mann / sondern auch gantze Häuser / darmit hinweg nimbt«. Große Teile des Passweges hinüber zum italienischen Campodolcino, wo sie gegen Mittag eintrafen, mussten die Reisenden neben ihren Pferden hergehen, die manchmal bis zur Brust im Schnee versanken. Schon drei Stunden nach der Rast in Campodolcino trafen sie in Chiavenna ein, dem vierten Übernachtungsort. Nun lag die von der Strecke her längste Etappe bis Mailand vor ihnen, aber es ging bergab, und dazu gab es eine Bootsfahrt über den Comer See. Wie mag diese von Licht erfüllte horizontale Fläche auf die Reisenden gewirkt haben? Alles Vertikale der letzten Tage schien der See in sich aufzunehmen und die Berge im Blau seines Ufers versinken zu lassen – wenn das Wasser nicht aufgewühlt und wild war und sich das Schaukeln auf Pferderücken im Schiff wiederholte. Die letzten Kilometer führten über bequeme Straßen bis zum Hotel Drei Könige an der Mailänder Porta Romana.

Auch im 18. Jahrhundert, auf einer an das neue Verkehrsaufkommen angepassten Via Mala, war es eine gefährliche Reise. Saumtiere stürzten in die Tiefe, Ladungen gingen verloren, Pferde verendeten vor Erschöpfung auf dem Pass, die Boten wurden ausgeraubt oder erlitten Schiffbruch. Es war ein so erprobtes wie gefährliches Abenteuer, als Goethe im Mai 1788 in der umgekehrten Richtung von Mailand nach Lindau mit dem Boten aus Italien zurückkehrte. 122 Gulden zahlte er samt Unterkunft und Verpflegung, »Leonhard Spehler«, den Namen seines Boten, hielt er in seinem Notizbuch fest. Rentabel sollten die Strapazen der Boten nicht mehr lange sein:

1826, die Commerzialstraße war noch nicht fertig, wurde der Dienst eingestellt.

*

Nebel zieht den Hang hinauf und hüllt alles wieder ein. Wir tasten nach den Drahtseilen, die den Weg sichern. Noch im September blüht blauer Eisenhut. Die Böden, die sich in den Kalkmulden angesammelt haben, wechseln ständig: ein Rotbraun, helles Ocker, fette Wiesenstücke, karges Moos.

Von der Alp unten hören wir Glocken heraufklingen. Am Sämtisersee haben die Kühe mit ihren Viehtritten die sanften Bögen der Hangterrassen nachgezeichnet, als wollten sie die Höhenlinien der Landkarte in die Landschaft übertragen. Der See changiert in den Tönen von Grünspan, die zum Ufer hin heller werden und in den Untiefen ins Kupferfarbene wechseln. Irgendwo in seiner Tiefe ist ein Abfluss verborgen: Unterirdisch versickert das Wasser, um auf der anderen Seite im Rheintal an die Oberfläche zu kommen, dort, von wo nun, wie ein Echo auf die Alpsteinkühe, die Glocken einer in den Stall heimkehrenden Herde heraufklingen: Nebel macht hellhörig.

*

Als hätte sich plötzlich alles Weiß aufgebraucht, leuchtet im Dunst die Kette der Voralberger und Liechtensteiner Alpen über das Rheintal herüber. Ganz hinten, aber das können wir hier heute nur auf der Panoramapostkarte sehen, Chur und der Calanda, an dessen Hang sich die Silhouette von Anselmo Gadolas Monhämmerli abzeichnet, das die Blickachsen von Hinter- und Vorderrheintal verbindet. Wir schauen über eine Strecke, für die der Lindauer Bote zwei Tage brauchte. Mit dem Fernglas suchen wir nach den Gipfeln des Hohen Ifen, des Nunatak, der zu der Zeit, als hier alles von Eis bedeckt war, aus dem Gletscher ragte. In der Ebene glänzen zwischen Waldpartien helle Siedlungsflächen, und die großen Quader der Speditionshallen liegen entlang der Autobahn verstreut, über die man in vier

Stunden in Mailand ist. Die früher handtuchkleinen Felder sind zu großen geometrischen Rastern angewachsen, in deren Mitte der von grauen Kiesbänken eingefasste türkisfarbene Rhein dem Bodensee zustrebt. September, dort unten ziehen die ersten Seeforellen.

III Das große Fließen beginnt

Auf dem Hochrhein

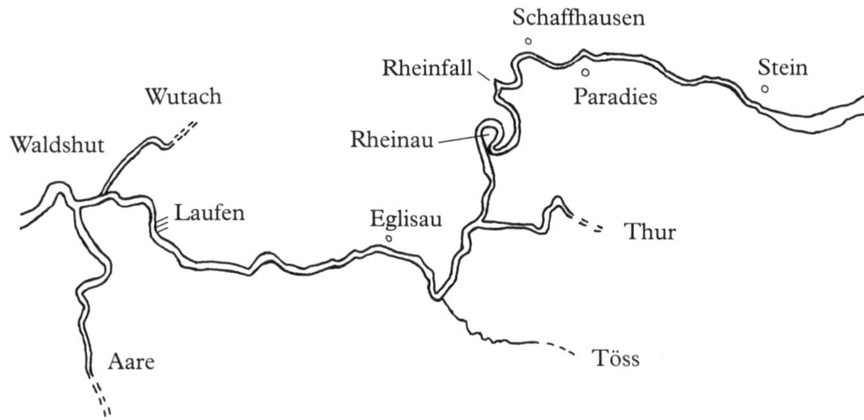
Schaffhausen
Rheinfall
Stein
Paradies
Wutach
Waldshut
Rheinau
Laufen
Eglisau
Thur
Aare
Töss

1 Im Faltboot

Der Alpenrhein stürzt sich bei Bregenz in den Bodensee, wo die dramatische Dynamik des Gebirgsflusses durch eine ebene Fläche abgefangen wird, die endlos wirkt wie das Meer. Von Lindau aus verschwindet Konstanz im Westen hinter der Erdkrümmung. Das mitgeschleppte Geröll lässt die Mündung in den See hineinwachsen. Mit immer längeren Dämmen soll sie eingepfercht werden, aber kein Bagger kann es mit dem eingeschwemmten Kies aufnehmen. Auf dem Bild von GoogleMaps schieben sich parallel zwei riesige Strohhalme vom Ufer in den tiefblauen See. Nach einigen hundert Metern taucht das kalte Alpenquellwasser in die Tiefe ab, die Strömung des Rheins verliert sich, und erst am Ausgang des Untersees – des westlichen Ausläufers des Bodensees – tritt er bei Stein am Rhein in kühlem Blaugrün wieder hervor. Von der Brücke der mittelalterlichen Stadt aus gesehen, ist seine Farbe nur eine Nuance heller als die schattigen Weidenbüsche am Ufer. Über den steinigen Grund des Flusses laufen türkisfarbene Reflexe und Schatten, es könnten Fische sein, Karpfen, Forellen oder dichte Schwärme kleinster Weißfische.

Unmittelbar neben der Brücke findet sich am Kloster Sankt Georgen ein Fresko des heiligen Christophorus. Die Monumentalfigur wacht über die Brücke. Auf seiner Schulter trägt der Riese den kleinen Christusknaben durch die Fluten und stützt sich dabei auf einen Baumstamm, denn das Kind wiegt mit jedem Schritt mehr. Als Christophorus es fragt, warum es sich so schwer mache, erwidert es: »Du trägst das Gewicht der Welt.« Keine Flussüberquerung ohne Last, ohne Segen.

Von der Brücke aus sieht man in Richtung Osten den Untersee, die weite Wasserebene, die sich kurz vor Stein am Rhein zu einem Trichter verengt. Das Wasser drängt sich bis hoch an den Rand der engen Ufer und scheint überzulaufen. In der Mitte des Flusses, wo die Strömungen sich von links und rechts aneinanderreiben, zeigen sich kleine Rippelwellen und Kräuselungen. Ein Plätschern ist zu hören.

»Unzählige Male haben der Nil und die anderen großen Flüsse das gesamte Element des Wassers ins Meer gegossen und es ihm zurückgegeben«, schrieb Leonardo da Vinci. Nach dem Tosen des Rheins an seinem Beginn scheint hier, unter der Brücke von Stein am Rhein, der Moment, wo der Fluss aus der Fülle, die den ganzen Bodensee eingenommen hat, hinausgesogen wird. Die Oberfläche liegt ganz still, aber die transparente Wassermasse zittert vor Energie. Wenn ein Ast mittreibt, fliegt er geradezu unter der Brücke hindurch. Hier genau ist die Schwelle zu einem großen Fließen, das Staudämme nur kurz ein-, aber nie mehr anhalten können. Das Wasser »findet keine Ruhe«, so Leonardo, »bis es sich mit seinem Element, dem Meer, vereint, wo es, so von den Winden nicht mehr belästigt, zur Ruhe kommt und sich in seiner ganzen Oberfläche ausruht«. Die rastlose Reise des Rheins ins Meer beginnt: Leonardos ewiger Kreislauf dreht sein Rad.

*

Kurz hinter der Brücke bauen wir unser Faltboot zusammen: vielleicht das Schönste, was wir besitzen. Die Konstruktion ist von den Inuit oder den amerikanischen Ureinwohnern abgeschaut und von einer schlichten Schönheit, die älter ist als das Rad und einfach wie ein Dach. Das Wesentliche ist ein filigranes Holzgestell aus schmalen Spanten und Streben, doch sie werden nicht durch Bast oder Sehnen miteinander verbunden, sondern mit Aluminiumscharnieren. Zunächst bauen wir Heck und Bug separat zusammen, bis ein zweigeteiltes Skelett aus Stäben und wasserverleimtem Sperrholz im Gras liegt. Dann schieben wir die beiden Teile in die oben offene

Bootshaut aus gummierter Leinwand. Hier werden wir sitzen. In der Mitte werden die Holzgestelle miteinander verspannt. Das Boot hat zu seiner Form gefunden. Um sie zu fixieren, ziehen wir den oberen Rand der himmelblauen Leinwand über schmale Holzlatten. Jetzt müssen nur noch die Lenkung eingehängt, die Sitze justiert, die Schläuche an den oberen Kanten der gummierten Seiten des Bootes aufgepumpt und die Flagge aufgeschraubt werden: zwanzig Minuten, falls uns nicht ganz am Anfang eine Verwechslung der beinahe identisch aussehenden Teile für Bug und Heck passiert und wir noch einmal von vorn beginnen müssen. Vor uns im Gras liegt nun ein schlankes himmelblaues Segeltuchboot mit silbern gummierten Flanken. Unsinkbar, 5,20 Meter lang, 87 Zentimeter breit, seit 1950 im Bau unverändert. *Inuit inspired German analog.* Wir verstauen das Picknick im Seesack, greifen die Paddel und steigen vorsichtig ein: Ein- und Aussteigen sind die einzigen wirklich heiklen Momente.

Auf dem Wasser zu sein, im Boot das Fließen des Rheins durch die dünne Leinwand zu spüren ist Glück. Die Leichtigkeit der Bewegung, die Wendigkeit und Unmittelbarkeit, mit der die Paddel ins Wasser greifen, muss den Menschen schon immer etwas vom Fliegen vermittelt haben. Aber mit einem Ruck erinnert uns das Boot auch an die Schwierigkeit, im Fließen eine Balance zu finden und zu halten. Paddeln ist eine Meditation, bei der man auf den eigenen Körper lauscht: »Wenn das Herz links sitzt, muss man den Kopf ein wenig nach rechts lehnen«, riet der Kanufahrer und Dichter Tomas Tranströmer.

Im Gegensatz zum Ruderboot geht im Kanu oder Kajak der Blick nach vorn, in die Zukunft. Das war die Freiheit, die die Wandervögel in den zwanziger Jahren mit dem Faltboot verknüpften. Zusammengelegt und in Segeltuchsäcken verstaut, passte es im Zug ins Gepäcknetz. Am Ufer war es schnell aufgebaut, und los ging's. Unser Boot ist das zweite, das mein Vater Rudi sich kaufte. Sein erstes erstand er für 475 Deutsche Mark, wie es im Prospekt heißt, der als Einziges vom ersten Boot übrig geblieben ist: Bei den Umzügen der Familie ging es Stück für Stück verloren, bis meine Mutter die traurigen leeren Hüllen nach dem letzten Umzug weggab. Mit dem ersten Klepperboot ließ sich mein Vater auf Lastkähnen von Koblenz nach Heidelberg stromauf mitnehmen, dann fuhr er mit Freunden flussab, und sie zelteten überall am Rhein. Diese Reisen am Vorabend des Wirtschaftswunders, noch bevor er sich verlobte und heiratete, blieben ihm sein Leben lang im Sinn, und so kaufte er in den siebziger Jahren – kaum waren die leeren Seesäcke mit den Bauteilen endgültig vom Speicher verschwunden – ein zweites Boot. Die Aufbauanleitung vom ersten besaß er noch und konnte sie wiederverwenden, nichts hatte sich verändert. Als wollte er damit in seine Jugend zurückkehren, taufte er es wieder »Schängel«, das ist der Koblenzer Spitzname für Jungs und Rabauken und die Figur eines Brunnens in der Koblenzer Altstadt, aus dem der »Schängel« regelmäßig einen Wasserschwall über die Straße spuckt. Die Brunnenstatue trägt kurze Hosen und ein lockeres Hemd, und so stelle ich mir meinen Vater vor, der in Sandalen ins Boot steigt, gegenüber von Ehrenbreitstein auf den Fluss hinauspaddelt oder die am Kai anlegenden Schiffer fragt, ob sie ihn mitnehmen.

Während Rudi 1956 zum ersten Mal auf Rhein und Mosel unterwegs war, schaffte es einer im gleichen Modell sogar über den Atlantik, zwei Jahre vor meiner Geburt. Das war kein verschrobener Einfall eines Verrückten, sondern eine Art Paddelboot-Diplomatie, denn mit gewagten Heldentaten wollte sich Deutschland nach dem Krieg rehabilitieren. Der erste Atlantiküberquerer im Klepper-Faltboot hatte sogar schon 1928 die Karibik erreicht, ist dann aber tragischerweise auf der Weiterreise nach New York im Hurrikan verschollen. Alles sollte man in dem Boot nicht wagen.

Das darf ich Maria, während wir langsam vom Ufer wegschaukeln, nicht erzählen, nur dass das Boot unsinkbar ist. Doch kaum haben wir eine bequeme Sitzhaltung gefunden, zieht uns in der Flussmitte die Strömung mit. Der glatte Wasserspiegel und seine Transparenz täuschen über die Schnelligkeit hinweg. Schwimmer lassen sich stromab treiben und laufen am Ufer wieder hinauf: Der Hochrhein ist hier eine gnadenlose Jet-Stream-Anlage, gegen die im kalten Wasser nur trainierte Schwimmer ankommen. Und auch sie nur für eine Beckenlänge.

Sobald wir die kleine Stadt Stein am Rhein hinter uns gelassen haben, passieren wir Ufer ohne Straßen und Schienen, kreuzen Brücken, fahren nah an Schilfflächen und Naturschutzgebieten vorbei, die von Herbst bis Frühling für jeden Bootsverkehr gesperrt sind, um die überwinternden Vögel nicht zu stören. Jetzt im Sommer treffen wir vor allem auf Haubentaucher. Ohne das leiseste Platschen verschwindet ihr eleganter Körper in einer ansatzlosen Bewegung unter Wasser, der Kopf mit der großen Haube, der lange schmale Hals, der gedrungene schwarze Körper. Sie bleiben so lange unter Wasser, dass kaum abzuschätzen ist, wo sie wieder auftauchen. Das scheint sie selbst zu überraschen, leicht irritiert schütteln sie wieder an der Luft den Kopf, lassen das Wasser von dem beigen Hals und den schwarzglänzenden Federn perlen und versuchen herauszufinden, wo sie angekommen sind. Dabei zappelt oft ein Weißfisch silbern in ihrem Schnabel. Haben sie ihn verschlungen, lassen sie sich beruhigt treiben, um plötzlich wieder ohne ein Geräusch zu verschwinden. Zwischen den aufgeregten Blesshühnern und den ewig sich nach ihrem Partner umwendenden Stockenten sind sie die Punks.

Die Hitze steht in dem weiten, von Feldern, Weinhängen und Wald umgebenen Tal. Neben einsamen Flussabschnitten gibt es Strecken, auf denen wir Teil einer Flottille aus Gummibooten mit Ghettoblastern, Kanus und Flößen mit Bierkästen und Kühltaschen werden, die der Rhein mit demokratischem Gleichmut mit sich trägt. An den Einmündungen von Nebenflüssen tun sich Riedflächen auf, die als Rückzugsgebiete für Tiere gesperrt sind. Eine größere Biegung ist so dicht mit riesigen Bäumen bestanden, dass ihre Kronen einem den Blick nehmen. Plötzlich ist man weit weg, man könnte in Kanada sein, nur dass die nächste Schiffsanlegestelle zum »Paradies« heißt. Inseln mit überhängenden Pappeln und Weiden, von denen sich die Kinder mit Arschbomben ins Wasser schmeißen, um die Passagiere der Flöße und Boote zu erschrecken.

Am Sonntag liegt eine gewisse Aufgekratztheit über dem Fluss, auf dem sich alle mit einer Selbstverständlichkeit bewegen, als würden sie jede Kurve kennen, die tückische Strömung unter der überdachten und mit Schindeln verkleideten Holzbrücke bei Diessenhofen genauso wie das Tuten der Ausflugsschiffe, die zwischen Schaffhausen und Stein am Rhein verkehren und beinahe so lang sind wie der Fluss breit. Ihre Anlegemanöver – mit ihren Bugdüsen können sie sich um die eigene Achse drehen – können genauso gefährlich sein wie die hohen hölzernen Wiffen, die überall im Wasser stehen: Hohe Pfähle mit rautenförmigen Schildern, deren grün angemalte Seite die Fahrrinne für die Dampfer markiert, während die kleineren Boote auf der weißen Seite bleiben sollen. Es ist merkwürdig, wie die Strömung uns nie an dem Pfahl vorbei, sondern immer nur frontal auf ihn zu zieht. Zwei Bootslängen Abstand würden genügen, steht im Kanuführer, aber wer will schon große Umwege fahren und nicht lieber im engen Slalom um die Stangen jagen? Vor allem, wenn direkt am Wasser Fachwerkhäuser zu bestaunen sind wie in Diessenhofen?

Je näher wir der Staustufe in Schaffhausen kommen, desto mehr lässt die Strömung nach, und wir müssen stärker paddeln. Unser Ziel ist dort die Anlegestelle am Salzhaus, einem mittelalterlichen Lagergebäude, in dem der Kanuverein untergebracht ist. Hier wollen wir das Boot wieder auseinandernehmen und verstauen.

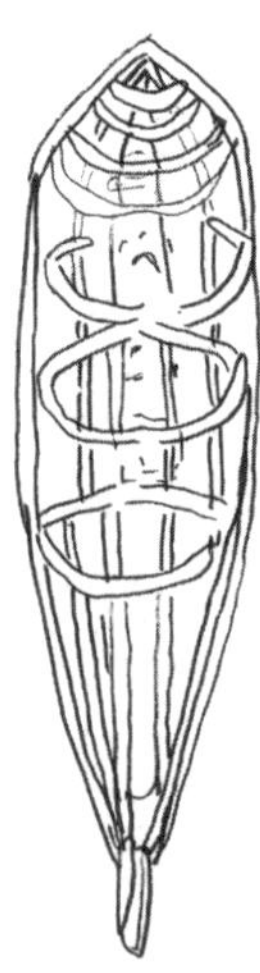

2 Schaffhausen

Am Abend sitzen wir in Schaffhausen am Ufer in einem Park unter Bäumen: dem Lindli. Noch ist von dem Rheinfall, der ein paar Kilometer stromab tost, nichts zu spüren. Davor liegt noch eine schwimmende Badeanstalt wie ein vertäutes Schiff im Fluss, und ein Stauwerk hält den Wasserspiegel stabil. Bis weit stromauf – weiter als wir laufen, um ins kalte Wasser zu steigen und uns im Nu wieder zurücktreiben zu lassen – sind vor dem Lindli in zwei Reihen Holzweidlinge vertäut: weit ausladende, beinahe rechteckige Kähne mit leicht nach oben gebogenem flachen Bug und Heck, die elegant über das Wasser ragen. Auf ihnen stehen die Bootsführer wie Gondolieri auf einer Brücke und staken mit einem langen »Stachel« die Boote am Ufer aufwärts oder setzen sie mit dem Stehruder über den Fluss. Mit drei, vier Passagieren liegen sie nicht tief im Wasser und lassen sich leicht auf ihm drehen. Es scheint, als hätte jede Schaffhauser Familie solch einen Kahn hier liegen, den sie abends wie einen Garten vor den Toren der Stadt aufsucht. Manche legen gar nicht ab, sie sind nur gekommen, um nach dem Boot zu schauen, die Kühle auf dem Fluss zu genießen und auf den Bänken ein Glas Wein zu trinken, die Schwimmenden zu beobachten und die Gedanken mit dem Fluss ziehen zu lassen. Wie überall auf dem Hochrhein gibt es kein großes Verlangen nach Motorbooten, und so ist es auf dem Wasser ruhig, bis auf die wenigen Passagierschiffe und die Rufe der den Fluss hinabtreibenden Schwimmer. Und doch geht es auf eine gemessene Art geschäftig zu, die Menschen haben eine lebendige Beziehung zu ihrem Fluss. Und selbst die scheuen Haubentaucher kommen bis in den Schatten der Burg, deren Mauern hinter dem Hügel und den Bäumen liegen.

Wir sitzen mit Paul, unserem Gastgeber, in einer Strandbar am Wasser. Das Chalet, in dem Flavia und er uns aufgenommen haben, liegt hoch im Hang, und von den Holzbalkonen geht der Blick auf den Fluss und die Eisenbahnbrücke, die aus der Zeit der industriellen Revolution stammt. Mit hohen, engen steinernen Bögen laufen Aquädukte links und rechts auf das Ufer zu, zwischen die eine stählerne Fachwerkkonstruktion gehängt wurde. Manchester, Liverpool oder eben Schaffhausen – überall zeugen diese Brücken von dem großen Aufbruch. Von der Brücke aus, erzählt Paul, seien sie in ihrer Jugend in den Fluss gesprungen, achtzehn Meter, man durfte sich nur nicht erwischen lassen.

Im Vergleich zu anderen Rheinorten scheint die Stadt dichter am Fluss zu liegen: Nur ein Gehweg trennt sie von dem großen Fließen direkt vor unseren Füßen: kein Damm, keine aufwendigen Rheinanlagen, kein bei Niedrigwasser in seinem Bett unscheinbar werdender Fluss. Das beruhigt und belebt. Es ist ein Fließen, das von nirgendwoher zu kommen scheint, sondern, so Paul, einfach nur da ist und immer weitergeht. Eine unerschöpfliche Gegenwart.

»Die immerwährende Bewegung« des Wassers zog Leonardo da Vinci sein ganzes Leben lang in ihren Bann. Unzählige Manuskriptseiten sind mit seiner spiegelverkehrt von rechts nach links verlaufenden winzigen Schrift gefüllt, dazwischen seine prophetischen Sepia-Zeichnungen. Das große *Wasserbuch* sollte seine hydrologischen Experimente dokumentieren, seine Ideen zu Kanälen, Mühlen und dem Trockenlegen von Sümpfen sammeln, die stets eine praktische, auf Anwendung zielende Seite hatten. Andererseits begegnet dem staunenden Leser auf den Seiten auch eine Naturphilosophie, die im Fließen den Lauf der Welt erkennen will: In Skizzen, die das Wachstum von Blüten studieren, finden sich Analogien zu den Bewegungen im Tosbecken eines Wasserfalls, ineinander verschlungene Strömungen bilden einen Zopf, streben dann in Wirbeln auseinander, die genauso aussehen wie die Locken im Haar einer Frau. Das Wasser »ist das Wachstum und der Saft aller lebendigen Körper; kein Ding bewahrt ohne das Wasser seine ursprüngliche Form«.

Die Erde stellte sich Leonardo als einen großen Leib vor, die Berge als sein Skelett. Adern ziehen »sich in unendlichen Verzweigungen durch den Körper der Erde«, durch die »die Wasser aus den tiefsten Tiefen der Meere zu den höchsten Gipfeln der Berge« steigen, »wobei sie die Natur des Schweren missachten … {Erst} wenn das Wasser aus einer geplatzten Ader der Erde heraustritt, folgt es der Natur der anderen Dinge, die schwerer sind als die Luft, und strebt deswegen nach den tiefer gelegenen Orten.« Es ist dieser »ewige Wandel«, der durch seine Fluten Landschaften entstehen lässt, Berge hervorbringt, formt und wieder abträgt: »Und das Wasser verwandelt sich auf so viele und so mannigfaltige Weisen, wie die Orte sind, die es durchfließt.« In Unwettern, Hochwassern und schließlich der Sintflut erkannte er die absolute Gewalt des Wassers.

Zu Beginn seines unvollendeten *Wasserbuchs*, das Leonardo nie als Ganzes vor sich sah, bestätigte er mit der Theorie von den die Flüsse speisenden Wasseradern die antike Sicht, wie Plinius sie in seiner *Naturgeschichte* darlegt: Das Wasser wird durch das Gewicht der Erde durch unterirdische Gänge auf die höchsten Bergeshöhen gepresst, wo es zutage schießt und zunächst als Bach, dann als Fluss in den Ozean zurückkehrt. Damit war für Plinius auch erklärt, warum das Meer trotz der vielen in es mündenden Flüsse nicht überläuft. Ein antiker Mythos band die beiden Arten des Fließens, das verborgene wie das sichtbare, zu einer Geschichte von Liebe und Schrecken zusammen: In der Hitze eines Sommertags sucht die Nymphe Arethusa Kühlung in einem Fluss, der so klar ist, dass das Auge »sämtliche Kiesel«, so Ovid in seinen *Metamorphosen*, »in der Tiefe einzeln zählen konnte«. Alpheus, der als Gott über den Fluss wacht, erblickt die Nymphe, nähert sich ihr und erschreckt sie so sehr, dass sie flieht, ohne ihre Kleider zusammenzuraffen. In seinem Begehren jagt er die Nymphe »wie der Habicht die zitternde Taube«. Als Arethusa ihm in ihrer Hast durch dorniges Gestrüpp und Felsen nicht mehr entkommen kann, wird sie auf ihr Flehen hin von der Göttin Artemis in eine Wolke gehüllt. Doch Alpheus gibt nicht auf, und Arethusa erstarrt schier vor Angst, »wie der Hase, der, im Gebüsch verborgen, die aufgerissenen Fänge der Hunde erblickt«. So verwandelt Artemis sie in eine Quelle, die einen unterirdischen Bach speist, welcher unter dem

Meer, durch die Erde, nach Sizilien fließt und auf der Insel Ortygia gegenüber dem Hafen von Syrakus wieder zutage tritt. Als Alpheus die List erkennt, verwandelt er sich selbst in Wasser, ergießt sich mit seinem Fluss in den Peloponnes, durchquert, ohne sich mit ihm zu vermischen, das gesamte Mittelmeer, bis er sich bei Syrakus mit den Wassern der Arethusa vereinigen kann. Und tatsächlich, die Quelle auf der Insel verfügt über eine unterirdische Wasserader, die sie unter dem Hafen hindurch mit dem sizilischen Festland verbindet.

Was als Geschichte einer versuchten Vergewaltigung beginnt, scheint ein beinahe zärtliches Moment darin zu finden, dass der Gott der Nymphe nur folgen kann, wenn auch er seine Gestalt aufgibt. Trotz seiner langen Reise durch fremde Gewässer bewahrt er aber seine Identität, weshalb die Erzählung oft als Parabel gelesen wurde: Handelt sie von der Unmöglichkeit, sich zu verändern, von der Unverlierbarkeit des Selbst, auch wenn alles in Fluss kommt? Oder betont sie im Gegensatz eine Bedingung der Liebe – dem anderen unter Aufgabe seines Selbst zu folgen, auch auf die Gefahr hin, nicht angenommen zu werden? Gleichzeitig betont sie die Unentrinnbarkeit des Traumas. Auch im fremden Land findet Arethusa keine Ruhe vor ihrem Verfolger, und er kann nicht zum Liebenden werden, weil der erste Schritt nicht mehr rückgängig gemacht werden kann.

Hier ist viel vom Wesen des Wassers beschrieben: Seine Gewalt, die Unentrinnbarkeit, mit der es rastlos dem Meer zustrebt. Und seine Identität, seine Einzigartigkeit. Nach ihrem Zusammenfließen vermischen sich Flüsse oft nicht gleich miteinander, sondern ziehen im gleichen Bett nebeneinander her. Und selbst wenn sie eins geworden sind, bleibt ihr für Menschen unwahrnehmbar feiner Geruch unterscheidbar. Ohne ihn würden die Lachse am Ende ihres Lebens nicht zu den Flüssen und Bächen zurückfinden, in denen sie geboren wurden, um dort ihren Laich abzulegen und zu sterben. Wasser weiß immer einen Weg.

⋆

Vielleicht liegt im ständigen Wandel wie im unerschöpflich immergleichen Fließen das Geheimnis Schaffhausens. Historisch hat es viele Höhepunkte erlebt – von der mittelalterlichen Handelsstadt bis zu einem Zentrum der industriellen Revolution. Zwischen den verschiedenen Epochen scheint die Stadt die Energie von einer Ära an die andere weiterzugeben. Die Formen, die Architekturen ändern sich, aber eher in Übergängen als mit Brüchen: Da thront noch immer die auf Pläne von Albrecht Dürer zurückgehende Rundfestung auf dem Berg, die Gebäude der Aluminiumfabrik stehen immer noch am Rheinfall. Nur einmal hat die Stadt eine der Bombardierungen erlebt, die in Deutschland die Stadtbilder so zerrissen haben: Als im Zweiten Weltkrieg die Alliierten in deutschen Flugzeugwracks immer wieder Schaffhauser Präzisionserzeugnisse entdeckten, wurde Schaffhausen »irrtümlich« am Morgen des 1. April 1940 von Bomben getroffen. Später wurde erklärt, es habe sich um einen Navigationsfehler gehandelt, und es wurden Reparationen gezahlt.

Schaffhausen liegt am Rand der Schweiz, die Grenze zu Deutschland verläuft hier oft direkt durch den Rhein und ist immer nah. Aber die Stadt hat gar nichts Randständiges, im Gegenteil, ihre Lage scheint geradezu ihre Selbständigkeit herauszufordern. Zürich ist zu weit, sagt Paul, um abends immer mit dem letzten Zug nach Mitternacht, dem Lumpensammler, zurückzukommen. Und im näher gelegenen Winterthur ist auch nicht viel mehr los, also muss man alles selber machen und unentwegt Neues ausprobieren. So entstand hier früh eine eigene Punk-, später eine Hiphop-Subkultur. Und doch wurden die Schilder der mittelalterlichen Häuser aufgefrischt – vielleicht mit einem Nicken in Richtung Tourismus, vor allem aber um sich in der eigenen Stadt auszukennen: Haus zum Apfelbaum, Zum Schneeberg, Zum Olivenbaum, Zur Liebe, Zur Taube, Zum Safran, Zum Goldenen Löwen – Häuser mit Türmen und Erkern, Schloss und Riegel, Türen und Toren, mit Treppengiebeln, großen Speichern und Flaschenzügen unterm Dach und Lagerschuppen im Hof dahinter. Und manchmal wurden aus den Schuppen selbst Häuser, die eigene Namen erhielten: Zur hinteren Liebe, Zum vorderen Wilden Mann.

Im Chalet, in dem wir wohnen, hängen Plakate von DJ MoVimain, hinter dem, nicht schwer zu erraten, Paul Ulmer selber steckt, Master of Flow. »Movimain« heißt auf Rätoromanisch »Bewegung«. Als er den ganzen Winter über auf den Pisten am Vorderrhein Snowboard unterrichtete, hat er abends den rätoromanischen Dialekt der Surselva kennengelernt. Eine Sprache mit fließenden dunklen Vokalen zwischen Latein und Italienisch. Früher ist Paul monatelang dort oben geblieben, jetzt im Job schaut er, dass er als Lehrer die Skifreizeiten übernehmen kann, um wieder auf dem Board zu stehen.

In der Strandbar wird es ruhig, wir sehen aufs Wasser. Der Fluss treibt auf uns zu, an uns vorbei, und das schrägstehende Abendlicht nimmt unseren Blick mit. Auch stromab wird es nun unter den hohen Bäumen dunkel, Fledermäuse kommen aus den Kronen und Wipfeln, flattern in eckigen Kurven über dem Wasser, das Fließen stockt nicht einen Moment.

Abends auf dem dunklen Balkon suchen wir in *Mixcloud* DJ MoVimains Musik: bassgetriebene *deep house*-Remixes. Ein pulsierender Beat trägt die Tracks, verdichtet sich, wiederholt sich tastend zu einem Tanzen, wird sicherer, bildet Rhythmusschleifen und erzeugt eine fließende Dynamik, in die Takte von Soul gemischt werden. Refrains, Songfragmente. Keyboards nehmen die Klänge auf, Stimmen werden mit dem Turntable dagegen geschnitten, aus Cuts werden Loops, bilden Klangnester über dem Groove, die, kaum dass sie eine Kontur gefunden haben, sich im Rhythmus verlieren. Vokalfetzen treiben in Echoschleifen vorbei. Spur für Spur wird die Musik komplexer, der Rhythmus klarer, akzentuierter, der Track wandlungsfähiger.

Die Musik greift aus und wird zu einem Raum, der alles in sich trägt. Synthesizer-Klänge wehen wie Vogelrufe über dem nächtlichen Fluss, auf einem fernen Schiff pulsiert ein rotes Licht, der einsame Laut eines Tiers und plötzlich das Rauschen des Zugs, der sich wie eine Lichterraupe über die Brücke schiebt. Ein Rasseln, dann hören wir wieder die Musik da unten, lauschen auf das große Fließen zwischen den Ufern.

1 Messel-Ralle *Messelornis cristata* *[Grube Messel]*

Seeliliengruppe

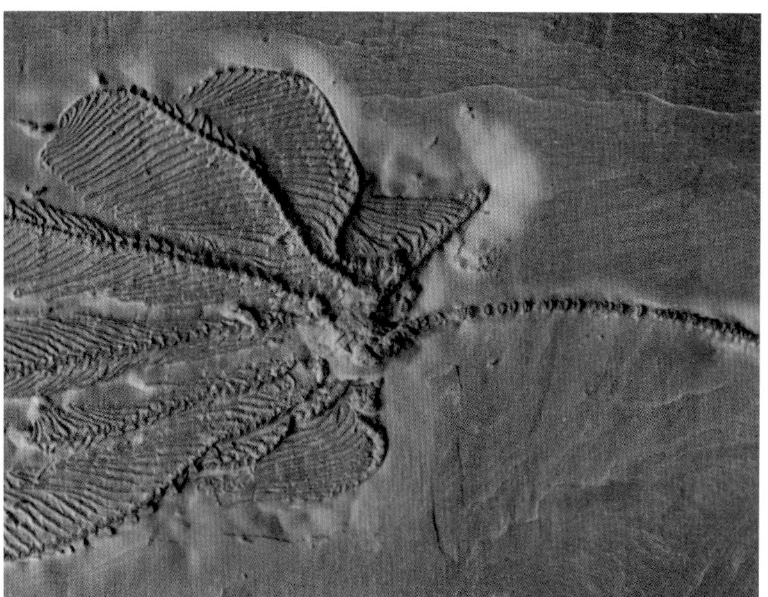

Seelilie *Hapalocrinus frechi*

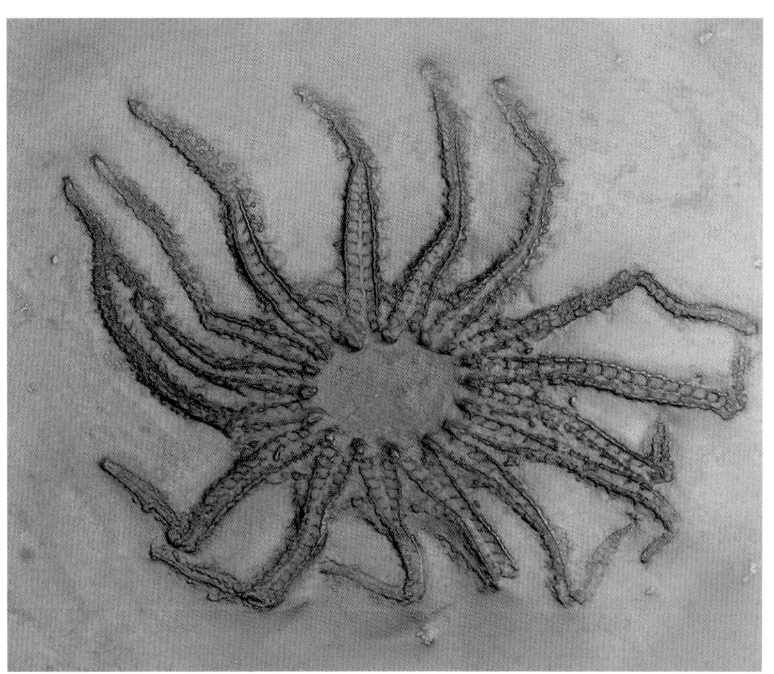

Seestern *Helianthaster rhenanus*

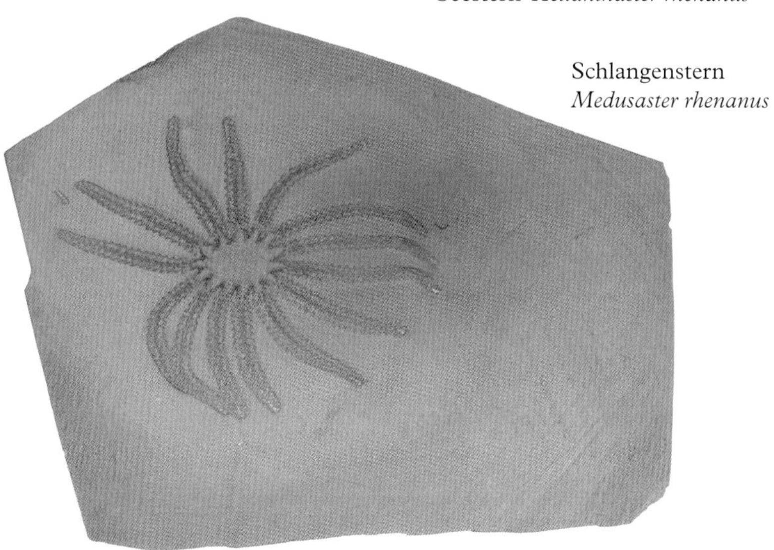

Schlangenstern
Medusaster rhenanus

2-5 Schieferfossilien aus Bundenbach

6 Ida *Darwinius masillae*

7 Kleines Messeler Urpferdchen *Eurohippos messelensis*

8 Wiedehopf ähnlicher Vogel *Messelirrisor grandis* *[Alle Grube Messel]*

10 cm

9 Frauenfiguren. Ritzzeichnung
10 Statuetten aus Mammutelfenbein
beides aus Gönnersdorf
[Landesmuseum Koblenz]

11 Nehalennia-Stele, Sandstein *[National Museum of Antiquities, Leiden]*

12 & 13 Außenflügel des Elisabethenaltars
[um 1490/1495]
Rijksmuseum Amsterdam

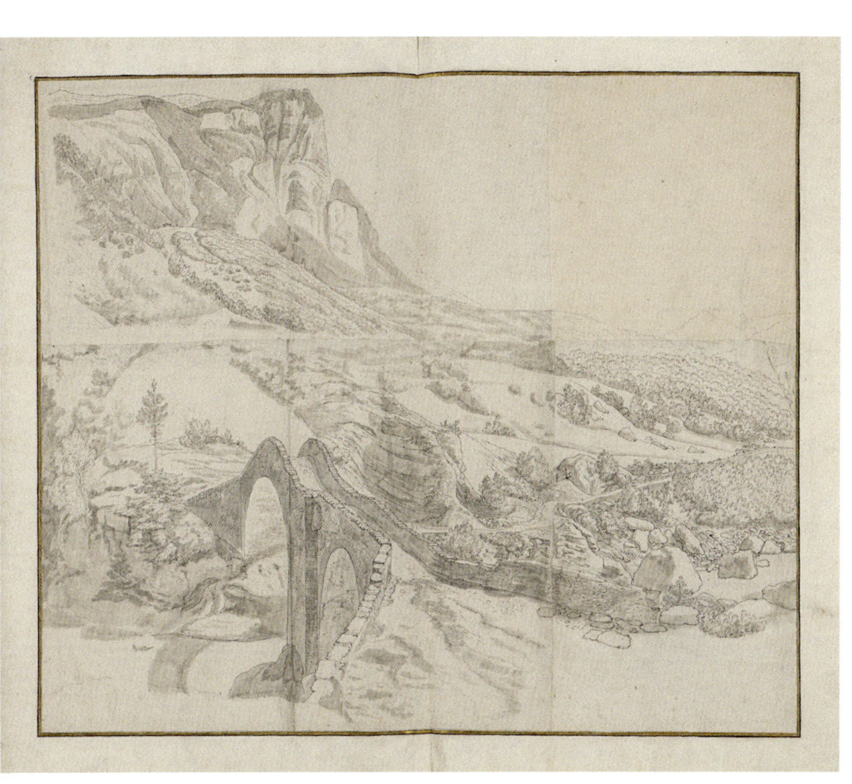

14 Jan Hackaert, *Via Mala. Die zweite Hauptgalerie*
15 Jan Hackaert, *Via Mala. Blick von Norden bei der Kapelle des Heiligen Ambries*
16 Jan Hackaert, *Die Raniabrücke vom Süden [alle 1655]*

17 Kühkopf-Knoblochsaue auf einer Karte von 1738

OPPENHEIM.
Niersteiner Aue
Maynzer wiesen
Geinsheimer
Gemarckung
STROHM
Geinsheim
Geinsheimer Bruch
Geinsheimer Weyd
Leeheimer
Weyd
Leeheim.
ERKLÆHRUNG
von der
KNOBLOCHS=AUE,
und übrigen dabey liegenden Districten
A. Ist die Chur Pfæltzische eigenthümliche
Knoblochs=Aue, das Pfaltzgravenwerd und
Rauenthal genaunt, hælt an Wald, Gærten
und Lachen 287. Morgen ¼. 33 rt. ist taxirt wor,
den 39018. f. 23. alb. B. der Pfannenstiehl so gleich,
fals ein Chur Pfæltz. Eigenthum, hælt mit Wald
und Rohr=lachen 63. Morg. ¼. 18. rt. ist Geschætzt
auf 7917. f. 24. alb. C. die Gemeinschafftliche Knob,
lochs Aue, woran das Hocfürsliche Hauß
Heßen=Darmstatt ⅝. und Chur Pfaltz ⅜. in Gemein,
schafft hat, erträgt an Wald wiesen und Gærten,
außer der Hoffraid, so 1. Morg. 2. vrt. 3. rt. : hælt,
184 Morg. 2. vrt. 23. und ist taxirt 29358. f. D. Ein
Stück von 5. Morg. : 2 vrt. : 2. rt. so Pfæltzischer seits,
von vorgemeltem, will strittig gemacht werden, und
ist geschætzet 854 f. 2. alb. : E. das Haderwerd, so Chur
Pfaltz mit der Statt Oppenheim in Gemeinschafft besi,
tzet, ist groß 38. Morg. : 2 vrt. 39. rt. und ist geschætzet auff
Peter Fehr sculpsit 1738.

18 Romanische Mikwe *Speyer*

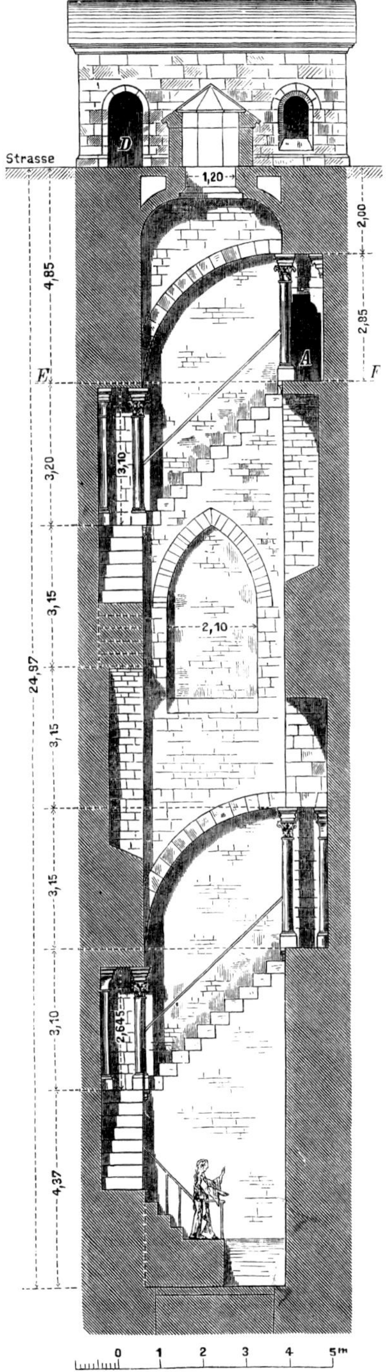

Abb. 5. Querschnitt B–C.

19 Gotische Mikwe *Friedberg*

20 Die Altstadt von Koblenz in Flammen *[22. April 1944]*

3 Mit J. M. W. Turner am Rheinfall

Wir stehen vor einer Wand aus stürzendem Wasser. Weiße Gischt, ein Schäumen und Tosen. Die Fülle wirkt, als wären ganze Gletscher plötzlich flüssig geworden, als würde sich ihre über Jahrtausende angestaute Energie im Nu entladen. Brodelnde Wellen überschlagen sich über Stufen, wogen auf, Gischt spritzt, Tropfen, so groß wie Seifenblasen, reißen sich aus dem Schäumen los, fliegen stromab, werden vom Wind erfasst und zerstäuben zu Regen. Sie verwehen in einem feinen weißen Schleier über dem Tosbecken am Fuß des Falls, in dem der Rhein wieder zu seinem Smaragdton findet.

Von der gleichen Farbe ist das Wasser oberhalb des Falls, wo es, nachdem es eben noch an dem mittelalterlichen Schaffhausen vorbeigeflossen ist, auf einer Breite von 150 Metern über die harte Kante aus Kalkstein rauscht, um dann, nach einigen Felsschwellen, plötzlich dreiundzwanzig Meter tief hinabzustürzen. Von der Brücke aus gesehen, die oberhalb des Falls über den Fluss führt, verschwindet der Rhein in einem weißen Sprühen. Nördlich eingefasst von Fabrikfassaden, schießt der Fluss im Süden an einer steilen Felswand vorbei, über der Schloss Laufen thront. Von ihm führt ein Pfad durch den Hang hinunter zu einer Aussichtskanzel, die unterhalb des Falls in den Strom ragt, umtost von den Wasserschleiern, die bei hohem Wasserstand wie im Sommer 2016 als Nieselregen alles nässen.

An den Serpentinen des Weges stehen wie umgedrehte Megaphone Metalltrichter im Gebüsch. Wenn man, statt in sie zu sprechen oder zu rufen, sein Ohr an die kleinere Öffnung hält, merkt man, wie sich in ihnen der Klang des Flusses sammelt. Aus seinem Tosen und Brausen wird ein Zischen und schließlich eine lodernde Flamme. Ein Klang enthält immer mehr Schichten, als wir zunächst herraushören, aber hier schlägt er in sein Gegenteil um – aus Wasser wird Feuer.

Von der Aussichtsterrasse auf halber Höhe des Falls geht der Blick auf die beiden Klippen, die wie Zähne in der Wasserwand stehen. Unablässig nähern sich aus dem Tosbecken leichte Motorboote und setzen Touristen an dem Steg ab, von wo man über Stufen und Treppen die größere der beiden Klippen erklimmen kann, um dem wilden Rhein so nahe zu sein, als stünde man mitten in dem Vorhang aus Wasser.

Auf der Nordseite ist der Fall weniger steil. Hier donnert er über mehrere Gesteinsstufen, die bei Niedrigwasser – so im Sommer 2019 – so leer scheinen, als wäre der Rhein nahezu versiegt. 2016 verzeichnet der Rhein aber einen Wasserhochstand. Die beiden mittleren dunklen Felsnadeln stemmen sich gegen das blendende Weiß und trotzen der Erosion, die die obere Kante des Wasserfalls jedes Jahr um ein winziges Stück weiter nach hinten zurückweichen lässt und zugleich das Tosbecken am Fuß weiter auswäscht.

Die ganze Bewegung des Falls scheint in dem Becken angehalten, als wäre die Gewalt gestaucht. Alles scheint sich plötzlich langsamer zu bewegen, fast stillzustehen. Aber direkt vom Ufer aus wird deutlich, dass sich alles umeinander dreht, das fallende Wasser taucht ab, taucht auf, und das mit einer Geschwindigkeit, als würde es die Achse eines gigantischen Dynamos antreiben. Ein rasender Stillstand, der die Gewalt des Fließens für einen Augenblick aufzuheben scheint.

Auf der Nordseite wurde diese Energie genutzt, zunächst von Mühlen, die seit dem Mittelalter immer wieder aus- und umgebaut wurden, bis 1888 hier das erste Aluminiumwerk Europas entstand, das die Elektrolyse anwandte. Die Erzeugung des Materials für das neue fliegende Zeitalter brauchte viel Strom. Damit war aus der mittelalterlichen Stadt, deren Reichtum davon abhing, dass sie am Kreuzungspunkt wichtiger Handelswege lag, eine der führenden Industriestädte der Schweiz geworden.

*

In der Nacht kehren wir bei Vollmond an den Rheinfall zurück. Es ist windstill, und doch hängt vom Nordufer aus das Wasser in weiten Sprühvorhängen über dem Tosbecken. Silbrig fällt das Licht durch die Schleier und auf die Gischt des Wasserfalls, legt sich wie eine Haut über die Nuancen des stürzenden Wassers, nimmt das Auf- und Abwogen seines Fließens zurück und stiehlt den Formen ihre Plastizität. Das Licht glättet sie und hebt so die Bewegung auf: Die Woge scheint stillzustehen.

Doch das Ohr lässt sich nicht täuschen: Es hört, wie alles im Wasser in Bewegung ist. Darüber bewegen sich die Sprühschwaden langsam wie Nebelschleier. »Die Stille ist nicht das Fehlen von etwas, sondern die Gegenwart von allem.« Der Satz des Akustikers Gordon Hempton, der mit Mikrophonen die Stille der letzten Regenwälder an der nordamerikanischen Westküste aufzunehmen versucht, will mir nicht mehr aus dem Sinn. Im stummen Tosen unter dem Mondlicht wie im betäubenden Brausen der Wassermassen bei Tag scheint einer der Orte auf der Welt zum Greifen nah, »wo die Schöpfung an sich selbst arbeitet«, die Welt sich selbst hervorzubringen scheint. Unablässig versucht der Rhein, seinen eigenen Beginn wieder einzuholen.

*

1802 reiste der Maler William Turner zum ersten Mal an den Rhein und sah Schaffhausen und den Rheinfall. Während der Napoleonischen Kriege war es Briten für ganze Jahrzehnte unmöglich, auf den Kontinent zu reisen, bis durch den Frieden von Amiens 1802 das Festland unerwartet offen stand. Es sollte ein nur wenige Monate dauerndes Zeitfenster sein. Als hätte er es geahnt, brach Turner in diesem Sommer so bald wie möglich mit seinem Gefährten, dem Maler Newbey Lowson, nach Paris auf, wo sie sich einen Führer suchten, der sie in ihrer eigenen Kutsche über Lyon und Grenoble bis in die Schweiz brachte. Sie erledigten ein gewaltiges Pensum: In Bonneville näherten sie sich bis auf wenige Meilen dem Mont Blanc, machten einen Abstecher nach Italien in das Aostatal und besuchten die wichtigsten Sehenswürdigkeiten der Grand Tour – der obligatorischen europäischen Bildungsreise der britischen Elite – im Berner Oberland. Vor allem aber lernten sie den Fluss von Schaffhausen an bis Basel kennen.

Zuvor hatte Turner »in den Bergen sehr schöne Gewitterstürme« gesehen. Für seine »unstillbare Neugier für visuelle Eindrücke« – so John Ruskin – war diese mehrmonatige Reise, die am 15. Juli begann und bis zum 22. November reichte, ein einziges Fest, das zudem von reichen Gönnern finanziert war. So verfügten Turner und Lowson über Mittel, in Paris einen Schweizer als Diener und Mittler zu engagieren und für 32 Guineen eine Kutsche zu erwerben, die sie nach der Rückkehr wieder verkauften. Die viermonatige Reise endete im Louvre vor den Werken alter Meister, der Raubkunst Napoleons, die Ausländer gegen Vorlage ihres Passes – im Gegensatz zu den Parisern – kostenlos betrachten durften. Hier konnte sich Turner für weitere ästhetische Mutproben rüsten, zu denen ihn seine Auftraggeber in England herausforderten, wenn sie Gemälde für ihre Landsitze in Auftrag gaben, die neben einem Claude Lorrain oder einem Ruisdael hängen sollten: Pendants zu den damals als absolute Meisterwerke gefeierten Bildern.

Turner bewältigte diese Aufgaben mit Bravour: Schließlich war er mit vierundzwanzig Jahren als jüngster Maler in die Royal Academy aufgenommen worden. Um aber immer wieder neu beweisen zu können, dass er zu den Besten gehörte, musste er unentwegt Neues sehen – und Dramatischeres als seine Kollegen. Die Unwetter in der Schweiz, von denen Turner berichtete, sollten in den nächsten Jahren auf großformatigen Ölgemälden wiederkehren, die Kampfszenen oder Lawinenkatastrophen darstellen. Auf riesigen Leinwänden fasste er in spannungsgeladenen Standbildern die Geschichte eines Augenblicks: die angehaltene, erstarrte Gegenwart zeigt die Schrecken davor und danach. Der in der Luft schwebende Stein wird gleich die Hütte zermalmen, die vom Berghang aus angegriffenen Soldaten an der Engstelle der Passstraße werden über die niedrige Mauer in den Abgrund stürzen. Der zermalmende Stein scheint in einer bizarren Zeitlupe mitten im Fall angehalten.

In dem kurzen Moment nach dem Friedensvertrag von Lunéville war die Gewalt der Napoleonischen Kriege noch überall unter der Oberfläche zu spüren: Die Steinlawine, die alles mit sich reißt, war keine mit einer unglaublichen Dynamik und einem Blick für erstarrte Bewegungen erzählte Anekdote, keine Andacht für die menschenfeindliche Erhabenheit der Natur. In ihrer Virtuosität wurden die Leinwände zu Sinnbildern der politischen Instabilität der Zeit. Der Rheinfall, der gewaltigste Wasserfall Europas, ist eine ähnliche losgerissene Bewegung, auch wenn er beim Betrachter eher einen erhabenen Schauder erregt und weniger Furcht und Schrecken als der Mont Blanc oder der »Mer de Glace« genannte Gletscher.

Von Turners erstem Besuch am Rheinfall sind zwei Handvoll Bleistiftzeichnungen überliefert, zum Teil kleine Blätter mit rasch hingeworfenen Skizzen, zum Teil größere Formate von 55 × 72 Zentimetern, die um genau gezeichnete Details herum komponiert sind. Die Zeichnungen sind auf laviertem Papier ausgeführt, das Turner wohl selbst mit einem gräulichen Farbton versehen hatte. Der Bleistift war hart, es gibt weiße Hervorhebungen mit Kreide. Begonnen hatte Turner seinen Besuch wahrscheinlich auf der Nordseite bei der Mühle und dem heutigen Industrieareal, er blickte seitlich über den Wasserfall, dahinter stand der steile Hang mit Schloss Laufen auf dem Gipfel. Er folgte dann zu Fuß dem Fluss stromab, setzte mit einem Boot auf die Südseite über und zeichnete von hier den Blick bergauf. Den steilen Burgfelsen hatte er nun zu seiner Rechten, er machte sich detaillierte Skizzen des Belvedere, der Aussichtsterrasse, die damals nicht aus Beton, sondern aus Holz bestand.

Auf dem matten Papier der Zeichnungen ist das Flüssige meist nur mit ein paar weiten Bögen, Schwüngen oder Schraffuren angedeutet. Das Feste – die Häuser mit ihren mittelalterlichen Treppengiebeln, der Vierkantturm mit dem weit überstehenden bekrönten Dach, die Kontur der Seitenhänge, die Wurzeln eines umgekippten Baumes – das alles ist mit dem präzisen Auge eines Zeichners notiert, der schon als Schüler für Architekten Pläne kopierte und weiß, dass es bei einer möglichen Vervielfältigung seiner Motive als Stiche oder Aquatinta genau auf jene Details ankommt. Einem solchen Blick und seinem Stift entzieht sich das fliehende Wasser, und auf den Zeichnungen wirkt es wie eine Fortsetzung der Vegetation, als umrissen die stenographischen Krakel nicht Wogen, sondern Wipfel.

Vier Jahre später wird Turner bei der Jahresausstellung der Royal Academy ein großformatiges Ölbild zeigen, das auf keiner der heute etwas schwer zu entziffernden Skizzen direkt zu basieren scheint: *Der Rheinfall bei Schaffhausen.* Hätte Turner nicht in seinem Atelier gearbeitet, sondern die Staffelei direkt am Wasser aufgebaut, wäre er vom Sprühnebel nass geworden, so nah steht der Betrachter am Fuß des Felsens vor der Wand aus schäumender Gischt. Das Format hat sich dem Sujet angepasst, es ist in der Breite etwas gestreckt und bereitet so den beiden dramatischen Klippen sowie den donnernden Wassermassen eine große Bühne. Rechts steht als Gegensatz zu so viel Fließen der steile Berg mit Bäumen und Büschen. Unten am Wasser werden auf dem schmalen Uferstreifen Waren und Güter verladen, die Passagiere wechseln vom Schiff zur Kutsche. Sie tragen die Trachten, wie Turner sie in seinen Reiseskizzenbüchern festgehalten hatte. Der Himmel ist voll dunkler Wolken, hinter denen das Blau hervortritt. Ein Regenbogen – die Menschen wirken eilig, vielleicht sehen sie eine drohende Regenwand, die uns noch verborgen ist. Für den Rheinfall selbst haben sie dabei keinen Blick – sie sind nicht hier, um ein Naturwunder zu genießen.

*

Es werden fast vierzig Jahre vergehen, bis Turner nach Schaffhausen zurückkehrt. Den Rhein hatte er in der Zwischenzeit immer wieder bereist, vor allem zwischen Köln und Mainz, aber an den Rheinfall sollte er erst 1841 zurückkehren und ihn 1844 zum letzten Mal sehen. 1841 ist er wieder von der Lage der Stadt, der kreisrunden Burg auf dem Berg darüber, den zahlreichen Türmen und der Flussbiegung mit der Brücke fasziniert und hält sie in vielen Aquarellskizzen im schrägen leuchtenden Lichteinfall fest. Aber etwas hat sich vor allem bei den Aquarellen vom Rheinfall verändert: Er skizziert nicht mehr die Umgebung, um sich von den Konturen her heranzutasten und den Fall in einen anekdotischen Wahrnehmungsreigen einzubetten, sondern das Wasser hat die Hauptrolle übernommen. Seine Dynamik wird nicht mehr von Linien gefasst, sondern durch einander widerstrebende Farben erhöht. Nicht mehr die Beständigkeit von Fels und Stein bestimmt die Welt, sondern die Bewegung des Wassers. Was er auf dem Meer fand, dessen Stürme und Wetterumschläge, Sonnenauf- und -untergänge Turner in endlosen Folgen notiert hatte, findet er auch hier tief in den Bergen: die Gewalt des Fließens.

Ein Blatt ist darunter, das die Ansicht, die er zuvor für das Ölgemälde von 1806 gewählt hatte, bei Mondlicht zeigt. Auf diesem Aquarell erstreckt sich das Wasser unmittelbar bis zum Betrachter: keine Schiffe, keine Kutschen, keine Trachten, keine Distanz. Das Papier wurde bläulich-grau laviert, so dass die Farben silbrig von der Mondnacht durchdrungen scheinen. Die Felsen und Häuser sind in dem schattenlosen Licht ihrer Masse beraubt. Die Zirruswolken und die Gischt leuchten genauso hell wie die im Dunst verborgene Mondscheibe.

Leonardo in seiner Passion für alle Dimensionen des Fließens, sah im gleich hellen Glänzen von Mond und Wasser die Bestätigung dafür, dass es auf dem Mond ein Meer geben müsse. Denn der Mond könne »nachts nur so hell leuchten, weil die Oberfläche des Mondes gekräuselt ist; eine derartige Kräuselung kann aber nur bei flüssigen Körpern entstehen, die vom Wind bewegt werden, wie wir es beim Meer gesehen haben {…} durch die Bewegung des Wassers aber, das von den Winden in Aufruhr gebracht wird, überzieht sich der Mond mit Wellen, und jede Welle fängt das Sonnenlicht auf.« Turner konnte diese Aufzeichnung nicht kennen, aber Leonardos bildhaftes Denken, das jede Beobachtung nach Analogien zu einer weiteren Wahrnehmung abtastet und sie zu einer Erkenntnistheorie zu verbinden sucht, hätte ihm wahrscheinlich unmittelbar eingeleuchtet.

Aus Turners letzten Jahren haben wir eine große Zahl von Leinwänden, auf denen Licht und Farbe in einer strahlenden Energie zueinanderfinden. Einige dieser Bilder gelten als unvollendet, andere scheinen atmosphärisch nur von fern mit dem Sujet verknüpft zu sein wie *Sonnenuntergang vom Gipfel der Rigi* (1844), das von seinem Auftraggeber als unfertig zurückgegeben wurde. Doch die Maßstäbe für »vollendet« und »unvollendet« haben sich in den letzten zweihundert Jahren verschoben – es ist die Intensität, die zählt. Das ist ein romantischer Gedanke, den Turner aber oft, und für seine Zeit beispiellos, ohne die übliche Inneneinrichtung des Bildes durch dargestellte Sujets oder vorgestellte Symbole vorführt: Kein Mönch steht mehr vor dem Meer als Stellvertreter des Betrachters. Turners Farben sind nicht das Fell der dargestellten Dinge, sie sind die atmende Haut des Sichtbaren. Und dieses Sichtbare löst sich in Licht selbst auf.

Wie auf einem späten Gemälde, das vermutlich 1845 entstanden ist und heute in der National Gallery of Victoria in Melbourne hängt. Lange wurde es *Val d'Aosta* genannt, weil man darin einen Gletscher wiedererkennen wollte. Und tatsächlich, hält man es neben die Zeichnungen, Aquarelle und Radierungen vom *Mer de Glace*, dem Eisstrom, den Turner 1802 zum ersten Mal gesehen und dann immer wieder gezeichnet und gemalt hat, ist die Analogie in der Komposition augenfällig. Auch in der erstarrten Form des Eises erkannte Turner die Bewegung des Fließens zwischen den steilen schräggestellten Felsplatten, die den Gletscher umschließen. Doch auf dem Gemälde in Melbourne scheint nichts, nicht einmal die Felsen im Vordergrund, stillzustehen. Die erstarrte Dynamik ist entfesselt, das Weiß fliegt in das Blau hinein und umtost die Felsen. Die Stellen, wo die weiße Ölfarbe pastos aufgetragen ist, beinahe trocken aufgerieben, so dass sie körnig und schartig aus der Bildfläche ragt, bilden in ihrer Plastizität keine Schwere wie die Eisschollen, sondern sie lehren die Gischt das Fliegen. Wasser ist das Gegenteil von erstarrtem Eis. So gab man dem Bild einen neuen Namen: *Falls of Schaffhausen*. Turner sah ein Tosen, das uns taub macht, bis wir in die Stille seiner Farben treten.

4 Flussregenpfeifer

Von den höchsten Bergen oberhalb der Quellen des Rheins geht der Blick ungehindert zum Horizont. Gebirgskette für Gebirgskette versinkt in Blau. Durch die große Entfernung wirkt das Himmelblau selbst wie ein Filter und wird vor den hintereinander gestaffelten Hängen sichtbar. Der ganze Erdkreis scheint sich in immer helleren Blautönen zu verlieren.

Vielleicht ist es so kein Wunder, dass man sich überall in den Bergen an die See träumt, die weit hinter dem dunstigen Horizont liegt und zu der der Blick fast zu reichen scheint. »O Meer, universale Niederung und einzige Ruhestätte der wandernden Wasser der Flüsse«, notiert Leonardo einmal einen Ausruf, der von einem Gipfelblick wie von der Rastlosigkeit der Gebirgsbäche inspiriert scheint. Sein *Wasserbuch* ist das Musterbeispiel, wie eine Naturgeschichte des Fließens zum spekulativen Hintergrund hydrologischer Träumereien wird, die notgedrungen alle im Meer enden.

Zum Traum einer schiffbaren Schweiz, der die »technische Dichtung« Pietro Caminadas mit seiner Kanalisierung des Splügen-Passes herausgefordert hatte, gab es noch weit größere Pläne. Wenn in der Schweiz die Quellen der Meere liegen, dann müssen die Meere auch zur Schweiz kommen: Zwischen Basel, Genf und Zürich sollte ein europäischer »Central-Hafen« entstehen. In den Jahren vor dem Ersten Weltkrieg plante man nicht nur wie Pietro Caminada einen Übergang über die Alpen, der den Rhein über den Po mit der Adria und über Kanäle mit dem internationalen Hafen Genua verbinden sollte, sondern auch einen Transhelvetischen Kanal, der vom Rhein über die Aare, den Neuenburger und Bieler bis zum Genfer See gereicht hätte. Er wäre 219 Kilometer lang geworden und hätte mit

24 Schleusen 133 Höhenmeter überwunden. Von Genf an wäre es Aufgabe der Franzosen gewesen, die Rhône bis Lyon schiffbar zu machen. Damit wären die Welthäfen Rotterdam und Marseille über die Schweiz miteinander verknüpft. Diesen Masterplan stellte der Basler Hydrologe und Geograph Rudolf Gelpke 1907 in Umrissen vor – im gleichen Jahr wie Pietro Caminada seine Alpenübertunnelung. Gelpke sollte sein Projekt 1916 mit einer transalpinen Variante ergänzen: In Flüelen am Vierwaldstätter See wie in Biasca im Tessin sollten Verladehäfen entstehen, in denen die Güter auf die Schiene gebracht würden: »Aus der bedrückenden Enge unseres kleinen, von mächtigen Nachbarn eingeschlossenen, weit abgelegenen Binnenlandes«, so 1918 der Schweizer Bundesrat Felix Calonder, »streben wir nach drei Richtungen dem freien Meere zu.«

Vielleicht wird diese gigantomanische Idee in eine bessere Perspektive gerückt, wenn man sie mit dem ungeheuren Erfolg von Großprojekten wie dem Suezkanal vergleicht oder mit dem Gotthard-Bahntunnel, der 1882 in Betrieb genommen wurde, zu einer Zeit, in der der Sankt-Gotthard-Pass im Winter nur mit Schlitten passierbar war. Hätte die neutrale Schweiz mit einem »Central-Hafen« nicht den »Knauf« des internationalen Warenverkehrs in ihrer Hand, fragten die Politiker, als das Land während des Ersten Weltkriegs an Mangel litt, weil Export und Import zusammengebrochen waren? Könnte die Schweiz mit ihren Pässen nicht von einem Transitraum zu einem Knotenpunkt des europäischen Handels werden? Diese politische Intention ließ die Idee einer von West bis Ost und von Nord bis Süd von Kanälen durchzogenen Schweiz während der nächsten hundert Jahre nicht zur Ruhe kommen: Vom Rhein in die Aare und über die Limmat bis nach Zürich hinein sollte eine Wasserstraße führen. Es gab ein Abkommen mit Deutschland aus dem Jahr 1929, wonach darüber hinaus der gesamte Hochrhein von Basel bis zum Bodensee schiffbar gemacht werden sollte, »sobald es die wirtschaftlichen Verhältnisse erlauben«. Bis in die fünfziger Jahre hinein wurden Machbarkeitsstudien erstellt, und bis zum Ende des letzten Jahrhunderts wurden die Wasserstraßen für den prophezeiten Schiffsverkehr prinzipiell »offen« gehalten: Stauwerke, Brücken,

Kanäle wurden so gebaut, dass einem späteren Schiffsverkehr keine Barrieren entgegenstanden, die man nicht leicht wieder – durch Einbau von Schleusen – würde aufheben können.

Zu Beginn des 20. Jahrhunderts wurde von Befürwortern einer schiffbaren Schweiz immer wieder hervorgehoben, dass sich die Schönheit der heimischen Landschaft und Natur vom Schiff aus viel besser erschließe als vom Zug aus: mit Ruhe und in einem Rhythmus, der zur Beschaulichkeit einlade, ohne das Stakkato der am Zugfenster vorbeirasenden Masten. Den Bau der Wasserstraßen verstanden die Planer nicht als Eingriff in die Natur, sondern eher als deren Vervollkommnung durch Ingenieurskunst. Noch in dem 1961 zwischen der Schweiz und Deutschland erarbeiteten *Projekt 61* zur Schiffbarmachung des Hochrheins wurden mit großer Selbstverständlichkeit in die Karte des Flusslaufs bei Schaffhausen ein Schiffshebewerk, Schleusen, Kanäle und Tunnel eingezeichnet, um den Rheinfall großzügig zu umschiffen. Das alles wirkt heute mächtig überdimensioniert. Doch immer wenn wir mit dem Boot unter einer der hoch über den Fluss ragenden Bahnbrücken hindurchfahren, denken wir, sie seien Tore zum Meer. Der Fluss selbst scheint das zu soufflieren. Oder der am Horizont sichtbare Alpenkamm.

*

Flussab von Schaffhausen bringen wir unser Boot in Balm auf der deutschen Seite, Rheinau gegenüber, ans Wasser. Frühmorgens liegt der Fluss ruhig und glatt vor uns. Kein einziger Windstoß ist zu spüren, so dass wir unwillkürlich mit einem Blick den Himmel nach Gewitterwolken absuchen. Da ist nichts, wir hören nur ein feines Rauschen, wo ein Pappel- oder Weidenzweig aus den dichten Bäumen am Ufer ins Wasser hängt und spielerisch eine kleine stehende Welle entstehen lässt, die sich unregelmäßig überschlägt. Der Fluss ist still, aber schnell.

Hinter dem Fall bei Schaffhausen mit seinen wehenden Gischtschleiern und dem raschen Lauf durch eine Waldschlucht wurde der Fluss unmittelbar vor der engen Schleife, in der die Klosterinsel Rheinau liegt, gestaut. Die Pläne zu diesem Kraftwerk, das von den Schweizern auf der Grenze errichtet wurde, wurden am 22. Dezember 1944, gerade vier Monate vor dem Kriegsende, konzessioniert. Vor Beginn der Bauarbeiten kam es schon 1952 wegen der befürchteten Entstellung der Stromlandschaft zu Protesten von Landschafts- und Naturschützern. Die Pläne sahen vor, den Wasserspiegel durch das neue Stauwerk um zwei Meter zu erhöhen, wodurch sich die Höhe des Rheinfalls verringert hätte. Im Brennpunkt der Kritik stand auch, dass der Fluss unterhalb der Staumauer trockenfallen würde: Um das maximale Gefälle auszunutzen, sollte das Wasser in unterirdischen Stollen unter der schmalsten Stelle der weit ausgreifenden Schleife in sein eigenes Bett hinabstürzen. Zwischen Ein- und Auslauf des Stollens würde der Fluss aber über eine Strecke von mehreren Kilometern nur über eine Restwassermenge verfügen, und das Kloster läge auf einer Halbinsel. Die Ausgewogenheit des Landschaftsbildes aus horizontalem Wasserspiegel, Flussschleifen und den aufragenden Hügeln mit idyllischen Dächern und Türmen wäre zerstört. Um das zu vermeiden, wurden in der Mitte und am Ausgang der Rheinschleife zwei Hilfswehre gebaut, die das Wasser im Fluss halten. Von weitem wirkt die Landschaft intakt – bis man die Staumauern entdeckt.

Hinter dem letzten Hilfswehr lassen wir das Faltboot zu Wasser. Unterhalb der Staumauer schießt das Wasser smaragdgrün und kühl aus dem Stollen, fängt sich und bildet erneut eine glatte Fläche. Wo es aus der Tiefe aufsteigt und sich bricht, wechselt es seine Farbe von dem Grün der dunklen Oberseite eines Lindenblattes zu seiner helleren Unterseite. Die rötlichen Lehmwände der Steilufer sind an manchen Stellen freigespült, woanders dicht mit Weiden- und Haselbüschen, mit Feldahorn, Hainbuchen und Eichen bewachsen. Zwischen ihnen ragt einsam eine Kiefer empor, hoch oben kreist ein Schwarzer Milan und lauert auf Fische. Die Grasnarbe unmittelbar am Ufer steht unter Wasser, der Pegelstand unterhalb der Staumauer ändert sich je nach Strombedarf schnell.

Nach dem Plan des *Projekts 61* würde gegenüber entweder eine Schleuse liegen, mit der die Schiffe den Weg um die Rheinschlinge abkürzen könnten, oder wir würden stromab, so sah es eine Alternative vor, ein riesiges Schiffshebewerk erblicken. Mit seiner Hilfe sollten die Lastkähne einen Niveauunterschied von siebenundvierzig Metern überwinden, um in einen Kanal zu gelangen, der sie direkt zum »Paradies« östlich von Schaffhausen geführt hätte. Wäre nur einer der Pläne umgesetzt worden, befänden wir uns jetzt mit dem Faltboot auf einem industrialisierten Schifffahrtsweg, der mit seinen befestigten Ufern eher einem Kanal geglichen hätte als einem augenscheinlich naturbelassenen, aber durch Stauwerke gezähmten Fluss.

*

Nach zwei, drei Schlägen treiben wir ohne einen Laut in die Flussmitte. Es ist eine Strecke ohne Bojen oder Wiffen mit ihren rautenförmigen Schildern, wie sie zwischen Stein am Rhein und Schaffhausen stehen. An einem Wochentag gibt es fast keinen Schiffsverkehr. Aus den hohen Bäumen schreckt ein Reiher auf, der vor uns mit flappenden Schwingen flussab fliegt, sich niederlässt, bis wir ihn einholen und er wieder in Zeitlupe den krakeligen Regenschirm seiner Flügel entfaltet. Beim dritten Mal sind wir offenbar am Rand seines Reviers angekommen, und er wendet in einer tiefen Kurve über uns. Er fliegt so niedrig, dass wir das taubenblaue Schimmern seiner Flügelunterseiten sehen.

Von Balm bis zu dem mittelalterlichen Städtchen Eglisau, wo die nächste Staustufe den Fluss sperrt, ist es eine der ruhigsten Passagen auf dem Hochrhein. Links und rechts gibt es weder Straße noch Bahn. Nach einem Drittel der Strecke wird bei der Mündung der Thur ein kleiner Campingplatz liegen, und gleich dahinter werden wir am Kiesstrand unterhalb der Brücke bei Rüdlingen auf Badende treffen. Sonst werden uns den ganzen Tag über fast keine Menschen begegnen. Wo nicht wie hier am Anfang steile Hangschultern voller hoher Bäume stehen, gibt es Flussmündungen, Altrheinarme, Schilfflächen oder ein paar Felder. Doch meist reisen wir allein unter Bäumen, lauern auf die Spuren von Bibern, und mit einem Augenblinzeln könnten wir in Kanada sein.

Biber sehen wir nicht, aber wir können ihre Bissspuren an Weiden ausmachen. Wir kreuzen Enten und Schwäne, von denen wir respektvoll Abstand halten. Gleich neben uns durchstoßen Haubentaucher unbeeindruckt die Wellen und kommen dabei dem Boot so nah, dass wir die roten Federn ihrer Hauben einzeln erkennen können. Libellen lassen sich auf der Bootsspitze nieder, am Ufer stehen drei Graureiher im gemähten Schilf, die Köpfe eingezogen wie missmutige Mönche. Wolken lassen ihre Spiegelbilder über das Wasser treiben.

Bachstelzen gibt es überall am Rhein – die freundlichen Strandläufer, die immer alles mit einer Verbeugung begrüßen. Natürlich auch hier, wo sie von Kiesbänken knapp übers Wasser hinausfliegen, zurückkehren und sich wieder knicksend niederlassen. Aber der Vogel vor unserem Boot wirkt gedrungener, sein Schwanz kürzer, und obwohl er kurz mit dem Vorderkörper wippt und ruckt, stochert er weiter mit dem schmalen, aber kräftigen Schnabel zwischen den Steinen. Er wirkt von ferne schwarzweiß, aber als wir näher kommen, sehen wir, dass die schwarze Kappe der Bachstelze diesem Vogel wie eine Augenbinde tiefer gerutscht ist, so dass er keck wie ein Panzerknacker wirkt. Der Rücken ist eher bräunlich als gräulich wie bei den Stelzen. Es dauert, bis wir das Fernglas aus dem wasserdichten Seesack herausbekommen haben, dann sehen wir die gelben Ringe um die Augen: Es ist ein Flussregenpfeifer. Vor hundert Jahren wäre das am wilden Rhein nichts Besonderes gewesen, aber mit der Begradigung und dem Ausbau der Flüsse zu Schifffahrtsstraßen, mit den Stauwehren, der Kanalisierung und dem Stilllegen der mäandernden Natur verloren die Flussregenpfeifer die Kiesbänke, auf denen sie leben und balzen, brüten und zwischen den Steinen und im Schlick des Ufersaums nach Insekten und Kleintieren suchen. Der Bestand war so dezimiert, dass es nur ein paar feuchte Sommer brauchte, in denen die schmal gewordenen Sandbänke in den entscheidenden Wochen der Brut unter Wasser standen, um das Überleben des Zugvogels bei uns zu gefährden. In letzter Zeit hat man solche Kiesflächen überall am Hoch- und Oberrhein wieder geschaffen und pflegt sie regelmäßig, damit sie nicht, von Pflanzen überwuchert, verkrauten. Der Flussregenpfeifer braucht die offene Kiesbank nicht nur zur Nahrungssuche, sondern auch, um seine Eier, durch ihre Schale perfekt getarnt, zwischen den Steinen abzulegen – in einer Mulde oder an einer kleinen freien Stelle, die er als Nistplatz nutzt und die wir nie als Nest erkennen würden. Jetzt ist es Ende Juli, die Küken sind längst geschlüpft, so groß wie ihre Eltern und nur mit dem Fernglas von ihnen zu unterscheiden. Im Weitertreiben ahmen wir leise pfeifend ihren Ruf nach, um uns ihr »tüi« zu merken.

An der Mündung der Thur in den Rhein wird der aus dem Säntis-Massiv herunterkommende Fluss von einer Wand aus Rheinwasser in sein Bett zurückgestaut, so dass er still daliegt wie ein See. Wir fahren in die Mündung und suchen nach Steilhängen mit wechselnden Lagen aus Lehm, Löss und Kies. In ihnen bilden sich Hohlräume, die für viele Höhlenbrüter perfekte Nistgelegenheiten bieten. Und da, wir sehen ein jadeblaues Flimmern, das eine Halluzination geblieben wäre, hätte der Vogel sich nicht zum Wasser niedergleiten und uns dabei deutlich die orangefarbene Brust erkennen lassen: ein Eisvogel.

Ein Kormoran streicht über uns hinweg, zwei Möwen folgen uns kreischend eine Zeitlang, schließlich fallen ein paar dicke Tropfen. Zunächst zeichnen sie nur vereinzelte konzentrische Kreise auf das Wasser – und noch bevor der Regen richtig einsetzt, finden wir unter den dichten Bäumen der nahe zusammentretenden Ufer Schutz. Eine Weile folgen wir so der Strömung, bis wir an die Mündung der Töss kommen, an deren Ufer wir vor zwanzig Jahren stromauf in Winterthur gelebt haben. Von dort waren wir mit unserem ersten Kanu und der ganzen Familie samt Hund zum ersten Mal auf dem Rhein – und wären gleich zu Anfang fast gekentert, als unser verängstigter Labrador panisch aus dem Boot sprang und wir ihn mit dem schweren, wassergetränkten Fell wieder an Bord hievten. Später malte unsere Tochter jahrelang Bilder vom Kanu mit Familie und Hund: das Gefäß, das die ganze Familie fasste, von der Umgebung isolierte und sie gleichzeitig in ein Abenteuer aufbrechen ließ. Und selbst wenn dieses Abenteuer nur darin bestand, im Boot zu fahren, und wir nie die Biber zu Gesicht bekamen: Das Schaukeln zwischen den Waldufern hat sich allen eingeprägt – als Glück einer gefundenen Balance.

*

Selbst auf einer Landkarte der letzten Vergletscherung Europas wäre unser Haus in Winterthur leicht zu finden gewesen. Es liegt am Ufer der Töss unterhalb einer Bergflanke. Sie hatte sich als westliche Endmoräne des Rheingletschers gebildet, der sich vom Hinterrheintal über den Vorarlberg, das Sankt Galler Säntis-Massiv bis weit nach Schwaben erstreckte. Der spätere Bodensee, Konstanz, Ravensburg, Bregenz – das alles lag Hunderte Meter dick unter Eis. Erst an der Töss, durch die das Schmelzwasser ablief, fand sich ein eisfreies Riff.

Hier, unter einem Ahorn und einer Hainbuche, wurde 1945 ein Doppelhaus ganz aus Holz erbaut – eine Notbehausung für die Nachkriegszeit, die wie so manches Provisorium in seiner Anspruchslosigkeit zu einer gültigen Lösung fand. Über einer flachen Grube errichtet, die als offener Keller diente, glich das einstöckige Haus mit dem breiten ausgebauten Dach einer Arche. Nachts knarrten die Balken, und es zog in der Takelage des Schlafs. Die Wände waren dünn, wer hier lebte, ließ sich nicht für immer nieder. Aber für uns alle war es der Inbegriff von Zuhause.

Im Herbst und Winter rauschte die vier Straßenlaternen entfernte Töss nicht mehr, hinter dem Mühlwehr floss sie nur noch als Rinnsal zwischen den ausgewaschenen Kalkplatten, die das Flussbett bildeten. Wenn das Sirren der Reifen nicht mehr vom Laub der Bäume gedämpft wurde, hörte man die hinter den Lärmschutzwänden verdeckte Autobahn, die dem Flusslauf folgt. Aber während der Schneeschmelze im Frühling stieg die Töss manchmal bis in unser Haus. Gegen die Nässe war der Naturkeller mit großen Kieseln ausgelegt, die Tiefkühltruhe auf hohen Paletten gesichert, die Gasheizung stand in einem gemauerten Abteil. Trotzdem kamen wir manchmal nur mit nassen Socken vom Kartoffelholen wieder hoch.

*

Damals verlandete die Töss im Sommer oft auf ihren letzten Metern vor der Mündung, und regelmäßig bildete sich dort eine Sandbank, die den Fluss abriegelte. Vom Faltboot aus ist davon nichts zu sehen, nur die Reihen von Motorbooten und Kähnen, die längs des Rheins an Stegen festgemacht sind. In unserer Erinnerung kommen sie nicht vor, aber es muss sie schon gegeben haben. Wir haben sie wohl beim Indianerspielen mit den Kindern ausgeblendet.

Der Regen wird stärker und trommelt bald auf die straff gespannte Leinwand des Faltbootes. Plötzlich ist der ganze Raum unter den Bäumen voller Schwalben, die dicht über dem Wasser segeln und uns in den unsichtbaren Kokon ihrer Flugkurven einspinnen. Wir brauchen einige Minuten, bis wir merken, dass wir die Köpfe nicht einziehen müssen. Die Vögel würden schneller ausweichen, als wir unseren Scheitel oder das durch die Luft kreisende Paddel in Sicherheit bringen könnten.

So fahren wir durch einen Regentunnel aus Hunderten von Grüntönen, die das Laub im Fluss spiegeln und durch die Reflexe ins Unendliche fortsetzen. Das geräuschlose Gleiten das Bootes und das immer neue Austasten des Gleichgewichts: Wenn wir uns treiben lassen, fehlt im Boot wie bei einem stehenden Fahrrad der Vortrieb – die Balance wird schwieriger, das Boot kippelig. Ein Ast streift unsere Köpfe und entlässt einen kleinen Regenschauer ins Boot. Wir legen die Paddel quer über den Bootsrand und fischen vorsichtig unsere Brote aus dem Proviantsack, immer die Bewegungen des anderen im Blick, um ein Ausschlagen des Pendels rechtzeitig auszugleichen. So gleiten wir unter dem Blätterdach weiter und lauschen auf den Moment, in dem das Rauschen des Regens auf dem Wasser stärker wird als im Laub. Dann regnet es sich ein, in den Baumkronen rinnen die Tropfen von Blatt zu Blatt. Ihr weicher Klang hüllt uns ein – das Boot, den Fluss, den Wald.

Erst spät in seinen Aufzeichnungen über das Wasser erwägt Leonardo da Vinci, ob es stimmen könne, was ihm immer wieder zu Ohren komme: »Manche sagen, dass das Regenwasser das Anschwellen der Wasseradern verursacht, welche die Flüsse speisen.« Er will das nicht glauben, denn zu Beginn seines *Wasserbuches* ist er überzeugt, dass das Wasser in unterirdischen Adern auf die Berge steigt. Aber Leonardo denkt in Wahrnehmungen und lässt sich von einer Beobachtung zur nächsten leiten, und so kommt er schließlich zu einer Vision, die ihn doch von der Regen-Hypothese überzeugt: »Aber bei vielen Bergen, wo die Schichten des Gesteins schräg oder gerade liegen und dazu von wenig Erde umkleidet sind, dringt das Regenwasser sofort in die Erde ein und läuft zwischen die Spalten des Gesteins und verleibt sich die Adern und die höhlenartigen Orte ein und erfüllt sie mit sich. Auch die Schneemassen, die sich spät schmelzend von den Alpen lösen, zurückgehalten von den Wurzeln und Blättchen der winzigen Gräser auf den Wiesen, dringen leichter in die Spalten des Gesteins ein, wenn sie nicht zwischen den genannten Wurzeln fließen, so dass außer dem geschmolzenen Schnee, der im Sommer die Flüsse anschwellen lässt, vieles zwischen die erwähnten Spalten des Gesteins eindringt, aus denen die Berge zusammengesetzt sind.« Die Adern füllen sich nicht durch steigendes Wasser, sondern durch fallenden Regen. Im Hintergrund einiger seiner Gemälde, der *Mona Lisa* und noch deutlicher auf seiner *Anna Selbdritt*, scheint dies dargestellt. Später notiert er lapidar im *Codex Atlanticus*, der postum zusammengestellten umfangreichsten Manuskriptsammlung: »Das Wasser der Flüsse hat seinen Ursprung nicht aus dem Meer, sondern aus den Wolken.«

Gegen die Nässe von oben und unten ziehen wir Regenjacken über und sind froh, als wir endlich zwischen den Hügeln und unter den Bäumen Eglisau, unser Ziel, durchblitzen sehen. Ein Dach für uns und das Boot.

5 Der Koblenzer Laufen

Nach der ruhigsten Strecke sollte die letzte Passage unserer Bootstour die wildeste werden, aber davon ahnten wir zu Beginn nichts. Maria und ich stammen aus Koblenz, dem Zusammenfluss – lateinisch *confluentia* – von Rhein und Mosel, und so war es ein Jungentraum von mir, auch das zweite Koblenz am Rhein, das schweizerische, am Zusammenfluss von Rhein und Aare gelegene, vom Boot aus zu sehen.

Unterhalb des Stauwehrs von Zurzach bringen wir am Klubhaus der Pontoniere das Boot zu Wasser. Das klingt einfacher, als es ist, weil die Strömung so dicht unterhalb der Staumauer das Boot zum Tanzen bringt. Da das Seil vorn am Bug festgemacht ist, müssen wir den Klepper mit der Spitze gegen den Strom besteigen und gleich einen Bogen fahren, um die Strömung zu queren, was der ganzen Fahrt von Anfang an etwas Ruckeliges verleiht. Der aufgewühlte Fluss wird uns erst nach einer guten Weile in den ruhigeren Seitenarm neben einer Insel entlassen, ein Naturschutzgebiet, wo im flachen Wasser umgestürzte Bäume liegen, deren Kronen halb aus dem Strom ragen. Flussregenpfeifer und springende Fische. In die hohen Weiden auf dem deutschen Ufer rechts sind Baumhäuser gebaut, improvisierte Sonnendächer am Strand aufgeschlagen, an Ästen hängen Schaukeln und Seile über dem Fluss. Tom Sawyer und Huckleberry Finn könnten hier wohnen.

Plötzlich hören wir ein Rauschen, das immer lauter wird, und bevor wir ausmachen, wie weit wir noch entfernt sind, werden wir schon von dem Koblenzer Laufen erfasst. Rechts halten, empfiehlt der Kanuführer: Wildwasser Klasse I. Da so viel Wasser im Rhein ist, dachte ich ahnungslos, werden wir über die Steine einfach hinwegfahren. Großer Fehler, denn wenn viel Wasser im Fluss ist, fließt es nicht einfach geradeaus über die Sohle hinweg, sondern alle Wellen, Querströmungen, Spiralen und Wirbel werden nur umso heftiger. Hätte ich nur auf Leonardo gehört: »Das Wasser bewegt sich innerhalb des Wassers kreuz und quer und prallt in so vielen wechselnden Strömungen zurück, wie die verschiedenen schräggestellten Hindernisse sind, auf die die Einfallbewegung des Wassers trifft {…} Eine Welle ist nie allein.«

Der Koblenzer Laufen ist die letzte Stromschnelle, die außer dem Rheinfall am Hochrhein noch existiert. Alle anderen sind durch die elf Elektrizitätswerke, mit denen man das Gefälle von 160 Höhenmetern zwischen Stein am Rhein und Basel nutzt, überflutet und heute nur noch in alten Reiseführern zu finden. 1909 schwärmte der Baedeker, dass zwölf Kilometer aufwärts von Basel die »Fluten sich schäumend über Felsen stürzen und Strudel bilden, u.a. den Höllenhaken. Ansehnlicher Salmenfang.« Heute steht dort wenig stromab das Stauwerk Augst-Whylen. Bei Klein-Laufenburg hatte sich der Baedeker bereits über die drohende Zukunft informiert: »Der tief zwischen Felsen eingeengte Rhein bildet starke Stromschnellen, deren auf 50 000 Pferdestärken berechnete Wasserkraft zu industriellen Anlagen benutzt werden soll. Unterhalb ist ein ergiebiger Salmenfang.«

Als Anfang des 20. Jahrhunderts die meisten dieser Stauwerke errichtet wurden, ging der Lachsfang bereits rapide zurück. Erst sehr viel später versuchte man mit Fischtreppen, den Wanderfischen ihren Zug stromauf wieder zu ermöglichen. Doch nun, da das gelungen ist, können die geschlüpften Lachse nicht dem Meer entgegenziehen. Fischtreppen sind Einbahnstraßen. So geraten immer wieder in den Alpengewässern geschlüpfte Jungfische beim Abstieg gen Nordsee in die Turbinen der Kraftwerke. Jede Lösung stellt ein neues Problem.

Die Rheinlachse oder Salme verschwanden wie die Laufen. Wenn man 1966 nicht die Pläne zu einem Kraftwerk Koblenz-Kadelburg wegen der vermeintlich einfacheren Konkurrenz Atomkraft aufgegeben hätte, wären auch diese Stromschnellen verschwunden. »Der

Hochrhein ist heute eine Abfolge von Flussstauseen«, folgert die internationale Rheinschutzkommission. Aber jetzt stecken wir schon mitten in dem letzten Laufen, der sich 1,2 Kilometer lang über eine deutlich sichtbare Gefällstrecke in einer Kurve hinabzieht. Das Boot treibt quer zur Strömung von Schwall zu Schwall, hohen, quer zum Fluss stehenden Wogen, in denen wir festsitzen. Wenn wir uns aus einer befreien, scheinen wir in die nächste zu rutschen. Und schaffen wir die, hängen wir in einem Strudel. Es gibt Querströmungen, die vorn das Boot nach rechts drehen, während das Heck nach links gewendet wird, wir trudeln auf und ab und schaukeln hin und her. Alles im Boot scheint sich zu bewegen. Wir spüren die Elastizität der Konstruktion und haben Angst um das Segeltuch, das rau über scharfkantige Gesteinsbrocken gezogen wird. Der Rumpf verwindet sich, Maria gerät etwas in Panik. Wir sind schon den größten Teil der Strecke hinuntergekullert, als wir endlich die rechte Seite erreichen, die der Kanuführer empfahl. Nur verriet er nicht, dass wir damit vor einer steilen Felswand hängen und jetzt schauen müssen, nicht vom Wasser an das Gestein gepresst zu werden.

Endlich bringen wir die Wand hinter uns, erreichen flacheres Wasser, Sandbänke, seichte Nebenarme ohne Wellengang und können an Land. Maria springt auf, tritt mit rechts auf die Bootsflanke, stößt sich ab, gibt dem Boot einen Spin, so dass es umstürzt: Ich saß eben noch im Boot und liege jetzt im Wasser, während der Klepper kopfüber abtreibt und aller Inhalt mit ihm. Schnell das Boot an Land gezogen, die Sachen aus dem Wasser gefischt, das Boot ausgeschüttet und mit Trinkbechern leer geschöpft.

Aufatmen, die T-Shirts ausziehen, damit sie trocknen. Erst jetzt schauen wir uns um und entdecken, an welch rettendem Ufer wir gelandet sind. Nackte Männer fortgeschrittenen Alters umstehen uns wie Pinguine und machen amüsierte Bemerkungen, unbeeindruckt von unserem Pech und stolz auf ihre Nudität. Die Damen bedecken sich derweil mit den üblichen Bekleidungsoptionen für Sonnenbadende. Warum nur sie? Schwimmen geht hier keiner. Vor lauter Spaß kommt niemand auf die Idee, einen unserer Beutel oder Säcke aus der Strömung zu fischen, bevor alles bachab geht. Ihnen, die in ihrer ganzen prallen Lebensfreude unbedeckt vor uns stehen, geht es allein um eine nahtlose Bronzierung ihrer Torsi.

Nach dem ersten Schreck über das Kentern können auch wir nur noch lachen. Und das hilft am besten gegen den Laufen, der von hier unten wie ein flacher, langgestreckter Wasserfall wirkt. Sog, Schwall, Pilze, Strudel, Wirbel und Querströmungen, die uns so fest im Griff hatten. Gut, dass wir das alles nicht vorhergesehen haben – ich weiß nicht, ob wir ins Boot gestiegen wären.

Nach einem langen Picknick geht es in klammen Kleidern weiter, an einer schattigen Insel vorbei, auf der die Biber die dicksten Bäume fällen wollen – reihenweise angenagte Weiden, aber nur Bissspuren sind zu entdecken, keine Täter. Ein neues lautes Rauschen macht uns nach dem Laufen nervös, aber es sind aus dem Wasser ragende Äste und die Signalbojen, die in Nähe des Grenzübergangs die Ländergrenze im Fluss nachzeichnen. Dann die Zollbrücke, auf der nachmittags in der Woche nichts los ist. Links auf dem Steilhang liegt Koblenz, aber vom Wasser aus ist nichts davon zu entdecken, bis wir kurz vor der ausladenden Aare-Mündung auf dem Rhein fast stehen bleiben.

Die Wasser der aus den Berner Alpen kommenden Aare haben sich erst vor ein paar Kilometern mit der Reuß, die aus dem Gotthard stammt, und der Limmat aus dem Glarner Land vereinigt. So bringt die Aare oft mehr Wasser an den Zusammenfluss als der Rhein, dessen Strömung hier gestaut und nördlich gegen das rechte Ufer abgelenkt wird. Auf der Oberfläche zeichnet eine kleine stehende Rippelwelle, auf der das Boot festzukleben scheint, die Konfrontation der beiden Flüsse nach: Es ist das genaue Gegenteil zur Thur, wo das Rheinwasser wie eine Wand deren Mündung verschloss, und es ist auch anders als bei der bedeutend kleineren Töss, deren Wasser fast vom Rhein aufgesogen wurde. Dieses Missverhältnis von Hauptstrom und Nebenfluss bei der Aare-Mündung hat zu der Diskussion geführt, ob nicht eher der Rhein ein Nebenfluss der Aare sei und damit der ganze Fluss von hier bis zum Meer in Aare umzutaufen wäre, ein Gedanke, der wohl vor allem im Kanton Aargau und seiner Hauptstadt Aarau große Resonanz hervorrief. Es gibt viele Wege, Quellen zu finden und Flüsse zu benennen.

Koblenz gegenüber liegt Waldshut, wo wir am Pegelhaus an Land gehen und unsere Sachen auf dem hohen Deich sortieren, der im Bereich der Mündung vor drohenden Hochwassern schützt. Wir laden gerade unser Gepäck aus, als zwei ältere Damen näherkommen. Ob das ein Klepper sei, ein Aerius, das Modell mit den Luftkammern? Ja, genau, kennen Sie's? Und dann erzählt eine der Frauen, eher an ihre Freundin gewandt als an uns, von ihren Ferien, Ende der fünfziger, Anfang der sechziger Jahre – »mein Mann war so verrückt nach dem Ding, wir mussten es mit nach Finnland nehmen. Das Wasser war flach und überall voller Steine. Ich lag immer bäuchlings vorne auf der Spitze und musste ihn vor scharfen Felsen warnen.« Beinahe zärtlich streichelt sie über das Boot, dann sind die beiden Damen mit ihren Stöcken verschwunden – ich sehe schon das Lächeln meines Vaters vor mir, wenn ich ihm von der Begegnung erzähle.

Auf dem Campingplatz finden wir einen Prospekt zum Wasserwandern auf dem Hochrhein:

> 98,5 Beginn, ›Koblenzer Laufen‹, 500 m Schwallstrecke Klasse II; nur empfohlen für Paddler mit Wildwassererfahrung! Vorab die Verhältnisse anschauen, Pegelstände erfragen; bei höheren Wasserständen Querströmungen, Verschneidungen und Pilze. Durchfahrt re, ca 50 m vorm deutschen Ufer.
> 99,7 Ende der Schwallstrecke, re Kiesbänke; Einstieg nach Umtragen, Rast und Badeplatz.

Stimmt alles. Hatten wir ein Glück.

IV Das Licht auf dem Wasser

J. M. W. Turner am Rhein

1 *My simmer*

»Vier is my simmer«, notierte sich William Turner 1817 in sein Skizzenbuch. »Wo ist mein Zimmer«, den Satz wollte er sich für seine Reise über Belgien nach Deutschland einprägen. Am liebsten hätte er ein Zimmer mit Fenster auf den Rhein, den er sich als Steigerung der Flüsse Englands dachte – schon bei Schaffhausen so breit wie die Themse in London, der Fluss, den er wie keinen anderen kannte und in dessen Nähe er stets wohnte. Die Royal Academy residierte damals gleich am Wasser im Somerset House, und zu seinem Landhaus in Twickenham fuhr er manchmal mit dem Boot. Seine Aquarelle nach Wanderungen zu pittoresken Flusswindungen, Wasserfällen, Mühlen und Furten der verschiedensten Flüsse Englands hatten ihn berühmt gemacht. Aber der Rhein war länger, seine Ufer waren wilder, seine Schluchten tiefer, und vor allem war er von Burgen und Ruinen bekrönt: »the castellated Rhine«, wie Lord Byron, der Inbegriff des durch Europa irrlichternden Engländers, gedichtet hatte.

Die Ruhe des Wassers und das Licht auf dem Fluss waren Turners Zuflucht. Er wusste, wie aufbrausend und widerborstig er selbst sein konnte. Rätselhaft und schroff erschien er seinen Zeitgenossen, hypochondrisch und getrieben: einer, der, misstrauisch gegenüber anderen, bis zu dessen Tod mit seinem Vater zusammenlebte, einer, der vor sich selbst auf der Hut war. Am Wasser jedoch wurde er still: Er ruderte, segelte und angelte. Das meditative Verharren über Schnur und Schwimmer ließ ihn über das Spiel der Wellen mit dem Licht, mit dem Spiegelbild und der Reflexion der Farben nachdenken. »Die Widerspiegelungen sind von solch unendlicher Variation und solch uneinsehbaren Widersprüchen und zeigen solche Erscheinungen, dass sie mehr Aufmerksamkeit heischen, als ihnen generell gezollt wird {…} Wahrlich, das Wasser ist ein Spiegel, aber es ist das allerkostbarste Werk der Natur.« Er fragte sich, warum sich das Licht auf gekräuseltem Wasser weiß bricht, notierte seine Beobachtungen über die Paradoxien der Reflexion in Skizzenbüchern und besprach sie in seinen Vorlesungen an der Royal Academy: Aber »wenn sich auf der leicht geneigten Wasserfläche eine düstere Wolke spiegelt, erscheint durch die Tönung die Spiegelung eines weißen Gegenstands nicht hell oder gar weiß, sondern im Gegenteil dunkel«.

In jener Zeit gab es viele Wolken, die helle Reflexionen verdüsterten. Im Juni 1815 hatte Napoleon seine letzte Schlacht verloren: Waterloo. Die Engländer mit ihren Alliierten und die Preußen hatten gesiegt, doch es blieben über 55 000 Menschen tot oder verwundet auf dem Feld – neben Zehntausenden von Pferden. Es war keine Schlacht, es war ein Schlachten. Kurz zuvor war in Indonesien der Vulkan Tambora ausgebrochen, die größte Eruption der Erde seit 22 000 Jahren, die 71 000 Menschen das Leben kostete. Hiervon bekam man in Europa erst mit langer Verzögerung direkt etwas zu spüren, als die riesige Aschewolke über den Globus zog und die Atmosphäre auch über Europa verdunkelte. Sie sorgte erst im Jahr darauf, 1816, für den regenreichsten Sommer seit Menschengedenken.

Mit dem Krieg war ein mehr als zwanzigjähriger Konflikt beigelegt, der die Engländer mit Ausnahme einer kurzen Zeit 1802/1803 auf der Insel festgehalten hatte. Nun stand ihnen der Kontinent wieder offen, aber, so schrieb Turner 1816 in einem Brief: »Regen, Regen, Regen, Tag für Tag. Italien überschwemmt, die Schweiz ein Waschkessel. Die Seen von Neufchâtel, Bienne und Morat sind *eins.* Jede Chance, über den Simplon oder einen andern Pass zu kommen, löst sich wie Morgennebel in Luft auf.« Erst später sollte man feststellen, dass der gleiche Vulkan neben Niederschlägen durch seine in der Atmosphäre zirkulierende Asche auch zitronengelbe Sonnenuntergänge hervorgebracht hatte, die Turner wie sein Zeitgenosse Caspar David Friedrich so bewunderte.

»Regen, Regen, Regen« war 1816 ein Grund, nicht aufzubrechen, der andere eine Abmachung mit einem Verleger, 120 Zeichnungen als Vorlagen zu einer Serie mit Stichen aus Richmondshire zu liefern – gegen 3000 Guineen Vorschuss, was damals etwa dem Preis von zehn seiner größeren Ölgemälde entsprach. Einerseits war Turner daran interessiert, seine Bilder in Stichen und Aquatinta vervielfältigt zu sehen und seine Popularität zu steigern, andererseits legte sich der wirtschaftlich umsichtige Künstler, der jeden Penny seines Vermögens selbst verdient hatte, auf diese Weise oft Fesseln an.

Aber 1817 sollte es so weit sein, er wollte den Rhein wiedersehen, den er 1802 in der Schweiz nur von Schaffhausen bis Basel kennengelernt hatte. Diesmal wollte er, wie auf seinen Exkursionen an die Flüsse Englands, allein reisen. Kein Gepäck, keine Kutsche, kein Fremdenführer, nur er mit Regenschirm und Schulterbeutel. Wandernd, als unbekannter Passagier auf einer Barke, in der Kutsche, wenn es eine Postlinie gab, aber am liebsten zu Fuß.

Allein zu reisen bedurfte einer minutiösen Vorbereitung. Skizzenbücher wurden beschafft (1802 hatte er auf der ersten Europareise schon in Bern weitere kaufen müssen), Reiseführer ausgewertet. Und da Turner, wie eine Bekannte hervorhob, »auf jeder Reise die Hälfte seines Gepäcks verlor«, was auch am Rhein geschah, wissen wir von einer Liste wiederzubeschaffender Dinge in einem seiner Skizzenbücher, was er diesmal in seinem Reisebündel mit sich trug. So ein »wallet« oder »knapsack« wurde oben wie unten verschnürt und hatte einen Eingriff von der Seite, wie die Bündel von reisenden Handwerksgesellen. In ihm trug Turner diesmal »ein Buch mit Blättern«, wahrscheinlich einen Reiseführer, in den er sich leere Blätter hatte binden lassen, Campbells *Guide through Belgium and Holland* in der neuesten Auflage, außerdem »3 Hemden, 1 Nachthemd, ein Rasiermesser, eine Ersatzbespannung für den Regenschirm, ein Paar Strümpfe, ein Wams, ½ Dutzend Bleistifte, 6 Halstücher, 1 besonders großes Halstuch, 1 Farbkasten«.

Die Reise beginnt gleich an der London Bridge: Mit dem Dampfer geht es über Margate nach Ostende. Dort steigt Turner in die Kutsche um. Über Brügge und Gent weiter nach Brüssel und Waterloo, wo er sich vermutlich einen Führer nimmt oder sich von anderen Besuchern über die Schlacht informieren lässt. Der siegreiche britische Befehlshaber Duke of Wellington ist ein Volksheld, und sein Mut ist Thema unzähliger patriotischer Historienbilder. Turners Skizzenbuch, das er bisher nur spärlich benutzt hat, füllt sich in Waterloo mit Zeichnungen der entscheidenden Orte der Schlacht – das befestigte Gehöft La Haye Sainte, das zwischen den Fronten gelegen hatte und von den Briten gegen die Franzosen verteidigt worden war, daneben bis auf die Grundmauern abgebrannte Bauernhöfe und Weiler. Auf Turners Zeichnungen sehen die flachen Anhöhen gespenstisch leer aus. Es gibt keine Soldaten. Auf einem Aquarell fährt ein Blitz zwischen Gräbern in eine Senke voller Ruinen. *Das Schlachtfeld von Waterloo*, ein im Jahr darauf fertiggestelltes Ölgemälde, übersetzt die Linien der Landschaft in eine Woge verstümmelter Leiber, die sich durch eine von Kanonensalven erhellte Nacht wälzen. Im Fackelschein suchen im Vordergrund Frauen und ein Kind nach Überlebenden. Ein düsterer Auftakt für die ersehnte Rheinreise.

Nach der Kutschfahrt von Brüssel mit Übernachtungen in Lüttich und Aachen kommt Turner endlich am 18. August in Köln an. Er hat keine Augen für die Stadt, sondern stürmt gleich weiter. Am 19. August wandert er bis nach Bonn, um dann hinter der Stadt bei Bad Godesberg endlich die Motive zu finden, für die er schon in London seinen Blick geschärft hat, indem er sie auf Abbildungen in Reiseführern studiert hat: das Hochkreuz in Bad Godesberg mit der Burg am Horizont, den steilen Drachenfelsen mit dem Siebengebirge am gegenüberliegenden Ufer, die Insel Nonnenwerth. Dies waren die tradierten Ansichten.

Das alles hatte er schon auf Stichen gesehen. Die Unmöglichkeit, auf den Kontinent zu reisen, hatte bei den Briten einen Hunger nach Bildern geweckt, und überall waren sie zu finden – in den Auslagen von Buchhandlungen, auf teurem Bütten und in großen Formaten in den Salons der Gönner und Mäzene, in kleineren Rahmen und auf einfacherem Papier an den Wänden zu Hause. Vor allem hatte Turner die Aquatinta von John Gardnor studiert, die dieser 1792 als Stichfolge in Buchform mit umfangreichen Kommentaren veröffentlicht hatte, *Views Taken on and near the River Rhine*. Gardnor war zwar ein Amateurmaler, aber er war über viele Jahre Zeichenlehrer gewesen und stellte oft bei den jährlichen Sommerausstellungen der Royal Academy aus – 1790 zum Beispiel fünf große Rhein-Aquarelle, die im Ausstellungskatalog in der Nähe von Turners erster ausgestellter Arbeit standen. Auch im Leben muss Gardnor ein Mann nach Turners Façon gewesen sein. Als er als Künstler endlich auf eigenen Füßen stand, wurde er Geistlicher und traute den exzentrischen Dichter und Maler William Blake, arbeitete weiter als Maler und Zeichner und reiste 1787 durch das vorrevolutionäre Europa. Hatte Turner seine Route nach der neuesten Ausgabe des Reiseführers von Campbell zusammengestellt, benutzte er zum visuellen Einüben Gardnors Aquatinta und notierte sich in seinen Skizzenbüchern dessen Beschreibungen der besten Blickpunkte. Denn der ferne Ort konnte seine Bedeutung nur entfalten, wenn er vom Betrachter wiedererkannt wurde: Die Loreley musste die Loreley aus den Bildern sein. Nicht erst Gardnor hatte so den Blick auf den Fluss geprägt, sondern ganze Generationen von Malern vor ihm hatten fasziniert immer wieder die besten Ansichten gezeichnet. 150 Jahre zuvor war der Niederländer Herman Saftleven (1609–1685) genauso fasziniert von dem Felsen Hammerstein wie Turner, der ihn auf der dritten Etappe seiner Reise zeichnete. Doch für Turner war er ein alter Bekannter, den ihm Gardnor vorgestellt hatte.

Turner wandert schnell, 30 Kilometer bis nach Bonn, wo er übernachtet, 23 Kilometer am nächsten Tag nach Remagen, 40 nach Koblenz. Das sind alles vertraute Entfernungen, die er in England auch in weit rauerem Gelände hinter sich gebracht hat. Hier folgt er der Chaussee, die Napoleon bis auf wenige Lücken von Köln nach Mainz hatte ausbauen lassen: eine bequeme, breite Straße, auf der Turner nicht den gleichen Fehler macht wie Wordsworth drei Jahre später, der sich beklagen wird, dass er so viel verpasse, weil die Kutsche an allem nur so vorbeirase.

Betrachtet man die Zeichnungen, die in Bad Godesberg auf den Stufen des Hochkreuzes oder im Stehen, gestützt auf den Regenschirm, entstanden sind, bemerkt man nichts von Eile. Rolandseck, Nonnenwerth und der Drachenfels sind architektonisch so detailliert wiedergegeben, dass man die Fenster an den Fassaden zählen kann;

die Kamine, Türmchen und über dem Fluss thronenden Häuser: Es genügen wenige Striche, um sie perspektivisch exakt vor dem Auge entstehen zu lassen. Schon als Fünfzehnjähriger hat Turner für Architekten Zeichnungen kopiert und Gebäude aquarelliert. Die hierfür nötige Präzision und perspektivische Sicherheit hat er sich bewahrt, und er ruft sie ab, ohne dass sein Stift darüber ins Stocken gerät. Dadurch haben die Zeichnungen nie etwas Pedantisches. Die Sparsamkeit, mit der die Masse der Hänge mit nur wenigen Linien angedeutet wird, evoziert die Landschaft mehr, als dass sie die Topographie minutiös festhält, die er abends auf seinem Zimmer oder später im Londoner Atelier mit Farben ausarbeitet.

In Koblenz, wo die Mosel in den Rhein mündet, bleibt er zwei Nächte. Es wird der erste Aufenthalt, auf den er bis in sein hohes Alter neun weitere folgen lässt, um die Ansichten um die befestigte Stadt immer neu in sich aufzunehmen. Am wichtigsten: der Blick auf die steil der Mündung gegenüber aufragende Festung Ehrenbreitstein, vom Koblenzer Rheinufer aus gesehen – 1817 noch von der Anlegestelle der Fähre aus, wo er aber bei seinem nächsten Besuch 1824 schon eine Schiffsbrücke vorfinden wird, die bis 1942 ihren Dienst versehen sollte. Er hat sich notiert, dass er mit der Fähre übersetzen soll, um die Festung etwas südlich von Pfaffendorf aus zu sehen und zu zeichnen. Von hier ist die militärische Bedeutung von Ehrenbreitstein augenfällig: Von der hohen Klippe überblickt sie die Flussmündung wie die Rheinfront der Stadt. Vor dem Betrachter liegen die Flussläufe von Mosel und Rhein, die seit der Römerzeit zu den wichtigsten Verkehrswegen Europas gehören, dazu das ganze sich nach Westen und Norden öffnende Becken bis hin zu den Bergzügen von Hunsrück und Eifel. Über ein Jahr lang mussten die Franzosen die Festung belagern, bis sie sich 1799 ergab. Napoleon ließ sie zerstören, und Turner zeichnet die abgebrochenen Mauerkronen, die leeren Fensterlaibungen und die am Hang abrutschenden Geröllhalden mit dem Auge eines Architekten und im Nachhall seiner Erfahrung von Waterloo. Den Schauder, den Ruinen auslösen, ihre Melancholie über den Verlust, die Erinnerung an eine bessere, größere Vergangenheit, wird Turner als romantisches Element im

Blick gehabt haben; die Präzision der Zeichnung zeigt aber deutlich, dass er auch an eine spätere Umsetzung in die Striche eines Kupferstechers dachte.

Von der Festung aus erfasst der Blick ungehindert die mittelalterliche Moselbrücke und die drei romanischen Kirchen der Stadt, die sich in den Winkel der Mündung hineinschmiegt. Zur Mosel hin stehen burgähnliche Wohnhäuser mit Türmen und Erkern über dem steilen Hang mit der Stadtmauer, zum Rhein hin die großen Bauten der Deutschordensritter und das Schloss des Erzbischofs von Trier. Zwischen diesen großen Gebäuden in der Nähe des Rheinkais könnte Turners Unterkunft gelegen haben, von deren Fenster aus er die Festung zeichnen konnte. Der ganze Stadtteil ging jedoch im Zweiten Weltkrieg unter.

Neben dem von Gardnor wie später von vielen anderen präferierten Aussichtspunkt auf Ehrenbreitstein lag die zweite berühmte Koblenzer Ansicht flussauf hinter der Moselbrücke im heutigen Stadtteil Lützel, obwohl Eilige sich wohl schon auf der Brücke umgedreht haben werden. Von hier ist das ganze Panorama der Stadt von Südwesten aus auf einen Blick zu erfassen: die Brücke mit den vielen Bögen, die Moselfront der Altstadt mit ihren Wohnburgen, Häusern, verwinkelten Dächern und Erkern, den Kirchtürmen darüber, im Hintergrund die glitzernde Flussmündung mit der sie überragenden Felswand samt Festung.

Koblenz ist wie Köln und Mainz einer der Hauptpunkte für die englischen Reisenden auf ihrer Grand Tour den Rhein hinauf bis in die Schweiz, und Turner wird seine Sprache auf der Straße häufiger gehört haben, als ihm lieb war. Malateliers in der Stadt spezialisierten sich auf Rheinansichten. Zur Zeit seines dritten Besuchs 1833 wird es das in der Stadt von einem Buchhändler aufgelegte *Handbuch für Schnellreisende* zur *Rheinreise von Mainz bis Cöln* geben. Die Rechte an dem Reiseführer wird sich ein anderer Koblenzer Buchhändler sichern, um daraus eine Weltmarke zu entwickeln: Karl Baedeker. Zwischen den Tausenden Soldaten der Preußischen Garnison, für die auf der Schiffsbrücke besondere Tarife galten, waren die Touristen immer sicher auszumachen, und auf vielen Stichen der Zeit sieht man, wie sie sich von Zylindern behütet über den Fluss rudern lassen, um die Ansichten zu bestaunen, die ihnen die Kupferstiche im Reiseführer bereits empfohlen hatten. Dieser Rummel wird ein Grund mehr für Turner sein, für sich zu bleiben und allein durch die Gassen zu streifen.

Am nächsten Tag bricht er nach Sankt Goar auf. Zunächst wandert er auf der linken Rheinseite, wechselt aber bei der Mündung der Lahn, die er wie viele Panoramen auf einer Doppelseite seines großen Notizbuches festhält, und bleibt auf der rechten Seite. Bei Braubach erblickt er die Marxburg, wie bei Gardnor dargestellt, steil über sich. Er setzt erst bei Boppard oberhalb der großen Rheinschleife wieder über den Fluss und wandert nach Sankt Goar weiter. Hier bleibt er wiederum zwei Nächte, um am zweiten Tag die Seitentäler zu erkunden. Von der Burg Katz sieht er zum ersten Mal die Loreley, die er am nächsten Tag auf der Weiterwanderung am linken Rheinufer immer wieder festhalten wird – von vorn mit Flussbiegung und den Booten der Lachsfischer, von der Seite, aus der Schlucht, schließlich nur noch als verlorenes Profil mit den über dem Fluss schimmernden Wehrtürmen von Sankt Goarshausen.

Noch war der Felsen nicht zum Fetisch der Rheinromantik geworden. Clemens Brentano hat seine Ballade von der schönen Loreley, die mit ihrem blonden Haar und ihrem Gesang die Schiffer betört und in den Untergang führt, bereits geschrieben, aber Heine sein Gedicht noch nicht. Ihr Lied – »Ich weiß nicht, was soll es bedeuten, dass ich so traurig bin« – war noch stumm, bis es fünfzig Jahre später zum Sirenengesang einer nationalistisch-ideologischen Überfrachtung werden sollte. Den englischen Reisenden wurden die Rheinlegenden und -sagen erst durch Bulwer-Lyttons *Pilgrims of the Rhine* (1834) ein Begriff. Turners Autor aber war ohnehin Lord Byron.

Die gefährliche Flussstrecke mit ihren Untiefen und Stromschnellen zwischen Sankt Goar und Bingen legt er am folgenden Tag wandernd am linken Ufer zurück, ganze 30 Kilometer. Er skizziert das befestigte Oberwesel mit der Schönburg, die mitten im Rhein auf einer Felsklippe stehende Pfalz bei Kaub, er hält Bacharach fest mit der wie ein Scherenschnitt über die Stadt ragenden Ruine der Werner-Kapelle, mit seinen Stadttoren und der Burg Stahleck. Sie eröffnet ein Defilee von sieben Burgen, das bis Bingen reicht. Kinder und Frauen mit Körben, Kühe und immer wieder der Blick zurück auf Bacharach zwischen den steilen Hängen mit Weinbergen, Wäldern und Burgen. Bingen erreicht er noch so rechtzeitig, dass er sich von hier mit dem regulären Passagierschiff nach Mainz treideln lassen kann – dem östlichen Endpunkt seiner Reise gegen den Strom.

Nach dem Binger Loch öffnet sich die Landschaft zu einem weiten Becken, der Fluss, der an der Loreley gerade 120 Meter breit ist, misst bald 1000 Meter und wirkt mit seinen zahllosen Aueninseln wie ein See. Der Horizont tritt weit zurück bis zu den Höhen des Taunus und Rheinhessens, das Licht scheint von allen Seiten einzuströmen, und es wird spürbar wärmer. Endlich Mainz, das ihm, betrachtet man die nach der Reise entstandenen Aquarelle, wie Italien vorgekommen sein muss. Nach dem vielen Grau und dunklen Grün der Rheinwanderung in dem verregneten, wolkenverhangenen Tal malt er die Stadt von der Schiffsbrücke aus – im Vordergrund die riesig scheinende Wasserfläche, in der der blassgelbe, am Horizont hellblaue Himmel widerscheint. Schiffe setzen über, ein Fischer zieht sein Netz ein, es ist windstill, und der Fluss ist ein heller, weißer Spiegel, der auf einen offenen Horizont weist.

2 Die Dynamisierung des Blicks

Turner schrieb von seiner Reise keine Briefe, noch führte er Tagebuch. Aber er trug in seinen Taschen drei Bücher in unterschiedlichen Formaten für seine Zeichnungen. In ihnen finden wir sein visuelles Journal, das uns seine Reise wie einen Film vor Augen führt. Aus einigen wenigen Daten können wir seine Wanderung rekonstruieren.

Die meisten dieser Anhaltspunkte stehen im kleinsten der Notizbücher in winzigem Querformat, einen Zentimeter höher, aber genauso breit wie eine Zigarettenschachtel: 5,6 × 10 Zentimeter. Auf seinen Seiten notiert sich Turner praktische Hinweise, seine Frage »Vier is my simmer«, er hält Entfernungen, Gasthöfe, Währungen und Verkehrsverbindungen fest: Deswegen wird es *Itinerary Rhine Tour*, Reiseroute Rhein, genannt. Viele Hinweise bezieht er aus John Gardnors Buch, dessen Stiche Turner so genau studiert hat. Visuell muss das Büchlein für ihn aber auch die Aufgabe einer Schnappschuss-Kamera übernehmen – als er um die Loreley biegt, deren Ansichten er sonst im mittleren Format zeichnet, kommt ihm ein Floß durch die Schlucht entgegen: eine Szene, deren Panorama er rasch auf einer Doppelseite festhält.

Das mittlere Skizzenbuch ist nach den Reisezielen *Waterloo and Rhine* benannt und immer noch klein: Im Hochformat misst es 15 × 9,4 Zentimeter, es ist etwas schmaler als eine Postkarte und so hoch wie ein Vokabelheft. Wie die meisten seiner Skizzenbücher ist es in Leder gebunden und hat 192 Seiten. Ausgewählt hat Turner dazu – wie für das größere Format – hochwertiges Velin-Papier von Whatman, dessen glatte Oberfläche sich auch hervorragend für Federzeichnungen eignet und im Gegensatz zum Büttenpapier keine

Stege sehen lässt. In dieses Buch zeichnet er alles, was ihm unterwegs begegnet: die Häuser und Plätze von Brügge, Gent, Antwerpen und Brüssel, das Schlachtfeld und die Ruinen von Waterloo. Köln wird er auf der Hinreise überspringen. Aber ab Bad Godesberg hält er das Rheintal in dichter Folge fest: Felsen, Flussbiegungen, die sich zwischen Klippen verlieren, Hangsilhouetten mit Burgen, Orte mit berühmten Sehenswürdigkeiten, angelnde Kinder, aneinander vertäute Boote.

In Koblenz ist er so wandernd und zeichnend auf Doppelseite 84/85 angekommen, und es muss ihn die Ahnung beschlichen haben, dass der Platz nicht ausreichen wird. Jetzt beginnt er, die Seiten mit horizontalen Strichen aufzuteilen, erst in drei, dann in vier Streifen, und setzt die Ansichten übereinander. Das Blatt wirkt nun nicht mehr wie eine gezeichnete Ansichtskarte, sondern wie ein sich entfaltendes Leporello. Hat ihn ein Blick einmal gepackt, folgt er im Gehen den wechselnden Proportionen und Perspektiven der Landschaft. Manchmal geht er dabei von einem der tradierten und privilegierten Blickpunkte aus, aber er wendet sich um, blickt stromauf wie stromab, will sich das Gelände nicht als Abbild, sondern als Skulptur einprägen. Die Bewegungen verwandeln die Szenerie in eine cinematographische Folge, die sich in der Dialektik von Gehen und Sehen ständig verschiebt: Das Skizzenbuch zeigt das Panorama seiner Reise – allerdings mit Sprüngen, denn so ganz hält er sich nicht an die Chronologie seiner Route. Manchmal scheint er das Buch irgendwo geöffnet zu haben, manche Seiten stehen auf dem Kopf, wie es passiert, wenn die Hand eilig in die Tasche greift und erst beim Zeichnen merkt, dass sie fünf Seiten zu weit geblättert hat.

Zu Beginn des Buches hat Turner eine Doppelseite freigelassen, die er nun an der Loreley braucht. So eröffnet *Waterloo and Rhine* programmatisch mit Zeitrafferaufnahmen des Höhepunkts seiner Reise: der Wanderung von Sankt Goar nach Oberwesel, einer Zeichnungsfolge aus acht Ansichten, die er auf der Rückreise per Schiff mit fünf weiteren komplettieren wird. Auf der ersten Zeichnung notiert er zweimal den Namen des Felsens: »Lureley«, als wollte er sich in seinem Skizzenbuch nicht mehr verirren, auf dem vierten

Bild kommt das für den Felsen ikonographisch gewordene Boot eines Lachsfischers, die Salmwaage, vor.

Turner bleibt der Landschaft treu und macht den Felsen zum Drehpunkt seiner perspektivischen Erkundung – und wiederholt dies auf beinahe jeder seiner Rheinreisen: 1833 findet sich in seinem Skizzenbuch ein Blatt, auf dem er die Reise stromauf festhält und die Bilder im Urzeigersinn anordnet, indem er das Buch für jede Zeichnung dreht. Zunächst zeichnet er in das obere Drittel der Seite den Ausblick auf Burg Rheinfels mit Sankt Goar und Burg Katz flussab, dann wendet er das Buch um 90 Grad, um das Panorama von Sankt Goar mit der Burg vom gegenüberliegenden Ufer aus wiederzugeben. Anschließend dreht er das Buch wieder, um flussauf die Front der Loreley zu zeichnen, und schließlich wendet er sich stromab, um in einem kleinen verbleibenden Fenster unter der ersten Zeichnung den Blick auf Sankt Goarshausen mit Burg Katz und dem weißen Turm wiederzugeben. Entstanden sind die Zeichnungen wohl an Bord eines der Dampfer, die seit 1827 zwischen Köln und Mannheim verkehrten. Diese Skizzen sollte er auf jeder seiner Reisen hierher wiederholen, als überschreibe er seine Erinnerung stets mit einer neuen Gegenwart, als grabe er die Linien der Landschaft tiefer in sein Gedächtnis ein. Bis zu seinen letzten Zeichnungen der Flusspassage wird man auf den mit leichter Hand hingeworfenen Skizzen keine stilistischen Unterschiede feststellen. Andererseits registriert er genau die architektonischen Veränderungen an den Burgen, die man wieder aufbaute: wie sich die Wände der Festung Ehrenbreitstein über Koblenz wieder mit Steinen füllten, die aus der Burg Rheinfels bei Sankt Goar gebrochen und mit dem Schiff flussab transportiert wurden. Seine Zeichnungen sind so auch Dokumente.

Auf der Rückreise von Mainz an Bord des Schiffes beginnt er 1817 sogar mit einer Steigerung seiner Art der Notation: Sechs schmale Streifen ziehen sich horizontal über die Doppelseite. Er zeichnet die an ihm vorbeiziehende Landschaft wie die graphische Partitur des Rheingaus. Die Zeichnungen fließen nur so aufs Papier, und es scheint, dass er eine virtuose Unmittelbarkeit von Sehen und

Zeichnen entwickelt hat, mit der er kaum noch aufs Blatt schauen muss, um die Umrisse des Ufers mitzustenographieren.

Das für uns heute Überraschendste ist die klare Identifizierbarkeit der Motive: Dampfschiffe schoben sich den Fluss hinauf, Straßendämme und Bahntrassen entstanden, aber die steilen Hänge darüber waren unverbaubar, und die Burgen blieben unverrückt an ihrem Ort. Auf der Strecke zwischen Bonn und Bingen konnte das Rheintal mehr von seinem Gesicht bewahren als anderswo. Aber genauso verblüffend ist die topographische Präzision bei all der Leichtigkeit, mit der Turner die Landschaft festhielt. Während er sich im Mitstenographieren seiner Wahrnehmung die visuellen Eindrücke einprägte, dachte er die späteren Kompositionen großer Aquarelle oder Ölgemälde schon mit. Architektonische Details notierte er als Stichworte zur Erinnerungsstütze. Aber bei all der Schnelligkeit des Stifts vermitteln nur ganz wenige Blätter einen Eindruck von Flüchtigkeit oder Hast, im Gegenteil, nichts fehlt. Wahrnehmung und Aufzeichnung scheinen nur durch einen Atemzug getrennt. Er entwarf etwas in der Zukunft, und seine Hand fütterte gleichzeitig seine Erinnerung – im Sommer reisen, um im Winter zu malen.

Manchen Zeitgenossen war das unheimlich. Auf gemeinsamen Zeichenausflügen mit anderen Malern wollte er vermeiden, dass man ihm über die Schulter blickte, und arbeitete besonders rasch: »Turners Blick scheint in einem Moment alles zusammenzuraffen, was an einer Szenerie, die er noch nie geschaut hatte, neu war – soviel es auch sein mochte. Er machte für Außenstehende nur einige kaum erkennbare Umrisse«, fiel einem Zeugen auf, ein anderer berichtete: »Ich beobachte auch, dass er eher schrieb als zeichnete.«

Für Turner waren die Zeichnungen, die er in über hundert Notizbüchern zu Hause sammelte und immer wieder umsortierte, sein visuelles Archiv. Es war Rohmaterial und als solches Privatsache. Während er seine Bilder möglichst vielen Betrachtern präsentierte und an sein Haus in London sogar eine Galerie anbaute, jagte er einmal hinter der Frau eines Pastors her, die sich eines seiner herumliegenden Skizzenbücher geschnappt hatte, um es zu betrachten. Die Vehemenz, mit der er der armen Frau nachsetzte, befremdete selbst seine Freunde, die natürlich nur allzu gern selbst auf die Zeichnungen geschaut hätten. Aber Turner wusste, dass seine Skizzen jedem in seine Arbeitsweise nicht Eingeweihten dürr erscheinen mussten. Erst im Atelier entstanden die Blätter, die er in die Welt entlassen wollte.

Turner trug während seiner Rheinreise 1817 noch ein drittes Zeichenbuch bei sich: ein Querformat von 20 × 26 Zentimetern mit 126 Seiten. Jedes Blatt war so breit wie ein DIN A4-Bogen, aber vier Zentimeter kürzer. Hier war genug Platz für Details. Er umriss Häuser, Burgen, Kirchen mit all den filigranen Details der Zinnen, Dachtraufen, Gesimse und aus der Wand gefallenen Steinen. Als könnte ein Blatt das Tal und seine Hänge, die Ausblicke zwischen den Burgen hinunter aufs Wasser nicht fassen, legte er die meisten Landschaftszeichnungen doppelseitig an, wobei der Schwerpunkt öfter auf dem linken Blatt liegt, als würde er hier beginnen und dann versuchen, über den dicken Falz in der Mitte fortzufahren, wobei die gemeinsamen Linien der beiden Zeichnungen kurz im Spalt verschwinden.

Wollte man den Fokus der verschiedenen Notizbücher beschreiben, müsste man sie mit Photoapparaten vergleichen. Das kleine wäre eine Instamatic und das mittlere Skizzenbuch mit seinen ineinanderfließenden Blickpunkten eine Kleinbildkamera mit einem Weitwinkelobjektiv, das die auseinanderstrebenden Linien der Landschaft auf eine handgroße Fläche bannen kann. Im großen Skizzenbuch hingegen wechselte er die Linsen. Entweder ist das Bild durch ein Teleobjektiv gesehen, das alles wie die leeren Fensterlaibungen und -simse auf der von den Franzosen geschleiften Festung Ehrenbreitstein näher rückt, oder durch ein Weitwinkelobjektiv, das die eben herangezoomten Details, die geborstenen Mauerkronen von Burg Rheinfels hoch über dem Wasser, mit einem überraschenden Blick hinunter auf den Rhein kombiniert.

Die Zeichnung von Burg Rheinfels muss am Rasttag entstanden sein, den Turner auf der Wanderung den Fluss hinauf in Sankt Goar eingelegt hat. Aber er scheint keine Erholung von den langen Fußmärschen zu brauchen – über 150 Kilometer hat er bisher in fünf

Tagen von Köln bis hierher zurückgelegt. Er steigt hoch zur Ruine Rheinfels und bis hinten in das Gründelbachtal, um das Panorama der gegenüberliegenden Rheinseite festzuhalten. Dann setzt er mit der Fähre über und erklettert hinter Burg Katz den Berg. Stromauf kann er von hier die Loreley entdecken und hält das Panorama mit der Burg Rheinfels auf der Gegenseite fest. Zehn Zeichnungen entstehen hier auf der Hinreise, weitere fünf auf der Rückreise, als er ein zweites Mal auf die Burg steigt.

Diese kurze Talpassage vor dem Eintritt in die enge Schlucht hinter der Loreley hat ihn besonders gefesselt: Auf den fünfzehn Zeichnungen wird das Rheintal nicht wie auf vielen zeitgenössischen Stichen als Silhouette der den Fluss umstehenden Berge geschildert, sondern sein Relief mit dem Bleistift erforscht. Das Tal wird für ihn dreidimensional.

Auf der Rückreise hat er auch Augen für Köln, an dem er auf der Hinreise fast blicklos vorbeiging, und er zeichnet nicht nur Chor und Südturm der über Jahrhunderte ruhenden Dombaustelle, sondern auch das Rathaus, die Schiffsanleger und Panoramen der Rheinfront.

Und die Farben? Auf der Reise wird es noch ein viertes Portfolio gegeben haben, zu dem er sich selbst das Papier zurechtgeschnitten und es dann zu einem Heft im Querformat von 20 × 31 Zentimetern gefaltet hat. Das Papier konnte er so für Aquarelle präparieren: Er lavierte es in einem Grauton, malte später darauf mit Gouache, Wasserfarben und Deckweiß, setzte mit dem Bleistift Linien und kratzte mit dem Fingernagel die lavierte Schicht auf, um das Papier durchblitzen zu sehen. So schuf er von seiner Reise die einundfünfzig *Rhine Watercolours*, die als Aquarellfolge in diesem Umfang für ihn einzig ist. Turner muss von Anfang an gespürt haben, dass ihm etwas Besonderes gelungen ist. Ausgehend von den Skizzen im *Waterloo and Rhine Sketchbook* verdoppelte er mit seinen Bildern den Kanon von vierundzwanzig etablierten Ansichten – die Loreley nicht nur von vorn, sondern auch hinter der Biegung des Flusses mit den Untiefen, in denen die Lachse rasteten und die Fischer mit ihren Netzen lauerten. Aus der gleichen Perspektive zeichnete er den weißen Turm in Sankt Goarshausen mit der Burg Katz im Mondlicht, für das die graue Grundierung wie geschaffen scheint. Sie lässt die im Sommer 1817 entstandenen Aquarelle insgesamt etwas düster wirken, als hätte es auch zwei Jahre nach dem Ausbruch des Vulkans Tambora nur verregnete Sommer gegeben. *Bruderbergen on the Rhine*, das Bild von den Burgen der feindlichen Brüder oberhalb von Kamp-Bornhofen, fällt auf, denn es leuchtet im Abendlicht und gibt mit dem hell-orangen Hang eine Vorahnung von den lichtgetränkten späteren Aquarellen. Doch die komplizierte Architektur des Wachturms von Andernach – ein Oktogon auf einem Zylinder –, die er in seinen Skizzenbüchern studiert hat, steht wieder unter einem dramatischen Regenhimmel aus stumpfen Farben. Vor der Stadtmauer, die der Turm überragt, liegt am Ufer eine Schiffswerft, weißer Rauch steigt wie ein Vorhang auf, als würden die Männer Teer sieden. Nur selten, wie im Rheingau am Scheitelpunkt der Reise, scheint der Himmel zu einem helleren Blau aufzureißen, wodurch *Mainz von Süden* fast südländisch wirkt.

Die Strichführung der Aquarelle hat etwas Rasches, als seien sie Vorlagen, die später zu großformatigen, detaillierteren Szenen ausgearbeitet werden sollen. Die Raschheit wirkt jedoch nie flüchtig, es gibt keine Romantisierungen oder Übertreibungen, die Dinge bleiben an ihrem Ort. Doch sucht man in Turners Kunst frühe Hinweise auf den späteren Impressionismus und die spätere Textur Monets, wird man auf den im Abendrot leuchtenden Hängen der feindlichen Brüder fündig – der Fels wird abstrakt, die Farbe übernimmt das Bild. Aufgrund dieser Unmittelbarkeit und Frische der Erfahrung wurde früher angenommen, alle Bilder seien auf der Reise direkt vor dem Sujet oder abends im Gasthof entstanden.

Die vollständige Serie der Rhein-Aquarelle hat Turner seinem Freund Walter Fawkes für gerüchteweise 500 Pfund überlassen – die Summe, die er inzwischen für eines seiner ambitionierteren Ölgemälde ansetzte. Dazu hat Turner das Aquarell-Skizzenbuch aufgelöst, dessen Bilder heute über die ganze Welt verstreut sind. Auf der Rückseite einiger Blätter belegen tatsächlich Bleistiftskizzen, dass er das Portfolio bei sich geführt hat, aber da er für die meisten Kompositionen das *Waterloo and Rhine Sketchbook* zu Rate gezogen hat, nimmt man heute an, dass er nur einen Bruchteil der einundfünfzig Bilder auf der Reise oder im Gasthof gemalt, sondern die meisten nur entworfen und im Londoner Atelier fertiggestellt hat. Manche der Entwürfe griff er wieder für Aquarelle von Ausstellungsqualität auf; größer im Format und auf weißem Papier kosteten sie dann dreißig Pfund.

Aber die *Rhine Watercolours* waren mehr als bloße Studien für Turner, sonst hätte er sie nicht als Werkkomplex an einen engen Freund und Sammler abgegeben: Gemeinsam mit den Skizzenbüchern bildeten sie für ihn das visuelle Archiv seiner Rheinreise, auf deren Motive er sein Leben lang für Aquarelle und Ölgemälde zurückgreifen konnte, wobei er die Konturen seiner ersten Erfahrung auf vielen weiteren Reisen immer wieder auffrischen sollte.

3 *A Picturesque Tour along the Rhine*

Die 1817 entstandene, unerhört dichte Folge von Rhein-Aquarellen war als Vorlage für sechsunddreißig Stiche gedacht, die im Verlag John Murray erscheinen sollten. Mit W. B. Cooke und J. C. Allen, die für die Umsetzung der Zeichnungen in Stahlstiche und deren Druck verantwortlich waren, setzte Turner im Februar 1819 einen detaillierten Vertrag dazu auf. Doch ausgerechnet ein Frankfurter Maler kam ihm in die Quere: Christian Georg Schütz, der Jüngere oder der Vetter genannt. Er stammte aus einer alteingesessenen Malerfamilie, und sein Onkel Georg Christian Schütz (1718–1791) hatte einige der frühesten Rheinansichten geschaffen, die nicht gleich als Ideallandschaften durchschaut werden konnten, obwohl diese einen großen Teil seiner Produktion ausmachten. Christian Georg Schütz der Jüngere (1758–1823) arbeitete eng nach der Natur und schuf die Vorlagen zu einer Folge von vierundzwanzig Aquatinta: *A Picturesque Tour along the Rhine, from Mentz to Cologne*. Der Text stammte von Baron Johann von Gerning, war bereits 1808 auf Deutsch erschienen und wurde 1819 ins Englische übertragen. Die Aquarelle von Schütz wurden für die englische Ausgabe von Thomas Sutherland als Aquatinta umgesetzt; ab Oktober 1819 sollten sie in sechs Lieferungen in London erscheinen.

Baron von Gerning hatte viele Verbindungen zum englischen Hof, besonders zum Prinzregenten George IV., den Turner im gleichen Jahr mit seinem größten Ölgemälde *England: Richmond Hill* für sich zu gewinnen hoffte, leider vergebens. Gernings Projekt stand so unter prominenter Protektion und hatte mit Rudolph Ackermann einen deutschstämmigen Verleger, der in London an der Nobelstraße *The Strand* einen Showroom mit Gasbeleuchtung für seine Drucke eingerichtet hatte: *Ackermanns Kunst-Bibliothek.* Turner war über die unerwartete Konkurrenz, die seine Pläne durchkreuzte, so bitter enttäuscht, dass er mit seinem Drucker Cooke diskutierte, Ackermann Geld anzubieten, damit er von seinem Plan abließ.

Leider ist kein rechter Vergleich der beiden Projekte möglich, denn erst 1824 schuf J. C. Allen nach einer Zeichnung Turners von 1817 einen Stahlstich der Festung Ehrenbreitstein. Sie blieb ein Einzelstück. Für Drucker war Turner ohnehin ein heikler Kunde: 1842 wurde sein großformatiges Aquarell von dem Blick auf Oberwesel von J.T. Wilmore in Stahl gestochen. Auf dem überlieferten Probedruck kommentierte Turner ein für ihn entscheidendes Detail: Die Trennlinie zwischen Ufer und Fluss, die er mit einer Reihe schwarzer x durchkreuzte: »Wasser und Land aufgrund der Horizontlinie des Wassers zu deutlich voneinander getrennt, und das ganze XX zu dunkel, und das ganze {Wort weggeschnitten} wird sich nicht ändern, fürchte ich, solange die Horizontlinie so deutlich bleibt.« Es sollte keine Linie gezogen, sondern die Begegnung von Land und Wasser evoziert werden. Wilmore gelang das im endgültigen Druck, indem er eine Zone aus Punkten schuf, die einen Übergang darstellen. Wer sich vorstellen will, wie Turners Rheinansichten in Stichen ausgesehen hätten, sollte das im Sinn behalten.

Die Federzeichnungen und Aquarelle von Schütz gehen einen anderen Weg als die Turners. Sie konzentrieren sich nicht auf die Dynamik der Landschaft, sondern auf die Wiedererkennbarkeit der Ansichten, die wie freigestellt wirken. Das Relief der Landschaft ist durch Schattierungen wiedergegeben, und es ist erstaunlich, wie es Sutherland auf vielen Stichen gelang, dies umzusetzen. Auf anderen Bildern lernt unser Auge bald, die kleinen Änderungen in den Details zu bewundern, mit denen Sutherland das Motiv näher rückt, die Kontraste anzieht, im Vordergrund Staffagefiguren ergänzt, damit die Darstellung in seinem Medium, das über weniger Farben verfügt, plastisch wird: Blau- und Brauntöne bestimmen die Aquatinta, Grüntöne in den Baumkronen, der rote Fleck im Boot für das Kleid einer Dame wurden von Hand koloriert.

Die Berge, die Städte mit ihren Mauern, die Fassaden der Schlösser, alles spiegelt der Fluss wider, der die Landschaft so verdoppelt. Dieses Widerspiegeln ist ein Leitmotiv der Darstellung. Auf jedem Bild muss der Rhein deshalb glatt oder nur leicht von einer Brise gekräuselt sein, auch dort, wo der Blick auf die Pfalz von Kaub über die gefürchteten Stromschnellen »Das wilde Gefähr« geht, die eigentlich rauer dargestellt sein müssten. Der Himmel ist keine leere Fläche, sondern Sutherlands Wolken greifen die Dynamik der Landschaft auf. Aber die Bilder wirken wie angehalten, sie scheinen stillzustehen. Ihre Atmosphäre deutet auf die frühen Photographien voraus, mit denen zu dieser Zeit überall in Europa fieberhaft experimentiert wurde, doch es sollte noch eine Weile dauern, bis die betörend menschenleeren Bilder von Pariser Straßen oder ägyptischen Pyramiden mit Silbernitrat auf Papier fixiert werden konnten.

Auf dem Tisch liegt vor mir Thomas Sutherlands Aquatinta nach dem Aquarell von Schütz: Koblenz mit der Festung Ehrenbreitstein, deren dunkler Hang mit seiner Spiegelung die rechte Bildhälfte einnimmt. Es ist Morgen, die Sonne steht in unserem Rücken, beleuchtet die Kumuluswolken am leichtblauen Himmel, wir schauen von Pfaffendorf, südlich der Festung, über den Fluss, der den gesamten Vordergrund füllt. Die frühe Sonne beleuchtet die Rückseite der von Napoleon zerstörten Festung und, Ehrenbreitstein gegenüber, die Rheinfront der ehemals von den Franzosen besetzten Stadt. Das erzbischöfliche Schloss und die Gebäude des Deutschherrenordens beherbergten die Verwaltung des französischen Departments Rhein-Mosel, zu dessen Hauptort Koblenz geworden war. Am Ufer steht ein Kran, am Kai liegen fünf Schiffe, aber es sind keine Menschen auszumachen. Die Gierfähre hat gerade abgelegt: Sie pendelt an einem langen Seil, das von einer Kette von Kähnen über Wasser gehalten wird, von einem Ufer zum anderen. Zwischen dem Schloss und den Türmen der Kastorkirche sehen wir vielleicht den Gasthof, in dem Turner abstieg, um die Festung von seinem Fenster aus immer wieder zu zeichnen und zu malen. Im Schatten der Festung ziehen drei Fischer ihr Netz an Bord, eine Barke mit einem dunklen Segel hält Kurs auf die Ehrenbreitsteiner Seite, ein kleiner Nachen treibt vorüber, und zwei Ruderer bringen drei Passagiere von dem berühmten Aussichtspunkt, an dem wir stehen, zurück zur Stadt – zwei Frauen mit Hauben, einen Mann mit Zylinder. Es müssen englische Touristen sein, denn Thomas Sutherland hat sie 1819 dazuerfunden, auf Schütz' Aquarell von 1818 fehlen sie. Für einige seiner Bilder sind Vorzeichnungen erhalten, die auf 1803 und 1810 zurückgehen und exakt die gleichen Motive zeigen, aus der gleichen Perspektive. Damals war er im napoleonisch besetzten Rheinland unterwegs gewesen. 1818 stehen noch die gleichen Wolken am Himmel, als hätte er sein Atelier für die neuen Aquarelle nicht verlassen müssen.

Im Hintergrund spiegeln sich hell die Häuser von Neuendorf im Wasser, und aus dem Fluchtpunkt der Perspektive kommt bei Sutherland ein Schiff mit einem leuchtenden Segel auf den Betrachter zu. Ein geschickt gesetzter Blickpunkt oder ein Rätsel?

Beethovens Mutter stammte aus Ehrenbreitstein, sie wurde im Schatten der aus den Häusermassen ragenden Kuppel der Heilig-Kreuz-Kirche geboren, und Beethoven hat in seiner Jugend oft hier gewohnt. Im April 1805 wurde in Wien die *Eroica* uraufgeführt, die »heroische« dritte Sinfonie Beethovens, die Fragen stellt, wie sie stumm über dem Bild zu hängen scheinen: Ist Napoleon ein Held und Befreier oder nur ein feudaler Despot, der sich selbst zum Kaiser gekrönt hat? Ist die unter ihm geschleifte Festung ein Bild des Friedens oder der Zerstörung, ist das weiße Segel ein Bild der Erwartung oder gar der Erlösung?

Je länger der Blick auf der unbewegt hellen Fläche des Rheins mit seinen metallisch glänzenden Lichtreflexen ruht, desto mehr überzeugt sich das Auge, dass der Fluss gefroren ist, zu Eis erstarrt. Trotz der Bäume im Vordergrund, die in Sepia grünlich schimmern, scheint es ein Winterbild. Hat einen dieser Eindruck einmal erfasst, wird man ihn nicht mehr los, und er greift auf die anderen Bilder des Zyklus über. Die weißen Baumhänge – sind das Blüten? Kirschen oder Schnee? Die Bilder sind Fenster auf das erstarrte Fließen der Welt vor Turner.

4 Licht ist und so Farbe

Aus dem Flugzeugfenster liegt der Taunus unter Wolken, der Tag wird im Aufsteigen schneller hell als am Boden. Kaum habe ich den Satz notiert, ist der Sonnenaufgang vorbei, und die Schleifen der Autobahnauffahrten liegen im Licht. Eben noch zirkelte das Taxi mich in weiten Bögen dem Frankfurter Flughafen entgegen, die eingezäunten Rückhaltebecken inmitten der Kleeblattauffahrten lagen im Dunkeln; ein einsamer Jogger mit Hund, ein Bussard niedrig über der Autobahn, sein Schatten streifte die Windschutzscheibe. Die Lagerhallen und Logistikzentren, die anfahrenden LKWs, die dicht mit Pappeln umstandenen Felder, das den ganzen Winter über feuchte Laub mit seinem modrigen Geruch. Reste von Wäldern, aus dem Fenster des Flugzeugs wirkt der Taunus wie eine schmale Hecke: deutsche Landschaft.

Die Autobahnen und Bahntrassen liegen in dem Land, als wären sie als Erste da gewesen und als hätte man die Felder, Wälder, Städte, Industriegebiete und die von weißen Planen verhüllten Spargelfelder erst später in die Zwischenräume schraffiert. Im Flurverlauf der Felder, Brachen und Riedflächen kann man die trockengelegten alten Flusswindungen des Rheins zwischen Worms, Darmstadt und Mainz erahnen. Direkt unter uns liegt der Kühkopf, eine der letzten beinahe intakten Altrheinschleifen, daneben wirken die vom Fluss abgeschnittenen Rheinarme wie amputierte und verlandete Baggerseen.

Wolkenfetzen fliegen am Fenster vorbei. Der Blick nach unten wird milchig, alles fließt wie auf Marmorpapier dunkel, tintig, oliv ineinander, und nur noch die großen Flussgeraden und -schleifen des Mittelrheins schimmern herauf, in den Scheiteln ihrer Bögen Inseln, dann die engen Mäander der Mosel.

Die Wolkendecke gibt den Blick erst wieder frei, als durch den Dunst die Maas sichtbar wird. In kaum einer Stunde überfliege ich den Raum, den Turner sein Leben lang immer wieder durchmaß – da ist schon die Küste mit Margate, Hafenstadt und Seekurort, wohin er oft mit dem Schiff aus London flüchtete und bei seiner geheimen Geliebten Ms. Booth unterkam, die gleich in der ersten Häuserreihe am Hafen lebte. Dort, vom Fenster seines Zimmers oder auf einem ausgedehnten Strandspaziergang, hielt er in immer neuen Aquarellen die Nordsee in rasch umschlagenden Wettern fest, ihr Funkeln zwischen den Wolkenschatten, ihr Anlaufen gegen den flachen Strand. Unter uns tut sich der Mündungstrichter der Themse auf, Schlickinseln, auf denen Industrieparks wachsen, deren rötliches Leuchten am nächtlichen Horizont Turner gewiss in seine Aquarelle aufgenommen hätte. Während einer Flugstunde liegen alle Flüsse Turners unter uns: Rhein, Mosel, Maas und Themse. Die Abbreviatur seines Lebens.

⋆

Im Laden L. Cornelissen & Son in der Great Russel Street in London habe ich immer den Verdacht, Turner wäre gerade zur Tür hinaus. In uralten dunklen Holzregalen leuchten riesige, zwei Liter fassende Apothekerflaschen voller Pigmentpulver. Bevor Farben in Tuben abgefüllt wurden – das Patent dazu wurde 1841 erteilt –, mussten sie mit der Hand aus Pigmenten angerieben werden. Diese werden in Flaschen aufbewahrt, portioniert, abgewogen, in Tütchen verpackt, später mit Leinöl und Eigelb zur Ölfarbe verrührt oder zu Gouache aufgelöst. Cornelissen & Son führt alle ursprünglichen Farben, wie sie auch heute noch von Restauratoren angefragt werden: Zwanzig Erdtöne, neun Schattierungen von Grün, vier Violett, die zu vierzehn Blautönen hinüberführen, welche ein ganzes Brett einnehmen, daneben sieben Variationen von Schwarz, aber nur drei Weiß und, hoch oben im Regal, dreizehn Schattierungen von Rot neben dem Defilee aus vierzehn Gelbtönen. Es ist, als sei ich in eine Wunderkammer mit dem Verzeichnis aller möglichen Farben Turners und ihrer unendlichen Kombinationen geraten. Ich schließe vorsichtig die Tür. Nebenan stellt ein Antiquariat Stiche aus, die Turner im Weggehen kurz aus den Augenwinkeln gestreift hätte.

*

»Er treibe die Farben übers Papier, bis ein Bild erscheint, das die Idee in seinem Kopfe ausdrückt«, notierte Joseph Farrington am 16. November 1799 Turners Worte. Farrington war selbst Landschaftsmaler, siebenundzwanzig Jahre älter als Turner und bereits in ihrem Gründungsjahr 1769 in die Royal Academy aufgenommen worden. Vom 13. Juli 1793 bis zu seinem Tod am 30. Dezember 1821 schrieb er Tag für Tag alles, was ihm bedeutend schien, in sein Tagebuch. Turner, der alles zeichnete und nur selten etwas schrieb, hatte in ihm eine Echobox, der er in den Gängen der Academy, in den Straßen der Stadt und in den Salons der Gönner und Mäzene ständig begegnete. Unablässig schien er sich mit Farrington auszutauschen.

»Turner kam zum Tee. Er sagte mir, dass er beim Aquarellieren keine systematische Herangehensweise besitze. Er vermeide gar jede bestimmte Methode, um nicht einer Manier zu verfallen. Durch Lavieren und gelegentliches Wegreiben drücke er zunächst in einem bestimmten Maße die Idee in seinem Kopfe aus«, heißt es am 21. Juli 1799.

Farbe und Papier spielten eine große Rolle als Mitakteure. Turners Freund und Sammler Walter Fawkes forderte ihn in seinem Landhaus Farnley Hall auf, ein Bild zu malen, das die tatsächlichen Ausmaße eines Kriegsschiffs, einer großen Fregatte, wiedergäbe. Turner, der in Farnley Hall in Yorkshire immer wieder Zuflucht vor London und eine ihm zugewandte, familiäre Atmosphäre fand, nahm den Sohn Hawkesworth mit hinauf in sein Malzimmer. »Während Turner malte, saß der junge Mann ganz gebannt an seiner Seite und beschrieb später, wie Turner das feuchte Papier mit nasser Farbe tränkte, dann daran herumriss, darauf kratzte und in einer Art Raserei darauf herumscheuerte, bis er nichts weiter als eine chaotische Farbmasse geschaffen hatte. Aber allmählich, wie durch Zauber, entstand ein bewundernswertes Schiff mit all den kleinsten und feinsten Details, und zur Mittagszeit wurde das Aquarell im Triumph heruntergebracht.«

A First-Rate Taking in Stores zeigt eine Hafenszene, wie Turner sie immer wieder gemalt hat: rechts die riesige, den ganzen Rand des Blatts einnehmende hölzerne Schiffswand mit ihren Hunderten von Luken und Öffnungen für die Kanonen, die nun aber Vorräte und Proviant aus zwei niedrigen Transportschiffen aufnehmen. Die Ruhe vor der Abfahrt oder bei der Ankunft, das Nachlassen des Windes, die spiegelglatte Wasserfläche und die schlaff hängenden Segel malte er auch am Ende seiner Rheinreise 1817 in Dordrecht, wo der Fluss sich langsam in seine Mündungsarme aufgliedert: *Das Dort-Postschiff aus Rotterdam in der Flaute.* Die Silhouette der Stadt liegt am Horizont, aber durch eine tiefe Windstille scheint der Hafen meilenweit weggerückt. Es wird Stunden dauern, dorthin zu gelangen, und doch liegt sie so direkt vor den Augen. Die ersten Passagiere verlassen ungeduldig das Schiff und werden in Kähnen ans Ufer gerudert.

*

Über Nacht hat ein Sturm von der Irischen See Unwetter gebracht. Bedford Square im Londoner Bezirk Bloomsbury ist weiß wie der Stuck an seinen Häusern, und in der Platzmitte rutscht Schnee von den Bäumen hinter dem gusseisernen Zaun des Gartenovals. Vielleicht ist eine der Riesenplatanen genauso alt wie Turner; in seinem Geburtsjahr 1775 wurde mit der Bebauung des Square begonnen. 340 Jahre sind nichts für einen Baum. Ich berühre die Borke durch das schwarze Gitter und schätze ab, wie viele Menschen es braucht, den Stamm zu umfassen. Vier, fünf?

Auf dem Weg zur National Gallery wirken im Schneelicht alle Farben gedämpft, nur das Rot der Doppeldeckerbusse schiebt sich durch das Schwarzweiß. In dem Museum möchte ich ein Ölgemälde wiedersehen: William Turners *Margate from the Sea.* Turner hat das Bild nie ausgestellt, so wissen wir nicht, wann genau es entstanden ist, geschätzt wird zwischen 1835 und 1845. Früher dachte man, man könne in den weißen Strichen über dem niedrigen Horizont die Kreideklippen bei Margate erkennen, aber jetzt ist man sich nicht mehr sicher und hat ein Fragezeichen in den Titel gesetzt: *Margate (?) from the Sea.* Es soll unvollendet sein. Vielleicht denken das Forscher, solange sein Sujet nicht eindeutig identifiziert wurde. Laut dem Schildchen unter dem Gemälde gilt es »vor allem als Studie der atmosphärischen Wirkungen von Nebel und Wolken«.

»Atmosphäre ist mein Stil.« Turners 1844 gegenüber dem Maler, Kunsthistoriker und Schriftsteller John Ruskin geäußerter Satz wurde zur Maxime solcher Bildkommentare, doch in allem, was er seinem eifrigen Apologeten Ruskin anvertraute, klingt ein unausgesprochenes »aber« mit. Auf dem Bild rollt knapp unterhalb des Horizonts, der es in zwei Hälften teilt, die See, die sich zur Trennlinie hin in kohlschwarzen Wogen sammelt, von denen schwefelgelbe Gischt steigt, dazwischen weiße Schleier. Sie reflektieren das Licht der darüberstehenden Sonne, die selbst im hellen Schein zwischen den rastlosen Wolken unsichtbar bleibt. Die Wildheit des Meeres beruhigt sich in der oberen Hälfte, dem Himmel, als würde sich das Wetter etwas aufheitern, als würde sich etwas lösen – wie Schneeflocken, die auf Wellen fallen. Atmosphäre als dynamisches Geschehen.

⋆

In seinem Nachlass, den Turner dem Staat vermacht hat und der in der Tate Gallery aufbewahrt wird, sind über 30 000 Werke katalogisiert, darunter Hunderte von Aquarellen, die als »Farbskizzen«, »Farbanfänge« oder »Farbstudien« bezeichnet werden – und bei denen es sich oft um so unvollendet-vollendete Bilder handelt wie das vom Rheinfall in Schaffhausen, den man zunächst für einen Gletscher gehalten hatte. Doch spielt das beim Betrachten eine Rolle?

Im Katalog werden sie als »Colour Studies« ausgewiesen, insgesamt finden sich im Nachlass über 400 von ihnen. So betitelt, werden die Bilder aber um ihr Eigenes gebracht, es gibt sie nur im Hinblick auf ein anderes Bild, auf eine vollständigere Version. Liegen sie, weil ein hypothetischer Arbeitsprozess abbrach, jetzt als aufgegebene Werke vor uns?

Boppard zeigt einen Teil der Stadtmauer und einen Wachturm, über den ein Unwetter niedergeht. Der Regen macht die ganze Stadt hinter dem Gemäuer unsichtbar, und die plötzlich aus den Wolken hervorschießende Sonne blendet die Menschen aus, die sich – so ist es auf einer anderen Fassung des Motivs in Fawkes' Sammlung dargestellt – daranmachen, die Ladung eines eingetroffenen Schiffes zu löschen. All das fehlt auf der Studie, aber das Bild ist nicht leer – es ist nur schwer, ohne Größenvergleich mit Menschen und Schiffen die Dimensionen zu bestimmen oder den Punkt zu finden, an dem der Betrachter steht, in welcher Entfernung und in welcher Höhe. Sein fester Standpunkt ist aufgehoben, der Fokus ist überall.

Der Regenguss, den Turner im August 1817 über Boppard gesehen hat, verhüllte aber nicht nur die Stadt, er machte auch etwas sichtbar. Und als er in seinem Londoner Atelier sich den Augenblick wieder vornahm, muss er vielleicht genau danach gesucht haben.

Seit wir am Rhein entlangwandern, trage ich einen Ausdruck des Aquarells bei mir: Es ist ein Suchbild, das mich immer daran erinnert, weshalb wir hier sind. Den ganzen Tag sind wir oben auf den Höhen, schauen hinunter auf den Fluss oder haben seine Spur verloren, bis er zwischen den Bäumen und verwitterten Weinbergmauern wieder aufblitzt. Wir pflücken wilden Spargel, verreiben Thymian vom Wegrand zwischen unseren Handballen und schauen Segelfaltern zu. Entdecken Goldhähnchen und folgen dem Milan, stehen vor Steinbrüchen, die wir weit umgehen müssen, rutschen oberhalb von Burg Rheinfels auf dem Hosenboden den Hang hinauf, um so weit hinüber in den Westerwald schauen zu können wie seinerzeit Turner. Und dann stehen wir wieder unten zwischen Parkplätzen und Weinfesten, Handyshops und Döner-Buden und erzählen uns die Geschichte von einem Wehrmachtssoldaten, der in den letzten Tagen des Weltkrieges durch den Rhein schwamm und in den Hunsrück floh.

Zwischen all diese Momente schiebt sich das Aquarell. Es ist die Folie, auf der all dies geschieht und geschah, es ist der unbeschriebene Moment, eine Mauer am Fluss, ein Turm, ein Regenschauer. Über dem Wasser wird es schon wieder hell, und der gegenüberliegende Hang wirft einen honigfarbenen Schimmer zurück. »Einmaligkeit und Dauer« sind so eng miteinander verschränkt, dass der Moment des Aquarells diese ganzen Augenblicke in sich fasst. Es zeigt uns die Landschaft »in der namenlosen Erscheinung, die sie im Antlitz« trägt. Auf dem Blatt Turners geht es um Landschaft, um Zeit, um Raum, um die Schöpfung aus Licht und Farbe, die ihm die Welt war.

Das Aquarell wurde für mich zu einer geologischen Karte, die alles über die Landschaft sagt, aber aus einer anderen Perspektive: nicht der des Raums, sondern der Zeit. Es ist eine »stumme« Karte, wie jene Seiten im Atlas, die keine Namen verzeichnen, keine Maße und Höhenlinien, keine Straßen oder Städte, an denen wir uns orientieren, eine Karte, die nichts mit Buchstaben und Symbolen verdeckt. Es ist die Landschaft am Rhein, die Turner suchte – keine Landschaft vor der Zeit, keine Wildnis vor Ankunft des Menschen, sondern die Landschaft einer Gegenwart aller Augenblicke – ihre »namenlose Erscheinung«, ihr »Antlitz«.

V Die verlorene Wildnis

Am Oberrhein

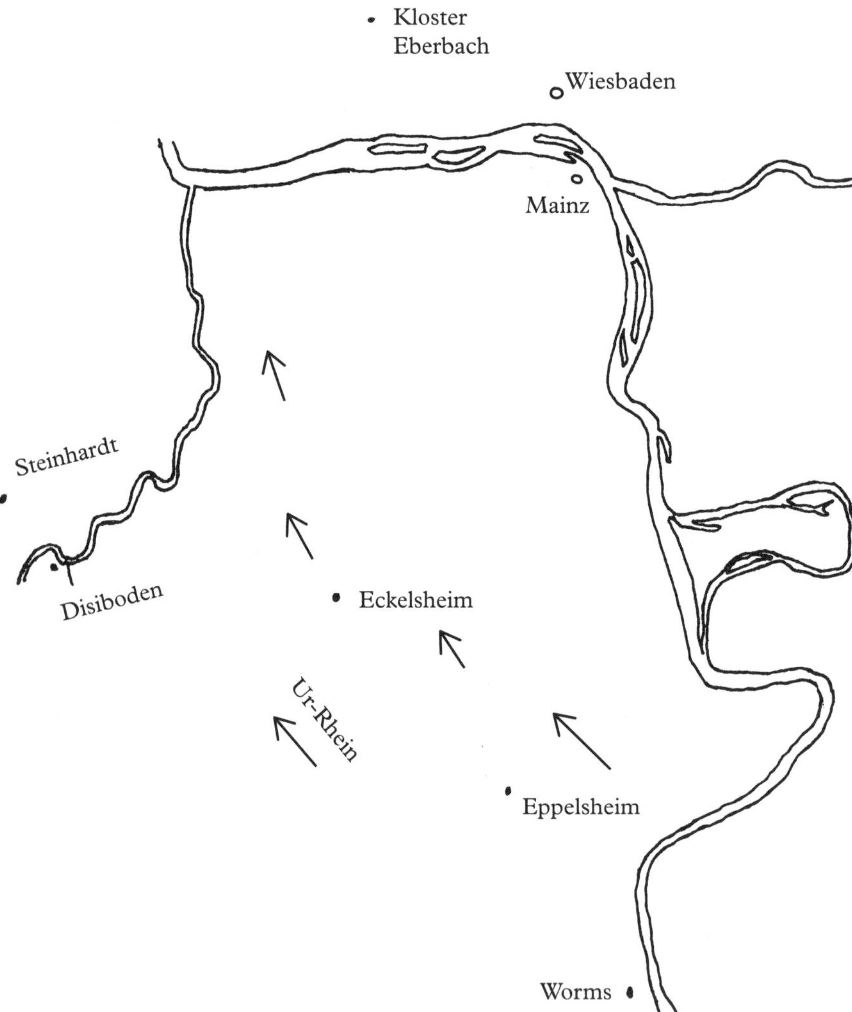
Platte
Kloster
Eberbach
Wiesbaden
Mainz
Steinhardt
Disiboden
Eckelsheim
Ur-Rhein
Eppelsheim
Worms

1 Eine fließende Welt

Im August 1665 wollte der holländische Maler Willem Schellinks, ein Zeitgenosse von Jan Hackaert, mit seinen Gefährten zum Abschluss seiner Grand Tour durch ganz Europa von Basel aus nach Hause reisen. »Wir gingen durch die Stadt zum Rheinufer und trafen ein Abkommen mit einem Schiffer, der uns beide und unsern Knecht und dazu den Herrn aus Bern nach Straßburg hinabfahren sollte in zwei kleinen Booten, jedes aus drei Planken gemacht, ziemlich lang, aber sehr leicht, die, wenn sie aneinander gebunden und vorn und hinten mit einem Querholz befestigt sind, geeignet sind, damit den Rhein hinunter zu treiben, der sehr schnell von Basel herabströmt. Er ist außerdem voll von Inseln, Sandbänken, Untiefen, Felsen und vielen schweren Bäumen. Er kann mit einem dieser leichten Boote nicht ohne Lebensgefahr und ohne einen erfahrenen Schiffer befahren werden, wovon uns selbst ein Beweis geliefert wurde von zwei Brabantern, die wir selbst in Straßburg gesprochen haben und die in tausend Nöten gewesen waren, da sie auf einer Untiefe strandeten, zu ihrem großen Glück in der Nähe eines Hauses, aus dem ihnen ein Mann zu Hilfe kam, sie dort herunter holte und nach Straßburg brachte.

So trafen wir eine Abmachung für 9 Reichsthaler für uns vier. Danach gingen wir nach dem Mittagsmahl zu unserm drolligen Flussschiff, über das mit drei bis vier Fassreifen ein kleines Verdeck gegen die Sonne gemacht war. Als wir mit unserm Gepäck drin waren, hatten wir ein großes handbreites Brett und zwei Steuerleute, von denen der eine vorn, der andere hinten saß. So fuhren wir denn um drei Uhr von Basel nach Straßburg in sehr schneller Fahrt.»

Es war eine Reise durch eine heute verlorene Welt. Auf der 110 Kilometer langen Strecke zwischen Basel und Straßburg verlief der

Fluss zwischen 1600 Inseln. Es war eine Wildnis, ein Labyrinth aus Flussarmen, nach Hochwassern stehen gebliebenen Überschwemmungsteichen, Kiesbänken, Untiefen und wild im Strom sich verhakenden umgestürzten Bäumen. Schellinks' Gesellschaft legte in wenigen Stunden die gleiche Entfernung zurück wie der Lindauer Bote, der für seinen Ritt vom Bodensee bis Reichenau durch ein ähnlich unwegsames Gelände zwei volle Tage brauchte.

Bei der Lektüre historischer Reiseberichte kommt es einem oft vor, als seien die Entfernungen flexibel. Was am Alpenrhein für den Boten eine Reise voller Hindernisse war, denen er, wenn möglich, über hoch an den Hang gebaute Wege und Straßen auswich, scheint hier eine Schlittenpartie: Der Fluss kommt über die vielen Katarakte des Hochrheins auf Basel zugeschossen, und seine reißende Strömung trägt die zu einem Katamaran zusammengebundenen Weidlinge an einem Tag Anfang August weit den Fluss hinunter, auch wenn man erst gegen Nachmittag aufbricht.

Mit dem Schiff musste man damals zwischen Basel und Mainz unendlich viele Windungen hinter sich bringen. Die Fläche des Oberrheingrabens, die die Hochwasser für sich reklamierten, war zehn bis zwanzig, zum Teil vierzig Kilometer breit. Mit jeder Überschwemmung schuf sich der Fluss seinen Lauf neu, unterspülte Steilufer, presste sein Wasser bis hoch in die Nebentäler, bildete Lagunen und Buchten, setzte Wälder und Inseln monatelang unter Wasser, riss Felder und Wiesen mit sich, verschob immer von neuem sein Bett. Es war eine lebendige Landschaft, die niemals stillhielt.

In der südlichen Hälfte, von Basel bis Rastatt, gabelte sich der Rhein unentwegt, schwemmte Sand- und Kiesbänke an, häufte sie zu Inseln, bewegte sie mit sich und trug sie wieder ab. Der nördliche Teil von Rastatt bis Mainz war hingegen von weiten Mäandern geprägt: Die Strömung hatte sich in dem immer flacher werdenden Tal so verlangsamt, dass der Fluss sein Bett in weiten Bögen ausspülte. An den Prellhängen, dort, wo die Strömung durch ein Steilufer abgelenkt wurde, trug die Erosion Gestein ab und arbeitete sich immer weiter vor: Aus dem Bogen wurde eine Schlinge, deren Enden sich immer weiter einander annäherten, bis nur noch ein schmaler Grat sie trennte. Beim nächsten Hochwasser konnte die gesamte Landschaft überflutet werden und das Wasser beim Abfließen eine Abkürzung suchen: Es floss dann oft über den schmalen Landrücken der Engstelle der Schleife hinweg und schuf so einen natürlichen Durchstich, der die Schlinge von dem aktiven Fließen abschnitt. Das durchströmte Bett wurde kürzer, der einstige Bogen verlandete zu einem Seitenarm, zu einem Altwasser, an dessen Ufer sich Auenwälder mit ihren Dickichten bildeten, bis das Gewässer durch Ried und Schilf zu einem Sumpf verfilzte und zu einer undurchdringlichen Wildnis wurde.

Könnte man all diese Schleifen und Bögen im Lauf der Jahrtausende auf einer Landkarte rekonstruieren, sähe das aus wie ein hundertfach verknotetes Seil, wie lauter in sich zurücklaufende Mäander. Aus der Vogelschau ist die letzte Version dieses Flussdiagramms noch zu erkennen: Die verlandeten und in den letzten 200 Jahren zu Ackerland gewordenen Altrheinarme sind aus dem Flugzeug in der Flureinteilung der Wiesen und Felder, der Raine und Säume von Bächen und Wäldern auszumachen. Das ganze Tal ist von einer überbordenden Fruchtbarkeit. Die über Jahrhunderte angeschwemmten Böden, die jedes Jahr vom Hochwasser erneuert wurden, die trockengelegten einst sumpfigen Senken lassen alles gedeihen: Im Frühjahr flattern zwischen den Feldern mit der kurzen Wintersaat opake Planen, unter denen schon der erste Spargel schießt. Die Landschaft scheint dann wie mit Wachspapier ausgelegt. Als Nächstes reifen die Erdbeeren. Von Basel bis Mainz bildet der Oberrheingraben einen ebenen Gartenkorridor, der, wie nach dem Kompass gezogen, in der Mittagsachse der Sonne liegt.

Wer im Zug in drei Stunden den Weg nach Süden von Frankfurt nach Basel hinter sich bringt, wird nicht verstehen, warum die Römer ihre Militär-und Nachschubroute entlang dem Rhein über die »Bergstraße« hoch am Hang des Odenwalds führten. Doch die Ebene voller Felder, Kanäle und Fischteiche, in der die Bahntrasse liegt, war damals eine undurchdringliche Schwemmlandschaft, die die ganze Ebene zwischen den heutigen Städten Groß-Gerau und Worms einnahm: das Hessische Ried. Und weiter ab Rastatt ziehen der Schwarzwald auf der einen, die Silhouette der Vogesen auf der anderen Seite vorüber: Der schnurgerade Lauf des Zugs lässt erkennen, wie sehr das ganze Tal über dreihundert Kilometer ein einheitlicher Landschaftsraum ist. Aus dem Labyrinth von Inseln, Flussarmen und Untiefen, die Schellinks in seinem Tagebuch beschrieb, ist heute eine durch eine feste Uferböschung eingefasste Schifffahrtsstraße geworden, aus der Ebene eine Agrarfläche, so groß, dass sich deren Bewirtschaftung nicht überall mehr lohnt. Felder liegen brach, Bachläufe werden mit künstlichen Umbauten »renaturiert«. Es sollen Auslaufflächen für das Hochwasser geschaffen werden, das immer schneller durch den Korridor rast und immer größere Schäden am Unterlauf des Flusses anrichtet. Dort, wo zu Schellinks' Zeit natürliche Niederungen und Auen das Wasser bei Hochstand wie Schwämme aufsaugten, finden sich nun befestigte und vermauerte Böschungen, die den Fluss in sein begradigtes Bett zwingen. Die Strömung, die Schellinks' Weidlinge bis Straßburg trieb, ist durch die im 20. Jahrhundert gebauten Schleusen vor und hinter Straßburg immer wieder unterbrochen.

Erst am Ende der Zugfahrt, zwischen dem Kaiserstuhl und Basel, erhascht der Blick hinter den hohen Pappeln einen Widerschein von Wasser. Es ist der »Restrhein«, wie hier die schmale Rinne des einstigen Wildstroms heißt. 1918 wurde im Vertrag von Versailles festgehalten, dass Frankreich das alleinige Recht zur Nutzung der Wasserkraft am südlichen Oberrhein zustand. Das führte zum Bau von vier Stauwehren und einem Schifffahrtskanal, einem betonierten Trog, der parallel zum ohnehin begradigten Rhein geführt wurde. In den Kanal wird kurz hinter Basel fast alles Flusswasser eingeleitet: Das ehemalige Hauptbett wurde zu einer schmalen Überlaufrinne, die sich bei Niedrigwasser im Kies verliert und nur bei Hochwasser ein Bild seiner einstigen Wildheit wiedergibt.

*

Davor riss der Rhein immer wieder ganze Dörfer und ihre Bewohner mit sich, aus anderen konnten die Menschen sich gerade noch retten. Fruchtbare Äcker versanken in den Fluten, wurden durch einen neuen Flussarm von der früheren Gemarkung abgeschnitten oder standen in schlechten Sommern achtzehn Wochen unter Wasser. Bereits 1391 versuchte man, durch einen Durchstich seinen Lauf zu regulieren, um 1660 sicherte man Linkenheim durch einen 600 Meter langen Damm. Aber der Fluss verlor dadurch nichts von der ihm innewohnenden Dynamik, im Gegenteil. Was ihn an einer Stelle beruhigte, ließ ihn an einer anderen unkontrollierbar werden. Im 18. Jahrhundert kam es zu einer Kälteperiode mit immer häufigeren Hochwassern, die Hungersnöte nach sich zogen; der Große Winter von 1709 trieb Tausende von Pfälzern zur Auswanderung. Allein zwischen 1770 und 1783 brauchten die Leimersheimer südlich von Speyer zur Verstärkung ihres Schutzwalls 400 000 Faschinen – aus Weidenruten gebundene, oft mehrere Meter lange Bündel –, die die Uferböschungen sichern sollten. Um immer Nachschub zur Hand zu haben, wurden am ganzen Flusslauf ausgedehnte Kopfweidenbestände aufgebaut. Die Menschen lebten mit den Hochwassern nicht anders als die Menschen an der Mündung mit den Springfluten des Meeres – in ständiger Alarmbereitschaft.

Aber all diese Bemühungen mit Dämmen und Durchstichen waren bloß ein »hydrologisches Bockspringen«, bei dem man hier verlor, was man dort gewonnen hatte. Die Kleinstaaterei am Fluss mit den unzähligen Herzogtümern, Grafschaften, geistlichen Fürstentümern, freien Städten und die immer wieder aufflackernden kriegerischen Auseinandersetzungen zwischen der deutschen und der französischen Seite verhinderten jede umfassendere Lösung des Problems. Das Verrücken einer Sandbank, die Neubildung einer Insel, das Anschwemmen an einem Ufer von etwas, das am gegenüberliegenden weggerissen worden war, das Trockenfallen von Rheinarmen waren nicht nur für die Landwirtschaft bedrohliche Vorgänge, sie beschäftigten zahllose Gemüter, Amtsstuben, Katasterämter und Gerichte. Die gesuchte natürliche Grenze hielt keine Ruhe. Der Fluss entzog sich der Politik. Ständig zeichnete er die Landkarte neu.

*

Dass ein Flickwerk von Notlösungen nie ausreichen würde, den gewaltigen Fluss in seinem Bett zu halten, war Johann Gottfried Tulla vielleicht nicht als Erstem aufgefallen, aber er ging die Frage 1809 mit seinem Plan zur »Rektifikation« des Flusslaufes am konsequentesten an. Seit dem Mittelalter hatte der Fluss die Wildnis zwar unablässig umgestaltet, aber es waren stets Variationen der gleichen Landschaft geblieben. Nun setzte Tulla mit seiner Maxime – »Kein Strom oder Fluss, also auch nicht der Rhein, hat mehr als ein Flussbett nötig« – einen Prozess in Gang, der zu der kanalisierten Schifffahrtsstraße von heute führen sollte. Aber ihm ging es weniger um den Verkehrsweg – der größte Betrieb auf dem Wasser bestand damals aus Flößen –, es ging ihm um die Anrainer. Sie sollten vor Überschwemmungen geschützt, Grund und Boden sollten gesichert, fruchtbares Land sollte zurückerobert werden. Der Fluss sollte von seinen Anwohnern zu kontrollieren sein, sie sollten nicht mehr in ständiger Angst vor dem Strom leben, sondern in einer Landschaft, die zu einem Garten wurde.

Tulla hat dieser Aufgabe seine ganze Ausbildung gewidmet, die vom Großherzog von Baden im Rahmen einer konsequent großzügigen Begabtenförderung finanziert worden war. Zwei Jahre nachdem Alexander von Humboldt sie verlassen hatte, und drei Jahre, bevor Novalis eintraf, studierte der 1770 Geborene 1794 an der Bergakademie Freiberg in Sachsen, die im ausgehenden 18. Jahrhundert wissenschaftlich den Rang der Eidgenössischen Technischen Hochschule oder der Universität von Stanford innehatte. Auf ausgedehnten Reisen durch ganz Europa sammelte er Erfahrungen und Wissen, lernte neuentwickelte Messgeräte und Ideen kennen, um sein Vorhaben nicht nur im Detail, sondern auch in seinen raumgreifenden Dimensionen zu durchdenken. Er entwickelte dabei ein Gespür für die verborgene Dynamik des Fließens. Stolz schreibt er als Vierundzwanzigjähriger in sein Tagebuch: »Die meisten Hydrotechniker haben die Wirkung der Bauten an einem Strom nur auf der Oberfläche gesucht.«

Als er nach Hause zurückkehrte, hatte sich die politische Lage in Baden durch die Napoleonische Besatzung und die von ihr veranlasste Neuordnung grundsätzlich geändert. Anstelle eines Flickenteppichs aus widerstrebenden Herrschaftsinteressen gab es am Oberrhein nur noch vier Parteien: Frankreich, das Großherzogtum Baden, die dem Königreich Bayern zugeschlagene Pfalz sowie das Großherzogtum Hessen. Wasserbau bedeutete immer auch Diplomatie. Nach den Verträgen zwischen Baden, Frankreich und Bayern schloss sich im Norden auch Hessen der »Berichtigung« an und verlängerte die Rheinkorrektion bis nach Mainz, so dass 1817 – im Jahr der ersten Reise Turners an den Mittelrhein – eine, wie sich zeigen sollte, tatsächlich durchgängige »Rektifikation« des Stroms in Angriff genommen wurde. Es war das größte Bauprojekt, das es je in Deutschland gegeben hat, und die dazu nötige Zeitspanne war episch: Über sechzig Jahre dauerte es vom ersten Spatenstich bis zum letzten – das Projekt, das den Verlust der Auenlandschaften in Gang setzte, erforderte so viel Zeit wie das Anwachsen und Gedeihen eines Waldes. Seine Fertigstellung sollte Tulla nicht mehr erleben: Nach gerade einmal elf Jahren Bauzeit starb er mit achtundfünfzig Jahren in Paris, wohin er leidend gereist war, um sich operieren zu lassen.

*

Tullas wirkungsvollstes Mittel waren Durchstiche, um die Mäander vom Flussbett abzuschneiden, die Strömung in einem kürzeren und geraderen Bett zu stabilisieren und die Ufer zu sichern. Was der wilde Fluss bei Hochwasser selbst getan hatte, sollte nun planmäßig erfolgen. 1817 wurden die ersten fünf Durchstiche vertraglich beschlossen, in einem Folgevertrag 1825 weitere fünfzehn. Es waren Baustellen mit bis zu 3000 Arbeitern, in den Händen nichts als Spaten, Schaufeln und Hacken, Eimer und Schubkarren. Kanalbau war Schwerstarbeit. Zum Abtransport der Erdmassen gab es keine Maschinen, nur Pferdefuhrwerke. Beides, Arbeiter und Pferde, musste von den betroffenen Gemeinden gegen Steuererleichterungen als Hand- und Spanndienste gestellt werden. Schon beim ersten Durchstich führte das zu Streit: Die Knielinger fürchteten um ihre

Fischgründe, sie meuterten, der Konflikt eskalierte, bis schließlich das Militär eingriff.

War das Land von Vegetation freigeschlagen, zogen die Arbeiter entlang dem projizierten neuen Verlauf einen schnurgeraden Graben. Er wurde verbreitert und vertieft, aber blieb im Vergleich zum Fluss ein schmaler Strich von zehn bis fünfundzwanzig Metern Breite. Erst wenn dieser Graben fertiggestellt war, wurde er mit dem Fluss verbunden, dem die weitere Arbeit überlassen wurde. Unterstützt von dem größeren Gefälle der künstlichen Abkürzung, wusch seine Strömung den Kanal allmählich zu einem richtigen Flussbett aus. Im Schnitt brauchte der Rhein zwischen fünf und neun Jahren, bis er seinen Lauf stabilisiert hatte und seine Ufer mit Weidenbündeln, den Faschinen, oder Steinen endgültig fixiert wurden – bis zur Neckarmündung in Mannheim mit einer Breite von 240 Metern, von dort an 300 Metern. Doch wenn der Fluss in der neuen Rinne nicht nur Kies auszuräumen hatte, sondern auf Lehmschichten traf, konnte es länger dauern – am längsten beim Friesenheimer Durchstich. Mit dem Bau des über acht Kilometer langen Grabens kurz vor Mannheim wurde 1827 begonnen. Vier Jahre später öffnete man den Leitkanal, aber Lehmschichten verstopften immer wieder seinen Lauf, so dass nachgegraben werden musste. Die Eröffnung fand erst 1862 statt – fünfunddreißig Jahre nach dem ersten Spatenstich –, aber bis weit in die achtziger Jahre hinein sollten weitere Korrekturen notwendig sein. Auch wuchs die Zahl der Durchstiche: Allein auf den fünfundneunzig Stromkilometern zwischen Lauterbourg im Elsass und Worms wurden es zwanzig – also auf einem Drittel der Strecke schon so viele, wie 1825 im Ganzen geplant worden waren.

Viele der Veränderungen konnte Tulla vorhersehen, aber nicht alle: Der Fluss sollte die Hochwassergefahr selbst bannen, indem er sich in dem kürzeren und geraderen Bett mehr eintiefte und so den Wasserpegel insgesamt senkte. Da sich die Strömung erhöhte, trug der Fluss in seiner Sohle aber bedeutend mehr Material ab als geplant: Mit dem Wasserspiegel lag auch das Grundwasser plötzlich niedriger. Brunnen mussten tiefer gegraben werden, Auenwälder trockneten aus, höher gelegene Flächen versteppten. Das schnell fließende Wasser war kühler, da es sich nicht mehr in trägen Mäandern erwärmte. Dass die Wasserfläche im Oberrheingraben sich insgesamt auf ein Drittel verringerte, war beabsichtigt – Sümpfe und Nebel nahmen ab, neues Ackerland entstand. Das führte auch zu dem günstigsten der unbeabsichtigten Nebeneffekte: Die in den Sumpfgebieten zuvor nicht auszurottenden Krankheiten Malaria, Typhus und Ruhr verschwanden.

Betrachtet man eine Karte des von Tulla umgestalteten Rheins, ist zu erkennen, dass der Fluss aber immer noch ein größeres »Spielraumsgebiet« besaß, wie es der Ingenieur nannte. Vor Worms gab es bei Lampertheim eine verschlungene Lagunenlandschaft, zwischen Leimersheim und Hördt ausgedehnte Auen. Altrheinarme wie jener bei Erfelden um den Kühkopf waren noch nicht zu schmalen Kanälen geworden, die heute nur durch Ausbaggern offen gehalten werden können, sondern bildeten weite Lachen, in denen das Wasser beinahe zum Stillstand kam.

Eine Vorstellung von der Größe dieses Spielraums gibt die Landkarte, die die Überschwemmung im Winter 1882/1883 im Großherzogtum Hessen dokumentiert. Auf ihr erkennt man deutlich den zwei bis drei Kilometer breiten Hochwasserkorridor mit natürlichen Poldern und Nasswiesen, die die Fluten abbremsten und wenigstens zeitweise aufhielten. Damals standen allein in Hessen neben zahlreichen Städten und Dörfern über vierhundert Quadratkilometer landwirtschaftlich genutzte Fläche unter Wasser. Als Reaktion auf diese jährlich wiederkehrenden Hochwasser wurde der Fluss in den folgenden Jahrzehnten immer vollständiger eingedeicht, und der Überflutungskorridor von 1882 schrumpfte zu einem Streifen von mehreren hundert Metern Breite. Stromab stieg dadurch die Hochwasser- und Eisganggefahr. Zusätzlich wurde für den weiteren Ausbau des Rheins zur Schifffahrtsstraße der Flusslauf weiter begradigt, mit Schleusen versehen und in gemauerte Böschungen gefasst, was die Strömung erhöhte: 1940 brauchte ein Hochwasser von Basel nach Mainz 65 Stunden, 1980 nur noch 30. Die Wassermassen wälzten sich mit wachsender Geschwindigkeit zu Tal und wurden gleichzeitig von Nebenflüssen gespeist, die mit ihren Hochwasserscheiteln die Flut weiter anwachsen ließen. Die mutmaßliche Vermeidung von Hochwassern am Oberrhein verlagerte sie nur weiter stromab. Das ist eine der vielen Lektionen, die uns der Fluss lehrte. Seit einigen Jahren gibt es überall Versuche, diesen Effekt zu mildern: Durch die Renaturierung von Bachläufen und Uferzonen wurde die Strömung gebremst, durch die Schaffung von großen Rückhalteflächen – den bei Hochwassern gefluteten Poldern – die Flutwelle verzögert.

*

Zu Beginn der Begradigung besaß der Rhein noch ausgedehnte Ausweichflächen, die erst im Laufe der siebzigjährigen Bauzeit allmählich schrumpften. Viele Tiere und Pflanzen fanden Winkel und Nischen, um sich langsam an die durch Tullas Projekt veränderten Verhältnisse anzupassen: Vor dem kälteren Wasser im Hauptstrom konnten sie in das wärmere der Seitenarme ausweichen. Aber das waren nur Verschnaufpausen; Pflanzen wie die Sumpfgladiole, die zu Beginn der Rektifikation fast überall anzutreffen war, waren bald nur noch an bestimmten Standorten zu finden. So konnte sich die Blume bis gegen Ende des 19. Jahrhunderts halten, um dann doch am Oberrhein zu verschwinden. Von den Auenwäldern, dem wertvollsten und artenreichsten Habitat am Rhein, gingen bis heute 85 Prozent verloren.

Manche Tiere litten bald unter den neuen Verhältnissen: Den Wanderfischen wie Lachs und Stör machte vor allem der Verlust ihrer Laichgründe – flache Kiesbänke und seichte Uferböschungen – zu schaffen, die überall der Begradigung zum Opfer fielen. Das war ein allmählicher Prozess, doch schon 1850 wurde als erste Notmaßnahme eine Lachsstation im Elsass eröffnet. Was aber schließlich zum zeitweise völligen Absterben der gesamten Fischpopulation führte, war die grimmigste Folge der Industrialisierung: die Verschmutzung und Vergiftung des Flusses, die seit Anfang des letzten Jahrhunderts immer eindringlicher beklagt wurde.

Mit dem Verschwinden der Auwälder und Schilfflächen, der Nebenarme mit ihren kiesigen Flussbetten, der Sandbänke und Lachen nahm die Selbstreinigungskraft des Flusses rapide ab, denn diese ist, wie der Hydrobiologe Robert Lauterborn 1906 schrieb, »direkt proportional der Absorptionsfläche seiner Tier- und Pflanzenwelt«. Mikroskopisch feine Farne, Algen und das Plankton, die unendlichen Ketten von Mikroorganismen, Krebs- und Schalentieren, das Röhricht mit Schilf und Binsen, die Seerosen und Wassernüsse, die Bäume und die im Wasser wurzelnden Pflanzen – sie alle filtern und binden Schwebstoffe, verwandeln sie in Nahrung und tragen dazu bei, dass sich das fließende Gewässer selbst reinigen kann, wenn es über genügend Sauerstoff verfügt.

Der in Ludwigshafen geborene Robert Lauterborn, Professor für Zoologie in Heidelberg und später in Freiburg, war als Kenner des Rheins von unersättlicher Neugier und unendlichem Detailwissen: »rheophil«, die fließenden Gewässer liebend, war sein Lieblingstitel. Er war gegen Ende des 19. Jahrhunderts einer der Ersten, die sich mit den neu auftretenden Abwasser-Organismen beschäftigten: neuen Pilzen und Bakterien, die in den Kloaken der Städte entstanden. So war er prädestiniert, um den Klagen über die zunehmende Verschmutzung des Flusses nachzugehen. Zwischen 1904 und 1908 analysierte er auf insgesamt neun Exkursionen entlang dem Oberrhein das Vorkommen von Mikroorganismen, Pflanzen und Tieren. Es sollte nicht nur eine chemische oder bakterielle Untersuchung werden, sondern eine »biologische«: An einer Reihe von Orten, die die ganze Vielfalt der Lebensräume am Strom repräsentieren, sollte das Vorkommen der verschiedenen Arten genauso dokumentiert werden wie ihr Verhältnis zueinander. Bei jeder neuen Reise beobachtete er die Veränderungen, notierte wechselnde Wasserstände und stellte den Bezug zu den Jahreszeiten her.

Anfangs schien sein Vertrauen in die Selbstreinigungskraft des Flusses groß: In der Schlussbemerkung zur ersten Probeuntersuchung vom November 1904 hebt er hervor, dass der Rhein die protokollierten Verunreinigungen durch die schiere Wassermenge und die Schnelligkeit der Strömung in Schach halten könne. In den späteren, viel engagierter klingenden Berichten wird er das nicht wiederholen: 1905 stellt er fest, dass die Abwässer von Worms, »ein gewaltiger Schmutzstrom schwarzgrauen Wassers {…} mit eine der stärksten Verunreinigungen dar{stellen}, die wir bisher im Rheine zu beobachten Gelegenheit hatten«. Besonderes Augenmerk widmet er neben den Abwässern der Städte den industriellen Einleitungen, insbesondere der Ludwigshafener Anilinfabrik, der heutigen BASF: »Die Abwässer dieses riesenhaften Betriebes gehören sicherlich zu den am meisten in die Augen fallenden am ganzen Rhein, da sie sich als breiter Farbstreifen mehrere Kilometer weit am linken Ufer des Stromes hinziehen«, heißt es im Oktober 1905. »Während die Abwässer der Anilinfabrik am 27. November 1907 tiefbraun gefärbt erschienen, stellten sie am Morgen des 28. November förmliche Sturzbäche von gelber und rosa Farbe dar, die im Rheine weithin grünlich fluoreszierten und sehr beträchtliche Mengen eines zähen rosenfarbenen Schaumes mit sich führten.« Im Frühling 1906: »Die Abwässer der Anilinfabrik sind heute bordeauxrot gefärbt {…} Die Länge der azoischen Strecke des Ufers betrug 800 Meter.« Die »azoische« Zone, in der jedes Zeichen von tierischem Leben ausgelöscht war, maß bei den Abwässern von Waldhof-Mannheim nur wenig stromab sogar einen ganzen Kilometer.

Gleichzeitig bemerkte er in den Strömungsfahnen der Abwässer immer deutlicher einen braunen, pilzähnlichen Rasen, der von dem Faden-Bakterium *sphaerotilus natans* gebildet wurde. Mit schlickigem Schleim überzog er sämtliche Steine am Ufer und in der Flusssohle und erstickte unter seinen Kissen alles tierische Leben. Lauterborn nannte ihn kurz den »Abwasser-Pilz«, der sich in wenigen Jahren überall am Rhein verbreitete. 1920 beteiligte sich Lauterborn als deutscher Hydrologe an einer Strombefahrung vom Niederrhein bis Mannheim, um den »Klagen der holländischen Salmenfischer über die zunehmende Verschmutzung ihrer Netze durch treibende Flocken des Abwasserpilzes« auf den Grund zu gehen. Die glitschigen Pilzkissen blieben bis in die achtziger Jahre an den Ufern von Rhein und Mosel ein vertrauter Anblick, denn so lange wurden trotz Lauterborns Berichten die Abwasser noch achtlos in den Fluss geleitet. Jeder, der damals schwimmen ging, wird sich an den Schleim erinnern, auf dem wir von den rutschigen Steinen glitten und uns die

Knöchel aufschlugen – nur gut, dass wir damals nicht wussten, was ihn hatte wachsen lassen.

Erst die Giftunfälle der sechziger und siebziger Jahre mit ihrem bis dahin unvorstellbaren Fischsterben führten zu einem Umdenken und Handeln. Der Fluss, in dem Lauterborn die Fäkalbrocken aus Mannheim noch in Worms hatte auf den Wellen schaukeln sehen, ist heute so sauber wie seit 150 Jahren nicht mehr. Aber viele Entwicklungen, die am Oberrhein zu einem sich beschleunigenden Artensterben führten, haben in Tullas Rheinkorrektion ihren Ausgangspunkt: Die Veränderung des Fließverhaltens, die Eintiefung der Flusssohle, das Trockenfallen der Landschaft, der Verlust an Auenwäldern und Altrheinarmen. Pflanzen verloren ihre Lebensräume, Nahrungsketten wurden unterbrochen, Tiere, die seit 50 Millionen Jahren hier lebten, wie die Geburtshelferkröte, sind vom Aussterben bedroht. In diesen Prozessen offenbarte sich eine schleichende ökologische Katastrophe – »Tullas Zeitbombe«.

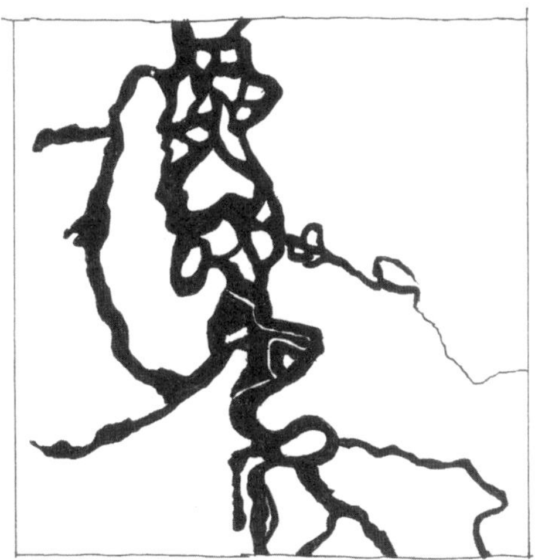

2 Am Kühkopf

Im Norden des Oberrheingrabens finden sich in mittelalterlichen Kirchen eingelassene Reliefsteine, die wie Warnbilder oder Bannzeichen für die ehemalige Wildnis wirkten. Von der Kunstgeschichte Blattmaske genannt, zeigen sie ein von mal dichtem, mal lichterem Laubwerk verdecktes Gesicht, das hinter den Blättern auf den Betrachter zu lauern scheint. Einer der frühesten befindet sich hoch im Steinbogen innen über dem Nordportal des romanischen Doms von Worms, der damals auf einer Halbinsel aus der Aue ragte. Das um 1200 entstandene Kapitellband ist aus verschlungenen Akanthus-Blättern gebildet, aus deren Ornament in der Mitte zwei mandelförmige Augen schauen. Nase und Mund sind aus dem Stein herausgearbeitet und liegen frei, aber Bart und Haare sind von Laub bedeckt, oder genauer, sie bestehen aus Blättern: Das Wesen scheint sich aus der Natur zu lösen oder sich in sie zurückzuziehen. In späteren gotischen Zeiten wurde dieses Versteckspiel von den Steinmetzen immer raffinierter gestaltet. Das Laub ließ das Gesicht nur in Konturen erahnen, bis auf einen Mundwinkel oder die Augen blieb es verborgen, oder die Symmetrie der Linien tarnte das Antlitz. Bald legten sich nicht mehr wie in Worms die Blätter auf die Haut des Gesichtes, sondern sie standen wie an einem Zweig vor ihm.

Ab dem 13. Jahrhundert finden sich diese Blattmasken überall in der Landschaft am Rhein und seinen Nebenflüssen: Im Mainzer Dom, auf dem Disibodenberg – dem ersten Kloster der Hildegard von Bingen –, in Gelnhausen auf halber Strecke zwischen Frankfurt und Fulda oder – vielleicht die berühmteste von allen – als Konsolenstein des Bamberger Reiters. Ob als Schlussstein im Kreuzgewölbe wie auf dem Disibodenberg oder an der Chorschranke wie in Gelnhausen – sie alle konfrontierten die Kirchgänger mit ihrem Blick.

Sie werden sie an die unberechenbare Wildnis aus Wasser, Sumpf und Wäldern draußen vor der Kirchentür erinnert haben, eine gefährliche Welt aus Fluten und unterspülten Ufern, in die die Menschen täglich aufbrachen, um mit Netzen, Reusen und Angeln zu fischen, an ihren Laichplätzen Lachsen und Stören aufzulauern, Bibern, Ottern und Enten nachzustellen oder Schiffe durch das Insellabyrinth zu führen. Bannbilder waren es, die Dämonen austreiben und Unheil abwenden sollten. Sie warnen nicht mit Worten. Ihr Mund bleibt stets stumm, doch der starre, uns prüfende Blick der in den Stein gegrabenen Pupillen, die aufeinandergepressten Lippen, die herabhängenden Mundwinkel sprechen eine deutliche Sprache. Manche Züge wirken erschrocken, andere erschrecken, und wieder andere scheinen melancholisch die dünne Laubschicht zu betrachten, die sie von den Menschen trennt. Als flüchteten sie zurück in die Welt dahinter. Sie markieren keine sich öffnenden Flügeltüren, durch die Fisch- und Jagdgründe betreten werden, sondern sie versiegeln das Tor zu einer verschwundenen Welt.

*

Mai 2017. Maria und ich haben das Faltboot eingepackt und sind aufgebrochen zum Kühkopf, der Insel, die von der letzten noch nicht vom Rhein abgeschnittenen Flussschlinge umgeben ist. Mitten im Hessischen Ried suchen wir dort und in der sich im Norden anschließenden Knoblochsaue ein schmales Fenster auf die verlorene Wildnis.

Das Wasser auf dem stillen Rheinarm ist ganz von Weidensamen bestreut: Wie eine Wolke schwimmen die leicht öligen Büschel auf den sachten Wellen der Paddel, der Wind weht sie über die Fläche, sie sammeln sich wie weißer Schaum in den stehenden Randzonen des Wassers. Wenn der Rhein nicht so hoch steht, dringt wenig Wasser über die Betonschwelle im Einlauf zum Altrhein, und der Seitenarm hat nur eine leichte Strömung.

Wir hatten einen trockenen und sonnigen Mai, die Erde ist ausgedörrt und das Wasser warm. Pappeln und Silberweiden überragen den Fluss und bilden ein dichtes Dach, das an den Partien, wo der Wasserlauf breiter wird, auseinandertritt und einen Spalt Blau freigibt. Die Sonne zeichnet dann die Silhouetten der Bäume auf die Oberfläche, und zu den Reflexen auf den leichten Kräuselwellen gesellt sich ein Glitzern. Mittagszeit, das Wetter macht uns so träge wie die Strömung, wir legen uns im Faltboot auf den Rücken, tasten die Leinwand ab und spüren den Gegendruck des Wassers. Wenn wir Glück haben, erhaschen wir einen Blick auf einen der oben kreisenden Störche. Ihr stiller, gelassener Segelflug ist über dem Hessischen Ried überall zu sehen, einer Landschaft, flach wie eine Hand, mit Gräben, Teichen, Pfützen, Schilfflächen und Feuchtwiesen. Einer Landschaft, in der Wasser eher versickert als fließt. Vor uns verbirgt sie sich hinter einer Böschung aus Wasserpflanzen und Baumkronen, alles, was wir vom Boot aus sehen, ist Gelb und flaschenblau schillerndes Grün, die Wolle herabschwebender weißlicher Samen und das braune, langsam dahinrinnende Wasser. Die Ufer sind schlickig, das erste Drittel der Strecke ähnelt eher einem Kanal als einem Fluss.

*

Früher war der Kühkopf eine Halbinsel, die der Rhein in weitem Bogen umfloss. Vierzehn Kilometer maß die Schleife vom Beginn zum Ende. Der damals hier dreihundert Meter breite Strom hatte viel von seiner Geschwindigkeit verloren, und der Mäander war voller Untiefen. Legt man alte Landkarten aus dem 18. Jahrhundert nebeneinander, scheinen sich Inseln im Zeitraffer vom Ufer zu lösen, etwas stromab zu treiben und wieder mit dem Gestade zu verschmelzen. Den Anfang dieses Reigens machen der »Geyer« und die »Vogelsweyd«. Dort, wo die heutige Wanderkarte die Königsinsel verzeichnet, die nur noch durch Gräben vom umliegenden Ackerland getrennt ist, gibt der *Plan von denen strittigen Rhein Auen bey Stockstatt und Leeheim* von 1738 eine »kleine Insul« an, »der Kahlarsch genannt« – wohl wegen ihrer steinigen Kargheit. Die ganze Karte wurde im 18. Jahrhundert in blassen Teefarben koloriert, mit einem grünlichen Schimmer für verbuschte, sumpfige Partien, einem ins Oliv spielenden Blau für oft überschwemmte Weiden und Wiesen, einem schlammfarbenen Beige für die Felder mit ihren gestrichelten Karomustern und für sandige Flächen, auf denen die Häuser und Kirchen der Städte und Marktflecken wie Miniaturbauklötze stehen. Allein »der Kahlarsch« wie die ihm gegenüberliegende Uferpartie stechen in einem Ziegelrot hervor, das auch auf den Dächern von Biebesheim, Stockstadt oder Leeheim liegt: »Der Streit Placken«, so kommentiert die Kartenlegende den umstrittenen Hügel am rechten Rheinufer, »sind Stücke, so Chur-Pfälzischer seits Strittig gemacht werden.« Vielleicht ist der Name der ebenfalls von der Kurpfalz für sich reklamierten Insel »Kahlarsch« ja ein Gruß an den fernen Streithansel, dessen »Insul« später zur »Königsinsel« geadelt wurde, seit das linksrheinische »Chur-Pfälzische« an das Königreich Bayern fiel.

Laut dieser Karte folgt am Scheitel der Schlinge das Kühkopfer Werd, das ein Graben von der Halbinsel trennt. Gemäß dem Maßstab der Karte kommt nach der »Länge einer halben Stunde« hinter dem Städtchen Erfelden der Kleine Kühkopf, der mitten im Fluss liegt und auf späteren Karten immer weiter ins Innere der Kurve driften wird, wo er heute mit dem Großen Kühkopf bis auf einen Wasserarm eins geworden ist. Diese vom Schilf umschlossene Lagune mit einer Verbindung zum Fluss wird »Aquarium« genannt, denn für die meisten der rastenden, überwinternden oder ständig hier lebenden Vögel ist sie einer der wichtigsten Futterorte. Am Ausgang der Schleife gibt es auf der ältesten Karte von 1738 einen ähnlichen kurzen Seitenarm, der auf späteren Landkarten verschwinden wird, aber heute als Krönkesarm wieder existiert: benannt nach dem hessischen Ingenieur Claus Kröhncke, einem engen Freund Tullas, der den Durchstich plante und leitete.

Bis zur Rheinkorrektion brauchten stromauf fahrende Schiffe einen ganzen Tag, um die Schleife zu umrunden, die Fahrt galt wegen der vielen Untiefen als mühsam und gefährlich. Die Arbeit an dem

Durchstich begann im Februar 1828, er führte quer durch die Insel »Der Geyer«, deren größter Teil mit dem Kühkopf verschmelzen sollte. Elf Monate später waren die Erdarbeiten an dem 3625 Meter langen, 16 Meter breiten Graben abgeschlossen, und er konnte für den Rhein geöffnet werden, damit er sich durch seine Strömung eine neue Fahrrinne schuf. Heute ist dieses neue Bett über 300 Meter breit. Die Strecke des Durchstichs verlängerte sich durch den geänderten Ein- und Auslauf der Rheinschleife auf fünfeinhalb Kilometer, während der Altrheinarm selbst zu einem schmalen Kanal schrumpfte. Die linksrheinischen Orte Guntersblum und Gimbsheim verloren 1,5 Quadratkilometer Land an das neue Flussbett, aber rings um den Kühkopf entstanden 4,4 Quadratkilometer neues Ackerland durch die Verschmälerung des Flusslaufs des Altrheins. Guntersblum erhielt eine Wagenfähre, damit seine nun rechtsrheinisch liegenden Äcker bestellt werden konnten, für Gimbsheim gab es nur einen Nachen, der zum Geyer übersetzte. Die Rheinstädte Erfelden und Stockstadt gerieten mit ihren Anlegestellen und Stapelplätzen ins Abseits. Gute zehn Kilometer und einen Tag sparten die Schiffe, nachdem der Durchstich schiffbar geworden war: rund ein Zehntel der einundachtzig Kilometer, die der Stromlauf zwischen Basel und Bingen insgesamt durch die Korrektion kürzer wurde.

*

Im Boot ist es ruhig auf dem Wasser. Vor der Fahrt hatte uns der Nachbar vor den Schnaken gewarnt, aber da sie in vom Hochwasser stehengelassenen Pfützen brüten und die Flut noch nicht gekommen ist, fehlen in diesem Mai die Plagegeister. Die Ausflügler, die sonst am Vatertag mit Gummibooten und -flößen über den Altrhein treiben, hat der Stechmückenalarm jedoch abgehalten.

Erst am Ende des Jahres sollten wir vom Entomologischen Verein Krefeld erfahren, dass 2017 der erste Sommer fast ohne Insekten gewesen war. Im Jahr zuvor hatten wir auf einem Rastplatz in Südtirol noch beobachtet, wie Spatzen von den Autokühlern Insekten pickten – und jetzt ist jede Libelle, die sich als smaragdleuchtende

Nadel auf dem Boot niederlässt, ein Wunder. Aus der dichten Uferböschung hören wir den Zilpzalp und die Mönchsgrasmücke singen, aber die zarten, kleinen grauen Vögel bleiben unsichtbar.

Die hohen Bäume des Auenwalds sind jahrhundertealt. Abgebrochene Äste und Zweige der direkt im Wasser stehenden Silberweiden und Pappeln sind am Ufer hängen geblieben – Unterschlupf für Enten und Gänse, die von hier aus den Fluss beobachten. Im vom letzten Hochwasser zusammengetriebenen Dickicht nisten zwei Schwäne. Zwischen den Baumkronen blitzen manchmal die dahinterstehenden Eichen und Eschen hindurch. Viele gefährdete und seltene Vögel nisten hier: der Schwarze Milan, das Blaukehlchen oder der Mittelspecht, der sich auf das Durchstöbern verrottender Baumstämme spezialisiert hat. Abgesehen von seiner roten Kappe sieht er aus wie die verkleinerte Replik des Buntspechts, aber sein Schnabel wäre nicht stark genug, Baumstämme aufzuklopfen. Stattdessen durchstöbert er als Stocher- und Suchspecht Borke und Äste nach Käfern und Insekten. In den Baumhöhlen schläft die Bechstein-Fledermaus, auf überfluteten Schilfflächen laichen Moorfrosch und Kammmolch, aber auch der seltene Wildkarpfen. Er ist schlanker als der Zuchtkarpfen mit seinem hohen Rücken, den wir von der Speisekarte kennen und der überall in Europa gezüchtet und in Seen und Tümpeln ausgesetzt wird. Der goldfarbene Wildkarpfen mit roten Flossen ist ein Friedfisch, der sich von Zooplankton und kleinen Krebstieren ernährt. Überwintert hat er in tieferen Regionen des Flusses, wo strömungsarmes Wasser im Winter eisfrei bleibt. Während er in der Strömung lebt, braucht er zum Laichen stehende Gewässer und steigt im Frühjahr zur Paarung in die Altrheinarme auf. Von dort schwimmt er auf die vom Hochwasser knietief überfluteten Wiesen. Wenn es zwischen dem dichten Pflanzenbewuchs und Gras zum Ablaichen kommt, umstehen oft acht bis vierzehn Männchen ein Weibchen und befruchten laut platschend die zwischen Pflanzen und Gräsern abgelegten Eier. Die geschlüpften Larven folgen dem sich zurückziehenden Wasser in den Altrheinarm, wo sie heranwachsen und schließlich in den Strom abwandern. Der Laichzug des Fisches ist auf den Wechsel aus fließendem zu stillem

Gewässer angewiesen. Aber gerade die Überschwemmungswiesen am Ufer der Flüsse wie in den Altrheinarmen gingen in den letzten Jahrzehnten fast vollständig verloren.

Manche Tierpopulationen sind hier so klein, dass sie über mehrere Jahre nicht nachgewiesen werden können und dann plötzlich wieder auftauchen – wie der Steinbeißer, der im Rhein kein Speisefisch ist, sondern ein fingerlanges, am Boden lebendes Tier, das sich von Kleinstlebewesen, die an Sandkörnern haften, ernährt. Der silbrige Fisch ist am Rücken und an den Seiten von gelbbraunen und schwarzen Flecken marmoriert, die ihn gut tarnen, am Bauch trägt er orangefarbene Schuppen. Tagsüber versteckt er sich im Sand und lässt nur den Kopf herausschauen, nachts schwimmt er dicht über den Boden und nimmt Steinchen ins Maul, nagt sie ab und spült sie anschließend durch die Kiemen wieder aus. Er braucht dazu lockeren Sand und klares, sauerstoffreiches Wasser. Beides ist an modernen Flussläufen selten, und so konnte er sich bei uns nur in den Auengebieten des Oberrheins und an einigen Partien der Mosel halten. Dabei ist er ein wehrhafter Überlebenskünstler: Unter den Augen hat er je einen Dorn, mit dem er zustechen kann. Taucht er nach einer längeren Pause wieder an einem Standort wie hier im Altrheinarm auf, ist das ein Zeichen für die verbesserte Qualität des Wassers – Steinbeißer wie Wildkarpfen sind daher willkommene wie diskrete Gäste des Flusses, dessen Trübung sie meist vor uns verbirgt. Eng verwandt mit dem Steinbeißer ist der Schlammpeitzger, der statt im klaren Wasser lieber im Trüben lebt. Früher kam er in den Bächen und stehenden Gewässern rund um den Kühkopf oft vor. Bei Trockenheit oder im Winter kann sich der bis dreißig Zentimeter große Fisch in den Schlamm eingraben und, falls der Sauerstoffgehalt zu sehr fällt, mit dem Darm atmen: Er schluckt Luft und stößt die verbrauchte wieder durch den After aus. Wird er von einem Angler gepackt, kommt es leicht zu Entladungen. Allerdings ist der landläufige Name »Furzgrundel« in Grzimeks Tierleben nicht verzeichnet.

In der drückenden Hitze des Mainachmittags halten sich die Vögel am Wasser versteckt. Ein Milan taucht im Spalt zwischen den Baumkronen über uns auf, aber er ist zu groß und zu hell, um ein Schwarzer Milan zu sein, der seltene Vorzeigevogel des Naturschutzgebiets. Der Schwan, um dessen Nest wir zurückkehrend einen großen Bogen ziehen, zischt hinter uns her. Eine smaragdfarbene Libelle lässt sich auf dem Bug nieder, ein Gänsepaar, Stockenten führen ein paar hundert Meter weiter ihre Küken ins Wasser. Und natürlich gibt es auch hier Nilgänse, die dreisten Zuzügler, die nach den Parkanlagen der Städte jetzt die offene Landschaft erobern – sie sind die einzigen Tiere an dem Tag, außer dem Schwan und der Libelle, die keine Scheu vor dem Menschen zeigen.

*

April und Mai sind die wichtigsten Brut- und Schlupfzeiten für Vögel, und um sie nicht zu stören, ist es verboten, die Seitenarme und Buchten am südlichen Auslauf des Altrheinarms mit Booten zu befahren. So wandern wir gegen Abend von Erfelden über die Brücke hinüber auf den Kühkopf und nähern uns dem »Aquarium« vom Land her. Unterhalb der Brücke, die über den Altrheinarm führt, ist das ganze Ufer voller Kopfweiden – kurze, aber mächtige Stämme, auf denen runde Knollen sitzen, aus denen Weidenruten sprießen. In regelmäßigem Abstand stehen die Bäume gleich hoch; wir fühlen uns wie in einem natürlichen Arkadenhof, dessen Boden vom letzten Hochwasser ausgefegt wurde. Vorsichtig treten wir auf die dünne Kruste Erde, die gelegentlich von Pfützen unterbrochen ist. Durch die Dämmerung hallen die ersten Nachtigallen, Grasmücken und – das wird uns am Ende des Abends die Vogelstimmen-App sagen – ein Blaukehlchen: Aber es ist schon finster, und die Vögel sind, falls wir sie zu Gesicht bekommen, nur dunkle Silhouetten.

Der Weidenhain ist ein Kulturwald. Jahr für Jahr wurden die aus den Köpfen sprießenden Äste geschnitten und zu Weidenkörben und Fischreusen geflochten oder zu den am Fluss so sehr benötigten Weidenbündeln gebunden. Am Rhein begegnen einem viele solcher Kulturformen von Wald: Worms gegenüber liegt die Maulbeeraue, eine Rheininsel, auf der wahrscheinlich schon im 15. Jahrhundert im

Auftrag des Bischofs von Worms ein Maulbeerwald angelegt wurde, Nahrung für die Seidenraupenzucht in seinen Klöstern. Leider wurden die Bäume 1795 – wie überall auf deren Vormarsch – von französischen Truppen gefällt, die die lästige Konkurrenz für die Seidenweber in Lyon ausmerzen wollten. Weiter stromab finden sich hoch über dem Mittelrhein Traubeneichenwälder, aus deren Rinde die für das Gerben von Leder nötige Lohe gewonnen wurde. Um aus ihrem Holz Stöcke und Stangen für die Weinberge schneiden zu können, hat man den Wuchs der Bäume kurz gehalten, und so tritt man heute in einen mediterran lichten Wald, auf dessen Boden Gras wächst und durch den der Duft von wildem Thymian weht. Am Ende der Reise, in Holland, liegt im Strom die weite Schwemmwildnis des Biesbosch, des Binsenwaldes, in dem früher das Reet zum Decken der Häuser geschnitten wurde.

Vom Weidenhain kommen wir auf höher gelegene Streuobstwiesen mit langen Apfelbaumreihen, die mit Zelten aus Vlies überspannt scheinen. Blätter und Zweige stecken in von der Raupe der Gespinstmotte gebauten Kokons, die in manchen Bäumen so dicht werden, dass sie die ganze Krone zu umfassen scheinen. Innen schaben die Raupen das Grün von den Blättern. Im Juni werden sie damit fertig sein – zeitig genug, dass die dann kahlen Apfelbäume noch einmal Laub treiben. Solche Motten- und Spinner-Attacken kommen immer wieder vor, sprunghaft ansteigend vor allem nach trockenen Frühlingen, von denen auf 2017 noch eine ganze Serie folgen wird. Ein merkwürdiger Spuk hängt über den Wiesen, ein sumpfiger Weg zweigt zum Wasser ab, das hinter dem hoch stehenden Schilf unsichtbar bleibt. Einzelne Vogelrufe hallen herüber. Eine Schar Enten fliegt mit einem Warnpfiff auf.

*

Ein paar Wochen zuvor, Ende März, waren wir schon einmal hier gewesen. Damals war dem Schrillen und Rufen ein Teppich von Lauten unterlegt, der von Kröten stammte. Vor allem von Erdkröten, die sich an der Wasserlache paaren und laichen. Der größte Teil von ihnen bleibt ihrem Geburtsort treu, weshalb die in Europa bis in den hohen Norden vorkommenden Amphibien im Frühjahr zurück zu dem Teich ziehen, aus dem sie stammen. Da die Paarungszeit recht kurz ist, wandern sie fast alle zur gleichen Zeit, was die plattgefahrenen Kadaver auf unseren Straßen dokumentieren. Ein mit einem leichten Knarren intoniertes »Öök, öök« ist ihr recht verhaltener Balzruf. Oft klammert sich schon auf der Wanderung ein Männchen auf dem Rücken des beträchtlich größeren Weibchens fest, indem es seine Vorderbeine unter dessen Achseln klemmt. Nebenbuhler versucht es mit Beintritten abzuwehren und hofft, endlich Huckepack mit ihr ins Wasser zu gelangen, um die langen Gallertschnüre mit den 3000 bis 6000 Eiern zu befruchten, die sie um Schilf- und Pflanzenstängel windet. Das Weibchen hat die ganze Last, während das Männchen starr in der gleichen Position verharrt, um am Ende ihrer Mühen seine Spermien über der Laich auszustoßen.

Viel häufiger als das »öök, öök« hallte vom Teich aus aber ein spitzes »ük, ük« hinüber. Dieser Laut stammt ebenfalls von den Männchen. In der Erdkrötenpopulation gibt es meist dreimal so viele Männchen wie Weibchen – und diese überschüssigen Männchen lauern nun überall im Röhricht auf ihre Chance. Unbarmherzig klammern sie sich an allem fest, was sich bewegt: Fische, Lurche, Amphibien. Während diese sich oft nicht dagegen wehren können, stößt eine männliche Erdkröte, die von hinten geklammert wird, das »ük, ük« als Befreiungslaut aus. »Nur so funktioniert die Geschlechtserkennung«, konstatiert staubtrocken der Naturführer – *trial and error.* Blitzartig löst sich dann der Klammerreflex, und die voneinander befreiten Kröten richten ihre Bewegungsmelder anders aus.

Einige Tage nach dem Ablaichen wird das seichte Wasser von Millionen geschlüpfter Kaulquappen wimmeln, zwischen den Halmen werden sie eine schwarze Masse bilden, die von Raubfischen wie Hechten und Barschen, aber auch von den Larven großer Wasserinsekten wie Libellen und Gelbrandkäfern erbeutet werden. Die sich zersetzende Gallerte, die vermodernden Eier – das alles macht aus dem in der Sonne sich schnell erwärmenden Wasser eine Nährlösung für Millionen kleinster Organismen, die wiederum die Wasservögel ernähren, die Enten und Gänse, die Fische, die von Reihern erbeutet werden oder vom Schwarzen Milan.

*

Auf dem Rückweg ist es dunkel geworden. Vorbei an der Wiese mit den umsponnenen Apfelbäumen, in denen Amseln singen, über den Dammweg mit dem dichten Gebüsch, in dem überall Nachtigallen sitzen, durch die Kopfweiden-Arkaden über die Brücke, unter der die Fledermäuse über den Rheinarm flitzen. Es ist Nacht, als wir durch die Ebene des Rieds zurückfahren. Plötzlich zieht ein Gewitter auf. Blitze verzehren das letzte glosende Rot des Sonnenuntergangs und beleuchten die über der düsteren Ebene wehenden dunklen Wolken von innen. Am Horizont steht im Norden tintenschwarz und niedrig der Taunus, im Osten der Odenwald. Solch ein Gefühl von Weite stellt sich am Rhein erst wieder weit stromab in den letzten Mäandern vor dem Meer ein. Das heranstürmende Unwetter erhellt sekundenlang Gewächshäuser, Felder, ein Stück Waldrand. Eine hausgroße Plane hat sich gelöst und zieht als dunkles Segel über die Felder. Endlich prasselt der Regen.

3 Lebendiges Wasser

Der Felsen, aus dem Moses beim Auszug aus Ägypten das Wasser schlug, verwandelte sich nach einer Auslegung der Rabbiner in einen runden Block. Er »stieg mit den Kindern Israels auf Berge und stieg mit ihnen in die Täler hinunter. Wo Israel weilte, weilte auch er {…} Der Mirjamsbrunnen«, wie er nach der Schwester Moses' genannt wurde, »umgab das ganze Lager Israels und tränkte die ganze Wüste.«

Ein wandernder Berg, der den Durst herumziehender Menschen zu löschen vermag? Ist das der Traum von einer Quelle, die einem im Exil überallhin folgt? Ein Wunder? Speist ihr Wasser selbst den mittelalterlichen Schacht hier in Speyer? Zu unseren Füßen liegt eine quadratische Zisterne, auf die wir aus einer unterirdischen Kammer durch zwei Fenster hinabblicken. Am Ende der zum Becken führenden Wendeltreppe verschwinden fünf Stufen in völlig unbewegtem, dunkeltürkis schimmerndem Wasser, auf dem sich die quadratische Öffnung im Kreuzgewölbe der Decke spiegelt. Von dort fällt aus elf Metern Höhe Licht, das die grob gefugten Steine plastisch hervortreten lässt und einen Ausschnitt Himmel auf die im Schatten kobaltblaue Tiefe wirft.

Vor 900 Jahren, zur gleichen Zeit, als die wilden Männer mit ihrem Laub in Stein geschlagen wurden, erbaute sich in Speyer die jüdische Gemeinde im Schatten des romanischen Doms ein Zentrum: den »Judenhof« mit einer Synagoge von 1104, an die um 1250 die »Frauenschul« angebaut wurde, ein Betraum, in dem die weiblichen Gemeindemitglieder durch Schallschlitze den Feiern in der Synagoge folgten. Auf dem Hof für Versammlungen wurden später eine Vorhalle zur Synagoge und eine kleine quadratische Jeschiwa errichtet, ein Lehr- und Lerngebäude. Bis auf einige Außenmauern ist heute alles dem Erdboden gleichgemacht. Von der Jeschiwa lassen sich nur noch die Grundrisse erahnen. So verwundert es nicht, dass das einzige erhaltene Gebäude der ganzen Anlage unter dem Boden versteckt liegt: das rituelle jüdische Tauchbad, die Mikwe, zu der die »Wasseransammlung« – das bedeutet das hebräische Wort – in der Zisterne diente.

Bei der Gründung einer Gemeinde sollte der Bau einer Mikwe dem der Synagoge vorausgehen, denn nur das Untertauchen in »lebendiges Wasser« garantierte die Reinheit ihrer Mitglieder. Dabei ging es nicht, wie der deutsche Name »Judenbad« suggeriert, um körperliche Hygiene, sondern um rituelle. Es war ein spiritueller Akt, dem heute noch viele Juden folgen. Der Körper muss zuvor vollständig gereinigt werden, nichts darf zwischen ihm und dem Wasser sein: weder Schminke noch Schmuck, weder Nagellack noch Prothesen. Damals mussten Frauen vor der Heirat, nach der Menstruation und der Entbindung in die Mikwe, um dreimal unter Gebeten in dem Becken unterzutauchen. Am feierlichsten muss es vor der Vermählung gewesen sein. Dann wurde die Braut in Speyer im Rund der Seitennische der unterirdischen Kammer entkleidet und von den zum Fest geladenen Frauen über die letzten Stufen einer Wendeltreppe ans Wasser geführt.

Das Gebot zur Reinigung galt aber nicht nur für Frauen, die Notwendigkeit betraf Männer ebenso. Sie tauchten vorm Sabbat und hohen Festtagen dreimal unter, nach einer Krankheit oder nach dem Kontakt mit etwas Unreinem, vor allem nach der Berührung eines Toten. Ein Sofer, der Schreiber von hebräischen Aufzeichnungen, Verträgen und Urkunden, musste, bevor er ein Wort für Gott mit Feder und Tinte wiedergeben durfte, die Mikwe aufsuchen. Neues Geschirr und Küchengeräte ließ man in das Wasser hinab und tauchte sie unter.

Aber es musste immer »lebendiges Wasser« sein, kein Mensch durfte es aus einem Brunnen geschöpft oder ins Becken gegossen haben, keine Hand durfte es berührt haben. Grundwasser, auf dem Dach gesammeltes Regenwasser, geschmolzener Schnee, kleine

Flüsse oder Bäche galten als »lebensspendend«, stehende Gewässer nicht.

⋆

In Speyer traten die Gemeindemitglieder zunächst durch das Außenportal über eine steil abwärts führende Treppe unter ein Tonnengewölbe. Es deckte einen langgestreckten abschüssigen Raum, der die Oberwelt mit der tief in die Erde gebauten Mikwe verband. Das Portal war mit einem romanischen Bogenfeld geschmückt, und die schweren Flügel der Türe drehten sich in Angeln, von denen in den Säulen noch die Schlitze der Verankerung zu erkennen sind. In diesem Warteraum standen in einer große Nische auf einem Brett Regeln und religiöse Vorschriften oder vielleicht die Namen der Stifter – solche Tafeln haben sich in der späteren, baugleichen, aber wesentlich kleineren Mikwe in Worms erhalten. Kurz vor der Tür am Ende des Raums waren links und rechts in das Gemäuer Alkoven mit hölzernen Sitzbänken eingelassen. Es waren Zwischenstationen auf dem Weg vom Tageslicht durch den nur vom dämmrigen Schein der Oberlichter und Kerzen erhellten Treppentunnel zum geheimnisvollen Dunkel des Schachts. Durch ein weiteres Portal gelangte man über einige steile Stufen in die eigentliche Aus- und Ankleidekammer, deren Decke wiederum ein Kreuzgewölbe bildete, das von Säulenkapitellen mit Laub- und Gittermustern getragen wurde. Ein Doppelfenster gegenüber der Tür gab den Blick nach unten auf das Wasser frei und gleichzeitig dem Raum Licht, verstärkt noch durch zwei romanische Fensterchen unter der Decke: Tagsüber war die Kammer heller als der Warteraum. Alles hier wirkte monumental und festlich wie eine Sakristei, in deren Wand eine Apsis eingelassen war, wo die Kleider abgelegt wurden. Gegenüber der Apsis führte eine Wendeltreppe hinab zur eigentlichen Mikwe, wobei eine Fensteröffnung in der massiven Mauer der Treppe Licht spendete. Das Grundwasser, das sich in den Becken hob und senkte, hatte meist eine Temperatur von sieben bis zehn Grad Celsius. Eine Aufseherin oder ein Aufseher achtete darauf, dass wirklich der ganze Körper unter Gebeten und Segenswünschen dreimal untertauchte und das Haar vollständig nass wurde.

Vierzig Sea musste so ein Becken fassen – ein antikes Hohlmaß, dessen Umrechnung Schwierigkeiten bereitet und heute zwischen 500 und 1000 Litern schwankt. Immer wieder sucht man bei Ausgrabungen nach Hinweisen, dass das Wasser beheizt wurde – etwa durch warme Steine oder Röhrensysteme. Aber das wäre nur schwer mit den Regeln für »lebendiges« Wasser zu vereinen gewesen.

Da den Juden handwerkliche Tätigkeiten verboten waren, mussten christliche Handwerker beauftragt werden. In Speyer wie fast überall am Rhein wurden Mikwe wie Dom von den gleichen Steinmetzen erbaut. Es ist sicher ein Zeichen für die Protektion der Judenviertel durch Bischöfe und Fürsten wie auch für die finanziellen Mittel, über die die Gemeinde verfügen musste, um sich für solche großen Bauwerke an die Dombauhütte wenden zu können. Im nördlich von Frankfurt gelegenen Friedberg, wo hundertvierzig Jahre später die größte und am tiefsten sich in die Erde senkende Mikwe entstehen sollte, gleichen die gotischen Säulen im Judenbad denen am Altar in der Stadtkirche auffällig.

Nach den Pogromen während des ersten Kreuzzugs 1096, bei denen auch der Schutz durch Bischöfe und Fürsten nicht geholfen hatte, suchten die Juden mit den Bauten und ihrer festlichen Architektur einen neuen Anfang. Gleichzeitig scheint dem Reinigungsritus große Aufmerksamkeit gegolten zu haben. Am Rhein entstanden neben der in Speyer auch in Worms, Mainz, Andernach und Köln Mikwen – und das sind nur die, deren Bauten oder Ruinen sich bis heute erhalten haben. Die drei nahe beieinanderliegenden Kathedralstädte Speyer, Worms und Mainz waren für wenige hundert Jahre die geistigen Kapitalen des europäischen Judentums. SchUM hießen sie abgekürzt nach den Anfangsbuchstaben ihrer hebräischen Namen: SchPIRA, Warmaisa und Magenza. Hier lebten die »Frommen Deutschlands«, hier wurde die Thora ausgelegt und ihre Regeln für den schwierigen Alltag in einer feindseligen Welt interpretiert. In jenen Vorschriften finden sich Spuren des Volksglaubens der christlichen Nachbarn wieder – vielleicht als Verstärkung, vielleicht aber auch mit einer ironischen Wendung. Etwa gleichzeitig mit dem Bau der Mikwe in Worms 1185/1186 notierte Eleasar ben Juda als einer der maßgeblichen Rabbiner der drei Städte: »In der Mikwe sollen die Frauen besonders sorgfältig sein. Auf ihrem Nachhauseweg sollten sie ihre Augen bedecken, damit sie nichts Unreines sehen. Eine Frau, die nach dem Untertauchen einem Hund begegnet, wird, wenn sie mit ihrem Mann schläft, hässliche Kinder bekommen, und wenn es ein Esel war, werden sie dumm sein.«

Auf der Suche nach dem »lebendigen« Wasser musste in Speyer bis zum Niveau der Sohle des Rheins gegraben werden, elf Meter tief. Sie soll die älteste noch existierende Mikwe nördlich der Alpen sein. In dem vorsichtig restaurierten und perfekt ausgeleuchteten Raum kann das Auge den Variationen der Akanthusblätter auf den Kapitellen folgen und sich vorstellen, wie die fehlenden, von Plünderern davon- oder von der Feuchtigkeit abgetragenen Säulen ausgesehen haben. Auf der Haut ist zu spüren, wie die Temperatur nach unten hin immer weiter abnimmt. Trotz der heutigen Scheinwerfer ist deutlich zu erkennen, dass im Tageslicht des Sommers das in der Tiefe gelegene Wasserbecken zum hellsten Teil des Gebäudes wurde. Aber wie war es an den kurzen Wintertagen?

*

Hundertfünfzig Kilometer nördlich in der Wetterau, wohin im Mittelalter immer wieder Juden vor Pogromen flüchteten, musste um 1260 für die Mikwe in Friedberg ein fünfundzwanzig Meter tiefer Schacht senkrecht in den Basalt geschlagen werden. Er maß acht mal acht Meter. Steinmetze, die gleichzeitig am anderen Ende der Gassen die Liebfrauenkirche erbauten, zogen entlang der Seitenwände mächtige Mauern hoch, die unter Halbbogengewölben und mit gotischen Nischen sieben Treppen trugen. Siebzig Stufen, plus sieben am Ende, die in das Becken selbst führen.

Hier führt uns ein enger, abfallender Kellergang zu einer schmalen Tür, hinter der wir unvermittelt auf dem obersten Treppenabsatz der Mikwe stehen. Unter uns liegt in schwindelerregender Tiefe Wasser, die schmalen in die Wand gebauten Treppen flüchten unter Halbbögen nach unten – es wirkt, als wäre ein Glockenturm umgekehrt in die Erde versenkt. Die spitzbogigen Nischen unterhalb der Treppen, die die massiven Wände statisch entlasten, wirken wie blinde, zugemauerte gotische Kirchenfenster. Die bloßliegenden Steine wie der Verputz sind von grünen Algen überzogen, wodurch die Efeu- und Pflanzenkapitelle der Säulen, die die Halbbögen stützen, wie farbig gefasst wirken.

Kein Laut dringt von draußen herein. Wir sind allein, ich setze mich in der Mitte auf eine der Stufen und stimme zögernd die Töne eines Dreiklangs an, der sich durch den ganzen Turm ausbreitet. Der dunkle Ton bleibt länger und verschmilzt mit seinem Widerhall, in der Wiederholung bringen die Klänge den ganzen Raum zum Summen. Werden hier nur zwei oder drei Wörter gewechselt, geht nichts verloren, sondern der Raum klingt von unendlichen Echos und Resonanzen wider. Eine einzelne Stimme, die unten am Becken Gebete sprach, wurde zu einem Chor, selbst ein Flüstern am anderen Ende wurde durch den Widerhall zu einem melodischen Rauschen, das Plätschern des im Becken hin und her wogenden Wassers zu einem Fluss. Waren viele gleichzeitig hier, muss es geklungen haben wie in einem Turm, dessen dunkler Innenraum vom Schall ausgelotet wurde. Aber die Geräusche und Klänge fanden keine Resonanz durch einen mitschwingenden Raum, sie hatten keinen Ausgang, außer der kleinen Öffnung der schmalen Laterne des Oberlichts.

Die in den unendlichen Himmelsraum ausgreifenden Perspektiven der gotischen Kathedralen sind nie auf einen Blick zu ermessen und zwingen uns, beim Betrachten den Kopf in den Nacken zu legen. In der Mikwe in Friedberg senken sich die strebenden Formen jedoch in einen Brunnen, der unseren Blick nach unten zieht und dessen unendlich in sich kreisender Hall, je länger wir auf ihn lauschen, zu einem klaustrophobischen Dröhnen wird. Erzeugten im Mittelalter die Stimmen und die Schritte, das Wasser und die Gebete ein weißes Rauschen, das das Ohr taub machte, das Gemurmel und Gerede, Schreie und Schläge der Verfolgungen überdeckte?

Im Becken der Mikwe befindet sich unter dem Wasserspiegel eine

Inschrift mit Stifternamen, von denen einer noch zu entziffern ist: »Sizchak Kublenz«. Hatte dieser Isaak aus Koblenz Glück gehabt? War er einem aufflackernden Pogrom heil entkommen und hatte hier wie Eleasar ben Juda aus Worms auf einer nahen Burg Schutz gefunden? Mit seiner Gabe schenkte er der jüdischen Gemeinde einen zentralen Ort, eine spirituelle Zuflucht.

Im abnehmenden Licht wird es düster, der umgekehrte Turm wirkt kühler, obwohl das Wasser, auch hier zwischen acht und zehn Grad schwankend, die Temperatur konstant hält. Eine Mikwe ist ein kühler Ort, so dass im 19. Jahrhundert ein Friedberger Schlachter hier sein Fleisch aufhängte. Kann man die Steine für solch einen Frevel um Vergebung bitten?

⋆

Im Mittelalter rissen die Pogrome nicht ab. In der bedrängten Enge der übervölkerten Städte lud sich die Aggression immer wieder schnell auf: Eleasar ben Juda musste 1196 erleben, wie seine beiden Töchter und seine Frau bei dem vom dritten Kreuzzug ausgelösten Massaker in seinem eigenen Haus ermordet wurden. Zwischen 1271 und 1287 wüteten an Rhein und Mosel wieder heftige Pogrome, diesmal ausgelöst von einem angeblichen Ritualmord an dem »guten Jungen« Werner in Oberwesel. Nach den Hungerjahren 1315/1317 griffen 1337 die »Armleder«-Pogrome von Franken auf das Rheinland über – meist in Gebieten, wo durch Klimaveränderungen die Erträge der Weinbauern zurückgingen, die so versuchten, sich ihrer Gläubiger zu entledigen. Wer dies noch überstanden hatte, überlebte oft, wie die gesamte jüdische Gemeinde Friedbergs, die Verfolgungen während der Pestjahre 1348 bis 1350 nicht.

An den »guten Jungen« von Oberwesel erinnern noch heute die Ruinen der Werner-Kapelle, deren Silhouette über Bacharach emporragt. Die Kirche ist längst zerstört, doch ihre Mauern mit den leeren gotischen Fenstern sind fester Programmpunkt der Rheinromantik und das Wahrzeichen von Bacharach. Werner wurde als Märtyrer heiliggesprochen; es ging das Gerücht, Juden hätten ihn an den Füßen aufgehängt, um ihm eine Hostie, die er bereits im Mund hatte, abzunehmen. Angeblicher Hostienfrevel war einer der oft geäußerten Vorwürfe gegen Juden. Anschließend hätten sie ihn ermordet, sein Blut für ein Ritual verwendet und seine Leiche in den Rhein geworfen, die in Bacharach angeschwemmt worden sei. Man beerdigte ihn im Bereich der heutigen Kirchenruine, Wunder geschahen, sein Grab wurde zur Pilgerstätte. Die Kapelle wurde 1689 im Pfälzischen Erbfolgekrieg bei der Sprengung der über ihr gelegenen Burg Stahleck zerstört und nie wieder aufgebaut. Bacharach war zu der Zeit ohnehin protestantisch. 1963 nahm Papst Johannes XXIII. die Heiligsprechung zurück. Doch wer heute in Bacharach über die steile Gasse mit den mittelalterlichen Karrenspuren in das Steeger Tal hochwandert, kommt an Heiligen gewidmeten Fässern vorbei und sieht, dass eines immer noch dem nicht mehr heiligen, aber immer noch »guten Jungen« Werner gilt, einem der sieben »Weinheiligen«.

*

Es ist Rheinwasser, von dem in der Mikwe in Speyer das Licht widerscheint. Nach dem Eintauchen in das kalte Wasser, nach dem Schock, der durch den ganzen Körper schoss, führten die Schritte aus dem Dunkeln allmählich ins Helle. Aus der feuchten, stickigen Luft der unterirdischen Schächte und Gänge trat man an die Sonne, an den Wind und in die vom Fluss aufziehende Frische. »Wo Israel weilte, weilte auch er …«

Draußen herrscht die unentschiedene Zeit zwischen Winter und Frühling. Die Schlehdornhecken blühen weiß. Einmal scheint die Sonne, dann frösteln wir unter Wolken, und es ist nicht zu unterscheiden, ob erste Blütenblätter oder letzte Schneeflocken durch die Luft wirbeln. Es sind die Tage, da sich die Tiere aus dem Winterschlaf trauen und die ersten Zugvögel am Himmel auftauchen. Von der Mikwe sind es nur wenige hundert Meter bis zum Dom, um dessen Türme Falken kreisen. Die hohen Schreie der von unten beinahe taubenblauen Vögel sind uns so unvertraut, dass wir die Platanen des Parks nach Papageien absuchen. Hinter den kahlen Wipfeln liegt der Rhein. Von den letzten Regenwochen des Winters braun angeschwollen, füllt er die Deiche bis kurz unter die Krone.

Als der Dom zu Speyer vollendet war, fragte Kaiser Heinrich IV. den Rabbi Kalonymos, ob nicht das neue Münster den Tempel Salomos an Schönheit weit übertreffe. Kalonymos versicherte sich, dass er straffrei bliebe, falls seine Antwort unehrerbietig klingen sollte, und sagte, der Tempel Salomos sei würdevoller, da in ihm die Herrlichkeit Gottes selbst als Wolke wohne, »so dass die Priester nicht zum Dienst hinzutreten konnten … denn die Herrlichkeit des HERRN erfüllte das Haus Gottes«. Und der Tempel Salomos sei kostbarer, weil er ein Bild der Versöhnung biete, da »Juda und Israel hier sicher wohnten, jeder unter seinem Weinstock und unter seinem Feigenbaum … solange Salomo lebte.«

4 In der Knoblochsaue

Im Süden des Kühkopfs, wo der Altrheinarm vom Fluss abzweigt, folgt der Deich, der die weite grüne Ebene vor dem Rhein schützt, der Schleife und tritt erst später im Norden wieder an den Strom. So umgibt der Damm nicht nur den Flussarm mit der Insel, sondern auch die sich nördlich am rechten Rheinufer daran anschließende Knoblochsaue – einen breiten Gürtel aus stehenden Gewässern, einem Flussarm, einer Halbinsel – voller Röhricht, Gräben, Bäumen und waldigem Gebüsch. Die Landschaft vor dem Deich ist in die Dynamik des Flusses eingebunden, bei Hochwasser werden fruchtbare Sedimente abgelagert und wieder abgetragen. Tümpel stehen nach dem Abfließen des Stromes noch lange unter Wasser, und in den Flutmulden lagert sich frischer nährstoffreicher Boden ab, über den, wenn er trockenfällt, Insekten herfallen, Nahrung für Mäuse, Frösche, Molche, Schnecken, die wiederum von Raubvögeln, Reihern, aber auch von Füchsen und Mardern erbeutet werden. Sobald im Fluss Mittelwasser herrscht, werden die Wiesen, Kanäle und Riedflächen, die Silberweiden, Pappeln und Kopfweiden, die im Frühjahr wochen-, gar monatelang unter Wasser stehen können, überflutet.

Die riesig aus dem Dickicht ragenden Bäume sind vielleicht so alt wie die Rheinbegradigung selbst. Sie sind dicht mit Lianen und Misteln bewachsen, vom Unterholz am Ufer der Überschwemmungsteiche bis in die Wipfel und Kronen erhebt sich eine einzige grüne Wand. Manche der Weiden sind im Lauf ihres Lebens in sich zusammengestürzt. Die geborstenen Stämme verloren den Anschluss zum Hauptstamm aber nicht ganz, sie wuchsen im Liegen weiter, schlugen Wurzeln, neue Äste und Zweige schossen aus dem tiefen Relief der Borke und schufen einen ganzen Wald aus einem einzigen Baum.

Vor dem Deich bis an den Fluss ist die Welt vertikal, hinter dem Deich horizontal. Das Land dahinter liegt kaum höher als das davor, aber geschützt von dem Damm ist es eine große Ebene aus Feldern, Weiden und Riedflächen, die die Seen umgeben, in denen sich das überschüssige Wasser sammelt. Wenn das Hochwasser vor dem Deich über das Ufer steigt und der Rhein zwischen den Baumriesen hindurchfließt, steigt auch hinter dem Damm das Grundwasser und überflutet die Landschaft, aber durch die Erde gefiltert ist es nicht so nährstoffreich wie in der Flussaue. Auch bleibt das Wasser nicht so lange stehen: Durch Gräben und Kanäle fließt es rasch aus den Feldern und Wiesen ab und wird am Deich von Pumpwerken in den Fluss zurückbefördert. Auf den gemähten Wiesen, den Gevierten der Felder und den weiten Röhrichtflächen wimmelt es jedoch von Mäusen, Fröschen und Insekten. Hier haben die Störche ihr Revier.

*

Es ist Ende Februar 2020, und statt mit dem Boot sind wir mit Wanderschuhen und Gummistiefeln hier, um die Knoblochsaue auf einer geführten Vogelexkursion zu durchstreifen. Der Winter war mild. Auf den Riedseen, an denen wir auf dem Hinweg vorbeigekommen sind, haben Haubentaucher mit ihrer graziösen Balz begonnen. Das Federkleid der Männchen und der Weibchen ist nicht zu unterscheiden, und was man zunächst für einen Revierkampf halten könnte, ist tatsächlich die Balz oder das Liebesvorspiel nach der Partnersuche. Die hat zuvor mit der Entdeckerzeremonie stattgefunden: Das Männchen taucht dem Weibchen hinterher und folgt ihm, bis es sich ihm schließlich aufgerichtet im Wasser tretend präsentiert: in der Geisterpose – so nennen die Verhaltensforscher das. Haben sich zwei gefunden, schütteln beide Vögel synchron die Köpfe mit dem exquisiten Schopf und der Halskrause, schwimmen direkt aufeinander zu und verharren kurz in der Katzenpose: Sie liegen mit leicht vorgerecktem Kopf auf dem Wasser, putzen sich oder tun so als ob, stellen ihre Hauben auf, schütteln ihre Krausen, bewegen die Köpfe synchron hin und her und bieten einander Wasserpflanzen zum Nestbau an. Aus dieser Haltung heraus recken sie sich hoch, stehen wie schlanke, kegelförmige Bojen im Wasser, drehen sich leicht und nähern sich Wasser tretend einander, bis sie sich direkt gegenüberstehen. Laut platschend bieten sie sich in dieser Pinguinpose noch mehr Geschenke an: wieder Material für das Nest, der an Schilfstängeln verankerten schwimmenden flachen Insel, auf der sie sich im Verborgenen paaren. Ihr Tanz steht im Gegensatz zu dieser Diskretion, ihre Balz ist auf freien weiten Wasserflächen schon aus der Ferne zu bestaunen, und die unerwartete Symmetrie der Tiere mit ihrem Irokesen-Kopfputz wirkt auf dem stillen See wie der Scherenschnitt einer Jugendstil-Performance.

Von allen Tieren, die uns am Fluss begegnen, wirkt der Haubentaucher am wenigsten scheu oder ängstlich. Im Vergleich zum Schwan, der seine Unerschrockenheit mit zischelnder Aggression markiert, scheint der Haubentaucher uns gar nicht erst zur Kenntnis zu nehmen – obwohl er im 19. Jahrhundert wegen seiner Federn gejagt und bis vor kurzem seine Nester von Fischern zerstört wurden. In seinem Revier scheint der Punk mit der Mähne ganz für sich zu sein – er sieht durch uns hindurch wie durch Wasser.

Die ersten Störche kehren aus Afrika zurück – oder hat der milde Herbst die vereinzelt die Riedwiesen durchkämmenden Tiere verlockt, auf den Vogelzug zu verzichten und den Winter über hier zu bleiben? Das Auengebiet ist eine der wichtigsten Zwischenstationen für Zugvögel auf ihrer Nord-Süd-Route, die von Skandinavien über die Ostsee ans Mittelmeer führt – zunächst durch Norddeutschland, über Hessen, entlang dem Taunus, über den Main an den Rhein, den Oberrheingraben hinauf bis kurz vor die Schweiz und dann hinüber zur Rhône. Wer von den Vögeln nicht dort bleibt, folgt der Iberischen Halbinsel bis Afrika – so wie Störche, Schwalben oder der in einigen Wochen zurückkehrende Kuckuck. Am Kühkopf macht nicht nur der gefährdete Fischadler Zwischenrast, hier ziehen auch die Kraniche vorüber, deren Rufe plötzlich am Himmel stehen. Wir haben die Vögel am Boden gesucht, die Reiher, Gänse und Enten unter Bäumen und an den sumpfigen Ufern der Wasserläufe – und jetzt wird der Himmel von ihrer niedrig fliegenden Formation ausgefüllt. Staunend reißen wir die Ferngläser hoch und fragen uns, ob sie nicht zu früh dran sind. Ist der Winter schon vorbei, kommt nicht in den letzten Februartagen noch einmal Schnee?

Die Kraniche über uns sind langsamer geworden und sortieren sich neu: Andere Tiere fliegen von hinten nach vorn, um die anstrengenderen Positionen an der Spitze der Keilformation einzunehmen. Die müderen lassen sich in den Windschatten zurückfallen. Mit zwei, drei Kurven und Schleifen gewinnt der Schwarm wieder an Höhe, seine Rufe werden leiser, er ordnet sich wieder zu dem sich aus zwei spitz aufeinander zulaufenden Linien bildenden Keil, dann ist er verschwunden – eben noch waren die Leiber wie Schatten am Himmel klar zu erkennen, und schon löst sich ihr Grau plötzlich im dunstigen Blau auf.

*

Vögel zu beobachten ist ein merkwürdiges Glück. Ihr Anblick erfüllt die meisten von uns mit einer Freude, die etwas kindlich Staunendes hat – wie die Entdeckung, dass die Welt hinter der Tür weitergeht. Wenn wir reglos im Versteck bleiben oder in einer Bewegung innehalten, um unsere Anwesenheit nicht zu verraten, versuchen wir, für die Vögel unsichtbar zu werden, transparent. In diesem Moment entsteht eine Verbindung zwischen uns und dem Tier, wir konzentrieren unsere Sinne ganz auf ein Rascheln, das wir noch eben in dem Gebüsch wahrgenommen haben, versuchen herauszufinden, was den Ast zum Wippen gebracht hat. Gelingt uns das, schafft unsere Achtsamkeit eine Verbindung, der auf der anderen Seite eine Wachsamkeit gegenübersteht, die jedoch ganz anders kodiert ist: im Blick des Vogels sind wir nur eine Form unter vielen, vor der er auf der Hut sein muss. Umso mehr müssen wir uns unsichtbar machen oder mit immer stärkeren Teleskopen die Distanz überwinden, auf der die Vögel beharren. Wenn es uns gelingt, einen Vogel zu beobachten, ohne ihn zu stören oder zu verscheuchen, wird unsere Vorsicht belohnt. Und wenn wir dem Vogel einen Namen geben können, scheint unsere Welt um einen geheimnisvollen Nachbarn reicher.

Wir sind dann auf Augenhöhe mit der Natur, aber wir müssen uns ihrem Blick anpassen, um nicht entdeckt zu werden. Lautlos und reglos müssen wir von uns absehen. Diese Begegnung hat etwas von einer Meditation, denn im Gegensatz zu einem Jäger wollen wir nichts, als uns in einen Moment hineinzuprojizieren. Wenn es uns gelingt, uns so weit zurückzunehmen, spüren wir in diesem Augenblick vielleicht, dass wir Teil der Natur sind. Und dieser Moment macht das Glück aus, und nicht allein die Tatsache, einen Vogel bestimmen zu können.

Auf der Wanderung haben einige im Stativteleskop des Führers tatsächlich einen Waldwasserläufer gesehen, einen raren Watvogel, der, bis wir die Ferngläser justiert hatten, verschwunden war und der hier auf der Durchreise nur kurz bleiben wird. Nun haben wir ein weiteres Jahr Zeit, uns seine Gestalt und die Zeichnung seines Gefieders mit Hilfe von Vogelführern einzuprägen – die subtilen Unterschiede im Gefieder von Waldwasser-, Flussuferläufer und Flussregenpfeifer – und uns in Unsichtbarkeit zu üben.

*

Hinter dem Deich haben die sich in immer größeren Schwärmen sammelnden Saatgänse ihr Schlafquartier. Für sie ist die Knoblochsaue die südlichste Destination ihrer jährlichen Wanderung, hier überwintern sie. Nach dem milden Winter scheinen auch sie langsam von Zugunruhe erfasst, der Unrast, die dem eigentlichen Abflug in ihre nördlichen Sommergebiete in der arktischen Tundra vorangeht. Tagsüber fressen sie vor dem Deich auf abgeernteten Feldern, abends sammeln sie sich in großen Scharen und fliegen zu Hunderten, vielleicht Tausenden ins Hinterland. Der Vogelschwarm verdunkelt dann mit seinen organisch mutierenden Ellipsen den Horizont. Immer wenn sich ein Zipfel des Schwarms niederzulassen scheint, zieht ein anderer die Form wieder auseinander, die Vögel rücken voneinander ab, die Wolke wird heller, sie fliegt ein Stück weiter und versucht erneut, sich niederzulassen. Die Tiere reagieren aufeinander, wahren trotz ihres langsamen Flügelschlags bei allen Kehren und Wendungen die Distanz zueinander. Es ist wie die Zeitlupenversion einer Starenwolke, die sich im Herbst über den gleichen Feldern zusammenfinden wird.

Ihr ständiges Auffliegen, auch wenn sie ihren Ruheplatz oder ihren Fressgrund erreicht zu haben scheinen, bereitet Ralph Baumgärtel vom Umweltzentrum Kühkopf, der die Vogelwanderung begleitet, Sorgen: Das Gebiet ist einfach zu klein. Es mag das größte Naturschutzgebiet Hessens sein und ist von einem breiten Gürtel aus Feldern, Wiesen und Teichen umgeben, wo die Gänse ihre Standplätze haben. Es ist eine offene Landschaft, wo auch Lerchen, Wachteln und sogar Kiebitze leben. Aber keine fünfzig Kilometer im Norden erstreckt sich die Metropolregion Frankfurt-Rhein-Main mit fast sechs Millionen Einwohnern. Auf dem Weg dorthin liegt einer der größten Flughäfen Europas, während unserer Wanderung sehen wir am Horizont ständig startende und landende Flugzeuge. Im Süden steht mit Mannheim-Ludwigshafen eines der größten Industriezentren am Rhein. Hält man sich dieses Panorama vor Augen, ist die grüne Fläche hier zwar einer der wichtigsten Rastplätze auf der Vogelroute, aber verschwindend klein. Das Naturschutzgebiet Kühkopf-Knoblochsaue ist wenig größer als der Frankfurter Flughafen.

Dieses Ballungsgebiet, dessen Ausläufer bis unmittelbar vor die Auen reichen, übt einen enormen Siedlungsdruck aus. Immer mehr Menschen wollen ihre Freizeit in der Natur verbringen – viele sind auf der Vogelwanderung dabei. Sie kommen wie wir mit den besten Absichten, aber es sind einfach zu viele. Die Spaziergänger mit ihren Hunden, die schnellen Fahrradfahrer und seit kurzem die Drohnen scheuchen die Saat- und Blässgänse auf, die damit Energie verbrauchen und immer seltener dazu kommen, sich von der Wanderung hierher zu erholen und die für den Rückzug in die Tundra nötigen Fettreserven aufzubauen. Die Grau- und die in den letzten Jahren hinzugekommenen Nilgänse leiden nicht so sehr darunter, sie haben sich an die Menschen gewöhnt, aber die Arten, für deren Überleben die Aue entscheidend ist, stehen permanent unter Stress. In ständiger Alarmbereitschaft verschleißen sie ihre Kraft. Sie laugen aus.

In den Siebzigern, als sich der erste ökologische Protest in Deutschland formierte, dachten viele optimistisch, die massive Umweltverschmutzung, für die der Zustand des Rheins ein Symbol wurde, könnte gestoppt und der Artenreichtum etwa der fünfziger Jahre wiederhergestellt werden. Der Fluss ist heute wieder so sauber, dass man darin schwimmen kann. Der erste Teil des Ziels ist erreicht. Aber biologisch ist er nur eingeschränkt »lebendiges« Wasser. Der Verlust an natürlichen Strukturen im Fluss und direkt an seinen Ufern – im ganzen leergeräumten Korridor von hier bis Basel – ist ein Prozess, der sich seit mehr als 200 Jahren hinzieht, seit der Flussbegradigung und der Industrialisierung. Dieser Verlust ist irreversibel. In ganz Deutschland können heute bloß ein Prozent der Auengebiete als »naturnah« gelten. »Gerade ein Prozent«, wiederholt Ralph Baumgärtel.

Nur in wenigen Gebieten blieben Fenster erhalten, durch die ein Blick auf die verlorene Welt möglich ist. Doch diese funktionieren wie die Wasserlöcher in der Wüste, in deren knappem Umkreis sich viele Arten und Gattungen treffen. Selbst wenn sich die Tiere und Pflanzen an dem Wasserloch immer dichter drängen und eine Fülle signalisieren, ist die Wüste ringsum immer noch leer: Die Oase bleibt eine Welt für sich. Hier am Rhein werden bedrohte Arten wie das Blaukehlchen oder der Schwarze Milan nie so reichlich Nahrungs- und Nistangebote finden, dass die Zahl der brütenden Paare sprunghaft ansteigen und sie in die ringsum leere Landschaft abwandern könnten. Aber nur dadurch würde es ihren Populationen möglich, die kritische Schwelle zu überschreiten, größere Gebiete wieder zu besiedeln, damit das Überleben der Gattung nicht nur an dem seidenen Faden hängt, der sich an Landschaften wie diese knüpft.

Durch das wieder saubere Wasser des Rheins wie durch seine sich revitalisierende Sohle kann es wieder zu einem kontinuierlichen Austausch zwischen den Lebewesen kommen. Die Rückkehr von Wanderfischen wie dem Lachs ist ein eindrucksvolles Beispiel für diese Durchlässigkeit wie für die Resilienz der Fische, die nach hundert Jahren Gift wieder dem tief in ihnen verankerten Trieb folgen und vom Meer in den Fluss hochsteigen. Am Ufer gibt es aber keinen so durchlässigen Raum. Im *Atlas Biotop-Verbund am Rhein* hat die in Koblenz ansässige Internationale Kommission zum Schutz des Rheins 2006 alle heute vorhandenen Biotope am Fluss erfasst, sie klassifiziert und die notwendigen Maßnahmen – Neuschaffung oder Vergrößerung – ausgewiesen. Würde all das umgesetzt, entstünde, wenn schon kein durchgehend grüner Gürtel entlang dem Strom, so doch ein System miteinander vernetzter »ökologischer Trittsteine«. Das Wiederanlegen von Auenwäldern und Schilfflächen, das Abtragen der starren Uferböschung aus Stein und Beton dient nicht allein der Natur. Es hilft auch, unvermeidliche Hochwasserwellen zu mildern und deren Lauf entscheidend zu verlangsamen. Aus neugeschaffenen Poldern, großen Überflutungsflächen, die bei Hochwasser geöffnet werden können, entstehen neue Biotope. Durch einen Grünstreifen aus Bäumen und Dickicht reichen die Felder nicht bis an das Wasser, wodurch Insektizide und Dünger nicht direkt in den Fluss gespült werden. Die Wasserqualität steigt. Diese »Landschaftsreparatur« soll allen dienen, dem Fluss, den Tieren und Pflanzen, der Natur, aber vor allem dient sie dem Menschen – seiner Sicherheit und seinem Auge, das von der einstigen Schönheit der Landschaft ein Bruchstück rekonstruiert sieht.

Aber die Dinge müssen in einem Zusammenhang betrachtet werden, der uns als Störfaktor mit einschließt – das ist die Lehre der Klimakrise. Wir konnten die Wildnis am Fluss vertreiben, den Rhein eindämmen, bändigen werden wir seine Hochwasser nicht. Was aber wird geschehen, wenn die Meere steigen und die Winterhochwasser einer Sturmflut entgegendonnern, weil kein Schnee mehr die Niederschläge bis in den Sommer hinein bindet?

*

Die Saatgänse, die Schnatter- und Reiherenten werden bald wieder in Richtung Norden unterwegs sein, doch es gibt auch Vögel, die von Ost nach West quer über den Kontinent ziehen. Hinter dem Deich, am Ende einer weit in die Wiesen ausgreifenden Lache steht ein Dutzend Silberreiher. Ihr leuchtend weißes Gefieder hebt sie deutlich von den zwischen ihnen stehenden Graureihern ab. Sie spiegeln sich in der teichgroßen Pfütze und wirken dadurch mächtiger, während die Graureiher unter dem bedeckten Himmel durch ihre Farbe unscheinbarer werden. Ihr helles Gefieder ist ihr Schutz, der sie auch in der grellen Sonne in schattenlosen Gewässern jagen lässt, weil das Weiß die Hitze abhält und sie gleichzeitig für die Fische tarnt. Die Silberreiher verharren reglos, staken majestätisch einen Schritt weiter, wobei sie ihre großen Körper mit den sich wiegenden, sich drehenden Köpfen auszubalancieren scheinen. Sie erstarren, und dann, schneller als unser Auge es wahrnehmen kann, schießen sie mit dem gelben Schnabel ins Wasser, plötzlich zappelt da ein kleiner Fisch, und schon ist er mit einem Schnabelhochwerfen verschluckt – alles in einer ansatzlosen, geschmeidigen Bewegung. Die Vögel sind aus Polen oder Russland hierhergeflogen, und in den nächsten Wochen wird sich zeigen, ob sie dorthin zurückkehren oder den Sommer über hier bleiben. Seit den letzten Jahren geschieht das häufiger, was ein Indikator sein kann für die Veränderungen, die der Klimawandel mit sich bringt, aber auch für die Fähigkeit der Auenlandschaft, neue Lebensräume zu bieten: Der Silberreiher würde vom Zug- zum Standvogel werden.

In der Rheinlache stehen graue wie weiße Reiher selbstverständlich nebeneinander, als wäre es niemals anders gewesen, doch die Silberreiher blieben hier den größten Teil des letzten Jahrhunderts über verschwunden. Schuld daran war vielleicht die Gier nach den Schmuckfedern an ihrem Schwanz, die während der Balzzeit am schönsten sind, so dass die Tiere gerade zur Zeit ihrer Fortpflanzung gejagt wurden, damit ihr Gefieder Hüte schmückte. Um 1890 wurde auf der Königsinsel, dem »Streit Placken«, das letzte Exemplar erlegt. Erst im September 1978 konnte nach langer Zeit wieder ein einzelnes Tier entdeckt werden. Der Naturführer Kühkopf-Knoblochsaue, der die im Naturschutzgebiet gesichteten Tiere und Vögel minutiös verzeichnet, jubelte: »Die erste Beobachtung in diesem Jahrhundert!«

Unbeeindruckt lotet die Kolonie der anmutig weißen Vögel mit zögerlichen, aber genau gesetzten Schritten ihre Welt aus.

VI Zwischen den Flussläufen

Am Inselrhein

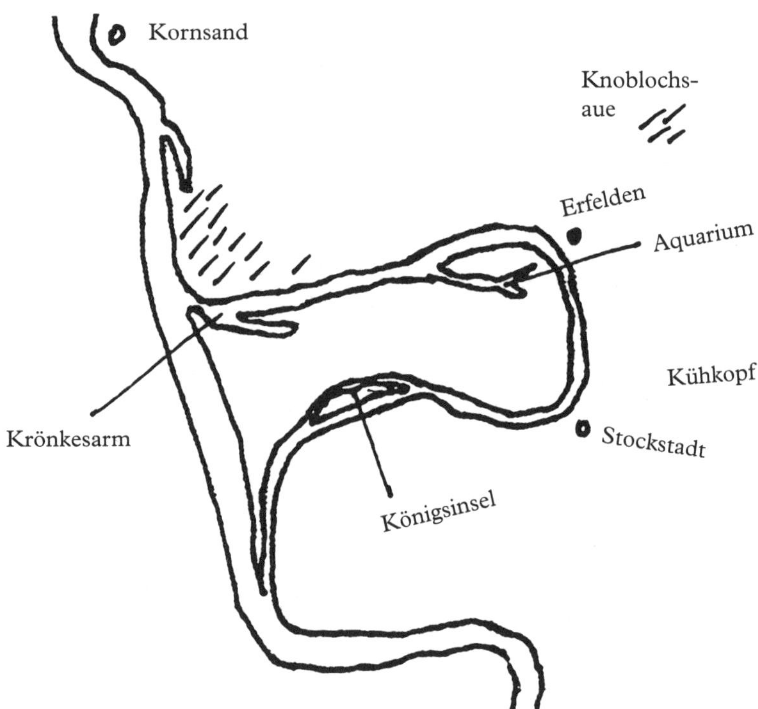
Kornsand
Knoblochs-
aue
Erfelden
Aquarium
Kühkopf
Krönkesarm
Stockstadt
Königsinsel

1 Der fließende Horizont

Den ganzen Nachmittag über sitze ich im Kupferstichkabinett des Städel-Museums in Frankfurt und blättere mit weißen Baumwollhandschuhen vorsichtig in alten Sammelbänden, die groß wie schwere Photoalben vor mir liegen. Auf dem dicken grauen, von der Zeit rau und mürbe gewordenen Papier befinden sich Skizzen, Zeichnungen und Aquarelle – Momentaufnahmen, die im 19. Jahrhundert auf Wanderungen durch den Rheingau und das Hessische Ried entstanden sind: Klippen, die heute noch so im Taunus liegen, riesige Bäume am Fluss, die Häuser zu winzigen Katen schrumpfen lassen. Ich schaue auf die Uhr, bald schließt der Studiensaal, dann wird er über ein Jahr lang umgebaut werden, und so ist jeder Blick ein letzter, wie auch viele der Bilder letzte Ansichten aus einer verschwundenen Welt zeigen. Ein Aquarell prägt sich mir besonders ein: Über einem dunklen Balken steht ein fließender Horizont, ein Streifen aus irisierendem Blau, der quer über das gesamte Büttenpapier reicht. Es ist ein ungewöhnlich schmales, längliches Format, als hätte der Maler alles weggeschnitten, was den Blick von diesem Horizont ablenkt.

Das Aquarell könnte eine Meeresküste zeigen: Der untere dunkle Rand, der zur Mitte hin rußig wird und ein dunkles Flaschengrün überdeckt, wäre der Strand, in der Mitte gleißt die Wasserfläche in einem schillernden Türkisblau mit einigen weißen Partien, wo das Wasser steht, darüber ein dunstig-blasser Horizont und dann der Himmel, dessen hellem Blau schattige Grauschleier Tiefe verleihen. Um das Meer von Frankfurt aus zu sehen, musste Carl Theodor Reiffenstein aber nur ins Ried, wo er auf seiner Wanderung am 27. Juli 1872 in Seeheim diesen Ausblick malte, den das Dorf südwestlich von Darmstadt auf das weite Rheintal mit der Schlinge des Kühkopfes bot.

Was am meisten ins Auge fällt, ist die Geduld, mit der er die Ungreifbarkeit des fließenden Horizonts in unendlich vielen Pinselstrichen wiedergegeben hat: Der Rhein liegt da in einem türkis unterlegten Phthalo-Blau – so steht es zumindest auf dem Aquarellstift, mit dem ich zu Hause die Farben zu benennen versuche. Das Phthalo-Blau glitzert auf zu einem Azur, zu einem Schimmer von hellem Blattgrün, das ein dunkleres, stumpferes Delfter Blau verschluckt, um wieder – die Sonne streicht über fernes Laub – zu hellem Türkis zu werden. Alle Farben des in der Ferne liegenden Rheins scheinen in dem schmalen Streifen Papier aufgehoben. Das Erstaunen des Malers über die horizontale Erstreckung ist auf jedem Quadratzentimeter des Papiers zu spüren, sein geduldiges Nachstreichen stellt dem Betrachter die ungeheure Ausdehnung des Oberrheins direkt vor Augen.

*

Carl Theodor Reiffenstein hat auf über zehntausend Gemälden, Zeichnungen, Aquarellen und Skizzen Frankfurt festgehalten, den Umbau der Stadt und den Verfall der alten Viertel, ihr Wachsen und ihre Erweiterung. Er war ihr Chronist. Vier Jahre nachdem er das kleine Aquarell in Seeheim gemalt hatte, vermachte er die sieben Bände seiner *Sammlung Frankfurter Ansichten* mit 1692 Bildern und insgesamt 2600 Seiten dem Historischen Museum in Frankfurt. Schon damals verstand er sein Album als Topographie eines Verlustes – manche Häuser und Gassen der Altstadt malte er sein Leben lang trotz ihres veränderten Augenscheins so, wie er sie als Heranwachsender zum ersten Mal gesehen hatte. Das Städelsche Kunstinstitut, an dem er seine Ausbildung absolviert hatte, erhielt hingegen seine Klebealben mit Skizzen, Zeichnungen, Aquarellen und kleinen Ölskizzen, die auf seinen Reisen bis nach Italien, aber auch auf seinen Wanderungen durch den Taunus und den Odenwald entstanden waren. Zum Auftakt zeigte man mir im Kupferstichkabinett

Reiffensteins Aquarell von der Blauen Grotte auf Capri. Wie fast alle deutschen Maler seiner Zeit hatte er sich länger in Rom aufgehalten. Das Aquarell ist ein Kabinettstück seiner Kunst. Aber betrachtet man die auf den Wanderungen skizzierten Bäume und Felsen, müsste er nach Rom auch Barbizon besucht haben, wo die französischen Maler um Courbet unter freiem Himmel arbeiteten und mit ihren schillernden Baumwipfeln den Impressionismus ankündigten. Courbet selbst arbeitete sogar einige Zeit in Kronberg bei Frankfurt, wo er mit Reiffensteins Lehrer Jakob Becker verkehrte.

Felsen, Klippen, Bäume, Gassen, die abrupt am Fluss enden, Hochwasser, das bis zu den rettenden Außentreppen ins Obergeschoss reicht, und wieder Bäume, Wegränder und Architekturstudien – der Nachmittag im Studiensaal vergeht schnell. Manche Felsen glaube ich von Wanderungen wiederzuerkennen, so präzise ist ihre Gegenwart umrissen. Ohne Künstelei oder artistische Kniffe ist jedes dieser unterwegs entstandenen Blätter ein begeisternder Appell an das Sehen. Über jeder Arbeit scheint zu stehen: Das habe ich gesehen, dieses ferne Blau, jene glänzenden Mäander.

Einige Bände und Seiten weiter findet sich ein zweites Aquarell mit einer beinahe identischen Farbpalette. Es ist drei Jahre später auf der »Platte« bei Taunusstein entstanden und zeigt den Blick über Wiesbaden hinweg nach Süden auf den Rhein. Dieser 25. August 1875, Reiffenstein hat seine Studien oft gewissenhaft datiert, muss ein heißer Tag gewesen sein. Dunst verdeckt den Horizont, und die Ebene ist von einem bläulichen Schimmer erfüllt, durch den, leicht gebogen, ein weißer Strich führt: Der Rhein, dessen Lauf durch Inseln und Untiefen unterbrochen ist. Alle anderen Details, die Hügel hinter Mainz, Städte wie Wiesbaden und Ingelheim, bleiben verborgen. Wieder ist das Format gestreckt, aber der dunkle Streifen im Vordergrund ist diesmal ausgearbeitet: ein schattiger Wald, der hinter der Hangkante aus dem Blick verschwindet. Am Himmel bilden sich Gewitterwolken.

Auf einen Blick erfasste Reiffenstein die Topographie des gesamten Inselrheins: Er deutete die Kurve, die den Fluss um Mainz führt, genauso an wie den weiten Bogen auf Bingen zu, wo der Rhein in die enge Schlucht mit ihren Burgen und Klippen eintritt. Dort wird die Landschaft vertikal, während sie sich hier in einem gewaltigen Amphitheater sanft zur Sonne hin öffnet. Blau und träge schlängelt sich der Fluss durch das Tal, schiebt sich um die zahlreichen Inseln und scheint fast zu einem See zu stocken. In den Weingütern wachsen Pfirsiche, an den Wänden der Klöster und Villen Feigen, auf den weiten Terrassen der Riesling.

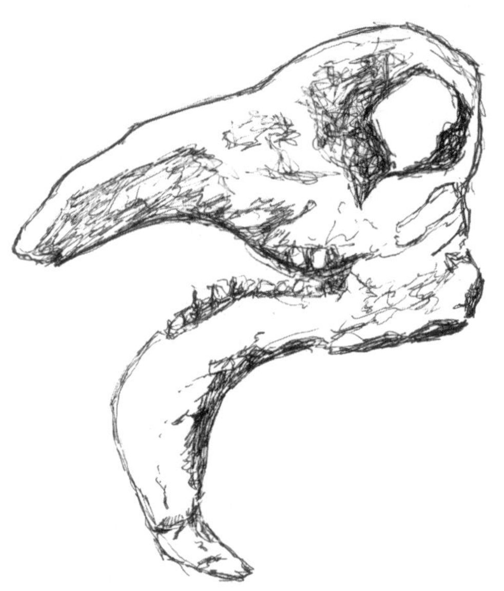

2 Seekuh und Dinotherium. Die Entdeckung der Vorzeit

Anfang Juli 2017. Maria und ich sind auf dem Weg zur Loreley, aber das Radio meldet für das Rheintal über 40 Grad. Kurzentschlossen biegen wir in Wiesbaden ab, um im kühlen Museum der Hitze auszuweichen. Auf den ersten Blick wirkt das gold-ockerfarbene Sandsteingebäude wie eine Bank aus dem 19. Jahrhundert – in der Mitte führt ein imposanter Treppenaufgang hinauf zur Pforte mit Säulenportal und antikem Giebel, dahinter empfängt den Besucher eine mit goldenen Mosaiksteinchen ausgeschmückte Kuppel. Tempel der Kunst oder Tresor der verlorenen Naturschätze? Es ist nicht zu entscheiden, denn das Haus stellt beides aus. Rechts leuchten die Bilder und Installationen, links die Schmetterlinge und Eisbären. Dazwischen liegt ein großer Raum mit Fossilien; darunter sind zwei Exponate, die unseren Blick auf die Landschaft draußen vor der Stadt, das weite vom Rhein durchflossene Becken zwischen Bingen und Mainz, entscheidend veränderten. Ja, sie ließen uns die Geschichte des Rheins erst richtig entdecken.

Vor 32 Millionen Jahren lag Mainz unter dem Meer. Die ganze Landschaft, deren Umrisse heute auf einer Landkarte die Städte Frankfurt und Bingen, Wiesbaden und Worms markieren, lag bis 180 Meter tief unter Wasser. Der Vulkan der Grube Messel war seit 16 Millionen Jahren erloschen, der Rheingraben hatte sich weiter gesenkt, das Mainzer Becken war ihm gefolgt. Aber das geschah nicht im gleichen Maße, das Becken ist geologisch gesehen eine »hängengebliebene« Scholle. Über ihr sammelte sich Wasser, das im Norden Anschluss an die urzeitliche Nordsee fand: Je nach Stand des globalen Wasserspiegels bildete sich vom Norden her ein riesiger Meeresarm, und das Becken war Teil der See, die über die heutige Schwäbische Alb bis ins Bodenseegebiet und in das Schweizer Mittelland reichte. Zeitweise hatte der Rheingraben sogar über den Rhône-Graben Anschluss zur Proto-Tethys, dem großen Ozean zwischen den zueinander driftenden Kontinentalschollen Afrikas und Europas.

Diese maritime Periode erlebte das Mainzer Becken vor 34 bis 28 Millionen Jahren. Später verlor es den direkten Anschluss und wurde zu einem Randmeer, das allmählich, wie die heutige Ostsee, verbrackte. Zu der Zeit befand sich die Landschaft hier nur wenig nördlich des Äquators, das Klima war feucht und heiß. In dem nach seiner geologischen Erdepoche benannten »Rupel-Meer« bildeten sich im Lauf der Jahrtausende Muschelbänke und Algenriffe, die auf den Grund absanken, wo sie, vom Schlamm bedeckt, zu Fossilien wurden. Die Strömung legte Skelette, Knochen und Zähne in Falten am Meeresgrund ab, Muscheln und Schalen bildeten unter Wasser ganze Bergrücken aus Kalk. Noch nach Abertausenden von Jahren finden sich auf den Äckern des Taunus Muschelschalen, weit entfernt vom heutigen Meer und mehrere hundert Meter oberhalb des Rheins. Hier verlief einmal der Strand. Der Meeresboden sollte sich später heben, der Kalk verwittern, die Landschaft verkarsten und der Rhein sich sein Tal in ihr schaffen.

In Mulden, in denen sich Meeressand abgelagert hatte, fand man große Mengen von Haifischzähnen, aber auch Säugetierknochen. Anhand solcher Fossilien lernte man Schritt für Schritt die um Jahrmillionen voneinander getrennten geologischen Lagen zu unterscheiden und verstand, die grundverschiedenen Lebensräume zu rekonstruieren. Man begann damit vor mehr als 200 Jahren, als die meisten Menschen in den Hinweisen auf ein Meer vor unserer Zeit nur eine wissenschaftliche Bestätigung der Sintflut sahen. Doch durch Funde bei Grabungen und Bohrungen, bei Schachtarbeiten und in Baugruben gewann man mehr und mehr Indizien für eine andere Geschichte des Grundes, auf dem wir stehen. Verband man diese untereinander, erhielt man ein Netz, das in seinen Aussagen und Folgerungen dichter und präziser wurde. Allmählich konnten die Geologen das in der Tiefe versteckte Puzzle zusammenfügen: Der Salzgehalt der Gesteine wurde in unterschiedlichen Lagen gemessen, die Sande und Kiese, in denen man ähnliche Fossilien entdeckte, wurden miteinander verglichen. Die Fundstätten von gleich alten Muschelbänken und fossilen Fischschuppen konnten auf einer Karte durch Linien verbunden werden – die Geographie einer Küste zeichnete sich ab. Die Mächtigkeit von Erdschichten und ihre Formation gab Aufschluss über die Dauer von Zeiträumen. Die Zusammensetzung der Mineralien erklärte ihre Entstehung und ihr Alter.

Die meisten dieser Fundstücke sind nicht so vollkommen erhalten wie die Fossilien aus der Grube Messel. Oft sind es bloß Fragmente: In den schiefergrau ausgelegten Vitrinen des Wiesbadener Museums beugen wir uns über die Samenhülsen ausgestorbener Pflanzen, das zerdrückte Becken eines Säugetiers, ein Unterkiefer-Fragment mit Zahnresten, durch die Gattung und Art des Tiers bestimmt werden konnte. Während die Jalousien in der Hitze draußen knistern, lesen wir staunend die Schildchen unter dem kühlen Glas. Schon wieder Haifischzähne. Viele Tiere, Quallen, Nacktschnecken, Seegurken, lassen nichts von sich zurück, aber dann stehen wir vor dem großen Block aus einer Muschelbank, wir streichen mit dem Finger über deren raue Schalen. All diese Funde wurden zu Fixsternen, die halfen, die in der Unterwelt verborgene Sternkarte der Vergangenheit unserer Erde zu entziffern.

In einer abgedunkelten Vitrine ist ein Skelett ausgelegt, dessen Schädel und Rippen in ihrer Anordnung wie ein Glockenspiel wirken. Wir pressen fast die Nasen gegen das Glas, um das Schildchen zu entziffern: eine Seekuh. Wir hoffen nur, dass dieses friedliche Tier nicht den Haien begegnet ist, die eigentlich auf salzigere Beute spezialisiert waren und deren sich unablässig nachbildende Zähne, ihre einzige Hinterlassenschaft, im Nachbarkasten liegen. Haie sind Knorpeltiere, mehr als Zähne oder Teile der Kiefer bleiben nicht erhalten.

Fossilien, die man nahe nebeneinander in einer Grube findet, können riesige Zeitstrecken voneinander entfernt sein. Mit diesem Paradox muss ein Fossilienforscher rechnen: Die Funde, die an einem Ort gemacht wurden, müssen nicht aus dem gleichen Raum stammen, sie können über viele Zeitalter hinweg dorthin gelangt sein. Raum und Koordinaten fallen auseinander. Das war die Erkenntnis, die die bis dahin einheitliche Chronologie der Welt zum Taumeln brachte. Statt der biblischen 5500 Jahre, die man als Weltalter annahm, multiplizierte sich unsere Vorvergangenheit plötzlich ins Unendliche. Für die einen war es die Entdeckung einer verborgenen Welt, für andere bedeutete es, den Boden unter den Füßen zu verlieren.

⋆

Die Seekuh hielt sich im Rupel-Meer lieber am Rand des Salzwassers auf, trieb in der Nähe von Flussmündungen, stieß sich mit den Vorderflossen ab, schwamm ein Stück stromauf und zupfte dabei Seegras, Algen und Tang, manchmal Gras und Laub von überhängenden Bäumen. Wie die heutigen Seekühe, die den Robben ähneln, besaß sie einen tonnenförmigen Körper, aber keinen Hals. Mit ihren frontal stehenden Augen haben Seekühe fast ein Gesicht, weshalb aus dem Wasser auftauchende Tiere seit der Antike für Menschen oder Meerjungfrauen gehalten wurden. Sie erkennen jedoch wenig – ihr Sehsinn ist etwa so undeutlich wie der von Kühen. Aber das ist im meist trüben, von der Futtersuche aufgewühlten Wasser ohnehin nicht wichtig, stattdessen haben sie überall am Kopf Tasthaare, wie Katzen und Hunde sie nur an Schnauze und Maul besitzen. Damit und mit kurzen, sanften Rufen kommunizieren sie: taktil und akustisch. Sie jagen nicht, werden auch nur selten gejagt und hatten damals wie heute nur wenige natürliche Feinde.

Sie wandern allein oder in Gruppen und berühren sich leicht, wenn sie sich etwas mitzuteilen haben. Von heutigen Seekühen wissen wir, dass sie zwei Jahre bei ihren Jungen bleiben, sie mit ihren Vorderflossen umfassen und manchmal auf dem Nacken tragen. Werden sie getrennt, so berichteten Fischer, vergießen sie Tränen – das ist eine Sage, aber auch ein Reflex des zärtlichen Eindrucks, den sie vermitteln. Auch außerhalb der Paarungszeit hat man beobachtet, wie sich Männchen und Weibchen liebkosen, sich umkreisen und übereinander wälzen. Während der Brunstzeit scheinen sich die

Weibchen aber mit so vielen Bullen wie möglich zu paaren – doch es kommt dabei zu keinen Rivalitäten.

Das Skelett in der Vitrine ist aus heutiger Sicht relativ klein, das Tier muss vielleicht einen Meter gemessen haben. Wir wissen wenig über die Vorfahren unserer Seekühe. Bevor die Eiszeiten einsetzten, wird es über 200 verschiedene Arten gegeben haben, von denen heute nur noch vier existieren. Zuletzt starb vielleicht die nächste Verwandte des Wiesbadener Exemplars aus: die Stellersche Seekuh, die im Nordpazifik in der Beringsee lebte. Während ihrer Überwinterung 1741 auf den Kommandeurs-Inseln zwischen Kamtschatka und Alaska entdeckte Georg Wilhelm Steller die bis acht Meter langen Tiere. Als einzige ihrer Art konnten sie sich mit den Eiszeiten arrangieren und wuchsen zu einer solch riesigen Größe heran, um den Wärmeverlust im Polarmeer auszugleichen. Sie waren nicht scheu und äußerst friedlich. Man konnte sie im Wasser watend oder gefahrlos aus dem Boot heraus harpunieren. Steller nannte sie wegen ihrer harten, von vielen Parasiten durchfurchten rindenartigen Haut auch das »Borkentier«, als sei ihre Friedlichkeit vegetabil. Ihr Fleisch habe geschmeckt »wie Kalb«, bei älteren Tieren »wie Rind« und das Fett, das sich als schützende und isolierende Schicht überall unter der Haut findet, »wie süßes Mandelöl«. Die Seekuh rettete ihn und seine Mannschaft vor Hunger und Skorbut, doch ihre Entdeckung besiegelte ihren Untergang. Innerhalb von nur 27 Jahren wurde die Stellersche Seekuh von Pelztierjägern ausgerottet, die dank ihr Vorräte an Fett und Räucherfleisch anlegten, aber auch die Häute verwendeten. Sie mussten nur ein Bootsgerippe mitbringen, das sie an Ort und Stelle mit ihrer Borkenhaut bespannten. Wie die Kajaks der Inuit oder die Kanus der Indianer waren diese Boote schneller, wendiger und leichter durch die Brandung zu manövrieren als die schweren Holzkähne. Alles was von der riesigen Seekuh übrig blieb, sind heute zwanzig Skelette, einige Schädel und drei Proben ihrer Haut, die über die ganze Welt verstreut sind. Verwandt war die Stellersche, wie die Seekuh in der Vitrine, mit dem Dugong, der Gabelschwanz-Seekuh, die von der afrikanischen Küste bis nach Australien den tropischen Teil des Pazifiks bewohnt. Wie ihre atlantischen Verwandten, die Rundschwanzseekühe oder Manatis, werden sie streng, aber leider wenig erfolgreich geschützt.

Entdeckt wurden die Fossilien des *Halitherium schinzii*, wie das Tier zoologisch auf dem Schildchen im Wiesbadener Museum heißt, auf der anderen Rheinseite bei Eckelsheim südwestlich von Mainz, wo noch heute am Steigerberg ein Strand mit dem Brandungskliff des Urmeeres zu erkennen ist. Hätte das Museum ein Fenster auf den Fluss, könnte man vielleicht bis dorthin sehen – es sind keine zwanzig Kilometer Luftlinie bis zu den Meeressandgruben, aus denen so viele der ausgestellten Fossilien stammen.

⋆

Zum ersten Mal beschrieben wurde *Halitherium schinzii* 1838 von dem Darmstädter Zoologen Johann Jakob Kaup, der zu Beginn nur auf einen Unterkiefer mit einem Backenzahn gestoßen war und detektivisch aus dem Indiz das ganze Tier rekonstruieren konnte.

Von ihm stammt auch das bedeutendste Exponat am anderen Ende des Raumes. Als er 1828, zehn Jahre vor der Bestimmung der Seekuh, südlich von Mainz in der Nähe des Weinortes Eppelsheim einen anderen von ihm gefundenen Kieferknochen untersuchte, stand er vor einem Rätsel. Es schien sich um einen großen Tapir zu handeln, in dessen Unterkiefer ein nach vorn weisender großer Stoßzahn steckte. Er schickte das Exemplar in das damalige Naturalienkabinett des Großherzogs in Darmstadt, wo er es vermutlich selbst archivierte, denn er war hier als »provisorischer Gehilfe« beschäftigt (erst 1837, nach mehreren sensationellen Funden, beförderte man ihn zum »wirklichen Inspektor«). Man kann Kaup nicht verdenken, dass er sich diesen Stoßzahn wie bei einem Eber als nach oben gerichtet dachte. Aber nach weiteren Funden konnte er seinen Irrtum berichtigen: Er hatte das Bruchstück verdreht zusammengesetzt, der gewaltige Zahn wuchs nach unten, wie erst Jahre später die Entdeckung eines vollständigen Schädels beweisen sollte.

Zu Beginn des 19. Jahrhunderts gärten überall Ideen über die Entstehung der Welt und die Entwicklung des Lebens, und Kaup warf sich enthusiastisch in die Diskussion. Mit gerade 29 Jahren legte er 1829 eine *Skizzirte Entwickelungs-Geschichte und Natürliches System der Europäischen Thierwelt* vor. Sein Buch zeigt, dass er in einem Naturalienkabinett ausgebildet worden war, in dem die Tiere, Pflanzen und Steine nach äußerlichen Merkmalen geordnet und gesammelt wurden. Ihre sichtbaren Analogien sollten Erkenntnis stiften. Man sortierte Mineralien nach Farben, nicht nach ihrer chemischen Zusammensetzung, deren Analyse man gerade erst entdeckte. Kaup, der schon als Jugendlicher seinen Unterhalt mit dem Ausstopfen von Vögeln verdient hatte, dachte, dass durch die ganze Schöpfung von den einfachen zu den höher entwickelten Kreaturen parallele »Gattungsreihen« verliefen, in denen alle nur denkbaren Positionen durch verschiedene Tiere besetzt seien. In seiner symmetrischen Gegenüberstellung von Säugetieren und Vögeln sah er zum Beispiel die Feld- und Hausmaus im Feld- oder Haussperling repräsentiert, die Ochsen in den Waldrappen und die Schwalben in den Fledermäusen: Spezialisierung und Lebenswelt bestimmen die Entwicklung. Diese Kategorisierung hat etwas von einer kuriosen Fabelsammlung. Aber Kaup verstand sich als Wissenschaftler und gab in der Einleitung auch einen kurzen Abriss der Entstehung der Welt. Für ihn stammte alles Leben aus dem Wasser; er dachte, dass die Säugetiere sich in verschiedenen Zweigen dreimal aus dem Nassen entwickelt hätten, einmal aus »Fischsäugetieren«, dann aus Amphibien und schließlich aus Vögeln. Die rückwärtslaufenden Schlaufen der Evolution, auf denen ein Landbewohner wieder zum Wassertier werden kann wie Robben, Wale oder eben Seekühe, hatte man noch nicht entdeckt. Die Pyramide der Wesen ließ nur einen hierarchisch gerichteten Prozess allmählicher Vervollkommnung bis hin zum alles beherrschenden Menschen zu, dem Ebenbild Gottes.

Die *Skizzirte Entwickelungs-Geschichte … der Europäischen Thierwelt* blieb Fragment. Kaup war ein vorsichtiger Mensch und zog die Schrift wieder zurück, denn er ahnte, dass die Idee einer konsequenten Evolution für seine Zeitgenossen ein Skandal war: Den Menschen nicht über die Schöpfung zu stellen wie in der Bibel, sondern an ihrer Spitze, aber innerhalb des Tierreichs anzusiedeln, war ein

Sakrileg. Man wollte über der Natur thronen und nicht Teil von ihr sein.

Kaups *Entwickelungs-Geschichte* ist einer der vielen Versuche der Epoche, sich in die Idee einer allmählichen Entstehung des Lebens auf der Erde hineinzudenken. Das Alter der Erde befand sich im freien Fall. Befeuert wurden die Spekulationen von den neuen Naturwissenschaften, der Chemie vor allem, die Steine zum ersten Mal in ihre Elemente zerlegen konnte, statt sie nach Gestalt und Farben zu sortieren. Mit der Entdeckung des Sauerstoffs verstand man, wie so etwas Elementares wie Verbrennung funktionierte. Bis dahin wurde allgemein angenommen, dass jedem entflammbaren Material ein »imponderables Phlogiston« innewohne, das unsichtbar und unwägbar sei, aber den Brand eines Gegenstandes auslöse. Der Fund immer neuer Fossilien, in denen man nicht länger Relikte der biblischen Sintflut, sondern Zeugen einer wissenschaftlich zu erforschenden Vorwelt sah, nährte die Vermutung, dass hier der Schlüssel zum Geheimnis unseres Lebens verborgen sei. Aus einer geträumten Wissenschaft wurde eine immer präzisere.

Nicht zuletzt durch Kaups Entdeckungen wurde die naturkundliche Sammlung in Darmstadt zu einer bedeutenden europäischen Institution. Darüber hinaus war Kaup durch ein internationales Netzwerk mit den wichtigsten Forschern seiner Zeit verbunden. Kaup war korrespondierendes Mitglied aller großen europäischen Akademien. Nach Paris gingen seine Briefe an Georges Cuvier, der im Kalkstein von Montmartre bahnbrechende Fossilienfunde machte und wie Alexander von Humboldt einer der berühmtesten und angesehensten Wissenschaftler seiner Zeit war. Nach London schrieb Kaup an den Direktor des Britischen Museums. Er unterrichtete über seine Funde sowohl weltführende Institutionen wie auch europäische Koryphäen und kenntnisreiche, oft vermögende Amateure und Sammler.

In seinem nächsten Versuch, *Das Thierreich in seinen Hauptformen systematisch zu beschreiben* von 1835, ist Kaup vorsichtiger und greift zugleich enzyklopädisch noch weiter aus. »Fischsäugetiere« und »Vogelsäugetiere« sind keine tragenden Begriffe mehr, und er nimmt, wie in seinem ersten Werk angedeutet, paläologische Funde hinzu, um in der systematischen Beschreibung des Tierreichs keine Lücke zu lassen. Das »Ohiotier« genannte *Mammut americanum* wird zwischen den Rüsseltieren erwähnt. Während die meisten Tiere in seinem Buch durch detaillierte Stiche dargestellt werden, begegnen uns die ausgestorbenen kleinen Urpferde »Anoplotherium« und »Palaeotherium« nur als Umrisszeichnungen statt als plastisch gestalteter Kupferstich und stehen in Kaups Menagerie wie gespenstig weiße Leerstellen der Evolution.

*

Das geschah alles noch in den Jahren, bevor sich Darwin auf der Beagle einschiffte und bevor er 1859 seine Erkenntnisse über *Die Entstehung der Arten* veröffentlichte. Als Darwin 1835 auf den Galapagosinseln Finkenschnäbel untersuchte, war Kaup mit seinem Freund August von Klipstein unterwegs, der als begeisterter Amateur die Sandgrube, in der Kaup arbeitete, auf eigene Kosten gepachtet hatte. Mit den gemeinsamen Funden wollte er seine eigene Sammlung ausbauen. Dabei stießen sie auf den ersten vollständig erhaltenen Schädel, der zu dem vermeintlichen Tapirknochen mit dem rätselhaften Stoßzahn von 1828 passte. Mit ihm fügte sich für Kaup alles zusammen: Der Unterkiefer deutete nicht, wie er in seinem eben gedruckten *Thierreich* noch geschrieben hatte, auf die Verwandtschaft mit einem »Faulthiere und Ameisenfresser«. Der neu entdeckte Schädel bewies die umgekehrte Ausrichtung des Zahns: Furchterregend sah das aus, und so wurde aus dem »Ungeheuren Riesenthier« das *Deinotherium giganteum*, ein »Hauerelefant«. Den wissenschaftlichen Namen – zunächst aus Griechisch *deino* für schrecklich, furchterregend gebildet – hatte Kaup selbst zu dem lateinischen *Dinotherium* korrigiert. Das Wort Dinosaurier kam erst 1842 in die Welt. Ein Abguss dieses 1835 entdeckten Schädels steht im Wiesbadener Museum: die Knochen eines Elefantenhaupts, dem die Stoßzähne wie riesige Hauer senkrecht nach unten aus dem Unterkiefer wachsen.

Erst gegen Ende des 19. Jahrhunderts fand man in Bulgarien und Rumänien beinahe vollständige Skelette und weiß seitdem, dass jenes Dinotherium eine Schulterhöhe von bis zu 4,30 Metern erreichte – es war größer als der heutige Afrikanische Elefant. Damit war das Dinotherium bis zu seinem Aussterben vor einer Million Jahren das größte auf dem Land lebende Tier seiner Zeit. Es wog bis zu vierzehn Tonnen und war weit verbreitet: Es durchstreifte das heutige Südosteuropa und Afrika. Die rheinische Variante wurde allerdings etwas kleiner und maß 3,60 Meter. Der Körperbau glich dem eines Elefanten, die Beine waren ebenso säulenartig, aber etwas schlanker und die Vorder- länger als die Hinterbeine. Der Kopf war eher länglich als hoch, die für die heutigen Elefanten typische Stirn hatte sich noch nicht entwickelt. An seinem Gebiss konnte man ablesen, dass es als Nahrung weiche Blätter, Rinde und Äste von Bäumen und Büschen bevorzugte. Das vortretende Nasenloch lässt erkennen, dass es einen Rüssel gehabt haben muss, der aber nicht so lang gewesen sein dürfte wie beim heutigen Elefanten. Manche Forscher stellen ihn sich als Tapir-Rüssel vor, aber er muss lang genug gewesen sein, dass das hohe Tier mit seinem kurzen Hals ans Wasser reichen konnte. Rätselhaft sind aber noch immer die am Unterkiefer ansetzenden, nach unten weisenden Stoßzähne, die bei größeren Tieren bis zu 1,40 Meter lang werden konnten. Heute nimmt man an, dass sie eine Funktion bei der Nahrungsaufnahme hatten: Mit ihnen konnte das Tier Zweige und Äste zu sich heranziehen und sie dann mit dem Rüssel und der etwas breiteren Unterlippe auseinanderpflücken. Zum Austragen von Zweikämpfen waren sie nicht geeignet.

Der 1835 entdeckte Schädel war eine wissenschaftliche Sensation, die Klipstein und Kaup in einer kurzen, auch auf Französisch erscheinenden Abhandlung dokumentierten: *Beschreibung und Abbildungen von dem in Rheinhessen aufgefundenen colossalen Schedel des Dinotherii gigantei mit geognostischen Mitteilungen über die knochenführenden Bildungen des mittelrheinischen Tertiärbeckens*. Der Verlag, die Diehl'sche Buchhandlung in Darmstadt, heftete einen Verkaufsprospekt bei, gerichtet an die »Vorsteher von Naturaliensammlungen, betreffend: den mit Oelfarben kolorierten Gypsabdruck des ganzen Schedels des Dinotherium giganteum«. Oberschädel und Unterkiefer waren getrennt zu erwerben, wer beides nahm, dem wurde der Gaumen geschenkt. Das Original wurde auf Kosten der Académie Française 1837 nach Paris transportiert und dort ausgestellt, weiter reiste der Schädel nach London, aber offenbar hatte er unter dem Transport so sehr gelitten, dass das Britische Museum den Ankauf ablehnte. Erst auf Umwegen sollte er dann doch dorthin gelangen: 1866 veräußerte Klipstein seine gesamte Sammlung. Aus ihr erwarb der Direktor des Geologischen Dienstes in Indien den Schädel und vermachte ihn dem Londoner Museum. Dank der vielen Gipsabdrücke kann man Kaups Dinotherium aber heute nicht nur in Wiesbaden und nahe seinem Fundort in Eppelsheim sehen, sondern überall am Rhein: in Mainz, Darmstadt und Basel. Und natürlich im Britischen Museum.

*

Die Fossilien der Seekuh und des Dinotheriums hatte Kaup nahe beieinander entdeckt. Eppelsheim mit den Dinotheriensanden ist gerade 20 Kilometer von Eckelsheim mit seiner Meeresbucht entfernt. Doch es liegen 20 Millionen Jahre dazwischen, und sie entstammen vollkommen unterschiedlichen Welten. Die letzten Reste des Rupel-Meeres waren vor rund 16 Millionen Jahren verschwunden, sein Boden, die Kalkablagerungen und Riffe erodierten im feuchtwarmen Klima. Das Gelände verkarstete, bildete Höhlen und Gänge. Bald brachen die Kalkdecken ein, es entstanden Krater und Gruben. Die Bäche und Ströme, die die Hänge der Vogesen und des Schwarzwaldes herunterstürzten, sammelten sich im Oberrheingraben zu dem damals ungefähr hinter dem heutigen Freiburg am Kaiserstuhl entspringenden Fluss. Sie füllten den Graben mit Schutt und bildeten eine träge Seenlandschaft mit Auenwäldern, durch die der Ur-Rhein bis auf die heutige Höhe von Worms mäanderte. Hier bog er nach Westen ab und floss durch Rheinhessen. Kurz vor dem Rand des Mainzer Beckens bog er nach Norden in das Nahetal ab, um kurz vor Bingen in den damaligen Ur-Main zu münden, der sich langsam das Bett geschaffen hatte, das heute der Inselrhein einnimmt. Auf diesem Weg füllten sich die Mulden und Karstlöcher südlich von Mainz mit Sand und Fossilien, die die Strömung gesammelt, über weite Strecken hergetragen und abgelagert hatte. So entstanden die früher »Hundsbacken« oder »Hundsknochen« genannten Sandgruben, in denen Kaup die Fossilien von Donner- und Krallentieren, von Säbelzahnkatzen, Bärenhunden und Tapiren entdeckte.

Vor über neun bis zehn Millionen Jahren hatten sich aus den erst relativ kleinen Säugetiergenerationen der Grube Messel Großsäuger entwickelt, die wie die Dinotherien in Herden den Ur-Rhein entlangstreiften, in dem Flusspferde grasten und aus dem hornlose Nashörner tranken. Die ebenfalls verschwundenen Krallentiere, die ausgesehen haben könnten wie eine gefährliche Kreuzung von Gorilla und Giraffe, kämmten mit ihren Krallen Blätter aus den Baumkronen. Auch sie hat Kaup 1833 als Erster beschrieben und ihnen den Namen *Chalicotherium*, »Kalktier«, gegeben. Neben den Chalicotherien lebten hier auch dreizehige Urpferde, die unseren Pferden schon eher ähnelten. An den Wasserstellen lauerten Raubkatzen ihnen auf, erbeuteten aber auch Hirsche, Wildschweine oder Biber.

Die Landschaft zu Zeiten des Dinotheriums, so schrieb der Geologe Wilhelm Wagner 1947, müssen wir uns als »ein weites, von wenigen hohen Inseln durchsetztes Tal {vorstellen}, durch welches der Ur-Rhein, in viele Arme zerteilt, mit nicht zu starkem Gefälle hindurchströmte, wie der heutige Oberrhein bald hier bald dort eine Sandbank bildend. Sumpfwälder begleiteten die Ufer des Flusses, an die sich ein dichter Wald anschloss. Hier entwickelten sich größere Buschwaldbezirke ähnlich denen, die weiter westlich vom Fluss hin wieder in eine baumarme Grassteppe übergehen.«

Die Temperatur war subtropisch, es war elf bis fünfzehn Grad wärmer als heute, es fiel doppelt so viel Niederschlag. Der Wald muss sehr dicht gewesen sein, um die vielen Arten pflanzenfressender Großsäugetiere anzulocken. Die auf der Grassteppe lebenden Urpferde kamen nur des Wassers wegen an den Fluss. Anhand der Schichtung und Ausrichtung der Fossilien konnten die Wissenschaftler herausfinden, dass die Strömung, vielleicht ausgelöst durch

Frühlingshochwasser, zeitweise zunahm. An manchen Stellen erodierte das Wasser das brüchige Kalkgestein und grub sich eine tiefere Flussrinne. In anderen Partien wird die Strömung eher verhalten gewesen sein, sonst hätten sich keine Biber und Weichschildkröten ansiedeln können.

Was den Fluss schließlich vor rund fünf Millionen Jahren in sein heutiges nördlicher verlaufendes Bett drängte, ist nicht eindeutig zu klären. War es eine Kombination aus einer Hebung des Höhenzugs in Rheinhessen und einer weiteren Senkung des Oberrheingrabens? Schließlich orientierte er sich auf der Höhe des heutigen Worms nach Norden, floss in weiten Mäandern auf die Nackenheimer Schwelle zu – eine kurz vor Mainz quer im Strom liegende Felsformation –, überwand sie und vereinigte sich schon wenig später mit dem Main. Das Quellgebiet des Rheins hatte sich gleichzeitig kontinuierlich nach Südosten verschoben, vor 2,6 Millionen Jahren erreichte es das Alpenvorland südlich von Basel. Der Wasserzufluss wird so ständig zugenommen und irgendwann den des Mains übertroffen haben, der zum Nebenfluss wurde.

Es sollten noch mehrere Eiszeiten vergehen, bis der Rhein die Gestalt fand, die wir heute aus dem Atlas kennen. Betrachtet man ihn auf einer Karte, scheint das Mündungsdelta graphisch die Quelläste in den Alpen widerzuspiegeln. Aber beide fanden erst nach der letzten Kaltzeit zu ihrer heutigen Gestalt – vor 8000 bis 10 000 Jahren. Der Fluss hatte sich nach vorn wie nach hinten verlängert, und das Binger Loch, der dramatische Eingang in die Schlucht des Mittelrheins, liegt nicht mehr am Ufer eines Meeres, sondern in der Mitte eines Stroms, den es immer noch zu stauen scheint: Im Inselrhein schwächt sich die Dynamik des über einen Kilometer breiten Flusses so sehr ab, dass er mit seinen Inseln wie ein See wirkt. Einen Moment lang scheint der Fluss zu stocken, bevor er sich bei Bingen wieder seiner Strömung überlässt und in den Canyon hineinschießt.

3 Dolmetscher des Steins

In Lay, dem vorletzten Dorf an der Mosel, bevor sie sich mit dem Rhein vereint, hatten bis in die siebziger Jahre hinein fast alle neben ihrem Haus einen Garten. Unter Kirsch-, Apfel- und Pflaumenbäumen wuchsen Kartoffeln, Salat, Karotten, Endivien und Rosenkohl, Erdbeeren, Johannisbeer- und Stachelbeersträucher – alles Obst und Gemüse, das im Sommer und Herbst in Einmachgläser gelangte. Mit Erdbeermarmelade fing es an, es folgten Bohnen, Erbsen und, in Tonkrügen sauer eingelegt, Kraut und Rüben. Es war die Welt vor den Kühlschränken und Tiefkühltruhen. Manche hatten wie meine Tante Maria sogar einen Wingert, einen kleinen Weinberg.

Im Oktober fuhr die ganze Familie hinaus zu ihr, um bei der Weinlese zu helfen. Frühmorgens rückten wir mit Rosenscheren oder, wenn wir keine zur Hand hatten, mit Nagelscheren in den Wingert aus, um die Trauben von den Reben zu schneiden und in kleinen Eimern zu sammeln. Manchmal steckten wir einige Beeren in den Mund, aber sie schmeckten unter der pelzigen Schicht aus Pflanzenschutzmitteln und Insektengiften unbestimmt sauer und rau auf der Zunge. Von Zeit zu Zeit wurden die Mittel sogar aus Hubschraubern über den Weinbergen versprüht. Am besten schmeckten die Trauben, die bereits braune Flecken hatten: Einige waren schon fast zu Rosinen geschrumpft und richtig süß. Das Abschneiden der Trauben war Frauen- oder Kinderarbeit, während die Männer durch die Reihen gingen, auf ihrem Rücken die schweren, »Bischof« genannten Behälter, in die sie über ihre Schulter die Eimer leerten. War die wie eine umgekehrte Bischofsmütze geformte Trage voll, kippten sie sie über Kopf in den Bottich, der am Fuß des Weinbergs auf einem flachen Anhänger wartete. War er voll, ging es zur Kelter, die in der

Scheune am Ende des Hofes stand und mit der wir das ganze Jahr über spielten. Von dem grob gepflasterten Hof führte eine Treppe hinunter in den kalten, klammen Keller, der auch im Sommer seinen modrigen Geruch nicht verlor. Neben den Kartoffelkisten stand das große Fass, in das der gekelterte Most gefüllt wurde. Manchmal wurde es voll, manchmal blieb es halb leer. Die Maische, die Reste der ausgepressten Trauben, wurde wieder hinaus in die Weinberge gebracht und verrottete den Winter über am Wegrand zu Dünger.

Tante Marias Weinberg lag in keiner begehrten Lage, es war kein steiler Schieferhang, sondern ein Stück Land am Ende des Dorfes, auf dem auch Kirschbäume hätten stehen können und an dem bei Hochwasser der Fluss leckte. Der Boden war locker wie in einem Garten und nicht steinig und schiefrig wie sonst an der Terrassenmosel. Auch besaß Tante Maria keine Mostwaage, um den Oechslegrad ihrer Trauben, ihren Süßegehalt, zu bestimmen, sie schaute eher, wie es die Nachbarn hielten, und rief dann die Familie zur Lese in den Wingert.

Der Wein fiel von Jahr zu Jahr unterschiedlich aus. Manchmal war er sauer bis hin zum Essig, aber ein guter Jahrgang ergab einen robusten Landwein.

*

Die Reben hatten die Römer an Mosel und Rhein gebracht. Steckte im Verpflegungspaket der Soldaten im Zweiten Weltkrieg ein Zigarettenpäckchen, erhielten römische Legionäre ihre feste Ration Wein. Während in den folgenden Jahrhunderten das Römische Reich mit der Pracht der Metropolen Treverorum, Mogontiacum und Colonia dahinging, die befestigten Lager und Handelshäfen, der Limes und die Rheinflotte verschwanden, blieb der Wein. Im 13. Jahrhundert war das ganze Mittelrheintal mit Terrassenmauern ausgebaut. Die Weine des Elsass, der Pfalz und Rheinhessens wurden damals vorwiegend über Frankfurt gehandelt, die des Mittelrheins über Köln. Es gab einen eigenen Berufsstand, die Schröter, die die Fässer mit Seilwinden über Balken aus den kühlen Kellern hievten und den

Transport bis zu den Empfängern überwachten. Oft hatten mächtige Händler schon im Voraus von Klöstern, Winzern oder städtischen Genossenschaften ganze Jahrgänge aufgekauft und Preise festgelegt, was die Winzer im Fall eines verregneten oder trockenen Sommers in Not und Abhängigkeit brachte. Wären die Auftragsbücher dieser Weinhändler erhalten, erzählten sie uns mit ihrer Statistik von Güte und Ertrag eine Klimageschichte des Rheins.

Ob ein Jahrgang Qualitäts- oder Prädikatswein wird, ob es am Ende nur zum einfachen Landwein reicht oder ob er als Kabinett, Spätlese oder gar Auslese etikettiert werden darf, hing während Tante Marias Weinbaujahren vom Oechslegrad des Mosts ab. Nach ihm wurden die Weine prämiert und erst im zweiten Schritt nach dem Können der Winzer. So ging es vielen Winzern in den siebziger und achtziger Jahren mehr um Quantität als Qualität. Dieses Auszeichnungssystem besteht noch heute, aber ihre Töchter, Söhne und Enkel suchen nach anderen Wegen: Ihre Arbeit beginnt nicht erst an und mit der Rebe, sondern schon im Boden, sie wollen einen Wein, aus dem man seine Erde und ihren Charakter, das Terroir, herausschmeckt.

*

Steinwinzer nennen sie sich, und die Traube ist ihnen, wie es H. O. Spanier sagt, »der Dolmetscher des Bodens«. Kein Wunder, dass die Weinberge, die er gemeinsam mit seiner Frau Carolin Spanier in Rheinhessen bewirtschaftet, auf den unterschiedlichsten Böden liegen – vom Kalkmergel im Süden der Region bis zu dem roten schiefrigen Gestein am Steilufer gegenüber dem Kühkopf reichen die unterschiedlichen Terroirs. Das »Rotliegende« der Steilufer ist ein Verwitterungsgestein des einst riesig aufragenden Variskischen Gebirges, das bis zum heutigen Schiefergebirge herunter erodiert ist und mit zu den ältesten geologischen Schichten im Rheintal gehört. Diese zwischen Oppenheim, Nierstein und Bodenheim liegenden Weinberge stellen einige der begehrtesten Lagen am Rhein dar. Der Kalkmergel im Süden bei Worms, an der Grenze zur Pfalz, ist hingegen geologisch ein relativ junges Relikt aus dem verschwundenen Flusslauf des Ur-Rheins. Hier ist die Erde von Kalkbrocken durchsetzt, und die Reben haben ihre Wurzeln bis zu zehn Meter tief in das Gestein getrieben, um ans Wasser zu reichen. Es ist die beste Lage, die H. O. Spanier bewirtschaftet, der »Schwarze Herrgott«, so nannten schon die Mönche des heiligen Philipp von Zell den Wingert, der bereits im 8. Jahrhundert zum Anbau von Messwein angelegt wurde und vielleicht zu den ältesten Weinbergen Deutschlands zählt.

Doch wie gelangt die Erde in die Traube, damit sie im Wein später herauszuschmecken ist? Naturnaher Weinbau ist der Anfang: Weg von den Pestiziden, die sich wie Mehltau auf die Trauben legten. Um das Mikroklima der einzelnen Wingerte weiter zu fördern, wird die Erde zwischen den Rebzeilen mit Gras, Klee, Buchweizen und Rettich begrünt. Bei allem, was wir im Wald über die unterirdischen Pilze gelernt haben, die zwischen den Pflanzen für Verbindung und unhörbare Kommunikation sorgen, leuchtet es ein, dass sich diese Vielfalt so auswirken wird wie die Reihen von Weinbergspfirsichen, die während meiner Kindheit im Frühjahr rosa blühend zwischen den noch kahlen Weinstöcken leuchteten. Durch die Wurzeln der verschiedenen Pflanzen gelangen unterschiedliche Nährstoffe in die Böden, ihr Grün und ihre Blüten locken Insekten an, die die Schädlinge dezimieren. Der Anbau in den Rebhängen des Winzerpaars ist aber nicht nur naturnah angelegt, er folgt auch biologisch-dynamischen Grundsätzen. Gedüngt wird mit Kuh- und Pferdemist, die stickstoffreichen Hörner von Rindern werden zusammen mit Mist in der Erde vergraben und erst im nächsten Jahr als Dünger eingesetzt. Statt Pestizide zu spritzen, pflanzt man gezielt ausgewählte Kräuter, die von Schädlingen gemieden werden. An der »Laubwand«, die die Winzer auch früher nicht aus den Augen ließen, wird noch intensiver gearbeitet: Seitentriebe werden zurückgeschnitten und überflüssiges Blattwerk, das die Sonne von den Trauben abhält, gestutzt.

Die Sommer ab 2016 gehörten zu den trockensten, seit Wetterdaten erhoben werden. Aber der Ertrag auf dem Weingut blieb relativ stabil, hören wir bei der Weinprobe in dem ambitioniert modernen

Bau neben der Villa, in dem ich die Weine ihrer beiden Güter, Kühling-Gillot und Battenberg-Spanier, probiere. Der zum Garten hin verglaste Saal mit Sichtbetonwänden und alten Holztüren entspricht dem Selbstbewusstsein der neuen Winzergeneration, die nicht mehr wochenlang mit dem Wein im eigenen Transporter von Kunde zu Kunde fährt, sondern im Keller an den Jahrgängen feilt. Es gibt nur noch Wein aus dem letzten Jahr, alles andere ist längst vergriffen. Vielleicht war der Ertrag zurückgegangen, obwohl Heu per Hand zwischen den Reben verteilt wurde, um die Feuchtigkeit zu halten? Bei der Lese sind die Steinwinzer sehr wählerisch, es wird nicht jede Traube vom Stock genommen, aber jede in der Hand geprüft. Vollautomatisch kann man in den steilen Weinbergen ohnehin nicht arbeiten; Erntemaschinen widersprächen vollkommen ihren Überzeugungen: Nur per Hand können die Trauben nach ihrem Reifegrad ausgewählt werden. Anschließend werden sie gewaschen. Auch beginnt die Lese nicht mechanisch beim Erreichen eines bestimmten Oechslegrades, sondern je nach dem Geschmack der Trauben. Sollte die Maische nach dem Keltern früher gerade einmal sechs Stunden ruhen, sind es heute bis zu vierundzwanzig. Die Gärung wird nicht durch künstliche Hefe angeregt, sondern setzt spontan ein.

Da ich an Mosel und Mittelrhein aufgewachsen bin, ist meine Zunge auf mineralische Rieslinge geeicht, und ich bin verwundert, wie rund und anders Wein von der gleichen Rebsorte auf diesen Böden schmeckt. Auch ein kurz vor mir eingetroffener erfahrener Kunde findet den Wein zunächst »weniger zugänglich«, denn der Akzent liegt weder auf der Zitrusnote, die in den letzten Jahren überall gezielt angestrebt wurde, noch auf den Aromen von Melone, Pfirsich oder dem Duft von fester, gerade gereifter, aber noch nicht süßer Erdbeere, wie es in einander an Subtilitäten überbietenden Gastrokritiken heißt. Das alles sollte man zu unterscheiden lernen, aber zu dem Niersteiner sagt er einfach »komplex«, und ich verstehe, warum im Weinkeller neben Eichenfässern auch Edelstahltanks stehen: Der Geschmack des Weins ist bereits so reich, dass ein weiteres Element – etwa das Aroma eines alten Eichenfasses – nur mit Vorsicht hinzugefügt werden kann. Die Palette der Riechdöschen, mit denen Weintester die verschiedenen Aromen aufspüren, scheint ausgeschöpft.

Die früheren Begriffe Auslese und Spätlese, mit denen man auf mit Wappen überladenen Weinetiketten trockenen von halbtrockenem Wein unterschied, haben hier ausgedient. Die im Verband deutscher Prädikatsweingüter zusammengeschlossenen Winzer orientieren sich am französischen Modell: Sie führen stattdessen Guts- und Ortsweine. Bei einer über lange Zeit gleichbleibend hohen Qualität kann Wein auf einer zweiten Stufe als Lagenwein etikettiert werden – »Zellerweg am Schwarzen Herrgott« oder »Ölberg«. Die krönende dritte Stufe ist das »Große Gewächs«: die deutsche Entsprechung des »Grand Cru«. Von diesen Weinen ist in der Vinothek von Spanier schon vieles verkauft, und scheu probiere ich einen Schluck – die Unterschiede zwischen den Böden sind immer klarer herauszuschmecken, aber ich habe noch viel zu lernen, um die Nuancen mit annähernder Sicherheit wiederzuerkennen. Ein Leben lang Whisky und jetzt Single Malt, so groß kommt mir der Unterschied vor.

*

Riesling wird am Rhein seit dem Mittelalter angebaut. Vermutlich entstand er sogar hier aus einer Kreuzung von Wildreben, die schon die Germanen kannten, mit dem Traminer, den die Römer an den Fluss gebracht hatten. Aber es gibt noch weit ältere Trauben, nur waren sie vollkommen in Vergessenheit geraten – bis, analog zur Rettung von seltenen Apfelsorten, der Rebforscher Andreas Jung systematisch überall in Deutschland alte Reben sammelte, ihr Vorkommen kartographierte, sie genetisch untersuchte und bestimmte. Es war eine spektakuläre Wiederentdeckung. Während in Deutschland gegenwärtig gerade einmal dreiundzwanzig verschiedene Rebsorten in Weinbergen stehen, von denen meistens nur sieben oder zehn getrunken werden, verzeichneten Rebschulen im 19. Jahrhundert über 400 lieferbare Sorten. Andreas Jung ist es mit seiner systematischen Erfassung gelungen, über 350 vergessene und für ausgestorben gehaltene Rebsorten wieder aufzuspüren. Viele kannten wir nur noch dem Namen nach: Grüner Adelfränkisch, Weißer Räuschling, Gelber Kleinberger oder Schwarzurban. Es sind Rotweine, die Karl der Große schätzte, und Weißweine, die mittelalterliche Emissäre auf ihrer Mission eingeschenkt bekamen. Aus dem Grünfränkisch wurde die berühmte »Liebfrauenmilch« gekeltert, die für die Welt der Inbegriff des deutschen Weins gewesen war, bis sie in den siebziger Jahren unterging, als man mit Hefe und Zucker die Qualität und Süße der Weine hemmungslos übersteuerte.

Da Rebstöcke keinen verholzten Kern mit Jahresringen besitzen, ist ihr Alter nur sehr schwer zu bestimmen, aber Andreas Jung vermutet, dass die ältesten Reben auf dem Disibodenberg an der Nahe südlich des Rheins stehen. Im Weinberg an der Bergflanke des ersten Klosters Hildegard von Bingens stehen fünf Rebstöcke des »Weißen Orleans«, den Hildegard Ende des 12. Jahrhunderts als »hunnischen Wein« beschrieb, als »ungarischen« Wein, denn wie viele der mittelalterlichen Sorten, vor allem die roten, stammten die Reben aus dem Osten, aus dem Iran, aus Georgien, Armenien; über das Schwarze Meer und die Donau sind sie an den Rhein gekommen. Sie konnten die dürren und heißen Sommer der mittelalterlichen Wärmephase besser überstehen, während die bis dahin am Rhein heimischen Sorten weiter nördlich angepflanzt wurden – sie gediehen sogar in Schottland, Südskandinavien und Dänemark.

Auf diese Wärmephase folgten 400 Jahre einer »Kleinen Eiszeit«, die von 1490 bis 1890 reichte. Es war eine Epoche großer Verheerungen: Pest, Kriege und Hungersnöte, Eisgang auf den Flüssen und Jahre, in denen die Frostnächte bis in den Sommer reichten und, wie es 1709 berichtet wurde, die Vögel erstarrt vom Himmel fielen. Als Fanal dieser Periode ereignete sich die historisch größte Katastrophe, die den Weinbau in Europa heimsuchte: Die Reblaus, von Amerika eingeschleppt, vernichtete beinahe sämtliche Stöcke. Noch heute müssen alle Rebreiser auf aus Amerika stammende Stöcke aufgepfropft werden, die gegen die Reblaus immun sind. Jede europäische Rebe sitzt so auf einer fremden Trägerrebe. Das gilt selbst für die ältesten Sorten, in denen ihr Wiederentdecker Andreas Jung eine wichtige Ergänzung zu dem schmalen heute angebauten Sortenbestand sieht: Oft reicht die Einführung der alten Reben am Rhein bis zu der mittelalterlichen Wärmeperiode zurück, einer Periode, der wir uns klimatisch mit den heißen, trockenen Sommern der letzten Jahre wieder nähern. Vielleicht sind in diesen ältesten Reben Alternativen zum Riesling, zu Grau- und Spätburgunder verborgen, da sie sich schneller an die veränderten Witterungsbedingungen anpassen. Der Grüne Adelfränkisch ist resistenter gegen Dürre, denn er reift spät; die Beeren sind kleiner, der Ertrag ist geringer, aber vielleicht unter den neuen Klimabedingungen stetiger. Auch der Fränkische Burgunder wird erst spät gelesen, seine kleineren Beeren stehen ebenfalls nicht so dicht, so dass Schädlinge oft nur einzelne befallen und nicht gleich die ganze Traube.

Noch sind es nur wenige Winzer, die die neuen alten Weinstöcke im rheinhessischen Grundheim bei der Rebschule Martin bestellen. Ulrich Martin, der eng mit Andreas Jung zusammenarbeitet, kultivierte zwanzig der alten Sorten, baut sie an und sucht in seinen Fässern die Zukunft im Alten. Für mich schmeckt der Grüne Adelfränkisch wie ein guter, halbtrockener Riesling, der viele Böden in sich vereinigt, wie ich im Weingut Spanier gelernt habe. Er ist schwer »zugänglich«, wie eine mittelalterliche Handschrift mit ihren Minuskeln, aber je mehr sich die Zunge daran gewöhnt, desto reicher scheint er an Nuancen und Bedeutungen. Der »hunnische« Wein war kein barbarischer Gast aus dem Osten, er war Klimaflüchtling und wird vielleicht zum Retter.

4 Steinhardter Erbsen

Entdeckt wurden die ersten Seekuhknochen im Mainzer Becken an der südwestlichen Steilküste des Rupel-Meers, wo härtere Gesteinsschichten der Brandung Widerstand boten: Noch heute kann man dort bei Eckelsheim die horizontale Einbuchtung erkennen, die vor dreißig Millionen Jahren der Wellenschlag gegraben und über Jahrtausende ausgewaschen hat. Hinter dieser dem Ufer vorgelagerten Halbinsel zog sich das Meer in einem Seitenarm bis weit in das heutige Nahetal hinein, rund dreißig Kilometer Luftlinie südlich des Rheins. In dem subtropischen Klima gab es zwei- bis dreimal so viel Niederschlag wie heute, und große Zuflüsse verminderten den Salzgehalt am Rand des Meeres: Ein gutes Habitat für Seekühe.

In einer solchen früheren Uferzone stehen wir bei Bad Sobernheim in einer Sandgrube, in Steinhardt. Das Rupel-Meer hatte hier seine südlichsten Ausläufer, Meereslagunen, in denen sich feine Sande ablagerten, deren helle Gelb- und Ockertöne zwischen dem meist roten Gestein der Gegend herausstechen. Die ganze Landschaft liegt vor uns wie eine offene Hand, die weite Mulde umstehen Weinberge, deren Laub nun im Herbst gelblich leuchtet. Scharlach- und ockerfarben die abgeernteten Felder, dahinter im Westen die dunklen Fichten und das bereits zitronengelb schillernde Laub der Buchen am Hunsrückkamm. Der Geograph Wouter Südkamp hat uns auf seiner Fossilienexpedition zu dieser Grube geführt. Der gebürtige Niederländer ist seiner Leidenschaft für Fossilien hierher gefolgt und der Liebe wegen im Hunsrück geblieben. Er ist eine Kapazität für Schieferfossilien aus Bundenbach und konnte viele der von ihm präparierten Arten zum ersten Mal wissenschaftlich beschreiben. Seine international beachtete Sammlung ist im Hunsrück-Museum in Simmern zu sehen, aber seine wichtigsten Werkzeuge und ganze Schubladen voller Funde hat er in sein Auto gepackt, aus dem er immer wieder Beispiele hervorzieht, Werkzeuge und Zeichnungen verteilt, damit wir uns in den Jahrmillionen nicht verirren. Aber bevor wir mit ihm auf Schieferhalden klettern, um später auf Picknicktischen an einem Sportplatz das Präparieren von Schieferfossilien zu üben, will er uns die ganze Vielfalt der Fossilienfunde im Nahetal demonstrieren. In dieser Grube bei Steinhardt finden sich die überraschendsten.

In den sandigen Abhängen der Grube stecken überall perfekt runde Steinkugeln und -knollen, manche etwas größer als Tennisbälle, andere wie längliche Walzen. Hebt man sie aus dem trockenen Sand, krümelt er wie Mehl von ihnen ab. Die Steine liegen schwer und massiv wie metallene Bocciakugeln in der Hand. Wir bekommen Hammer und Meißel, um die Steine aufzuschlagen, denn anders als in der Grube Messel oder in den Schiefergruben des Hunsrücks haben sich die Fossilien hier nicht in weichen Tonschichten abgelagert, die unter dem Druck der Jahrmillionen zusammengepresst wurden und sie so konservierten, sondern der Stein ist um ein Fossil gewachsen, wie ein Kristall an einem Faden, der in eine chemische Lösung gehalten wird. Dieser Kern ist das gesuchte Fossil. Um die Kugel aufzuschlagen, brauchen wir schweres Werkzeug – und solide Handschuhe zum Schutz unserer Finger.

Die Steinkugeln sind aus Baryt und galten lange als merkwürdig übernatürliche Erscheinungen: In den Sand eingebettete Kanonenkugeln, tief vergraben, wo niemand vorher gewesen war. Eine Sage erzählt, wie einst ein reicher, aber geiziger Bauer im Frühling seine Erbsen aussäte. Ein armer alter Bauer sprach ihn an, ob er ihm von seinem Vorrat nicht gerade so viel überlassen könnte, damit er seiner hungernden Familie eine Suppe kochen könne. Bis es so weit komme, so antwortete der Reiche, würden alle seine Erbsen zu Stein werden. Wie er weitersäte, spürte er den Sack auf dem Rücken immer schwerer werden, auch alle bereits ausgesäten Erbsen wurden zu »Steinerbsen«.

Erst ein Gymnasiallehrer aus Bad Kreuznach, Karl Geib, konnte 1955 ihre Entstehung erklären. Hier am Ufer des Meeres muss es, wie heute noch im nahen Bad Kreuznach und Bad Münster, barytchloridhaltige Thermalquellen gegeben haben. Die sich im Wasser zersetzenden Organismen und die auf ihnen siedelnden Bakterien setzten Schwefelwasserstoff frei, der sich mit dem Barytchlorid verband und das dichte Mineral entstehen ließ, das sich um die organischen Kerne legte. Der Stein ummantelte die Fossilien, die Mineralien versteinerten sie: Fossil und Stein wurden eins und die organischen Kerne über 30 Millionen Jahre bewahrt.

Wir streifen entlang den Abraumhalden der Sandgrube, um Steinerbsen aufzusammeln. Dann brauchen wir eine feste Unterlage, etwa einen Brocken Bauschutt, um die Steinerbse darauf zu platzieren, sie vorsichtig zu zentrieren, mit dem Hammer auszuholen und sie mit einem kräftigen Schlag aufzubrechen. Wenn das gelingt, springt der Stein um das eingebettete Fossil herum auf. Wenn es nicht gelingt und nur Splitter heruntergeschlagen werden, stößt man nie zu dem verborgenen Geheimnis des Ausfällkeims vor, sondern erhält nur einen Haufen Scherben. Und das ist die Regel.

Die Suche kann alles Gesuchte zerstören. Das ist das Paradox der Fossilien. Es ist, als wäre man mit einer winzigen Taschenlampe in einem gewaltigen Dunkel unterwegs, einem Wald aus Finsternis, in dem man hauchdünne, auf zerbrechlichem Glas belichtete alte Photographien sucht, die sich, sobald man sie im falschen Winkel anleuchtet, in Nichts auflösen. Jahrmillionen haben sie gewartet, und dann genügt ein schiefer Schlag, ein unbedachtes Ansetzen des Meißels, und alles ist hin. Aber wenn man etwas findet, so Wouter Südkamp, dann »überrascht uns die Natur«. Es ist, als könnte sie etwas freigeben, das bei unbedachter Eroberung nur zerbricht. Was würden wir für Wouter Südkamps Fähigkeit geben, einem Stein abzulauschen, ob es sich lohnt, ihn aufzuschlagen. Seine Finger tasten und lesen ihn wie Blindenschrift. Ob sich unter der Verdickung in einer Schieferplatte, die wir als Nächstes untersuchen, tatsächlich eine Koralle oder eine Seelilie befindet oder nur eine mineralische Anomalie – der jahrelange Umgang scheint ihn dafür hellseherisch gemacht zu haben.

Das meiste, was wir finden, ist petrifiziertes Holz. Der Ur-Ellerbach, der hier bei dreifachem Jahresniederschlag vielleicht als kleiner Fluss ins Meer mündete, führte Äste mit sich, und manchmal wurde sogar ein vollständiger Zweig vom Baryt ummantelt: Die größte dieser entdeckten walzenförmigen Konkretionen misst einundsechzig Zentimeter.

Die Steinkapseln sind so hart wie massiv. Der Arm wird schwer vom Klopfen, der Meißel rutscht immer wieder ab, und trotz der Handschuhe gibt es blaue Flecken. Nichts. Nichts. Wieder nur ein kleines Stück Holz. In der nächsten Kapsel steckt ein Baumzapfen, vielleicht, aber als wir es näher untersuchen, ist es wieder ein Stück petrifiziertes Holz, das nur beim Auseinanderschlagen seine tannenzapfenartige Struktur angenommen hat. Bisher ist es das beste Fundstück, und wir legen es zur Seite. Und dann ist Schluss, weiter geht's, Wouter Südkamp treibt zum Aufbruch, im Nahetal warten noch viele Fossilien.

Beim Hinausgehen kommen wir an einer Blechbaracke vorbei, die statt mit Werkzeug kniehoch mit Steinerbsen gefüllt ist. Die Kugeln wurden aus dem leuchtend gelben Sand gesiebt, dessen Farbe so auffällig ist, dass er abgebaut wird, um beim Verlegen von Elektroleitungen eingesetzt zu werden. Öffnen Bauarbeiter einen Gehsteig und sehen diesen Sand, ist Aufmerksamkeit geboten: Vorsicht Strom!

Der Vorarbeiter der Sandgrube erlaubt uns zuzugreifen. Und gleich die erste Kugel, die wir in der Hand halten, zeigt innen das vielleicht Schönste, was in einer Steinerbse zu finden ist. Die Knolle ist in drei Teile zersprungen. Dort, wo sich die grau-ockerfarbigen Teile in der Mitte treffen, ist auf den ersten Blick ein kohlschwarzer Fleck zu erkennen, nicht größer als ein Daumennagel. Von ihm scheinen in regelmäßigen Abständen Federn oder feine Schuppen abzustehen, die nach außen hin etwas breiter werden. Die Zwischenräume sind mit hellerem Mineral gefüllt, als hätte sich zwischen ihnen Quarzit eingelagert und die Schuppen dort, wo sie von dem wegsplitternden Stein dreidimensional freigelegt wurden, so hart werden lassen, dass sie wie bei einem frischen, noch grünen Pinienzapfen eng und fest aufeinanderliegen. Kein Zweifel, es muss solch ein Pinienzapfen sein. Aber er ist schwarz. Nach einem Waldbrand mag er verkohlt in den Ellerbach gespült worden sein, der ihn ins Meer trug. An seinem Ufer geriet er in die warme Strömung einer Thermalquelle, Barytchlorid und Schwefelwasserstoff verbanden sich, umhüllten den Zapfen und ummantelten ihn schließlich mit einer festen Kapsel. Es war ein unendlich langsamer Prozess, der sich über Jahrzehnte, vielleicht Jahrhunderte hinzog. Das Wasser stieg und fiel, der Salzgehalt änderte sich, die Bucht wurde brackig, die Zuflüsse wuschen das Salz aus, der Meeresspiegel stieg wieder, brachte eine steigende Salzkonzentration, Algen wucherten, Seegras wuchs, Seekühe weideten, manchmal erschreckt von einem heranschießenden Hai. Im Sand fand man das Bruchstück einer Seekuh-Rippe, die Spuren einer Hai-Attacke zeigt.

Das ist das Überraschende beim Fossiliensammeln: Plötzlich finden zwei Augenblicke in der Finsternis zueinander, zwei, drei Glasnegative leuchten im Lichtstrahl einer Taschenlampe auf und fallen wieder ins Dunkel zurück. Ein Pinienzapfen, der auf den Wellen hin und her dümpelte, eine herumtreibende Seekuh, ein Hai, der sich zu nah ans Ufer verirrt hat. Vor dreißig Millionen Jahren.

5 Schwimmen

Den ganzen Frühsommertag waren Maria und ich die Hänge der Loreley entlanggestreift, durch den lichten Schatten der Traubeneichenhaine, hatten Segelfalter und die winzigen Goldhähnchen beobachtet und immer wieder den kühlen Fluss tief im Tal glitzern sehen. Die langen Juliabende mit ihrer Helligkeit waren geschenkte Zeit – so blieb uns vor der Rückkehr nach Frankfurt noch eine Stunde: Wir wollten ins Wasser.

Auf halbem Weg zwischen Rüdesheim und Wiesbaden findet sich Walluf, einer der wenigen Orte im Rheingau, der direkt am Wasser liegt – mit einem Biergarten, in dem es kein Bier gibt, sondern Wein. Vor der hohen Terrasse mit den mächtigen Bäumen zieht zwei Meter tiefer der Fluss vorbei. Keine Straße trennt den Garten vom Rhein. Wein aus eigenem Anbau und Mineralwasser gibt es am Kiosk, dazu Brezeln, Landjäger und Salzstangen, der Rest darf als Picknick mitgebracht oder beim Italiener um die Ecke bestellt werden – Telefonnummer und Speisekarte hängen gleich an der Theke. Von den Bänken und Tischen schauen wir über den schmalen Leinpfad, auf dem früher Pferde die mit Fässern beladenen Schiffe den Rhein hinaufgezogen haben. Kühl weht es von dem weiten Fluss hoch, es ist ruhig. Ein Lastkahn hat mitten im Strom Anker geworfen. Das Wasser zieht leise zischend an den Ketten und Stahltrossen der Landungsbrücken. Bis auf die über die Fläche schlingernden Rufe der Enten ist es still. Der Wind stößt in die Bäume, kräuselt den Fluss: eine Einladung einzutauchen.

Die ersten Schritte barfuß über den Kies zum schlammigen Flussbett sind ungewohnt und vorsichtig, als müsste die Tragfähigkeit des steinigen Untergrunds getestet werden. Dann hinein, erst bis zu den

Knien, zwei, drei Schritte, und das Wasser reicht bis zur Brust. Für einen Moment lässt die Kälte überraschend den Umriss des eigenen Körpers spüren, die zarte Grenze der Haut, die eben noch die Sonnenwärme speicherte. Zwei, drei Schwimmzüge flussauf, und ich finde die fließenden Bewegungen der untergetauchten Glieder wieder, meine »Schwimmgelenke«, und versuche, mich langsam gegen die Strömung hochzuarbeiten.

Es ist ein Eintauchen in die Horizontale – in die langen Wasserstrecken zwischen den Inseln und den parallel zum Ufer liegenden Steindämmen, die mit ihren Weiden und Pappeln im Gegenlicht zu schwarzen Silhouetten werden. Die Dämme wurden gebaut, um Wasserstand und Strömung stabil zu halten. Beim Schwimmen bemerkt man, wie gut das gelungen ist: Der Fluss baut einen Gegendruck auf, und um voranzukommen, muss ich mit den Armen heftiger rudern, die Finger weiter spreizen. Im Wasser schlägt das Herz schneller, nicht nur wegen der Kälte, die den Kreislauf hochjagt, sondern auch wegen des ungewohnten Auftriebs. Nach acht, neun Zügen ist es plötzlich nicht mehr kühl, die Haut, die ich eben noch als Grenze spürte, wird zur Membran zwischen dem Fluss und mir, der innere Aufruhr legt sich, und ich spüre den Körper leichter werden. Bewegte ich mich zunächst wie ein schwerfälliger Fisch oder Wasservogel, finde ich bald zu einem Gleiten.

In dem Moment, da die Haut den Temperaturunterschied zum Wasser nicht mehr spürt und wir uns treiben lassen, beginnt ein Schweben, das fast an eine Schwelle reicht, an der sich der Körper – statt in seinen Umrissen definiert zu werden – ausdehnt und weiter wird. Oliver Sacks betonte immer, dass er seine besten Ideen beim Schwimmen entwickelt habe, und beschrieb dieses Zerfließen, in dem der Körper mit dem Wasser eins wird, sogar als Ekstase, als einen Moment, wo der Leib selbstvergessen einen Rhythmus findet und wo die Gedanken im Kopf genauso fließen wie das Element, dem man sich überlässt.

Oliver Sacks schwamm meist in stehenden Gewässern, in Teichen und Seen. Flüsse und Meere sind anders. Die rauen Wellen an der Nordsee unterbrechen immer wieder den Rhythmus der Schwimmzüge, der Blickwinkel verändert sich ständig, kaum ist das Ufer in Sicht, wird es vom nächsten Brandungskamm verdeckt. Einmal liegt der Strand unterhalb, im nächsten Augenblick ist nur die Deichkrone zu sehen. In der Nordsee ist das Schwimmen ein dramatisches Gewoge: Die Gischt schlägt ins Gesicht, und der Geschmack von Salz liegt auf Lippen und Zunge. Beim Schwimmen in einem Fluss gleicht der Blick jedoch dem auf einem See: Aus drei, vier Zentimetern Höhe sieht man das Ufer wie ein Wasservogel. Doch die Strömung, die im See nur an bestimmten Stellen zu spüren ist, stemmt sich einem im Fluss bei jedem Zug entgegen – oder trägt einen beinahe mühelos wie ein Stück Kork auf den Wellen hinab.

Das Plätschern, die Klänge, die wir auf dem Wasser hören oder die beim Untertauchen in unser Ohr dringen, beruhigen uns. Die Distanzen sind andere, das Boot, dessen Schraube noch um uns vibriert, ist schon lange vorbei. Sehen und Hören treten auseinander. Das setzt uns in einen anderen Bezug zu den eigenen Sinnen wie zu den Elementen: Das Wasser isoliert uns von der Erde am Ufer, das Atmen ist weniger selbstverständlich als im Gehen. Wenn wir uns auf den Rücken drehen, scheint der Himmel unmittelbar auf unseren Augen zu liegen, wir fühlen uns den Fischen und Vögeln näher. Der ganze Körper wird vom Wasser getragen, dessen Geräusche in unserem Leib einen Klangraum finden. Lauschen wir auf das Plätschern, ist es, als horchten wir in uns hinein. Indem die Strömung uns mit sich zieht, schließt sie uns gleichzeitig in uns ein.

⋆

Seit ich als Kind in Rhein und Mosel schwimmen ging, dachte ich in diesem blauen Schwebezustand immer wieder an den Schlamm, den Schlick und die im Fluss gelösten Mineralien. Wenn man sein ganzes Leben am Rhein verbringt, so fragte ich mich, hat man dann mit dem Wasser den ganzen Fluss von den Bergen an in sich aufgenommen? Trägt man als Uferbewohner die Geologie des Stroms im eigenen Leib? Wurden die Mineralien zum Baumaterial des eigenen Körpers?

Das waren eher Spekulationen eines Heranwachsenden, der sich in seinem schlaksigen Körper nicht zurechtfand, als eine Ahnung vom *Geological Turn*, der Idee einer geologischen Perspektive oder Wende. Das ist ein Gedanke aus dem Anthropozän, wie viele das jetzige Erdzeitalter nennen, in dem der Mensch zum Hauptfaktor wird, der das Leben und den Zustand des gesamten Planeten bestimmt – und zwar so sehr, dass sich überall zwischen Erdschichten Spuren seines verheerenden Wirkens wiederfinden. Auf Müllhalden entstehen neue chemische Elemente. In Ozeanen drehen sich riesige Inseln aus Plastikmüll. War das Holozän die Epoche, in der der Mensch auf der Welt erschien, ist das Anthropozän die Ära, in der er sie zerstört. Aus dieser Perspektive lässt sich der Körper des Menschen nicht mehr als Sternstaub aus dem All verklären. Als Teil der Schöpfung stehen wir auf der gleichen Stufe mit Spinnen, Asseln und Kühen, mit Algen, Kräutern und Bäumen.

An dieser Stelle meiner Grübelei nehme ich beim Schwimmen einen Schluck in den Mund und spucke ihn schnell wieder aus. Ein kurzer Moment reicht, um mir seinen Geschmack einzuprägen: Hier bei Walluf schmeckt es etwas säuerlich wie Gerbstoffe im Leder, etwas chemisch. Das Aroma von im Wollhandschuh geschmolzenem Schneeball – so war es an den Quellen – hat sich schon lange verloren.

Durch die glatte Oberfläche tarnt das Wasser seine heftige Strömung. Der Rhein ist ein tückischer Badefluss. Jahr für Jahr nimmt er Schwimmer mit sich und gibt sie nicht mehr wieder. Die Badestelle in Walluf wurde mir von einer Freundin aus dem Nachbarort empfohlen, die sich auskennt. So fühle ich mich sicher, obwohl das Baden in einem Gewässer, in dem man nach drei, vier Schritten den Grund nicht mehr sieht, immer ein wenig Überwindung kostet, auch wenn seit langem versichert wird, Schlamm und Schlick seien natürliche Sedimente und nicht mehr der Bodensatz der massiven Verschmutzung der letzten hundert Jahre.

Der Rhein ändert immer wieder seine Farbe, hier ist er oliv-trüb-schlammig: In den Alpen ist er zunächst vor Gischt weiß und sammelt sich in ruhigen Becken zu einem vitriolfarbenen transparenten

Schimmern. Im Hochrhein ist er so glasklar, dass die gut getarnten Fische nur an ihrem über den Grund huschenden Schatten zu erkennen sind. Am Oberrhein ist er trübe und braun, klarer dann im Mittelrheintal, wo die Flusssohle aus Stein und Felsbrocken besteht. Erst am Niederrhein wird er seine Transparenz verlieren und sich nur noch in kiesigen Passagen etwas aufhellen.

Hatte ich eben Granit der Alpen auf der Zunge oder den erdigen Löss des Oberrheingrabens? Der Lehm hinter Worms, Schlacken von der BASF oder das »Rotliegende« vom Steilhang gegenüber dem Kühkopf? Tagträumend lasse ich mich an den kleinen kiesigen Strand zurücktreiben. Schnell in die Kleider und hinauf in den Weingarten.

VII Das Wilde Gefähr

Durch das Rheinische Schiefergebirge

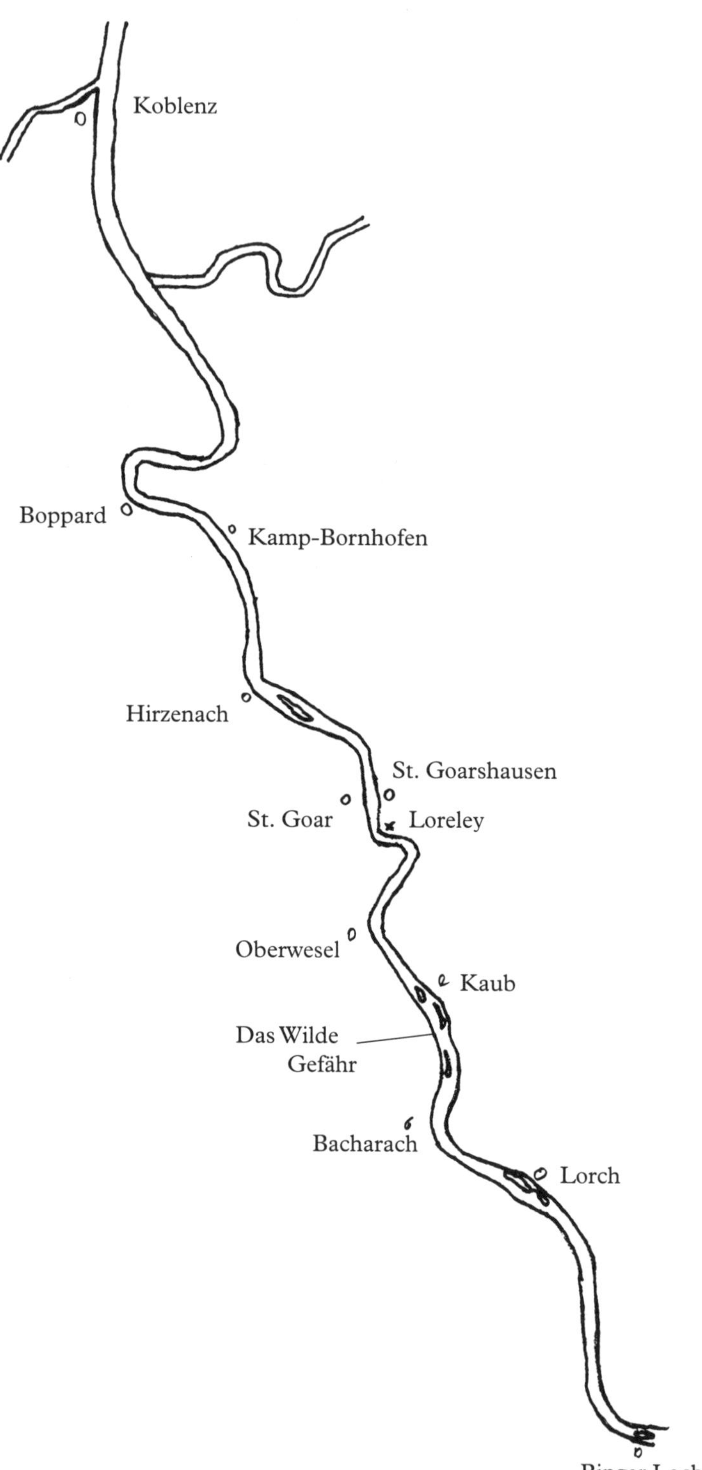
Koblenz
Boppard
Kamp-Bornhofen
Hirzenach
St. Goarshausen
St. Goar
Loreley
Oberwesel
Kaub
Das Wilde
Gefähr
Bacharach
Lorch
Binger Loch

1 Das Wilde Gefähr

Flüsse formen ihr Tal und geben der Landschaft ihr Gesicht. Am Rhein gibt es kaum eine Stelle, an der das so zu erfahren ist wie an seinem Eintritt ins »Gebirg«. Gerade noch fährt der Zug an dichten grünen Pappelreihen vorbei, hinter denen man das Licht des Flusses nur vermuten, aber nicht sehen kann, da treten die eben noch fernen Bergzüge von Hunsrück und Taunus zusammen und bilden fast eine Wand. Bis auf eine Lücke, durch die der Fluss seinen Weg findet. Kurz blinkt unter der Brücke die Nahe auf, die knapp vor dem steilen Hang des Hunsrücks in den Rhein mündet.

Flüsse treten aus Gebirgen, sie entspringen ihnen, doch hier geschieht genau das Gegenteil. Der Rhein durchschneidet ein Gebirge, das sich vor ihm als Wand auftut. Über 120 Kilometer, von Bingen bis Bonn, hat er sich über Jahrtausende eine mehr als 100 Meter tiefe Schlucht in den schartigen Schiefer, über widerständigen Quarzit und durch sanften Sandstein geschaffen: das Rheinische Schiefergebirge.

Der Zug legt sich in die Kurve. Der Mäuseturm. Steindämme erstrecken sich in den Fluss hinein. Da vorne, verborgen durch das dichte Blattwerk der Auenbäume um die Teiche, das Binger Loch. Direkt dahinter ragen noch mehr Untiefen aus dem Wasser: Der Hardstein, der Reiher, die Lochsteine und der Schwarze Leyen, so beginnt eine lange Liste, die sich über die Stromschnellen bei Kaub, das »Wilde Gefähr«, bis Koblenz fortsetzen lässt und deutlich macht, warum die ganze Strecke »Im Gebirg« heißt.

Die Landschaft hat eine Dynamik, in der das Fließen des Wassers, das Ragen der Berge, die zurücktretenden Ufer, die sich entfaltenden Flussbiegungen eine Einheit eingehen, die vielleicht das berührt, was die Seele einer Landschaft genannt werden kann. Das Tal gibt der Erfahrung Farben: das dunkle Grün der Eichen, das hellere Schillern der Pappeln und Weiden, die braunen, purpur und silbrig schimmernden Schieferhänge mit den Weinbergen, eingefasst von hellbraunen Feldsteinterrassen. Dazwischen das Petrolgrün und helle Oliv des Flusses, die glitzernd fließende Schwelle zwischen den Ufern, die sich jeden Augenblick verändert und doch stetig bleibt.

Im Zug mir gegenüber seufzt ein Mann. Wir beide deuten mit dem Kopf zur Aussicht. Es ist ein Ort, an dem die Landschaft zu sich selber zu kommen scheint. Er pendelt von Oberwesel nach Mainz, zweimal am Tag kommt er hier vorbei, doch die Wirkung lässt nicht nach. »Smultronställe« nennen die Schweden einen Ort, wo man mit dem Draußen so vertraut ist, dass es zu einem Zuhause wird. Es ist die Stelle, von der man weiß, dass dort sicher wilde Erdbeeren, smultron, wachsen. Sie rührt an etwas, das man nicht greifen kann, aber das einen vielleicht ausmacht. Es ist nur eine Empfindung, eine Welle der Selbstvergewisserung, ein Selbstgefühl, das sich im nächsten Augenblick vielleicht schon aufgelöst hat. Man vergisst es, bis der Zug wieder dieselbe Kurve nimmt.

*

Flüsse geben einer Landschaft ihr Gesicht, aber die Menschen prägen es. Es gehört zum Geheimnis des Mittelrheintals, wild zu wirken trotz der Gegenwart des Menschen, der seine Hänge mit Weinbergen terrassierte, die Steineichen zu kurzen Bäumen stutzte, um die Rinde zum Gerben von Leder abzuschälen und aus den Stämmen Pfosten für seine Reben zu schneiden. Überall oben auf der Talkante stehen sie in niedrigen Hainen, deren tief blaugrünes Laub mit dem hellen Gras am Waldboden kontrastiert. Kiefern haben sich dazwischengestohlen. Weit geht der Blick über das Tal, Eidechsen huschen unter den Stämmen über Steine, wilder Thymian duftet. Diese lichten, beinahe mediterranen Eichenhaine, die Auen mit Kopfweiden wie am Kühkopf, die Feldsteinmauern der Weinberge, sie wurden zu einer zweiten Natur. Heute sind beide, Wälder wie Weinberge, oft aufgegeben, und ihre Stützmauern verwildern zu Ruinen, als würden sich die umgestürzten Wehrmauern von Burgen endlos über die Hänge ziehen.

Die Burgen selbst werden oft als Zeichen einer wilden, ungezähmten Zeit wahrgenommen. Aber mit allein sechzehn Zollstationen zwischen Koblenz und Bingen, die von Türmen und befestigten Stationen aus überwacht wurden, war der Schiffsverkehr seit dem Mittelalter administrativ so engmaschig erfasst wie die Lachsgründe und Fischereirechte, die als Lehen an Klöster vergeben wurden und wertvolles Unterpfand bei feudalen Verhandlungen waren. Dazwischen lagen freie Städte, manche, wie Bacharach und Lorch, einander fast direkt gegenüber, und alle von beachtlichen Stadtmauern und Privilegien geschützt: In Bacharach mussten wie in Köln alle Waren von den Schiffen geladen und den einheimischen Kaufleuten angeboten werden – das Stapelrecht –, erst dann konnte die Reise fortgesetzt werden. Könige wurden auf dem Königsstuhl in Rhens gegenüber der nahen Lahnmündung gekürt, wo die Territorien von vier Kurfürsten zusammenliefen. Das Gebirge war keine abgelegene wilde Gegend, zu der es die Rheinromantik des 19. Jahrhunderts gern stilisieren wollte, sondern eine Haupteinflusszone der damaligen Politik und Diplomatie

Und doch scheint dicht unter der Haut des Tals etwas Unzähmbares verborgen. Auf den nackten Felswänden wachsen meist nur Moose, Flechten und karge Kräuter, in den Spalten klammert sich da oder dort eine Kiefer oder Birke fest. Im warmen Wind, der den Geruch von Kräutern, wildem Majoran und Salbei hochträgt, gaukeln Segelfalter, groß wie Handteller und zitronengelb wie Schwalbenschwänze. Rutschige Steinhalden aus kleinen Schieferplatten und Quarzitgeröll ziehen sich grünlich zwischen hellen Steineichenhainen von den Hängen bis fast zum Rhein hinunter, den man mit Buhnen und Dämmen in ein Bett drängen, aber nicht wirklich zähmen kann. Überall offenbart sich die Zähigkeit, mit der sich die Natur immer wieder ihren Platz zurückerobert, wenn die vernachlässigten Stützmauern von aufgegebenen Weinbergen einstürzen und der Wald von der Talkante nach unten kriecht, erst als dichtes Gebüsch aus Brombeeren, dann mit Ebereschen, buschigem Ahorn und Birken, die im Herbst scharlachrot und gelb zwischen den Kiefern über den gelben Laubreihen der Rebenhänge schillern. Dichte Nebelschleier wehen vom Fluss auf, und die Sonne über dem Hunsrück zeichnet die Burg am Ufer gegenüber als Schattenriss auf die bewegliche Leinwand aus Dunst und Grau über dem Fluss.

2 Im Schiefer

Das Rheinische Schiefergebirge, durch das sich der Rhein seine enge Schlucht gegraben hat, ist eigentlich ein Nachbar der Bretagne, denn beide Felsformationen entstanden mit der Bildung unseres Kontinents Europa vor mehr als 340 Millionen Jahren und waren einst Teil eines durchgehenden Gebirgszugs. Damals stießen zwei Urkontinente zusammen: Von Süden her schob Gondwana, das Ur-Afrika, zuerst eine Reihe von einem Urmeer umgebener Kleinkontinente zusammen. Sie legten sich mit den Sedimenten des mehrere Millionen Jahre älteren Meeres in Falten und wurden von dem nicht nachlassenden Druck Gondwanas auf die zweite große Kontinentalplatte aufgeschoben, Laurussia, das als Landmasse Ur-Europa und Ur-Amerika in sich vereinte.

Dabei wurde die Fläche des einstigen Meeresbodens mit den Gesteinen der Kleinkontinente auf ein Drittel ihres Umfangs zusammengepresst. Die Ablagerungen und Sedimente des Meeres wölbten sich auf, ragten steil, fast senkrecht, empor, überschlugen sich und legten sich in Falten. Durch den hohen Druck und die hohe Temperatur bildeten sich aus ihnen neue Gesteine: Aus dem abgelagerten Ton wurde Tonschiefer, aus Sandstein Quarzit. Durch Spalten und Klüfte stieg Wasserdampf hoch und lagerte in ihnen Quarz und Erz ab. Den Tonschiefer sollte man noch bis vor wenigen Jahren in Kaub oder auf dem Hunsrück als Dachschiefer abbauen, Quarzit bildet den Felsrücken des Taunus und tritt in Klippen als »Marmorsteine« zutage. Erz wurde überall am Mittelrhein gefördert, vor allem in den Bergwerken in der Nähe der Lahnmündung.

Aus dem flachen Meeresboden, dessen 440 Millionen Jahre alte Bewohner heute noch als Fossilien zwischen den Schieferplatten gefunden werden, war ein gewaltiges Hochgebirge geworden, das viele hundert Kilometer lang und im Schnitt 5000 Meter hoch war. Das Variskische Gebirge, wie man es nach dem germanischen Volksstamm der Varisker benannte, war größer und höher als die Alpen und so mächtig wie das heutige Tibetische Hochplateau. Der nördliche Zug reichte vom heutigen Westpolen über Böhmen und Österreich quer durch Deutschland, Belgien bis in die Bretagne, nach Cornwall, Wales und Südirland. Sogar an der kanadischen und amerikanischen Ostküste sind heute seine Fortsetzungen zu finden: Neufundland und die Appalachen. Es gab daneben einen südlichen Zug, der von Sardinien über die Balearen und die Iberische Halbinsel zum Hohen Atlas in Nordafrika reichte. Die heute isolierten Gebirgsinseln bildeten einst eine gewaltige Bergkette.

Bereits im nächsten Erdzeitalter, dem Perm, 100 Millionen Jahre später, war die Erosion des Variskischen Gebirges weit fortgeschritten. Es hatte sich der Superkontinent Pangaea gebildet, der vom Nord- zum Südpol reichte und alle Kontinente in sich vereinigte. »Europa« lag nun auf der Höhe des Äquators, überschwemmte Gebiete wurden zu Wüsten, und aus Wüsten wieder Sümpfe. Je höher ein Gebirge ist – und das Variskische Gebirge war das höchste, das die Erde je hatte –, desto größer ist seine Reliefenergie: Ein hoher Wasserfall gräbt sich tiefer ins Gestein und trägt mehr Schutt ab als ein Bach auf der Wiese. In den Jahrmillionen büßte das Gebirge wesentlich an Höhe ein, bis es nur noch – in der Sprache der Geologie – eine »permische Rumpffläche« bildete. Es kam zu Brüchen in der Erdkruste, Vulkane brachen aus, die Kontinentalplatten drifteten auseinander: Aus den Gebirgsbögen wurden Variskische Inseln. Gewaltige Schuttmassen von erodiertem Gestein lagerten sich an den Rändern ab. Es bildeten sich Sedimentfächer, wie jene südlich von Bingen, wo das »Rotliegende« Gestein Laurussias wieder zutage tritt. Erst 200 Millionen Jahre nach dieser permischen Reduktion setzte im Süden die Bildung eines neuen Gebirgskamms ein, der Alpen, und es kam zu einer erneuten Hebung, die heute noch anhält.

Die Quellen des Rheins liegen heute in den Alpen, aber sein Bett verdankt der Strom diesem Variskischen Gebirge, denn er durchfließt alle vier Zonen, in die man die nördliche Variskische Kette gliedern kann. Als nördlichstes Gebiet ist dem Schiefergebirge eine Saumsenke vorgelagert. Im Wechsel von tropisch heißem Klima mit Sumpfwäldern und folgenden Meeresüberschwemmungen bildeten sich hier mächtige Steinkohlelager, die für die Industrialisierung des Rheins entscheidende Bedeutung gewannen: das Ruhrgebiet. Das sich anschließende Schiefergebirge gehört mit dem Harz und den Ardennen zur Rhenoherzynischen Zone (der Name ist aus den lateinischen Namen von Rhein und Harz gebildet). Südlich der Mitteldeutschen Kristallinschwelle mit dem Odenwald durchfließt der Rhein die Moldanubische Zone mit den Vogesen und dem Schwarzwald: Bis auf die Alpen stammen alle Gebirge, die den Lauf des Rheins bestimmen, aus der Zeit der Entstehung des Kontinents.

*

Von den Höhen des Rheintals gesehen, etwa von der Felskanzel stromauf der Loreley oder vom Zugfenster aus, fällt auf, dass alle Schichten des Schiefergebirges einer Richtung folgen: von Südwest nach Nordost. Das ist die »Streichrichtung«, wie es in der Geologie heißt. Sie hat für immer die Stoßbreite im Stein festgehalten, mit der die Kontinentalplatten von Gondwana und Laurussia zueinander drifteten und kollidierten. Das Tal des Rheins zwischen Bingen und Bonn verläuft beinahe senkrecht zu dieser Richtung. Sieht man von der Passage zwischen Oberwesel und der Loreley sowie der Flussschleife bei Boppard ab, verläuft sein Bett, im Gegensatz zu der mäandernden Mosel, beinahe in einem Graben. Dieser folgt einer Querstörung des Gebirges, in deren Mitte das sich senkende Neuwieder Becken für so viel Gefälle sorgte, dass es das Wasser an sich zog und den geraden Lauf noch weiter begünstigte.

Wie wir aus Ablagerungen auf den Höhen über dem Mittelrheintal schließen, muss es vor drei Millionen Jahren, als das heutige Gewässersystem langsam Gestalt annahm, zwischen dem Mainzer und dem Neuwieder Becken eine Verbindung quer durch das Schiefergebirge gegeben haben. Die heutigen Hauptterrassen entstanden, als der Ur-Rhein zur Zeit der Dinotherien etwa dort, wo heute Bingen liegt, in den Ur-Main mündete und von dort auf einer Breite von 20 Kilometern über das Gebirge floss.

Man erkennt die Hauptterrassen am besten, wenn man auf den Plateaus des Hunsrücks oder des Taunus oberhalb des Rheins wandert, etwa auf den höheren Partien des Rheinsteigs. Die Landschaft scheint sich auf einer breiten Fläche leicht dem Fluss entgegenzuneigen. Der Rhein selbst liegt zu tief im Tal, um von hier gesehen zu werden, stattdessen geht der Blick weit über eine sanfte Senke mit fruchtbarem Land, die sich über dem gegenüberliegenden Ufer fortsetzt und erst vom Horizont der Gebirge begrenzt scheint. Diese ganze Fläche hat einst dem flachen Strom gehört.

Oft folgt der Rheinsteig jedoch dem steil abfallenden Rand der jüngeren Hauptterrassen, direkt auf der Kante der eigentlichen Schlucht. Zur Zeit ihrer Entstehung vor 800 000 Jahren kam es aufgrund der Eiszeiten zu großen Klimaschwankungen. Das Mittelrheintal selbst war nie vereist gewesen, aber es gab sowohl Kaltzeiten, in denen Mammuts und Wollnashörner über die Steppe zogen, als auch wärmere Perioden, in denen Flusspferde im Wasser grasten. Währenddessen trieb der Strom sein Bett allmählich in den Fels hinein. In kalten Zeiten machte Frost das Gestein porös und sprengte es auf, in warmen Zeiten half die gestiegene Wassermenge, den Flusslauf von Schutt zu räumen und ihn tiefer zu graben.

Im Lauf der Zeit senkte sich weit im Süden am oberen Ende des Flusses der Oberrheingraben, und der Strom erhielt über die Aare Anschluss an die Schmelzwassermassen der Alpen. Der Wasserstand stieg damit gewaltig, und der Flusslauf veränderte sich: Statt bei dem heutigen Bingen in den Main zu münden, trafen sich beide auf der Höhe von Mainz. Im Mittelrheintal hatte sich das Flussbett schon so weit eingegraben, dass der Strom es trotz der anhaltenden leichten Hebung des Schiefergebirges nicht mehr verlassen konnte: Er konnte sich nur immer tiefer hineinarbeiten.

Diese Prozesse geschahen nicht immer allmählich, sondern oft in Stufen, die man an den Talhängen des Rheins ablesen kann, am eindrücklichsten an der Mittelterrasse, auf der die Burgen stehen.

Sie befinden sich meist im oberen Drittel des Hangs, wo der Strom bei seinem Einschneiden ins Tal eine Art Absatz mit vielen Felsdornen stehengelassen hat – ideale Standorte für Befestigungen und Wachtürme, um den Rhein im Blick zu behalten. Unterhalb von ihr liegt die jüngere Mittelterrasse, auf der Siedlungen, Straßen und Eisenbahndämme errichtet wurden. Unmittelbar am Rhein finden wir die Niederterrassen, die wie die Werthe und Layen – die Inseln und Klippen – regelmäßig vom Hochwasser überspült werden.

Wie stark der Rhein der Hebung des Schiefergebirges entgegenarbeiten musste, wird deutlich, wenn man die Höhe der Niederterrassen vergleicht: Mainz, zwanzig Stromkilometer vor dem Eingang in die Schlucht, liegt achtundsechzig Meter über dem Meeresspiegel, Rüdesheim, unmittelbar davor, jedoch zweiundsiebzig Meter. Um diese vier Meter musste sich der Fluss über die Strecke des Rheingaus hinweg tiefer graben. Es wurde errechnet, dass er sich während der letzten 100 000 Jahre im Schnitt alle 1000 Jahre 16,5 cm tiefer eingeschnitten hat, 16,50 Meter insgesamt. Hypothetisch auf die letzten 800 000 Jahre hochgerechnet, in denen sich der Rhein seine Schlucht grub, ergäbe das mehr als 130 Meter.

Sein heutiges Bett wird der Fluss erst vor 10 000 Jahren ausgeprägt haben, zur gleichen Zeit, als sich der Bodensee bildete, der den Anschluss an den Alpenrhein herstellte. Damals lag vor dem heutigen Mündungsdelta in den Niederlanden keine Nordsee, sondern ein Festland, das später unterging. Die Menschen in diesem Doggerland waren Jäger und Sammler und lauerten am Ufer mit Speeren auf Lachse. Erdgeschichtlich gesehen ist das alles eben erst passiert.

Doch die fein gezeichneten Seelilien und handtellergroßen Seesterne, die sich als Fossilien zwischen den dünnen Schichten des Hunsrück-Schiefers finden, sind 400 Millionen Jahre alt und lebten in dem Meer, dessen Sedimente zum Variskischen Gebirge zusammengeschoben wurden. Wenn wir mit dem Finger über sie streichen, berühren wir Mineralien, die älter sind als unser Kontinent. Die Fossilien sind unsere unendlich fernen Nachbarn. Jede der Versteinerungen ist in ihrer Zeit an einem Ort eingeschlossen, der unsere

Koordinaten trägt, doch wir und sie befinden sich in ganz verschiedenen Räumen. Die Erde hat einen anderen Begriff von Stetigkeit und allmählichem Wandel. Dort liegt das Tal: ein gewaltiges Beispiel für die geduldige Hartnäckigkeit der Zeit.

3 Seelilien

Wir stehen in einer großen Höhle achtzig Meter tief im Gestein des Hunsrücks. Herr Endress tastet mit dem Schein der Taschenlampe den von der Decke fallenden Vorhang aus Schiefer ab. Große Gesteinsplatten wurden hier von unten senkrecht aus der Decke gebrochen, und es entstand eine scharfe Sägezahnkante, die mitten in dem dunklen Raum hängt und wie eine Kette aus Stalaktiten in einer Tropfsteinhöhle wirkt. Doch die Farben fehlen. Hier ist alles schwarz und schartig, und wenn sich eine geschmeidigere Kuhle gebildet hat, dann von den Schritten der Bergleute, die hier bis vor dreißig Jahren über fast ein Jahrhundert Schiefer abgebaut haben. Sie schlugen zuerst die große Höhle in den Fels und bohrten sich dann in zahllosen Stollen weit in den Stein. Zunächst mit Hand-, dann mit Pressluftbohrern, mit Meißeln und primitiven Steinsägen – nicht mit den Diamantscheiben wie in den modernen Schieferbergwerken in Spanien, die das Geschäft übernommen haben, seit hier die Gruben geschlossen wurden. Sechshundert von ihnen soll es im Hunsrück, am Rhein und in der Eifel gegeben haben. Mit dem Schiefer wurden Dächer gedeckt, Häuser verkleidet, Böden ausgelegt und Küchen gebaut. Durch seinen leichten Ölgehalt ist Schiefer von Natur aus gegen Nässe imprägniert, etwas Besseres gibt es nicht, sagt Herr Endress.

Mit Zündhütchen und Zündschnüren, mit Schwarzpulver und Karbid wurde der Stein aus der Wand und von der Decke gebrochen. Der Lärm in der Grube, in der fünfzig bis sechzig Kumpel gleichzeitig arbeiteten, muss alles durchdrungen haben. Schreie, das Krachen; das Kreischen der Seilwinden, mit denen die Steinplatten aus ins Tiefe führenden Stollen nach oben in den großen Saal gewuchtet und in polternden Loren weitertransportiert wurden;

das Ächzen der Bergleute, denen nichts anderes übrigblieb, als die Schieferplatten auf dem Rücken zur Lore, dem »Hunt«, hochzustemmen; das Rattern der Pressluftbohrer; der Widerhall aus dem Zwielicht der Stollen, Gruben, Höhlen, das Rumpeln auf den Gleisen, wenn das Gestein nach draußen gebracht wurde. Erst hier am Tageslicht konnte die Ausbeute geprüft werden, die »Leyenbrecher« mit Trennhämmern und Knüppeln zu Dachschiefer aufspalteten und zu Schindeln zurechtklopften.

Stießen die Bergleute auf Quarz, mussten sie sich an den Adern vorbei- oder durch sie graben. Manchmal war überall nur bröckeliges Gestein, und der Tag, an dem man einen Stollen rund 1,20 Meter in die Wand getrieben hatte, war vertan. Die meisten Bergleute begannen mit vierzehn Jahren, gleich nach der Schule, als Handlanger, mit fünfzig waren sie verbraucht, mit fünfundfünfzig – falls sie so lange durchhielten – starben die meisten an Silikose: Ihre Lunge wurde zu Stein. Es gab metallene Helme, aber keine Schutzanzüge, keine Staubmasken – nur am Ende der Arbeitswoche, am Samstag, eine braune Lohntüte mit abgezähltem Geld. Fernab vom Rhein mit dem Wein und den Touristen, gehörten der Hunsrück und die Eifel zu den ärmsten Winkeln Deutschlands. Und gestorben wurde hier schnell. In den von Pastoren geführten Sterbebüchern der Bergbaugemeinden Müllenbach und Masburg hat der Eifler Schieferverein Kurzbiographien gefunden, die Mühsal und Tragik in wenigen Zeilen konzentrieren:

> 15.08.1839 Hölzer Urban aus Müllenbach, 36 Jahre alt, Ehemann von Maria Elisabeth Welter, starb durch Steinschlag in der Schiefergrube und hinterließ drei Kleinkinder und eine schwangere Frau.
> 22.02.1853 wurde Welling Johann Josef aus Müllenbach durch einen Steinschlag im Bergwerk getötet.
> 09.03.1853 Auf der Grube »Olligskaul I« bei Laubach wurden zahlreiche Bergleute verschüttet. Der Grubeneingang brach zusammen und 16 Bergleute waren 16–18 Stunden unter Tage eingeschlossen. Glücklicherweise wurde aber keiner verletzt oder gar getötet. Bemerkenswert ist, dass der zuständige Revierbeamte erst Wochen nach dem Unglück Kenntnis davon erhielt.

08.04.1854 Kronz Anton aus Laubach, ca. 44 Jahre alt, verheiratet mit Maria Elisabeth Steffesmies und Vater von 9 Kindern, von denen aber bereits fünf im Kindesalter verstorben waren, starb plötzlich in einer Schiefergrube bei Kaisersesch.
8.10.1876 Lehnen Peter aus Müllenbach, 22 Jahre alt, der nach seiner Heirat mit Barbara Scheid nach Masburg verzogen war und Vater von 3 Kleinkindern war, verunglückte tödlich in der Schiefergrube »Heidenloch«.

Nach der Arbeit in den Gruben sind die meisten abends noch aufs Feld gegangen: Ohne Kartoffelacker und Garten, ohne Ziegen und Stallhasen, ohne sauer eingelegte Rüben, in Gläsern konserviertes Obst und Gemüse oder eigene Fleischkonserven wären sie nicht über den Winter gekommen. Ging es besonders gut, gab es sogar eine Kuh für die Milch und eine Sau zum Schlachten im Herbst. Das war auf allen Dörfern bis zur Ankunft der Tiefkühltruhen so. Meine Großmutter war die Tochter eines Metzgers und wusste, wie das geht, das Einwecken und das Schlachten.

Die Maurer, die morgens noch im Dunkeln aus den Moseldörfern nach Koblenz wanderten, um für Bahnhöfe, Brücken und Kasernen Ziegel zu legen, waren nicht der Staublunge ausgesetzt, dem Tod des Bergmanns. Im Schacht war das Husten allgegenwärtig, es hing wie eine Drohung zwischen den Holzbalken, mit denen man die Decken und Stollen abstützte. In jeder Grube gab es im Hunsrück im Jahr mindestens einen Toten.

Der Tod lauerte überall. Hier genauso wie in den Erzminen bei Sankt Goar, wo man den Schacht in die Tiefe und die Stollen bis weit unter das Bett des Rheins getrieben hat. Schon bei der Vorstellung, in mit Holz abgeteuften Stollen unter dem Strom nach Erz zu graben, wird einem schwindlig.

*

Jetzt ist es ganz still im Stollen, wir sind allein. Feuchtigkeit setzt sich auf die an der Wand ausgestellten Werkzeuge. Der Rost bildet Beulen auf dem Metall und blättert in Schuppen ab. Das Holz der Hämmer und Schlegel ist von Schimmel überzogen. Am Ende des Stollens zur Munitionskammer steht ein kleiner See. Seit die Grube geschlossen ist, gibt es keinen Staub mehr, die Luft ist so rein, dass hier unten sogar ein Therapieort für Atemwegserkrankungen eingerichtet wurde – eine wie ein Kinosaal bestuhlte Höhle für das Dunkel.

Auf der Rückseite des »großen Saals« mit dem Vorhang aus schartigem Stein wurden dicht beieinander in dem rauen Fels mit seinen Zacken und Graten zwei riesige senkrechte Flächen herausgearbeitet. Spiegelglatte, überdimensionale Schiefertafeln. Jede misst zwei mal zwei Meter, aber über beide zieht sich ein Muster aus angeschnittenen Kreisen. Auf den ersten Blick könnte es ein abstraktes Bild sein, doch warum hier? Wir raten ein wenig, bis Herr Endress das Rätsel löst: Prähistorische Schuppenbäume sind hier im Felsen konserviert – die Stelle wurde freigelegt, als man unmittelbar nebeneinander zwei große Blöcke heraustrennte, deshalb die Naht in der Mitte. Sie zeigen das größte im Bundenbacher Schiefer je gefundene zusammenhängende Fossil. Zu groß, um es aus dem Bergwerk zu schaffen, ohne es in kleine Teile zu zerbrechen. So müssen wir hinunter.

Er fährt mit der Lampe die Zeichnung entlang. Die Borke des Stamms sieht aus wie eine riesige Raspel aus länglichen Waben. Die Umrisse der Schuppen sind nun in den Stein gestempelt, ein Netz, eine Schlangenhaut, ein 400 Millionen Jahre alter Baum. So alt sind die Zeugen einer Zeit, als das Leben gerade dabei war, das Wasser zu verlassen, um das Land zu erobern.

Überall auf der Welt werden Fossilien aus Bundenbach und Umgebung in naturhistorischen Sammlungen, oft neben den Exponaten aus der Grube Messel, ausgestellt. Es ist ihre Fülle, die den Fundort, vierzig Kilometer Luftlinie westlich des Rheins, so besonders macht – nirgendwo wurden so nah beieinander Fossilien von so vielen verschiedenen Tier- und Pflanzenarten gefunden.

Wie in der Grube Messel ist der Schiefer durch Ablagerungen von Ton in einem Gewässer entstanden, das so sauerstoffarm war, dass Tiere und Pflanzen darin abstarben und von niedersinkenden Sedimenten als Fossilien konserviert wurden. Doch hier handelte es sich nicht um den stillen Kratersee eines Vulkans vor 48 Millionen Jahren, sondern um einen Meeresboden vor 400 Millionen Jahren. Im Grunde stehen wir im Keller Europas: Auf dem Meeresgrund, den Gondwana, das Ur-Afrika, langsam auf den Urkontinent Laurussia, das Ur-Europa, aufgeschoben hat. Bei Bundenbach verdichtete sich dabei der Meeresboden von siebenundzwanzig Kilometer auf vierzehn. In den zwischen Tonschichten konservierten Tierkadavern und Pflanzenresten sammelten sich Erze oder Kieselsäure an. Die Fossilien versteinerten und wurden gemeinsam mit dem Schiefer zu Material der Variskischen Gebirgsbildung. Sie wurden gestaucht, gefaltet und mit ungeheurem Druck weiter zusammengepresst, bis die Gesteinsplatten vom Boden des einstigen Meeres hier tief im Berg abgebaut werden konnten, damit sie – seit der Römerzeit – Dächer decken.

Der Baum an der großen Wand wird im seichten Uferbereich des Meeres gestanden haben, aber die meisten Fossilien entstammten dem Meer selbst, in dessen Tonschlamm sie archiviert wurden. Die Bergleute werden sich über die Knoten und Knubbel in den Dachschieferplatten gewundert haben, aber erst vor knapp 200 Jahren verstand man ihr Geheimnis: In ihnen versteckten sich nicht Zeugnisse der Sintflut, sondern prähistorische Pflanzen und Tiere aus einer unvorstellbaren Vergangenheit, hervorgegangen aus der »kambrischen Explosion«, als innerhalb des kurzen Intervalls von fünf bis zehn Millionen Jahren alle heutigen Tierstämme auftauchten. Kratzt man an den Wülsten im Stein oder trägt sie mit Schaber, Skalpell und Nadel Schicht für Schicht ab, scheinen sich Seelilien wie Blumen aus den glatten, sanft wirkenden schwarzen Schieferplatten hervorzupressen oder in sie zurückzufliehen.

Die Seelilien wirken wie zarte Pflanzen, aber es sind Tiere: Stachelhäuter, Verwandte der Seeigel, Seegurken oder Seesterne, die auf manchen Platten gleich neben ihnen auftauchen. Die versteinerten Fächer der Seelilien sind keine Blütenblätter, sondern die gefiederten Arme eines Kelches, in dessen Mitte eine Mundöffnung liegt, in die die Arme das Plankton hineinfächeln. Blattförmige Krebse streben aus dem Dunkel des Steins auf uns zu, ihre Fühler, Beine und

Tentakel zeichnet das Relief nach, als wären sie erst gestern in den Fels geraten. Sie wirken wie mikroskopisch vergrößerte Milben oder Krebse aus Gemälden von Hieronymus Bosch. Der sauerstoffarme Schlamm hat die Weichteile der Tiere bis in die Details bewahrt: Ein Sonnen-Seestern mit sechzehn Armen um einen gezackten Mund liegt im Stein wie eine gepresste Blüte zwischen den Seiten eines Herbariums. Es gibt kieferlose Fische, die wie Rochen in Rüstung wirken und von denen die Neunaugen im Rhein die letzten lebenden Verwandten sind. Daneben finden sich die ersten mit Knochenschilden bewehrten, beinahe ausgestorbenen Panzerfische, die »Mondsichelfische« heißen und genauso aussehen – flach wie Rochen mit einem langen Stachelschwanz und einem mondsichelförmigen Körper, das Maul wie eine weite Reuse. Sie hatten als erste Lebewesen einen Kiefer.

Neben den Seelilien weisen die Trilobiten die zahlreichsten Exemplare und Arten auf. Sie wirken wie gigantische Asseln: Es sind im Schlamm wühlende Aasfresser mit großen Augen auf der Oberseite ihrer Schalenskelette. Sie wirken wie auf Spielzeuggröße angewachsene Käfer, wie mit Augen versehene Kinderschuhe. Weil man sie fast überall fand, sind sie zu Leitfossilien der Geologie geworden, da aufgrund ihres Vorkommens überall auf der Erde Gesteinsschichten datiert werden können.

Die meisten dieser Tierarten sind heute ausgestorben oder kommen, wie die Seelilie, nur noch in unzugänglichen Regionen wie dem vulkanischen Milieu der Tiefsee vor. Aber damals muss die Evolution einen wilden Karneval gefeiert haben. Wie in einem Testlauf scheint in dieser Zeit die Beschleunigung vorgezeichnet, mit der in den nächsten Erdzeitaltern Insekten, Saurier und schließlich Säugetiere die Herrschaft an sich nahmen.

Im Schwellenbereich des Meeres gab es neben den Seelilien Korallen und Schwämme, am Küstensaum standen neben den Schuppenbäumen Urfarne und Urschachtelhalme. Im Stillwasserbereich des tropischen Meeres lebten die meisten der über 270 hier entdeckten Tierarten: Kopffüßler, die wie in Schultüten verirrte Einsiedlerkrebse wirken, Seesterne, die mit ihren fünf Armen nicht anders aussehen als die heutigen Vertreter, daneben verschlungene Schlangensterne und Panzerkrebse – jedes Tier, das der Präparator aus dem Stein gräbt, scheint eine Art für sich zu reklamieren.

Mit der Hand streiche ich über einen Stein und fahre dem Halbrelief eines Seelilienstiels nach. Das tote Tier fiel im Schlamm auseinander, und seine Gestalt zerbrach. Der Kelch ist vielleicht auf einer benachbarten Schindel zu finden, die auf irgendein Dach im Hunsrück genagelt wurde. Aber die Fragmente ihres aus kleinen Segmenten bestehenden Stiels sind hier. Ich kann sie einzeln mit den Fingerkuppen spüren. Die ganze Scheibe ist nicht größer als ein Schulheft und erstaunlich leicht, und wenn ich mit dem Stift dagegen schlage, klingt sie wie die Scherbe einer Schale. Das Gewebe der Seelilie reicherte sich vor Jahrmillionen mit Mineralien an und wurde zu Stein. Das Meer ist verschwunden, die Seelilie wurde im Sockel eines Gebirges vergraben, das sich nach und nach hob und gleichzeitig von oben abgetragen wurde. Bis sie so weit nach oben gewandert war, dass sie in unserem Stollen hier im Herrenberg erschienen: die Umrisse eines Wesens von vor 400 Millionen Jahren, zu ertasten wie eine Blindenschrift, wie ein abgerissener Faden aus dem Code des Lebens.

4 Im Gebirg

Wenn der schiffbare Rhein einen Mittelpunkt hätte, dann läge er genau vor Sankt Goar. Gerade hat der Fluss die Felsschlucht mit der Loreley passiert, die engen Kurven mit Riffen und Kiesbänken, da lassen die Untiefen, die Gegenstömungen und der angespülte Sand ihn hier zu einem Gewirr werden, dem »Gewerre«. Wollte man diese Stelle passieren, hat man in früheren Zeiten Frauen und Kinder von Bord geschickt.

Unter Schiffern heißt die ganze Strecke von Sankt Goar stromauf bis Bingen »Im Gebirg«. Die Berge und der Fluss, die steilen, bald senkrechten Hänge mit Klippen und Felskanzeln, die schartig aus dem Wasser ragenden Riffe und Inseln, die Sandbänke im Strom scheinen in endloser Folge ineinandergestaffelt. Steht man im Wasser, kommt einem die Strömung so stark entgegen, dass man das Gefälle der felsigen Flusssohle zu spüren meint, fährt man im Kanu hinunter, wechselt das atemberaubende Panorama mit jeder Bewegung wie in einem Naturkino.

*

»Kopf runter!« – Friedjo Goedert ist einer der letzten Lotsen von Sankt Goar. Schon als Kind ist er mit seinem Vater in der Schaluppe mit dem breiten, aber flachen Bug zu den großen Raddampfern gerudert. Mit zwei Tauen wurde längsseits festgemacht, über eine schwankende Leiter ging es aus dem auf den Wellen tanzenden Kahn hoch an Bord, wo der Vater auf der Brücke am Steuer das Kommando übernahm – von Sankt Goar bis Kaub, von dem Schwarzgrund, dem Gewerre zur Rauscheley. Weiter als diese achteinhalb

Stromkilometer war er als Lotse nie unterwegs, dort übernahm ein Kollege aus Kaub und führte das Schiff weiter bis hinter das Binger Loch. Aber auf ihren achteinhalb Kilometern kannten die Goederts jede Untiefe und jedes Riff.

Wir sind im Wahrschauer- und Lotsenmuseum in Sankt Goar verabredet. Das Museum ist, nachdem sich die Euphorie um die Wahl des Oberen Mittelrheintals zwischen Koblenz und Bingen zum UNESCO-Welterbe gelegt hat, wegen Personalknappheit geschlossen. Die Radfahrer, die den Weg bis Sankt Goar fast geschafft haben, lassen es lieber auf dem Marktplatz bei einem Bier ausrollen, statt hier vom Sattel zu steigen.

Goedert ist einer der Initiatoren des Museums, er hat einen Schlüssel und ist hier zu Hause. Wir ziehen die Rollläden hoch, drehen die Stellwände um und schauen hinaus auf den Fluss, der um die Ecke schießt. Das Wahrschauerhäuschen, das das Museum beherbergt, ist ein kleiner Raum, der wie eine Kanzel direkt über dem Wasser thront, genau hier am Bankeck, dem Punkt der engen Flusswindung, wo der Fels so weit vorspringt, dass die Biegung für die Schiffer nicht einsehbar ist. Von den Fenstern aus geht der Blick jedoch ungehindert stromauf zur Loreley, stromab bis Sankt Goar und Sankt Goarshausen. Von Oberwesel an gab es vier weitere solcher Wahrschauerstationen, an denen früher bestimmte Flaggen die bergauf fahrenden Schiffe vor Gegenverkehr warnten – das bedeutet »wahrschauen«.

Von Sankt Goar an bis Oberwesel ist das Tal so eng gewunden, dass man die nächste Biegung nicht einsehen kann. Und um die Ecke kann selbst ein Radar nicht spähen. Bergauf hat ein Schiff die Strömung gegen sich, es hat ein Viertel der Geschwindigkeit eines talwärts fahrenden Schiffs; es kann besser steuern und navigieren, ausweichen und sogar anhalten als ein mit der Strömung treibendes. So wurden früher bergauf Fahrende mit Flaggen vor Gegenverkehr gewarnt, eine große Fahne zeigte an, was für ein Schiff entgegenkommt, eine kleinere, wo es sich befindet. Nun stehen wie rätselhafte Dominosteine schwarzweiße Tafeln genau an den gleichen Stellen, an denen früher die Fahnen gehisst wurden, und haben diese

Aufgabe übernommen: Bankeck, Lützelsteine, Betteck, Kammereck und schließlich Oberwesel – auf fünf Stromkilometern sind es fünf Stationen.

Weil das Tal so eng ist, wird auch die Länge der Schiffe signalisiert. Nur noch 130 Meter misst die Breite des Flusses an der Loreley. Die neuen Rheinschiffe einschließlich der Flusskreuzfahrer kommen auf 110 Meter Länge, es gibt sogar Containerschiffe mit 135 Metern. Sie alle müssen sich mit ihren Heckrudern und Bugstrahlern oder -düsen durch das Nadelöhr der Kurven zwischen den Schieferfelsen hindurchwinden.

Schon die früheren Dampfschlepper waren nicht viel kleiner und hatten den Rhein vor 170 Jahren in einer ganz neuen Dimension zur wichtigsten Verkehrsstraße des Kontinents gemacht. Seit der Römerzeit wurden die Schiffe von Pferden, die den Leinpfad entlangtrotteten, stromauf »getreidelt«. Nun hatten Dampfschlepper mit den riesigen Schaufelrädern meist sechs, aber manchmal sogar bis zu acht Lastkähne ohne eigenen Antrieb an Stahlseilen im Schlepptau. Allein der Schleppdampfer war 80 Meter lang und 21 Meter breit, und der ganze Verband konnte bis zu einem Kilometer messen. Man fuhr nur von Sonnenauf- bis Sonnenuntergang, bei Nebel wurde der Schiffsverkehr eingestellt. Bei Bad Salzig wurden die Verbände für die Gebirgsstrecke geteilt: Nur mit drei Kähnen im Anhang konnte ein Schlepper durchs »Gebirg«. Er brachte die ersten drei nach Bingen, kehrte um und holte die nächsten drei. Das konnte einen Tag, wenn nicht länger dauern.

In alten Filmaufnahmen sieht man auf dem Rhein endlose Prozessionen solcher Schiffsverbände, die sich in den Ruß des voranfahrenden Dampfers duckten. Schwarz gekleidet wie Schornsteinfeger, mussten die Schiffsjungen ständig den Ruß vom Bohlendeck der Schleppkähne putzen. Der erste rheinische Schleppdampfer lief 1845 vom Stapel, der letzte verkehrte bis 1967 und liegt heute als Museumsschiff in Duisburg. Ein anderer, der in den letzten Kriegstagen versenkt, 1946 gehoben und in Rheinbrohl instand gesetzt wurde, fuhr bis 1956, sein letzter Kapitän war Norbert Schmitt aus Oberwesel, der wie die Goederts aus einer seit Generationen auf dem Fluss fahrenden Familie stammt. In vielen Orten hier am Fluss steht am Ufer ein Schiffsmast, an dem noch heute die Flaggen der Reedereien gehisst werden, für die die Männer und Jungs aus dem Dorf unterwegs sind. Die Namen der Schiffe kennt jeder, und oft weiß man, wer gerade am Steuer steht.

Mit den Dampfschleppern, die stromauf gerade drei Stundenkilometer schafften, musste man, wenn möglich, auf der Bergfahrt im Strömungsschatten bleiben. Um Kohle zu sparen und besser auf Gegenverkehr reagieren zu können, wich man der direkten Strömung aus und hielt sich an die ruhigeren Teile des Flusses. So war mehr von den Lotsen gefordert als nur die Kenntnis der statischen Hindernisse, der Sandbänke, Klippen und Kiesgründe: Es ging um Strudel, Seitenströmungen, Kehrwasser, die sich alle mit jedem Wasserstand änderten. Stellen, wo das Wasser zu kochen scheint, so sehr wird es von Untiefen aufgewühlt, Wirbel, wo die Strömung abgelenkt wird und plötzlich quer zu fließen scheint – das alles musste ein Lotse sehen, wissen oder ahnen.

*

Hinter der zweiten S-Kurve sieht es so aus, als würde das tiefe Wasser einem über Stromschnellen entgegenfallen. Dann geht es beinahe gerade auf Oberwesel zu. Eine natürliche Riffbarriere, der Geisenrücken, trennt die Fahrrinnen. Hinter ihr schieben sich die bergwärts fahrenden Schiffe im Schritttempo vorbei. Die Strömung ist so stark, dass an den Markierungsbojen die Gischt schäumt und die talwärts Fahrenden geradezu heranschießen. Hinter dem Geisenrücken geht die Fahrt bergwärts zwischen einer weiten Kiesbank, die sich um die Klippen der Sieben Jungfrauen gebildet hat, und der Felsengruppe des Tauberwerth hindurch in eine enge Kurve. Entgegenkommende Schiffe sind schneller unterwegs und können leicht in dem Bogen vom Kurs abkommen und die Bergfahrer schneiden.

Genau an dieser Stelle steht die letzte heute noch bemannte Wahrschau. Aus dem Ochsenturm der alten Stadtbefestigung Oberwesels ist sie in die heutige Zentrale direkt am Ufer umgezogen, die aussieht wie das Stellwerk im Gleisfeld eines großen Güterbahnhofs – verspiegelte Panoramafenster ziehen sich zum Rhein hin um die Betonkanzel. Ich klingele, und der mir eingeschärfte Satz »Friedjo Goedert hat mich geschickt« ist das Sesam-öffne-dich. »Kommen Sie rein«, und so darf ich die fünf Monitore beobachten, auf denen die vier Radarstationen, die heute die Wahrschauen abgelöst haben, zusammengeführt werden. Nun kann mit einem Blick die ganze Strecke überwacht werden, und die Schiffe senden dazu ihre Namen, Länge und Breite, die in kleinen Kästchen auf dem Bildschirm ihren ruckelnden Radarschatten untertiteln. Daneben steht die Geschwindigkeit, 17 Knoten bergab, 6–7 Knoten bergauf. Bei gefährlicher Ladung ist der Kasten um die Angaben rot. Einen Flughafentower stelle ich mir nicht anders vor. Aber die Warnzeichen werden noch mit der Hand bedient. Zwischen den Erklärungen muss der Schiffslotse immer wieder Tasten drücken, um die riesigen Dominosteine am Ufer, die Signaltafeln, umzustellen.

Passagierschiffe melden, wie viele Fahrgäste sie an Bord haben, über Funk hören wir mit, dass der holländische Kapitän eines großen stromauf fahrenden Containerschiffs dem kleinen Tankschiff vor ihm ankündigt, es gleich nach der Kurve zu überholen. Trotz der 135 Meter Sonderlänge ziehen die Container an dem 80 Meter langen Tanker vorbei, als gäbe es für sie keine Gegenströmung. Das ist neben dem Radar ein weiterer Grund, warum die Lotsen wie Friedjo Goedert obsolet geworden sind. Durch die gestiegene Motorleistung und die weit einfachere Bedienung der Lenkung können Fahrfehler schnell korrigiert werden. Manche Schiffe haben sogar Düsen unterhalb des Bugs und können sich auf der Stelle seitlich bewegen.

*

Das alles gab es in den frühen sechziger Jahren noch nicht, als Friedjo Goedert auf einem Rheinschiff seine Zeit als Schiffsjunge, dann als Schiffer absolvierte, um das Rheinschifferpatent zu erlangen. Erst wer sich auf dem gesamten Fluss auskannte, durfte das Lotsenpatent für einen bestimmten Flussabschnitt erwerben. Nach einem Jahr und zweihundert Einsätzen zwischen Sankt Goar und Kaub war es dann 1965 so weit. Friedjo Goedert war nicht nur Rheinschiffer, er war auch Rheinlotse.

Dampfschleppern sollte er noch zwei Jahre lang begegnen, aber häufigster Schiffstyp zu der Zeit waren die mit eigenen Motoren ausgestatteten früheren Schleppkähne, auf denen er während seiner Zeit als Rheinschiffer meist unterwegs gewesen war. Viele ihrer Kapitäne fuhren damals auf eigene Rechnung als sogenannte Partikuliere. Erst mit dem Wachstum der Schiffe in den Siebzigern kehrte sich diese Entwicklung wieder um – heute fahren die meisten nicht mehr in eigenem Auftrag, sondern fest im Dienst einer bestimmten Reederei.

Zu Beginn der Lotsenzeit von Friedjo Goedert gab es nicht immer Radar an Bord, und er musste wie sein Vater bei Wind und Regen die Fenster der Steuerhäuser aufreißen und das Fernglas in die Hand nehmen. Es gab noch Steuerräder, wenn auch nicht mehr die horizontal liegenden »Haspeln« wie auf den alten Dampfschleppern, die ohne Kraftübertragung nur durch Seile mit den Rudern, groß wie senkrecht im Wasser stehende Tore, verbunden waren. Drei bis vier Mann mussten anpacken, um das Monster zu bedienen. »Heute sitzen sie in Sesseln und navigieren die 135-Meter-Container mit einer Ruderpinne, die aussieht wie ein Joystick. Vor sich schauen sie auf ein multifunktionales Flussradargerät, auf dessen Schirm eine tiefblaue Zone zeigt, wo sie immer hübsch bleiben müssen. Eine elektronische Wasserstraßenkarte mit Radar und GPS, und noch ein, zwei Generationen davor mussten sich die Lotsen sorgen, dass im Winter nicht ihre Hanfseile auf der Schaluppe zu Eis wurden.«

Goedert klingt nicht resigniert, wenn er das sagt. Es wurde eine andere Welt. Und am Ende hat es auch nicht mehr richtig Spaß gemacht, so kann man heraushören. »Irgendwann durfte auch nachts bergauf gefahren werden, dann verkehrten die Schiffe mit mehreren Crews im Schichtbetrieb, sie riefen noch am Weihnachtsabend um 23 Uhr an und brauchten einen Lotsen … Man war 7 Tage, 24 Stunden im Einsatz und konnte aus dem Stand gar nicht sagen, wie viele Einsätze es pro Tag waren.«

Ende Mai 1988 wurde mit Kaub die letzte Lotsenstation geschlossen. Zwar hat nie Lotsenzwang geherrscht, aber besonders die Köln-Düsseldorfer Schifffahrtsgesellschaft hatte für ihre Personendampfer immer Lotsen angefordert. Goedert wechselte ins Wasser- und Schifffahrtsamt, wo er Prüfungen für die nächste Generation der Rheinschiffer abnahm, die nur mit Sondererlaubnis verkehren dürfen – die Kapitäne der bis zu 135 Meter langen Containerschiffe.

*

»Kopf runter!«, so rief der Vater immer, wenn sie nach der Fahrt wieder unten in der Schaluppe saßen und zum Ablegen das zweite, hintere Seil von oben ins Boot geworfen wurde. Es war eine knifflige Operation, bei der die gewaltigen Schaufeln der Raddampfer bedrohlich näher rückten. Aber immer scherte der Kahn rechtzeitig aus, wenn das vordere Seil gelöst wurde, drehte sich am hinteren aus dem Kielwasser und schoss mit zwei, drei Ruderschlägen in das Wasser neben der Rheinpfalz, der mitten im Rhein direkt unterhalb des Wilden Gefährs stehenden Burg.

Zurück ging es damals noch im Schlepptau eines talwärts fahrenden Schiffes, denn die Talfahrt von Kaub nach Sankt Goar gehörte zum Betätigungsfeld der Kauber Lotsen. Oft wurde eine Kette aus vier bis fünf Lotsenschaluppen hinter einem Talfahrer hergezogen, und die Lotsen schienen in den auf den Wellen des Kielwassers auf und ab springenden Booten zu surfen. Bei schlechtem Wetter verkrochen sie sich vor Regen und Gischt hinter einer Persenning und versuchten, wenigstens etwas trocken zu bleiben. Es war ein knochenharter Job. Später musste man nicht mehr in den Kahn, man hatte ein Motorboot: Die Lotsen von Sankt Goar hatten ein Proviantschiff übernommen, das einst die Rheinschiffe bei voller Fahrt mit frischen Lebensmitteln versorgt hatte. Es hatte einen runden Bug wie die Schaluppen, denn es musste gegen die gleichen Bugwellen ankämpfen. Sie bauten es um und hatten ein Speedo, das die

Lotsen an Bord brachte. Für die Rückfahrt gab es einen Lotsenbus. Der Wechsel musste immer noch schnell gehen, es war hektisch, aber im Gegensatz zum Rheinschiffer, der wochenlang auf dem Schiff mit seiner Familie auf engem Raum leben musste, arbeitete ein Lotse von zu Hause aus.

Seit Generationen übte die Familie Goedert diesen Beruf aus. Zwar nicht seit 1492, dem Jahr, in dem sich im Kauber Kirchenbuch zum ersten Mal die Berufsbezeichnung »Steuermann« findet, doch seit 1785 gibt es Lotsen mit dem Namen Goedert. In den Siebzigern zählte man an allen drei Stationen – Sankt Goar, Kaub, Bingen – noch insgesamt zweihundert Lotsen. Das war für die kleinen Orte ein wichtiger Wirtschaftsfaktor, genauso wie die Schiffe und ihre Besatzung selbst. Lange wurde nachts nicht gefahren, abends legten die Schiffe an. Die Besatzung versorgte sich mit Proviant, ging in Kneipen, in Gasthäuser oder suchte Handwerker für eine Reparatur. Metzger machten um neun Uhr abends noch einmal ihren Laden auf. Viele, nicht nur die Lotsen, lebten von der Schifferei.

⋆

In den letzten Jahrzehnten hat der Ausbau des Rheins wesentlich zur Entschärfung von alten Gefahrenstellen wie dem Binger Loch beigetragen. Die Erhöhung der Tonnage führte dazu, dass weniger Schiffe unterwegs sind. Wenn man früher eine Crew von zwölf Mann für einen Schleppverband brauchte, transportiert man heute ein Vielfaches mit einem Drittel Besatzung. Alles wurde übersichtlicher und scheinbar kontrollierbarer.

Friedjo Goedert packt schon seine Tasche, da greift er noch nach der Pressemappe von der schweren Schiffshavarie, die sich direkt vor dem Fenster des Wahrschauerhäuschens ereignete. Am 13. Januar 2011 kam nachts ein mit konzentrierter Schwefelsäure beladenes Tankschiff, die TMS Waldhof, im Hochwasser bei Talfahrt ins Trudeln. Als es im dichten Verkehr in der engen Biegung um das Betteck einem entgegenkommenden Schiff auswich, schwappte zwischen den Edelstahlbehältern der Ladung das in der Bilge als Ballast aufgenommene Wasser. Eine Kombination aus eigener Querbeschleunigung in der Kurve mit der Querströmung des Hochwassers und der hin und her schwappenden Flüssigkeit drehte das Schiff um 180 Grad um seine eigene Achse auf den Rücken. Kieloben trieb es im Dunkeln weiter. Vier Schiffe begegneten ihm, das zweite rammte es. Die Waldhof bohrte sich dadurch mit dem Bug bei der Loreley ins Ufer und trieb nun quer zum Fluss weiter stromab, bis sie unterhalb des Loreleyfelsens im flachen Wasser hängenblieb. Zwei der vier Mann Besatzung ertranken, doch nur eine einzige Leiche konnte an Bord geborgen werden. Nur einer der Tanks konnte abgesaugt werden. In die anderen war Rheinwasser gedrungen, und es bildete sich Wasserstoff. Wegen dieser Explosionsgefahr waren die Bundesstraßen und die rechtsrheinische Bahnlinie zeitweise gesperrt. Schließlich blieb keine andere Möglichkeit, als die noch vorhandene konzentrierte Schwefelsäure, rund 2000 Tonnen, durch allmähliches Öffnen der Ventile kontrolliert in den Rhein zu abzuleiten.

Bis endlich drei Spezialkräne aus Holland das Schiff bergen und in den Eishafen unterhalb der Loreley schleppen konnten, hatte die Waldhof vier Wochen lang direkt gegenüber dem Wahrschauerhäuschen gelegen. Die letzten der 420 aufgestauten Rheinschiffe passierten die Unfallstelle erst nach dreieinhalb Wochen, vollständig freigegeben wurde die Stelle für den Schifffahrtsverkehr erst am 14. Februar um 16 Uhr. Die Havarie machte deutlich, wie unberechenbar und wie anfällig die Verkehrsstraße Rhein ist, gerade hier, an ihrer engsten Stelle. Als Folge daraus wurde das *Automatic Identification System* zur Pflicht, das dafür sorgt, dass auf den Radarschirmen in der Oberweseler Wahrschau-Zentrale nicht nur Schatten huschen, sondern Etiketten immer genau verzeichnen, wer gerade mit welcher Ladung unterwegs ist.

Wir drehen die Schautafeln des Lotsenmuseums um, damit sie im Licht nicht allzu sehr verblassen, schließen die Rollläden der Seitenfenster. Friedjo Goedert packt seine Tasche, schließt ab und eilt zum nächsten Termin.

*

Nachts am Fluss auf dem Campingplatz Oberwesel: Alle Geräusche legen die gleiche Distanz zurück. Das Zelt wird zum Ohr. Die Leinwand sammelt die Geräusche wie in einer Falle. Es sind die gleichen wie in meiner Kindheit an der Mosel, in dem Dorf gegenüber der Felswand der Weinberge. Doch am Rhein klingen sie lauter: Das Rasseln der Güterzüge, die auf beiden Ufern aus den Tunneln stoßen, hallt von den Stützmauern und Klippen wider und macht das Ohr taub für alles andere. Für die Dauer ihrer Passage ist nichts zu hören als ihr metallisches Klirren, ein Lärm, dessen Vibration die Rheinorte zum Erzittern bringt. Dann verschluckt der nächste Tunnel den Zug, und der Krach reißt plötzlich ab.

Nach einer kurzen Stille wird das Stampfen von einem Dieselmotor lauter, mit dem sich ein Lastkahn stromauf um die Rheinkurve stemmt. Wenn die Frachter im Dunkeln näher kommen, brummten sie wie in der Ferne landende oder startende Flugzeuge, ein leiser, sonorer Klang scheint das ganze Tal zu füllen. Die Bugwelle überschlägt sich schäumend. In den Pausen zwischen den Zügen lassen die lauten Geräusche die leiseren deutlicher hervortreten – von talwärts fahrenden Schiffen ist nur ein seidiges Zerreißen am Bug zu hören.

Friedjo Goedert, in dessen Heimatstadt die Züge die ganze Nacht beinahe auf Armlänge an den Häusern vorbeidonnern, hat mir eine Rechnung mitgegeben, die mir nun wieder einfällt: Ein einziges Schubschiff mit drei Leichtern kann 10 000 Tonnen transportieren. Wollte man diese Menge vom Schiff auf Gleise umladen, bräuchte man 250 Güterwaggons, das heißt drei Züge oder auf der Straße 333 Lastwagen. Auf dem Wasser ist es am sparsamsten. Doch das ist für Friedjo Goedert nicht das Wichtigste: Kein Tal in Deutschland ist mehr von Lärm belastet als der Mittelrhein. Die Güterzüge verursachen nachts Krach, dessen Spitzenwerte an die von Presslufthämmern heranreichen. Die im Vergleich beinahe völlige Lautlosigkeit, mit der Schiffe über das Wasser gleiten, das sei der größte Vorteil für das ganze Tal.

Am Ufer gegenüber fahren Autos. Wenn sie sich entfernen, ist das Rollen der Reifen länger zu hören als ihr Motor, ein Zweizylinder-Motorrad beschleunigt. Ein beinahe lautloses elektrisches Rauschen kommt von einem Personenzug, der sich eher durch seine Lichterreihe als durch sein Geräusch zu erkennen gibt. Die Schatten fressen Übergänge, die Modulation der Dämmerung, das Wachsen des Lichts, das den Körpern ihren Raum gibt, sind vergessen.

Ich schaue noch einmal aus dem Zelt: Das schwarze Wasser gleißt hell, als das Licht aus einer Kajütentür auf es fällt.

5 Die Rückkehr der Wanderfische

Der Fluss gehörte über Jahrtausende dem Lachs, dem Rheinsalm. Auf historischen Gemälden, Stichen und Aquarellen von der Loreley fehlen nie die Salmfischer mit ihren großen Kähnen, auf denen kleine Hütten und riesige Laternen standen, denn man fing die Lachse auch bei Nacht. Die Netze waren über rechteckige Holzrahmen gespannt, die mit einem Hebebalken flach am Flussgrund versenkt wurden. An den Maschen war eine Schnur befestigt, regte sie sich, hatte ein Lachs das horizontale Netz berührt, und die Fischer zogen es mit dem Balken hoch. Mit Glück lag ein zehn Kilogramm schwerer Fang auf der »Waage«.

Der Lachs ist ein Wanderfisch wie der Aal. Doch beide haben entgegengesetzte Biographien. Am Ende seines Lebens, das er im Atlantik verbracht hat, kehrt der Lachs an die Gewässer am Oberlauf des Rheins zurück. Dort ist er aus dem Ei geschlüpft, als Larve herangewachsen und hat sich später dem Fluss anvertraut auf seinem Weg ins Meer, wo er zu einem prächtigen Tier von bis zu einem Meter Länge wird, nur um wieder das Flussdelta aufzusuchen und mit dem Aufstieg zu beginnen. Auf seinem Zug begegnen ihm ausgewachsene Aale, die den umgekehrten Weg nehmen. Während die Lachse bis zu arktischen Gewässern vor Grönland wandern, um erst am Ende ihres Lebens in den Rhein zurückzukehren und sich dort zu vermehren, verbringen die Aale ihr Leben im Fluss und ziehen zur Fortpflanzung ins Meer, wo sie in der Sargasso-See südlich der Bermudas ihren Laich ablegen. Die aus den Eiern geschlüpften Larven wandern mit drei Jahren, nun als Glasaale, in die Gewässer zurück, aus denen ihre Eltern stammten. Ohne von ihnen angeleitet zu werden, ohne Erinnerung an den Geruch des Wassers, folgen sie einer

Spur oder einem Gespür, das ihre Wanderung zu einer der rätselhaftesten unter allen Tiermigrationen macht. Während die Salmwaagen auf die heimkehrenden Lachse lauerten, standen in der Nacht Fischkutter mitten in der Strömung, die Aalschokker, und versuchten die nachtaktiven Aale mit großen schwarzen Trichternetzen zu fangen, die wie senkrechte Barrieren in den Fluss herabgelassen wurden.

Der Lachs findet den Bach, in dem er als Larve aus dem Ei schlüpfte, dank seinem Geruchsinn wieder. Unter 100 000 Lachsen, die man in Schweden markierte, fand von hundert nur einer nicht in sein Heimatgewässer zurück. Den Geruch können sie fast unfehlbar noch in millionenfacher Verdünnung herausspüren. Hierin liegt wohl das Geheimnis ihres »Heimfindevermögens«. Diese Prägung findet bei Jungfischen statt, die noch in der Nähe ihres Laichgewässers leben: Als man sie versuchsweise noch jung in einen anderen Fluss versetzte, kehrten sie auch dorthin zurück.

Von Pazifischen Lachsen weiß man, dass die Exemplare, die weit von der Mündung eines Flusses entfernt geboren werden, auch die längsten Reisen im Meer unternehmen. Was wiederum das Rätsel aufwirft, wie die Lachse zu ihrem Fluss zurückfinden. Man vermutet, dass sie eine Art innere Uhr haben und den Sonnenstand wahrnehmen. Beides zusammen ergäbe einen natürlichen Sextanten, mit dem sie ihre Position zur Mündung ihres Heimatflusses bestimmen könnten. Dabei bleiben sie jahrelang im Meer, ihre Jagdgründe sind oft mehr als tausend Meilen von der Küste entfernt, und von Grönland aus wird die Mündung des Rheins nicht leichter zu finden sein als die Abzweigung in einen Nebenfluss wie die Wisper.

Um 1880 kamen noch riesige Lachse den Rhein hoch. Damals gab es die Dampfschlepper schon seit einigen Jahrzehnten, aber sie hatten noch nicht die Kraft, mit den Wasserstrudeln ihrer Schaufelräder die Reviere der Fische vollkommen durchzuwirbeln und leerzufegen. Auch verkehrten die Schiffe nicht nachts, was für viele Fische eine Ruhezeit bedeutete, denn nicht wenige sind nachtaktiv wie der Aal oder ziehen auch im Dunkeln wie die Seeforelle.

Die Lachse zogen das ganze Jahr über den Rhein hinauf, verstärkt jedoch im Sommer und Herbst. Dann trafen zunächst Trupps von größeren, später von kleineren Lachsen ein. Tagsüber wanderten sie rund fünf bis sechs Stunden am Stück und ruhten sich an tiefen, stillen Stellen wie in den Gumpen unterhalb der Loreley aus. Die Rheinsalme, die hoch in die Schweiz bis zu den Quellflüssen der Reuß und der Limmat zogen, gehörten zu der Gruppe großer Lachse, die sich erst an der Mündung sammelten und sich langsam wieder an das Süßwasser gewöhnten. Während ihres Zugs wurden sie geschlechtsreif. Bei Anbruch des Frosts unterbrachen sie ihre Reise, überwinterten in tieferem Wasser, zogen im Frühjahr weiter und erreichten ihre Laichplätze im nächsten Herbst. So waren sie im Gegensatz zu den Sommersalmen fünfzehn bis sechzehn Monate unterwegs. Bei Basel wussten die »Galgenfischer« von der Rast der Fische und bauten Fallen. Sie legten Buhnen in den Fluss, um eine Kehrströmung mit einer stillen Wasserstelle zu schaffen, aus der sie dann die ruhenden Lachse mit dem Senknetz am »Galgen« erbeuteten.

Nach der Salmwaage wurden die Fangplätze im Mittelrhein »Woog« genannt. Zwischen Sankt Goar und Bacharach gab es fünfzehn, die die Fischer pachten konnten – im Mittelalter zunächst von einem Kloster, das die Lachsgründe vom Kaiser als Lehen erhalten hatte. Später verkaufte das Kloster die Lachsgründe an den Kurfürsten von Trier, schließlich gelangten sie an den Grafen von Katzenelnbogen, dessen Burg im Taunus auf halber Strecke zwischen Sankt Goarshausen und Limburg liegt. Napoleon kassierte die feudalen Rechte zunächst ein, bis die Preußen eine Fischereiverwaltung einsetzten, die bestimmte, dass dreimal am Tag die Lachse »vor einem Wirtshaus« versteigert werden mussten. An den Staat ging ein Drittel des Erlöses, und »von jeder erlösten Mark erhielten die Fischer nach altem Brauch zwei Pfennige Trinkgeld und von jedem Fisch wurden für den Eigenverbrauch ein bis zwei Pfund gutgeschrieben«, lesen wir auf einer Schautafel im Stadtmuseum Oberwesel, auch, dass im 19. Jahrhundert »ein Pfund Lachs den Gegenwert von fünf Litern Wein bedeutete«. Diese Wechselkurse wurden regional sehr unterschiedlich gehandhabt, Wein war zu der Zeit sehr billig, aber auf jeden Fall scheint die oft erzählte Geschichte eine bloße Legende, dass in großen Städten die Herrschaften angewiesen wurden, ihren Bediensteten höchstens jeden zweiten Tag Salm aufzutischen. Hier am Mittelrhein, so behaupteten die Fischer, schmeckte der Lachs auch am besten. Da die Fische auf ihrem letzten Zug die Flüsse hinauf fast keine Nahrung mehr zu sich nahmen, war er am Niederrhein zu ölig und am Oberrhein schon zu abgezehrt, aber hier hatte das Fleisch durch das eingelagerte Fett genau den richtigen Orangeton.

In den Jahren nach 1880, in denen für Lachs die letzten Rekordfänge verzeichnet wurden – was auf Überfischung hindeutet –, ging gleichzeitig die durch Johann Gottfried Tulla begonnene Begradigung des Oberrheins in die abschließende Phase. Lebensräume aller Wanderfische wurden vernichtet, ihre Jagdreviere wie Altrheinarme, Laichplätze wie flache Kiesbänke, riesige Ried- und Schilfflächen gingen verloren. Und bald setzte die industrielle Revolution mit den Chemiefabriken bei Frankfurt, Ludwigshafen und Mannheim dem Fluss zu und verminderte die Wasserqualität so sehr, dass die Ströme der Wanderfische in der ersten Hälfte des 20. Jahrhunderts versiegten. Die fallenden Fangzahlen für Lachs bestätigen das: Nach 220 000 Fischen mit einem Durchschnittsgewicht von zehn Kilogramm im Jahr 1885 wurden 1894 120 000 gezählt und 1915 nur noch 60 000. 1925 verzeichnet die Statistik keinen Fang. Der Rheinsalm galt als ausgestorben.

*

Bereits 1833 wurde in der Themse, die einmal ein genauso reiches Lachsgewässer gewesen war, der letzte Salm gefangen. Auch hier war die ungebremste Verschmutzung des Flusses mit Fäkalien und Abwässern der Grund. Im Rhein konnten noch 100 Jahre später vereinzelte Exemplare, die sich durch den Dreck hochkämpften, ins Netz gehen. Doch es brauchte ein großes Fischsterben, um die Öffentlichkeit nachhaltig auf den alarmierenden Zustand des Rheinwassers aufmerksam zu machen. Am 19. Juni 1969 verendeten sämtliche Fische im Fluss abwärts vom Binger Loch, die Kadaver landeten an, Ratten, die davon fraßen, starben, Wildvögel wurden dahingerafft, alles war tot – der gesamte Fluss war biologisch ausgeräumt. Und der Mensch? Er hatte keine Ahnung. Es passierte an einem Donnerstag, die Meldung kam Freitagmorgen in Düsseldorf an, wo ein Meldekopf eingerichtet war, der eigentlich alle Wasserwerke stromab informieren sollte. Aber zu spät: Das Wochenende rief, die Alarmglocken wurden nicht gehört. Der Pressechef der damaligen Düsseldorfer Stadtwerke, die für die Meldung wie für die Trinkwasserversorgung der eigenen Stadt zuständig waren, erklärte: »Uns wurde nur ein Fischsterben gemeldet, und das bedeutet bis jetzt noch nicht, dass unser Trinkwasser gefährdet ist.« Man ließ die Holländer die Katastrophe herausfinden. Sie identifizierten das von Hoechst hergestellte Insektengift Thiodan, das vor allem gegen Maikäfer eingesetzt wurde, und meldeten es Montag zu Dienstbeginn den Deutschen.

Der Zoologe Bernhard Grzimek ließ kurz nach dem Unfall im Vorwort zu einem Band des Standardwerks *Grzimeks Tierleben* seinem Zorn freien Lauf: »Doch was helfen all diese Maßnahmen {der Bau von Klärwerken und geschlossene Wasserkreisläufe in der Industrie}, wenn – wie das im Juni 1969 geschah – durch Unverstand oder grobe Fahrlässigkeit auch diejenigen Fische im einst romantischen Rhein abgetötet werden, die es im Lauf der Jahre verstanden hatten, sich an die scheußliche Brühe in Deutschlands größter Kloake halbwegs anzupassen.«

Nach dem Unfall war es mit der Berufsfischerei endgültig vorbei – die letzten gaben auf und wurden entschädigt. Die Aalschokker wurden Museumsschiffe und liegen im romantischen Rhein an der Mole als exotische Requisiten aus einer eben erst vergangenen Zeit.

Die Sandoz-Katastrophe von 1986 war der finale Gongschlag. Alles was in den siebziger Jahren durch den Bau von Kläranlagen erreicht war, wurde über Nacht zunichtegemacht, als bei Basel das Löschwasser mit zwanzig Tonnen Gift von dem Brand in einem chemischen Betrieb in den Fluss geleitet wurde. Bis Rotterdam färbte sich der Fluss rot, das Trinkwasser war ungenießbar, über vierhundert Kilometer starben nicht nur Fische, sondern auch sämtliche Muscheln, Krebse und Vögel. Von Basel bis Mainz war der Fluss biologisch tot.

Heute, da er wieder so sauber ist wie seit vielleicht hundert Jahren nicht mehr, gibt es überall am Rhein Versuche, den Lachs wieder anzusiedeln, so auch an der Wisper, die bei Lorch in den Rhein mündet. Der Gebirgsbach kommt aus dem Taunus und hat sich ein für das Schiefergebirge typisches v-förmiges Kerbtal in den Fels gegraben. In seinem Unterlauf wird er zu einem kleinen Fluss, dessen Wildwasser im Gegensatz zum Rhein Forellen und Äschen führt, genau das Revier, in dem der Lachs gern seine Eier legt. 1998 begann hier ein Wiederansiedlungsprojekt für den Fisch. Nachdem die Stauwehre des steil zum Rhein abfallenden Flusses mit Fischrampen versehen waren, wurden Jahr für Jahr Zehntausende von frisch geschlüpften Lachsen ausgesetzt, von 1999 bis 2018 über 400 000 Stück.

Dies hatte Erfolg, bereits 2002 konnte der erste Rückkehrer verzeichnet werden. Es war eine Sensation, die jahrelange Arbeit belohnte, und das Tier wurde nach dem Namen der amtierenden Lorcher Weinkönigin »Simone« genannt. Von 2002 bis 2016 zählte man insgesamt siebenundzwanzig Lachse in der Wisper. 2017 waren es vier, die den Aufstieg bis hierher geschafft hatten. Die zurückgekehrten Lachse laichten, es konnte eine natürliche Vermehrung dokumentiert werden. Aber die Zahlen stagnieren: Weil Eisgang die Gelege zerstörte wie 2009; weil überall am Fluss Kormorane, für die die jungen Lachse am Beginn ihrer Reise eine leichte Beute sind, nicht mehr bejagt werden und ihr Bestand explodiert; weil das Haringsvliet im Rheindelta, die natürliche Stelle, um aus dem Fluss ins Meer zu kommen und umgekehrt, trotz erster Versuche noch nicht geöffnet wurde; weil Fischer und Angler die Lachse verbotenerweise beim Aufstieg in den Rhein fangen und sie in Holland gar auf Fischmärkten feilbieten. Es sind viele Gründe. Insgesamt kommen hier – wie auch an der Sieg oder der Mosel – nur so wenige Fische durch, dass ihre Rückkehr noch länger ungewiss bleiben wird.

*

Wie mächtig die Wisper bei Schneeschmelze oder Sommergewittern anschwellen kann, zeigt ihre Mündung, die sich als breiter, flacher Geröllfächer aus Schutt und Kies weit in den Rhein schiebt. In den letzten Jahren haben Unbekannte immer wieder die Mündung der Wisper mit Steindämmen verbaut, ein weiteres Hindernis, das den Lachsen den Aufstieg in den Fluss verwehrt. Aus Not haben Lachse schon dort zwischen den Steinen Laichgruben gegraben.

Seit wenigen Jahren ist dieser Geröllfächer im Mai wieder Laichgebiet des vom Aussterben bedrohten Maifisches. Einst zogen sie gleichzeitig mit den ersten, großen und schweren Lachsen in so riesigen Schwärmen aus der Nordsee den Rhein hinauf, dass sie »Lachsheringe« genannt wurden. In Köln-Poll, wo am flachen Ufer eines ihrer Laichgebiete war, feierte man wie in vielen anderen Orten am Niederrhein ihre Ankunft gleich am Ufer mit einem Fest samt Fischmarkt, dem Maispill.

Die Wanderung der Maifische reicht nicht so weit ins Meer hinaus wie der Zug der Lachse: Sie bleiben meist im Mündungsdelta der Flüsse oder unmittelbar an der Küste davor. Auch steigen sie nicht bis in die Forellen- und Äschen-Region der Nebenflüsse hinauf, eine flache Kiesbank wie der Schuttfächer der Wisper genügt. Auf den Weg machen sie sich, wenn das Klima stimmt – etwa elf Grad an der Mündung, sechzehn bis achtzehn Grad im Fluss ist ihre bevorzugte Reisetemperatur. Täglich schwimmen sie rund zwanzig Kilometer, und so sind sie drei bis vier Wochen unterwegs. Wenn die Weibchen im Mai oder Juni nachts ihren Laich ablegen, sind das 100 000 bis 150 000 Eier pro Kilogramm Körpergewicht. Insgesamt können es bis zu 400 000 werden, die aber nicht alle auf einmal abgegeben werden, damit sich die Chance, dass aus den Eiern Larven schlüpfen und diese überleben, erhöht.

Die Männchen befruchten die Eier der Weibchen mit ihren Spermien in einem Tanz. Im flachen warmen Wasser planschend, verfolgen sich die silbrig schimmernden Fischpaare von Sonnenuntergang bis Mitternacht im Kreis und schlagen mit ihren Schwanzflossen so laut, dass es vom Ufer zu hören ist. Sie legen weder eine Laichgrube an, noch kleben sie ihre Eier an Steinen oder dem Grund fest oder verbergen sie im Schilf. Stattdessen lassen sie sie einfach zwischen die Steine sinken. Nach der Paarung kehren sie ins Meer zurück und kommen im nächsten Sommer wieder.

*

Lachse paaren sich, von seltenen Ausnahmen abgesehen, in ihrem Leben nur ein einziges Mal. Meist sind die Weibchen als Erste in den Bachläufen. Wo das Wasser klar ist, aber nicht allzu heftig strömt, schaffen die Weibchen mit Rumpfbewegungen und Schwanzschlägen im Sand und Kies eine zwanzig Zentimeter tiefe, mehr als einen Meter lange, längs zur Strömung liegende Laichgrube. In der Nähe kämpfen manchmal mehrere Männchen um das Weibchen, kommen ihm beim Ausheben der Grube jedoch nicht zu Hilfe. Ihr Aussehen hat sich auf der Wanderung sehr verändert: Der einst silbrige bis perlmuttfarbene Rücken ist fast schwärzlich geworden, die Seiten bläulich, der Bauch rötlich. Es haben sich schwarze und purpurrote Tupfen gebildet. Die Männchen haben dazu einen hakenförmigen, vorn überstehenden Unterkiefer entwickelt, der einem Schnabel ähnelt.

Hat ein Männchen die anderen Rivalen vertrieben, nähert es sich »mehrfach von hinten, stellt sich zitternd mit abgespreizten Flossen vor und stößt das Weibchen mit dem Mund mehrfach in die Seiten. Vielfach erfolgt nun ein Seite-an-Seite-Schwimmen. Schließlich stehen beide Fische aneinandergeschmiegt mit geöffnetem Mund dicht über dem Boden der Laichgrube, und Eier und Samen werden ausgestoßen.« Anschließend deckt das Weibchen die Grube ab, damit die klebrigen Eier, die am Grund kleine Eipolster bilden, versteckt bleiben und nicht von der Strömung abgetrieben werden. Das geschieht leicht, wenn ein später eintreffender Lachs den Grund erneut aufwühlt, um seinen eigenen Laich abzulegen, und sich Forellen, Äschen und Saiblinge an den abdriftenden Eiern mästen. Von hundert geschlüpften Larven erreichen zwei als Jungfische das Delta mit seiner weiten Übergangszone zwischen Süß- und Salzwasser, wo aus den Parr genannten Jungfischen Smolte werden, die ans Salzwasser angepassten Junglachse.

Die meist bei Dunkelheit stattfindende Paarung kann sich wiederholen, das Weibchen kann eine zweite Laichgrube ausheben und – im Gegensatz zum Maifisch – gar den Partner tauschen, wenn sich im Kampf der Rivalen diesmal ein anderes Männchen durchsetzt. In der Regel verenden die Lachse nach dem Akt vor Erschöpfung gleich in der Nähe. Der Verfall ihrer Körper zieht Lebewesen an, von denen wiederum die jungen Lachse leben. Und nicht nur diese, denn wie ein natürliches Förderband transportiert der Lachs den Nahrungsreichtum des Meeres ins Innere des Landes: Sein Protein und die im Verfall des Körpers frei werdenden Stoffe stärken im Rhein wie in den Nebenflüssen die Nahrungskette für Flora und Fauna. Um wie viel mehr, wenn nicht einzelne Tiere, sondern wie früher Zehntausende von ihnen überall in den Nebenflüssen starben. Am Ende verwehen sie als Duftstoffe in dem Wasser, in dem andere Lachse über Hunderte von Kilometern stromauf schwimmen, nur mit einem Ziel.

*

Nach drei bis sechs Tagen schlüpfen die Larven des Maifisches, verteilen sich, suchen die Strömung und lassen sich dem Meer entgegentreiben, wobei sie sich wie die ausgewachsenen Fische von Plankton ernähren. Den Herbst über bleiben sie in den breiten Mündungsarmen des Rheins, um sich an das Salzwasser zu gewöhnen. Erst im Winter wechseln sie ins Meer, um nach drei bis acht Jahren zurückzukehren. Die Fische sind dann 30 bis 50 Zentimeter lang, doch wurden schon 80 Zentimeter lange Exemplare gemessen; die schwereren Weibchen wiegen bis zu fünf Kilogramm.

Einst gab es in fast allen in die Nordsee mündenden Flüssen Maifische, der größte Bestand war jedoch im Rhein, in dem noch gegen Ende des 19. Jahrhunderts jährlich 250 000 Exemplare gefangen wurden. Wie beim Lachs sanken ihre Bestände rasant, bis der Maifisch in den vierziger Jahren im Rhein wie in Weser und Elbe vollständig verschwand. Nur in Südwestfrankreich, im Mündungsdelta von Garonne und Dordogne, konnte er sich halten.

2008 begann am Rhein ein Wiederansiedlungsprojekt. Mit Hilfe der französischen Bestände wurden Fischlarven gezüchtet, die man zunächst im Altrheinarm am Kühkopf, einem nahegelegenen Baggersee mit Zugang zum Fluss sowie in der Sieg aussetzte, deren Unterlauf und Mündung relativ naturnah geblieben sind. In den Siebzigern war es in den USA gelungen, den »American shad« genannten Maifisch am Susquehanna River wieder einzuführen. Aus diesen Erfahrungen weiß man, dass aus 200 bis 500 Larven ein Rückkehrer überlebt, weshalb Jahr für Jahr an weiteren Orten entlang dem Fluss weit über eine Million Larven ausgesetzt wurden.

2014, nur sechs Jahre nach dem Beginn des Projekts, wurden bereits 300 Fische auf der Wanderung stromauf gezählt. Im selben Jahr passierten 154 die Fischtreppe der Staustufe Iffezheim am Oberrhein, wo man durch Bullaugen die vorbeiwandernden Fische beobachten und statistisch erfassen kann.

*

Es sind also nicht nur Einzelgänger wie der Lachs, die nach Jahrzehnten der Unterbrechung wieder der inneren Karte der Evolution folgen, es gibt auch ganze Fischschwärme. So bestürzend der schnelle Verlust ihrer Arten in der von uns zerstörten Natur ist, so erstaunlich ist ihre Rückkehr – selbst nach einem Intervall von hundert Jahren. Bevor die Schaufelraddampfer begannen, den Rhein leerzufegen, waren es Zehntausende, Hunderttausende Fische gewesen. Wenn Maifische in dichten Schwärmen vorbeizogen oder einzelne, bis zu einem Meter messende Lachse vorbeistrichen, muss das Wasser in der tiefen »Woog« unterhalb der Loreley von Fischleibern silbrig geschimmert haben: Die Ankunft der Fische war für die Menschen ein Volksfest, bei dem alle satt wurden. Und es gab viel Hunger in diesen Zeiten.

Für einen Fisch muss das Wasser damals ganz anders gerochen, der Fluss anders geklungen haben. Wo heute das Dröhnen der Maschinen und Schiffsschrauben alles überdeckt, war wenigstens nachts, wenn die Schiffe an den Kais von Sankt Goar, Oberwesel oder Bingen lagen, das Klatschen der Wellen über den Stromschnellen zu hören, ein heller silbriger Klang, das dumpfe Kullern und helle Rasseln der Kiesel in der Flusssohle. Über ihre Schädelknochen und Laterallinien nahmen die Fische die Geräusche im Fluss wahr, hörten das Wasser an den ankernden Booten vorbeigluckern, die Strömung an den Signalbalken zischen, die abtauchenden Netze ins Wasser rauschen. Die Rufe der Schwarmfische, das Knirschen ihrer Zähne, der Schlag ihrer Flossen, die aus den Schwimmblasen gestoßene Luft. Wenn nach hundert Jahren hier wieder Fische vorbeischwimmen, folgen sie einem zum Phantom gewordenen Sog aus Geräuschen und Gerüchen: der einst lebendigen inneren Gestalt des Flusses. Über Jahrtausende zeichneten sie mit ihren Pheromonen und Hormonen Wege und Pfade in das Wasser, an dessen innerem Muster sie sich orientierten, und sei es wie beim Lachs nur auf einer letzten Reise.

Der Ungeduld, mit der wir sie vertrieben haben, sollte die Geduld entsprechen, sie wiederkehren zu sehen.

6 Loreley

Der Sommer 2018 brachte erneut eine Rekordhitze, und bis in den Herbst hinein gab es fast keinen Regen. Die Landschaft entlang dem Fluss war ausgedörrt, und selbst Wiesen, die nahe am Wasser lagen, wurden gelb wie Stroh. Im Rhein war der Pegelstand so niedrig wie seit hundert Jahren nicht mehr. Im Flussbett traten Hungersteine zutage, auf denen man historische Wassertiefstände eingekerbt hatte wie an den Stadtmauern überall am Fluss die Hochwassermarken. Bei Rheindürkheim in der Nähe von Worms liegen Steinquader aus den Fundamenten eines Krans weit im Flussbett verstreut: »1857. Hungerjahr 1947«, lauten die eingemeißelten Daten, »1957. 2009«, die im Sommer 2018 sichtbar wurden. Niedrigwasser bedeutete schon immer Hunger und Not. Auch im Sommer 2018, als das Getreide am Halm verdorrte. Die Laichplätze der Fische lagen trocken. Seen und Teiche litten unter Algenbefall, der allen Sauerstoff aufzehrte. In manchen von ihnen erstarb alles Leben.

2018 hatte der Niedrigwasserstand eine weitere Folge: Der Rhein wurde zu warm. Kern- und Kohlekraftwerke drosselten ihre Leistung, Warmwassereinleitungen wurden reduziert, um die Biologie des Flusses nicht weiter zu gefährden. Die Fahrrinne verengte sich dramatisch und verlor an Tiefe. Größere Container- und Tankschiffe konnten nur noch halb beladen auf die Reise gehen, die Öl- und Benzinpreise im Einzugsgebiet des Rheins stiegen. Für manche war der Wasserweg unpassierbar geworden, die hundertzehn Meter langen Flusskreuzfahrtschiffe mussten in Koblenz oder Boppard anlegen, und die Reedereien schaukelten ihre Gäste in Bussen durch das romantisch enge Rheintal zwischen Sankt Goar und Bingen.

Dem Ortsausgang Oberwesels gegenüber liegt hinter der Flussbiegung eine Untiefe, die »Jungfrauen Sand« genannt wird: Eine Reihe von Kiesbänken, die im Sommer 2018 zu einer riesigen zusammengewachsen sind: dem »Hungersand«.

Seit dem Bau der Eisenbahnen und Straßen links und rechts der engen Schlucht ist der Strom zwischen Bingen und Sankt Goar von steilen hohen Mauern eingefasst, man gelangt nur selten direkt ans Wasser. Viele Familien kommen deshalb auf die Kiesbank und nutzen sie als Strand. Die sich durch dieses Nadelöhr fädelnden Schiffe scheinen auf Armlänge an den Picknickdecken vorbeizufahren. Schaut man flussabwärts, sieht man in die vielleicht schönsten Passagen des Mittelrheins: einen tief eingeschnittenen, von hohen, steilen Weinbergen und dichtem, buschigem Wald umstandenen, aber fast gerade verlaufenden Canyon. Am Ende steht ein schroffer Hang, an dem der Fluss abprallt und nach links zieht: Hier biegt der Strom um das Kammereck und in einem »S« auf die Loreley zu, um sich dann wie ein Band um sie zu legen.

*

Genau über diesem Hang ragt eine Felskanzel mit einer einzigartigen Aussicht auf. Von der vorstehenden Klippe reicht der Blick nicht nur kilometerweit in die Ferne über das gegenüberliegende Ufer bis zum bewaldeten Horizont des Hunsrücks, sondern auch schwindelnd tief senkrecht nach unten zum Wasser, auf dem einem keine Bewegung, kein Strudel, keine Welle entgeht. Es ist das Wasser, in dessen Oberfläche die Lotsen aus Sankt Goar jahrhundertelang lasen, die Strecke, auf der die Salmwaagen und Aalschokker eng hintereinander ankerten. In hundert Metern Tiefe liegt stromab die enge Kurve, mit der der Rhein auf die Loreley zuhält und dabei die Schiffe zu waghalsigen Manövern zwingt, die von der Wahrschauzentrale überwacht werden. Stromauf glitzert die ganze Strecke bis nach Oberwesel, dessen kantiger Kirchturm den Fluchtpunkt des Tales bildet, davor die Sandbank und die Klippen der Sieben Jungfrauen.

Erreichen kann man diese Kanzel nur von der Taunushöhe aus, vom Rheinsteig her, der hier auf der Loreley-Etappe über die weiten

Hauptterrassen des früheren Stromtals führt, in dem der Rhein floss, bevor er sein Bett tief in die Felsen grub. Der Weg führt im Sommer von Hof Leiselfeld durch kniehoch stehende Wiesen mit blau blühendem wilden Salbei, weißer Schafgarbe und gelben Butterblumen. Der Himmel gehört den Wanderfalken, die mit ihren Jungen gewagte Übungsflüge machen. Bis an die unmittelbare Felskante der Schlucht steht wie eine Wolke der Gesang von Dompfaff, Amsel und Zilpzalp über den Wiesen. Dazwischen der Ruf eines Kuckucks. An der Felskante weht der warme Wind vereinzelt Geräusche herauf, die sich in Fetzen dazwischenmischen: das Rattern der Güterwaggons, das Pfeifen der Regionalbahn, das Rauschen der Autos. Rufe von Badenden, das Zischen und Flitzen eines Jetskis.

Der gerade Verlauf des Felskanals dort unten ist trügerisch. Mit den vielen Untiefen, Klippen und dem längs im Strom stehenden Riff, dem Geisenrücken, ist die Fahrrinne ein Slalom, dessen Querströmungen und Strudel den Einsatz der Lotsen erforderlich machten. Die Signalbojen des Fahrwassers leuchten bis hier oben hin.

Die Strecke ist das Revier eines Roten Milans, den wir Jahr für Jahr über dem Wasser beobachten. Er bestreicht das Tal auf der Höhe der Felskanzel. Von all dem Lärm wird er nichts hören, ihn nicht bemerken: Das Schiff bewegt sich so langsam in seinen Augen, die auf das Glitzern eines Fischs zwischen den Wellen, das Huschen einer Maus in der Uferböschung oder auf ein Kaninchen lauern – schnelle Bewegungen, die dekodiert werden müssen, deren Orte er sich merkt, damit sie vielleicht später zu einem Beuteschlag führen. Unablässig liest er das Tal, immer auf der Höhe der Kanzel segelnd, bis er jede Nuance erkannt und gespeichert hat. Er sieht die Terrassen der Weinberge mit ihrem bräunlich schwarzen Schiefer, dem Grün der Ranken an den Rebstangen, die Steineichen im Hang mit dem Dornengestrüpp, wo schon vor vielen Jahren, vielleicht schon im 19. Jahrhundert nach der Reblausplage, die Weinberge aufgegeben wurden und der Wald sich von der Talkante herunterfrisst. Auf Schuttflächen zwischen den Bäumen, wo nichts wächst, sieht er manchmal ein Mufflon oder ein Reh. Vielleicht ist für ihn das, was die Menschen hier tun, so verschwommen wie für uns die verwischten

Bewegungen auf den frühen Photographien, wenn jemand während der langen Belichtungszeit eilig durch das Bild lief. Keine Figur, nur der helle Schatten einer Regung.

Das gelegentliche Tuckern der Dieselmotoren reicht nur selten bis hier oben, manchmal gleißt ein Autodach auf oder rauscht ein Zug vorbei, aber wer sich dem Vogel für einen Moment anvertraut, sieht die Felsen und das Wasser, die Berge und den Fluss. Die Wipfel der Steineichen schütteln sich im Wind, wehen hin und her, während in unserem Rücken der Wanderfalke mit rüttelnden Schwingen im Blau stillzustehen scheint. Dann passiert etwas am Rand unseres Gesichtsfeldes, und für den Bruchteil einer Sekunde abgelenkt, haben wir ihn aus dem Blick verloren, der Vogel ist spurlos verschwunden.

*

Ein paar Tage später bin ich mit dem Kajak unterwegs und will die Strecke vom Wasser aus erleben. Über sieben Kilometer begegnet einem keine Stadt und kein Dorf, nur ein paar Häuser und ein Zeltplatz. Man ist allein mit den Schiffen und den unentwegt an beiden Ufern entlangratternden Zügen. Aber beide Geräusche gehören so sehr zum Tal, dass das Ohr sie in den Hintergrund drängt. Das Paddel platscht lauter, die Strömung gluckert zwischen den groben Steinen der Böschung, der Ruf eines Raubvogels dringt hinunter bis zum Fluss.

Von dem Jungfrauen Sand gegenüber Oberwesel geht es los nach Sankt Goarshausen, vorbei an der Loreley mit den gefürchteten Strudeln und Untiefen, wo Niedrigwasser das Flussbett noch mehr hat schrumpfen lassen. Als ich auf der Kiesbank mein Gepäck im Kajak verstaue und mich startklar mache, stehe ich bis zu den Knien im Wasser und warte einen sich langsam in der Strömung hochkämpfenden Lastkahn ab. Er ist mit einer Reihe Container beladen, die halb aus dem Laderaum ragen, darauf sind mit Ketten riesige Traktoren montiert. Die Container sind rot und blau, die Traktoren rot mit gelben Felgen – es sieht aus, als würde das Schaufenster eines Spielwarengeschäfts vorbeifahren. Die Kinder starren mit in den Händen hängenden Schaufeln.

Als das Schiff die enge Stelle zwischen der Sandbank und dem gegenüberliegenden Ufer passiert, sinkt der Wasserspiegel um Kniehöhe, und ich stehe im Trocknen. In dem engen Flussbett schiebt das Lastschiff das Wasser vor sich her, verdrängt es mit seinem Rumpf, um es hinter sich wieder einzusaugen. Die Schlucht hat plötzlich künstlich von Schiffen erzeugte Gezeiten. Sog und Hub.

Die Strömung ist mächtig, und so ist auch das Kehrwasser am Ende der Sandbank stärker. Das Wasser wird von der Landzunge der Sandbank zur Seite abgelenkt, prallt gegen das Ufer und strömt bergauf. Je stärker die Vorwärtsströmung, desto größer eine Seitenwie Kehrströmung. In ihr stecke ich fest wie angeklebt, das Boot dreht sich auf der Stelle, und ich lasse die Schlucht als Panorama um mich kreiseln. Ein Karussell aus Weinbergen, Baumwipfeln, Felswänden. Mit zwei, drei kräftigen Paddelschlägen komme ich aus dem Kehrwasser los, die türkisfarbene Strömung erfasst das Boot, und schon fliegen die hohen Wände links und rechts vorbei.

In der Strömung nimmt das Kajak Fahrt auf, und die Aufmerksamkeit ist ganz auf dem Wasser. Vorbei an dem längs zur Strömung aufragenden Felsriff, dem Geisenrücken, hinter dem ein stromauf fahrender Kahn laut auf der Stelle tuckert und wartet, bis der Gegenverkehr auf Talfahrt passiert. Über mir die Felskanzel. Jetzt beobachte ich, wie talwärts ein Containerschiff mit ständigen Manövern der Heckruder und Bugdüsen sich zwischen Kammereck und Betteck hindurchfädelt. Würde es sich querstellen, wäre der gesamte Fluss blockiert. Von der Felskanzel dort oben wirkten diese Manöver wie ein ruckelndes Einparken. Hier unten versuche ich, im Wasser der Kielspur die buckelnden Strudel zu erkennen, die manchmal die Flussbiegung aufwühlen und die Wasserfläche wie ein wogendes Getreidefeld aussehen lassen. Wenn ich nicht achtgebe oder zu lange den Jungen zuschaue, die sich an der Badestelle auf einer langen Schaukel unter den Baumwipfeln der hohen Weiden hervorschwingen, um sich am fernsten Punkt der Pendelbewegung jauchzend loszulassen und möglichst weit in den Strom katapultiert zu werden, dann kann es passieren, dass ich erneut in Kehrwasser gerate und das Boot sich wieder dreht.

Jede der auf und ab wogenden und gegeneinanderlaufenden Wellen ist eine Strömung, ein Strudel, ein Aufwallen des Wassers. Um das kippelige Boot nicht durch einen falschen Schlag zum Kentern zu bringen, balanciere ich die Bewegungen mit dem waagerecht gehaltenen Paddel aus und lasse mich treiben. Da: ein zitronengelber Segelfalter, der, von dem buschigen Hang heruntergeweht, über den Wellen torkelt, dort: ein Stockenterich, der sich mit seiner Partnerin unter der Weide versteckt hat und jetzt erschreckt aufstiebt, sie folgt ihm mit einem lauten Ruf, hier: eine Libelle steht mit schwirrenden Flügeln über dem Bug, smaragdgrün lässt sie sich auf dem Signalrot des Kajaks nieder. Am Ufer ist das Wasser transparent, der Schlamm auf den Steinen leuchtet. Wo das Wasser tiefer wird, wechselt das helle Ocker des Schlicks zu einem hellen Türkis und schließlich zu einem trüben, schiefrigen Oliv. Kühlere Farben schillern am Rand: das silbrige Laub der Weiden und die im Wind flirrenden hellen Unterseiten der Zitterpappelblätter.

*

Lange bevor im 19. Jahrhundert zur Illustration der Rheinromantik die Sage von der Loreley erfunden wurde, ihr betörender Gesang und das sagenhafte siebenfache Echo, waren die Strudel unterhalb des Felsens berüchtigt. Der Fluss zwängte sich hier zwischen mehreren sich ständig verschiebenden Sand- und Kiesbänken hindurch, und da, wo er als Gewirr aus Strömungen wieder zusammenfloss, war die gefährlichste Stelle. Auf Teilen dieser Bänke, dem Grünen Grund, wurde später die Mole des Hafens gebaut, der direkt unterhalb der Loreley liegt und nur den Bergfahrern von Sankt Goarshausen aus zugänglich ist. Der Hafen liegt nun wie ein riesiges mandelförmiges Auge im Fluss; er sollte Schiffen Schutz bieten vor den Schollen eines Eisgangs, was bis in die sechziger Jahre häufig der Fall war. Hier ankerten sie und warteten besseres Wetter ab.

Gegenüber dem Grünen Grund liegt das Wahrschau-Häuschen

mit dem Lotsenmuseum, wo mir Friedjo Goedert das Gewerre erklärte, die Stelle, wo die Strömung von den Felsen tief im Flussbett nach oben gestaucht wird und sich in zahllosen Strängen verflicht. Seit Jahrtausenden kentern hier die Kähne achtloser Schiffer. Dahinter liegt in der inneren Kehre des Flusses der Strömungsschatten, wo die Wucht des Wassers nicht so stark zu spüren ist. Hier suchten die Lotsen der Dampfschiffe das Fahrwasser für die Bergfahrt. Darunter die legendäre 26 Meter tiefe »Woog«, wo auf den alten Loreley-Bildern die Salmwaagen den Lachsen auflauerten.

Ein letztes Mal lasse ich das Boot sich drehen und stemme mich mit dem Paddel gegen die Strömung flussauf, damit die Fahrt nach der nächsten Kurve noch nicht zu Ende ist. Der Blick zurück wird von grünen Hängen eingefasst, zwischen denen sich glitzernd der Fluss hindurchschlängelt. Der Fels der Loreley ist vom Wasser aus imposant, steil und uneinnehmbar. Von unten wirkt er höher und schroffer als die ihn umgebenden Hänge: Der bloße Fels, über den Eidechsen huschen und in den der Steinbrech seine Wurzeln schlägt, scheint überzuhängen.

Auf alten Bildern wirkt der ganze Fels nackt, als wäre er eben erst aus den Fluten aufgetaucht und hätte an seinen rauen Kanten noch nicht genug Erde für das Gestrüpp und die verkrüppelten, sich in die Spalten drückenden Steineichen gesammelt. Der für die Schiffer gefährliche Fels wurde zum Inbild für die Wildheit der Landschaft, für die Clemens Brentano mit der Figur der verhängnisvollen Sirene Loreley eine verführerische Personifikation entwarf. Heinrich Heines melancholischeres Gedicht verklärte die Gestalt zu einem »Märchen aus alten Zeiten / das kommt mir nicht aus dem Sinn«. In den Vertonungen von Friedrich Silcher und später Franz Liszt wurde es zur Hymne der Rheinromantik. Das alles förderte eine der ersten Formen des Massentourismus, gegen Ende des 19. Jahrhunderts reisten jährlich bis zu drei Millionen Besucher hierhin. Vom Schiff aus schauten sie die Felswände hoch, suchten nach den blond wehenden Locken der gefährlichen Loreley, deren Gesang die Schiffer ins Verderben lockte. Doch nur wenige sannen über die Wehmut des Liedes nach: »Ich weiß nicht, was soll es bedeuten, / dass ich so traurig bin«, die meisten wollten agieren. Leicht ließen sie sich von der nationalistischen Deutung des deutschen Rheins als nicht zu akzeptierende Grenze, sondern als Schwelle zur Expansion in Richtung des »Erbfeinds« Frankreich entflammen und sangen statt von der Loreley von der »Wacht am Rhein«: »Es braust ein Ruf wie Donnerhall, / Wie Schwertgeklirr und Wogenprall: / Zum Rhein, zum Rhein, zum deutschen Rhein! / Wer will des Stromes Hüter sein?«

*

Ich lasse mich von der Querströmung aus dem Fahrwasser drängen, komme langsam ans Ufer. Knirschend läuft der Bug auf der alten Fährrampe auf. Als ich mich aus dem Boot stemmen will, suche ich im Wasser Halt. Zwischen Sand und Steinen greife ich eine Handvoll Körbchenmuscheln. Einst siedelten sie überall, noch heute sind sie auf den Feldern im Taunus als Fossilien zu finden. Aber vor 30 Millionen Jahren verschwanden sie mit dem Rupel-Meer und der Seekuh im Mainzer Becken. Erst 1988 wurden sie im Rheindelta wieder entdeckt: In Südostasien hatten sie Hunderttausende von Jahren überstanden und waren als blinde Passagiere im Ballastwasser von Schiffen zu uns zurückgereist. Heute findet man sie wieder überall im Rhein, auf Sandbänken, Kiesschultern oder hier am Ufer. Sind es Invasoren oder Rückkehrer?

Ein Zug rauscht in das Tunnelportal, mit dessen Bau, so berichtet schon Ende des 19. Jahrhunderts tröstend der Baedeker, das Echo der Loreley für immer verschwand.

VIII Kornsand

»Könnte die Natur nicht über die Ankunft Gottes zu Stein geworden seyn? Oder vor Schrecken über die Ankunft des Menschen?« *Novalis*

1 Taube Wanderer

An Flüssen treffen sich die Menschen, auf ihnen reisen sie. An Furten kreuzen sich Wege und Wanderungen, Städte entstehen: Wie mag es vor Jahrhunderten gewesen sein, wenn nach dem wochenlangen Irren auf dem mäandernden Fluss plötzlich über dem Ufer hinter den Bäumen Speyer mit dem größten romanischen Dom der Welt erschien? Oder Mainz über der großen Wasserfläche der Mündung des Mains in den Rhein auftauchte? Es waren Weltstädte, der Erzbischof von Mainz regierte eine Diözese, die den größten Teil der ehemaligen römischen Provinz Germania umfasste, er krönte deutsche Kaiser.

Die Römer hatten von hier aus Handel getrieben, flussab bis zur Küste und weiter nach Britannien. Jahrhunderte später reisten von dort Missionare in der Gegenrichtung flussauf – Iren, Schotten, die das Tal christianisierten, bis sich in Speyer, Worms und Mainz drei Kaiserdome aneinanderreihten, in deren Schatten Synagogen errichtet wurden und Kaufmannsquartiere Gäste aus ganz Europa bei sich aufnahmen. Hildegard von Bingen traf zu Hause bald mehr einflussreiche Häupter, die den Rhein entlangkamen, als auf ihren eigenen Reisen. Sie brachten kostbare Manuskripte mit, die man während ihres Aufenthalts kopierte. Später wurde in Mainz von Johannes Gutenberg der Buchdruck erfunden, ein Schritt in eine neue Welt. Erasmus lebte an beiden Enden des Flusses, statt Erasmus von Rotterdam könnte er auch Erasmus von Basel heißen. Kulturelle Revolutionen ereigneten sich an Flüssen, und der Rhein war eine ihrer wichtigsten Achsen. Flüsse durchschneiden aber auch die Landschaft, sie bilden natürliche Hindernisse, Grenzen, Bollwerke. Bei keinem Fluss Europas wurde das wie beim Rhein so zur Ideologie. Der Fluss wurde zum Bollwerk.

Während meiner Bundeswehrzeit 1977 fuhr ich ein Vierteljahr lang jeden Sonntagabend von Koblenz durch das dunkle Rheintal zurück in die Kaserne bei Lorch: vorbei an der Loreley und der Pfalz, der bei Kaub mitten im Strom stehenden Burg. Ab Lorch ging es durch das Wispertal hinauf in den Taunus, auf dem die Kaserne stand. Im Ohr hatte ich dabei immer die Erzählungen von Werner Becker, meinem späteren Schwiegervater. Vor gerade 32 Jahren hatte er sich in einer ähnlich dunklen Mondnacht im April oder Mai über den Fluss gerettet. In den letzten Tagen des Zweiten Weltkriegs durch einen Streifschuss an Brust und Arm verletzt, hatte er sich als einer von zwei Überlebenden seiner Einheit abgesetzt und war aus dem Osten durch ganz Deutschland nach Hause geflüchtet. Er wusste, dass die Städte am Rhein wie Koblenz fast völlig zerstört waren, und so wollte er hinüber ans andere Flussufer, um sich zu Hunsrücker Verwandten in Thörlingen bei Emmelshausen durchzuschlagen. Das war ihm gelungen, denn er saß ja vor uns in der Küche, ein kräftiger Mann, dem zuzutrauen war, den einen halben Kilometer breiten Fluss zu durchschwimmen. Er erwähnte die Geschichte immer wieder, doch berichtete er nicht viele Details. Seine Erzählung war dazu da, die Erinnerung zu bannen. Von seinem Jahrgang waren 40 Prozent der Männer im Krieg gefallen. Von seinen Schulfreunden hatte er nur zu einem einzigen Überlebenden Kontakt.

Ich stelle mir immer vor, die Stelle seiner Rheinüberquerung hätte sich gegenüber dem kleinen Ort Hirzenach zwischen Sankt Goar und Boppard befunden. Von hier kann man über eine schmale Bergstraße in den Hunsrück nach Emmelshausen laufen. Stromauf von Hirzenbach zerschneidet eine flache Insel, das Ehrentaler Werth, den Fluss, hinter der das Wasser gerade bis zur Hüfte reicht. Ist er hier im April oder in den frühen Maitagen durchgewatet? Hinauf in den von den Amerikanern befreiten Hunsrück, wie auf seiner ganzen Flucht immer im Dunkeln, tagsüber versteckt in einem Heuschober oder Unterstand? Ein Bauer hatte ihm Zivilkleider überlassen, fast Lumpen, andere steckten ihm etwas zu essen zu. Es kann nur so gewesen sein, dass Soldaten seinen Weg kreuzten. Tausende von Flüchtlingen waren unterwegs, ausgemergelt, ausgehungert, erschöpft und von den Kämpfen traumatisiert, vor den eigenen Leuten auf der Hut, wichen sie fanatischen Nazis und versprengten SS-Rotten aus, die immer noch mit einem Aufgebot aus alten Männern und Hitlerjugend letzte Flecken und Winkel verteidigten. Man schlug sich durch. Im Notfall wollte man eher in amerikanische Kriegsgefangenschaft geraten als in russische.

Eine Wochenschau, schwarzweiß: Der Vorstoß der amerikanischen Truppen im März 1945. Die Weiten des Hunsrücks, dann biegt die Kamera von der Hunsrückhöhenstraße ab, wir sehen die erst sanft, dann steil in Falten abfallenden Felder, den Waldrand. Am Weg Fahrzeugwracks, ein Mannschaftsbus der SS, Close-up des Nummernschilds, Traktoren, Bulldozer, alles ausgebrannt, als wäre eine Feuerwalze über die Kolonne gezogen; ohne einen Halm auf dem Feld zu versengen, hätte sie alle menschlichen Spuren getilgt. Zwei Pritschenanhänger, nein, es sind Fuhrwerke, denn vor dem einen liegt, im Geschirr zusammengebrochen, ein weißes Pferd. Ein Torso beugt sich unter eine Motorenklappe. Beim Schauen hält man unwillkürlich den Atem an, ein Toter? Nein, er bewegt sich. Er hat überlebt und tastet sich durch den Untergang.

Das Geräusch einer zerborstenen Glocke liegt über der Landschaft.

2 Drei Brücken

Der Rhein war den Deutschen nicht nur ein Bollwerk, hinter dem sie sich verschanzen konnten, sondern immer auch die Schwelle zu einer Expansion gen Frankreich. Deutsche militärische Rheinüberquerungen wurden am Mittelrhein gern mit Denkmälern bedacht. In Kaub blickt eine Statue Blüchers entschlossen über den Fluss und erinnert an seinen Rheinübergang 1814, als er mit seiner Armee Napoleon nachsetzte, was dessen Untergang einleitete; oberhalb von Rüdesheim erinnert das Niederwald-Denkmal in den Weinbergen mit einer kolossalen Germania an den Sieg im Deutsch-Französischen Krieg 1870/1871. Dieser Krieg führte zur Gründung des Deutschen Kaiserreichs, was das Kaiser-Wilhelm-Denkmal am Deutschen Eck in Koblenz feiert. Alle drei Denkmäler sind Intérieurs eines preußisch aufgeladenen Nationalismus, der dann mit dem Lied von der »Wacht am Rhein« die inoffizielle Hymne des Kaiserreichs lieferte, gesungen bei der Silberhochzeit des Kaisers und bald auf unzähligen Ausflugsschiffen, auf denen im 19. Jahrhundert Millionen von Touristen jährlich den Rhein entlangreisten.

Ihre Route durch das Rheinische Schiefergebirge passierte ab 1918 drei Brücken, die sich wie Spangen über den Strom legten. Sie markierten den Eingang ins Gebirge bei Bingen, die Mitte der Reise bei Engers und den Austritt aus den Schieferhängen kurz vor dem Siebengebirge bei Remagen. Alle drei Eisenbahnbrücken wurden 1913, vor dem Ersten Weltkrieg, von der Generalität geplant und waren bis auf ihre Länge baugleich: Gemauerte Vorbrücken am Ufer, über deren Rampen die Stahlbrücke erreicht wurde, eine fachwerkähnliche Konstruktion mit mächtigen Bögen über der Fahrrinne. Links und rechts der beiden Gleise befanden sich mit Holzbohlen ausgelegte Gehsteige. An Fahrbahnen für Kraftwagen war nicht gedacht.

Alle drei Brücken besaßen vor allem militärstrategische Funktion: Der Schienentransport von Material und Truppen an die Westfront in Frankreich sollte erleichtert werden, indem Ost-West-Verbindungen über den Rhein hinweg geschaffen wurden: Bei Remagen hinter Bonn zur Ahrtal-Bahn hoch in die Eifel und zu den Ardennen, von Engers aus zur Moselbahn hinein nach Luxemburg und Nordfrankreich, bei Rüdesheim schließlich zur Nahebahn, die die Rhein-Main-Region mit dem Saarland und den französischen Industriegebieten um Metz verband. Ingenieure sprechen von einer Brückenfamilie.

Nur eine einzige der Brücken wurde rechtzeitig fertig, um im Ersten Weltkrieg eine Rolle zu spielen. Die Rüdesheim-Binger-Brücke, die im August 1915 eröffnet und über die ein großer Teil des Nachschubs an die Westfront transportiert wurde. Bis dahin war der Verkehr zwischen der rechtsrheinischen Bahn und der linksrheinischen Nahe- und Glantal-Bahn durch eine Eisenbahnfähre geregelt gewesen, doch das war umständlich und kostete Zeit. Die Bauarbeiten hatten noch vor dem Krieg begonnen, zunächst mit italienischen Hilfs-, dann ab 1914 mit russischen Zwangsarbeitern. Sie war mit 1,2 Kilometern die längste der drei. In der Mitte spannte sich auf sechs Strompfeilern eine 741 Meter lange Stahlbrücke über den Fluss, die – von der Germania des Niederwald-Denkmals gesehen – wie ein dicker Strich aus fünf Segmenten mit zwei großen Bögen quer in der Landschaft lag.

Die am Ende des Schiefergebirges liegende Brücke bei Remagen wurde erst drei Jahre später, im September 1918, wenige Wochen vor Kriegsende, in Betrieb genommen. An beiden Ufern markierten zwei hohe Festungstürme aus schwarzem Basalt mit Schießscharten den martialischen Gestus der Brücke, doch es gab keinen Nachschub mehr für die Front, nur Kriegsheimkehrer schleppten sich über sie zurück. Bei der Einweihung wurde sie nach General Ludendorff getauft, die Rheinbrücke bei Rüdesheim nach Generalfeldmarschall Hindenburg umbenannt.

Die mittlere Brücke gleich neben der Garnisonsstadt Koblenz, verband Engers mit Urmitz und erhielt Kronprinz Wilhelm als Paten, der nominell die Befehlsgewalt bei der Schlacht von Verdun innegehabt hatte. Das Denkmal seines Großvaters am Deutschen Eck war von dort nicht zu sehen.

Nach der Niederlage im Ersten Weltkrieg und dem Frieden von Versailles wurde das Rheinland in alliierte Zonen aufgeteilt und von Briten, Franzosen und Belgiern verwaltet. Unter französischer Flagge zogen Schiffe Kohle und Erze über den Fluss, über die Brücken donnerten Güterzüge mit Reparationsleistungen für das in dem Krieg zerstörte Ausland. Auch nach der vollständigen Aufhebung der alliierten Zonen im Juni 1930 blieb das Rheinland eine entmilitarisierte Zone. In dem Gebiet durften weder eine Mobilmachung ausgerufen noch bis 50 Kilometer östlich des Rheins Truppen stationiert werden. In Sankt Goar verweigerten die Lotsen den Dienst für die Franzosen, die daraufhin eine eigene Lotsengemeinschaft gründeten. Der Rhein wurde zum Symbol dessen, was man Deutschland vermeintlich ungerechterweise vorenthielt.

Als man die Brücken noch im Ersten Weltkrieg nach dessen Oberbefehlshabern taufte, sollte das Zeichen für ein letztes Aufbäumen sein. Vergeblich. Aber auch nach dem Krieg wiesen die Namen nicht auf unterlegene Generäle, sondern auf Nationalhelden der gekränkten Volksseele hin. Ludendorff erfand eine der wirkungsmächtigsten politischen Lügen der Zeit: die »Dolchstoßlegende«, nach der der Krieg nicht in den Schlachten verlorengegangen sei, sondern weil den »im Feld unbesiegten deutschen Soldaten« die Politiker aus dem sicheren Hinterland in den Rücken gefallen seien – vor allem die Sozialdemokraten, die Kommunisten und natürlich die Juden. Der Sieger nach dieser Geschichtsdeutung, Generalfeldmarschall Hindenburg, wurde 1925 sogar zum Reichspräsidenten gewählt. Beide Generäle, wie auch der Kronprinz, wurden zu eifrigen Steigbügelhaltern Hitlers, dem Ludendorff nicht nur direkt mit dem Münchner Putschversuch 1923 zur Macht verhelfen wollte, sondern dem er 1935 auch das Stichwort vom »totalen Krieg« lieferte.

Die Besucher, die damals auf den Dampfschiffen der Köln-Düsseldorfer Deutsche Rheinschifffahrts-Gesellschaft unter den Brücken hindurchfuhren, wurden immer wieder von belgischen und französischen Wachposten angehalten. Robert Lauterborn, der ab 1904 die Verschmutzung des Rheins wissenschaftlich untersuchte und beschrieb, berichtet in seiner Autobiographie von einer im Herbst 1920 unternommenen internationalen Strombefahrung: »Nie habe ich eine gleich traurige Rheinfahrt unternommen wie diese, und niemals ist mir der ganze Jammer der Rheinlandbesetzung so grell vor Augen getreten wie in jenem ersten Jahre nach der Schmach des Versailler Diktates. Überall standen am linken Ufer des deutschen Stromes jetzt schwerbewaffnete belgische, englische und französische Posten in Stahlhelmen, die das unter holländischer Flagge fahrende Motorboot alle paar Kilometer weit zum Anlegen zwangen und uns oft in der rücksichtslosesten Weise kontrollierten. Wie atmete ich auf, als diese Leidensfahrt zu Ende war!«

Die Namen Hindenburg und Ludendorff, die Dolchstoßlegende und die von Nationalisten empfundene Schmach, dass der Rhein zur entmilitarisierten Zone erklärt war, wie die anschließende Besetzung des Ruhrgebiets waren Salz in die Wunde der Niederlage. Die drei Brücken wurden in dieser Atmosphäre zu drei weiteren Denkmälern nationalistischer Aggression.

*

Keine zwanzig Jahre später sollte ein weiterer Weltkrieg zu Ende gehen. Nach den aufreibenden Wintermonaten 1944/1945 mit der Ardennen-Schlacht, ging in den ersten Wochen des Frühjahrs 1945 alles rasch: Der Vormarsch der amerikanischen Truppen über den Hunsrück und die Pfalz war kaum auf Gegenwehr gestoßen, schnell standen die Amerikaner am Rhein – einer natürlichen Grenze, hinter der Hitler alle Kräfte formieren und die entscheidenden Widerstandslinien aufstellen wollte. Und wenn das nicht gelingen würde, sollte der »totale Krieg« nur noch verbrannte Erde hinterlassen. Dieser Krieg sollte in Hitlers Vorstellung nicht wie der erste mit einer Kapitulation enden, sondern mit einem Inferno.

Als am 7. März 1945 amerikanische Soldaten den Rhein bei Remagen erreichten, wollten sie ihren Augen nicht trauen, dass die Ludendorff-Brücke noch stand. Sie selbst hatten sie seit Ende 1944 zu bombardieren versucht. Während sie im Januar 1945 die Vorbrücke der Hindenburg-Brücke in Rüdesheim zerstören konnten, gelang ihnen in Remagen kein entscheidender Treffer.

In die Pfeiler aller Brücken waren Sprengkammern eingebaut. Aber seit in Köln eine bombardierte Brücke durch den in ihr gelagerten Sprengstoff explodiert war, durften die Kammern erst bestückt werden, wenn sich der Feind auf acht Kilometer genähert hatte. 1944 hatte man 600 Kilogramm Dynamit nach Remagen geschafft, es aber wegen Materialknappheit anderswo verwendet. Deswegen erhielt man am 7. März um 11 Uhr nur 300 Kilogramm des wenig effektiven Donarits. Gleichzeitig erfuhren der das Kommando führende Hauptmann Bratge und seine 36 Mann Brückenbesatzung, dass ein neuer Major für die Brücke zuständig sei: Sie sollten alles tun, um die Brücke so lange wie möglich offen zu halten, damit deutsche Soldaten Waffen und Gerät über den Rhein retten könnten.

Aber alles ging zu rasch: Schon um 13 Uhr war Colonel Timmermann mit der Vorhut der amerikanischen Armee an der Brücke eingetroffen. Nach der Meldung, dass die Brücke noch stand, begannen die Amerikaner um 13.40 Uhr mit dem Angriff zur Eroberung des Übergangs. Erst um 15.40 Uhr kam es zu einem Sprengversuch der Deutschen, doch die Brücke hob sich nur leicht und fiel in ihre Lager zurück. Die Amerikaner konnten die Brücke danach erstürmen, durchschossen die noch ausgelegten Sprengkabel und konnten in den nächsten 24 Stunden nach der Eroberung 8000 Mann über den Rhein bringen, um einen rechtsrheinischen Brückenkopf zu bilden.

Die Deutschen wussten, dass das den Untergang ihrer Idee von einer Rhein-Festung bedeutete. Deshalb taten sie in den nächsten Tagen alles, um die Brücke zu zerstören: Die Wehrmacht beschoss sie mit 3000 Granaten. Ein gigantischer Mörser wurde hergeschafft, aber er zerbarst. Es entbrannte ein tagelang anhaltender Luftkrieg. Allein am 12. März flogen einundneunzig deutsche Flugzeuge Angriffe auf die Brücke, dabei wurde zum ersten Mal der Düsenbomber Arado Ar 234 eingesetzt. Die Amerikaner schossen sechsundzwanzig Flugzeuge ab, beschädigten neun. Kampftaucher versuchten, Sprengsätze anzubringen, sie wurden von Suchscheinwerfern erfasst. Nach dem Düsenbomber wurde auch eine zweite der immer wieder von der Propaganda beschworenen Wunderwaffen eingesetzt, mit denen die Nazis glauben machen wollten, den Krieg noch gewinnen zu können: Aus dem niederländischen Hellendoorn schoss die SS-Werferabteilung elf V2-Raketen ab, wovon eine in ein Haus östlich der Brücke einschlug, drei in der Nähe. Aber es gab keine entscheidenden Treffer.

Am 9. März, mitten in der Schlacht, wurden auf Befehl Hitlers alle fünf Offiziere, die für die missglückte Sprengung verantwortlich waren, vor das »Fliegende Standgericht West« gebracht. Sie wurden sämtlich zum Tode verurteilt, vier von ihnen sofort an zwei Orten im Westerwald hingerichtet. Der fünfte, Hauptmann Bratge, befand sich zu der Zeit in amerikanischer Gefangenschaft.

Zehn Tage nach der Eroberung, am 17. März, sackte die Brücke noch während der Versuche amerikanischer Pioniere, die Schäden, die durch den ständigen Beschuss entstanden waren, zu beheben, in sich zusammen. Augenzeugen dachten, sie hätten Gewehrschüsse gehört, und schauten auf, um vor einer erneuten Fliegerattacke Schutz zu suchen. Doch sie sahen, wie der Stahl nachgab und Staub aufstieg. Das schwere Gerät, mit dem man die Brücke reparieren wollte, wurde »wie Briefumschläge« zusammengefaltet, alles ging im Fluss unter, der vor Gischt zu kochen schien. Amerikanische Soldaten wurden zerquetscht, trieben bewusstlos und verletzt im Wasser, retteten sich auf Pontons oder konnten von Tauchern nur schwerverletzt oder tot geborgen werden.

Stromauf und stromab hatte man Pontonbrücken bauen lassen, die in alten Wochenschauaufnahmen aussehen wie Laufstege längs des geborstenen, in den Fluss gesunkenen Brückengerippes – ein in den Fluss gestürzter, ausgebrannter Zeppelin. Eine dieser Brücken verband Oberwinter mit Unkel, wo der Rhein bei dem außergewöhnlichen Niedrigwasser im Sommer 2018 Wrackreste eines abgeschossenen deutschen Flugzeugs und Skelettteile der beiden Piloten freigab. Die Ludendorff-Brücke bei Remagen wurde zum Denkmal des »totalen Kriegs«. Der Rhein begräbt alles, behält vieles für sich und gibt es erst nach Jahrzehnten und Jahrhunderten frei.

*

Die Kronprinz-Wilhelm-Brücke bei Urmitz in der Nähe von Koblenz wurde am 9. März 1945 von deutschen Pionieren zerstört. Es geschah morgens um 7.30 Uhr in so großer Panik, als hätten die Soldaten von dem Standgericht bei Remagen gehört. Als sie die Brücke sprengten, befanden sich auf ihr noch Hunderte deutscher Soldaten auf dem Rückzug. Fahrzeuge, Kutschen, Wagen, Pferde – alles stürzte in den Rhein und trieb hinweg. Soldaten klammerten sich an Trümmer und Treibgut. Manche konnten sich retten, aber wie viele im März im noch eiskalten Wasser umkamen, konnte nie festgestellt werden. Die Zahl muss weit über hundert liegen.

Koblenz wurde erst am 17. März eingenommen, eine ganze Woche nach der fatalen Sprengung. Man hätte genügend Zeit gehabt, die eigenen Leute hinter den Rhein zu retten, statt sie in den Fluss zu sprengen.

Von der Ankunft der Amerikaner in Koblenz sind Filmaufnahmen als ungeordnete Schnipsel bei YouTube zu finden: Die Army ließ ihre Fronttruppen von eigenen Kameraleuten begleiten. Man sieht Ruinen über Ruinen, die man nicht zuzuordnen weiß, und plötzlich erkennt man die Koblenzer Rheinanlagen gegenüber der Festung Ehrenbreitstein. Die Stadt ist so zerstört, dass der Weg dorthin aus den Aufnahmen erst nach langem Vor- und Zurückspulen zu rekonstruieren ist, zumal es scheint, als seien die Filmstreifen mehrerer Kameras einfach hintereinandergeschnitten. So taucht immer wieder die 1944 zerstörte Herz-Jesu-Kirche auf, dann die Gülser Eisenbahnbrücke, die über die Mosel führt. Die Vorbrücke, über die ich später mit dem Fahrrad zur Schule fahren sollte, ist zerstört, aber die Metallbögen sehen intakt aus. Von der Moselbrücke fährt die Kamera durch den Ortsteil Moselweiß in die Stadt, die Herz-

Jesu-Kirche taucht schon wieder auf, an ihr hatten sich wohl die Soldaten orientiert, um zwischen den Häuserruinen, den Lawinen aus Geröll und Schutt und geborstenen Dachstühlen ihren Weg zu finden. Wie aus dem Nichts taucht eine Gruppe junger Menschen auf, sie rufen die Amerikaner aufgeregt zusammen und öffnen eine Flasche Sekt – die Befreiung ist der Sieg, den sie feiern. Sind es versprengte zu Hause Gebliebene oder Zwangsarbeiter, die man bei der Evakuierung vor den anrückenden Truppen zurückgelassen hat? Die Straßen sind leer, die zerstörte Pfaffendorfer Brücke sieht aus wie ein in den Fluss gelegtes steinernes Band, die Festung Ehrenbreitstein wie eine drohende Schattenkulisse über dem Fluss, vor dem die Görres-Statue den Arm hochreckt. Die Figur steht heute noch in den Rheinanlagen. Dass die ganze Stadt zu Schutt zerfiel, aber diese Bronzestatue auf dem Podest aus zerbrechlichem rosafarbenem Sandstein unzerstört blieb – der amerikanische Soldat, dessen Silhouette wir davor stehen sehen, scheint genauso erstaunt wie ein Betrachter heute.

*

Die Hindenburg-Brücke bei Bingen wurde als letzte der drei gesprengt. Bomben der Alliierten hatten bereits am 13. Januar 1945 die Vorbrücke auf der Rüdesheimer Seite zerstört, endgültig unbrauchbar machten die Brücke aber erst deutsche Pioniere am 15. März – nachdem sie in Bingen auch die Drususbrücke über die Nahe gesprengt hatten: eine Steinbogenbrücke aus dem 11. Jahrhundert, in deren Pfeiler eine romanische Kapelle eingelassen ist. Am 17. März wurde die Mainzer Südbrücke zerstört, am 18. März erreichten die Amerikaner Bad Kreuznach, am 19. März fiel die Rheinbrücke in Gernsheim, am 20. März die Ernst-Ludwig-Brücke in Worms. Am 21. März standen die Amerikaner in Oppenheim am Rhein. Von den insgesamt siebenundvierzig Rheinbrücken war nur die von Remagen den Alliierten in die Hände gefallen.

Spätnachts stoße ich auf Filmaufnahmen, die zeigen, wie die Amerikaner eine ungenannte Stadt am Rhein einnehmen, wo alles anders scheint als sonst. Keine leeren Straßen wie in Koblenz, wo unzugängliche Schluchten voller Geröll mit aufgeräumten Gassen und blank gefegten Pflastersteinen wechseln, aber Menschen unsichtbar bleiben. Es gibt andere Szenen, wo Waffenzüge mit Gewehrschüssen und Panzergranaten in Städte eindringen, die noch völlig intakt sind.

Aber diese Aufnahmen sind gespenstig. Die Menschen ergeben sich mit leeren Gesichtern, die nichts verraten. Mitten auf der Straße liegen Tierkadaver, dazwischen laufen Pferde, weiße Pferde. Sie laufen unglaublich langsam; der Filmstreifen scheint zu stocken, die Tonspur verstummt. Die Pferde hören nicht die Schüsse und das Krachen, die Schreie und das Klagen, die Befehle und Kommandos, das Dröhnen der Panzer und das Rasseln ihrer Ketten, die Explosionen und das schüttende Geräusch, mit der eine mittelalterliche Brücke im Fluss versinkt. Die tosende Stille danach.

3 Kornsand

Die letzten Kriegstage kann man sich nicht vorstellen, ohne an die Angst zu denken. Nicht allein die Angst Einzelner, sondern eine Angst, die sich in die Landschaft krallte und alles durchdrang. Werner Becker, der sich in den Hunsrück retten konnte, hatte einen Bruder, von dem wir fast nichts wissen. Sie beide waren die Söhne eines Postbeamten, der im Ersten Weltkrieg an beiden Füßen so schwer verletzt wurde, dass ein Fuß amputiert werden musste. Seine Kameraden retteten ihn, nicht das Rote Kreuz, wie er sein Leben lang betonte. Wenn an der Tür für das Rote Kreuz oder ein anderes Hilfswerk gesammelt wurde, fauchte und tobte er. Auf dem linken Auge war er blind. Der zweite Sohn, Hermann Becker, wurde im Zweiten Weltkrieg in ein Unterseeboot gesteckt. Oder wollte er weit weg von zu Hause und meldete sich deshalb zur Marine? Weg von dem stickigen Katholizismus der schwermütig-depressiven Mutter, die den Tod der einzigen Tochter mit neun Jahren nicht verwinden konnte? Im engen unterirdischen Sarg, dem U-Boot, konnte man nichts verbergen, alles wurde mitgehört.

Plötzlich war er in einem Konzentrationslager und kehrte nie zurück. Er wurde von einem Offizier erschossen. Auf dem Totenschein stand offiziell, er sei an »Lungentuberkulose« verschieden. Die Überstellung der Urne lehnten die Eltern ab und schnitten seine Gestalt aus ihrem Leben. Aus beinahe allen Familienbildern wurde sein Gesicht, seine Gestalt mit der Schere entfernt. Keiner sprach von ihm. Keiner fragte. Unter den Nazis galt Sippenhaft – die gesamte Familie hatte für ein »schwarzes Schaf« zu büßen. Auch nach dem Krieg, als die französischen Besetzer das unzerstörte Haus requirierten und die Eltern sich in eine enge Mansarde drückten, holten sie die zerschnittenen Bilder nicht hervor, um zu zeigen, wie sehr die Familie Opfer der Nazis geworden war. Sie wollten wieder für sich sein, allein mit ihrer Scham und Angst. Auch im Sommer schlossen sie abends um fünf Uhr die Fensterläden.

Der Großvater erzählte immer von seinem Krieg, dem Ersten Weltkrieg, auch der Enkelin, und gab das Eitern seiner Wunde weiter, wahrscheinlich mit den gleichen Worten, mit denen er es schon seinen Söhnen eingeimpft hatte. Eine solche Angst schweißt die Menschen nicht zusammen, sie macht sie einsam, sie lässt sie gemeinsam zu einem schwarzen Monolith erstarren, sie versiegelt ihre Seelen.

*

In Nierstein, einer kleinen Stadt am Rhein zwischen Mainz und Worms, verhaftete am 18. März der NSDAP-Ortsgruppenleiter Georg Ludwig Bittel sechs Menschen. An diesem Tag hatten die Amerikaner auf ihrem Vormarsch das vierzig Kilometer entfernte Bad Kreuznach kampflos eingenommen. Die Frauen in Nierstein durchsuchten heimlich die Schränke nach weißen Laken, die man aus den Fenstern hängen oder sogar vom Kirchturm wehen lassen konnte, falls sich einer hinauftraute. Wenn die Amerikaner nur endlich da wären. Sie mussten ihre Betttücher und Stoßgebete vor dem NSDAP-Mann Bittel verbergen, der den linksrheinischen Fährort mit allen Mitteln verteidigen wollte. Der Rhein sollte zur Grenze werden, an der sich der Widerstand gegen die Alliierten aufbäumte und eine Wende des Kriegs erzwang. So hatten es die Nazis befohlen, vor allem die durchreisenden Parteioberen, die sich seit Tagen über die Niersteiner Fähre in Sicherheit brachten und in der Kommandostelle Groß-Gerau sammelten. Vor ihnen zitterten alle.

Diese sechs verhafteten Menschen könnten, so legte sich Bittel das zurecht, später als »Arbeitskommando« auf der anderen Rheinseite für Schanzarbeiten eingesetzt werden, so könnte verhindert werden, dass sie bei erster Gelegenheit überliefen und alles verrieten. Etwa wo sie die Fähre versenkt haben, die Nierstein und das benachbarte Oppenheim mit dem anderen Ufer, dem Kornsand, verband, oder wo sich der Volkssturm verschanzt hatte. Besser, man räumte die sechs aus dem Weg.

Dreien von ihnen können wir noch heute ins Gesicht schauen, denn ihre Bilder sind erhalten: Cerry Eller ist die einzige Frau unter ihnen. Sie trägt das Haar straff zurückgekämmt und zu einem Dutt gebunden, wie damals fast alle Frauen auf dem Land. Sie ist 54 Jahre alt, sie hat gesunde Backen, wie man damals sagte. Etwas Verschmitztes liegt auf ihren Lippen und in ihren Augen, wie eine Tante, die dem Neffen Socken strickt, damit er ihr das Holz hackt. Sie könnte es selber tun, aber vielleicht bald nicht mehr, und dann käme der Neffe in ihren Socken. Auf dem Bild umgibt sie eine zarte Unnachgiebigkeit, weshalb sie vielleicht einen Schritt vorausgeht, als Bittel ihnen befiehlt, über den Fluss zu setzen, von dort würden sie von einem Kommando unter Bewachung zur Polizeistation nach Groß-Gerau eskortiert. Bis Wolfskehlen wurden sie auf einem Militärfahrzeug transportiert, den Rest mussten sie wie ihre Bewacher zu Fuß laufen. Sie überquerten zum letzten Mal den Fluss, an den sie ihr ganzes Leben lang immer wieder zurückgekehrt waren.

Ihr drei Jahre älterer Mann wird neben ihr gegangen sein, Johann Eller. Auf dem Photo trägt er einen gewaltigen nach oben gekämmten Schnurrbart, so breit, als wolle er sich dahinter verstecken. Sein Haaransatz flieht nach oben, und hätte er nicht so müde Augen, würde er wie ein wilhelminischer Turner wirken. Hingen die Enden des Bartes nach unten, sähe er aus wie ein enttäuschter Anarchist. Er war Maurer, leider kann man auf dem Passbild seine Hände nicht sehen. Er war ein mutiger Mann, 1930 hatte er einen regionalen SPD-Wahlverein gegründet.

Mit Bittel, dem NSDAP-Mann, der ihnen diesen Marsch aufzwang, war er immer wieder aneinandergeraten. Bittel war ein wütender Mann voller Hass, der zu Ausbrüchen neigte. Als 1934 ein jüdisches Ehepaar einen Ausreiseantrag stellte – damals war das Vertreiben der Juden noch präferierte Politik –, schrieb er hasserfüllt an den Bürgermeister, Flora und Willy Wolf die Ausreise auf keinen Fall zu genehmigen. 1942 nahm sich das Ehepaar unmittelbar vor seiner Deportation in Mainz das Leben.

Cerry war in Chicago geboren, aber die Auswandererfamilie von Hermann Hirsch, ihrem jüdischen Vater, konnte dort nicht Fuß fassen, hatte aufgegeben und war nach Deutschland in den Nachbarort Oppenheim zurückgekehrt. 1911 heirateten Cerry und Johann, sie trat in die evangelische Kirche ein, sie hatten fünf Kinder. Es reichte vorne und hinten nicht, und ein Jahr nach Beginn der Weltwirtschaftskrise verkauften sie ihr Geschäft und wanderten im Februar 1924 zusammen mit über zwanzig anderen Familien aus Rheinhessen nach Brasilien aus. Bereits in Rio de Janeiro wurde ihnen klar, dass der deutsch-brasilianische Grundstücksagent ein Betrüger war – es gab Schwierigkeiten mit der Einreise, ihre Ersparnisse hatten sich in Luft aufgelöst. Sie zogen in den Urwald und versuchten, Land zu roden und eine Kolonie aufzubauen, um sich selbst zu versorgen. Doch vergebens. Die Ellers waren unter den Letzten, die 1925 im Dezember zurückkehrten. Niersteiner hatten Geld gesammelt, um den Ausgewanderten die Rückkehr zu ermöglichen. Cerry und Johann eröffneten wieder ihre Altwarenhandlung. 1933 begannen die Repressionen gegen die Familie. Cerry galt als Jüdin. Die Familie wurde schikaniert, ihr Haus wiederholt von der SA durchsucht, der Laden geschlossen. Wie hat sie hier bis 1945 überleben können? Und jetzt standen die Amerikaner schon in Bad Kreuznach, und sie mussten durch das Hessische Ried laufen, weg von der Front, ins Zentrum der Feinde.

Vielleicht wohnten sie so, wie wir es bis vor wenigen Jahren in abgelegenen Dörfern noch sehen konnten: ein etwas heruntergekommenes Haus, denn viel Geld ist mit dem Schrott, der auf dem Hof im Regen liegt, nicht zu machen – ein alter Pflug, der von einem Pferd gezogen werden müsste, ein kaputter Schiffsmotor, für den es keine Ersatzteile mehr gibt, ein Ofen, eine Wäschemangel mit zerborstenen Walzen. War der Hof voll und kam keiner mehr, um im Gerümpel nach einer passenden Schraube zu suchen, brachte Johann das ganze Zeug zur nächsten Sammelstelle, denn im Krieg war jedes Stückchen Metall wertvoll. Dann bezahlten Cerry und Johann die offenen Rechnungen im Dorf. »Zettel« hieß das im Laden meiner Großmutter, »Deckel« in der Kneipe meines Großvaters. Man hatte nur selten »Münz« in der Tasche, tauschte Kohl und Salat aus dem Garten, wenn sie zu sehr in die Höhe schossen und man ihrer nicht mehr Herr werden konnte.

Gemeinsam mit ihnen waren vier Männer unterwegs. Der neunundfünfzigjährige Georg Eberhardt hatte sich 1924 mit seiner Frau Helene und der Tochter ebenfalls der erfolglosen Brasilien-Expedition angeschlossen und war wie die anderen nach zwei entbehrungsreichen Jahren zurückgekehrt. Auf seinem Passphoto mit Schnurrbart, Mittelscheitel und Krawatte sieht er aus wie der stille, ein wenig in sich gekehrte Schreiber in einem Kontor und weniger wie ein Arbeiter im Opelwerk. Nikolaus Lerch war Schiffer und genauso alt wie Cerry, gewiss kannten sie einander schon von der Schule. Auf seinen Fahrten kam er bis ins Ausland und so auch vielleicht in Kontakt mit marxistischen Ideen: Lerch und Eberhardt waren seit 1931 Mitglieder der Kommunistischen Partei, und beide wurden nach der Machtergreifung 1933 in das KZ Osthofen bei Worms verschleppt. Eberhardt saß überdies neun Monate im Zuchthaus Butzbach wegen fortgesetzter kommunistischer Tätigkeit. Von Nikolaus Lerch und dem ebenfalls festgenommenen Ludwig Elbling sind keine Bilder überliefert.

Auf seinem Passbild sieht der letzte der sechs, Jakob Schuch, am entschlossensten aus. Bis zur Weltwirtschaftskrise arbeitete er auf einem Weingut als Winzer. Auch er war bei dem Auswanderungsversuch nach Brasilien dabei und trat Anfang der dreißiger Jahre dem SPD-nahen »Reichsbanner Schwarz-Rot-Gold« bei, das gegen die Ausschreitungen der Braunhemden eine Gegenwehr bilden wollte. Das brachte ihn 1934 ebenfalls in das KZ Osthofen, wo man seinen Widerstandswillen zu brechen versuchte, indem man ihn zwang, immer länger in eiskaltem Wasser zu stehen. Über das Gefängnis in Darmstadt kam er schließlich nach Dachau in die Abteilung für »Linksradikale«, wo er gefoltert und schwer misshandelt wurde. Erst im Dezember 1935 ließ man ihn wieder frei.

Die Freude über das Wiedersehen, wenn Eberhardt, Lerch und Schuch aus Konzentrationslager oder Haft zurückkehrten, wurde immer bitterer, die Liste der Verschwundenen und Vermissten immer länger. Es waren nicht nur diese sechs, die am 18. März mit nichts als ihrem Leben im Gepäck nach Groß-Gerau schlurften. Zwischen ihnen gingen die Toten. Wie viele Juden wurden Cerrys Bruder Ludwig Hirsch mit seiner Frau und beiden Söhnen vermutlich vor der Deportation nach Theresienstadt im Keller der Frankfurter Großmarkthalle zusammengetrieben. Ein Sohn starb bereits in Frankfurt an Misshandlungen. Die anderen wurden später in Vernichtungslagern umgebracht. Der gleichnamige Sohn des unbeugsamen Jakob Schuch war bereits am 24. September 1942 wegen »Landesverrats« in Plötzensee enthauptet worden.

Weder auf der Kreisverwaltung noch auf der Polizeiwache in Groß-Gerau wusste man mit den sechs Menschen etwas anzufangen. Panik sickerte langsam überall durch, immer mehr Parteiobere kamen und suchten Anschluss an das schrumpfende Großreich, das hier den Kommandostützpunkt der Westverteidigung einrichten wollte: Es war Führerbefehl, den Brückenkopf Oppenheim mit Nierstein und seiner Fähre zu bilden. Hier saß der Generalfeldmarschall Alfred Kesselring, der nach der Einnahme der Brücke von Remagen zum neuen Oberbefehlshaber West ernannt worden war und das Standgericht für die für die Sprengung der Brücke verantwortlichen Offiziere befohlen hatte. Zuvor hatte er in Italien Geiselerschießungen von Zivilisten als »Sühnemaßnahmen« für Widerstandsanschläge zu verantworten (weshalb er nach dem Krieg als Kriegsverbrecher zum Tode verurteilt, jedoch schnell begnadigt und aus gesundheitlichen Gründen entlassen wurde). Nun musste Kesselring selbst an Ort und Stelle miterleben, wie die Position des Brückenkopfes Oppenheim aufgegeben wurde.

Am dritten Tag, nach zwei Nächten in einer Zelle, schickte man die sechs »Aufwiegler« unter Bewachung am 20. März weiter nach Darmstadt zur Gestapo, diesmal ganz zu Fuß. Dort hatte aber niemand Zeit für sie. Schon am 15. März hatte der Gauleiter von Hessen-Nassau ausdrücklich allen NSDAP-Kreisleitern befohlen, »sämtliche Akten, insbesondere die Geheimakten {…} restlos zu vernichten. Unter allen Umständen müssen vernichtet werden, die Geheimakten über den Aufbau nach dem Kriege, Säuberung unter den PG {Parteigenossen}, die Verwaltung, Erweiterungen und Abschreckungsarbeiten in den KZ. Ausrottung verschiedener Familien usw. Diese Akten dürfen unter keinen Umständen in die Hände der Feinde fallen, da es sich schon um Geheimbefehle des Führers handelt.« Die Gestapo war dabei, alles zu packen und zu vernichten.

Am nächsten Morgen, dem 21. März, werden die sechs Menschen ohne Entlassungspapiere heim zu ihren »Familien« geschickt, wie auch immer das für sie geklungen haben wird. Das muss morgens um 8 Uhr gewesen sein, bei Dienstbeginn. Die Gruppe fährt in Darmstadt zunächst mit der tatsächlich noch verkehrenden Straßenbahn ans Streckenende, dann läuft sie weiter. Cerry und Johann hatten drei Söhne, der älteste ist bereits gefallen, die anderen sind irgendwo im Krieg. Jetzt scheint das Ende nahe, aber alle sind so weit voneinander entfernt, als wären sie in einer unendlich dichten Materie eingeschlossen, durch die sie nicht zueinanderkommen können. Einen Teil der 21 Kilometer werden sie per Anhalter mitgenommen. Sie gehen weiter und treffen gegen 11 Uhr in Kornsand ein, wo sie mit der Fähre übersetzen wollen.

*

Hier gibt es inzwischen neue Herren über den Brückenkopf. Neben dem gerade achtzehnjährigen Wehrmachtsleutnant Hans Kaiser steht der Offizier und NS-Funktionär Hans Funk. Er stammt aus Nierstein, wurde aber in der Ordensburg Vogelsang ausgebildet, einem strengen Parteiinternat, in dem die zukünftige Elite der Partei zu »Nachfolgern« des Führers erzogen werden sollte. Als Hauptbefehlshaber spielt sich Alfred Schniering auf, ein verwundeter Offizier voll enttäuschter Ambitionen und wütender Aggressionen. In Oppenheim hatte er das Reichsschulungslager der NSDAP geleitet, und so ernennt er sich jetzt selbst zum Stellvertretenden Gauleiter, womit er sich die absolute Verfügungsgewalt über alle und alles zuschreibt.

Als er am Morgen des 21. März vom gegenüberliegenden Ufer im Feldstecher bemerkt, dass in Nierstein erste weiße Fahnen zu sehen sind, setzt er mit einigen Mann über; er will den Bürgermeister aufspüren und standrechtlich erschießen lassen. Dem gelingt es, sich zu verstecken, bis gegen Mittag die ersten amerikanischen Soldaten auf den Weinberghängen sichtbar werden und Schniering abzieht, denn eigentlich muss er militärisch für die Sicherung des rechten Rheinufers sorgen.

Als die sechs Menschen auf dem Kornsand eintreffen, hätte Leutnant Kaiser sie fast an Bord der Fähre gelassen, die sei aber doch schon zur Sprengung vorbereitet und fahre nicht mehr. Die sechs näherten sich dann einem am Wasser liegenden Kahn, aber Funk war von Bittel gewarnt worden: Die Gruppe, die Bittel aus seinem Wagen auf ihrem Marsch beobachtet hatte, versammle »die schlimmsten Verbrecher von ganz Nierstein«. Funk nimmt die eben von der Gestapo Freigelassenen wieder fest. Einer von ihnen kann sich unter die Volkssturmmänner mischen und sondert sich von der Gruppe ab, plötzlich verkehrt die Fähre doch noch einmal, und so kann sich Ludwig Elbling ans andere Ufer retten.

Funk macht Schniering Meldung über die Gruppe und übergibt ihm die Gefangenen. Schniering lässt sie in das Gasthaus bringen und verhört sie. Ein angesehener Uhrmacher aus Oppenheim will ebenfalls nach Nierstein übersetzen: Rudolf Gruber ist zum Volkssturm eingeteilt, dem letzten Aufgebot aus Jugendlichen und alten Männern, die mit den zusammengesammelten Flinten den alliierten Panzern Widerstand leisten sollen. Gruber gibt an, er habe seinen Volkssturm-Rucksack in Nierstein im Gasthaus stehengelassen. Schniering schickt eine Patrouille hinüber, um das zu prüfen. Man erinnert sich an drei Rucksäcke, aber die seien inzwischen alle verschwunden. Schniering nimmt das als Beweis, dass der Rucksack eine Ausflucht war und Gruber in Wahrheit Fahnenflucht begehen wollte. Er verhört die fünf Niersteiner wie Rudolf Gruber brutal, verurteilt sie zum Tod durch Erschießen und lässt sie ihre eigenen Gräber schaufeln.

Keiner der Soldaten der Flakbatterie oder der Volkssturmmänner will die Exekution übernehmen, bis sich der junge Leutnant Kaiser meldet.

*

Nachmittags um 3 Uhr erreichen die Amerikaner Oppenheim. Kurz davor entdeckt Schniering die weiße Fahne am Kirchturm und befiehlt der eigenen Flak, die Stadt zu beschießen. Es sind die einzigen Schüsse, die fallen. In Rudolf Grubers Soldbuch lässt er schreiben: »Wegen Feigheit vor dem Feind erschossen.«

Am nächsten Tag, dem 22. März, filmen die amerikanischen Frontkameraleute. Man sieht das unzerstörte Oppenheim, in dessen Straßen links und rechts die motorisierten Kolonnen in der Deckung der Häuser aufgereiht stehen. Der Blick folgt den Panzern hinunter zur Fährstelle, wo Pioniere dabei sind, eine Pontonbrücke zu errichten. In der Nacht vom 22. auf den 23. März überqueren die ersten Einheiten mit Amphibienfahrzeugen und mit von Außenbordmotoren geschobenen Pontons bei Mondschein den Fluss. In den nächsten Stunden werden hier Tausende von Soldaten übersetzen, am 25. März stehen sie in Darmstadt, am 27. in Frankfurt. Überall ziehen ihnen sich ergebende deutsche Truppen mit weißen Tüchern entgegen.

Im Film liegt eine Pontonbrücke zwischen den Ufern. Der Rhein wirkt wie der Rhein, das Laub an den Bäumen schillert wie an Pappeln und Weiden im Frühling. Der 21. März ist ein bemerkenswert warmer Tag.

Aber da hinten im Sand, verborgen von Bäumen, hinter der Uferböschung, bei der aufgegebenen Flak-Stellung, liegt eine flache Grube. Angst durchtränkt die Landschaft.

»Außer der Frau hat niemand der Erschossenen etwas gesagt. Die Frau bat mich, noch einmal nach dem Rhein blicken zu dürfen, nachdem sie noch einmal kurz nach dem Rhein geblickt hat, habe ich auch sie erschossen.« Cerry war die Letzte der sechs.

Das Verräterische an diesem Film: als würde es das Grab nicht geben, dort unter den Bäumen.

IX Unterbrochenes Land

Am unteren Mittelrhein

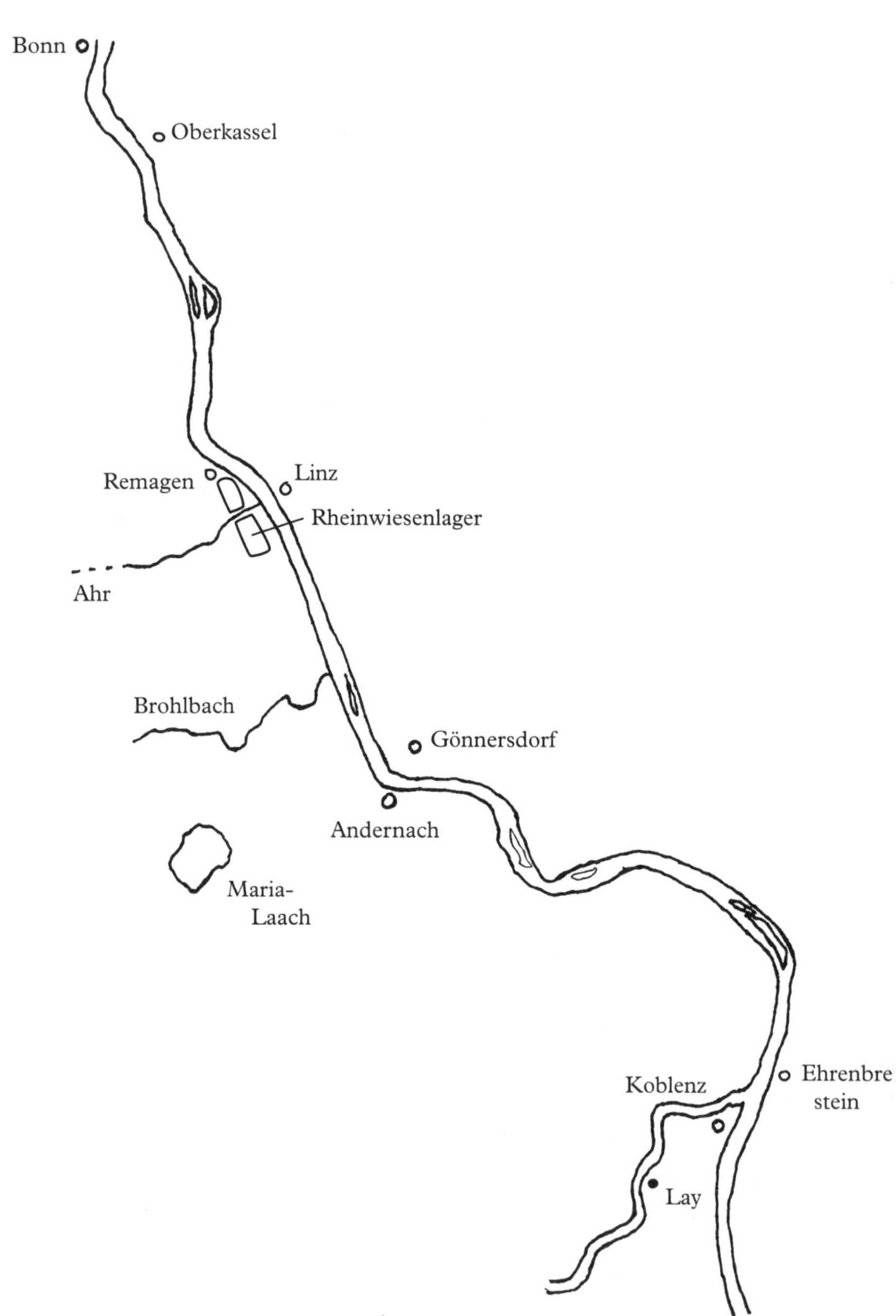

Bonn
Oberkassel
Remagen
Linz
Rheinwiesenlager
Ahr
Brohlbach
Gönnersdorf
Andernach
Maria-
Laach
Koblenz
Ehrenbre
stein
Lay

1 Am letzten Moselbogen

In der Zeit vor dem Fernsehen gab es überall an den Flüssen einen Geländerverein: Die Männer des Dorfes, vor allem die älteren, standen am Fluss, einer oder zwei hielten eine Angel, aber alle kommentierten, wenn sich der Schwimmer an der Rute regte: Schleie, Rotfeder, und meistens war es in den Sechzigern doch nur ein Stichling – stachlige Rückenflosse, so groß wie das Froschmaul, zu dem der kleine Körper gar nicht zu passen schien. Die morastige Kinderzeichnung eines Fisches, der dann, vom Haken genommen, wieder zurück ins Wasser flog.

Am Fluss stand man gleich auf der Chaussee, der Straße, die nach draußen führte, in die weite Welt, wie die Schiffe, die ständig vorbeiglitten, deren Namen gemurmelt, deren Flaggen kommentiert wurden. Manchmal hob man den Arm wie ein müder Indianer, und es wurde zurückgewinkt – vom Schiffsjungen, der vorne am Bug mit Seilen hantierte, oder vom Schipper selbst, der mit einem Finger den Mützenrand berührte. Und gab es weder Automobile noch Schiffe, waren es die Wolken, die über den Fluss glitten, oder das Fließen selbst, das die Gedanken forttrug und den ganzen Verein, die Arme auf das Geländer gestützt, vor Fernweh schwindlig werden ließ, das so lange hielt, bis die Angel wieder zuckte, oh, pass auf, das wird ein Aal, ein Karpfen. In den Jahrtausenden, da Menschen am Rhein oder an der Mosel leben, wurden sie immer vom Appell des Wassers mit der gleichen Zugunruhe erfasst wie die Vögel, wenn sie im Herbst unsere Landstriche verlassen, um im Frühjahr zurückzukehren.

Der Geländerverein war die Domäne meines Großvaters. Die Gespräche der beinahe gleichaltrigen Männer handelten unvermeidlich vom Krieg. Für viele von ihnen das einzige Mal in ihrem Leben, dass sie von hier weggekommen waren, so richtig weit weg, nach Frankreich, wenn man Glück hatte, nach Russland, wenn es schlecht ging. Mein Großvater hatte es gut getroffen: Frankreich. Er war Klempner, wie man damals Installateure nannte, und erzählte, er habe in der Normandie V2-Startrampen mitgebaut – große Bunkerkomplexe, in denen Riesenkanonen integriert waren, mit denen so lange Raketen auf London abgefeuert werden sollten, bis sich Großbritannien ergeben würde. Eine Chimäre Hitlers, aufwendig in der Entwicklung, nie recht im Einsatz. In Kriegsgefangenschaft hätte er es schlechter treffen können. Er war einem Handwerker als Handlanger zugeteilt, mit dem er noch lange nach seiner Rückkehr Briefe wechselte, und brachte einen Schrank mit zurück, eine Vitrine in einem nüchtern schlanken Stil, ganz anders als die deutschen Eichenmöbel der Nachkriegsjahre. Den Schrank hatte er selbst gemacht, oder fast. Meinem Großvater konnte man nie alles aufs Wort glauben.

*

Wir lebten am Dorfausgang, als das Dorf noch ein Dorf war und nicht ein von Einfamilienhäusern umzingelter Ortskern. Lange bevor Lay in die Stadt Koblenz eingemeindet wurde und in den siebziger Jahren die Kanalisation kam, wurden die meisten Straßen zweimal im Jahr mit Lavasplitt gewalzt, den Sommer über sah es makellos aus wie die Aschenbahn im Stadion, dann kamen der Herbst mit dem Hochwasser und der Winter mit den großen Pfützen.

Zwischen dem Dorf Lay, was wie in dem Namen Loreley »Fels« bedeutet, und der Stadt liegt ein weiter Moselbogen, der nach Norden führt und dann langsam nach Osten schwenkt, direkt hinter der Brücke zwischen Koblenz-Moselweiß und Güls, das damals auch noch ein Dorf war. Schließlich vereinigt sich die Mosel am Deutschen Eck mit dem Rhein: Zusammenfluss, »confluentia«, Koblenz. In der Stadt lernten wir Latein.

Der ganze Moselbogen war – und ist es fast noch heute – unbebaut. An der Außenkurve schmiegt sich der Fluss an den steilen

Schieferhang mit Weinbergen und Feldsteinmauern, wo frühmorgens bei Tau und Nebel die Frauen im Frühling die Reben banden – später am Tag wurden die Triebe spröde und brachen – und wo im Herbst zur Lese die Traktoren und Anhänger der Winzer die enge Straße noch enger machten. Ein Weinberg heißt Wingert, der Hang Hamm, nach Moselweiß zu heißt er Moselweißer Hamm, zu uns hin Layer Hamm. Hier ist alles etwas schattiger als flussauf am anderen Ufer in Winningen mit seinen Weinbergen – vor allem dem Röttgen, der direkt unserem Dorf gegenüber liegt und in internationalen Weinführern verzeichnet ist. Wir konnten mit der Fähre hinüber, ein paar Layer besaßen ein kleines Stück Röttgen – aber auf dem Etikett hieß es immer Winninger, nie Layer.

Nach Koblenz zu bildete das gegenüberliegende Ufer den Boden eines weiten Beckens. Oben leuchtete am Horizont im grünen Hang eine Sandgrube, sonst gab es Obstwiesen und Rebstöcke. Lay hat, wie fast alle Moseldörfer, eine Weinkönigin, nur Güls eine Kirschblütenkönigin. Das war seltsam, denn es sah so aus, als habe Lay eine Kirschblüte im Wappen, doch es sollte eine silberne Rose sein mit goldenen Blüten- und grünen Kelchblättern. Außerdem gibt es in Lay einen romanischen Kirchturm sowie die Grundmauern einer römischen Villa, in deren Garten die ersten Reben wuchsen.

*

»Toter Mann« hieß unser Lieblingsspiel. Wir gingen hinunter an den Fluss, schleiften die aufgeblasenen Lastwagenschläuche über die Chaussee, wie die Bundesstraße hieß, und dann die steile Treppe hinunter ins Wasser. Wenn die großen Lastkähne sich gegen die Strömung gen Frankreich quälten und wir bis zu den Ohren im Wasser untertauchten, uns reglos flussabwärts treiben ließen, hörten wir ein Geräusch wie von Millionen Kieseln, die aufeinanderschlugen – ein langsames, körniges, weißes Klingeln, das kalt war und ein wenig brackig schmeckte wie damals in den Sechzigern das Wasser der Flüsse, bevor es in den Siebzigern ganz unmöglich wurde, darin zu baden: Alkali, fehlende Kläranlagen, schließlich Sandoz.

Das Geräusch des Wassers war verwandt mit dem Sirren der Fenster zu Hause, die auf den Fluss hinaus gingen, ihr leises Klirren, wenn die unendlich lang scheinenden Güterzüge am anderen Ufer – einmal zählte ich über hundert Waggons – die Reparationskohle nach Frankreich brachten und später in umgekehrter Richtung Renaults oder Peugeots ans Meer. Anfang der sechziger Jahre hatte man die Mosel durch Schleusen für den Güterverkehr schiffbar gemacht, und erst von da an konnte man beim »Toten Mann« denken, man treibe den Mississippi hinunter. Davor muss der Fluss ausgesehen haben wie weiter oben bei Kobern direkt vor der Schleuse – nur ein Viertel so breit, von kleinen Inseln und Sandbänken unterbrochen, auf denen bei Niedrigwasser Möwen, Enten, manchmal sogar Kormorane rasteten. Bei uns war der Fluss breit, die Strömung stark. Zu der Zeit gab es drei Moselbrücken in Koblenz, die nächste erst stromauf vierzig Kilometer weiter bei Treis-Karden. Jeder benutzte die Fähren, die bis zur Kanalisierung der Mosel noch an Seilen hingen, um nicht abzutreiben; später reichte ein starker Dieselmotor. Damals las ich *Begrabt mein Herz an der Biegung des Flusses*. Dee Brown schrieb über den Befreiungskampf der First Nation, und ich meinte genau zu wissen, worauf der Buchtitel deutete: eine Wasserfläche, die weit in den Horizont ausgriff und bis ans Meer reichte – wenn man nur lange genug mit den Ohren im Wasser blieb.

Wenn die Mosel ein-, zweimal im Jahr über das Ufer trat und den Kirmesplatz überschwemmte, die ersten beiden Häuserreihen im Dorf unter Wasser setzte – dann kamen wir uns in Gummistiefeln wie Pioniere vor. Und Eisgang gab es – es waren kalte Winter, und einmal – 1963 – sind wir in Güls mit dem Auto, einem Käfer, über den zugefrorenen Fluss gefahren, genau an der Stelle, wo sonst die Fähre anlegte. Wo die Jugendlichen Eishockey spielten, waren schwarze Rechtecke auf das Eis gefegt, sie lagen da wie Fenster, durch die der Mississippi zurückschaute.

*

Wir waren verrückt nach Schmetterlingen, nach Kreuzottern, nach Greifvögeln. Wir hatten Terrarien mit Molchen und Blindschleichen, konservierten Falter und Libellen, sammelten Federn und Geweihe. Aber es war keine gute Zeit für Tiere – DDT hatte Einzug gehalten, kleine Tiere wurden rar, dann die großen. In den Wingerten fällte man die kleinen Weinbergspfirsichbäume. Die Purpurfrucht klebte manchmal so winzig an ihrem scharfkantigen Kern, dass man sie nur Steinobst nennen konnte. Aber selbst dann entstanden aus den pelzigen kleinen Kugeln wunderbare Konserven. Meine Großmutter wusste, wie.

Heute ist alles anders: Jetzt sind die Weinberge begradigt und die trocken gesetzten Mauern mit Mörtel gesichert, in den steilen Partien wurden Seilzuganlagen installiert, und mancher pflanzt sogar wegen der Artenvielfalt wieder Weinbergspfirsiche. Nach den sich wie Schwalbennester an die Hänge schmiegenden Weinbergen heißt die Landschaft jetzt Terrassen-Mosel, man hat vom Müller-Thurgau zum Riesling zurückgefunden, der genauso schmeckt, wie die Kiesel beim »Toter Mann«-Spiel klangen – mineralisch, nach Erde und Lehm –, man baut sogar Rotwein an. Und der Röttgen wurde zeitweise in Apollo-Terrassen umbenannt – wobei man tatsächlich weniger an die Mondmission dachte als an Apollo, den Tagfalter, der sich in Winningen halten konnte und den Namen des Dorfes nun als Schleppe trägt: *Parnassius apollo vinningensis.* Nachdem wir in der Kindheit außer Kleinem Fuchs, Kohlweißling, Admiral, Tagpfauenauge, Zitronenfalter und einem raren Schwalbenschwanz nie etwas anderes zu Gesicht bekamen und Habicht und Bussard die einzigen Greifvögel waren, sieht man heute wieder Sperber, Turmfalken, Rote Milane. Die Hänge sind weniger wild, aber die Tiere zurück.

Einmal fing mein Großvater statt der Stichlinge oder Rotfedern tatsächlich einen Aal. Er wurde in Stücke geteilt, die, jedes für sich, aus der Pfanne springen wollten und schließlich ziemlich nach Maschinenöl schmeckten – Omas Bratkartoffeln waren das Beste an diesem Mahl. Mit Griebenschmalz, nicht mit Butter. Heute hat sich das Fischreich wieder bevölkert, aber Angler gibt es in Lay kaum.

Vor hundert Jahren hatte hier jeder noch eine Ziege und eine

Karre, mit der er oder sie – meistens sie – in den Garten oder auf das Feld vor dem Dorf zog. Man hatte Kartoffeln, Apfelbäume und Johannisbeersträucher, die Raiffeisenkasse nahm die Früchte an, zahlte ein paar Pfennige und sammelte sie für die Konservenfabrik. Die Männer mussten morgens mehr als eine Stunde nach Koblenz zu ihrer Baustelle laufen. Vor hundertfünfzig Jahren trugen die Kinder ihnen mittags das Essen in großen, auf dem Kopf balancierten Weidenkörben nach. Um 1920 kam die Autobusverbindung, und man konnte das »Kesselchen« für zwanzig Pfennige mit dem Bus schicken, in Koblenz übernahm sie dann einer der Arbeiter an der Herz-Jesu-Kirche und brachte sie an die Baustelle, wo die Männer seit sieben Uhr morgens schufteten, insgesamt zehn Stunden pro Tag.

*

Vor einer Woche hatte Maria in einem der verwilderten Gärten, die überall zwischen Stadt und Land in den Feldern liegen, rote Johannisbeeren gepflückt und in einem Honigglas aufbewahrt. Als ich das Glas aus dem Kühlschrank nehme und die Johannisbeeren in den Handteller schütte, sind sie so leicht, die grünen Rispen, an denen die Beeren hängen, bilden in meiner Hand beinahe ein Nest. Ich löse eine Rispe heraus und halte sie genauso in der Hand, wie mir meine Großmutter das Beerenlesen beigebracht hat. Mit dem Handteller unter der Traube eine Schale bilden, mit Daumen und Zeigefinger den kleinen grünen Zweig durchknipsen, und schon liegt sie in der Handkuhle. Bei den Weintrauben ging es nicht mehr mit den Fingernägeln, hier wurde die Linke zur Schale, und die Rechte kam mit der Schere zu Hilfe.

Mit der Handbewegung und dem Gefühl der Beeren auf der Haut sah ich wieder den Garten meiner Großmutter vor mir – das war ihr »Geländerverein«, der verschwand, als unsere kleine Familie von der Stadt nach Lay zog, das eben seinen Dorfcharakter verlor und zu einem Vorort wurde – Pendlerburgen, Einfamilienhäuser, Doppelhaushälften wurden über die Gemarkung ausgestreut, statt wie für einen improvisierten Taubenschlag immer mehr Zimmer an die alten Häuser anzubauen, damit der Clan zusammenblieb. In ihrem Garten bauten wir unser Haus.

Wie es sich für einen Garten gehört, war er umzäunt. In der Mitte stand eine schmale Hütte, sie sah aus wie das Plumpsklo auf ihrem Hof und diente zur Aufbewahrung der Harken, Spaten und Grabgabeln. Davor stand eine Bank, es gab einen Wasserhahn mit einer Pumpe – alles von meinem Großvater selbst geschweißt und gebaut, auch das »Kärrchen«, der kleine flache Metallkarren mit zwei Fahrrädern und einer langen Deichsel, die er an seinem Mofa festkuppeln konnte. Mit ihm konnte man die Kartoffeln, Bohnen und Äpfel nach Hause bringen, Stachelbeeren, Birnen und Salat. Die Beeren wanderten als Gelee oder Marmelade in Gläser, Schnittbohnen wurden geraspelt, gekocht und in Dosen versiegelt. Wozu wiederum in der Werkstatt meines Großvaters eine Maschine stand – es war zur Erntezeit ein lukrativer Nebenverdienst, zunächst die leeren Dosen zu verkaufen und sie dann, wenn sie gefüllt zurückkamen, zu verschließen. Rüben legte meine Großmutter selbst nicht mehr ein, aber meine Tante, die allein lebte. Sie hatte auch eine Geiß gehabt, deren Stall es noch gab, obwohl das Tier nur noch Legende war, wie der Leiterwagen, den die Ziege ziehen konnte. Und die Tante Lisa immer gebissen hatte, so hieß es stets beim Nachmittagskaffee. Was mich als Kind im Garten am meisten faszinierte, waren die Bohnenstangen, die wie Indianerzelte zusammenstanden, bis dann die Bohnen an dem Holz hochkletterten und grüne Lauben bildeten, ein tolles Versteck, wie hinter den Büschen, wo man mit klopfendem Herzen darauf lauerte, entdeckt zu werden, und so lange heimlich von den Beeren naschte.

Alle im Dorf waren zu einem gewissen Maß Selbstversorger, bis hin, wie Tante Maria, zum Wein. Andere hatten einen Rebstock neben der Haustür stehen. Ein, zwei brannten Schnaps. Es gab sechs-, siebenhundert Einwohner, aber mehrere Bäcker, Schreiner, Metzger. Und »das Metzgers Kat« machte im Sommer Eis. Es gab einen Friseur und viele Frauen, die einem bei sich zu Hause die Haare machten, es gab einen Lebensmittelhändler, aber man wusste, was die anderen in ihren Gärten hatten und was sie unter der Hand weitergaben.

Es war eine Welt ohne Reklame. Die »Konsumgesellschaft« mit ihren »Verbrauchern« war auf dem Gymnasium Thema im Sozialkundeunterricht, und wir diskutierten, als ob es tatsächlich eine Alternative gäbe und wir einfach auf der Straße des Fortschritts anders abbiegen könnten. Damals wurden die ersten Schiffscontainer zusammengeschweißt. Auf dem Fluss waren sie noch nicht zu sehen, aber bald würde durch sie aus dem Diagramm im Sozialkundebuch ein globaler Warenkreislauf werden.

Ich wiege die Johannisbeeren noch einmal in der Hand, bevor ich sie ins Müsli gleiten lasse. Wie damals sind die Finger rot.

*

Später verschwanden die Beete, überall entstanden Garagen. Dann kamen Kühlschränke, Waschmaschinen, Gefriertruhen, die Läden machten zu, und schließlich schlief man im Dorf nur noch und arbeitete woanders. Und überall Geranien: Unser Dorf, das keines mehr war, sollte schöner werden.

Das alles klingt idyllisch, doch ein Dorf ist ein hartes Pflaster. Alle für keinen und jeder für sich, so schien das, wenn man von außen in die festgefügte Welt aus drei Familiennamen kam – und wehe, man brachte einen neuen mit. Da bot nur die Schule in der Stadt ein Entkommen, der lange Bogen der Moselschleife eine Flucht – eine lange Strecke Wasser, morgens im Nebel diesig verhangenes Licht, abends große Sonnenuntergänge hinter den Weiden, die direkt an der Uferkante standen und über die Jahre zu ganzen Hainen wuchsen.

Am gegenüberliegenden Ufer lag hinter den Weiden die Kolonie der Ruhrgebietler, wie sie bei uns hießen, die von Frühling bis Herbst jedes Wochenende an die Mosel kamen, um mit ihren Schrebergärten und Wohnwagen die Obstwiesen zu besetzen. Plötzlich war Leben auf dem Fluss. Während des Winters hatten sie in ihren Kellern Fiberglasboote gebaut, sie mit einem Mercury oder einer Evinrude ausgestattet, den beiden Außenbordmotoren, die überhaupt in Frage kamen und mit einem Seilzug angeworfen wurden. Sieben, zwölf, zwanzig PS, Wasserski, plötzlich war »Toter Mann« eine Mutprobe, und zu dem rieselnden Klingeln der Kiesel kam das erhitzte Sirren der kleinen Außenborder oder das Tuckern einer großen Yacht.

Aber noch immer glaube ich zu wissen, was *Begrabt mein Herz an der Biegung des Flusses* meint: das Schillern auf der dahintreibenden Wasserfläche. Im Abendlicht führt es nach Hause, im Morgenlicht trägt es das Boot bis ans Meer.

2 Unter Asche begraben

Wenn wir von unserem Haus in Winterthur über den Steg und das Wasser der Töss stiegen und den Hang hinaufliefen, kamen wir in ein zweites, höher gelegenes Tal: das Dättnau. Es wirkte verwunschen: Steile Waldschultern säumten es, aber durch den ebenen Grund aus Wiesen und Weiden floss kein Bach. Das Tal lag da wie von einem gigantischen Finger frisch zwischen die sanften Hügel gezeichnet. Geformt wurde es von den gewaltigen Schmelzwasserströmen des Rheingletschers gegen Ende der letzten Eiszeit. Als sich der Gletscher weiter zurückzog, änderte sich der Wasserlauf und grub sich eine zweite Schlucht: die der Töss, die immer tiefer wurde und dem parallel zu ihr liegenden Tal das Wasser nahm. Von den Zuflüssen des Rheins abgeschnitten, fiel das Dättnau trocken. Zunächst blieben in der Schlucht noch Teiche stehen, doch dann rutschten von den Hangschultern Gestein und Lehm und begruben den am Talboden gewachsenen, schütteren Wald aus Föhren und Birken bis zu sechzig Meter tief unter sich.

Über zehntausend Jahre später brannte man aus dem Lehm Ziegel und stieß auf unter Tage konservierte Föhren, deren Harz noch duftete. Ihr Alter konnte bestimmt werden, die unterschiedlich dicken Jahresringe wurden analysiert – und offenbarten eine Serie schlechter Sommer, die um 10 900 v. Chr. Europa heimsuchten. Es müssen Regensommer gewesen sein wie die von 1816/1817, als Asche und Staub des zerstörerischen indonesischen Vulkans Tambora die Sonne verdunkelten und erst später die von Turner wie Caspar David Friedrich so bewunderten zitronengelben Sonnenuntergänge hervorbrachten.

Diese mageren Jahresringe fanden sich im südöstlichsten Zipfel des damaligen Quellgebiets des Rheins. Der Bodensee lag noch unter Eis. Sie waren die ersten Anhaltspunkte, um den Zeitpunkt eines Vulkanausbruchs zu bestimmen, der sich an der Mitte des Flusses ereignet hatte und den Rhein schließlich sogar kurz in einen Stausee verwandelte.

*

Der Laacher See liegt wie ein Auge in der hügeligen Eifel-Landschaft, auf der Höhe von Andernach acht Kilometer westlich des Rheins. Sein Blau ist von einem grünen Saum umgeben, der sich bis zu den Wänden des Talkessels erstreckt, die im Lauf der Jahrtausende zu einem sanften Wall erodierten. Die weite Wasserfläche wirkt so friedlich, dass selbst der Naturforscher Goethe bei seinem Besuch nicht glauben wollte, inmitten eines Kraters zu stehen. Und doch geschah hier der jüngste und heftigste Vulkanausbruch Mitteleuropas der letzten 100 000 Jahre – in seiner Stärke nur zu vergleichen mit den großen Ausbrüchen des Vesuv, den Goethe auf seiner Italienreise besichtigt hatte.

Auf unserer Wanderung rund um den See gibt es nur wenig, das dem idyllischen Eindruck widerspricht. Unter Eichen, Buchen, Erlen und Fichten verläuft am Ufer ein bequemer Weg. Von versteckten Parkplätzen kommen die Menschen mit Decken und Luftmatratzen und verwandeln den Waldsaum in ein Strandbad. Neben den Hinweisen durch die wenigen unter den Bäumen versteckten Felswände aus der Zeit der Vulkane erinnern uns vor allem die Luftblasen, die am südöstlichen Ufer aus dem Wasser steigen, daran, dass dies ein Krater ist. An manchen Stellen winden sich die Bläschen in dünnen Perlenschnüren empor, an anderen sprudelt es wie in einem Whirlpool, der kreisrunde Wellen auf den See hinausschickt. Wenn es zwischen den Schritten der Wanderer und den Rufen der Buchfinken still wird, ist ein silbriges Rieseln zu hören, aber dort, wo die Blasen an Schilfstängeln, in den See gestürzten Ästen, Bäumen oder Steinen kleben und immer weiter anwachsen, zerplatzen sie mit dem tiefen »waht« oder »woht« einer Kröte.

Es ist Kohlendioxid, das durch die Erde steigt und im Wasser hochsprudelt. Es ist das gleiche Phänomen, das acht Kilometer nordöstlich auf der Rheininsel Namedy bei Andernach einen Geysir aus der Erde hervorschießen lässt: eine sechzig Meter hohe Wassersäule, die immer dann ausbricht, wenn das in den wasserführenden Gesteinsschichten im Innern der Erde freigesetzte Kohlendioxid so viel Druck aufgebaut hat, dass es sich entlädt – wie eine Mineralwasserflasche, die man zu arg geschüttelt hat. Hier sehen wir den größten Kaltwasser-Geysir der Erde, erklärt der Führer. Das etwas schlammfarbene Wasser schmeckt so säuerlich, wie es aussieht: Ein wenig rostig – genauso wie die Sauerbrunnen im Wald, vor deren ockerfarbenen Trögen wir manchmal auf Eifel- oder Hunsrückwanderungen unvermittelt stehen. Füllen wir etwas davon in die Trinkflasche, schmeckt es wie Thermalwasser und bildet am Boden eine ockerfarbene Schicht, als hätten rostige Nägel darin gelegen. Die Handvoll Wasser aus dem Laacher See erinnert von fern daran.

Hier am Ufer, der romanischen Basilika des Benediktinerklosters Maria Laach gegenüber, erbauten die Jesuiten Mitte des 19. Jahrhunderts ein Wohnheim oder Internat und gaben es nach mehreren rätselhaften Todesfällen wieder auf. Heute ist das Gebäude vollkommen abgetragen, und es wird ein Zusammenhang zwischen den Sterbefällen und der vulkanischen Tätigkeit im See vermutet. Auf unserer Runde um den See, auf der uns Familien mit Luftmatratzen und Paare mit Wanderstöcken in einer nicht abreißen wollenden Prozession entgegenkommen, wirkt die Geschichte wie eine schaurige Mär. Aber plötzlich hallen unsere Schritte auf dem Waldboden dumpfer.

*

Die Gasblasen sind ein Hinweis darauf, dass wir auf einem Vulkan stehen, aber es gibt weder ein Zeichen, dass er jederzeit ausbrechen könnte, noch einen Beweis, dass er vollständig erloschen ist. Unter der Eifel, das haben seismische Messungen ergeben, liegt – wie unter dem seit Jahrmillionen erloschenen Vogelsberg – ein Plume, ein

Quellgebiet für Magma, das durch das feste Gestein aufsteigt, indem es den Erdmantel in bestimmten Zonen zum Schmelzen bringt. An der Grenze zur eigentlichen Erdkruste kann das Magma dabei Kammern bilden. Schwere Elemente wie Eisen setzen sich ab, Edelgase wie Kohlendioxid werden frei und steigen an die Oberfläche: Das ist der Grund für die vielen Sauerbrunnen im Wald und die Mineralquellen überall in der Vulkaneifel, von Gerolstein im Westen bis Brohl im Osten. Über dieser Magmakammer liegt unter der Eifel eine dreißig Kilometer dicke Erdkruste, deren festes Gestein einen mächtigen »Filter« darstellt, wie der Vulkanologe Hans-Ulrich Schmincke betont, der die Entstehung der Eifelvulkane mehr als vierzig Jahre lang erforscht hat: Über keine Vulkangruppe der Erde weiß man heute mehr.

*

Der Laacher-See-Vulkan ist Teil eines ganzen Vulkanfeldes aus rund hundert Schloten und Schlackenkegeln, die sich linksrheinisch in einer Senke, die hinauf zur Eifel führt, gebildet haben. Der Oberrheingraben, der von Basel im Süden bis zum Mainzer Becken im Norden reicht, findet in der sich nach Nordnordwest orientierenden Rheinschlucht von Bingen nach Bonn eine Fortsetzung. Es ist eine Riffzone, die das Rheinische Schild des Schiefergebirges in zwei Hälften teilt und in seinen Verwerfungen auf tektonische Spannungen reagiert, die von dem anhaltenden Steigen des Gebirges geschaffen werden. In der Mitte dieses Grabens liegt das Neuwieder Becken – eine fünfzehn mal dreißig Kilometer große, zwischen den Gebirgen Eifel, Westerwald und Hunsrück eingebettete Senke. Nach der engen Schlucht zwischen Bingen und Koblenz tritt der Fluss hier von der Moselmündung an in einen weiten Raum. Er durchfließt die Ebene in einem großen Bogen, bevor er im Nordwesten zwischen Andernach und Neuwied wieder durch eine enge Felsenpforte tritt. Diese Landschaft ist seit 400 000 Jahren eine vulkanische Ausbruchszone. Oft vergingen 100 000 Jahre zwischen den Eruptionen, und es herrschte lange Ruhe – bis zur letzten großen Explosion, die zur Bildung des Laacher Sees führte. In den Jahresringen der bei Winterthur gefundenen Föhren war man auf die ersten Hinweise zu diesem Vulkanausbruch gestoßen. Inzwischen ließ er sich präzise datieren: Es war 10 996 v. Chr.

Zur Zeit dieser Eruption war das Neuwieder Becken eine weite Auenlandschaft: Der Eiszeit-Rhein floss träger und breiter als heute, er hatte weniger Tiefe und gabelte sich in der Ebene zu flachen Rinnen auf. Links und rechts mäanderten Altrheinarme, wobei der nördliche trocken lag, während der südliche noch Wasser führte. Es war ein flacher Lachs-Strom mit Kiesbänken und Furten, an dessen Ufern Bären lauerten. In den 800 000 Jahren, von denen wir wissen, dass Menschen die Landschaft hier durchstreiften, hatte sich die Vegetation immer wieder verändert: von dichten Wäldern in Warmzeiten zu arktisch anmutenden Tundren in Kaltzeiten mit wärmeren Zwischenperioden – wie jener zur Zeit des Vulkanausbruchs vor 12 000 Jahren, als zwischen den raren Kiefern und Birken Pferde und Rentiere grasten.

*

Mit dem Rücken zum See liegt zwischen Maria Laach und dem Ort Mendig ein Steinbruch mit einer senkrecht bloßliegenden Felswand, die einen Schnitt durch den Aschenring zeigt, der durch den Ausbruch des Laacher-See-Vulkans entstanden ist. Wie in einem Tagebuch lässt sich in der hundert Meter langen, bis fünfzig Meter hohen Wingertsbergwand die über Monate nicht zur Ruhe gekommene Eruptionsfolge ablesen. Nach den Pflanzenresten, die die untersten Aschenschichten bewahrten – in vollem Laub stehende Bäume und blühende Maiglöckchen –, muss es Frühling gewesen sein, als gewaltige Detonationen von Magma, das auf Wasser traf, Bodenwolken auslösten, die mit einer vorauseilenden Druckwelle über die Landschaft rasten. Dabei verschlangen sie alles: Bäume wurden geknickt, mitgerissen und in nasser Asche eingeschlossen. Nach dieser ersten Druckentlastung in Innern des Vulkans setzte das Magma Gase frei, die mit Überschallgeschwindigkeit aus dem Schlot schossen und eine bis zu dreißig Kilometer hohe Eruptionssäule bildeten, die eine unvorstellbare Masse an Asche hervorbrachte: Bims, das von Gasen aufgeschäumte glasige Magma, wurde weit in die Atmosphäre hochgeschleudert.

Diese Wolke verdunkelte den gesamten Himmel, »nicht wie in einer mondlosen Nacht, sondern wie in einem dunklen Zimmer, in dem man plötzlich das Licht gelöscht hat«, beschrieb Plinius 49 n. Chr. als Augenzeuge den ähnlich heftigen Ausbruch des Vesuv. Blitze entluden sich in der Vulkansäule, Flammenfelder erhellten die Nacht, es herrschte erstickender Schwefelgestank, Erdstöße durchbebten die Erde. Der Boden gab nach, Gräben rissen auf und wurden sogleich von Asche gefüllt. Wenn das ausgestoßene Partikelgemisch zu schwer wurde, sackte die Säule in sich zusammen: Der Druck reichte nicht mehr aus, um das pulverisierte glühende Gestein hoch in die Luft zu katapultieren. Stattdessen lösten emporschießende Aschefontänen Glutlawinen aus, die durch die Lücken im Kraterring kilometerweit in die umliegenden Täler rasten. Innerhalb nur weniger Stunden, so hebt Hans-Ulrich Schmincke hervor, füllten sie das Brohltal im Norden sechzig Meter hoch mit Tuff: eine feine, leichte, helle Asche, die bei Kontakt mit Wasser fest wurde. Es waren diese bei ihrer Ablagerung noch 400 bis 500 Grad heißen Glutlawinen, die über das zugeschüttete Brohltal das Ufer des Rheins erreichen sollten.

Zu solchen explosionsartig ausgelösten pyroklastischen Strömen aus heißen Gasen sollte es in der Geschichte des Ausbruchs viermal kommen. Zwischen diesen Glutlawinen regnete es Asche, es hagelte Lavabomben und Felsbrocken, die das Magma bei seinem Aufstieg durch den Erdmantel mitgerissen hatte und nun durch den Schlot ausspie. Wasser sickerte wiederholt in den Krater, der in den Eruptionspausen kollabierte, einsackte, sich weiter verbreiterte und immer mehr Material verschlang. Verstopfte Gestein den Schlot, baute das Magma von unten allmählich wieder Druck auf, und es kam zu erneuten Ausbrüchen. Heftige Winde verbreiterten den Gipfel der Eruptionswolke zu einem kilometerweit hochragenden Pilz, dessen Asche und Bims der Wind bis nach Norditalien, in die Schweiz und nach Südskandinavien trug, wo in Mooren und Sümpfen die

Bimsschichten nachgewiesen wurden. Vielleicht trug der Wind die Asche noch weiter nach Norden über den Rand der Gletscher, aber nach deren Abschmelzen lässt sich dafür kein Zeugnis mehr finden.

Dazwischen lagen Episoden, in denen Gestein und Asche in Richtung Osten ausgespien wurden, wo sie mit ihren Ablagerungen das Neuwieder Becken mehrere Meter dick unter sich begruben. Auch diese Schichten erreichten den Rhein, in dem auf der Höhe von Koblenz immer wieder Bims und abgesunkenes Gestein zu Barrieren aufgeschoben wurde. Die Nebenflüsse von Rhein und Mosel – sofern sie nicht völlig unter dem ausgeworfenen Material verschüttet waren – schwollen durch die gewaltigen Niederschläge der den Ausbruch begleitenden Unwetter an und spülten zusätzliche Asche und Bims in den Strom, der sich in immer mehr Mäandern durch das Becken schob. Schließlich entstanden vor allem bei anhaltendem Ascheregen Dämme, die einen Stausee halten konnten. Ein »Koblenzer See« bildete sich, der sich weit in das Rheintal hinter dem heutigen Lahnstein in Richtung Boppard erstreckte. Doch nach kurzer Zeit gaben diese Dämme nach, das Material war zu heterogen und leicht und wurde abgeschwemmt. Dann raste der Rhein in mächtigen Flutwellen durch das leere Flussbett, fegte die niedergegangenen Sedimente fort, riss große Schollen aus den Aschenfeldern an seinen Ufern und verheerte die bereits vom Niederschlag erstickten Auen noch mehr. Der Druck, den diese Flutwellen auslösten, muss gewaltig gewesen sein, um solche Geröllmassen zu bewegen.

Hans-Ulrich Schmincke, der die Wingertsbergwand entzifferte und die Glutwellen und -ströme entdeckte, stieß mit seinem Team auf beiden Seiten des Rheins in Bims- und Kiesgruben auf eine merkwürdig regelmäßige Schicht aus reinem Bims, die überall gleich mächtig war und wie gewaschen wirkte. Bims ist der leichteste Stein, porös, von zahllosen Luftkammern durchbrochen und leichter als Wasser, weshalb ihn der Vulkan-Skeptiker Goethe auch »Schwemmstein« nannte und bei seinem Besuch in Maria Laach darüber spekulierte, ob er nicht gerade deshalb vom Wasser hervorgebracht sein müsse statt vom Feuer. Bei der gleichmäßig dicken und wie sortiert wirkenden Schicht, so folgerten Hans-Ulrich Schmincke und Cornelia Park, konnte es sich um ein Bimsfloß handeln, wie man sie im Pazifik nach dem Ausbruch von Unterwasser-Vulkanen beobachtet hatte, wo der ausgespiene leichte Bims über viele Kilometer hinweg das Meer bedeckt. Eine solche Bimsschicht, aus der alle mitgerissenen schweren Gesteine abgesunken waren, konnte aber nur auf einem weit größeren Stausee entstanden sein als jenem in der Nähe der Moselmündung. Die Ausdehnung jenes großen Sees hatte der Fluss selbst mit seinen Sedimenten in die Hänge gezeichnet, siebenundzwanzig Meter oberhalb des heutigen Wasserstands: Würde sich das in unserer Gegenwart wiederholen, würden in Andernach und Neuwied nur die Kirchtürme aus dem Wasser ragen. Verknüpfte man alle Fundstellen der Bimsschicht, so folgerten die Forscher, müssten sie die Lage des Staudamms anzeigen.

Die Glutlawinen waren schließlich des Rätsels Lösung. Als sie das Brohltal in Richtung Rhein hinabrasten, waren sie immer noch 400 Grad heiß. Beim Eintreten in den Fluss lösten sie gewaltige Explosionen aus und lagerten immer mehr Material ab. Da der Rhein nur wenig Wasser führte – der Koblenzer See staute ihn gleichzeitig immer wieder auf – und da er weit langsamer als heute floss, konnte sich vor der Mündung des Brohler Seitentales ein mindestens siebenundzwanzig Meter hoher Damm bilden. Der beim Kontakt mit Wasser fest werdende Tuff war für den Fluss ein größeres und solideres Hindernis als die Aschenbänke bei Koblenz. So wird dieser Damm stabiler gewesen sein und mehrere Wochen oder gar Monate gehalten haben. Modellberechnungen haben ergeben, dass der »Brohler See« nicht nur das Neuwieder Becken überschwemmte, sondern sich über 140 Kilometer weit in den Oberrheingraben erstreckte: bis weit hinter Mainz und kurz vor Mannheim. In das Moseltal hinein stand das Wasser 60 Kilometer weit. Wenn man die heutige Wasserführung des Rheins zugrunde legt, würde der Fluss zwei Wochen brauchen, um diesen See zu füllen.

Über der Schicht mit dem Steinfloß liegen aber in den Bimsgruben weitere Ascheschichten, was bedeutet, dass in der Geschichte des Laacher-See-Vulkans auch der Brohler See nur eine zwischengeschaltete Episode von wenigen Monaten war. Aus diesen Sedimenten konnten die Forscher schließen, dass der Damm zu einem bestimmten Zeitpunkt um fünfzehn Meter einsackte – vielleicht als Folge eines Erdbebens, das die nächste Eruptionsetappe einleitete. Eine Flutwelle raste durch das leere Flussbett hinab, hatte auf den heutigen Wiesen der »Goldenen Meile« vor Remagen noch eine Höhe von zwölf Metern und lässt sich durch Sedimente in zweiundfünfzig Kilometern Entfernung bis nach Köln nachweisen. Der Tsunami war jedoch nicht der letzte Akt in der Geschichte des Brohler Sees. Das restliche Wasser stand immer noch bis zu vierzehn Meter hoch und floss erst ab, als der Damm allmählich erodierte und abgetragen wurde.

Rund 3000 Jahre später sollte es zu einem zweiten gewaltigen Staudamm am Rhein kommen, diesmal in den Alpen, denn die beiden Quelläste waren zu der Zeit bereits an den Fluss angeschlossen: Der Bergsturz bei Flims bildete einen Damm, indem er über Kilometer hinweg ein ganzes Tal zuschüttete. Das Wasser des Vorderrheins wurde neunundzwanzig Kilometer weit in die Berge zurückgestaut. Hier sollte der Fluss aber nicht wenige Monate oder Wochen, sondern tausend Jahre brauchen, um sich durch die Geröllmasse hindurchzuarbeiten und eine neue Schlucht zu schaffen: die Ruinaulta.

*

Noch Monate nach dem Ende des Ausbruchs warf der Laacher-See-Vulkan weiter Bims aus, setzte Glutlawinen frei und ließ »Base-surges« über die Landschaft rasen: die flach über den Boden schießenden Wolken, wie sie auch von Atomexplosionen ausgelöst werden und mit ungeheurem Luftdruck ihr Geschiebe vor sich herjagen.

In der Wingertswand sind wir nun bei den obersten Schichten angekommen: Heller Bims liegt in engen Bändern wie bei einem Baumkuchen übereinander, aber an bestimmten Stellen keilen die Bahnen aus. Hier schob die Druckwelle der »Base-surges« so viel Material vor sich her, dass sie über ihr eigenes sich verlangsamendes Material hinwegschoss: Statt wie eine Düne allmählich anzusteigen und dann steil abzufallen, bildeten sich Anti-Dünen mit einem steilen Beginn und einem sanfteren Auslaufen.

Die gesamte Eruptionsfolge zog sich über viele Monate hin, vielleicht sogar über ein ganzes Jahr. Das sehr schwefelhaltige Gestein unter Maria Laach setzte große Mengen Schwefelgase und Schwefeldioxid frei, die sich in einer Höhe von zwölf Kilometern mit Wassermolekülen verbanden und als saurer Regen zur Erde niedergingen. Diese Schwefelmoleküle werden – nicht anders als bei dem gleich großen Vulkanausbruch des Tambora 1815 – jahrelang in der nördlichen Hemisphäre für düsteres Wetter gesorgt haben, worauf die Jahresringe der Föhren bei Winterthur deuten.

Noch vor diesem Niederschlag werden in der unmittelbaren Umgebung des Kraters sintflutartige Wolkenbrüche eingesetzt haben, die mit vulkanischen Schuttströmen im Osten vom Westerwald herab und im Westen über die Flüsse und Bäche des Neuwieder Beckens die Rheinauen überfluteten und sie mit Sedimenten aus Asche und mitgerissenem Geröll, Basaltblöcken und Gestein unter sich begruben. Am Ende waren die Tundra, durch die zuvor noch Jäger gezogen waren, der fischreiche Strom, die Haselnussbüsche, die Kiefern, Birken und Weiden ausgelöscht.

Dem Ausbruch gingen warnende Zeichen voraus, wie sie auch heute oft beobachtet werden: Tiere fliehen, die Menschen folgen. Seismische Erschütterungen, Schwefelgestank, ein Grollen in der Erde waren unmissverständliche Boten drohenden Unheils. Viele Vögel, größere Säugetiere und Menschen könnten sich rechtzeitig in Sicherheit gebracht haben – unter der ersten Ascheschicht des Vulkans, wo sich viele Beispiele für die Vegetation fanden, entdeckte man nur wenige Knochen von größeren Tieren und nur 1922 in Weißenthurm unter sieben Metern Bims einmal Teile eines menschlichen Skeletts.

Bis zu diesem Ausbruch war die Ebene – wie seit vielen hunderttausend Jahren – von Menschen durchwandert worden. In zwei verschütteten Birkenwäldchen, die man zwischen Mayen und Andernach ausgrub, wurden Faustkeile entdeckt, an einem Stamm konnte man sogar eine von Menschen eingeritzte Kerbe entdecken. Überall am Ufer des Rheins finden sich im Neuwieder Becken unter der Vulkanasche Feuerstellen der letzten Jäger und Sammler, die Elche, Hirsche und Biber erlegten, mit Speeren im Wasser Lachse und Aalrutten erbeuteten. Es muss für sie ein Paradies gewesen sein. Nun war es für Jahrhunderte unter Asche begraben.

3 Eiszeitjäger

Die Steinbrüche in der Eifel machen mit ihren Farben und Formen die Augen süchtig: Die Faltungen liegen offen wie Stoffbahnen, die über eine Hangschulter drapiert wurden. Ich blättere durch Geologiebücher, um die Bedeutung der Schichten zu erfahren, doch die Photos sind schon einige Jahre alt, die Bagger und Raupen haben sich inzwischen tiefer in den Berg gefräst, die Formation ist noch die gleiche, doch sie ist in die Erde zurückgekrochen oder wie ein Wolkenschatten über die Wand weitergewandert. Das dunkel rubinrote Dreieck eines von späteren Vulkanausbrüchen verschütteten Schlackenkegels ist noch klar zu erkennen, aber die Proportionen sind anders, seit man aus seinem Umriss Lavalit kratzte, um Schotter für Straßen und Sportplätze zu gewinnen. Überall changieren die Farben vom fahlen Anthrazit der Aschen zum Kohlschwarz der im Glutstrom verbrannten Bäume, vom hellen Gelb des herbeigewehten Löss zum Karmesin der Lavafetzen, von dem gläsern opaken Perlmuttgrau der Magmaschlote zum Grün des vulkanischen Schluffs.

Die Wände der Grube Eppelsberg bei Nickenich, sechs Kilometer westlich des Rheins, liegen nach Osten und Süden hin offen. Abends zieht die Sonne Schattenstreifen über den einen Hang, scheint aber am gegenüberliegenden tief in die Höhlen und Löcher, in denen Eulen nisten und Krähen, die über uns in der Luft ihre Kreise ziehen. Morgens liegen die Nester im Dunkeln, aber Aschebögen leuchten kadmiumrot vom anderen Hang hinüber. Nicht nur durch ihre Farben erinnern die Wände an Höhlenmalereien, auch durch die Dynamik der sich im Licht verändernden Formen: Ein von scharlachroten Aschelagen gezeichneter Vorsprung scheint sich durch das wandernde Licht zu bewegen wie die Flanken der rostfarbenen Pferde in der Höhle von Lascaux, wenn sie nicht von einer starren Beleuchtung aus der Dunkelheit gerissen werden, sondern der Schein einer tastenden Taschenlampe sie aus dem Stein lockt.

Ich bin in die Formen und Farben versunken, da zupft mich Maria am Ärmel, legt den Finger an die Lippen und zeigt nach rechts. Zunächst denken wir, es sei eine Attrappe, die Silhouette eines reglosen Tiers, eine Zielscheibe. Doch dann bewegen sich die Ohren. Ein Tier steht da, mitten in der Wand aus horizontalen bleigrauen und rötlichen Streifen, zwischen denen schmale Absätze aus festerer Asche wie Notenlinien liegen. Es ist von rechts in die Wand gestiegen, aber nach links wird sie steiler, und die schmaler werdenden Bänder laufen eng aufeinander zu. Die pulverisierte Lava und der Bimsniederschlag sind durch den Regen hart geworden, ein Schritt, noch einer, aber es ist zu abschüssig. Mit seinen fein geschnittenen Läufen sucht es nach einem besseren Stand, es ist zu spät, um zu wenden. Vorsichtig will es sich vorantasten, aber die Hufe finden keinen Halt. Jetzt erkennen wir es, es ist ein Rehbock. Rostrot steht er in der Wand wie die Rentiere in der steinzeitlichen Grotte Chauvet, er ist in seiner Bewegung eingefroren. Nun hat er uns entdeckt, der Kopf scheint sich ein wenig zu recken, die Nüstern nehmen Witterung auf, die Ohren rühren sich. Wir schauen, er schaut. Wir spüren seinen Blick. Für eine lange Dauer oder einen kurzen Augenblick gebannt von der Vorsicht und Sorgfalt, mit der der Rehbock einen Halt für den nächsten Schritt sucht, ziehen wir uns zurück. Unter unserem Blick wird er die Lösung nicht finden.

*

Die Asche, unter deren Schichten die Landschaft erstickte und der Rhein sich staute, bewahrte wichtige archäologische Fundstellen vor Verwitterung und Verlust. Gleichzeitig wurde die exakte Datierung der Funde aus der Vorzeit möglich: Die Schichten in den Steinbrüchen erzählen uns nicht nur von der über 400 000 Jahre langen Eruptionsgeschichte der Vulkane, sondern auch von der Natur, den

Pflanzen und Tieren und schließlich von den Menschen, die hier hindurchzogen.

Im Moselschotter fand man bei Winningen 800 000 Jahre alte von Menschen behauene Steine. Betrachtet man deren Rückseite, sieht man bloß einen faustgroßen Kiesel. Wie oft mag jemand beim Spazieren am Ufer einen solchen Stein in den Händen gehalten und wieder in den Fluss geworfen haben, bis er mit dem Gesicht nach oben lag und seine Bedeutung zu erkennen gab. An drei Kanten wurde er mit einem anderen Stein bearbeitet, bis diese messerscharf hervorstanden. Die Archäologen nennen so ein Objekt »Chopper«, ein Universalwerkzeug: Axt, Beil und Schaber in einem. Der nächstälteste behauene Stein, der im Neuwieder Becken bei Kärlich entdeckt wurde, ist »nur« 600 000 Jahre alt. Später zogen Neandertaler durch das Land, lagerten in den flachen Kratern oben auf den Schlackenkegeln der Vulkane, die ihnen einen guten Blick über die Ebene gewährten. Die Tundra der kälteren Epochen wich in Warmzeiten dichten Hainen, durch die Waldelefanten streiften. In den Kratern bildeten sich oft Tümpel, boten Trinkwasser, wodurch die Lagerplätze noch wertvoller wurden. Hier lebten die ersten Menschen in der Nähe des Mittelrheins, schleppten leichtere Beute hinauf und zerlegten sie am Feuer, während sie von Waldelefanten nur Glieder oder Stücke der Stoßzähne nach oben schleifen konnten. Aus dieser Zeit fand der Landesarchäologe Axel von Berg in einer der Mulden den oberen Teil eines Neandertalerschädels, eine flache Knochenschale, die, wie die abgenutzten, abgewetzten Kanten zeigen, als Schöpfgerät oder Schaufel diente. Das Brennen von Ton war noch unbekannt, Werkzeuge waren selten und rar.

*

In den letzten beiden Jahrhunderten sollte es nur 120 Jahre dauern, bis die gewaltigen Aschevorkommen, die der Laacher-See-Vulkan im Neuwieder Becken hinterlassen hatte, abgebaut und zu Bimssteinen verarbeitet waren. Jetzt ist die Landschaft ausgeweidet: Im Tagebau wurden ganze Hügel und Felder abgetragen, die nun zehn Meter tiefer liegen als die Straßen, die unangetastet blieben. Im Vergleich dauerte es 700 000 Jahre, bis der Mensch die Steine so gut kannte, dass er Speerspitzen aus Feuerstein schlagen und mit Birkenharz an eine Lanze montieren konnte. Schließlich schuf er Schieferdolche und kleine Bohrer, die in den Vitrinen der archäologischen Sammlungen noch nadelspitz wirken.

Ungefähr tausend Jahre vor dem Vulkanausbruch hatte sich eine Schar Jäger am Rhein bei Gönnersdorf in der Nähe der heutigen Stadt Neuwied ein Lager errichtet. Bei Ausgrabungen fanden die Archäologen um Gerhard Bosinski die Spuren der Pfosten dreier großer kreisrunder Zelthütten, daneben Hinweise auf drei weitere kleinere Tipis. Wenn die Menschen, die hier lebten, von ihrem Fels über den Fluss blickten, sahen sie am Ufer gegenüber Nachbarn in einem zweiten Lager, dort, wo heute Andernach liegt. Die Hütten von sechs Metern Durchmesser ruhten auf Pfählen, die hoch genug waren, damit die Bewohner um die Feuerstelle in der Mitte stehen konnten. Licht fiel durch die Türöffnung und den Rauchabzug in der Decke, doch es gab Lampen: flache Steine, in die Mulden gegraben wurden für den in Talg oder Fett schwimmenden brennenden Docht. Die Holzgestelle der Zelte waren mit Pferdefellen gedeckt. Insgesamt war die Konstruktion zu schwer, um transportiert zu werden. Das Rad war noch nicht erfunden, das Pferd noch nicht domestiziert, aber man hatte schon Hunde als Jagdhelfer. In den Zelten fanden sich neben den Feuerstellen Kochgruben, die mit Fellen ausgekleidet waren. Sie konnten Wasser halten, das mit heißen Steinen aus der Feuerstelle erhitzt wurde: So wurden Pflanzen und Fische gegart – im Gegensatz zu den Neandertalern ernährten sich die späteren Cro-Magnon-Menschen, denen auch die Höhlenmalereien in Lascaux und Chauvet zugeschrieben werden, nicht allein von Fleisch. Sie sammelten Früchte und Nüsse.

Die weite Ebene am breit und flach dahinfließenden Rhein war ihnen ein reicher Jagdgrund: Lachse und Aalrutten schwammen im Fluss, Haselnüsse wuchsen im Dickicht, Pferde und Rentiere wanderten über die Grasebene und kamen ans Wasser zur Tränke. Vielleicht hatten die Jäger schon leichte, mit Fell oder Leder bespannte

Boote, um den Fluss zu überqueren, der im Winter zugefroren war. Mammuts werden sich nur noch selten in die ihnen zu warme Ebene verirrt haben. Die Menschen müssen aber gewusst haben, wo noch Skelette und Stoßzähne zu finden waren: In einer der ausgegrabenen Hütten hielt ein Mammutknochen den Spieß über dem Feuer.

Aus den Kochgruben konnten nicht nur wichtige Hinweise zur Ernährung der Jäger gewonnen werden, an ihrem Grund fanden sich weitere Überraschungen: Der Boden in den Zelthütten war bis auf die Feuerstelle und die Kochgruben mit Schieferplatten ausgelegt, deren Bruchstücke in die Gruben rutschten. Auf diesen Scherben finden sich mit photographischer Präzision die Umrisse der Tiere eingraviert, die die Jäger erlegten: ein Pferd, ein Ren, ein Wolf. Im Vergleich zu den monumentalen Höhlenpanoramen in Lascaux oder Chauvet wirken die Schieferplättchen wie unscheinbare Miniaturen. Es muss ein magischer Moment gewesen sein, als die Archäologen auf den handtellergroßen, verschrammten und verschmutzten Bruchsteinen mit ihrem chaotischen Liniengewusel die Umrisse eines Bären, eines Fisches oder eines Vogels erkannten. Ein Moment, der das Staunen des Menschen widergespiegelt haben mag, der die Linien vor 14 000 Jahren auf die handtellergroße Platte geritzt hatte: Mit einem Stichel oder einem steinernen Bohrer, mit dem sie sonst Felle aufschlitzten, um sie aneinanderzunähen. Nähen, Kochen, Zeichnen, Schmücken. In den mit rotem Hämatitpulver ausgemalten Hütten fanden sich Halsketten aus Tierzähnen, darunter merkwürdigerweise ein fossiler Haifischzahn aus dem Rupel-Meer des Mainzer Beckens, der vielleicht im Rheinschotter bis hierhin getragen worden war. Daneben stießen die Ausgräber auf die Reste eines Colliers aus Schnecken, die aus dem Mittelmeer stammen.

*

Die Kette liegt, wie die Steine aus dem Moselschotter, in einer Vitrine im Landesmuseum Koblenz auf der Festung Ehrenbreitstein. Die einst korallenroten Meeresschnecken sind in den Jahrhunderten unter der Erde zu einem zarten Rosa verblichen. Wären sie nicht so winzig wie die Fingernägel eines Neugeborenen, würden sie auch im Schaufenster eines Juweliers unten in der Stadt auffallen. Aber die Unmittelbarkeit, mit der die steinzeitliche Kette wie ein Collier aus unseren Tagen wirkt, ist so überwältigend wie die Zahl der Jahre, die uns von der Hütte trennen. Diese zeitliche Entfernung kommt uns so unendlich vor wie damals wohl die Strecke bis zum Mittelmeer, über die die Schnecken – man weiß nicht, ob als Kostbarkeit oder als Unterpfand eines Handels – ihren Weg hierher gefunden haben müssen.

Daneben liegt unter Glas die Umrisszeichnung eines Mammuts. Mit seinem realistischen Gestus und den präzise wiedergegebenen Proportionen steht das Schieferplättchen den nur wenige tausend Jahre früher ausgemalten steinzeitlichen Bilderhöhlen in nichts nach. Details wie die Stirnhaube aus verfilztem Haar sind genau beobachtet und so sorgfältig notiert wie der anatomische Unterschied zwischen einem Kalb und einem ausgewachsenen Tier. Vieles davon muss Erinnerung gewesen sein, denn zu dem Zeitpunkt waren die Mammut-Herden am Rhein schon selten.

In den warmen Zelten schmolz der Permafrost im Boden. Die Steine mögen als Fliesen gedient haben, damit nicht alles im Schlamm versank. Manche von ihnen sind mehrfach zerbrochen – eines der größeren Bilder, die Silhouette eines fünfzig Zentimeter großen Pferdes, ist nur auf fünfzig Einzelstücken zerstreut überliefert. Manche Platten wurden immer wieder überzeichnet, so dass ein Dickicht von Linien entstand. Gleich daneben fanden sich Steine ohne jede Gravur – wie in den Bilderhöhlen, wo eine Wand immer weiter bemalt wurde, während die nächste daneben leer blieb.

*

Wurden die Tiere mit dem präzisen Blick des Jägers für die Anatomie seiner Beute wiedergegeben, wirken die wenigen Steinplatten, die Menschen zeigen, merkwürdig abstrakt. Bis auf zwei, drei fratzenhafte Zeichnungen von Männergesichtern sind nur Frauen dargestellt. Sie scheinen zu tanzen: Stets stehen sie im Profil zum

Betrachter, gehen in die Hocke, legen die Oberarme an, spreizen die Unterarme ab. Torsi mit Brüsten, Armen und einem segelförmig nach hinten ragenden Gesäß sind klar zu erkennen, aber weder Füße noch Köpfe. Die Figuren sind offensichtlich in Bewegung, aber diese ist – im Gegensatz zur Dynamik der Tierumrisse – eher starr wiedergegeben. Es gibt sich gegenüberstehende Paare, deren Umrisse immer tiefer in den Stein gegraben scheinen, als sollte ihre Kontur festgehalten, bewahrt oder die Erotik der Darstellung im Nachvollzug evoziert werden.

Die schönste dieser Darstellungen konnten wir schon in Büchern studieren. Auf ihr stehen vier Frauen hintereinander, eine hat offensichtlich ihr Kind in einer Trage auf dem Rücken. Die vier Frauenfiguren sind mit regelmäßigen horizontalen und senkrechten Strichen ausgefüllt, »meine Leiterfrauen«, sagt Jörg Hahn, der Museumspädagoge, der uns durch die Sammlung und Ausstellung auf dem Ehrenbreitstein führt und auf ein verborgenes Detail nach dem anderen hinweist. Wir sind ihm dankbar, denn viele der bedeutendsten Funde sind oft winzig klein und leicht zu übersehen – so wie dieses grünliche Stück Schiefer, das wir nach den Abbildungen in den Katalogen für das Bruchstück eines monumentalen Figurenfrieses gehalten hätten. Die Gravur ist so fein, dass erst die seitliche Beleuchtung in der Vitrine sie aus dem Stein herausschält. Der Archäologe und große Kenner eiszeitlicher Kunst, Gerhard Bosinski, sah in der auffallenden Schraffur weniger den Versuch, die Kleidung oder Körperbemalung realistisch wiederzugeben, als vielmehr »die gesamte Darstellung« selbst »hervorzuheben«. Es kommt uns vor, als sei der Tanz ein Ritus gewesen wie das Zeichnen selbst, das wiederholte Nachfahren eingeritzter Linien. Das Bild war kein Dokument, es wurde zu einem. Es war eine Ikone, mit der allerdings das Zelt ausgelegt wurde, ein Bildnis, auf das man im Tanz stampfte, die Körper rot angemalt – was auf dem Stein dokumentiert scheint.

Die noch größere Überraschung in den Kochgruben bildeten jedoch die zahlreichen kleinen Statuetten, die die Posen der in den Fels geritzten Frauenfiguren dreidimensional als Plastiken wiedergeben. Die Idole, in Elfenbein oder aus harten Geweihstücken geschnitzt, könnte man für Fruchtbarkeitssymbole halten, die in ihrer Stilisierung jedoch, bis auf das ausladende Gesäß, etwas Asketisches besitzen. In ihrer Wirkung gleichen sie nicht der nach ihrem Fundort benannten, barock ausladenden, steinzeitlichen Venus von Willendorf mit ihren grotesk üppigen Körperformen, sondern eher den archaischen Kykladenidolen – oder den späten Figuren Alberto Giacomettis. Sie sind klein genug, dass man sie in einem Beutel mit sich tragen könnte. Sie fänden Platz in einem Handteller, die Finger könnten sich sanft um sie schließen. An einer Figur mit den überzeugendsten Proportionen sind die Brüste deutlich herausgearbeitet, das Elfenbein ist an ihnen heller, als wäre genau das geschehen: Als hätte eine Hand sie gehalten und die Statuette durch die Berührung mit den Fingern poliert. Die kleine Figur spricht zu unseren Händen, das von der Zeit geäderte Elfenbein scheint sich in sie zu schmiegen. Das Bild vom Menschen mag im Vergleich mit denen der Tiere merkwürdig abstrakt erscheinen, aber seine Gegenwart ist von einer taktilen Präsenz.

Bei den rasch gezeichneten Tierbildern wird der Akt des Zeichnens und Gravierens vielleicht wichtiger gewesen sein als das Ergebnis – mit einem scharfkantigen Stein wurden die Umrisse immer wieder neu gezogen. Die Herstellung der Statuetten verlangte jedoch mehr Sorgfalt und bereitete größere Mühe, das Material war kostbarer als die überall um das Lager herumliegenden Steine. Die Steine zerbröckelten, aber die Idole scheinen für die Dauer geschaffen.

*

Die Diskrepanz zwischen der Beobachtungslust bei der Darstellung von Tieren und dem merkwürdigen Absehen vom eigenen Bild findet sich in der Kunst der Steinzeit immer wieder. Besonders Darstellungen von Männern sind äußerst selten. Es ist, als wäre das Selbstbild eine Leerstelle, so wie die Umrisse der malenden Hände, die in den Höhlen flach an den Fels gelegt und dann mit Farbe umrandet wurden. Es blieb eine leere Silhouette, das Negativ eines Menschen.

Es gibt eine Stelle, wo man den Eiszeitmenschen in die Augen schauen kann: im Landesmuseum Bonn. In der Nähe des rechtsrheinischen Oberkassel wurde 1914 im Steinbruch Rabenlay ein Grab gefunden – mit den Skeletten einer Frau, eines Mannes und eines Hundes. Untersuchungen ergaben, dass das Paar vor dem großen Vulkanausbruch von Maria Laach in der Allerödzeit gelebt hatte: einer Wärmeperiode mit Kiefern und Birken, Hirschen, Bibern und Elchen, sogar noch mit Auerochsen und Riesenhirschen, Mammuts und Wollnashörnern.

Das vor etwa 14 000 Jahren gestorbene Paar könnte hochgestellt gewesen sein, da es so prunkvoll mit Beigaben bestattet wurde: mit Schmuck wie dem Schneidezahn eines Hirsches, einem Knochenstab mit Elchverzierung für das Haar und dem Penisknochen eines Braunbären. Der vierzig- oder fünfundvierzigjährige Mann war vielleicht ein Anführer oder Häuptling, die Frau könnte mehr als fünfzehn Jahre jünger gewesen sein. Ob es seine Ehefrau war oder die Tochter, ist noch nicht zu bestimmen. Das gesamte Grab war dick mit Hämatit ausgelegt – noch heute sind die Knochen, auch die des Hundes, deutlich rot gefärbt. Dessen Skelett ist auch der früheste Hinweis auf die Domestizierung des Wolfs im Rheinland, ein Vorgang, den man bis zu dieser Entdeckung erst Jahrhunderte später angesetzt hatte.

Das Museum beauftragte 2013 die Frankfurter Gerichtsmedizinerin Constanze Niess, Büsten des Paares zu modellieren – mit dem fortgeschrittensten forensischen Wissen über die Anatomie der Schädel und den Hinweisen, die Knochen über ihre Ummantelung mit Muskeln und Haut geben können. Das Kinn des Mannes war breit und beherrschte das ganze Gesicht, der Nacken kräftig und stark. Aus den Muskelansätzen konnte Constanze Niess schließen, dass sein Körper viel Testosteron produziert hatte: Er war deswegen vermutlich kahl gewesen. Die oberen Schneidezähne hatte er wohl schon seit langem verloren, die Oberlippe war eingefallen. Im Vergleich zu ihm sind die Gesichtszüge der Frau harmonischer. Beide blicken skeptisch, aber freundlich aus ihren graublauen Augen. Plastische Rekonstruktionen unserer fernen Vorfahren fallen oft verzerrt aus, manchmal erscheinen sie eher als Karikatur eines

Menschen. Nicht so die Eiszeitjäger in Bonn, sie sind genetisch nur einen Wimpernschlag von uns entfernt. Ihre Gesichter wirken fast wie die des sportlichen, ein wenig stämmigen Paares, das auf dem Weg zur Festung in der Seilbahn neben uns stand.

*

Als wir aus den kühlen Kasematten der Festung Ehrenbreitstein treten, in deren dunklen Räumen die Chopper und Idole, die Muscheln und gravierten Schieferplatten perfekt ausgeleuchtet liegen, ist uns in dem gleißenden Licht des Exerzierplatzes hoch über dem Rhein leicht schwindlig. Zwischen den Gegenständen, die eine scheinbar einfache Geschichte erzählen, vom groben Keil zum filigranen »Federmesser«, liegen Hunderttausende von Jahren. Von den Jägern mit ihren Idolen trennen uns jedoch keine 14000 Jahre – in der Geschichte der Erde ein bloßes Blinzeln.

An der Brüstung des nach den verwinkelten Festungsräumen endlos großen und vollkommen ebenen Platzes stehen wir in der blendenden Sonne direkt über dem Deutschen Eck, der Mündung der Mosel in den Rhein. Im Osten die hellen Mauern und Türme von Schloss Stolzenfels, dahinter die Fichten und Buchen des Hunsrücks, unten im Tal die Stadt Koblenz. Gegen Westen schweift unser Blick über das gesamte Neuwieder Becken, über die fruchtbare Ebene des Maifelds und die Schlackenkegel der Vulkane. Am Horizont ist die Hügelkette rings um den Laacher See deutlich zu sehen, das Schillern davor könnte die Wingertsbergwand sein, rechts daneben ist die Felspforte bei Andernach zu erkennen, hinter der sich der Brohler See aufgestaut hatte, und weiter rechts die Geländevorsprünge, auf denen die Siedlungen der Eiszeitjäger entdeckt wurden.

Im Grün flimmern an den sich kreuzenden Autobahnen die anthrazitgrauen Hallen der Logistikzentren. Der Rhein verschwindet zwischen Bäumen, Siedlungen, Inseln, sein Lauf ist nur an der hohen Spitze des Weißenthurmer Brückenpfeilers, der mitten im Fluss steht, und dem Schlot des nur für dreizehn Monate ans Netz gegangenen Atomkraftwerks an seinem Ufer bei Mülheim-Kärlich zu erahnen. Dann wurde das Kraftwerk mit Blick auf seine erdbebengefährdete Lage in der Riffzone abgeschaltet – jahrzehntelang tickt die Ruine eingezäunt und bewacht vor sich hin.

Aus der Distanz wirkt die einst von dem Vulkan vewüstete Landschaft idyllisch grün. Und doch wurden ganze Geländestufen abgetragen, um Bims zu gewinnen. Während des Studiums in den Achtzigern konnten wir auf den Fahrten zwischen Koblenz und Bonn im Zeitraffer mitverfolgen, wie aus den Flanken des Plaidter Hummerich, des Schlackenkegels eines einstigen Vulkans, mehr und mehr Lavalit gebaggert wurde. Heute ist der Berg vollkommen verschwunden, aber die Erinnerung lässt das Auge weiter nach ihm suchen.

Das Licht, das über dem Horizont liegt, zeichnet die Konturen der Landschaft deutlich nach. Alles was vor uns liegt, ist in einem Standbild angehalten, in einer Momentaufnahme des dynamischen Raumes, den der Strom sich als Tal geschaffen hat. Von hier bis zum Meer und in der anderen Richtung bis hinauf in die Alpen bildet dieses Tal eine organisch gegliederte Landschaft, die sich mit ihren Modulationen auf uns zubewegt und zugleich von uns wegfließt. Ihre Bewegungen können wir durch ihre Geologie wie im Zeitraffer erahnen. Die Felsen und Hänge, die Senken und Mulden, die Gräben und Schluchten, sie alle erscheinen so unbeweglich wie gleichzeitig der Fluss lebendig, aber vielleicht ist der Fluss das Bleibende und die Landschaft die fließende Gestalt eines sich stets verändernden Geländes? Für sie ist unsere Geschichte der Schatten eines Astes, der sie kurz streift.

4 Rheinwiesenlager

Der Kölner Photograph August Sander durfte in den dreißiger Jahren nicht mehr an seinem Werk weiterarbeiten. Er wollte eine Folge aus tausend Porträts schaffen, die Menschen aller Stände, Berufe und Lebensverhältnisse im Deutschland seiner Zeit dokumentierte: ein Atlas aus Menschen, eine Soziologie aus Gesichtern und Händen, der nichts ausschloss, weder Bettlerinnen und Hausierer noch Kriegsversehrte und Bergbauinvalide wie seinen Vater, weder Roma noch Schwarze. Jungbauern auf dem Weg zum Tanz – eine der berühmtesten Photographien des 20. Jahrhunderts –, Rechtsanwälte, Richter, Zahnärztinnen, Bäuerinnen, Architekten, Sekretärinnen, Kinder, Bildhauerinnen, Gasmänner, Jungen, Mädchen, Maler, Nationalsozialisten und Revolutionäre – alle sollten ihren Platz finden. Das klingt monumental, doch bei aller beobachtenden Distanz verlieren die Aufnahmen nie die Nähe zu den Porträtierten. Das Nebeneinander all dieser Menschenbilder passte nicht zur rassistischen Völkerkunde der Nazis. Die Druckstöcke seines Pilotbandes *Antlitz der Zeit* wurden vernichtet, der Vertrieb verboten, nachdem sein Sohn Ernst 1934 als Mitglied der Sozialistischen Arbeiterpartei Deutschlands verhaftet und zu zehn Jahren Zuchthaus verurteilt worden war. Der Vater hatte ihm bei der photographischen Vervielfältigung von Flugblättern geholfen.

Nun konzentrierte sich Sander wieder auf Landschaftsaufnahmen, wanderte tagelang den Rhein hinauf, durch das Siebengebirge, die Eifel und den Westerwald. »An windgeschützten Stellen«, so sein zweiter Sohn Gunther, »übernachtete er in einem Schlafsack, tagsüber suchte er nach Motiven oder las.« Eines der Bilder, das er auf seiner Wanderung durch die »innere Emigration« fand, zeigt den Blick über den Rhein nach Norden auf die Erpeler Ley.

Der Fluss nimmt fast die gesamte untere Hälfte der Schwarzweißphotographie ein. Die Kamera muss unmittelbar am Ufer gestanden haben, der Blickpunkt liegt tief. Der Rhein fließt direkt über die Ränder in das Bild hinein, am unteren Rand ist die Stelle, auf der die Kamera positioniert war, abgeschnitten – Sander ist allein durch seinen Blick, der uns das Photo wiedergibt, gegenwärtig. Die Wasserfläche zeigt keine Wellen, aber durch die Strömung ist sie gespannt wie ein straffes, unruhiges Segel, an dem der Wind zerrt. Unter den Wolken kommt Sonne her und glänzt auf dem Strom metallisch. Zwischen Wolken und Fluss schließen sich die beiden Ufer zu einem schmalen Schattenriss von Horizont, den die Perspektive in eine beinahe unendliche Distanz rückt. Dort, wo der Fluss ein wenig rechts vom Fluchtpunkt aus dem Blick gerät, liegt unter den Sonnenstrahlen die Ludendorff-Brücke, deren Schienenstrang im Felstunnel der Erpeler Ley verschwindet. Ein Dampfer ist gerade unter dem Stahlbogen durchgefahren und kommt uns entgegen, seine Rauchfahne ist durch das von ihr eingefangene Licht so hell wie das matte Gleißen der Sonne auf dem Wasser und in den Wolkenpartien. Einsamkeit liegt in dem Bild, es ist menschenleer – so Wolfgang Kemp – »wie ein Fabrikhof nach Feierabend«.

Das weite Panorama der Landschaft, die Sonne, die zwischen den Wolken hervorbricht, die Brücke und der Dampfer – das alles könnte ein Rheinbild ergeben, wie es Postkarten zeigen. Aber das Gegenteil ist der Fall: Durch die ungewohnt niedrige Perspektive schrumpft die Landschaft, die Wasser und Himmel den ganzen Raum überlässt. Die Grautöne haben alle Romantik aus dem Motiv getilgt. Der Blick geht hinüber auf die Goldene Meile mit ihren fruchtbaren Schwemmböden voller Felder, Beete und Obstbäume, doch der idyllische rechtsrheinische Weinort Linz bleibt im Rücken des Photographen ebenso unsichtbar wie vor ihm im Norden von Remagen die stolze Apollinariskirche. Die stattliche Ludendorff-Brücke, die steile Wand der trotzigen Erpeler Ley – alles vermeintlich Heroische auf dem Bild verschwindet klein im Fluchtpunkt. Die Erpeler Ley hat wieder zu ihrer wahren Dimension gefunden: ein Fels am Wasser. August Sander ist mit sich und dem Fluss allein, der durch eine

Landschaft fließt, deren Schatten bis auf die Brücke und das Schiff alle Werke des Menschen verschlucken. Die Strömung ist das Bleibende, die Brücke im Gegenlicht ein fließend-ephemeres Gebilde.

Die rätselhafte Atmosphäre der Photographie, auf der der Horizont wie durch ein umgedrehtes Fernglas erscheint, lässt erahnen, was Sander aufspüren wollte. Uns bietet sie einen Blick in die Vergangenheit der dreißiger Jahre, doch er träumte auf seinen Wanderungen von einer würdigeren Ansicht der Landschaft, die ihre Wunden, die Bergbauhalden und Steinbrüche, nicht durch frisch aufgemauerte Burgruinen tarnt oder mit schwarzen Hakenkreuzen verhängt. Er sah eine Landschaft, in der der Rhein größer ist als alles, zu dem man ihn machen will. Sein unaufhaltsames Strömen.

*

Der Schatten eines Bollwerks aus schwarzem Basalt ragt mit seinen düsteren Zwillingstürmen über mir auf. Sie fangen die Rampe der Ludendorff-Brücke ab, die über dem Fluss abrupt im Leeren endet. Auf der anderen Seite des Stroms steht ihr Pendant, dazwischen liegt die leere Wasserfläche, in der die geborstene Brücke von Remagen am 17. März 1945 versank, um nie wieder aufgebaut zu werden. Ihre Trümmer wurden längst gehoben und entfernt, aber zwischen den Steinen und Kieseln der Flusssohle steckt immer noch der Schutt der bombardierten Städte, abgerissenes, verrottetes Metall von den eineinhalbtausend Schiffen und Booten, die in den letzten Kriegswochen im Rhein versenkt wurden, damit sie dem Feind nicht in die Hände fielen. Jedes Jahr finden sich im Sommer bei Tiefstand Wrackteile, Trümmer aus Pilotenkanzeln, Leitwerke abgeschossener Kampfflugzeuge, immer noch scharfe Bomben, Blindgänger und schartige Granatensplitter. Der Fluss hat ein langes Gedächtnis. Es steckt Unheil in der Landschaft.

Gleich im Anschluss an die Brücke liegt südlich am Leinpfad ein Campingplatz, der wie der ganze breite Uferstreifen zwischen Remagen, Sinzig und Bad Breisig »Die Goldene Meile« heißt. In den Zaun gehängte bunte Lampionketten blinken am helllichten Tag.

Radler, die ihre Rheinetappen hinter sich bringen, klingeln einem entgegen. Am Leinpfad stehen riesige Nussbäume und, näher am Wasser, Pappeln und Erlen. Zwischen der Bundestraße und »einer der modernsten Camping- und Freizeitanlagen im Mittelrheintal« liegt das Freizeitbad Remagen.

Als die Divisionen der US-Army über die Brücke auf die andere Rheinseite in Richtung Ruhrgebiet marschierten, kamen ihnen Hunderttausende deutscher Soldaten mit weißen Tüchern und erhobenen Armen entgegen. Manche waren vor der heranrückenden Roten Armee geflüchtet, wie Werner Becker, und hatten sich durch halb Deutschland geschlagen, um in amerikanische und nicht in russische Kriegsgefangenschaft zu geraten. Russland hatte wie Deutschland die Genfer Konvention, die die Behandlung der Kriegsgefangenen regelt, nicht unterzeichnet. Und wie es den russischen Gefangenen als Zwangsarbeitern im Dritten Reich ergangen ist, hatten die meisten miterlebt.

Die Kapitulation auf eigene Faust war riskant. Getrieben von Hunger, in monatelangen Rückzugsgefechten aufgerieben, traumatisiert und verwundet, von Läusen und Krätze geplagt, hatten die meisten erst in äußerster Angst und Verzweiflung Mut zu diesem Schritt. Er hätte sie leicht den Kopf kosten können, denn überall waren auf Führerbefehl hinter den Linien deutsche SS-Verbände und selbsternannte Reichsretter unterwegs, um jeden, der sich dem letzten Aufgebot des Volkssturms entzog, standrechtlich zu erschießen. Wie die Ermordeten im Kornsand.

⋆

Durch den Stacheldraht schau ich grad auf das Fließen des Rheins. Der Satz wurde hier notiert, als noch keiner der Bäume gepflanzt war und ganz andere Zäune am Rhein standen. Die Amerikaner wollten die Kriegsgefangenen aus der Kampfzone auf das andere Flussufer bringen und hatten auf der Goldenen Meile zwei ihrer riesigen Rheinwiesenlager eingerichtet: das *Prisoner of War Temporary Enclosure A2 Remagen*, das sich bis Kripp erstreckte, wo am anderen Ufer der Ahr, deren Mündung das Gelände durchschneidet, sich in Sinzig das zweite Lager *PWTE A5* anschloss, das bis nach Niederbreisig reichte. Zusammen waren die beiden Camps über fünf Kilometer lang. Jedes bestand aus *Cages*, mit Stacheldraht umzäunten Quadraten und Rechtecken für geplant je 5000 bis 7000 Insassen. In der Mitte verlief die Straße. Über zweiundzwanzig solcher Stacheldrahtverhaue gab es in Remagen, in Sinzig sogar siebenundzwanzig, die sich zwischen die Bahn und den Fluss schoben. Frauen, Jugendliche und Kindersoldaten sowie Offiziere bekamen eigene Gevierte zugewiesen, die anderen wurden einfach mit Soldaten gefüllt, die in Lastern oder als Marschkolonnen über die Pontonbrücken beidseits der zerstörten Brücke von Remagen eintrafen. In den *Cages* war nichts als nackte Erde, Baracken waren nur für Frauen und Offiziere vorgesehen, für die einfachen Soldaten gab es keine Zelte, keine Unterstände, nichts.

Es existieren Luftbilder von den Lagern: eine endlose Ebene voller Menschen, ein Flüchtlingslager ohne Zelte, ohne Schutz vor Regen. Von den Feuern steigen Rauchfahnen auf. Dunkle Linien sind zu erkennen, die sich über Hunderte von Metern erstreckten – Menschen, die um Trinkwasser anstehen: chloriertes Rheinwasser. Geplant war Remagen für 100 000 Menschen, aber am 2. Mai waren es bereits 170 000, in Sinzig waren zeitweise bis zu 118 000 eingepfercht. Allein zwischen dem 4. und 6. Mai kamen 24 000 hinzu. In der Woche nach der bedingungslosen Kapitulation der Wehrmacht am 8. Mai 1945 waren hier 253 000 Gefangene, und es wurden mehr und mehr.

Die Soldaten gruben sich als Schutz vor dem Wetter Erdlöcher. Der April war völlig verregnet und ungewöhnlich kalt, in der ersten Maiwoche folgte ein Schauer dem nächsten. Hinter dem Hunsrück bei Bad Kreuznach hat es am 2. Mai sogar geschneit. Die Gräben liefen voll Wasser, die Kleider wurden nicht trocken. Man sammelte Stöckchen und trocknete Stroh, entwendete die Holzbalken der Latrinen und schälte die Rinde von den gerade blühenden Apfelbäumen, um Holz für die kleinen Öfchen zu haben, die man sich aus leeren Konservendosen bastelte. Wer seine Zeltplane oder Decke noch nicht verloren hatte oder abgeben musste, hatte Glück. Sonst saß man herum oder versuchte, die wenigen zugeteilten Lebensmittel so zu strecken, dass die Illusion einer Mahlzeit entstand. Die zweite Maihälfte wurde plötzlich heiß, **die Sonne buk den Lehm zu Stein**, jetzt mögen die Luftaufnahmen der Amerikaner mit den aus der Ebene steigenden Staub- und Rauchfahnen aufgenommen worden sein. **Die Apfelbäume, die entrindeten, zweiglos wie gelb gebleichte Baumskelette geschändet stehen.** In den Cages wuchs nichts, **hinterm Zaun, am Feldrain zur Eisenbahn hin, blühten Mohn und Kamillen.** Die Tiere waren verschwunden – abgesehen von der Lerche, **dem Vogel der Gefangenen, der singt die kalte Zukunft.**

Es ist kaum vorstellbar, was diese Zustände mit den eng zusammengepferchten Menschen anrichteten, die über das eigene Schicksal im Ungewissen waren, nicht ahnten, ob sich ihre Familien aus den bombardierten Städten hatten retten können und wer von ihnen noch lebte. In der großen Versammlung hallten diese Fragen tausendfach wider. Über Hunger wird neben der Kälte und dem Regen in den Gesprächen einstiger Insassen am meisten geklagt: Die Soldaten werden in den letzten Kriegswochen schon wenig zu essen gehabt haben. Durch den überraschend schnellen Vorstoß der amerikanischen Truppen kam es bei der US-Army zu Nachschubproblemen – sie hatten selbst nicht genug und mussten nun zusätzlich die Zivilbevölkerung, die Zwangsarbeiter, die Überlebenden der Konzentrationslager und die befreiten Kriegsgefangenen der Deutschen versorgen. Es herrschte schiere Not.

Die Stimmung war gespannt, manchmal aggressiv. Wenn um Lebensmittel, Geschirr, Trinkwasser, Zeltplanen und Schlafplätze gestritten wurde, glitt den deutschen Feldwebeln, die in den meisten *Cages* eingesetzt waren, um für Ordnung zu sorgen, oft alles aus der Hand. Aber viele organisierten sich untereinander und teilten das wenige – es wurden Gottesdienste gehalten, Chöre organisiert, Englischunterricht erteilt. Es gab Varieté, Theaterstücke wurden aus der Erinnerung inszeniert. Frauen kamen rufend an den Zaun, verbotenerweise, warfen etwas Proviant hinüber oder fragten, ob jemand etwas über ihren Bruder, Vater, Verlobten, Ehemann wisse. Viele

Frauen trugen dabei ihre Kinder auf dem Arm und hielten sie hoch, damit die Jüngsten diesen Anblick nicht vergessen.

Täglich wurden es mehr Gefangene. Den Briten fehlten die Mittel, sich um die Kriegsgefangenen zu kümmern, so fiel die Aufgabe zunächst allein den Amerikanern zu, gegen die die Deutschen eben noch gekämpft hatten. Seit Malmedy, wo im Dezember 1944 zweiundachtzig gefangene Amerikaner hinterrücks von der Waffen-SS massakriert worden waren, waren gerade sechs Monate verstrichen; die Schlacht im Hürtgenwald, wo sich die beiden Armeen in der Eifel von Oktober 1944 bis Februar 1945 gegenseitig aufrieben, war eben erst vorbei. Die Nazi-Propaganda von Wunderwaffen wie der V2 und dem ersten Düsenjäger sowie berüchtigten Untergrundkommandos wie Werwolf, die in den besetzten Gebieten Attentate und Sabotageakte verüben sollten, zerrte an den Nerven. Nichts davon trat ein.

Zur Versorgung der Verwundeten wurden die Krankenhäuser in Remagen und Linz wieder hergerichtet, in Kripp wurde die einstige Lederfabrik zum Hospital. Daneben gab es in beiden Lagern in Zelten untergebrachte Krankenreviere. Trotzdem starben in Sinzig und Remagen 1200 Menschen, aber es gab keine Seuchen, keine Diphtherie oder Ruhr. Von den sechzehn Rheinwiesenlagern waren Remagen und Sinzig die größten, aber auch die ersten, die aufgelöst wurden: Remagen, Mitte April errichtet, wurde am 11. Juni an die französische Militärverwaltung übergeben, in deren Verwaltungszone es lag und die das Lager am 20. Juni schloss. Sinzig wurde erst am 10. Juli übergeben. Frauen, Jugendliche, Alte und Männer, die beim Wiederaufbau helfen konnten, wurden bevorzugt entlassen, die restlichen wurden meist auf Fußmärschen in die Lager Andernach und Rheinberg verlegt.

⋆

Den ganzen Nachmittag laufe ich über die Goldene Meile und versuche, mir das Lager vorzustellen. Am Ufer gegenüber liegt Linz, heute quillt der Ort von seinen Einfamilienhäusern über und füllt wie viele andere Siedlungen das ganze Rheintal. Mit dem Fernglas versuche ich mir vorzustellen, wie es damals ausgesehen hat, indem ich mir die Neubauten wegdenke. Wie merkwürdig wird es gewesen sein, wenn die ehemaligen Soldaten aus den Ruinenlandschaften des Ruhrgebiets hierherkamen, an einen Ort, wo ihnen der Anblick der anderen ihre Verwahrlosung hunderttausendfach widerspiegelte, und dann über den Fluss auf nur wenig zerstörte Häuser schauten – der Kirchturm ganz nah, ein paar hundert Meter hinter dem gleichgültigen Strom. Viele waren einmal auf einem Ausflug hier gewesen: auf dem Rolandsbogen hinter Remagen oder mit der Drahtseilbahn auf Burg Drachenfels weiter stromab ins Siebengebirge hinauf. Für viele von ihnen waren solche Fahrten ein heimlicher Protest gewesen, denn das ganze Rheinland war eine entmilitarisierte Zone, die unter französischer Verwaltung stand. Viele hatten das nicht als Folge des verlorenen Ersten Weltkriegs empfunden, sondern als Schmach, wie Ludendorff mit der Dolchstoßlegende.

Und jetzt sind sie wieder hier, als Gefangene. Aber wo genau ist es passiert? Hier? Dort? Die Pappeln denke ich mir weg, statt des Holunders Apfelbäume. Würde ich etwas finden, wenn ich die lockere Pflanzerde zwischen den Weidenstecklingen aufgrübe und mir die Krume durch die Finger rieseln ließe? Es könnte nur etwas sein, das man unbemerkt verliert wie einen Knopf, oder etwas, das so kaputt ist, dass man nichts mehr damit anfangen kann: Ein Bleistiftstummel, zu kurz, dass Finger ihn noch greifen?

*

Wie konnte man das überleben? Die Bleistiftmine lieb ich am meisten: Tags schreibt sie mir Verse, die nachts ich erdacht. Der POW, *Prisoner of War*, Günter Eich notierte dies in Remagen, wo er am 17. April 1945 von Opladen aus eintraf, wenige Tage nach Aufbau des Lagers, als es noch nicht rettungslos überfüllt war. Nachts streichen von den Wachtürmen Scheinwerfer über das Gelände, er wälzt sich schlaflos in seinem Erdloch. Von Kaffee und von Träumen lieg ich wach. Er geht seinen knappen Besitz durch, betastet jedes Ding an seinem Leib und in seinen Taschen, um sich zu vergewissern, dass alles noch da ist, nichts verloren oder von jemandem gestohlen: meine Mütze, mein Mantel, mein Rasierzeug, der Beutel aus Leinen, die Konservenbüchse, die als Teller und Becher dient, der Nagel, die wollenen Socken, der Brotbeutel, die Pappe, die Bleistiftmine, mein Notizbuch, meine Zeltbahn, mein Handtuch, mein Zwirn. *Inventur* heißt das Gedicht. Als er alles abzählt, leuchtet am Nachthimmel ungeheuer {…} der Widerschein der tausend Lagerfeuer auf der Steppe am Rhein, und der Nachtwind weht das Papier der Latrinen über das Lager hin.

Aber wo genau war Camp 16, in dem er eingeschlossen war? In der Hand halte ich den Band *Abgelegene Gehöfte*, in dem die Gedichte »unter Zulassung Nr. 8 {…} der amerikanischen Militärregierung« 1948 gedruckt wurden, und laufe kreuz und quer über die Ebene. Das antiquarische Exemplar hatte der Kunsthistoriker Erhard Göpel einst als »dichterisches Denkmal meiner Generation« zum Neujahr 1948/1949 einem Fräulein Lange gewidmet. Ich bleibe stehen. Von hier kann ich den Rhein erkennen, davon spricht er, aber was sah er im Norden, wohin er einschlafend schaute? Mit Namen wird nur der Bergzug im Osten erwähnt, hinter dem die Sonne aufgeht, aber nicht die zerstörte Brücke, nicht die zerstörten Häuser, nicht die Krater, die von der Schlacht um die Brücke von Remagen hier noch im Feld geklafft haben müssen. War Camp 16 die Nummer seines *Cage*? Wollte er das aggressive »Käfig« vermeiden?

Vor dem Krieg hatte Günter Eich fast nur für das Radio geschrieben. Mit Hörspielen und Auftragsarbeiten war er über die Runden gekommen. Zur Wehrmacht eingezogen, war er meist »zur besonderen Verwendung« abgestellt und nahm die Rolle eines Redakteurs oder Chauffeurs wahr, wurde zum Unteroffizier befördert, aber erst in den letzten Tagen in Kampfaktionen verwickelt. In den Jahren vor dem Krieg hatte er einige wenige Gedichte geschrieben, an denen die Kritik seine »lyrische Weltanschauung« lobte.

Hier im Lager wirken ihm selbst die Hölderlin-Verse, an die er sich erinnert, hohl: In seiner Hymne *Andenken* lädt Hölderlin den

Leser ein, mit ihm nach Bordeaux zu wandern, an die Gestade der »schönen Garonne«. Von dem elegischen Abglanz des Flusses ist am Rhein nichts zu merken, und so reimt Eich enttäuscht und drastisch Hölderlin auf Urin. Der Rhein nur flüstert verworren, in seinem Fließen {…} wird kein Wort sein, von der Zwiesprache mit den Dingen ist Eich ausgeschlossen. Es ist eine weite Welt, die er unter dem Himmel erfährt, aber eine ohne Anhaltspunkte, in der selbst die Sternbilder ihre Bedeutung verloren haben. Statt auf lyrische Echos zu hoffen, macht er sich an die *Inventur*: meine Mütze, mein Mantel, mein Rasierzeug, der Nagel, die wollenen Socken …

Diese monologischen Beobachtungen sollten zu einem Wendepunkt in der Literatur werden, die sich nach dem Krieg von null an neu erfinden muss. Eich ist sich nicht von Anfang an der Tragweite seiner Entdeckung sicher. Es sind manche Gedichte darunter, die eher im Ton vertraut oder unentschieden klingen: Auferstehungswonne steht in einem der Remagener Gedichte, das die sich aus ihren Gräben erhebenden Gestalten zeigt. Ist das Ironie, verzweifelter Humor oder einfach ein Reimwort? Erst nach einer zweiten existenziellen Krise, ausgelöst durch die Selbstmordversuche seiner suchtkranken ersten Frau Else im Dezember 1947 und Januar 1948, wird sein Schreiben so einfach und doch so komplex wie die Liste der *Inventur*. Metaphysische Flüge wie Gottes eisiger Odem weht übers Gefangenenzelt werden selten, auch Visionen, dass die in den Gräben schlafenden Gefangenen eigentlich in Gräbern der Auferstehung entgegenharren. Gesten wie überdrüssig, anzugehören dem Menschengeschlechte überzeugen weniger als das schlichte *Pfannkuchenrezept*: Die Trockenmilch der Firma Harrison Brothers, Chikago, / das Eipulver von Walkers, Merrymaker & Co, Kingstown, Alabama, / das von der deutschen Campführung nicht unterschlagene Mehl / und die Zuckerration von drei Tagen / ergeben, gemischt mit dem gut gechlorten Wasser des Altvaters Rhein, / einen schönen Pfannkuchenteig. / Man brate ihn in der Schmalzportion für acht Mann / auf dem Deckel einer Konservenbüchse und über dem Feuer / von lange gedörrtem Gras.

Wann genau Günter Eich im Juni 1945 aus dem Lager entlassen wurde, ist ungewiss. In einem Brief erwähnt er zehn Wochen Kriegsgefangenschaft, demnach hätte er sich Anfang Juni »nach Niederbayern entlassen«, so berichtet er in einem Brief. Am 30. Juni wird er wieder in die Einwohnerkartei von Geisenhausen eingetragen, wo er schon in den letzten Kriegsmonaten als Soldat bei der Familie Schmid einquartiert gewesen war. Hier ist der einzige Ort, den er sich als Zuhause vorstellen kann. Vor der Tür steht er kahlgeschoren und abgemagert, in der Hand einen »amerikanischen Breakfast-Karton«, der nichts enthält als unterwegs aufgesammelte trockene Stöckchen und Äste zum Heizen.

Zurückgeworfen auf die einfachsten Dinge, findet er eine einfache neue Sprache, in der mehr von den Tagen des Lagers aufbewahrt ist als in den Erdschichten der Goldenen Meile. Am Beginn stand ein Lauschen auf den stumm gewordenen Fluss, ein Tasten nach den Dingen, die im Lager lebensnotwendig waren. Stöckchen und Äste.

*

Die nur wenige Wochen bestehenden Rheinwiesenlager müssen schon im Winter 1945/1946 den Menschen in Remagen und Sinzig wie ein Spuk vorgekommen sein. Die festgewalzten Lagerstraßen werden sich erst allmählich in Felder zurückverwandelt haben. Deutlicher sichtbar blieben die Gerippe der Apfelbäume, ein Pfosten mit einem Stück Draht. Der Wunsch, zu vergessen und zu verdrängen, war stärker als die verschwindenden Hinweise.

Die Erinnerung an das Lager hielt vor allem der frühere Bürgermeister Remagens, Hans Peter Kürten, wach, der in den Brückentürmen ein Friedensmuseum einrichtete und eine Kapelle erbauen ließ, in der die Skulptur einer Schwarzen Madonna steht, die Adolf Wamper im Lager aus Lehm geformt hat. Die Kapelle ist immer wieder Ziel von Nazi-Aufmärschen.

Unter dem Gelände liegt das Lager verborgen. Manchmal treibt ein Metallsplitter hoch, ein Nagel, aber wir reichen nicht mehr an seine Landschaft heran, es gibt keinen Zugang mehr zu ihr, keine

Kontinuität, als wäre sie versiegelt. Von der einstigen Gartenfülle der Goldenen Meile ist nicht mehr viel zu spüren, der Campingplatz und das Freibad wirken in ihrer Ahnungslosigkeit gegenüber der Historie des Ortes verletzend, die Widersprüche bilden eine Wunde, die auch eine Kapelle nicht heilen kann. Schichten um Schichten von unterbrochenen Landschaften.

X Schwimmende Nester
Am Niederrhein

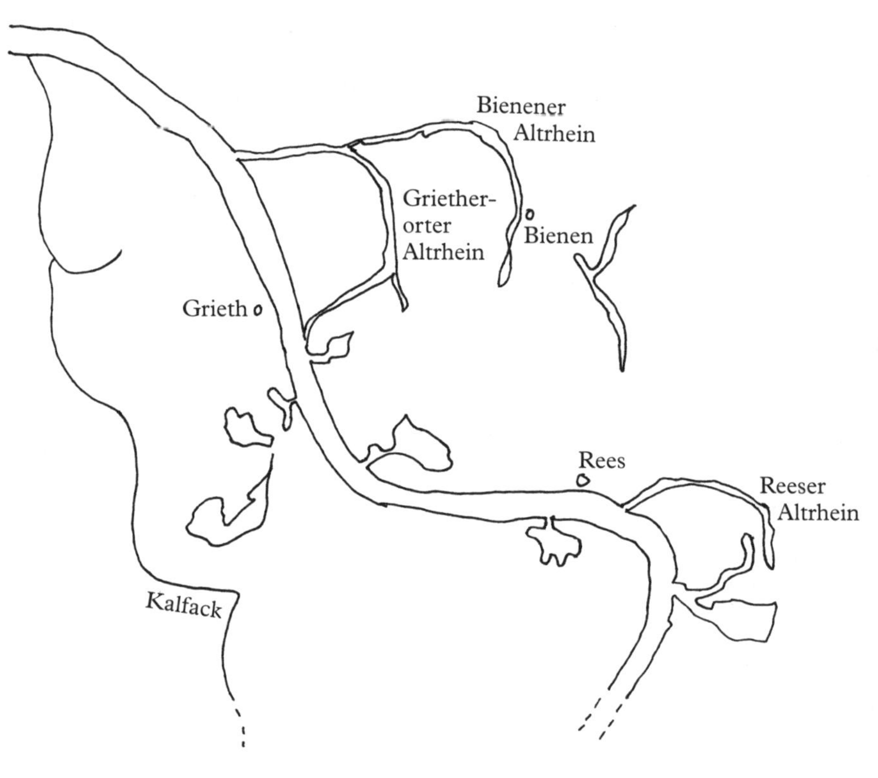
Bienener
Altrhein
Griether-
orter
Altrhein
Bienen
Grieth
Rees
Reeser
Altrhein
Kalfack

1 Der offene Horizont

Nach dem Schiefergebirge, dem Drachenfels und Bad Godesberg beginnt eine andere Landschaft. Der Rhein tritt in die Tiefebene, die sich von hier bis zum Meer erstreckt. Keine Silhouette aus Felsen und Fichtengraten umschließt den Blick. Der Horizont ist keine Schranke, hinter der die Welt verschwindet. Hier ist alles weit. Der Blick geht über Meilen durch Smaragdblau: Wasser, Deiche, Weiden. Der Himmel liegt auf dem Horizont, der Fluss wird nicht gerahmt von einem Tal, sondern bettet sich zwischen flachen Dämmen. Er liegt auf der Landschaft, nicht in ihr. An sonnigen Tagen gleißt die Ebene vor Licht, an bedeckten Tagen übernehmen Wolken die Dramaturgie.

Im engen Tal verbinden Brücken Ufer, die man beim Überqueren nicht aus dem Blick verliert. Am Niederrhein werden sie jedoch zu Rampen, die plötzlich über den Fluss ins Blaue führen. Von ihnen aus können die Augen kilometerweit dem Kurs der Schiffe folgen. So auf der Brücke, die keine zwanzig Kilometer vor der holländischen Grenze Rees und Kalkar miteinander verbindet: Im Süden ragt die Backsteinbastion der mittelalterlichen Stadtmauer von Rees hoch über den Fluss, im Norden liegen Teiche und Altrheinarme mit seltenen Pflanzen und raren Tieren – und am Ufer gegenüber in der Mitte steht ein aufgelassenes Kraftwerk, der Schnelle Brüter Kalkar, der zum Vergnügungspark »Kernwasser-Wunderland« umgebaut wurde. Ein Kettenkarussell steht auf dem einstigen Kühlturm der größten Investitionsruine Deutschlands.

Pro Tag passieren fünf- bis sechshundert Schiffe die Brücke. Sie fahren die ganze Nacht hindurch: Kohle geht hinauf, Basalt hinunter. Ein Tankschiff heißt Kasbah, ein Schubleichter Deo gratias.

Grüne und rote Pfähle stehen an den Spitzen der in den Fluss ragenden Buhnen und markieren auch bei höherem Wasserstand die Fahrrinne. Im Sommer leuchtet unterhalb der Uferböschung aus schwarzem Basalt ein khakifarbener Streifen aus trockenem Schlamm, der anzeigt, wie niedrig das Wasser steht.

Bei Rees scheint der Rhein schon nah am Meer. Nur wenige Flusskilometer trennen ihn von der Stelle, wo er beginnt, sich in die Flussläufe des Deltas aufzugabeln. Dort waren bis zum Bau der Flutschleusen am Meer die Gezeiten zu spüren. Nur noch zehn Meter Gefälle hat der Fluss auf den letzten einhundertfünfzig Stromkilometern von hier bis Rotterdam. Von der Brücke aus gesehen breitet sich die Landschaft wie ein ebenes Tuch bis an den irisierenden Horizont, der keinen festen Umriss mehr bildet, sondern einen blauen Zwischenraum zum Firmament. In der Ferne verschwindet das »Flutenband« des Stroms. Der Blick reicht so weit, dass der Maßstab von fern und nah sich verschiebt: Es ist mehr Raum um die Menschen.

*

In diesem fließenden Raum sind Fähren Wegmarken. Bevor im 19. Jahrhundert die ersten Eisenbahnbrücken über den Rhein geschlagen wurden und die seltenen auf Kähnen montierten Schiffsbrücken in Mainz, Koblenz und Köln ablösten, bevor in den Wirtschaftswunderjahren schließlich Brücken über Brücken entstanden – bei Düsseldorf sind es heute sieben –, waren Fähren die einzigen Verkehrsmittel, um von einem Ufer ans andere zu kommen, und sind es heute noch am oberen Mittelrhein. Im Schatten vieler der neuen Bauwerke liegen am Fluss noch die alten Fährrampen, wo sich früher die flachen Anleger über das Pflaster schoben, damit die Karren und Wagen aufs Deck fahren konnten.

Am Mittelrhein ist die vielleicht schönste Überfahrt jene zwischen Lorch und Niederheimbach. Gut zehn Minuten ist man auf dem Fluss, riecht das Wasser, hört den Dieselmotor, die Berge drehen sich um einen, die Fähre biegt um die mitten im Fluss liegende Aueninsel, und der Blick ist voller Grün und Wasser. An glücklichen

Tagen dauert die Fahrt ein wenig länger, weil sich etwa ein bis zu den Schultern im Wasser eingetauchter Tanker den Rhein hochschiebt, den wir passieren lassen, bevor sich die Fähre am andern Ufer, in Heimbach, vorsichtig auf die Rampe schiebt. Der Schiffsmotor kommt auf Touren, eine bleigraue Abgasfahne weht über das Wasser, der Auflieger wippt, während er bei gedrosseltem Dieselmotor Kontakt mit dem Ufer sucht und endlich auf dem Beton zu einem knirschenden Halt kommt. Die Fähre wird noch vertäut, während bereits die ersten Wagen starten.

Nördlich von Rees am Niederrhein heißt die nächste Fähre Inseltreue B. Sie verbindet das linksrheinische Fischerdorf Grieth mit Grietherort, der Rheininsel, die 1819 entstand, als man die Rheinschlinge zwischen Grieth im Süden und Dornick im Norden mit einem Graben durchstach: Dreizehn Jahre lang musste der Fluss diesen nach dem Bau engen Kanal auswaschen, verbreitern und vertiefen, bis endlich 1832 die ersten Schiffe das neue kürzere Flussbett durchfahren konnten und die alte Flussschlinge zum Altrhein wurde.

Fährmänner kennen jeden und wissen alles. Und so frage ich, ob ich das Fischerboot, den stromauf ankernden Aalschokker, vielleicht schon im Fernsehen gesehen haben könnte. Der da, er deutet mit dem Daumen hinter sich auf den Kutter, der ist dauernd im Fernsehen. Das ist alles, was ich als Antwort bekomme. Fährmänner sind gewitzt, sie behalten manches für sich und schauen konzentriert aufs Wasser, denn die dreihundert Meter Fluss sind voller Gefahr und vorbeischießender Schiffe. Ich löse eine Karte hin und zurück.

An den meisten dieser Anlegestellen existieren seit Jahrhunderten Gaststätten. Die Reisenden mussten oft warten, bis der Fährmann die Glocke hörte, mit der sich jemand vom Ufer gegenüber bemerkbar machte. Oder der reißende Fluss und Unwetter ließen keine Überfahrt zu. Fährhäuser waren Herbergen und boten Unterschlupf. Auch wer nicht über den Fluss musste, saß gern an der Fährstelle und sah dem Willkommen und dem Abschied der Menschen zu, dem Fließen des Wassers, den vorüberziehenden Wolken, den ausfahrenden Schiffen, den mit Gütern beladenen rückkehrenden Lastkähnen. Es war, als hätte das Leben hier eine andere Fülle, eine andere Dichte. Auf der dahintreibenden Oberfläche des Flusses suchte man sie zu entdecken. Manche fassten Mut, wagten den Schritt und heuerten auf einem der Lastkähne an oder ließen sich im 18. Jahrhundert von der Niederländischen Ostindien-Kompanie zu Abenteuern anwerben und segelten auf ihren Schiffen bis in die Antillen oder nach Batavia. Das Rheintal war eines der wichtigsten Rekrutierungsgebiete der Kompanie. Andere erwogen verzagt eine Ausreise übers Meer und versuchten, aus den Wellen ihre Chancen für eine Rückkehr herauszulesen. Am Ausgang des Ortes steht heute noch ein Schiffsmast, an dem die Wimpel der Reedereien flattern, für die die Männer und Söhne unterwegs sind.

Die Ungewissheit der Überfahrt, ihre Gefahr und Endgültigkeit spiegelte sich in vielen Geschichten wider, wie in der antiken Sage von Charon, der die Seelen nach ihrem Tod mit seinem Nachen in die Unterwelt hinübersetzt. Charon stellt keine Fragen, aber er verlangt seinen Lohn. Ohne ihn zu entrichten, darf keine Seele an Bord. Damit sie ihn für seine Dienste bezahlen konnten, legten die Griechen und Römer deshalb den Toten eine Münze unter die Zunge. Eine einfache Geste, so ergreifend und einleuchtend, dass sich auch in Gräbern aus frühchristlicher Zeit oft ein Geldstück findet.

Im Fährrestaurant sprechen die Nachbarn Holländisch und fahren Rad, aber auch die Deutschen fragen, ob ich mit meinem »fiets« da sei, und sind enttäuscht, dass ich zu Fuß gekommen bin. Eigentlich bin ich wegen des rechtrheinischen Ufers hierher gereist, auf dem sich der Fluss im Lauf von Jahrhunderten Mäander gegraben hat, die heute noch die Landschaft prägen. Der Grietherorter Altrhein ist der letzte bei hohem Wasserstand durchflossene Seitenarm des Niederrheins, denn der elf Meter hohe Banndeich macht einen großen Bogen um ihn und den etwas dahinter liegenden, weit älteren Bienener Altrhein, wo vom Aussterben bedrohte Tiere und Pflanzen leben. Die ganze Landschaft wird regelmäßig von Hochwassern überschwemmt und bleibt in die Strömungsdynamik des Flusses eingebunden. Zwischen den einstigen Flussbetten liegen weite Tümpel in der Landschaft, die hier »Meere« genannt werden, an deren seichtem Wasser sich in der Dämmerung Tausende von

Gänsen sammeln, um in kleinen Trupps über die Weiden und Pappeln zu ihren Schlafplätzen hinter dem Deich zu fliegen.

*

Mein Zelt steht auf der »Insel« Grietherort, nahe an einer der Lachen, die in den trockenen Sommermonaten vom Oberlauf des Grietherorter Altrheins übrig geblieben sind. Hohe Silberweiden spiegeln sich in der vollkommen reglosen Wasserfläche, die wie zähflüssig schlammiger Sirup wirkt: Äste, Laub und der Schaum des organischen Gärens im Innern bilden eine opake Oberfläche, in der Reiher staken, deren heisere Schreie ich die ganze Nacht über gehört habe. Die Wipfel der Weiden sind bei jeder Brise in Bewegung, aber tief in dem schattigen Tunnel aus flirrendem Grün reicht kein Wind an den Wasserspiegel, um ihn zu bewegen und mit Sauerstoff anzureichern. Träge lässt sich ein Fisch an die Oberfläche treiben, stößt ein paar Blasen aus, klatscht mit der Flosse und ist verschwunden.

Um an den Rhein selbst zu gelangen, folge ich dem Geräusch der Schiffe und muss unter Bäume, durch Gebüsch kriechen und über eine hohe Schwelle aus aufgeschobenem Material steigen: eine Halde aus Sand, Kies und Steinen. Am Boden finden sich jedoch keine Spuren von Baggern und Lastwagenreifen, es war der Fluss selbst, der sich bei einem seiner letzten Hochstände die Barriere in den Weg gelegt hat. Davor liegt die Einmündung in den Altrhein, ein natürlicher Strand, der über fünfhundert Meter die starre Uferbefestigung unterbricht und bis zum Steinwall der nächsten Buhne reicht. Es ist ein Fenster auf das Rheinufer, wie es vor der Regulierung des Flusses überall hier aussah: ein flaches Bord aus Sand, dann Kies, schließlich bedeckte hinter der Böschung eine breite Lehmschicht das Land, die bei jedem Hochwasser wuchs und wieder abgetragen wurde. Heute entstehen die vielen Tümpel aus Kiesgruben und Baggerseen, früher bildeten sie sich aus vom Hochwasser ausgewaschenen Mulden, in denen nährstoffreiches Restwasser voller Insekten und Amphibien stand und an deren Ufern sich Gänse, Enten und Zwergtaucher sammelten.

Drei Flussregenpfeifer patrouillieren tippelnd am Strand und wippen nach jedem zweiten Schritt ruckartig mit Kopf und Brust nach oben. Vielleicht haben sie hier genistet, das Gelände wäre ideal. Zwischen den Steinen sind sie durch ihr Federkleid perfekt getarnt. Aber immer wenn ich sie endlich im Visier des Fernglases habe, fliegen sie mit einem lauten Pfiff hinter die Buhne, folge ich ihnen stromauf, kehren sie in einem weiten Bogen über das Wasser wieder an den Strand zurück – als spielten sie Fangen mit mir. Dem Kormoran und den Möwen ist es wie den Schiffen egal, ob ich da bin, aber die kleinen Watvögel bestehen auf Diskretion.

Durch die Farben der Kiesel kann man mit zwei Handvoll Steinen das gesamte Stromtal greifen: Gelber Sandstein, wie er für die Kirchen von Köln verwendet wurde, roter Sandstein, der vielleicht vom Main stammt und aus dem der Dom zu Mainz erbaut wurde, grüner, gelber, mit schmalen weißen Quarzitgängen durchzogener Tonschiefer, Granitbrocken, Schieferplättchen, Basaltsteine. Dazwischen über Bord gegangene Kohle, sanfte, glattgeschliffene Glasscherben, gespleißte Schiffstaue, Ziegelfragmente und gebleichte Baumstümpfe, die das Hochwasser hier zurückgelassen hat. Bei den Kieseln liegen große Haufen Körbchenmuscheln, die sich erst seit einigen Jahren im Rhein angesiedelt haben und sich massenhaft vermehren. Es wirkt so, als hätte man die Schalen eimerweise ausgekippt. Daneben das Skelett einer Wollhandkrabbe, ein blinder Passagier aus China.

*

Von dem Strand aus habe ich am Ufer gegenüber den Aalschokker Anita II erkannt und beschlossen, die Fähre hinüber zu nehmen. Der Skipper des fest im Rhein verankerten Kutters spielt bei der Erforschung der Rückkehr der Wanderfische eine wichtige Rolle: Er entdeckte als Erster die zurückkehrenden Maifische. Da es am Rhein keine Berufsfischer mehr gibt, bietet der Fang seiner Netze den ersten wichtigen Hinweis, ob die Aussetzungsversuche von Maifisch und Lachs Erfolg haben. Das Beiboot zum Kutter lag am Ufer vertäut, es war wohl niemand auf dem Schiff – und so entschied ich mich für das Fährhaus.

Ein Herr setzt sich an meinen Tisch, jener, der mich nach meinem »fiets« fragt, und erwähnt, dass drüben alles dem »Nass« gehöre, hier auf der Rheinseite von Grieth aber alle »Hell« heißen, die Wirtin des Fährhauses, der Fährmann und der Skipper. Und er weiß viel über Letzteren, erzählt, dass er inzwischen einen zweiten Aalschokker übernommen habe, der am Ufer gegenüber unterhalb der Brücke bei Rees liegt. Ob ich das Boot gesehen hätte? Ich nicke. Und jetzt sei er 83 geworden und schon wieder im Fernsehen gewesen – ein wenig Neid ist bei all dem Stolz herauszuhören.

Bei der Rückfahrt ist außer mir ein einziger anderer Passagier an Bord, ein Schulfreund des Fährmanns. Was denn der Fischer auf dem Kutter so treibe, fragt er und deutet mit dem Daumen über die Schulter auf den Aalschokker, dessen seitwärts wie ein Segel neben dem Boot hochgezogenes Trichternetz noch voller Unrat vom letzten Hochwasser steckt. Kommt dem Dreck nicht mehr hinterher, da sitzt er schon wochenlang dran, bemerkt der Passagier. Hab ihn eben noch gesehen, antwortet der Fährmann. Wo ist er denn? Nachdem sich ein Lastschiff an uns vorbeigedrückt hat, dessen weit aus dem Wasser ragende Seitenwand das Ufer verdeckte, zeigt er auf einen flachen Kahn aus Aluminium mit Außenbordmotor. Da ist er ja. Die Fähre zieht etwas stromauf und bleibt in der Strömung neben dem Kahn stehen, in dem der Skipper zusieht, wie ein Freund mit kräftigen Handgriffen eine meterlange, schlauchförmige Aalreuse aus dem Wasser zieht. Leer, leer, leer. Der Fährmann ruft eine Frage hinüber. Der Skipper lupft seine Mütze, legt die Hand ans Ohr, die Frage wird wiederholt, er fährt sich übers Haar, setzt die Mütze auf und schüttelt den Kopf. Nicht gesprächig heute, folgert der Fährmann. Er lässt die Fähre den Strom hinabtreiben und legt in Grietherort an.

2 Die fließende Landschaft

Der Niederrhein durchströmt eine ähnlich flache Ebene wie der Oberrhein, aber seine vielen Schlingen bilden seltener weit ausschwingende, hufeisenförmige Mäander, denn Gefälle wie auch Wassermenge haben sich hier verdoppelt: Er sucht den geraderen Weg. Trotzdem brach der Rhein vor seiner Regulierung im 19. Jahrhundert immer wieder aus seinem Lauf aus und stemmte einen Bogen nach dem anderen in die kiesige Ebene der Auenlandschaft. Die Reste dieser Bögen liegen oft dicht beieinander, und doch trennen Jahrhunderte ihre Entstehung.

Westlich von Grieth fließt die Kalfack, der größte linksrheinische Nebenfluss nördlich von Erft. Sie entspringt als Leybach unterhalb des Düreberg bei Sonsbeck und mündet gegenüber von Emmerich in den Rhein. Auf der Landkarte ist die Kalfack leicht zu finden, denn sie wirkt wie mit dem Zirkel in die Landschaft gezeichnet: Die nördliche Hälfte ihres Verlaufs besteht aus einer beinahe regelmäßigen Reihe von fünf nach Osten offenen Halbbögen. Will man dem Flusslauf folgen, führt der Weg durch fünf ehemalige Rheinschlingen, von denen die erste und südlichste bereits in vorrömischer Zeit trockengefallen war. Der Leybach, wie die Kalfack zu Beginn heißt, mündete einst in den vorrömischen Flussbogen, den sie, als der Rhein die Schleife verließ, zur ihrem Bett machte, um bis zur nächsten Schlinge weiterzufließen: dem Kalkarer Altrhein. Als der Seitenarm bei Kalkar vom Strom aufgegeben wurde, floss sie um 1556 weiter in die Rheinschlinge von Wissel, wo der allmählich zum Fluss gewordene Leybach nun endlich Kalfack genannt wurde. Als der Bogen von Wissel trockenfiel, setzte die Kalfack ihren Lauf durch ihn bis zur Schlinge um den Bylerward fort. Diese gewaltige

Sandbank nördlich von Grieth bedrohte die Mauern des ihr gegenüberliegenden Emmerich, weshalb die Bürger 1644 versuchten, den Rhein durch einen Graben umzuleiten: Sie gruben quer durch das Bylerward den Volksgatt, der sich zu einem eigenen Rheinmäander ausbilden sollte. Als der Rhein aber seinen Lauf 1711 von selbst änderte, direkt an den Mauern Emmerichs vorbeifloss und das Volksgatt wieder abtrennte, verlängerte die Kalfack ihr Bett durch diesen Kanal. Wir können mit dem Finger auf der Karte verfolgen, wie sie Bogen um Bogen eine Geschichte der Rheinschlingen der letzten 2000 Jahre beschreibt. Weshalb der Rhein seinen Lauf jeweils veränderte, wissen wir nicht. Es geschieht häufiger, dass ein Fluss dem anderen das Wasser abgräbt als dass er das leere Bett eines andern zu seinem macht. Und das Bogen für Bogen für Bogen.

An ihrem Scheitelpunkt graben sich Flussschleifen am tiefsten ein. Wurden die Mäander vom Hauptstrom abgetrennt und verlandeten, blieben diese Flussabschnitte wegen ihrer Tiefe offene Gewässer. Sie liegen wie blaue Halbmonde in der Landschaft und markieren, dass das gesamte Flussbett einmal doppelt und dreifach so breit gewesen ist wie heute. Diese blauen Flecken geben uns Hinweise auf die Dynamik des Flusses, der kontinuierlich sein Bett verlagerte, indem er an der Außenseite der Schlingen Gelände erodierte, um an der Innenseite Sedimente abzulagern. Christine Hoppe hat die durchschnittliche Schnelligkeit, mit der sich die Schleifen ab der Höhe von Xanten durch die Ebene bewegten, errechnet: ganze neun Meter jährlich. Erst die Begradigung des Rheins durch fest gemauerte Uferböschungen dämmte diese natürliche Wanderung des Flusses ein.

Häuser, Gehöfte, Festungen und ganze Dörfer, die nicht wie Rees oder Grieth auf einem höheren, festeren Ufer standen, gingen im Rhein unter. Das Dorf Sulen wurde ein Opfer der Rheinschlinge, deren vom Strom abgeschnittener Lauf heute den Bienener Altrhein bildet. Von Sulen, immerhin einer selbständigen Pfarrei, blieb nach der Flutkatastrophe keine Spur, aber es ist urkundlich erwähnt, dass 1502 dessen Kirche in Praest wiederaufgebaut wurde, einem Dorf, das heute noch an dem Gewässer liegt, welches eine Karte 1556 bereits als einen vom Fluss abgeschnittenen Altrheinarm verzeichnet. So haben wir einige Anhaltspunkte, um den Bienener Altrhein zu datieren, aber ein genaues Bild vom Zeitpunkt seiner Entstehung fehlt.

Erst viel später entstand auf halber Strecke zwischen diesem Altrhein und dem heutigen Flussbett ein zweiter Bogen in dem von vielen Hochwasserfluten und Seitenarmen durchwühlten Gelände: der heutige Grietherorter Altrheinarm. Er liegt in einer Landschaft, deren viele Teiche und verlandete Schlingen uns wie in einem Zeitraffer den »Mäanderweg« des großen Flusses erahnen lassen, den er sich über große Zeiträume hinweg geschaffen hat und den Landkarten erst ab dem 15. Jahrhundert wie im Zeitraffer dokumentieren.

*

Am Abend versuchte ich, auf einer Skizze die verschiedenen Flussläufe zwischen Grieth und Bienen über die Jahrhunderte hinweg zu vereinen. Es wurde eine dürftige Zeichnung voller Fehlanschlüsse und Hypothesen. Eigentlich hatte ich an eine Version der berühmten Karte der *Historischen Flussläufe des Mississippi* gedacht, in der Harold Fisk 1944 die unendlich vielen Mäander des Flusses nachzeichnete und in Pastelltönen voneinander abhob: Ohne die Farben wäre es ein graphisches Gewirr von sich überlagernden Schlingen, Bögen und aufgegebenen Flussbetten, aber mit den Farben verwandelte sich die Darstellung in den eleganten Beweis der lebendigen Dynamik des Flusses. So etwas sollte es auch für den Rhein geben, träumte ich. Vielleicht lässt sich das aber nur in einem Film darstellen, der die sich allmählich verlagernden Mäander ebenso zeigt wie die abrupten Veränderungen, die sich über Nacht ereignen: Wenn Hochwasser oder Eisgang die Wasser stauen, den Fluss blockieren, der sich im Abfließen eine andere Rinne gräbt oder sich durch einen natürlichen Durchstich von einem seiner Seitenarme trennt, die über Jahrzehnte und Jahrhunderte verlanden. Die Dynamik des Fließens schafft eine Kontinuität aus sich ständig verändernden Strömungen und Formen. Auf einem Blatt ist der Fluss nicht zu fassen.

3 Trauerseeschwalben

Oft beginnt Birdwatching mit einer Enttäuschung, so auch am Bienener Altrhein, dem Ziel meiner Reise. Der Zugang zum Wasser, sagt mir eine Frau in Bienen, einem kleinen Dorf mit Kirche, Friedhof und Bürgerhaus, liege schon am Deich, das stimme, aber durch die Bauarbeiten sei er ans andere Ende des Dorfes verlagert, hier sei der Deich eingezäunt und gesperrt. Als ich den Weg finde, ist es schon spät am Abend, ich schaue gegen das Licht, und mein Fernglas – so alt wie das Klepper-Faltboot: Zeiss Ikon 8x30 – würde es nie in das Arsenal eines digital hochgerüsteten Birdwatchers schaffen. Dazu habe ich wieder einmal den falschen Vogelführer eingepackt, einen alten Parey aus den achtziger Jahren, der das berühmte Brutkleid der Trauerseeschwalbe herausstellt, nicht aber wie der Collins von 1999 detailliert die heranwachsende oder erwachsene Seeschwalbe in schlichtem Federkleid zeigt. Mit Goethe kann ich mich trösten, dass ich mit fast »unbewaffneten« Augen schaue, aber es gibt auch nichts zu sehen, nur Blesshühner und einen Kormoran, die sich auf im Wasser treibenden Brettchen niedersetzen, welche aussehen, als sollten sie Reusen über Wasser halten. Rauchschwalben kreisen den Deich hinab und zeichnen ihre eleganten Parabeln in die Luft. In zwei getrennten Trupps fliegen Silberreiher an ihren Schlafplatz: Einundzwanzig große Tiere leuchten am Rand der Wasserfläche, wo im abnehmenden Licht das Grün in das Dunkel der Baumkronen übergeht. Ein Schwarm Vögel fliegt so knapp vor dem Schilf vorbei, dass sie nur an den über das Wasser flitzenden Schatten zu erkennen sind. Sie lassen sich in einem der eingezäunten Bezirke nieder: Stare? Aber von Seeschwalben keine Spur, wie zum Hohn streichen ein paar Lachmöwen über mir vorbei und haben ihren Spaß. Ein Hase schlägt einen Haken, Schafe rupfen Gras vom Deich.

Wie naiv ich war, merke ich, als ich am nächsten Tag das Naturschutzzentrum Kleve anrufe und erfahre, dass die »Brettchen« genau die Nisthilfen sind, die für die Trauerseeschwalbe entwickelt wurden: Kunststoffmatten, die sich mit Wasser vollsaugen, um flach und stabil auf dem Wasser zu liegen. Wie Rennboote tragen die Nistflöße kleine Schildchen mit einer Nummer. Als ich am nächsten Tag wiederkomme und mir die Sonne im Rücken steht, sehe ich auf den Brettchen die Nester – und die Trauerseeschwalben sind tatsächlich da. Aber sie haben die Nisthilfen verlassen, streichen über das Wasser und sitzen am Ufer auf den Pfählen, zwischen denen Metallgitter gespannt wurden – weshalb, sollte ich später erfahren.

Wie Trauerseeschwalben haben auch Kiebitze schwarze Flügel, aber sie sind größer und fliegen anders, leben in der Wiese hinter dem Schilf. Hier besteht keine Verwechslungsgefahr. Vor dem Gürtel aus Schilf und Ried fliegen aber auch Flussseeschwalben, deren Flugbild mit dem der Trauerseeschwalben beinahe identisch ist. Vögel beobachten heißt unterscheiden. Allein um die Differenz von Küsten- und Flussseeschwalbe zu bestimmen, gibt es einen hundertzwanzigseitigen Führer. Bei Fluss- und Trauerseeschwalbe sollte es einfacher sein.

Wenn die Trauerseeschwalbe aus ihren Winterquartieren an der Küste Westafrikas hier eintrifft, trägt sie ein dunkles Kleid – als ob sie in Trauer sei, daher ihr Name. Ihre Flügeloberseiten sind dunkler als bei den Flussseeschwalben, die bis auf eine schmale schwarze Kappe weiß sind und einen orangefarbenen Schnabel mit schwarzer Spitze haben. Die Silhouette der Trauerseeschwalbe ist ihr täuschend ähnlich, aber ihr Schnabel ist schwarz, ihre Gestalt ist kleiner, und sie ernährt sich vorwiegend von Großinsekten wie Libellen, die sie im Flug erbeutet. Deshalb bewegt sie sich in der Luft anders als Küsten- oder Flussseeschwalben, die in kühnen Tauchflügen aus dem Himmel herabtrudeln, um mit dem Schnabel Fische zu erbeuten.

Ich folge den Seeschwalben mit dem Fernglas. Endlich habe ich zweifelsfrei eine Trauerseeschwalbe vor dem Okular: sie steht kurz in der Luft wie ein rüttelnder Falke, fast scheint es, als fliege sie rückwärts. Im Gegensatz zu den Rauchschwalben, die mit einem kurzen Flickern ihrer sichelförmigen Flügel den Kurs ändern und aus einer Ellipse in die nächste gleiten können, scheint die Trauerseeschwalbe die Bewegung in der Luft einen Moment anzuhalten, um dann einer anderen Richtung zu folgen. Im Vergleich zu dem sirrenden Gleiten der Rauchschwalben scheint ihr Flug die Zeit mit einem leichten Rucken anhalten zu können.

Jetzt stößt sie hinab. Knapp über dem Altrhein hat sie Insekten entdeckt und gleitet dicht über den Wasserspiegel, den sie mit dem Schnabel in kurzen Abständen aufhackt. »Stitching«, »nähen« heißt diese Jagdmethode, die, wie ich jetzt hören kann, mit einigem Platschen einhergeht.

Während ihrer Brutzeit lebt die Trauerseeschwalbe am Süßwasser, wo sie ihre Nester gern auf Schwimmblattpflanzen wie See- und Teichrosen oder der weißblühenden Krebsschere baut – oder auf zusammengesunkenem Röhricht, dessen geknickte Stängel im Meer aus Schilf kleine Inseln bilden. Außer dem Brutvogel und dem Gelege müssen die Schwimmpflanzen nicht viel tragen: Das Nest besteht nur aus einem Kringel Algen und Gras, so wie den Flussseeschwalben eine flache Kuhle mit ein paar Kieseln genügt. Stand der Bienener Altrhein vor dreißig Jahren im Sommer noch voller See- und Teichrosen, Röhricht und Schilf, ist der Bestand der Pflanzen in den letzten Jahrzehnten stark zurückgegangen, beim Rohrkolben-Röhricht fast vollständig. Es gab nicht mehr genügend Nistgelegenheiten für die Trauerseeschwalbe. Vielleicht ist der Fortbestand der letzten Kolonie Nordwestdeutschlands durch die Nistflöße gesichert. Aber wer an die langen jährlichen Wanderungen entlang der Iberischen Halbinsel bis an die Westküste Afrikas und wieder zurück denkt, gewinnt eine Vorstellung von den Gefahren, denen jeder dieser schlanken Vögel ausgesetzt ist. Sechs-, achttausend Kilometer, um dann drei Eier auf schwankende Blätter zu legen, die über dem Wasser treiben, sie vor dem Otter oder der Bisamratte zu schützen, bis nach drei Wochen die Küken schlüpfen, die sich nach drei weiteren Wochen in die Luft erheben. Nach ihrer ersten Reise bleiben die Jungvögel meist ein Jahr im Süden, doch mit der Geschlechtsreife nehmen sie die Wanderung auf, die sie vielleicht bis zu zwanzig Jahre lang fortsetzen – die älteste beringte Trauerseeschwalbe war neunzehn Jahre alt.

Im Gegensatz zur Flussseeschwalbe, die sich am Rhein bis hinauf an den Bodensee findet, und der Küstenseeschwalbe, die eines ihrer südlichsten Brutgebiete an der Rheinmündung hat, gehört die Trauerseeschwalbe zu den Sumpfseeschwalben, die überall in Nordeuropa brüten. Aber ihre Brutgebiete werden knapp. Immer mehr Gewässer werden trockengelegt oder sind so verschmutzt, dass ihre Nistpflanzen nicht mehr dicht genug wachsen. Auch in Mecklenburg, wo die Trauerseeschwalbe auf Seen lebt, werden die Nisthilfen eingesetzt.

Auf den Pflöcken sitzen Jungvögel mit ihrem hellen Brustfleck und schreien hungrig ihr »Kri-kri-kri«. Wann immer eine Seeschwalbe in ihre Nähe kommt, strecken sie sich in ihren Daunen. Sie können schon fliegen, wirken aber noch ein wenig plustrig. Dann und wann verhält ein Vogel im Flug über einem Küken, senkt ihm den Schnabel entgegen, doch das Füttern geschieht so schnell, schon ist die Seeschwalbe wieder auf der Jagd.

*

Als ich zwei Wochen später, Anfang August, wieder am Bienener Altrhein stehe, sind alle Trauerseeschwalben abgereist: Zunächst an das IJsselmeer, wo sie sich mit Artgenossen treffen, um dann in Trupps zum großen Zug aufzubrechen. Die Flussseeschwalben streichen noch über das Wasser, aber die werden auch bald auf dem Weg zum IJsselmeer sein, sagt Achim Vossmeyer vom Naturschutzzentrum Kleve, der seit über fünfzehn Jahren die Trauerseeschwalben um Rees herum betreut. Er hat die Nistflöße, eine Erfindung seines Vorgängers, weiterentwickelt, sie mit einem Eierlegering und Wasserpflanzen ausgestattet und Jahr für Jahr im Wasser watend in den Altrheinarmen ausgesetzt. Seit eine Waldohreule unter den Küken räuberte und große Verluste anrichtete, montiert er kleine

Drahttunnel dazu, damit die Kleinen einen Unterschlupf als Fluchtmöglichkeit hätten.

Mitte der neunziger Jahre galt die Trauerseeschwalbe am Niederrhein als ausgestorben und wurde in Nordrhein-Westfalen auf die Liste extrem gefährdeter Tierarten gesetzt. Aber die Nistflöße wurden bereits im ersten Jahr so gut angenommen, dass es schnell zu Bruterfolgen kam. So konnte die Zahl von dreißig Brutpaaren im Jahr 2013 auf fünfzig 2019 wachsen. Im Sommer 2020 waren es im ganzen Naturschutzgebiet genau neunundvierzig oder einundfünfzig brütende Paare. Ich frage Achim Vossmeyer nach den ungeraden Zahlen. Vielleicht, so kommentiert er, hat ein Paar nach einem Brutmisserfolg sein Nachgelege an eine andere Stelle verlegt und wurde von der Statistik doppelt erfasst.

Dieser Zuwachs macht Achim Vossmeyer optimistisch. In seiner Jugend hat er die Nester von Wanderfalken gegen menschliche Eiräuber geschützt, die im Auftrag von saudischen Prinzen die Gelege ausnehmen wollten, und er erinnert sich noch genau an seine ersten Wanderungen in die Auwälder an Rhein und Neckar, als er staunend hinter jeder nächsten Wegbiegung eine andere Welt entdeckte. Diese Vielfalt an Arten wiederherzustellen ist sein Antrieb, der mich im Gespräch gleich ansteckt. Nur ging inzwischen viel Zeit verloren … Vossmeyer rückt die Brille zurecht, und wir kommen auf die Seeschwalben zurück.

Die scheuen Trauerseeschwalben sind nur schwer voneinander zu unterscheiden, doch bei einigen Exemplaren ist es möglich. Am IJsselmeer werden Jahr für Jahr Tausende von Zugvögeln beringt – und nun steht Vossmeyer tagelang mit Teleobjektiv und Kamera im selbstgebauten Tarnversteck und versucht die wenigen beringten Heimkehrer so zu photographieren, dass er die sich um den Ring windende Nummer aus den Aufnahmen zusammenpuzzeln kann. Die Trauerseeschwalben setzen sich am Tag nur für wenige Minuten, meistens verharren sie, um keine Zeit zu verlieren, im Flug über den Küken und füttern sie aus der Luft. Ergebnis der vielen Stunden im Neopren-Anzug und mit dem Finger am Auslöser sind Nummern, die die Brutplatztreue der Tiere beweisen: Neun Paare sind Rückkehrer, zwei Tiere davon kamen sogar zum siebten Mal in Folge zurück. Die Wiederansiedlung ist gelungen, aber es ist nur eine Etappe zu dem Ziel, dass die Nisthilfen wieder überflüssig werden und der Altrhein als Habitat den Trauerseeschwalben alles bietet, was sie brauchen. »Naturgemäße Brut« nennt er das und denkt an den Zustand vor ein, zwei Generationen, bevor sich die Überlebenschancen fast aller Arten so drastisch verminderten und die Natur am Rhein zu einem schmalen Randstreifen zwischen Siedlungen, Straßen und befestigten Ufern wurde.

Dieses Jahr hat sich ein Paar bei der Brut verspätet, oder es kam zu einem Nachgelege, nachdem der erste Versuch gescheitert war: Vielleicht konnte ein Nesträuber nicht rechtzeitig abgewehrt werden, vielleicht brach die Schale der Eier oder die frisch geschlüpfte Brut ging verloren. Jedenfalls seien diese Vögel noch auf dem Reeser Altrhein etwas weiter im Süden zu finden, wo Vossmeyer ebenfalls dreißig Nistflöße ausgesetzt hat.

Im Vergleich zum Bienener Gewässer ist der Reeser Rheinarm ein schmaler Wassergraben, der eng von Schilf und Röhricht umstanden ist. Diesmal macht der Vogel von selbst auf sich aufmerksam. Als ich den Deich hinuntergehe und der Stelle mit den Nistflößen zu nahe komme, schießt er im Sturzflug auf mich herab. Unerschrocken verjagen alle Seeschwalbenarten mit dieser Methode selbst Füchse, denen sie dabei den Skalp aufkratzen können. Ich laufe schnell den Deich wieder hoch und beobachte aus sicherer Entfernung die Jagd der Trauerseeschwalbe nach den über das Wasser flitzenden Libellen. Immer wenn sie eine gefangen hat, kommt sie zu dem Küken, das den Schnabel reckt und dann kurz von seinem Hungergeschrei ablässt, in das es immer verfällt, wenn sich ein Elternvogel nähert. Sein Gefieder hat die Flaumfedern verloren, und der dunkelgraue Fleck an den beiden Brustseiten ist deutlich zu erkennen. Es erscheint fast genauso groß wie seine Eltern. Von dem Nistfloß als Fixpunkt aus suche ich mit dem Fernglas den Raum über dem Gewässer ab. Wenn ich den Vogel im Visier habe, folge ich ihm in der Luft: Die Mauser zu seinem Reisekleid hat schon eingesetzt, der Kopf ist noch dunkel, der Schnabel schwarz, aber es schieben sich helle Federn in den Balg.

Ich sehe immer nur einen Vogel, nie das Paar, als ob einer die Aufgabe übernommen hätte, das Kleine im Nest noch einige Tage zu füttern, bis es auch fliegen kann und sie gemeinsam zum IJsselmeer aufbrechen, der ersten Station ihrer monatelangen Wanderung.

4 Der Korridor

Der Lauf des Rheins ist ein offener Korridor, der ständig neue Tiere und Pflanzen aufnimmt: Er ist ein Förderband für einwandernde Arten. Biologisch ist der Rhein gut vernetzt, sogar global, wofür aber erst der Mensch gesorgt hat. Durch die Schiffe werden von überall auf der Welt blinde Passagiere eingeführt, die am Rumpf haften oder im Ballastwasser der Schiffstanks mitreisen: Wasser, das in Rotterdam zur Stabilisierung des Schiffskörpers an Bord gepumpt wurde, wird in Mannheim in den Hafen entlassen, und Hunderte von mitgereisten Mikroorganismen schwärmen aus, Keime und Samen werden in eine Umwelt freigesetzt, die auf sie nicht vorbereitet ist.

Das Gleiche lösen unbedachte Gärtner aus, die fremde Zierpflanzen ihre Samen über den Gartenzaun wehen lassen. Am leichtesten ist das gleich am Ufer zu beobachten: der Japanische Staudenknöterich und das Indische Springkraut sind eine rosa blühende Invasion, die am Ufer die einheimischen Röhrichte und das Schilf sowie im Wald den Farn verdrängen. Die Vegetation globalisiert sich.

Unsichtbar für uns, aber viel radikaler geschehen solche Umwälzungen in der Flusssohle am Gewässerboden. Sie bleiben oft so lange unbemerkt, bis sie nicht mehr zu übersehen sind und es für regulierende Eingriffe zu spät ist. Die ganze Unterwasserlandschaft wurde in den letzten Jahrzehnten umgekrempelt. Bei fast jedem Strandspaziergang am Niederrhein finden sich zwischen den Steinen große Haufen Körbchenmuscheln und Skelette der Wollhandkrabbe. Beide sind in Ballasttanks mitgereist. Sieben neue Krebsarten wurden eingeschleppt, wobei der Kamberkrebs durch die von ihm übertragene Krebspest die Bestände des einheimischen Stein- und Edelkrebses bedrohlich dezimiert hat. Nach der großen Verschmutzung des

Rheins im 19. Jahrhundert und der fatalen Sandoz-Giftkatastrophe von 1986 waren Muscheln und Krebse im Fließwasser fast vollständig verschwunden, ihre Rückkehr ist also auch ein gutes Zeichen.

Die Zuwanderung, die die Lebenswelt im Fluss auf den Kopf stellte, kam durch den in den neunziger Jahren fertiggestellten Rhein-Main-Donau-Kanal aus dem Schwarzen Meer: die Zebramuschel, die Grundeln und der Große Höckerflohkrebs. Der räuberische, bis zu zwei Zentimeter lange, an eine Krabbe erinnernde Flohkrebs hat sich innerhalb von zwanzig Jahren überall in Westeuropa, von der Rhône bis zur Oder, angesiedelt und wurde inzwischen sogar im Gardasee nachgewiesen. Durch seine Gefräßigkeit hat er die heimischen Arten im Rhein fast vollständig verdrängt.

Ähnlich schnell verbreitete sich die Schwarzmund-Grundel. Der bis zu fünfzehn Zentimeter große Fisch kann in Süß-, Salz- und Brackwasser leben. Forscher haben mit dem ukrainischen Cherson sogar einen der Häfen am Schwarzen Meer ausgemacht, aus dem die Fische in Ballasttanks der großen Frachtschiffe ihre Reise starteten, die bis in die nordamerikanischen Großen Seen und an die Rheinmündung reichte. Von hier wanderten sie stromauf, wo sie auf eine zweite Kolonie von Zuwanderern trafen, die über die Donau und den Rhein-Main-Donau-Kanal in alle norddeutschen Flüsse und Schifffahrtskanäle eingedrungen sind. Es gab sogar eine dritte Population, die die Wolga hochwanderte und durch den Ostsee-Wolga-Kanal weite Gebiete des Baltikums besiedelte. Und von all diesen Orten wurden sie in Ballasttanks weiter verschifft. Heute ist die Grundel überall auf der Welt zu finden, bis in die Ägäis – wodurch sich der Kreis zum Schwarzen Meer bald schließen wird.

Grundeln sind mit Barschen verwandt, aber als Speisefisch zu klein. Da sie jedoch massenhaft den Anglern an den Haken gingen, wurde die Grundel zum Köderfisch. Weil Lebendköder oft entkommen, vor allem in Gewässern, die abseits der Flüsse liegen, haben sie sich in den USA inzwischen auch in Teichen und Seen durchgesetzt, die keinen direkten Zugang zu den Großen Seen haben. Das wird auch bei uns passiert sein.

Die Steinaufschüttungen am Rheinufer bieten ihnen einen idealen

Lebensbereich. Schwarzmund-Grundeln besitzen keine Schwimmblase und sind daher keine sehr guten Schwimmer. Die jungen Fische halten sich gern in der Nähe der Oberfläche seichter Gewässer am sandigen, kiesigen Grund auf, erst die älteren bevorzugen Steine im tieferen Wasser. Farblich sind die Tiere mit den stacheligen Rückenflossen samt Augenfleck, dem riesigen Maul und den wenigen dunklen Streifen bestens getarnt, bis auf die Laichzeit, in der das Männchen sich pechschwarz verfärbt. Es baut dann eine Nisthöhle und wartet darauf, dass ein Weibchen sie annimmt und seine Eier in sie ablegt, damit er sie befruchten kann. In sehr dicht besetzten Revieren wurde aber beobachtet, dass manche Männchen sich gar nicht schwarz verfärben, sondern sich als Weibchen ausgeben: Beobachten sie, dass ein Weibchen seine Eier in eine Nisthöhle abgelegt hat, stehlen sie sich heran, befruchten die Eier und schießen schnell davon, damit das Männchen, das die Nisthöhle gebaut hat, nichts bemerkt und ahnungslos den Laich weiter bewacht. Die männliche Grundel ist ein Kuckuck.

Zu Beginn erschreckte es die Angler an Rhein und Mosel, dass nur noch Grundeln an den Haken gingen – sie schienen sich überall auf Kosten einheimischer Fische auszubreiten. Es wurde vermutet, dass sie den Laich anderer Fische fressen und so zu deren Schwund beitragen. Bei Untersuchungen an dem österreichisch-tschechischen Grenzfluss Thaya haben Forscher aber keine Hinweise darauf finden können. Die Grundeln ernähren sich nur von Wasserinsekten, Krebsen, Wasserflöhen und Muscheln, die sie mit ihren Schlundzähnen aufknacken. Darunter sind viele Spezies wie der Große Höckerflohkrebs, der selbst über den gleichen Weg über die Donau eingewandert ist: Eine Invasion folgt der nächsten.

Oft vermehren sich Neobioten, eingewanderte oder eingeschleppte Lebewesen, zunächst explosionsartig, bis sich ihre Zahl stabilisiert, weil sie doch Fressfeinde finden. Im Fall der Grundel sind das Zander und Wels; in Amerika wurde an den Großen Seen beobachtet, dass Vögel wie Graureiher und Kormoran ihr nachstellen. Vielleicht müssen sich Biotope selbst neu austarieren. Eine Bestandskontrolle durch Abtöten, bei der keine der an die Angel gegangenen Grundeln am Leben bleibt – so ist es gesetzlich vorgeschrieben –, ist gemessen an ihrer riesigen Population illusorisch. Aufgrund von vergleichenden wissenschaftlichen Analysen der Mikroorganismen in der Flusssohle muss man annehmen, dass heute 18 Prozent aller Arten im Rhein invasiv sind, aber diese 18 Prozent 80 Prozent aller Individuen im Fluss ausmachen. Die Neuankömmlinge sind in der Überzahl. Widerstand scheint zwecklos.

Die Ökologen Dov F. Sax und Jason D. Fridley haben historische Kanalöffnungen untersucht und dabei immer wieder die Hypothese eines »evolutionären Ungleichgewichts« bestätigt gefunden. Wenn ein Kanal zwei bis dahin getrennte Biotope verbindet, setzen sich immer die Arten durch, die aus dem Biotop mit der größeren Diversität stammen, in dem sie sich bewähren mussten. Die fremdbesamenden Schwarzmund-Grundeln haben dieses Verhalten in übervölkerten Revieren ausgebildet. Der Rhein war im Lauf des letzten Jahrhunderts durch die Verschmutzung biologisch leergefegt. Als sich die Wasserqualität zusehends verbesserte, gab es kaum starke einheimische Populationen, die ihre Nischen gegen die invasiven Arten verteidigten. Die fanden offenes Neuland.

Nach der Öffnung des Suezkanals wurden ähnliche Beobachtungen gemacht. Auf der einen Seite lag das Rote Meer mit einer großen Vielfalt von Fischen und Mollusken, auf der anderen Seite das Mittelmeer, ein im Vergleich junges Meer mit nicht annähernd so vielen Arten. Tiere wanderten in großer Zahl aus dem Roten Meer ins Mittelmeer, aber kaum eine Art in die Gegenrichtung. Seit in Nordamerika die Niagarafälle durch einen Kanal umschifft werden konnten, tauschten sich die zuvor durch die Barriere des Wasserfalls getrennten Ökosysteme langsam aus – plötzlich kam es zu einem massenhaften Einzug von Neunaugen aus dem Atlantik in die Großen Seen, wo bisher keine gelebt hatten. Die Fische dort kannten das parasitäre Neunauge nicht, das sich mit seinem runden, mit Zähnen besetzten Saugmaul an Fische anheftet und sich in sie verbeißt. Vampirhaft lebt es von deren Blut und Körpersäften, eine Plage, die nun schon seit 170 Jahren bekämpft wird, ohne dass eine Lösung in greifbare Nähe gerückt wäre. Auf unserer Seite des Atlantiks wäre das Neunauge durch die industrielle Verschmutzung beinahe aus dem Rhein verschwunden. Auch solche Geschichten gibt es: Hier bedroht, gelangt eine Art wie das Neunauge in ein anderes Biotop und wird dort zur invasiven Gefahr für einheimische Tiere, die nicht im Lauf der Jahrhunderte eine Gegenwehr entwickeln konnten. In Südostasien ist die Tigerpython beinahe ausgestorben, aber in Florida hat die Riesenschlange innerhalb weniger Jahrzehnte in den Sümpfen der Everglades beinahe den gesamten Bestand an heimischen Säugetieren ausgerottet.

Zu den gefährlichsten invasiven Arten gehören aber die kleinsten: Die aus Amerika eingeschleppte Reblaus zum Beispiel, die im 19. Jahrhundert über sämtliche Rebstöcke Europas Verderben brachte und ganze Landstriche wie das Rheintal in Armut stürzte. Noch heute kann man am Mittelrhein die Mauern von Weinbergen in sich zusammensinken sehen, die damals aufgegeben wurden.

Kann man das Eindringen von invasiven Arten überhaupt verhindern? Nach der Hypothese von Sax und Fridley nicht, denn man kann sich der über Millionen von Jahren andauernden Evolution nicht entgegenstellen. Aber vielleicht kann man sich auf sie verlassen: Zwar können Raubtiere – wie die Python in den Everglades in Florida – oder Schädlinge wie die Reblaus in einem neuen Land ganze Populationen auslöschen. Oft mündet der Austausch der Arten aber in eine Koexistenz, zu der sich das Ökosystem neu ordnet – solange das Biotop über genügend Ressourcen dazu verfügt.

5 Im Schilf

Nachdem wir über ein paar Weidezäune gestiegen sind, stehen wir bis zu den Knien im Bienener Altrhein: Achim Vossmeyer, sieben Studierende, Praktikantinnen und Freiwillige, die ein ökologisches Jahr am Naturzentrum eingeschaltet haben, bevor sie Sport, Hydrologie oder Landschaftsarchitektur studieren. In einer schwimmenden Wanne ziehen Lars und ich Setzlinge hinter uns her: breitblättrige Rohrkolben, Seggen und Wasserschwaden, die in einer nahen Gärtnerei aus Samen gezogen worden sind. Alle einheimisch. Nun bin ich selbst in einem der umzäunten Rechtecke, die ich mir beim letzten Besuch nicht erklären konnte. Das Wasser ist schlammig trüb und gibt nichts preis. Mit den Spaten stechen wir Pflanzspalten in den schwarzgrauen Schlick, in die wir dann je einen der Setzlinge drücken. Blind tasten wir in dem sandigen Schlamm, fegen ihn mit der Hand zusammen und drücken ihn mit dem Wurzelballen fest. Als mir eine Glasscherbe und die scharfe Kante einer Teichmuschel in die Hand schneiden, hat Lars schon eine ganze Batterie Rotweinflaschen geborgen. Es ist Anfang August, das flache Wasser warm wie in der Badewanne, die Sonne brennt gnadenlos, eine Teilnehmerin war knapp vor einem Kreislaufkollaps.

*

Der Bienener Altrhein ist ein Netz aus engmaschig ineinandergreifenden Lebensbezügen – und je seltener solche Biotope werden, desto kostbarer und fragiler sind sie. Die Trauerseeschwalbe ist auf Schwimmpflanzen angewiesen, die stabil genug auf dem Wasser liegen, aber See- und Teichrosen reagieren extrem empfindlich auf Verschmutzung, weshalb die Bestände am Rhein schon seit weit über hundert Jahren rückläufig sind. Am Bienener Altrhein hatten sie eines ihrer Refugien, aber plötzlich schrumpfte es überproportional, wie an seinem Ufer auch Ried und Röhricht verschwanden: Früher bildeten sie einmal einen Gürtel entlang fast dem gesamten Rhein, von der Mündung bis zum Bodensee, nun sind sie auf wenige Gebiete beschränkt, womit die Lebenswelt einer Vielfalt von Vögeln, Fischen und Insekten bedroht ist – vom kleinen Teichrohrsänger bis zur tief und unheimlich singenden Rohrdommel, von den Libellen bis zu Insekten, die in den Schilfstängeln überwintern, und der eher unscheinbaren Schilfeule, einem Nachtfalter. »Als wir endlich die Ursache erkannten, war es schon fast zu spät«, sagt Achim Vossmeyer, der den Altrheinarm seit vielen Jahren als Ranger betreut und die Abnahme registrierte.

Deshalb wurden die Käfige gebaut, denn immer wieder wurde ein Tier in dem Schilf beobachtet: die Nutria, ein Nagetier, das aus Südamerika zu uns kam, so groß wird wie eine Hauskatze und acht bis zehn Kilogramm wiegt. Wegen ihres rotbraunen Fells, das in vielen Farbabstufungen changieren kann, wurde sie auch in Europa gezüchtet. Doch das harmlos wirkende Tier – Bernhard Grzimek nannte das bei ihm zu Hause lebende »Purzel« – entkam – wie der Waschbär – aus Pelztierfarmen und besiedelt den ganzen Niederrhein, aber auch an der Nidda in Frankfurt ist es zu beobachten. Mit dem Biber gehört es zu den größeren Säugetieren am Ufersaum des Rheins, doch während der Biber scheu ist, ist die Nutria – oder der Sumpfbiber, wie Bernhard Grzimek schrieb – äußerst zutraulich. Sie lebt in größeren Familienverbänden, die exponentiell wachsen können, da die monogam lebenden Tiere bis zu drei Würfe im Jahr hervorbringen und die Jungen nach nur fünf Monaten selbst geschlechtsreif werden. Von 2006 bis 2016 hat sich in nur zehn Jahren ihr Bestand in Deutschland verdoppelt. Kalte Winter, die die Population gefährden könnten, sind selten geworden. Für ihre Verbände graben sie tiefe Tunnelbauten in Uferbefestigungen – weshalb sie am Unterlauf des Rheins in Holland Deiche gefährden und gar nicht gern gesehen sind.

Am Abend, als ich am Reeser Altrhein das letzte Trauerseeschwalbenpaar mit seinem Küken beobachtete, saß eine Nutria auf einer der Nistmatten, bevor sie lautlos ins Wasser glitt. Wenn das Tier schwimmt, ist es leicht mit einem Biber zu verwechseln, doch sein Kopf ist kantiger, und ein kleiner Buckel ragt hinter dem Haupt aus dem Wasser. Das Fell ist strähnig und rotbraun, seine auffallenden Nagezähne leuchten orange. Die Nutria ernährt sich vorwiegend von Rohrkolben, von denen am Reeser Altrhein noch ein breiter Gürtel am Wasser steht. Am Bienener Altrhein fraß sie jedoch die Ufer kahl, und das ist einer der Gründe, warum wir nun hier im kniehohen Wasser neue Setzlinge pflanzen.

*

»Zunächst hat man gar nichts bemerkt, und dann war es plötzlich zu spät.« Achim Vossmeyers Fazit über die Feststellung, dass die Rörichtbestände am Bienener Altrhein stark zurückgingen und die Teich- und Seerosen fast vollständig verschwanden, ist im Zusammenhang mit invasiven Tieren und Pflanzen immer wieder zu hören. Als wachse etwas im Verborgenen heran, das erst sichtbar wird, wenn ein Kippmoment erreicht und die Entwicklung unumkehrbar ist. »Der Wasserspiegel verschwand vielfach fast völlig unter einer Decke von Schwimmpflanzen«, stellte Robert Lauterborn fest, als er 1928 nach Bienen kam, und noch in den neunziger Jahren stand der ganze Bereich des Altrheins von Bienen bis Praest voll Teich- und Seerosen. Überall konnten die Trauerseeschwalben ihre Nester bauen – auf dem treibenden Laub der Schwimmpflanzen, auf den im Röhricht zusammengesunkenen Dickichten aus abgebrochenen Rohrkolben vom letzten Jahr.

Die Seerosen sind in den letzten drei bis fünf Jahren bis auf wenige Reste verschwunden, losgerissene Teichrosenblätter treiben wie zufällig auf dem Wasser. Beim Graben finden wir im Schlick abgestorbene Wurzelrhizome, durch die sich Schwimmpflanzen weiterverbreiten wie Pilze im Wald: armlange, schuppig wirkende weißlich sich gabelnde Gurken, die schwammig und schwer geworden sind.

Deutlich ist zu erkennen, dass die jungen Sprossen gleich am Stamm abgenagt wurden – so gingen die Pflanzen ein.

Der Verbiss brachte auch das Röhricht zum Verschwinden. Der Fraßdruck der Nutria-Verbände war so groß, dass sie keinen der von ihnen heiß begehrten Triebe sich entwickeln ließen. Die Pflanzen mussten wenigstens während der Zeit des Anwachsens, Wurzelschlagens und Keimens geschützt werden. Vossmeyers Lösung war einfach: Im Wasser wurden Bezirke wie große Beete abgezäunt, an anderen Stellen wurde kubische Drahtverhaue gesetzt, die auch oben geschlossen sind, um zu vermeiden, dass bei Hochwasser Tiere eindringen. Gleichzeitig wurden Fallen aufgestellt und die Nutrias dem Biotop entnommen. Inzwischen geht nur noch selten ein Tier in die Falle: Das Verfahren hatte Erfolg. Die Zäune halten auch Vögel ab: Im Gegensatz zu den Staren landen Gänse und Enten ungern in umhegten Flächen, und so bleiben die Setzlinge unbehelligt.

Doch das Anpflanzen ist mühsam und der Erfolg in den trockenen Sommern schwer vorherzusehen. Die Setzlinge wachsen nicht immer gleich dicht an. Hier erwies sich der Schutz durch die Zäune als hilfreich. Der Bienener Altrhein ist relativ breit und nicht wie der benachbarte Grietherorter durch Baumreihen geschützt: Der Wind fegt von den flachen Wiesen über die Wasserfläche und sorgt für Wellengang. Gleich an der benachbarten, vor zwei Sommern angelegten Pflanzung ist das deutlich zu erkennen: Stehen die ersten Reihen des Röhrichts noch kurz, wachsen die Rohrkolben im Windschatten höher, bis nach zwei Armlängen die normale Wuchshöhe erreicht ist. Rohrkolben bilden untereinander keine gurkenförmigen Rizome, aber ein dichtes Wurzelgeflecht, das immer fester wird und wie eine verfilzte Matte das Bodenniveau hebt. Im Moment hat sich durch das Verschwinden des Röhrichts mit seinen Wurzeln der Teichboden gesenkt und eine Abbruchkante gebildet, die es vorher nicht gab, das Ufer trocknet aus und verliert zusätzlich an Vegetation. Durch die Neuanpflanzung könnte der Höhenunterschied zwischen Flussbett und Ufer wieder ausgeglichen werden.

Als wir in der nächsten wohnzimmergroßen Pflanzung stehen,

um hinter Rohrkolbenreihen Seggen zu setzen, ist die ganze Wasserfläche von einem tiefen, milchig-cremigen Smaragdgrün: Der Wind hat in dem Rechteck, in dem wir mit dem Erdbohrer Pflanzlöcher für die oxidgrünen Seggen ausheben, Grünalgen zusammengeweht. Das Gleiche geschieht am Boden der Gewässer mit den Sedimenten, die die Wellen hinter den Zaun tragen und dort ablagern: Eine Auflandung, die Jahr für Jahr um Zentimeter wächst und hilft, die Stufe zum Ufer zu überwinden, bis auch hier wieder das Schilf wie am Reeser Altrhein die Wiesen als breiter Gürtel mit der Wasserfläche verknüpft.

*

Plötzlich hat Lars einen leblosen Fisch in der Hand, so groß wie sein kleiner Finger. Es ist ein schönes Tier. Es glänzt silbrig, an den Seiten opalisieren die Schuppen grünlich, die Flossen schimmern rötlich. Der mit dem Karpfen verwandte Bitterling ist einer der diskretesten Bewohner des Altrheins, dessen Wasser nie so weit aufklart, dass man ihn beobachten könnte. Vor den Reihern versteckt er sich tief zwischen den Wasserpflanzen.

Während der Laichzeit von April bis Juni verfärben sich der Kopf und die Rückenflosse des Männchens schwarz, sein Bauch, die Kiemen und die hinteren Flossen rot, die Schuppen irisieren grün und orange. Bereits im Frühling hat das Männchen sich eine handtellergroße Fluss- oder Teichmuschel ausgesucht, wie ich sie eben auf dem Spaten hatte. Die schwarzen, bald bernsteingrün gezeichneten Schalen überragen den kleinen Fisch um einiges. Zu Beginn der Paarungszeit verjagt er sämtliche Bitterlinge in der Nähe seiner Muschel, auch die weiblichen, doch dann wird er wählerischer. In seinem Hochzeitskleid lauert er darauf, dass ein Weibchen die Muschel genauso schön findet wie er, die Balz besteht darin, es zu seiner Muschel zu locken. Das Weibchen besitzt am Unterleib eine Legeröhre, die eingezogen nur wenige Millimeter misst, aber zur Laichzeit so lang werden kann wie es selbst. Mit ihr legt sie vierzig bis hundert Eier in den Kiemenraum der Teichmuschel, die er nun mit seinem

Sperma durch die Einsaugöffnung des Atemwassers der Muschel befruchtet, die erotisch zum Fetisch und biologisch zur Geburtsmaschine wird. Seine Muschel verteidigt das Männchen weiter gegen Geschlechtsgenossen, lässt aber zu, dass weitere Weibchen ihre Eier implantieren. Zieht das Männchen ab, kann es passieren, dass weitere Pärchen der gleichen Muschel verfallen: Sie füllt sich dann mit Bitterlings-Larven in den verschiedensten Entwicklungsstadien, die sich von den Mikroorganismen im von der Muschel filtrierten Wasser ernähren. Ihr selbst tun sie nichts, im Gegenteil, es ist eine Symbiose: Die Larven der Muschel heften sich wiederum an die Fischlarven und lassen sich so verbreiten. Nach zwei bis vier Wochen können die Larven des Bitterlings schwimmen und verlassen die sie vor Fressfeinden schützenden Schalen, nach einem Jahr werden sie geschlechtsreif. Sie werden vier oder fünf Jahre alt.

Das Überleben dieses kleinen Fischs ist überall am Rhein gefährdet, denn es hängt vom Gedeihen der Großmuscheln ab, die sauberes Wasser und ungestörte, strömungsarme Partien benötigen: Flussarme, Teiche, Tümpel – all die Gewässer, die im letzten Jahrhundert rar geworden sind, aber hier zwischen den Altrheinarmen noch existieren. Trotzdem stellte man im Bienener Altrhein einen größeren Rückgang im Bestand der kleinen Fische fest. Die Ursache war wiederum die Nutria, die neben Pflanzen auch gelegentlich Schnecken oder Muscheln frisst. Die Schalen, die wir aus dem Schlick graben, sind alle leer und im Wasser so spröde geworden, dass sie leicht brechen.

Weidenäste treiben im Wasser. Der Biber, sagt Achim Vossmeyer und wirft die Zweige über die Böschung, damit sie nicht austreiben und unsere neue Pflanzung gleich wieder verbuscht. Dabei entdeckt er im Röhricht eine riesige Heuschrecke. Schau, ein Heupferd. Es ist von einem blassen Grün und lang wie ein Finger, alles an ihm ist genau zu erkennen, die Beine, die Flügeldecken, die Fühler, die Augen, jedes Detail. Wir staunen wie Kinder.

*

21 Turner, *Der Rheinfall bei Schaffhausen [um 1845]*

22 & 23 Turner, *Loreley, aus dem Waterloo and Rhine Sketchbook [1817]*

24 & 25 Turner, *Rheingau, aus dem Waterloo and Rhine Sketchbook [1817]*

26 Turner, *Lurleiberg [1817]*

27 Turner, *Mainz [1817]*

28 Turner, *Burg Sooneck mit Bacharach in der Ferne [um 1819/1820]*

29 Turner, *Boppard [um 1819/1820]*

30 Christian Georg Schütz, *Koblenz und Ehrenbreitstein [1818]*

31 Thomas Sutherland, *Koblenz und Ehrenbreitstein [1819]*

32 & 33
Turner,
Ehrenbreitstein
[1841]

34 Carl Theodor Reiffenstein, *Blick beim Jagdschloss Platte über den Rheingau [25. August 1875]*

35 Carl Theodor Reiffenstein, *Ebene bei Seeheim [27. Juli 1872]*

36 August Sander, *Rhein in der Höhe der Erpeler Ley [30er Jahre]*

Auf meinen Fahrten habe ich immer wieder erlebt, dass die Wildnis am ehesten dort zu finden ist, wo der Mensch seine Bauten aufgibt und der Natur eine Lücke lässt. Am Ausgang des Griethenorter Altrheins, auf den letzten hundert Metern, bevor er zurück in den Rhein fließt, sorgt eine aufgegebene Pionieranlage dafür, dass der Wasserlauf nicht wie an seinem Anfang verlandet und zu einer Serie brackiger Tümpel wird, sondern offen und weit bleibt. Am Ufer befindet sich hier ein mit Stahlrammen gesichertes kleines Hafenbecken. Vier einander gegenüberliegende breite gepflasterte Rampen senken sich ins Wasser. Ich hocke mich zwischen das von der letzten Flut hängengebliebene Holz und versuche, mir das letzte Hochwasser vorzustellen. Es wurde nicht die ganze Anlage überspült, nicht die Panzerstraße, über die abends Fahrradfahrer ihre Hunde ausführen, um die Ruhe und die Kühle unter den hohen Bäumen zu genießen. Aber die vom Altrhein umschlossenen Wiesen werden unter Wasser gestanden haben, die Zäune und Büsche verschwunden gewesen sein und nur noch die Bäume und Dächer aus der Fläche geragt haben. Die ganze Insel, würde der Fährmann sagen, war Land unter.

Hohe Pappeln und Weiden säumen die Ufer, und das Grün ihrer Wipfel bildet über dem Fluss einen großen Saal. Das Wasser liegt völlig reglos. Unter der schmalen Lücke zwischen den Bäumen die Reflexion der ziehenden Wolken. Am Ufer sitzen Nilgänse und Stockenten mit ihren Jungen, Bachstelzen knicksen, ein Graureiher fliegt auf. Ein Sperber streicht vorbei und lässt sich zwischen den Weiden auf einem toten Baum nieder.

Der Raum über dem Wasser scheint weiter, als plötzlich zwei Flussseeschwalben mit ihren beiden Jungen auftauchen und den geraden Flusslauf bis zum Rhein für ihre Übungsflüge ausmessen. Flussseeschwalben sind bis auf die grauen Oberseiten der Flügel und den schmalen schwarzen Streifen auf dem Kopf weiß. Wenn sie mit gesenktem Schnabel, die Oberfläche im Blick, über das Wasser fliegen, wirkt der schwarze Streifen wie eine Kappe. In Schleifen fliegen sie hoch über dem Wasser, haben sie etwas entdeckt, schießen sie im Sturzflug hinab, tauchen kurz ein und oft mit einem silbrig zappelnden Fisch im Schnabel wieder auf.

Das Jagen ist Seeschwalben nicht als Instinkt angeboren, sie müssen es lernen. Die jüngeren sind nur unmerklich kleiner. Wenn sie direkt auf das Fernglas zufliegen, wirken ihre Schwingen, deren Unterseite makellos weiß ist, fast durchsichtig. Jagen sie den Eltern nach, die durch kleine Korrekturen ihr höheres Tempo mühelos halten, erscheinen ihre schmalen Flügel bei den abrupten Kurswechseln fast zerbrechlich – aber sie bleiben dicht an den Alten und versuchen ihre ersten Sturzflüge hinunter zum Wasser, das sie nicht berühren: Nur einmal gelingt ihnen ein erster Fang. Sie üben für die große Wanderung, die sie Anfang August beginnen werden – auch sie überwintern in Afrika.

Am Ufer stiebt wispernd eine Schar Schwanzmeisen durch die Silberweiden, deren wogende Äste und schillerndes Laub dem Abend etwas Sanftes verleihen. Es ist so still, dass man das dumpfe Mampfen und Wiederkäuen der Kühe für das Poltern eines Flugzeugs hoch am Firmament hält und ihr scharfes Pissgeräusch beim Hören fast zu riechen meint.

XI Zwischen den Wassern

Im Delta

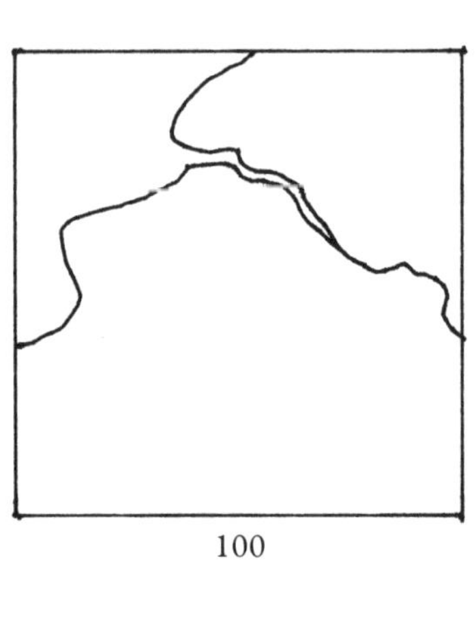
100

1500

800

2000

1 Der Mann von Domburg

An der äußersten Grenze ihres Reiches, so wussten die Römer, lag Britannien gegenüber ein Ufer, an dem Schatten und Nebel umhertrieben und Land und Meer sich kaum voneinander unterscheiden ließen. Die Menschen dort lebten auf knapp über das Wasser ragenden Dünenstreifen, morastigen Erhebungen und Salzmarschen, die allenfalls zum Fischen, zur Schafzucht und zur Salzgewinnung taugten. Was die Flut nicht vom Meer aus bedrohte, war vom Land her durch Hochwasser in Gefahr, denn ihre Wohnstätten lagen in einem Deltagebiet, in dem das Wasser mit jeder Jahreszeit alles neu schaffen konnte.

Alles was man in den ersten Jahrhunderten unserer Zeit außer Fischen, Schafen und Wolle brauchte – Ton zum Brennen von Schalen und Krügen, Holzstämme für Boote und Häuser, Getreide, das auf den salzigen Böden nicht wuchs, Metall für Fibeln und Beschläge und auch Wein –, musste von weither geholt werden: zum Teil aus Britannien, zum Teil stromauf vom Rhein oder über das Meer, von der Ostsee, aus Skandinavien. Die Friesen, wie man die Menschen hier nannte, hatten ein Boot entwickelt, dessen Steven hoch und dessen Tiefgang gering war. Mit ihm konnten sie überall Handel treiben, von Britannien bis zum Kattegat landeten sie an flachen Stränden und boten ihre Waren an. Sie fuhren den Rhein stromauf bis Mainz, Straßburg und schließlich Basel. Es gab weder Kompass noch Seekarten, kein Chronometer maß Ebbe und Flut, und noch wusste man nicht, wie man mit den schweren Wollsegeln gegen den Wind kreuzte. Deshalb konnte eine Reise in das nordische Bergen schneller verlaufen als die eher kurze Passage hinüber nach Britannien.

Manchmal wurden die Männer reihum noch zu anderen Fahrten gerufen, nächtlichen. Das geschah im Verborgenen, aber jeder wusste, wann er an der Reihe war, und ging früh schlafen. Wenn es dann an das Tor klopfte und beinahe unhörbar ihr Name gerufen wurde, erhoben sie sich, gingen wie selbstverständlich an die Reede, wo fremde Boote bereit lagen. Sie stiegen ein und griffen an die Ruder. Obwohl die Boote leer waren, ragten sie kaum eine Handbreit aus dem Wasser, gerade so, als wären die Männer nicht allein. In einer Stunde war man an der britannischen Küste, wo Namen und Vaternamen und Verdienste jedes Einzelnen, der unsichtbar von Bord ging, wieder von einer unsichtbaren Stimme aufgerufen wurde. Im Schutz der Dunkelheit erwachte man wieder auf seinem Lager. Nun wusste man, wo die Seelen waren: auf der anderen Seite.

*

Vor uns in der Vitrine des Zeeländischen Museums in Middelburg auf der südlichsten der drei großen Inseln des Rheindeltas liegt ein massives Holzbrett. Es scheint im Feuer gelegen zu haben. Tiefe Spalten und Risse durchziehen die fünf bis sechzehn Zentimeter mächtige Bohle von oben nach unten, in der Länge wie in der Breite. Das Brett ist nicht angekohlt, und doch wirkt es ausgezehrt wie vertrocknete Erde, anthrazitgrau wie in Asche gebrannter Schlamm, in dem die Überreste eines Skeletts eine mineralische Verbindung mit dem Holz eingegangen sind. Einige wenige Fragmente scheinen in ihrer ursprünglichen Position: die schartigen Splitter von der Zeit ausgehöhlter Ober- und Unterschenkelknochen. Das Becken ist zu Brocken zermalmt, ein paar geborstene Rippen deuten den Brustkorb an, ein Kieferfragment mit zwei Zähnen ist alles, was vom Schädel blieb.

Das Brett wurde im Dezember 1923 am Strand in der Nähe Domburgs gefunden, eines Meereskurorts in der Nähe des früheren römischen und später friesischen Hafens Walichrum, der der südlichsten Insel im Deltagebiet ihren Namen gab: Walcheren. Fast an der gleichen Stelle hatte man 1647, beinahe drei Jahrhunderte früher, Votivstelen einer damals völlig unbekannten Göttin entdeckt. Diesmal wurden von den Wellen des Unwetters jedoch nicht Ruinen römischer Tempel freigelegt, sondern ein Friedhof: Das Brett muss der Boden eines Sargs gewesen sein, der seinen Besitzer doch auch jetzt noch nicht freigibt.

Das Zeeländische Museum in Middelburg ist eine Wunderkammer mit Fundstücken aus der Natur, Kuriositäten und Souvenirs, die als Trophäen aus aller Herren Länder von den Bürgern der Stadt übers Meer mit nach Hause gebracht wurden. Und jedes Naturalienkabinett ist nur vollständig, wenn es auch eine ägyptische Mumie vorzuweisen hat. So auch hier: eine Kindermumie, deren Gesichtstuch gerissen ist und den Blick auf die leeren Augenhöhlen, die beiden Schlitze der Nase und die Zahnreihe freigibt. Mehr als alles andere macht uns dieses grässliche Detail bewusst, dass wir hier wirklich eine Leiche betrachten, einen toten Menschen, und nicht, wie so oft in ägyptologischen Sammlungen, das scheinbar merkwürdig neutrale schwarze Leder-Replikat eines Toten in einer monströsen antiken Spielzeugkiste mitsamt mumifizierten Haustieren. Hier in Middelburg will sich diese Distanz nicht einstellen, es kostet mehr Überwindung als Neugier, die Mumie zu betrachten. Auf makabre Weise ertastet sie die Grenze unserer Scham.

Die Mumie des zwischen sieben und neun Jahre alten Kindes ist außer mit seinen Puppen – das erbrachte eine Magnetresonanztomographie – mit zusätzlichen Knochen ausgestattet, eine Beobachtung, die man auch an anderen Mumien gemacht hat und noch nicht deuten kann. Beim Einbalsamieren der Mumie ging es darum, die wesentlichen Glieder intakt zu halten, damit der Leichnam unversehrt im Jenseits ankam. Die größten Feinde in den Totenstädten waren Nagetiere, und es mag sein, dass man so oft Mäuse aus Keramik als Grabbeigaben findet, weil sie anderen Nagern signalisieren sollen: Wir sind schon da. Knochen als Ersatzglieder für den Notfall?

Klarer ist die Funktion der beiden neben der ägyptischen Mumie gefundenen Ruder; mit ihnen sollte das Kind über den Nil setzen. Welch merkwürdiger Zufall: Das Kind hat zu viele Knochen, dem Mann fehlen wesentliche; das Kind hat Ruder, mit denen es in seinem Sarkophag unsere Welt heimsucht, während der Mann nicht angekommen zu sein scheint – weder hier noch dort. Auf seiner Totenreise wurde er zum zerborstenen Fragment, dessen Gestalt wir erst nach und nach entdecken und das unser Mitleid fordert. War der Sarg nicht unglaublich eng? Hat er vielleicht auch solch einen merkwürdigen, aus einem einzigen Stück Holz gemachten Spaten benutzt, wie er in der Vitrine über ihm hängt?

Auch die Holzplanke mit den Skelettresten hat man mit neuesten Methoden und Scans untersucht. Dank der Radiokarbonmethode konnte man feststellen, dass das Skelett von einem Mann stammt, der zwischen 666 und 778 lebte. Überraschender noch war das Ergebnis der dendrologischen Untersuchung des Bretts: Es stammte von einer Eiche, die zwischen 681 und 703 weit flussauf im Rheinland gefällt wurde. Bevor das Brett mit seinen dreißig Zentimetern Breite zum Boden des Sargs wurde, war es Teil eines Schiffes, was die Bohrlöcher und die Aussparungen am Kopf- und Fußende erklärt. Ein weitgereistes Brett für eine lange Fahrt, die hier in der Vitrine endete.

*

Der Mann aus Domburg lebte zur Zeit der »Dünkirchen-Transgression«, den 600 oder 700 Jahren, in denen an der Nordseeküste der Meeresspiegel gestiegen sein muss, denn die Siedlungen der Römer wurden nach dem 2. Jahrhundert allmählich aufgegeben, und erst ab dem 9. Jahrhundert scheint eine ständige Besiedelung der Küste wieder möglich gewesen zu sein. Trotz des steigenden Meeresspiegels florierte der Handel, und neben Walichrum, das an der Küste genau der Themsemündung gegenüber liegt, etablierte sich eine zweite Handelsniederlassung am Rhein im Landesinneren als Warendrehscheibe der Friesen, Dorestad. Durch ihre Lage an der Verzweigung von Nederrijn, dem nördlichen Seitenarm des Stromes, und dem heute trockengelegten Krummen Rhein hatte der Ort sowohl westlich Anschluss an die Britannien-Route als auch nördlich über das IJsselmeer Verbindung mit dem späteren Bremen, Sliasthorp, dem heutigen Schleswig, Norwegen und der Ostsee. Von dort hatten die Wikinger die Handelsroute über die Flüsse Russlands bis nach Konstantinopel verlängert; neben Waren aus dem Rheinhandel fand sich in Dorestad auch Seide aus Byzanz.

Die Friesen hatten die Stadt vermutlich auf den Grundfesten eines römischen Forts gegründet, Leverfanum, und füllten so das Machtvakuum, das überall nach dem Zusammenbruch des Römischen Reiches entstanden war. In kurzer Zeit muss der Handelsplatz vor allem durch seine Friesenstoffe, die selbst Karl der Große als Geschenke an seine Vasallen weitergab, so reich geworden sein, dass man genug Silber hatte, um eigene Münzen zu prägen. Schnell ersetzten diese die bislang gültige Goldwährung, denn Gold war rar und symbolisch befrachtet, während das im Orient geförderte Silber dank des bereits existierenden Fernhandels schon verfügbar war, bevor um 960 in Sachsen Silberadern entdeckt wurden. Es war eine pragmatische Handelswährung, in die man alles umrechnen konnte, selbst den Preis eines Menschenlebens: 108 Gramm Feinsilber. Die Münzen wurden bald in solchen Mengen geprägt, dass man anhand der Funde von Silberdenaren von in der Erde vergrabenen »Münzschätzen« den Verlauf der Handelswege im Norden rekonstruieren kann. Aber auch in den Süden gelangte diese Währung: Im frühen Mittelalter hatten friesische Kaufleute ihre Niederlassungen in den besseren Stadtvierteln von Köln, Worms und bis nach Hasli bei Bern, von wo sie über die Alpenpässe weiterzogen.

Zur Blütezeit Dorestads im 8. und 9. Jahrhundert lebten hier 2500 bis 3000 Menschen. Sie wohnten in von Plattformen umgebenen Langhäusern, die sich vom Ufer über fünfzig Meter hinauf aufs Land erstreckten. Die Häuser dienten neben dem Wohnen vor allem als Lager – so vermutlich auch die Plattformen, von denen man nach den Ausgrabungen nicht sicher sagen kann, ob sie damals bis ans Wasser oder nur als Podeste um die Häuser reichten. Zwischen den Fundamenten daran anschließender Gebäude hat man Brennöfen und Werkstätten gefunden. Hier wurden das gehandelte Metall, das Horn und die einheimische Wolle weiterverarbeitet. Dorestad war mehr als ein Siedlungsposten am Kreuzungspunkt der damals wichtigsten Handelsrouten zwischen Norden und Süden, es war eine befestigte, arbeitsteilige Stadt mit einer für die Zeit beachtlichen Bevölkerungszahl. Die Stadtentwicklung im Frühmittelalter war nach dem Rückzug der Römer rückläufig, und nur die mächtigen Verwaltungszentren des Römischen Reiches, in denen die Handelspartner der Friesen lebten, konnten durch ihre prächtige und luxuriöse Infrastruktur die Menschen halten. Mainz zum Beispiel war zu der Zeit doppelt so groß wie Dorestad, Köln hatte das Zehnfache an Bewohnern, Trier, eine der wichtigsten Römerstädte nördlich der Alpen, gar das Zwanzigfache.

Zusammen mit Domburg, dem Tor nach Britannien, muss Dorestad die bedeutendste Stadt der Friesen gewesen sein, Drehscheibe für den ganzen Warenstrom, der über den Rhein hier anlandete. Aber wie bei Walichrum verdanken wir das wenige, das wir über die Stadt wissen, der Archäologie. Denn nachdem Dorestad zwischen 834 und 863 sechsmal von den Wikingern überfallen und ausgeplündert worden war und im selben Jahr 863 eine große Rheinüberschwemmung die Reste der Stadt mit sich gerissen hatte, verschwand der Ort nach nur 200 Jahren aus Urkunden und Quellen. Heute steht die Stadt Wijk auf dem Ort, dessen Beiname »bij Duurstede« noch an die Stadt der Friesen erinnert. Alles was wir wissen, ist eine Rekonstruktion aufgrund archäologischer Funde aus Grabungen der letzten neunzig Jahre: Scherben von Tonkrügen, Fibeln, Steingewichte von Webstühlen, Glasperlen – der Bodensatz einer verlorengegangenen Stadt.

Der Segen, dass die See ihren Schiffen offenstand, war für die Friesen zum Fluch geworden, denn ihr Land war genauso offen für die Schiffe der Eindringlinge: Wikinger, die als Erste verstanden, gegen den Wind zu segeln, was sie durch die unerhörte Schnelligkeit und Wendigkeit ihrer Schiffe zum Schrecken der folgenden Jahrhunderte machte.

2 Doggerland

Am Küstensaum des Rheindeltas zeigt die Nordsee ihre raue Seite. In dem weiten Schwemmgebiet, in dem Rhein, Maas und Schelde münden, haben sich seit Jahrhunderten immer wieder Menschen angesiedelt, wurden von Sturmfluten oder vom gestiegenen Wasserspiegel vertrieben, kehrten zurück, sind mit Schiffen auf die Nordsee hinausgefahren, haben die Waren, die auf den Flüssen zu ihnen kamen, übers Meer gebracht. Seit Jahrhunderten bauten sie auf Halligen und Warften ihre Hütten, Gehöfte, Ställe, verbanden sie zu Ortschaften, gruben Häfen, legten Molen an, bauten immer wieder Dämme und Deiche. Und doch ist an der Küste davon fast nichts zu erkennen. Die ältesten Häuser sind so alt wie unsere Bahnhöfe – so wie in dem einst mondänen Badekurort Domburg auf Walcheren die Villa der Königin von Rumänien oder das Badehotel mit Türmchen und Backsteinzinnen. Einzig der mächtige mittelalterliche Vierkantturm der Johanneskirche ragt als gotischer Zeuge über die kleinen Fischerhäuser aus Ziegeln. Der Turm wirkt mit den massiven Stützmauern an seinem Fuß wie eine Trutzburg. Immer wieder ausgebessert und ergänzt, hat er Stürme, Springfluten und Jahrhunderthochwasser überlebt, die die meisten anderen Bauwerke weggerissen haben.

Wir wandern von Domburg an der Sanddüne entlang in Richtung Norden. Zwischen Strandhafer und struppigen Grashalmen liegen eingesunken Moose und Flechten, die unter den Schritten knistern, als hätten die Sonne und das Salz sie nach dem langen Winter mit einer kristallinen Schicht überzogen. Nach einer knappen Stunde gelangen wir zu einem merkwürdigen Ausblick. Zu unseren Füßen liegt plötzlich ein Reisigdach, so scheint es, aus bald rötlich braunen, bald grauen Ruten. Unterwegs am Strand und auf der Düne hat es nur in die Kuhlen geduckte Weidenbüsche gegeben. Sonst konnte sich außer kriechenden Gewächsen keine Vegetation halten. Aber hier steht zweifellos ein Wald, doch ragen seine Bäume bis auf ein, zwei Kiefern nicht über die Düne hinaus, sondern ducken sich in deren Windschatten.

Vom sandigen Abhang steigen wir wie oben zwischen den Wipfeln in den Wald hinab, der nach dem Meer, dem Strand mit der Düne wie eine weitere, von den anderen getrennte Welt wirkt, ein beinahe verzauberter Raum. Am Rand der Düne sind es Knorreichen, die sich, sobald sie aus der Erde sprießen, verzweigen, in immer neue Stämme ausschlagen, die zum Teil waagerecht über den Boden wachsen, dann im Zickzack ihre Äste nach oben ausstrecken, um den Windschatten unter dem niedrigen Dach mit Zweigen auszutasten. Den Raum, der ihnen in der Höhe fehlt, füllen sie in der Breite. Hingelagerte Bäume, die vom Meer wegstreben. Im Frühling ist es ein lichter Wald, der vor der Düne zu fliehen scheint, Flechten und Moose leuchten an den kahlen Ästen, die ihre verschlungenen Muster als tanzende Schatten auf den Boden zeichnen – wie am Meeresboden die Sonnenreflexe der Wellen. Erst tiefer im Land stehen Eschen und Buchen, eine verirrte Kastanie, die ihre zarten Vorhänge aus frühem, hellem Laub zwischen die Reisige spannt, dazu hier und da der dürre Stamm einer Birke oder das dunkle Blaugrün einer Kiefer mit ihrer rötlichen Borke.

Auf dem Weg hierher hatten wir stets das Brausen der Brandung oder den Wind in den Ohren gehabt. Im Wald aber ist es ganz still. Überall, wo aus den Eichen Äste oder Nebenstämme brachen, haben sich Baumhöhlen gebildet. Wir hören einen Specht, der mit kurzem Pochen die Stämme prüft, den hölzernen Schrei eines Fasans. Ein plötzlicher Ruck und ein kurzes Flattern am Himmel: Ein Greifvogel hat eine Taube geschlagen und verschwindet mit seiner Beute im Dickicht. Zwei, drei graue Federn schaukeln zur Erde.

Im Sommer, wenn die Bäume grün sind, werden sich die leicht aus dem Windschatten ragenden Zweige aneinander reiben, es wird ein leises Brausen zu hören sein. Der Wald wird schattiger, und die

Rufe der Kinder, für die es keine besseren Kletterbäume gibt, werden nicht mehr so weit hallen. Von der rauen Luft ist hier unten wenig zu spüren. Die »Manteling«, wie der sich weit ins Land duckende Schutzwald heißt, soll den Wind vom Inneren der Insel abhalten und wirkt in der Frühlingssonne idyllisch – mit Reitwegen, Fahrradkolonnen und einem Wasserschloss.

Oben von der Düne aus zeigt einem der Blick auf das Meer die Gegenseite: Schon vor Jahrhunderten versuchte man mit weit in das Meer hineingerammten doppelten Pfahlreihen die Küste zu stabilisieren und das Wegschwemmen des Sandes zu verhindern. Es ist ein rauer Fleck, und es mag kein Zufall sein, sondern ein Effekt der Strömung, dass im letzten Winter genau hier ein über dreizehn Meter messender Pottwal angeschwemmt wurde – an der gleichen Stelle, an der man vor bald hundert Jahren den zerborstenen Sarg des Manns von Domburg gefunden hat.

*

So natürlich und ursprünglich die hier von den Elementen geprägte Landschaft wirkt, hat sie sich doch im Lauf der vielen Jahrhunderte mehrfach vollständig verändert. Wie die Pfahlreihen im Wasser wurde auch der Schutzwald gerade erst vor 150 Jahren von Menschen angelegt. Unter unseren Füßen liegt im Sand das Walichrum der Friesen verborgen. Auf seinem Friedhof wurde der Mann im Sarg bestattet. Und dieses Walichrum steht wiederum auf den Resten des gleichnamigen Römerhafens, der nur wenig jünger gewesen sein wird als die Rheinstädte Köln oder Koblenz, aus deren Häfen die Waren stammten, die hier auf Seeschiffe verladen wurden – Mühlsteine aus Mayen und Wein von der Mosel. Doch zwischen der römischen und der friesischen Siedlung liegen Jahrhunderte mit steigendem Meeresspiegel und Überschwemmungen. Nach dem Höhepunkt des Seehandels zwischen Domburg und Britannien lag ganz Zeeland am Ende der Römerzeit um 250 n. Chr. bis auf die Dünen und Strandriffe unter Wasser. Walichrum wurde zu einer nassen, sandigen Erhöhung.

Aber 10 000 Jahre vor diesen vielen Versuchen, sich auf dem feuchten Küstenstrich niederzulassen – zur gleichen Zeit, als der abschmelzende Rheingletscher den Bodensee hinterließ –, war von hier aus gar kein Meer zu sehen. Vor der Küste Hollands erstreckte sich damals eine weite Ebene, über die man trockenen Fußes Britannien erreichen konnte.

Während der letzten Kaltzeit mit ihrem größten Eisvorstoß vor 23 000 Jahren reichten die skandinavischen Gletscher aus Norden bis weit über die britische Insel und von dort in einem weiten Bogen zur holsteinischen Ostküste, der heutigen Mark Brandenburg und bis hin nach Nordrussland. Auch den nordamerikanischen Kontinent bedeckte ein riesiger, mehrere Kilometer mächtiger Eisschild. Der Wasserspiegel lag 120 Meter unter dem heutigen. Das flache Becken der südlichen Nordsee lag bis auf einen Binnensee in der Mitte trocken. Zwischen Britannien und Friesland erstreckte sich ein durchgehendes Land, das immer weiter wuchs, als sich gegen Ende der Kaltzeit die Gletscher zurückzogen. Zur Zeit seiner größten Ausdehnung vor 18 000 Jahren waren im Norden die Shetland-Inseln mit in die Landmasse eingeschlossen. In der Mitte dieser endlosen Fläche lag ein flacher Höhenzug, die Doggerbank, wie wir heute die über dreihundert Kilometer lange Sandbank inmitten der Nordsee nennen. Sie gab dem untergegangenen Land seinen Namen: Doggerland.

Seit Jahrhunderten wunderten sich mittelalterliche Chronisten und nordenglische Fischer über die an der Nordseeküste angespülten Baumstämme und tote, bei Ebbe sichtbar werdende Wälder, die, so mutmaßten sie, aus dem sintflutlichen »Wald Noahs« stammten. Die Herkunft der als unerwünschter Beifang in ihre Netze geratenen Fossilien war schwer zu erklären, und mit dem Einsatz von Schleppnetzen im letzten Jahrhundert wurden die Funde immer häufiger. Erst eine 1931 von dem Fischtrawler Colinda gefundene 21 Zentimeter lange Harpune ließ keinen Zweifel mehr, dass die Baumstämme nicht von der biblischen Flut, sondern aus einem Wald stammen mussten, durch den einst steinzeitliche Jäger gestreift waren, um mit solchen Harpunen Fische in Flüssen, Seen oder an der Küste selbst zu erbeuten.

Gegen Mitte des 20. Jahrhunderts dachte man sich dieses riesige

Gebiet als eine reine Landbrücke, über die Nomaden von Europa nach Britannien gezogen waren. Aber durch Funde wissen wir heute, dass das Land viel zu groß und verlockend war, um bloßes Durchzugsgebiet gewesen zu sein. In den letzten dreißig Jahren gewann man präzise Daten über den steigenden und fallenden Meeresspiegel und durch die norwegischen Erdölprobebohrungen in der Nordsee eine genaue Vorstellung von der Geologie des Meeresbeckens, so dass es gelang, einen virtuellen Atlas des untergegangenen Landes zu entwerfen. Man entdeckte eine reiche Topographie aus Flüssen, Seen, Hügeln und versucht nun, das Relief in digitalen Modellen nachzuzeichnen.

⋆

Vor 23 000 Jahren, auf dem Höhepunkt der letzten Vergletscherung, war die nördliche Nordsee selbst von dem mächtigen Eisschild bedeckt, nur ihr südlicher Teil lag frei: eine frostige, baumlose, winddurchfegte Ebene, über die Herden von Wildpferden und Rentieren zogen, die sich von Flechten und kargem Gras ernährten. Der Mensch war noch nicht so weit vorgedrungen – zu der Zeit, so schätzen Forscher, lebten nördlich der Alpen nur ein paar hundert Menschen, meist im Vorland der Alpen oder am Rhein.

Noch bevor die Erosion durch Wind und Wasser einsetzte, entstanden durch Solifluktion erste Erdfalten: Auf den im Permafrost gefrorenen tieferen Schichten rutschten aufgetaute, von Niederschlägen schwere Böden talwärts. Schon ein äußerst geringes Gefälle genügt, um diese Bodenbewegung auszulösen, was man in der Arktis oder auf Spitzbergen beobachtet hat. So bildeten sich in der kargen, vom Eis befreiten Tundra im Lauf der Jahrtausende flache Hügel und Senken und schließlich – mit dem vor 15 000 Jahren einsetzenden gewaltigen Temperaturanstieg – eine fruchtbare Ebene mit einem immer dichter werdenden Baumbestand. Zunächst waren es die Pionierpflanzen Birken und Kiefern, dann Haselnussbüsche und Erlen. Waren die eiszeitlichen Jäger großen Herden hierher gefolgt, wurden die Tiere in der sich bewaldenden Welt zum Standwild – das Wesen der Jagd veränderte sich. Gleichzeitig wurde der Fischfang wichtiger. Wenn die Menschen wanderten, dann vielleicht weniger von Ost nach West, vom Kontinent nach Britannien, sondern im Sommer wie die Tiere nach Norden und bei fallenden Temperaturen gen Süden.

Archäologen und Vorgeschichtler nehmen an, dass Menschen die von Birken und Kiefern bestandene Ebene vor etwa 11 500 Jahren entdeckten. Die Teiche und Seen, die Flüsse, die in dem flachen Land ruhig dahinflossen, müssen voller Fische, Muscheln und Krebse gewesen sein, an ihre Ufer kamen Wollnashörner, Mammuts, Löwen, Riesenhirsche, deren Geweih sich über 2,50 Meter spannte, Wildpferde und Rentiere, die der sich nach Norden zurückziehenden Tundra folgten. Sie jagten mit Pfeil und Bogen, aus Geweihknochen schnitzten die Jäger Harpunen, wie jene, die den Fischern auf der Colinda ins Netz gegangen war. Von der Küste East Anglias im Osten Englands erstreckte sich ein von Kalkklippen gesäumtes Tal weit in das unbekannte Land. Aus den in Kalkfelsen gefundenen Feuersteinen klopften die Jäger und Sammler Pfeil- und Speerspitzen, die sie mit Birkenpech in Holzschäfte klebten. Sie konnten nähen und dichteten ihre Kleidung mit Birkenpech ab. Aus Lindenstämmen bauten sie Einbäume, denn das Wasser war überall gegenwärtig. Weite Schilfflächen, salzige Marschwiesen zum Meer hin, flache, nach Regen anschwellende Flüsse, in denen die See bei Flut weit ins flache Land vorstieß. Moore und sumpfige Senken zwischen sanften Hügeln und steileren Ufern, wo die Biegung eines Flusses sich in das Gelände gegraben hatte.

Zunächst stellte man sich die Menschen als Nomaden vor, die von einem Unterschlupf unter den überhängenden Ufern zum nächsten zogen oder mit Zelten ihren Beutetieren folgten. Im Frühling hoben sie Vogelnester aus, jagten Wildschweine, im Sommer Rehe. Im Herbst sammelte man Beeren sowie Haselnüsse, die im heißen Sand über glühenden Kohlen geröstet wurden. So war es möglich, die Haselnüsse noch grün zu ernten, bevor die Eichhörnchen über sie herfielen. Fische erbeutete man mit Harpunen, mit aus Weidenbast geknüpften Netzen oder trieb sie an im seichten Wasser stehenden Zäunen vorbei in Reusen. Sie sammelten Süßwassermuscheln, Austern und Krebse, im Winter erlegten sie Robben oder Biber.

Wenige Kilometer vor der Küste Hollands gibt es Unterwasserdünen, zwischen denen Schleppnetze immer wieder steinzeitliche Artefakte zutage fördern. Vielleicht befand sich in »De Stekels« sogar eine frühe Form von Siedlung. Es könnten weitere Hinweise verborgen sein, dass Doggerland keine Landbrücke für Nomaden war, sondern sich hier vielleicht sogar »der Schlüssel für das Verständnis des mittelsteinzeitlichen Europas« befindet, so Vincent Gaffney, der als Erster eine wissenschaftliche Kartographierung Doggerlands in Angriff nahm. Lange wurde angenommen, dass sich erst in der Jungsteinzeit aus saisonalen Lagerplätzen so etwas wie Sesshaftigkeit und Anspruch auf Territorien entwickelte, wobei es bei den Gebietsforderungen weniger um den Besitz von Land als um den Zugang zu ihm ging. Aber vielleicht hat sich dieser entscheidende Schritt in der Menschheitsentwicklung bereits in der Mittleren Steinzeit ereignet, vor etwa 9500 Jahren, und zwar hier.

Weitere Hinweise zu Antworten auf diese Schlüsselfrage wurden in den letzten Jahren an zwei am Rand Doggerlands liegenden Orten gefunden: Einmal im Norden Englands an der Nordseeküste in Howey, wo man auf die Fundamente eines steinzeitlichen Hauses stieß, das im Gegensatz zu den bei Gönnersdorf gefundenen Hütten drei oder vier Generationen lang bewohnt gewesen war. Der andere Ort im Süden Englands, Bouldnor Cliff vor der Isle of Wight, wurde entdeckt, als Taucher bemerkten, dass ein Hummer Pfeilspitzen aus seinem Bau warf. In zehn Metern Tiefe liegen hier die Reste eines steinzeitlichen Lagerorts mit einer Bootswerft. Es wäre faszinierend, hier Einblick in die Organisation eines so anspruchsvollen Handwerks zu gewinnen. Aber Bouldnor Cliff liegt wie Doggerland unter dem Meer, und Unterwasserarchäologie ist aufwendig und schwierig. Jetzt hoffen die Forscher, dass sich aus der virtuellen Kartographierung des Meeresbodens ablesen lässt, wo die aussichtsreichsten Fundorte liegen, die zunächst mit Unterseebooten und Tauchrobotern erkundet werden können.

*

Doggerland hatte nicht lange Bestand. Die zurückweichenden Gletscher hatten das Land freigegeben, ihr Abschmelzen ließ den Meeresspiegel kontinuierlich steigen. Vor 10 000 bis 8000 Jahren erhöhte sich der Meeresspiegel jedes Jahr um zwei Zentimeter. Erst versalzten die Wiesen an der Küste, dann standen sie bald ganzjährig unter Wasser. Die direkt am Meer stehenden Wälder konnten sich bald von der salzigen Flut im Herbst nicht mehr erholen. Die Bäume verdursteten buchstäblich und bildeten die toten Haine, die die Fischer später Noahs Wälder nannten.

Aus einst ruhigen Seen und Flüssen wurden reißende Ströme. Die Menschen zogen fort oder wurden vor 8200 Jahren Opfer einer bis zu fünf Meter hohen, das ganze Land überrollenden Tsunamiwelle, ausgelöst von einer 800 Kilometer breiten Schlammlawine, die unter Wasser vom norwegischen Kontinentalrand in die Tiefe des Nordmeers stürzte, die Storegga-Rutschung. An den Flüssen werden viele Menschen von dem Schlamm und dem mitgeschwemmten Kies weggerissen, von den im Wasser tobenden Stämmen erschlagen worden oder ertrunken sein. Wenig später brachen auf dem nordamerikanischen Eisschild die Wälle, die den riesigen Lake Agassiz zurückgehalten hatten, ein Schmelzwasser-Reservoir mit der Ausdehnung von Griechenland. Auch diesmal stieg der Meeresspiegel nicht allmählich, sondern in verhängnisvollen Schüben, die mit ihrem Kaltwasser sogar zeitweilig den warmen Golfstrom unterbrachen oder ablenkten. Außerdem hob sich der Skandinavische Schild, der von seiner Eislast befreit war, wodurch gleichzeitig wie auf einer Wippe das Nordseebecken und die Niederlande sanken. So ging vor 7000 Jahren auch die schmale Landbrücke nördlich des Ärmelkanals verloren. Britannien wurde zu einer Insel. Von dem einst riesigen Land blieb nur die Doggerbank – eine bis auf dreizehn Meter unter dem Wasserspiegel emporragende seichte Stelle in der Nordsee, die sich schneller erwärmt als der Rest des Meeres: ein begehrter, dreihundert Kilometer langer Fanggrund für Kabeljau und Scholle.

Einige tausend Jahre nach dem Untergang Doggerlands erreichte der Meeresspiegel mehr oder weniger sein heutiges Niveau, und die Düne, auf der wir stehen, bildete sich aus vom Strand hochgewehtem Sand. Sie wird einen natürlichen Schutzwall zwischen dem Meer und dem römischen Handelsposten Walichrum wie der späteren friesischen Siedlung gebildet haben. Aber unaufhaltsam wanderte sie vom Meer weg gen Osten, begrub die römischen Tempel, die Molen, die Häuser und später auch den friesischen Friedhof unter sich, zog darüber hinweg, um sie Jahrhunderte später auf der dem Meer zugewandten Seite wieder freizugeben. Wie den Mann auf der Sargplanke und die Fragmente eines unbekannten Heiligtums.

Über Jahrtausende hatte Doggerland die Mündung des Rheins blockiert. Er mäanderte nordwestlich durch die Ebene weiter, bis er nach Süden abgedrängt wurde und die Themse in ihn mündete. Gemeinsam mit der ihnen zustrebenden Seine bildeten sie dann den »Channel River«, der der mächtigste Strom Europas gewesen sein muss und sich erst viel weiter südlich in den Atlantik ergoss. Im Lauf der Zeit sollte der stetig steigende Meeresspiegel aus dem Channel River den Ärmelkanal bilden, der immer weiter nach Norden wuchs, bis vor 10 000 Jahren die gemeinsame Mündung von Rhein und Themse bereits auf einer Linie zwischen London und Domburg lag.

Der Rhein war damals ein mächtiger Schmelzwasserstrom, der alle Wasser der Nordalpen von Basel bis Bregenz in sich sammelte, denn fast gleichzeitig mit dem Ärmelkanal war am anderen Ende des Flusses der Bodensee entstanden – die letzte Eiszeit hatte den Rhein vollkommen umgestaltet.

Seine Mündung sollte mehrere tausend Jahre weiter in Bewegung bleiben. Sie ist sein jüngster Teil, der sich in der heutigen Gestalt erst vor 5000 Jahren bildete, erst damals erreichte der Meeresspiegel annähernd den heutigen Stand. Im Vergleich mit dem Einbruch des Oberrheingrabens vor 48 Millionen Jahren ein Augenzwinkern.

3 Nehalennia
Die in den Nebeln Verschwindende

Vielleicht nährte das in Fluten verschwundene Doggerland die Vorstellung, es gebe im Westen einen Weltstrich, »wo die Seelen wohnen«. Dorthin ruderten nachts die Männer aus Domburg die fremden Boote. Wie ein Fluss, der ins Meer mündet, nicht in seinem Fließen innehält, sondern unsichtbar weiter über den Horizont hinaustreibt, scheinen die Menschen zu allen Zeiten und in allen Kulturen der untergehenden Sonne nach Westen zu folgen.

Der Strand von Domburg gab nicht nur den Mann auf seiner Sargplanke frei, sondern 275 Jahre früher, am 5. Januar 1647, auch die Ruinen eines germanisch-römischen Heiligtums mit einer rätselhaften, bis dahin unbekannten Figur. Die Entdeckung war in der Barockzeit eine Wissenschaftssensation, schnell wurden Flugblätter gedruckt, das Bild der unbekannten Göttin in Kupfer gestochen. Leider gingen im 19. Jahrhundert die meisten der damals aufgefundenen Steine beim Brand der Domburger Kirche, wo sie untergebracht waren, verloren. Doch 1970 fand sich bei Colijnsplaat stromauf in der Oostschelde, 20 Kilometer von Domburg entfernt, eine unvorstellbar große Zahl weiterer Votivsteine, die der gleichen Göttin gewidmet sind. Meist sind es knapp über 50 Zentimeter hohe, etwas längliche Steinquader mit quadratischem Grundriss, in deren obere Hälfte eine kleine Nische gemeißelt ist – eine Ädikula, ein »kleines Haus« oder »Tempel« –, die nach oben mit der Wölbung einer Apsis abschließt. In der Mitte befindet sich stets das Halbrelief der unbekannten Gestalt, die auf einem Thron sitzt, einen Korb mit Früchten oder ein Schiffsruder hält oder mit einem Fuß auf einem Schiffsbug steht. Meist trägt sie eine Pelerine, und ihr zu Rechten oder Linken sitzt fast immer ein Hund. Den Inschriften nach heißt sie Nehalennia. Die Widmungen, die den unteren Teil des Steins einnehmen, berichten weiter, dass »negotiatoris Britannica«, mit Britannien handelnde Kaufleute, dieser Gestalt »mit Freude und nach Gebühr für den guten Erhalt der Waren« danken.

In diesen Inschriften können wir in knappen Scherben ganze Biographien erahnen: Sie nennen Namen, »Quartius Reditus«, manchmal einen Rang, »Municipii Batavorum«, also Mitglied des Gemeinderats der stromauf gelegenen Hafenstadt Nijmegen, andere sind »Hüter des Kaiserkults«. Die Stifter waren also nicht nur Einheimische, sondern vor allem durchreisende Händler erflehten den Schutz: der Mann aus Nijmegen genauso wie ein Salzhändler aus Köln oder ein Bürger aus Trier. Einige führen zur Identifikation ihren Beruf an: Schiffslenker, Reeder oder Händler mit Salz, Getreiden, Ton- und Töpferwaren, Wein oder mit Allec, der Fischpaste, die in der römischen Küche meist das Salz ersetzte und die hier, an der Küste zwischen Domburg und Colijnsplaat, hergestellt wurde. Sie alle danken für den sicheren Transport ihrer Waren und für die Rückkehr bei unversehrtem Leib und Leben. Es fanden sich sogar zwei Inschriften in Köln, wobei hier der Schutz »pro se et suis«, für sich und die Seinen, gelten soll. Die Stifter kamen aus dem ganzen Einzugsgebiet des Handelsweges, es waren Römer, Kelten, Germanen und als »Hüter des Kaiserkults« wahrscheinlich freigelassene Sklaven. Nehalennia, deren Name auch gedeutet wird als »die das Wasser nahe hat«, war die Schutzgöttin aller Britannien-Fahrer.

Auf den Schiffen der Händler kamen nicht nur Holz, Wein, Ton für Schalen, Krüge und Pfeifen, Wetz- und Mühlsteine – all das, was man für den Handel mit Britannien brauchte –, sondern auch die Steine, in die die kleinen Altäre der Nehalennia gemeißelt wurden: über die Maas Kalkstein aus den belgischen Ardennen, aus der Umgebung Aachens Sandstein und über den Rhein Basalt aus der Eifel.

Schiffsruder oder -bug sind eher selten Attribute einer Göttin, im Gegensatz zu den Äpfeln und Birnen in ihrem Schoß, dem Füllhorn an ihrer Seite oder den auf dem Dach der Stele dargestellten Früchten und Kürbissen. Sie alle weisen die Schutzpatronin der Seefahrer auch als Fruchtbarkeitsgöttin aus – Bilder der Fülle waren wohl schon immer für Kaufleute glückverheißende Zeichen. Nicht nur die Gestalt der frontal dem Betrachter entgegenblickenden Göttin, auch ihre Funktion als Schutzgöttin entsprach anderen germanischen Muttergöttinnen, den Matronen, die überall in der germanischen Provinz des Römischen Reichs in das Pantheon aufgenommen und in den Tempeln neben Neptun oder Herkules gestellt wurden.

Rätselhafter als ihre Bestimmung zur Schutzgöttin der Handeltreibenden und Britannien-Fahrer sind andere Attribute der Figur: Der Hund – ist er ein Hinweis auf Nehalennia als Jagdgöttin oder gar als Herrin der Unterwelt? Und warum ist auf der Rückseite bestimmter Stelen ein Vorhang abgebildet? Soll er die Zukunft andeuten, der jeder Sterbliche einmal entgegentreten muss und die für ihn sein Leben lang hinter einem Schleier verborgen bleibt? Mit zahlreichen Analogien zu antiken Darstellungen hat man versucht, Hinweise darauf zu finden, dass Nehalennia eine Seelenführerin gewesen sei, der man sich für die gefährliche, aber profane Fahrt an Bord eine Schiffes anvertrauen konnte, weil sie eben auch weiterreichende Fähigkeiten besaß: metaphysische Kompetenzen, die mit den Reisen nach Westen zusammenhängen könnten – dem Hinüberrudern der Seelen nach Britannien oder der Sehnsucht nach dem verlorenen Doggerland, dem glückverheißenden Land aus Licht im Westen.

Die Jahre des Wirkens Nehalennias lassen sich ziemlich genau bestimmen: Es sind Inschriften aus den Jahren 188–227 n. Chr. überliefert. Nach 250 n. Chr. hat Walichrum wie das gesamte Deltagebiet durch den damaligen Klimawandel mit seinem steigenden Meeresspiegel seine privilegierte Position für den Handel eingebüßt. Auch etwas weiter im Inland liegende Häfen wie das römische Ganuenta, das heutige Colijnsplaat, werden nicht mehr länger zu halten gewesen sein. Zunächst wird das niedrig liegende Hinterland, das zur wirtschaftlichen Versorgung wichtig war, überspült und versalzt worden sein, dann wurden die Molen der Häfen unbrauchbar, die Siedlungen am Meer, schließlich verschwand die ganze Landschaft für die nächsten vierhundert Jahre in einem Zwischenreich aus Sumpf und

Wasser – gerade wie Nehalennia selbst, deren Name andere als »die in den Nebeln Verschwindende« deuten.

*

Im Museum in Middelburg ist eine der Stelen ausgestellt, die 1970 bei Colijnsplaat gefunden wurde. Sie ist vielleicht sechzig Zentimeter hoch. Der Kalkstein der kleinen Stele wurde 1500 Jahre lang von Wasser und Sand weich geschmirgelt, die honigfarbene Oberfläche wirkt bald samtig und schimmert seidig, bald ist sie gräulich verwittert. Eine Ecke ist abgebrochen und zeigt, dass der Stein einst hell weiß geleuchtet hat. Hier am Rand des Römischen Reiches waren vielleicht nicht die begabtesten Bildhauer tätig; jedenfalls haben die Zeit und das Meer die feineren Linien im Gesicht, die subtilere Fältelung des Gewands und die Buchstaben der Inschrift weichgezeichnet und glattradiert. Die Akanthusblätter der angedeuteten Säulen an den Kanten des Quaders fliehen in den Stein zurück. Die Votivstele wirkt wie ein verkleinerter Tempel, ähnlich den Votivkreuzen zwischen christlichen Gemarkungen, die Kapellen gleichen.

In den oberen drei Fünfteln des rechteckigen Steins thront Nehalennia. Ihr Mittelscheitel in dem vollen Haar, die in der Mitte offene Pelerine oder der Fellüberwurf betonen die Symmetrie der leicht neben der Mittelachse platzierten Figur. Sie ist vielleicht zwanzig Zentimeter hoch. Ihre kleine Gestalt wirkt wie eine thronende Madonna, aber statt des Jesuskindes hält sie eine Schale mit Früchten in ihrem Schoß. Über ihr schließt ein Schmuckgiebel die Apsis, darüber ist das Dach, auf dem sich die gleichen Fruchtbarkeitssymbole finden wie im Korb zu ihren Füßen und auf ihrem Schoß: Äpfel und Birnen.

Zu ihrer Rechten steht ein Korb mit Früchten, ihr zur Linken sitzt ein Hund und blickt sie mit emporgerecktem Kopf an. Ihr Gesicht ist ein wenig geneigt, und vielleicht schaut sie ihren Hund an, der keinem Furcht einflößt. Eher wirkt er wie ein Mittler zu der kleinen Göttin, die vielleicht auch den Menschen vor sich im Blick hat und ihn freundlich misst. Die Stele zeigt einen friedlichen

Augenblick, dem man sich vor oder nach der Seefahrt anvertrauen konnte.

Das Ganze hat nichts Monumentales, es gibt kein Geheimnis, das der Betrachter zu enträtseln hat. Äpfel. Ein sich seiner Herrin zuwendender Hund, der weder wie die Jagdhunde der Diana den unglücklichen Jäger zerreißt, welcher die Göttin im Bad beobachtet hat, noch wie der Begleiter der ägyptischen Totengöttin Isis Angst und Entsetzen auslöst. Mit diesen Tieren hat man ihn verglichen, um die Assoziation weiterzuführen, in der Gestalt der Nehalennia sei eine Totenführerin verborgen. Falls der Hund hier eine solche Rolle spielen sollte, dann eher wie der kleine Vierbeiner aus der apokryphen Bibelgeschichte, der Tobias auf seiner Wanderung mit dem Engel begleitet. Ein Engel hat Tobias offenbart, dass die Galle eines bestimmten Fisches die Blindheit seines Vaters heilen könne, wenn er sie auf dessen Augen legt. Er ist also ein reisender Arzneihändler, der am Ende seinen Vater heilt. Aber auch eine solche Assoziation führt in die Irre. Die Attribute der Göttin – die Äpfel als Fruchtbarkeitssymbol, auf anderen Stelen der Schiffsbug als Zeichen für die Seefahrt – sind in ihrer Bedeutung so transparent wie die Absicht des Spenders in der Inschrift, die den unteren Teil des Steins einnimmt. Überträgt man die rhetorische Formel etwas frei, steht dort: »Quartius Reditus hat sich der Göttin Nehalennia anvertraut, voller Freude und mit Vernunft.«

Die Fahrten nach Britannien waren nicht so ungefährlich, dass man auf die Protektion durch eine Göttin verzichten wollte. Aber es waren auch keine irrationalen Ängste zu besiegen, keine letzten Schranken der damals bekannten Welt zu durchbrechen. Quartius Reditus war kein römischer Bürger, sonst hätte er alle drei seiner Namen angeführt. Und seinen Dank spricht er »Deae Nehalenniae« mit der Formel »V S L M« aus. Dieses »V(otum) S(olvit) L(ibens) M(erito)« steht auf den meisten der Steine: »Er löste das Gelübde froh und nach Gebühr ein.« So quittiert ein Kaufmann den Beistand einer Göttin und stiftet – als Schutzmaßnahme vor der Ausfahrt oder als Dank für den guten Ausgang – im Tempel als Votivgabe einen Stein.

Und der rätselhafte Vorhang, der sich auf der Rückseite mancher Säulen findet? Ist es doch der letzte Vorhang, den erst der Tod lüftet? Marcus Secundinius Silvanus hat sowohl einen Stein in Domburg als auch einen in Colijnsplaat gestiftet, beide mit identischen Inschriften, aber nur auf dem Stein aus Colijnsplaat findet sich ein Vorhang. Gab es ein Unheil auf der Überfahrt und starb ein Compagnon oder Matrose? Der niederländische Altphilologe Hendrik Wagenvoort, der in seinem späten Aufsatz *Nehalennia und die Seelen der Toten* 1971 diese Frage stellt, weist auf ein Bruchstück eines heute verlorenen Votivsteins hin, das uns nur in einem Kupferstich überliefert ist und eine runde Scheibe mit einem hornartigen Zeiger darstellt – ein Attribut, das Nehalennia vielleicht anstelle der Schale mit den Äpfeln oder einem Schiffsruder in Händen gehalten hat. Wagenvoort sieht in dem Gerät einen »Nachtanzeiger«, mit dessen Hilfe man an der Höhe des Polarsterns oder anderer Fixsterne über dem Horizont die Stunde der Nacht bestimmen konnte. Würde man einer Göttin mit einem solchen Attribut nicht im Gebet die Seele seiner sterbenden oder bereits verstorbenen Verwandten und Freunde anvertrauen? Wäre sie also eine Göttin, die die Seelen ins Licht führt?

Auf diese große Frage scheint die Göttin mit dem Hund vor uns skeptisch zu reagieren. Sie strahlt Geborgenheit aus. Ihre Züge wirken in ihrer verwitterten Einfachheit und den weichgezeichneten Konturen menschlich nah – ohne die wissende Distanz einer Göttin, einer antiken Seelenführerin, die hinter den Vorhang geschaut hat und uns dorthin geleiten kann. Sie sitzt nicht hoch erhaben in Augenhöhe mit einem Geheimnis, das zu groß ist für uns. Ihre Prophetie zahlt man mit kleiner Münze. Aus ihrem Stein schaut uns Nehalennia entgegen wie eine Frau auf dem Markt, die ihre Waren im Korb neben sich stehen hat und an ihrem Mantel einen Apfel für uns blank reibt. Sie kennt den Preis: unser Leben.

4 Das verlorene Land

Alle Nebenflüsse des Rheins speisen sich durch Regen, sie sind pluvial, und so kommt es mit den einsetzenden Regenfällen Ende November alljährlich zu den »Adventshochwassern«, die den Fluss anschwellen lassen und manchmal den ganzen Dezember über anhalten können. Vielleicht waren sie der letzte Schlag für Dorestad. Gewiss aber beinahe 600 Jahre später für die Wiesen und Weiden, die nicht viel weiter stromab von dem friesischen Handelsplatz in den Fluten versanken. Hier, zwischen der Mündung der Maas in die Waal, wie der südliche Mündungsarm des Rheins ab Millingen heißt, ging über Nacht ein ganzer Landstrich verloren.

In den 600 Jahren zwischen den beiden Hochwassern hatte man viel über den Umgang mit den Fluten gelernt. Deiche wurden gebaut, erst umgaben sie kleinere Höfe, Dörfer und Klöster, aber schließlich als Wälle größere Gemeinden und ganze Gebiete. Diese Deiche wurden gemeinschaftlich errichtet, mit Schaufel und Spaten, Abschnitt für Abschnitt, bis sie im 13. Jahrhundert ein geschlossenes System bildeten. Von Windmühlen betriebene Schöpfwerke pumpten das sich in Gräben sammelnde Wasser des zum Teil unter dem Meeresspiegel gelegenen Landes zurück in die größeren Gewässer, in die Wasserarme, Kanäle, Polder und schließlich in die Flussmündungen und Meeresarme, die sich weit ins Land hineinschoben und sich bei jeder Flut wieder ins Land fraßen.

So auch bei der nach dem Heiligenkalender benannten Elisabethenflut vom 18. auf den 19. November 1421. Heftige Nordwestwinde drückten von der Nordsee ungeheure Wassermassen nach Zeeland hinein, die Deiche brachen, zwischen Maas und Waal ging ein riesiges Gebiet zwischen den Städten Dordrecht und Geertruidenberg vollständig verloren, 72 Dörfer wurden überflutet, und vermutlich weit über 2000 Menschen starben.

Im Amsterdamer Rijksmuseum finden sich heute zwei Altarflügel, die zwischen 1490 und 1495 entstanden, etwa siebzig Jahre nach der Flut, um als Elisabethenaltar in der Dordrechter Grote Kerk aufgestellt zu werden. Es sind Erinnerungsbilder für die erste Generation von Bürgern, die keine direkten Zeugen der Schreckensnacht mehr kennen konnten. Das Panorama auf dem zweiteiligen Bild, der Außenseite des Flügelaltars, ist so weit angelegt, dass man die ganze Erde zu überschauen glaubt. Die linke Tafel scheint zunächst die Welt vor der Flut zu zeigen, in der ein Floß den Rhein hinuntertreibt und sich ein Schiff der Stadt Dordrecht nähert, die mit ihren Mauern, Türmen, Dächern und Toren sichere Zuflucht bietet. Diese Seite des Altars scheint in Vogelschau gemalt zu sein, die Geographie ist nachvollziehbar, überall stehen wie auf einer Landkarte die Namen der Städte. Dagegen ist die Landschaft auf der rechten Tafel »wie ein Fächer« gerafft, um, wiederum aus der Vogelschau, den ganzen Grote-Ward-Polder zu zeigen, das Gebiet mit seinen Dörfern, Türmen und Höfen, die in der Elisabethenflut verschwinden sollten.

Unter dem Horizont, der in blaugrauen Grüntönen beide Tafeln miteinander verbindet, schießt rechts oben bei dem Dorf Wieldrecht die Flut in einem breiten Wasserfall über den Deich, frisst sich tosend in das Land hinein. Die Pfarrkirchen in der weiten, sich gegen das Meer erstreckenden Ebene des Polders stehen bereits isoliert auf Inseln, das Wasser, das sich in Schlangenlinien auf den Betrachter zubewegt, reicht schon bis auf die Schwellen der Häuser, Menschen versuchen, sich und ihr Hab und Gut mit Booten zu retten, treiben das Vieh auf sichere Plätze oder klettern auf Bäume, während im Wasser die ersten Ertrunkenen treiben. Verzweifelt schnaubend scheint ein Stier keinen festen Grund mehr zu fassen, ein Rind ertrinkt. Wie auf Kriegsphotos sehen wir am unteren Bildrand das Stillleben nach der Flucht: ein Durcheinander von Karren, verlassenem Gepäck und herrenlosem Vieh. Doch genau hier schließen die beiden Bildtafeln wieder zusammen, und so konnten die Betrachter mitverfolgen, wie die Menschen, die sich hier gerettet hatten, durch das Tor der Stadt Dordrecht in Sicherheit gelangten. Mit seinen Kirchen, dem Rathaus und der Windmühle, den Stadtmauern und den schmucken backsteinfarbenen Treppengiebeln der Bürgerhäuser nimmt Dordrecht die Mitte der rechten Tafel ein. Die Stadt scheint verheißungsvoll aus sich selbst zu leuchten und erinnert an das Neue Jerusalem auf anderen Altarbildern, das genauso den Blick gefangen nimmt. Und natürlich überragt die Grote Kerk, in der dieses Altarbild steht, alles.

Gestiftet wurden die Tafeln, auf deren Innenseite das Leben der heiligen Elisabeth von Thüringen dargestellt ist, von den Bürgern des untergegangenen Dorfes Wieldrecht, bei dem der Damm gebrochen war. Sie bedankten sich so bei den Bürgern Dordrechts, die ihnen Zuflucht geboten hatten, und stellten dabei ihre eigene Flucht und Rettung wie auf einem filmischen Standbild dar. Wenn sonntags die Gläubigen beim Gottesdienst davorstanden, werden sie nicht vergessen haben, auf ein winziges Detail in der Mitte der linken Tafel zu zeigen und die Legende weiterzuerzählen: Bei dem Dorf Houweningen soll ein kleines Mädchen namens Beatrijs die Flut in ihrer Wiege treibend überlebt haben, weil eine Katze dafür sorgte, dass sein Bettchen auf den Wogen immer im Gleichgewicht blieb. Die Altarflügel waren visuelle Resonanzböden für die gemeinsame Erinnerung.

Die Menschen, die das Gemälde in Auftrag gaben und vielleicht ihre Großeltern auf der Tafel wiedererkannten, sind die eigentlichen Urheber des Bildes, denn von dem Maler kennen wir nicht einmal den Namen – sicher ist nur, dass ein einziger Maler die Altarflügel geschaffen hat: mit der Elisabethenflut auf den beiden Außenflügeln, mit dem Leben der heiligen Elisabeth auf deren Innenseiten. Die Farben des Ölgemäldes sind altmeisterlich, die Figuren wirken etwas steif. Der Raum mit den fast geometrisch hintereinandergestaffelten Kirchtürmen, Dörfern und Marktflecken wirkt in seiner Konstruktion perspektivisch naiv, aber wie in einer Folge von Dias erfasst das Bild mit großer Präzision die stoische Ergebenheit der Menschen, die mehr damit beschäftigt sind, sich in der Katastrophe zu retten als klagend die Hände in die Luft zu werfen. Im Vergleich mit den Gemälden von Zeitgenossen wie Hieronymus Bosch, der nur 50 Kilometer weiter stromauf in ’s-Hertogenbosch arbeitete, mögen die Tafeln primitiv erscheinen. Ohne Überhöhung oder religiöse Rahmengeschichte gilt hier die ganze Aufmerksamkeit allein dem Leben der Menschen unter den widrigsten Umständen, eindrücklich und mit stiller Würde. Der anteilnehmende Blick und der erzählende Gestus, mit dem das Bild zu sagen scheint: Schau, genau das ist bei der Elisabethenflut passiert, hier brach der Deich, dort starb das Vieh, aber so konnten wir uns retten – sie machen die Bildtafeln zu einem in der Geschichte der Malerei einzigartigen Dokument.

Auf dem Gemälde halten alle Menschen die Lippen geschlossen, als könnten sie so ihre Ohren gegen den Lärm des Untergangs versiegeln. Das dröhnende Tosen des über den Deich schießenden Wassers, das Läuten der Glocken, das Brüllen der Rinder, das Blöken der Schafe, das gespenstige Aussetzen des Schlags des Schmiedehammers auf den Amboss, das Getöse, mit dem ein Haus umstürzt und sein Dach von der Flut davongetragen wird, das panische Flattern der Hühner, deren Flügel gegen Dachsparren schlagen, während das Wasser immer noch zwischen Häusern und Ställen steigt, die Hilferufe der Eingeschlossenen, die sich von der Türschwelle nicht mehr wegtrauen, das Quieken der Schweine, die Glocken, die laute Angst der Kinder, die sich in dem Boot nicht mehr sicher fühlen. Pfeilschnell spritzt der Regen von den Wellen hoch. Mit dem Donnern der hereinbrechenden Flut ein verdammtes Rauschen, das von überallher dringt und nie mehr aufhören wird, das dumpfe Schlagen der Äste in den Wipfeln und das Zischen des nassen Laubs, das Krachen, mit dem Bäume umstürzen, weil das Wasser ihre Wurzeln unterspült, die Glocken, die Schreie derer, die sich nackt auf Bäume gerettet haben und nicht wissen, wie sie wieder herunterkommen und wozu. Das Gurgeln und Schäumen, mit dem das Land vor Geertruidenberg langsam seinen Halt verliert, ganze Wiesen werden davongetragen, Weiden versinken. Die Gewalt des Wassers ist endgültig, es gibt keinen Aufschub, keine Ausnahme, keine Gnade. Scham und Not stehen auf den stummen Gesichtern derer, die sich gerettet haben und gleich durch das Stadttor treten – sie schleppen schwer an ihren Dingen und an all den Tönen und Lauten, dem Tosen in ihrem Kopf.

*

Nach dieser Katastrophe fand sich Dordrecht auf einer Insel wieder. Von der benachbarten Stadt Geertruidenberg, der Rivalin, mit der man eben noch im Krieg lag, war man durch eine weite Wasserfläche getrennt, in der Waal und Maas sich miteinander vereinten. Gemeinsam mündeten sie dann in einen neu entstandenen weiten Graben, der sich als tiefe Nordseebucht über 30 Kilometer weit ins Land gefressen hatte: Hollands Diep.

Das Meer brachte einen Tidenhub von bis zu zwei Metern. Das Land, das in der neuen Bucht versunken war, konnte nicht mehr zurückgewonnen werden. Aber im Lauf der Jahrhunderte lagerten die Waal und die Amer, so heißt die Maas heute auf ihren letzten Metern, Sand, Schlick und Schlamm ab, und das Land wuchs erneut: zunächst zu seichten, beinahe immer unter Wasser stehenden weiten Binsen- und Riedflächen, die dem allmählich über Jahrhunderte angeschwemmten neuen Land den Namen gaben: Biesbosch, Binsenwald. Binsen und Reet brauchte man zum Decken der Häuser und Ställe, und bald wuchsen auf den Flächen Kopfweiden, aus deren Ruten Körbe, Reusen, aber vor allem auch die Befestigungen am Uferrand gefertigt wurden, die Faschinen, in denen sich weiter Schlick und Schlamm verfing. Das Land war wieder da – als eine verschlungene, von Lagunen und Gräben durchzogene Auenwildnis, in der Biber und Otter, Reiher und Enten lebten. Außer den Fischerhütten und den Katen der Binsensammler und Korbflechter war der Biesbosch unbewohnt.

Heute ist er wieder ein Auenwald mit Silberweiden, Erlen und Pappeln, deren Samenfäden wie Baumwolle auf den brackigen Gräben treiben. Schon umstehen Harthölzer wie Ahorn und Eichen höher gelegene Weiden, wo Kühe, Schafe und Pferde grasen. Seit man in den Jahren nach der Sturmflut von 1953 das Delta mit Schleusen gegen die Nordsee abgeschirmt hat, ist von den Gezeiten kaum noch etwas zu spüren: statt zwei Metern sind es dreißig Zentimeter – nicht mehr, als die Schiffe oben am Rhein bei der Loreley zu Trockenzeiten als künstliche Tide erzeugen.

Doch die Vegetation scheint unzähmbar, und es wirkt wie die Bestätigung einer Sehnsucht nach etwas Ursprünglichem, dass man hier in dem wild überwucherten Gewirr aus Gräben, Kanälen und wilden Poldern Biber ausgesetzt hat – um an einem Ort inmitten der Niederlande noch einmal die Landschaft so zu erleben, wie sie vor der Begradigung der Wasserläufe, der Erhöhung der Deiche, der Verwandlung und Eingrenzung der Natur in ein Gewächshaus aussah. Ein Refugium, sagt der Bootsführer, der uns durch das Labyrinth zwischen umgestürzten Bäumen, herabhängenden Ästen und blühenden Schwertlilien steuert. Wir sehen Nisthöhlen von Eisvögeln, über die Silbermöwen ziehen, Buchfinken und Spottdrosseln, Schwäne, Reiher und Enten. Alles sei essbar hier, sagt der Kapitän, die Engelwurz und auch der Pilz hier vorne. Und er fährt mit dem Boot dicht an einen halb im Wasser modernden Baumstamm heran, damit wir auf dem schwarzen Holz die gelblich-orangen Trichter der wuchernden Pilzkolonie besser erkennen können: Es sind Teuerlinge, Vogelnest- oder Brotkorbpilze, die aussehen wie ein ganzer Abwasch von ineinandergestapelten, nebeneinanderstehenden braunen Schalen, in denen helle Sporen liegen.

Für einen Augenblick scheint es, als seien wir auf einen der vielen Altrheinarme stromauf geraten, in der Tössmündung am Hochrhein, in die Wälder bei Breisach, in einen Teich zwischen den Kribben bei Bingen oder in einen Überflutungspolder bei Nijmegen, nur wenige Kilometer von hier. Bleibt der Fluss nur für einige Jahre ungestört, lässt er an seinem Saum überall wieder die gleiche Landschaft entstehen: einen filigranen Streifen der verlorenen Wildnis. Eine Einheit, so lebendig wie fragil.

5 Der Augenblick Turners

Einmal am Meer in Domburg, am 16. April 2019, erlebte ich einen Augenblick, in dem in meiner Wahrnehmung, wie in den Farbstudien William Turners, ein Raum entstand. Es dämmerte, der Sonnenuntergang war hinter graublauen Wolken verborgen. Nur an den Rändern des Blickfeldes gab es eine Ahnung von Horizont. In der Mitte schien es, als würde das Licht nach hinten weggesogen, es öffnete sich dadurch ein Raum, der allmählich an Tiefe gewann: Die Boje in der Mitte trieb nicht auf dem Wasserspiegel, sondern schwebte im Meer.

Bei der Umsetzung seiner Zeichnungen in Stiche galt Turners Augenmerk der Frage, wie der Horizont oder der Ufersaum eines Gewässers dargestellt werden können. Sollte Land und Wasser mit einem Strich getrennt oder – so Turner – der Übergang von einem zum anderen evoziert und ihm damit eine zeitliche Komponente gegeben werden? Statt einer Linie sollte eine schmale Leere den Raum öffnen und zum Schweben bringen. In der Natur sind Linien selten. Der Augenblick ist nicht zu fixieren, sondern nur in einem Fluktuieren von Vorher, Nachher, Jetzt und von Neuem zu verstehen. Keine Momentaufnahme – ein Werden.

Doch warum füllte Turner mit dem Blick auf die Wolken, am Meer entlangschreitend oder auf der Reise entlang den Flüssen, Skizzenbuch für Skizzenbuch mit diesen Farbstudien? Vielleicht weil er diesen Augenblick wieder und wieder erleben und auf dem Papier evozieren wollte. Unvollendet sind sie nicht. Sie sind immer Beginn, das Wiederfinden eines Anfangs, mit dem das Licht beginnt, einen Raum zu schaffen und damit die Zeit.

XII Ferne Gäste

Zur Mündung

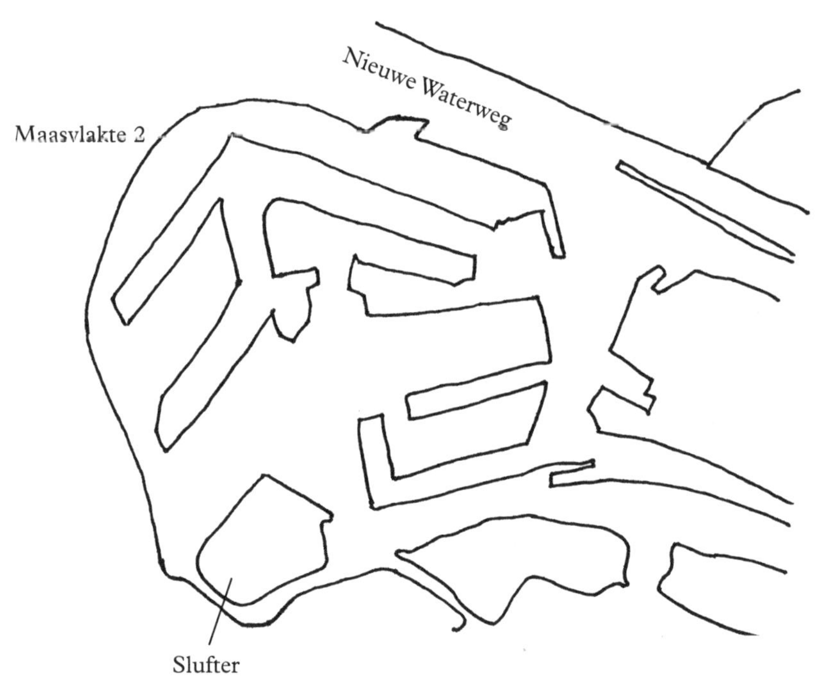
Nieuwe Waterweg
Maasvlakte 2
Slufter

1 Ferne Gäste

Im Winter sind alle Landschaften einsam. Sie erwarten die Rückkehr der Vögel. Mit den zunehmenden Tagen erscheinen sie wieder bei uns, aus ihren Überwinterungsquartieren in Zaire, aus den Feuchtgebieten Namibias, dem Ried am Kap der Guten Hoffnung. Sie waren in Spanien, in Afrika, südlich der Sahara. Sie kreuzen bei Gibraltar das Mittelmeer, fliegen über Spanien, ziehen entlang der Rhône nach Norden, wechseln hinüber zum Oberrhein und folgen ihm bis zum Hessischen Ried, wo der Main sie nach Osten lenkt und ihre Züge die warmen Aufwinde an den Taunushängen suchen. Hier lösen sich die Kraniche aus ihrer Formation und steigen in weiten Schlaufen einzeln in den Himmel, bis sie hoch oben wieder einen Keil formen und mit langen Flügelschlägen in Richtung Ostsee weiterfliegen. Ein paar Tage lang sitzen Wanderfalken, Milane, Schreiadler auf den Peitschenlampen der Autobrücken über dem Rhein, Störche kreuzen den großen Fluss und ziehen zu den Nestern vom letzten Jahr. Im Wald ist der Kuckuck zu hören, der nur drei Monate bei uns bleibt und sonst am Kongo lebt. Wir denken, die Vögel wären bei uns heimisch, doch sie sind nur Gäste für einen kurzen Sommer, Besuch auf Durchreise.

Sie kommen einzeln oder in Scharen, warten günstige Winde ab und umfliegen Berge. Sie orientieren sich an Landschaften. Sie erlernen Zug für Zug die Route. Nachts schauen sie nach den Sternen, beobachten das Vorbeirollen der Konstellationen und achten darauf, in der Rotationsachse ihres Kreisens zu bleiben, um nicht vom Weg abzukommen. Sie spüren die Linien des Erdmagnetismus in ihrem Oberschnabel. Aber sie haben kein Cockpit. Wir können uns ihre Leistung nur mit Stern- und Landkarten vorstellen, mit einem

Kreiselkompass und dem künstlichen Horizont der Flugzeuge, aber für sie ist es die eine Wahrnehmung, die unteilbare Ahnung, der sie folgen.

An der Küste orientieren sich die Vögel am Saum des Meeres. Über Jahrhunderte hinweg, vielleicht seit Jahrtausenden. Die Seevögel sahen Doggerland entstehen und folgten seiner sich zurückziehenden Landmasse, bis am Meer nur noch eine durchgehende Linie sichtbar war, eine glatte, blank geschliffene Version des heutigen Küstenlaufs. Als die Gletscher sich weiter zurückzogen und schließlich verschwanden, konnten die Vögel immer weiter nach Norden ziehen. Überschwemmungen, Sturmfluten und Hochwasser schufen aus den Flussmündungen von Schelde, Maas und Rhein ein riesiges Deltagebiet und zerfraßen es immer mehr. Meeresarme wurden weit ins Land hineingetrieben, teilten es in isolierte Inseln, ließen ganze Gegenden wie den Biesbosch untergehen. Als die Menschen im Mittelalter Segelschiffe bauten, um die Gegenden am anderen Ende des Meeres zu erkunden, standen die Inseln weit auseinander wie ein löchriges Gebiss. Überall entstanden Häfen und Kanäle. West- und Ostindische Kompanien, die mit der Karibik und Ostasien Handel trieben, investierten in Befestigungen und Bastionen.

Und überallhin kamen die Vögel. In die Marsch, wo sich Salz- und Süßwasser mischten, in die Brandung, an die breiten Meeresarme, durch die Lachse, Störe und Aale zogen. Ihre Fanggründe verschoben sich fortlaufend. Fische blieben weg, oder das Meer wurde leergefischt, Dünen schoben sich in die Meeresarme und ließen sie verlanden. Teiche, Stadtgräben, Grachten, Deiche und Schleusen entstanden. Die Flüsse verdreckten. Und doch kehrten die Vögel immer wieder zurück. Bis jetzt.

2 Transit Rotterdam

Das weite Mündungsdelta, das sich der Rhein mit Maas und Schelde teilt – wobei der Rhein den mächtigsten Zufluss darstellt –, ist ein Spiegelbild seiner Quellen. Während er sich stromauf in einen Fächer unendlich vieler Nebenflüsse, Gebirgs- und Gießbäche verzweigt, fließt er gegen Ende in immer zahlreicheren Flussbetten und -rinnen dahin, als verästele ihn das von den Grachten, Gräben und Kanälen schraffierte Land und leite sein Wasser bis in die letzten Winkel der Niederlande. Unablässig wechseln seine Namen. Nach der deutsch-niederländischen Grenze spaltet er sich in Nederrijn und Waal. Aus dem Nederrijn wird, kaum hat sich nach einer Flussgabelung die IJssel nach Norden in das gleichnamige Meer aufgemacht, der Lek. Der Waal ergießt sich in Hollands Diep und von da in den Meeresarm Haringvlet. Während sich von Süden kommend die Maas mit dem Waal vereinigt, entlässt der Waal, also der Rhein, nach Norden die Niewe und die Oude Maas. Auf den letzten Kilometern vereinen sie sich zum Nieuwe Waterweg, der schließlich bei Hoek van Holland in die Nordsee mündet. Dann ist der Fluss drei oder vier Namen von sich selbst entfernt und mündet unter Pseudonym.

Viele Becken und Docks des sich an seinen letzten vierzig Kilometern entlangziehenden Hafens von Rotterdam, des viertgrößten Überseehafens der Welt, sind nach anderen Strömen benannt: Mississippi, Elbe, Yangtze oder Amazonas. Schon 1887 begann man gleich neben dem Maashafen mit dem Ausheben eines Rheinhafens für den Güterumschlag von Fluss zu See. Eigentlich war der als »Bergehafen« gedacht, ein Ausweichbecken für Flussfrachter, die hier, an Bojen festgemacht, ausharrten, bis der Eisgang den Fluss wieder freigab. Mit dem wachsenden Verkehr wurde er bald für größere Schiffe erweitert, und in den folgenden Jahrzehnten sollte er für Hunderttausende von Auswanderern zum Ausgangspunkt einer langen Reise in die Neue Welt werden.

Nach vielen historischen Städten im Delta, die alle wie herausgeschnittene Tortenstücke von Amsterdam wirken – Dordrecht, Zierikzee, Middelburg –, ist Rotterdam ein Schock: eine neue Stadt mit riesigen Räumen, leeren Molen und Becken, wo noch vor sechzig Jahren ein Hafengewimmel war, eine verschachtelte Welt, ein Horizont aus Kränen und Schiffsmasten, mit Gangways, Landungsbrücken, Schleppschiffen und Fähren, die Lotsen und Schauerleute zur Arbeit brachten, wo sie mit Säcken auf den Rücken wie Ameisen über schmale Planken balancierten. Eine Welt, die mit der Ankunft der Container über Nacht verschwand.

Aber noch davor sollte Rotterdam verschwinden. Die deutsche Wehrmacht griff am 10. Mai 1940 die Niederlande an, am 13. Mai wollte sie Rotterdam zwingen, sich zu ergeben. Als Druckmittel drohte man, die Stadt auszuradieren. Obwohl am Abend des 13. Mai Übergabeverhandlungen begannen, erreichte diese Nachricht die Wehrmachtsführung nicht rechtzeitig, die Bombardierung wurde befohlen. Die zweite Kolonne und einige Flieger konnten noch gestoppt werden. Die erste Bombardierung am 14. Mai kostete 814 Zivilisten das Leben, zerstörte 24 978 Wohnungen, 24 Kirchen, 2320 Geschäfte, 775 Lagerhallen und 62 Schulen. Die Altstadt wurde auf einer Fläche von 2,6 Quadratkilometern vollständig eingeäschert.

Heute steht von der einstigen Altstadt nur noch die wiedererbaute Groote Kerk und der Delfshaven. Hier schifften sich die vielleicht bekanntesten Auswanderer der Neuzeit ein, die Pilgrim Fathers, die Gründer der ersten Kolonien in Nordamerika. Aus England waren sie in das protestantische Amsterdam geflüchtet, dann nach Leiden weitergezogen. Sie agitierten aus dem Exil weiter gegen die englische Staatskirche und ließen umstürzlerische Schriften ins Königreich schmuggeln, so dass die Holländer sich auf Druck Englands zu Maßnahmen gezwungen sahen. Diesen wollten die Pilgerväter entgehen, sie sammelten sich in Delfshaven, um an Bord der Speedwell über den Rhein nach Southampton zu segeln, von wo sie auf der berühmten Mayflower 1620 als eine der ersten Siedlergruppen die Neue Welt erreichten.

Damals gehörte Delfshaven gar nicht zu Rotterdam, sondern war der Hafen der Stadt Delft, mit der er durch einen dreizehn Kilometer langen Flusskanal verbunden war. Die Niederländische Ostindien-Kompanie, eine der mächtigsten Handelsorganisationen der damaligen Welt, unterhielt hier Werften. Bekannter war der Hafen aber vielleicht für seine Genever-Produktion. Und wo Schnaps und Schiffe im Überfluss vorhanden waren, lockten auch fleischlichere Ablenkungen die Matrosen. Es ist wie ein ironischer Kommentar der Geschichte zur asketischen Gesinnung der Pilgrim Fathers, dass sie sich in einem Gin-Hafen einschifften, um aus ihrem sündigen niederländischen Exil in die Wälder von Massachusetts zu gelangen.

Kennt man alte Stiche sowie Photographien von der zerstörten, eingeebneten und später enttrümmerten Altstadt Rotterdams, fällt einem der Kontrast zu heute ins Auge. Die Straßenzüge, durch die wir auf dem Fahrrad uns dem Hafen nähern, bestehen wie in Stuttgart, Köln oder Hamburg vollständig aus der geläuterten Nachkriegsarchitektur der nüchternen Sechziger.

Überall in Holland ist man mit dem Fahrrad willkommen – aber nirgendwo bewegt man sich so selbstverständlich im Fluss der Räder wie in Rotterdam. Die Stadt ist ein ebener Raum, keine Brücken über Grachten, die man auf buckligem Pflaster erklimmen muss, keine engen Kurven, in denen man mit einem Fuß am Boden balanciert, um den Gegenverkehr vorbeizulassen. Und wo der Fahrradweg am Ufer endet, gibt es meist eine Landungsbrücke, die zu einem Wasserbus führt, der Fähre, die einen weiterbringt und auf der ein ganzes Deck für die »fietsen« vorgesehen ist.

Der Unterschied zwischen den verglasten kubischen Fassaden auf unserem Weg und dem vergiebelten Anblick der idyllischen Häuserreihen am Delfshaven macht uns beim Absteigen vom Rad leicht stutzig. Die historischen Häuserreihen sind aus dem gleichen

Material, Ziegel, wie die Neubauten, was Alt und Neu einander angleicht. Im stillen Wasser des schmalen Hafenbeckens spiegeln sich Linden, Seile hängen aus den Speicherluken der oberen Stockwerke, und die Erker sind genauso mit Simsen gestützt und mit weißgestrichenen Fensterrahmen versehen wie auf Bildern von Vermeer und seinen Zeitgenossen. Nach den langen Neubaufluchten, die uns hierherführten, erscheint uns alles so wenig authentisch wie der Frankfurter Römer oder die wiederaufgebaute Altstadt Kölns – und allein schon dieser Zweifel lässt alles ein wenig wie Kulissen wirken.

So auch die Kirche, wo die Pilgerväter ihren letzten Gottesdienst vor der Abfahrt feierten. Das bescheidene, aber eindrucksvolle dunkle Tonnengewölbe aus schmalen Holzplanken wirkt wie ein umgekehrtes Boot und ruht auf breiten weißgekalkten Steinsäulen über einem Boden mit einem Schachbrettmuster aus weißen und schwarzen Kacheln. Ein großer Raum, dem die Messingleuchter, die wie auf den Gemälden der niederländischen Meister von der Decke pendeln, etwas Weite geben und so vielleicht andeuten könnten, wo die Pilgerväter ihre Seele Gott und ihren Leib dem Meer anvertrauten. Aber alles ist mit stabilen hellen Sperrholzstühlen zugestellt. So wirkt die Kirche eher wie eine Begegnungsstätte, die zum metaphysischen Stuhllager für die Rückkehr der Heiligen wurde. Von dem weltfremden Ernst der Auswanderer, ihrer Würde wie von ihrer lebensfeindlichen Starrheit ist nichts zu spüren.

*

»Der Große Frost« – so wird der Winter von 1708/1709 genannt. Er betraf ganz Europa, die Lagune in Venedig wie der Gardasee froren zu, der Bodensee war beinahe vollständig vereist. In der Pfalz und am Oberrhein erfror die Wintersaat, die Reben, sogar die Obstbäume gingen in der klirrenden Kälte zugrunde. Die Vögel, so hielten zeitgenössische Berichte fest, fielen mitten im Flug vom Himmel, der Wein erstarrte in den Fässern. Erst am 7. Juli verzeichnete man bei Trier die letzte Frostnacht des Jahres. Die Menschen hungerten und litten in der sich anschließenden Dürre bittere Not. Allein in Frankreich starben 600 000 Menschen im »Großen Winter«.

Den Menschen am Oberrhein schien es schon seit Jahrzehnten, als würden alle Erbfolgekriege Europas auf ihren Feldern ausgetragen, der Pfälzische wie der Spanische, in dem der französische König Ludwig XIV. den Rhein als Grenze seines Reiches sehen wollte. Von den ständigen Scharmützeln, Truppendurchzügen und Wehrabgaben waren die Pfälzer zermürbt. Es hatte Missernten, Dürren, Überschwemmungen und Hochwasser gegeben – und jetzt diese Eiseskälte.

Ein Gerücht ging um, dass alles anders sein könnte. Nein, kein Gerücht, denn manche hatten es mit eigenen Augen gesehen, das »goldene Buch«, aus dem in jenem Winter überall vorgelesen wurde: »Ausführlicher und umständlicher Bericht von der berühmten Landschafft Carolina / In dem Engelländischen America gelegen. An Tag gegeben von Kocherthalern.« Das Wunderlichste war, dass darin stand, die Königin von England, Queen Anne, werde jedem Auswanderer die Überfahrt in die Neue Welt bezahlen und sie überdies mit Land beschenken. Land hatte man hier fast keines mehr. Mit jedem Erbfall wurden die Güter in der Pfalz und den umliegenden Gebieten unter den Erben »real«, das bedeutete, gerecht geteilt, wodurch sie kleiner und kleiner wurden, bis sie niemanden mehr ernährten. Viele wichen ins Handwerk aus, aber auch diese Berufe waren bald so überlaufen, dass die Aufträge so gering waren wie die handtuchgroßen Felder.

Carolina erschien da als ein Ausweg, vielleicht sogar die Rettung. Man raunte, Kocherthaler sei das Pseudonym eines Pfälzers, der im Vorjahr erfolgreich eine Gruppe Auswanderer nach Pennsylvania geführt hatte. Das gab dem Traum eine Autorität, man betete für Queen Anne und erflehte, dass die Eisdecke auf dem Fluss endlich brechen möge.

Als es so weit war, brach nicht nur das Eis, sondern ein Damm: Es kam zu einer Massenauswanderung, wie man sie hier noch nicht erlebt hatte. Von überallher, aus der Pfalz, aus Rheinhessen, aus dem Hunsrück, dem Westerwald kamen die Menschen, fuhren die Nahe, die Lahn und die Wied hinunter und folgten dem Rhein bis nach Rotterdam, der Zwischenstation gen London.

Im April erreichten die ersten Auswanderer die Hafenstadt, eine Vorhut aus knapp tausend von den Abertausenden, die im Laufe des Sommers 1709 hier eintreffen sollten. Die »Pfälzer«, wie man sie nannte, waren abgerissen und zerlumpt. Sie litten nach der wochenlangen Reise unter Krankheiten und Ausschlägen. Aber sie hatten Glück: Die Rotterdamer waren hilfsbereit und erbarmten sich der halbverhungerten Menschen, die wie Gespenster den Fluss heruntergekommen waren und nun vor den Toren der Stadt auf von Regen und Tauwasser aufgeweichten Feldern und Deichen kampierten. Sie versorgten sie mit Essen, mit Decken und mit Bibeln, sie organisierten und finanzierten sogar am 28. April einen ersten Konvoi zur Passage nach London.

Der britische Gesandte in Den Haag, James Dayrolle, schaltete sich ein. Wie viele seiner Landsleute war er der Überzeugung, die Einwohner stellten den Reichtum eines Staates dar. Deshalb wollte er so viele Menschen wie möglich nach England bringen. Regelmäßig legten in Rotterdams Kriegshafen Hellevoetsluis am Haringvlet britische Armeetransporter an, die mit Truppen und Nachschub den Feldzug des Duke of Marlborough gegen Frankreich unterstützten. Von jetzt an gingen sie nicht mehr leer zurück, sondern wurden mit Pfälzern besetzt, den »Palatines«. Der erste dieser Transporte ging am 6. Mai 1709 ab, der folgende schon am 12. Mai. Am Ende sollten so insgesamt 13 000 Menschen nach London gelangen.

Bereits im April kam dem pfälzischen Kurfürsten einiges zu Ohren. Da er auch über die Herzogtümer Jülich und Berg regierte, hatte er seinen Hofstaat in seiner Residenz in Düsseldorf versammelt, weit entfernt vom Elend seiner Untertanen, deren Boote er täglich vorübertreiben sah. Auswanderungsgesuche mussten mit einer behördlichen Entlassung aus der Leibeigenschaft einhergehen, der Manumission, mit der sich die Menschen freikauften. Die Männer zahlten bis zur Hälfte weniger als Frauen, die noch ihre ungeborenen Kinder auszulösen hatten. Aber was sich hier auf dem Wasser vor den Fenstern seiner Residenzen ereignete, war ein wilder, ungeregelter Vorgang. Er verbot die Auswanderung am 25. April und zwang bei Koblenz ein Boot mit dreißig Pfälzern zur Umkehr. Aber es half nichts, alles schien den Exodus nur anzuspornen, der sich im Mai und Juni aus allen Gebieten des Oberrheins unvermindert fortsetzte und stets Rotterdam als Transithafen zum Ziel hatte. Am Ende sollte die Hälfte aller »Palatines« tatsächlich aus der Kurpfalz stammen.

In Rotterdam nahm das Verhältnis der Bevölkerung zu den Auswanderern die gleiche Wendung wie später in London: von mitfühlender Anteilnahme bei der Begrüßung und der Suche nach pragmatischen Lösungen – von Almosen und bezahlten Schiffspassagen – zu einem wachsenden Unbehagen bis zu Überdruss und offener Ablehnung. Zuerst schickte das protestantische England die Katholiken zurück, dann bat es die Rotterdamer, überhaupt keine Pfälzer mehr aufzunehmen. Während die Rotterdamer von August an mit Patrouillenschiffen auf dem Niederrhein Kähne der Auswanderer abzufangen versuchten, konnte Dayrolle noch im September weitere 1500 Palatines nach London einschiffen, obwohl das Königreich bereits einen Aufnahmestopp ausgesprochen hatte. Der zu Beginn noch mitleiderregende Begriff »Palatine« hatte da schon den negativen Beiklang von Streuner und Nichtsnutz gewonnen, und die Pfälzer wurden als »Zigeuner« beschimpft. Es ist frappant, wie sehr das rasche Verblassen und Umschlagen der Willkommenskultur jener Zeit der unsrigen aufs Haar gleicht. Und wir, rechnet man das Zahlenverhältnis von Rotterdamer Bürgern zu Pfälzern hoch, waren nicht mit über 20 Millionen Menschen konfrontiert.

Rotterdam war damals eine Stadt von rund 40 000 Einwohnern, umso bewundernswerter ist ihre Hilfsbereitschaft. London war mit 600 000 Bürgern eine der größten Städte der damaligen Welt. Zunächst quartierte man hier die Pfälzer in einem Armenviertel ein, weitere in einer aufgelassenen Seilerei, schließlich, weil der Raum nicht reichte, in Zeltstädten bei Chamberwell und Blackheath. Mit Zelten aus Armeebeständen hatte man schon nach dem großen Brand die Not lindern können, in gewisser Weise war die Stadt auf solch eine Situation vorbereitet. Man führte Buch und Listen, und so wissen wir, dass die geflüchteten Männer durchschnittlich sechsunddreißig, die Frauen vierunddreißig Jahre alt waren. Die Londoner besuchten die Lager wie eine Attraktion, verteilten Bibeln und Brot, beschrieben Hochzeiten und Beerdigungen der Ankömmlinge und kauften ihnen selbstgeschnitztes Spielzeug ab. Zu Beginn kam die Königin für ihre Kosten auf, dann wurde eine »Charitable Society« gegründet und im ganzen Reich Geld gesammelt, das auch dafür eingesetzt wurde, die rund 2000 mitgereisten Katholiken wieder nach Hause zu schicken.

Am Ende landeten 3000 Pfälzer statt in der Neuen Welt in Irland, wo sie von Protestanten geführten Ländereien zugeteilt wurden, sich aber unter der katholischen Landbevölkerung als Fremdkörper empfanden. Andere wurden in wüsten Gegenden Englands angesiedelt, und nur 2800 gelangten auf die zehn Schiffe, die schließlich im Winter 1709/1710 nach New York ablegten. Von ihnen sollten – nach britischen Angaben – 2300 die Überfahrt überleben. Die Pfälzer selbst sollten 1720 die Zahl ihrer Opfer höher angeben, demnach wäre jeder Vierte ein Opfer der qualvollen Zustände auf den Schiffen geworden. In Amerika wurden sie nicht mit Kränzen empfangen, sondern bei ihrer Ankunft auf Nutten Island unter Quarantäne gestellt: New York wollte seine damals gerade 6000 Einwohner vor einer Überflutung durch die ausgezehrten Gestalten schützen.

Im Vergleich zu dem fabulösen »goldenen Buch« über das neuentdeckte Carolina hatten sich die Bedingungen ins Gegenteil verkehrt. Der Gouverneur von New York, Robert Hunter, hatte Queen Anne einen Arbeitsvertrag unterbreitet, den sie über die Köpfe der Betroffenen hinweg bestätigte: Die Palatines sollten sich in New York so lange als Pechsieder für die Navy verdingen, bis die Aufwendungen für die Unterbringung in London und die Überfahrt abgegolten waren. Leben sollten sie auf dem Land eines Herrn Livingstone am oberen Hudson, dessen Felder sie zudem zu bebauen hatten. Das Pech wurde dringend von der britischen Marine gebraucht, um Schiffsrümpfe abzudichten. Aber aus der eingeritzten Rinde der Kiefern im Hudson Valley tropfte nicht genügend Harz, um daraus im Siedeverfahren ausreichend Pech zu gewinnen. Obwohl Hunter wie Livingstone einiges von ihren Privatvermögen dafür einsetzten, gingen ihre Pläne nicht auf. Es war zum Leben zu wenig und zum Sterben zu viel, und schließlich wanderten die »aufrührerischen«, so Hunter, Palatines ein zweites Mal aus, weiter den Hudson stromauf, wo die Halbverhungerten am Schoharie Creek von Mohawks aufgenommen wurden. Die Mohawks ernährten sie nicht nur, sie traten ihnen auch Land ab, und die Pfälzer gründeten Dörfer, deren Namen nach Heimat klangen: Fuchsendorf, Schmidtsdorf, Weiserdorf, Hartmannsdorf. Zum ersten Mal war man dort, wohin man gewollt hatte – in einem freien Land.

Einer aus dem Clan der Familie Weiser, Johann Conrad Weiser, lebte als Jugendlicher lange als Gast wie ein Sohn bei den Mohawks, erlernte ihre Sprache und fungierte Zeit seines Lebens als Dolmetscher zwischen indigenen Einwohnern und Weißen. Er handelte wohl einige der wechselnden Allianzen aus, in denen die Mohawks und die Pfälzer einmal gegen Franzosen, dann gegen Briten kämpften. Als die Pfälzer das Land am Schoharie Creek aufgrund britischer Besitzansprüche aufgeben mussten, siedelten sie sich weiter südlich in Pennsylvania an. Dorthin wanderten sie wie ihre Gastgeber: Sie schlugen sich eine Schneise über die Wasserscheide: sie »hieben einen Weg aus von Schoharie nach Susquehanna-River, führten ihre Sachen dahin und machten Canoen und fuhren das Wasser abwärts bis an den Mund der Suataro Creek und trieben ihr Vieh über Land«, so Conrad Weiser in seinem Tagebuch.

Auf dem Rhein wird Weiser nur Nachen gesehen haben, aus Brettern gefügte, lange Boote, die mit Rudern oder manchmal Stangen geführt wurden. Vielleicht war seine Familie auf einem solchen Nachen nach Rotterdam geflüchtet, beim Rudern immer das Land, das sie verließen, im Blick. Die Kanus dagegen, bei denen man beim Paddeln das Ziel nicht im Rücken, sondern vor Augen hat, waren für die Pfälzer Dinge einer anderen Welt: Entweder waren es Einbäume, oder um ein Holzgestell wurde Rinde gespannt – die Borke einer Papier-Birke (der Amerikanischen Weißbirke, die deshalb auch Kanu-Birke heißt). Idealerweise findet man einen Baum mit einem so weiten Umfang, dass fast das ganze Gestell mit der Rinde bespannt werden kann. Die eleganten Kanus, bald wie offene Küstenkajaks, bald wie breitere Kanadier gebaut, bewegen sich müheloser auf dem Wasser als die schweren Ruderkähne und Nachen der Alten Welt und wiegen dabei so wenig, dass man sie – zur Überwindung von Wasserscheiden, wie Weiser auf seinem Zug – leicht tragen kann. Ein Pfälzer, der wie ein Ureinwohner durch die Wälder streift, unterwegs Rindenkanus baut und sie von einem Fluss zum anderen trägt – der erste weiße Mohawk: Welche Reisen doch am Rhein ihren Anfang nehmen.

Auf ihrer Reise war die ganze Tierwelt anders und unbekannt: Truthähne, Elche, Bären. Die Biber waren größer, die Vögel bunter, aber ein Fisch war der gleiche: Im Susquehanna-River stießen sie auf den Maifisch, den sie vom Rhein kannten und der hier »American shad« genannt wird, dessen Schwärme die Gründerväter, die *founding fathers*, vor dem Hunger retteten: the *»founding fish«* wird er deshalb genannt.

*

Eine solche Menschenflut sollte Rotterdam nicht mehr unvorbereitet erleben. In der Zukunft war man besser darauf vorbereitet, die Reeder, die Kapitäne der Alten Welt und die Großgrundbesitzer der Neuen sollten in den nächsten 200 Jahren Wege finden, den nicht nachlassenden Auswanderungsdrang zu nutzen. Allein 1749 kamen 7000 Auswanderer in Philadelphia an, die zum großen Teil aus dem süddeutschen Raum stammten. Die meisten von ihnen finanzierten ihre Überfahrt, indem sie sich als »Redemptioners« verdingten: Ein Auftraggeber bezahlte die Schiffspassage, dafür würden die Auswanderer nach der Ankunft mehrere Jahre für ihn als Dienstherrn arbeiten, der sie dann schließlich mit einer Vergütung entließ.

Bis Dampfschiffe Ende der 1860er Jahre die Reisezeit über den Atlantik auf zwei Wochen verkürzten, dauerte die Überfahrt auf den Seglern acht bis zehn Wochen. Die Passagiere der untersten

Klasse reisten in eigentlich für die Fracht vorgesehenen Ladeluken: »Während der Seefahrt aber entstehet in den Schiffen ein Jammervolles Elend, Gestank, Dampf, Grauen, Erbrechen, mancherley See-Krankheiten, Fieber, Ruhr, Kopfweh, Hitzen, Verstopfungen des Leibes, Geschwulsten, Scharbock, Krebs, Mundfäule, und dergleichen, welches alles von alten und sehr scharf gesalzenen Speisen und Fleisch, auch von dem sehr schlimmen und wüsten Wasser herrühret, wodurch sehr viele elendlich verderben und sterben. Dieser Jammer steiget alsdann aufs höchste, wann man noch 2 bis 3 Tage Sturm ausstehen muss, dass man glaubt samt Schiff zu versinken und die so eng zusammengepackte Leute in den Bettstatten dadurch übereinander geworfen werden, Kranke wie Gesunde«, berichtet der Württemberger Gottlieb Mittelberger 1750 von einer Überfahrt, bei der allein zweiunddreißig Kinder ums Leben kamen.

Im 19. Jahrhundert entstanden überall in Deutschland Schiffs- oder Auswanderungsagenturen; die 1845 in Mainz von Washington Finlay gegründete hatte sechsundsechzig Unteragenturen im süddeutschen Raum. Die Leibeigenschaft war inzwischen abgeschafft, aber man benötigte weiterhin eine behördliche Genehmigung zur Ausreise, die sicherstellen sollte, dass der Wehrdienst abgeleistet war und es weder Gläubiger noch uneheliche Kinder gab. Erst mit dieser Bescheinigung konnte ein Passagekontrakt geschlossen werden, der die nötigen Einreisepapiere enthielt, die Schiffspassage bestätigte sowie die Anreise zum Überseehafen regelte: am Rhein meist per Schiff nach Rotterdam oder von Köln aus mit der 1844 fertiggestellten Eisenbahn nach Le Havre oder Antwerpen. Erst gegen Vorlage dieses Vertrages wurde von der Heimatbehörde ein Reisepass ausgestellt.

Anfang des 19. Jahrhunderts war es zu einem rasanten Bevölkerungswachstum gekommen, das wie die Hungerjahre um 1817 oder die politische Repression nach der gescheiterten Revolution von 1848 Millionen Menschen nach Amerika trieb. Erst gegen Ende des Jahrhunderts verminderte sich in Süddeutschland durch die auch hierzulande einsetzende Industrialisierung der Druck auszuwandern.

Aber der Zustrom der Emigranten sollte in Rotterdam nicht versiegen. Die Ende des 19. Jahrhunderts einsetzenden Pogrome vertrieben Millionen von Ostjuden, politische Umstürze taten das Ihre, so dass die neugegründete »Holland American Lijn« allein in den Jahren 1880 bis 1920 zwei Millionen Menschen nach New York transportierte. Die Reederei, die neben New York weitere nordamerikanische Häfen anlief und zunächst auch Frachtschiffe in ihrer Flotte hatte, spezialisierte sich bald mehr und mehr auf das Geschäft mit den Emigranten. Das Becken des Rheinhafens, das eben erst als Schutzhafen für die Flussfrachter entstanden war, wurde von der Reederei fast ganz übernommen.

*

Der Wasserbus hat uns von Delfshaven ans andere Ufer nach Katendrecht gebracht, der Halbinsel, die Maas- und Rheinhafen trennt. Hier sind der Bombardierung zum Trotz einige alte Häuserzeilen erhalten geblieben, daneben das ehemals größte Lagerhaus der Welt, das erst nach dem Krieg Feuer fing. Weil es durch so viele Brände ging, heißt es heute »Fenix«, Phönix. Als es 1922 für die Holland American Lijn erbaut wurde, wurde es »San Francisco Warehouse« getauft, ein 360 Meter langer Betonriegel, durchschnitten von zwei Schienensträngen, die durch Warenaufzüge mit der oberen Ebene verbunden waren. Von hier hievten Kräne die Lasten aufs Schiff.

Wir setzen uns direkt vor dem langen Gebäuderiegel auf einen der großen Poller an der Hafenmauer. Hier machten einst die Passagierschiffe mit Tauen so dick wie Oberschenkel fest. Während Kräne die Fracht in großen Netzen an Bord hoben, strömten über die Landungsbrücken bereits die Reisenden. In den Mänteln pressten sie ihre Passageverträge an die Brust, fühlten in den groben Stoffen der Taschen nach den Attesten, dass sie weder das Rheumatische Fieber noch ein Trachom plagte: Kriterien für die Einreise in die Neue Welt. Die Reederei betrieb am Pier ein eigenes Krankenhaus, in dem die Untersuchungen vorgenommen werden konnten. Die letzten Nächte hatten die Passagiere der zweiten und dritten Klasse zusammengepfercht in einem Speicherraum zugebracht, in einer schlaflosen Wolke aus Weinen und Tuscheln, aus ängstlichen Gebeten und aufgeregten Träumen.

Je nach Schiff gingen zwei- bis viertausend Menschen an Bord, von denen die wenigsten aus dem Art-déco-Gebäude auf der anderen Seite des Hafens kamen, wo die Passagiere der ersten Klasse in den letzten Nächten logierten. Dieses Hotel New York wurde zunächst für die Amerikaauswanderer der Holland American Lijn erbaut, später wurde es zum Hauptsitz der Reederei, deren Name auf dem burgähnlichen Gebäude mit den beiden Zinnen prangt. Zum Hafen hin zeigt der eine Turm die Uhrzeit an, während an dem anderen ein Zeiger wild über eine Kompassrose vor- und zurückfegt. Er gibt die Windrichtung an – und der Blick so mancher Reisenden wird vom Deck aus ängstlich das Rasen verfolgt haben.

Heute heißt der Pier nicht mehr Wilhelmina, was die deutschen Auswanderer an ihren Kaiser, vor dem sie flüchteten, erinnert haben wird, sondern Kop van Zuid und wandelt sich zu einem Architekturpark der Zukunft. Der dunkle Stein des imposanten Hotel New York ist nur noch ein niedriger Schrittstein für die dahinter in den Himmel ragenden Türme aus Glas und Stahl, Rem Koolhaas' »XL«-Gebäude *vertical city*, das eine durch schmale Lichtschächte durchbrochene kompakte Skyline imitiert. Durch die Wasserfläche des Rheins und der Hafenbecken ist genug Raum, in dem die eng auf der Hafenzunge stehenden Gebäude sich inszenieren können: Die obersten Stockwerke des Photomuseums, die ein zum Flugterminal mutierter Radiowecker zu sein scheinen, der Holzaufbau eines Wohngebäudes, der wie eine avancierte Engadiner Blockhütte wirkt, das Apartmentgebäude gegenüber, das auf einen Teil des »Fenix« aufgesetzt wurde und sich mit seinen Balkonen und Terrassen wie die Tribünen eines Stadions in sanftem Winkel nach hinten neigt. Viele der Türme wirken wie Kreuzfahrtdampfer, die sich zwischen Häuser verirrt haben, oder wie Segelschiffe, die einst auf dem Wasser hier entlangtrieben. So auch die elegante Erasmus-Brücke, ein weißer Origami-Schwan aus gerafften Segeln und einer harfenähnlichen

Takelage. Es ist eine der letzten Brücken über den Rhein vor seiner Mündung und vielleicht die schönste. Mit dem Fahrrad den langsam ansteigenden Bogen hinaufzufahren, den Wind vom Fluss in den Hosenbeinen zu spüren, dann am Scheitelpunkt nach hinten und vorn zu schauen und sich langsam vom Gefälle der Fahrbahn in die Stadt treiben zu lassen – das vermittelt uns körperlich das genaueste Gefühl für das, was Rotterdam mit der neuen Architektur erreichen will: eine Leichtigkeit, die den Schauder einer in ihrer Geschichte leergefegten Stadt überwindet.

Am Ende des Rheinhafens sieht man zwei weitere Skizzen für die Zukunft. In Bojen hat man Bäume ausgesetzt, deren Wipfel wie Chlorophyll-Metronome im Blau hängen. Aber im Gegensatz zu einem Wald bewegen sie sich nie auch nur im annähernd gleichen Takt, sondern die Wellen bewegen sie gegeneinander. Dieser schwimmende Wald wird nie ein grünes Dach über dem Wasser bilden. Die Idee eines *Dobberend Bos*, »eines wippenden Waldes«, wurde von Jeroen Everaert nach dem Kunstwerk *In Search Of Habitus* von Jorge Bakker konzipiert. Bakker baute in einem Aquarium eine kleine Modellwelt: Aus schwimmenden weißgetünchten Karotten in tatsächlicher Größe wachsen Bäume, dazwischen stehen von Frost bereifte Miniaturmenschen auf Klippen oder Eisschollen wie in einen metaphysisch leeren weißen Raum versetzte Eisenbahnfiguren – steigender Meeresspiegel, Klimakatastrophe.

Dem in roten, gelben und grünen Kübeln auf dem Rhein ausgesetzten schütteren Wald ging nach den heißen Sommern und dem Abschmelzen des Polareises jedoch das spielerische Moment verloren. Hinter dem Wald treiben die Pavillons von Blue 21, einer Rotterdamer Firma, die sich auf schwimmende Architektur spezialisiert hat. Ihr Wissen wird wie das der vielen Ingenieure, die sich in Holland mit dem Eindeichen, Entwässern und Schützen von unter dem Meeresspiegel liegenden Gebieten beschäftigt haben, immer gefragter. Die Zuversicht, dass es doch Lösungen gibt, die sich aus den jahrhundertelangen Erfahrungen mit Deichbau, Schöpfmühlen und Grachten speisen, ist greifbar, aber aus den angeketteten Bäumen will vor den Augen kein Wald entstehen. Bei der Übertragung der ursprünglichen Idee in den Maßstab des Hafenbeckens scheint der naive Optimismus mitgewachsen zu sein. Es wird keine Eisschollen mehr geben, auf denen Menschen schwimmenden Bäumen entgegentreiben.

3 Der Hafen

Industriell bedeutend wurde der Hafen von Rotterdam durch das Ruhrgebiet, der Hafen Duisburg liegt gerade 250 Stromkilometer entfernt. Heute kommt von dort weder Kohle noch Stahl, und die Auswanderer ziehen über andere Meere, nicht über den Rhein. Die Handelsrouten haben sich im Lauf der Jahre verlagert, die Schiffe sind größer geworden, und die Häfen müssen tiefer sein. Die wenigsten Güter kommen noch den Strom herunter – aus Deutschland Automobile, Steine, Kies und Chemikalien –, die meisten reisen stromauf: Kohle, Autos von überallher, aber vor allem Öl und Benzin. Auf dem Weg zur Mündung entstand in den Sechzigern der Europoort vor Rotterdam, auch heute noch der weltgrößte Hafen für Petrochemie. Von hier werden der Flughafen in Frankfurt sowie die BASF mit eigenen Pipelines direkt beliefert. Als während des letzten Niedrigstands des Rheins im Sommer 2018 die Tankschiffe monatelang nur halb beladen von Rotterdam zum Oberrhein fahren durften, konnte jeder an der Tankstelle am Benzinpreis seine Abhängigkeit von der Rheinschifffahrt ablesen.

Der vierzig Kilometer lange Petroleumhafen entlang der letzten Strecke des Flusses reicht aber lange schon nicht mehr aus. Deshalb erweitert man die riesige künstliche Insel, die schon in den sechziger Jahren vor der Rheinmündung aufgeschüttet wurde, um weitere Hafenbecken und baut so mit direktem Zugang zum tiefen Wasser der Nordsee eine zweite »Maasvlakte«, eine Maas-Fläche oder -Ebene. Auf dem Weg dorthin teilt sich der Fluss in drei beinahe parallel nebeneinander verlaufende Wasserwege: Auf dem Nieuwe Waterweg verkehren die Schiffe zwischen der Nordsee und dem Inneren Hafen von Rotterdam, auf dem Caland-Kanal die Seeschiffe, die im Europoort anlegen, und auf dem Hartelkanal begegnen einem die Binnenschiffe, die südlich des Europoorts unterwegs sind. Diese Möglichkeit einer weiträumigen Sortierung scheint wie der Traum eines Logistikers, der zu lange dem Gewimmel der aus- und einfahrenden Schiffe im Hamburger Hafen zugeschaut hat. Der Damm zwischen dem Nieuwe Waterweg und dem Caland-Kanal ist manchmal nur wenige Meter breit und wird zu einem gemauerten Kai, hinter dem die Schiffe wie farbige Schattenrisse vorbeiziehen – vorbei an den letzten Städten am Rhein wie Maassluis, das mit seinen Ziehbrücken und Kirchtürmen wirkt wie die Landschaft, die man im Hintergrund eines alten Gemäldes im Abendlicht gerade noch erkennt. Davor ragen Wohntürme mit futuristisch in sich gedrehten Fassaden auf. Dazwischen liegen Strecken wie Naturkulissen: ein Deich mit Wiese und Ried und dahinter haushohe Weidenbäume und Pappeln. Jeder Zipfel Land ist kostbar und steht in seiner Kontur klar umrissen da wie in einem Bilderlexikon für Kinder: Hafen, Straße, Raffinerie, Natur. Alles von Wasser eingefasst. Am Ufer, gegenüber den Auen und dem Europoort, rücken riesige Gewächshausreihen so dicht an die Kanten der Gräben und Kanäle, dass sie wie verglaste Bootshäuser wirken. Es ist eine in sich verschachtelte Landschaft, deren Einzelteile wie die Figuren in einem Pop-up-Buch hintereinander aufragen – wie auf dem Altarbild der Elisabethenflut mit ihren auf Inseln für sich stehenden Häusern und Kirchen.

Hinter einer Doppelreihe aus riesigen Gas- und Benzinkesseln liegt im Süden das mittelalterliche Brielle. Es war ehemals der erste Hafen am Meer, Rotterdam, 40 Meilen stromauf, war der letzte Hafen am Rhein. Brielle war eine mächtige Bürgerstadt, mit Wassergräben und Bastionen gesichert, und spielte in der holländischen Geschichte eine bedeutende Rolle: Es war die erste Stadt, die im 16. Jahrhundert die gegen die spanische Herrschaft rebellierenden Aufständischen an sich brachten. Aus der Luft gesehen liegt Brielle heute hinter den breiten Kesselanlagen des Europoort in der zweiten Reihe – wie eine zwischen grünen Wiesen und Auen verlorene Brosche aus Ziegeldächern und Grachten. Von der einstigen Vogelinsel vor ihren Toren, der Beer-Insel, ist nur der Name eines Kanals auf der Maasvlakte übrig geblieben, dessen schaumige Abwasser der Kapitän der Fähre Bier-Kanal nennt und dabei ein imaginäres Glas an seine Lippen führt.

*

Auf dem Weg von den Quellen zur Mündung wurden die Deiche entlang dem Fluss wegen der ständig größer werdenden Wassermasse fortlaufend erhöht: am Alpenrhein sind sie so eingerichtet, dass sie ein Hochwasser abhalten können, wie es alle 100 Jahre eintritt. Am Oberrhein sollen die Deiche auch eines abhalten, wie es in der Höhe alle 200 Jahre vorkommt, ab Krefeld eines für alle 500 Jahre und ab der niederländischen Grenze ein Hochwasser, wie es alle 1250 Jahre vorkommen kann. Das sind nur statistische Wahrscheinlichkeiten, es kamen schon mehrere Jahrhunderthochwasser in Folge. Und die Rechnung erfasst nur das Wasser, das der Rhein mit sich bringt. Im Delta drückt die Nordsee ihre Sturmfluten weit in das Land hinein, und dafür gilt eine ganz andere Statistik.

1953 traf dies mit Zeeland das gesamte Deltagebiet südlich der Rheinmündung. Ein Orkan über der Nordsee schwächte sich kaum ab, sondern blieb stark genug, um das Wasser vor sich aufzustauen: Statt bei Ebbe zurückzuweichen, drückte immer mehr Wasser gegen die Deiche und baute sich gegen Mitternacht des 31. Januar zu einer Springflut auf, einem Wasserhochstand, der durch eine besondere Konstellation von Sonne und Mond verursacht wird. In der Nacht brachen überall die Deiche, auf der nördlichen Insel des Deltas riss eine Welle eine Bresche von 1800 Metern. Der Sturm traf auch England und Belgien, aber nirgendwo war er so heftig wie hier: Von den insgesamt 2400 Toten waren drei Viertel Holländer. 3000 Häuser und 300 Höfe wurden vollständig zerstört, 40 000 Häuser und 3000 Bauernhöfe beschädigt, über 36 000 Kühe, Pferde, Schweine und Schafe ertranken. Ackerland wurde durch die Versalzung für die nächsten Jahre unfruchtbar, auf Hunderten von Kilometern mussten die Deiche instand gesetzt oder neu errichtet werden.

Das war der Auslöser eines großangelegten Delta-Plans, nach

dem die drei großen Mündungsarme von Schlei, Maas und Rhein mit Schleusen und Dämmen vom Meer abgetrennt wurden, wodurch sich die direkte Angriffsfläche des Meeres von 800 Kilometer Küste auf 80 Kilometer verringerte. Um die letzte Lücke des durchgehenden Schleusenwalls zu schließen und die Metropolregion um Rotterdam zu schützen, musste auch der Rhein abgesperrt werden. Doch wie sperrt man einen Fluss ohne feste Staumauer?

Die Antwort ist eine Ingenieurleistung, die gigantische Mechanik mit der weißgestrichenen Eleganz der Raumfahrt vereinigt. Nachdem 1970 mit der Schleusenmauer im Haringvliet auch der dritte große Meeresarm abgesperrt worden war, schloss man 1997 mit dem »Maeslantkering« am Rhein die letzte Lücke – einem riesigen Sperrwerk in der Form von zwei 210 Meter langen liegenden, strahlend weißen Kreissegmenten, die an langen Achsen, stählernen Fachwerkstreben gleich, von den beiden Ufern aus ins Wasser gedreht werden können. Sie liegen beidseits des Flusses in Trockendocks, die im Notfall geflutet werden, damit Elektromotoren die Sperrelemente vor einer drohenden Sturmflut in die Mitte des 360 Meter breiten Stroms schieben können, wo sie abgesenkt werden. Zweieinhalb Stunden dauert das, nötig wurde es bisher nur ein einziges Mal. Jedes der wie ein Tortenstück geformten Kreissegmente ist so lang wie der Eiffelturm hoch, aber es wurde insgesamt dreimal so viel Stahl verbaut wie dort, was man der in den grünen Deich gebetteten Anlage nicht ansieht.

Der Nieuwe Waterweg, wie der Rhein hier heißt, ist so breit wie der Fluss bei Mannheim. Es mischen sich Hochsee-, Küsten- und Rheinschiffe, und mit bloßem Auge ist kaum auszumachen, ob es noch eine Strömung gibt: Den Schiffen ist nicht anzumerken, ob sie stromauf oder stromab fahren. Amalia aus Werkendam ist ein tief im Wasser liegendes Rheintankschiff auf dem Weg zur Maasvlakte, ein großes Küstenschiff schiebt Container mit dem Schriftzug Evergreen bergauf, daneben stehen an Deck bunte Reihen von gelben und blauen Ferrymaster-Containern. Zwei Seeschwalben jagen und tauchen in dem Wasserlauf, an dessen einem Ufer ein riesiges Territorium aus kreisrunden Kesseltanks den Blick auf Brielle verdeckt, während auf der anderen Seite das seidige Flimmern der Weiden schimmert. Auf der einen Seite das Surren und Pfeifen der Autobahn, auf der anderen Seite das gemähte Gras.

*

»Richting Engeland« versprechen die Straßenschilder, als wir uns Hoek van Holland nähern, dem früheren Fischer- und Fährort an der Mündung des Rheins. Sein großer Bahnhof war hundert Jahre lang auf allen europäischen Fahrplänen aufgetaucht, und viele Zuglaufschilder nannten ihn als Zielbahnhof, denn die Eisenbahngesellschaften betrieben hier Fähren, was eine Direktverbindung mit London ermöglichte. Auf den Kontinentalverbindungen London-Moskau-Wladiwostok oder London-Istanbul-Bagdad war Hoek van Holland Zwischenstation, an der aus dem »Austria-Express«, dem »Berlin-London-Express«, dem »Holland-Skandinavien-Express« auf die Fähre umgestiegen werden konnte – oder ab 1928 in den luxuriösen »Rheingold«, den »Trans-Europ-Express«, der entlang dem Rhein in die Schweiz und sogar bis Mailand verkehrte.

Seit 2017 wirkt der Bahnhof wie aufgegeben. Hinter Bauzäunen und Absperrungen sind die Bahnsteige und Gleise sich selbst überlassen, der Umbau zu einem Vorortbahnhof, der Hoek van Holland mit Rotterdam verbinden sollte, blieb stecken. Seine Backsteine sind von den Hoffnungen der Auswanderer und der Wehmut der Exilanten schwarz geworden. Die Haupthalle liegt im Schatten eines sie weit überragenden Eingangsterminals zu den Fähren, die weiterhin von hier nach England ablegen. Aber von der Grandezza alter Bahnhofshallen, etwa der Baseler mit ihren großen Panoramabildern von Alpenzielen, ist hier nichts zu spüren. Der mehrstöckige Fährterminal ist über den Bahnhof hinausgewuchert und wirkt wie ein riesiger blecherner Hangar, an dem die noch höheren Fähren festmachen. Wie der herausgerissene Teil eines Flughafens saugt der Fährterminal die Passagiere und Kraftwagen auf die Fähren nach Harwich. In der Wartehalle des einstigen Bahnhofs gibt es Tickets für Kurzentschlossene und einen Asia-Imbiss, bei dem sich die Passagiere für die über sechsstündige Überfahrt eindecken.

An diesem Bahnhof begann Patrick Leigh Fermor, der englische Reiseschriftsteller, seine berühmte Fußreise, die ihn bis Konstantinopel führen sollte. Es war aber eine so garstige Dezembernacht 1933, dass er mutterseelenallein im Schnee schnell von der Fähre in den bereitstehenden Zug sprang und erst in Rotterdam nach einer Unterkunft suchte. Dort sollte er zur Besichtigung der Groote Kerk notieren: »Bis auf diese eine Kirche ging die wunderschöne Stadt nur wenige Jahre später im Bombenhagel unter. Hätte ich das geahnt, wäre ich geblieben.« Er hatte kein Auge für die modernistische Reihenhauszeile in Hoek van Holland mit dem kreisrunden, aus einer Hausecke vorspringenden Erker des Mondrian-Freundes J.J.P. Oud oder auch nur für die Holzbänke des Wartesaals, blank gerieben von den Mänteln der Männer und Frauen aus dem Rheinland, die woanders das Gleiche suchten wie er auf seiner Wanderung: »Ein neues Leben! Freiheit!«

Fermor erwähnt nicht den Leuchtturm, der heute klein und unscheinbar mitten im Land steht, nachdem der Ausbau der Maasvlakte die Mündung weiter in die Nordsee vorgeschoben hat. Irgendwie will der Turm nicht größer erscheinen als sein Gegenstück im Gotthard-Massiv, das auf dem Oberalp-Pass als Wegweiser steht. Er konnte nicht ahnen, dass er ein Jahr später an dem Lager vorbeikommen würde, in dem deutsche Emigranten interniert wurden, weil sie gegen das Verbot verstoßen hatten, sich politisch zu betätigen. Die Vorstellung, dass sie schlaflos vor Hoffnungslosigkeit das An- und Abkoppeln der Züge hörten, lässt einen verzweifeln.

*

Am Ortsausgang liegt die im Vergleich zum Anleger der Englandfähren winzige Landebrücke des Fährdienstes, dessen Boote hinüber auf das Gelände Maasvlakte fahren. Mit sechzig Quadratkilometern ist es nach der Erweiterung fast doppelt so groß wie der Europoort, dreimal so groß wie der Frankfurter Flughafen und viermal so groß, wie es der gesamte Hafen Rotterdams nach 1945 gewesen war. Die drei neuen Hafenbecken sind breit und tief genug für Containerriesen mit 399 Metern Länge, 59 Metern Breite, 73 Metern Höhe und bis zu 17 Metern Tiefgang. Bis zu 18 000 Container von sechs Metern Länge kann deren Fracht umfassen, die vollautomatisch ent-, be- oder umgeladen wird. Von hier erfolgt der Weitertransport meist auf einem der Rheinschiffe oder per Zug, nur fünfunddreißig Prozent der Ladung darf per Lastwagen bewegt werden. Aber wie sollte das auch gehen? Würden alle Container eines dieser Riesenschiffe auf Eisenbahnwaggons verladen, ergäben das über 400 Güterzüge; hintereinander wären sie über hundertmal so lang wie die längsten Güterzüge, die ich je als Kind an der Mosel zählte: 116 Waggons. Von der Loreley aus hatten wir Schiffsverbände aus vier Schubleichtern gesehen, die 360 Container stromab beförderten. Das ist so viel, wie drei Züge laden könnten, aber nur ein Fünfzigstel des Riesen.

Auf der Hafenfähre steht auch ein Ship-Spotter aus England mit einem Kameraobjektiv für Birdwatcher, aber er wird enttäuscht. Ihm kommen die Becken überdimensioniert vor, er vermisst den Verkehr. Wo ich ein reibungsloses Funktionieren der Logistik erkenne, sieht er leere Anlegestellen, und auch die Schnelligkeit, mit der heute angelegt und entladen wird, will ihm nicht einleuchten: wenig los heute. Ein Riesencontainerfrachter von Maersk, eines der Schiffe, die so groß sind, dass sie auf der Welt nur noch interkontinental zwischen vier Häfen im Westen und fünf im Osten verkehren. Ein ankommendes Schiff wird von zwei Schleppern in den Hafen bugsiert, während eines ihn verlässt, dazwischen wieder die Amalia aus Werkendam. Sie hatte, klein wie ein Streichholz, längs an einem der Giganten festgemacht und ihn über riesige Schläuche mit Schweröl versorgt. Leergesaugt liegt sie höher im Wasser. Ob eine Amalia für alle Tanks in dem Riesen reicht?

Der Engländer erzählt, dass viele mittelgroße Schiffe zur Zeit als unrentabel verschrottet würden, die Riesen mit 20 hintereinandergestaffelten Containerreihen sollten die Regel werden, dann würden 20 000 Container auf ein Schiff passen. Und die Chinesen bauen noch größere, aber wie riesig können die werden?

Wie schnell der von zu befördernden Bruttoregistertonnen befeuerte Wettlauf geht, kann der Stückgutfrachter Cap San Diego in Hamburg zeigen. Nur vier Jahre vor der Ankunft des ersten Containerschiffs in Rotterdam machte das Schiff 1962 seine Jungfernfahrt. 1986, noch keine fünfundzwanzig Jahre im Dienst, wurde es bereits zum Museumsschiff. Neunundvierzig Mann Besatzung hatte es auf seiner ersten Fahrt nach Südamerika und zurück. Später reduzierte sich die Mannschaft auf dreißig, während der dreimal so große Riese, der jetzt vor uns auf See geschleppt wird, nur noch sechzehn Mann an Bord hat. Der Ship-Spotter schüttelt mit dem Kopf und hofft im nächsten Hafen auf bessere Ausbeute.

Mitten in der Maasvlakte steht ein architektonisch avancierter Informationskiosk zu ihrer Entstehung, das FutureLand. Aber all den auf Nachhaltigkeit getrimmten grünen Prospekten in den Auslagen zum Trotz hat es heute im Becken eine Öllache gegeben, in die einige Singschwäne geraten sind. Als die Fähre wieder in Hoek van Holland anlegt, hat die Mannschaft von der Seenotrettung die Vögel bereits eingesammelt. Nun warten sie, wie Gänse in einen Anhänger eingepfercht, auf die Schicht vom Animal Rescue, Ehrenamtliche, die ihr Gefieder säubern werden. Am Abend sehen wir draußen an der letzten Mole, dort wo der Rhein mit der Nordsee verschwimmt, noch einen Schwan mit einem vollkommen schwarzen Hals. Entweder ist er der Seenotrettung entgangen, oder es gibt noch mehr Öllachen, von denen man nichts weiß.

⋆

Die ganze Maasvlakte ist ein Hafen, an dem immer noch gebaut wird. Die Aufschwemmung der Landfläche scheint abgeschlossen, und die neuen, in die See gesetzten Deiche sind fertig. Im Sommer 2018 wurde die Auflandung einiger Docks noch weiter verdichtet, die riesigen Hafenbecken waren bis auf eines noch leer. Überall leere Zubringer und Gleisfelder: wie eine Modelleisenbahn, bei der die wesentlichen Entscheidungen noch nicht getroffen sind. Alles ökologisch, so wird es in dem Kiosk des FutureLand versprochen, der

Küsten-Radwanderweg zur Fähre nach Hoek van Holland wurde extra hier entlanggeführt. Nachhaltigkeit ist das Stichwort, das ökologische Regelwerk zukunftssicher, damit die Betriebserlaubnis nicht irgendwann in Frage steht.

Entlang der Küste sind schon von weitem nicht nur die gewaltigen, im ausgefahrenen Zustand 120 Meter hohen Containerbrücken der Maasvlakte zu sehen, sondern auch das sie noch überragende Kohlekraftwerk. Um Zwischentransporte zu sparen, ist das Kraftwerk gleich da gebaut worden, wo eine sich über Kilometer hinziehende Fläche von Kohle- und Kalihalden, von Erz- und Schlackenhaufen erstreckt. Auf GoogleMaps sieht man eine Palette von gleißenden Schwarz-, Ocker- und Anthrazittönen, als hätte man hier allen Rost und Ruß des Ruhrgebiets zusammengekehrt und wie in einem gigantischen Farbkasten in saubere Parzellen getrennt. Ölraffinerien ziehen sich über den Europoort bis kurz vor Rotterdam den Rhein stromauf, aber man ahnt im FutureLand, dass es mit den etablierten fossilen Brennstoffen nicht immer so weitergehen wird. Deshalb setzt man für die Zukunft auf Pellet-Verfeuerung und schafft bereits eigene Lademöglichkeiten: Wenn die Petrochemie nicht mehr weiterwächst, will man Weltführer für Biomasse werden, wie sie den auf Holz basierenden Brennstoff nennen. Dass Wälder woanders weichen sollen, damit wir »nachhaltig« heizen können, ist eines der vielen absurden Dinge, die wir bei dem Besuch erleben.

*

Das Merkwürdigste auf der Maasvlakte ist die Menschenleere, mit der hier alles vor sich geht. Natürlich sitzen in den Kanzeln der Containerbrücken Menschen und folgen unsichtbar den computergesteuerten Prozessen. Nur an der Tankstelle steigen sie aus den Autos und Lastern, an der Anlegestelle der Lotsenboote stehen sie in einer schütteren Gruppe und warten rauchend auf den nächsten Einsatz. Es scheint wie der Traum von einer reibungslosen Distribution, einem Warenstrom, in den keine Hand mehr eingreift und der vollautomatisiert die ganze Welt umfasst. An die Logistik schließt nahtlos das Marketing an – ein geschlossener Kreislauf, angetrieben von dem Prozess, der die Wünsche der Menschen nicht errät, sondern suggeriert und erzeugt, aufgrund der Daten, die wir dem Netz schon längst überlassen haben. Verdeckte Ortungsdienste in den Apps unserer Mobiles machen uns vor dem Regal im Supermarkt darauf aufmerksam, dass Sonderangebote eingetroffen sind, und gaukeln uns das Bild von etwas Gewünschtem vor; das Werbebanner neben der E-Mail hat uns drei Monate lang immer wieder das gleiche Hemd gezeigt, bis nicht mehr länger nachgedacht wird. Ein Reflex, zwischen Wunsch und Erfüllung liegt ein Klick.

Es ist eine Welt der leeren Akkumulation, die keine Bedeutung generiert, sondern nur das Gefühl von kurzzeitiger Befriedigung oder Sättigung. Und weil beides flüchtig ist, darf zwischen Wunsch und Erfüllung kein Spalt, kein Zeitraum liegen. Die Lieferung muss über Nacht geschehen. Visualisiert werden diese Ströme von Verlangen und Waren gern mit Langzeitbelichtungen von nächtlichen Straßen, wo die Autolichter in weißen, roten und gelben Bahnen und Strichen den Verkehr nachzeichnen, der selbst geisterhaft unsichtbar bleibt. Die Waren- und Datenströme, die damit gemeint sind, finden hier, in den computergesteuerten Containerbrücken, größer als gotische Kathedralen, ihr Symbol: Anhand von aus Singapur überspielten Datensätzen werden die Container entladen, neu geordnet und, falls sie weiterreisen, wieder an Bord gehievt, damit es im Warenstrom zu keinem Rucken kommt.

Auf dem Gelände scheint diese Form von Gegenwart ihr Ideal gefunden zu haben – eine Gegenwart ohne Zögern, ohne die Dimension eines Noch-nicht, die erst dazu führt, dass man ein Gleichgewicht zwischen Erwartung und Erfahrung suchen muss, das die Neugier weiter antreibt.

4 Die Seeschwalben

In unserem ersten Sommer im Delta hatten wir überall Seeschwalben gesehen – Küstenseeschwalben, Flussseeschwalben, die elegantesten Segler unter unseren Meeresvögeln. Sie sind etwas kleiner als die Lachmöwen, aber mit ihren schlanken Flügeln, dem wie bei Mehlschwalben gegabelten Schwanz, dem bis auf die schwarze Haube weißen Gefieder und den kurzen Beinen sind sie mit den Möwen nicht zu verwechseln. Sie wirken zerbrechlich, reisen aber jedes Jahr von der Arktis zur Antarktis hin und zurück: Man hat errechnet, dass sie so im Jahr an die 50 000 Kilometer hinter sich bringen. Sie umrunden dabei die Antarktis, fliegen dicht über Wellenkämme, deren kleinste Windströme sie ausnutzen. Sie driften im Wind ab und müssen mit Gegenwind kämpfen. Manche segeln, ohne sich je an Land niederzulassen.

Die mehr als 14 000 Kilometer von der Antarktis zu ihren südlichsten Brutplätzen in den Dünen des Deltas oder zu ihren nördlichsten in Island und Grönland legen sie, das wissen wir von mit Sendern ausgestatteten Vögeln, in kleineren Tagesetappen von im Schnitt 123 Kilometern zurück. Dabei können sie sich auf dem Wasser niederlassen und ihren Flug wieder fortsetzen – im Gegensatz zu Watvögeln wie Knutts oder Goldregenpfeifern, die aus dem Wasser nicht mehr freikämen. Wie Delfine oder Robben schlafen viele Zugvögel in kurzen Phasen, in der im Flug die eine Hirnhälfte ruht, während die andere das Kommando übernimmt.

Diese lange Wanderung der Küstenseeschwalbe von Pol zu Pol, die Leichtigkeit ihres Flugs, ihre Resilienz sind einzigartig. Diese ungeheure Selbstverständlichkeit erzeugt ein schwindlig machendes Staunen. Vielleicht betrachten wir deshalb die Vögel so gern.

Fluss- und Küstenseeschwalben, die im Delta nebeneinander jagen, sind nur schwer voneinander zu unterscheiden. Beide tragen eine schwarze Kappe und haben einen roten Schnabel, wobei der Küstenseeschwalbe die schwarze Schnabelspitze fehlt. Letztere hat auch zur Einfassung des gegabelten Schwanzes zwei etwas längere Schweiffedern – und sie unternimmt eine weitere Wanderung im Herbst und Frühjahr, denn wie kein anderes Tier auf der Welt folgen die Küstenseeschwalben rund um das Jahr dem Sonnenlicht. Ihre Zugunruhe wird von den kürzer werdenden Tagen ausgelöst. Vor der ewigen Nacht im Norden fliehen sie in die ewige Helligkeit im Süden und umgekehrt, acht Monate lang leben die in der Arktis brütenden Seeschwalben in vierundzwanzigstündigem Licht, denn ihre Jagdmethode ist auf optimale Sicht angewiesen: Sie segeln über dem Meer, mit senkrecht zum Wasser gerecktem Schnabel konzentrieren sie sich auf die Fläche unter ihnen, stoßen plötzlich hinab, tauchen zwischen die Wellen ein und meist mit einem glitzernden Fisch im Schnabel wieder auf. Auch wenn sie sich über einem Fischschwarm sammeln, bilden sie keine Gruppen, sondern jedes Tier jagt für sich. Es gibt keine Wolke aus Zank wie bei den Möwen, kein Ballett rhythmisch sich wiederholender Bewegungen wie bei den Watvögeln.

In der scheinbaren Mühelosigkeit ihres Gleitflugs das ansatzlose Strecken vom Schnabel bis zum Schwanz zu einer geraden Linie beim Tauchsturz – die Bewegung ist so plötzlich und so harmonisch wie bei einem Eisvogel, der von seinem Sitz auf einem Ast oder an einem Schilfrohr im klaren Wasser untertaucht. Im Meer braucht es dazu eine hoch stehende, helle Sonne. Wegen der Lichtbrechung durch das Wasser, der vielen gegeneinanderlaufenden Reflexe auf der Oberfläche wie auf dem oft seichten Meeresboden ist es eine der schwierigsten Jagdmethoden. In ihrem weißen Federkleid ist die Seeschwalbe dazu bestens getarnt, während der in Flüssen und Bächen jagende Eisvogel die Farbe der Lehmwände, in die er seine Nisthöhlen gräbt, und des Himmels annimmt.

Diese Jagdtechnik ist dem Seeschwalbenküken nicht angeboren, sie muss ihm beigebracht werden. In zahllosen Versuchen muss gelernt werden, wie diese verwirrende Optik zu überwinden ist, ein so schwieriges Unterfangen, dass nur wenige Jungvögel das erste Jahr überstehen. An Fisch sind sie vom Schlüpfen an gewöhnt: Seeschwalben füttern keine vorverdaute Nahrung, sondern nur frischen Fang – auch wenn der gar nicht in das Kleine hineinpasst und der Schwanz aus dem Schnabel ragt. Und wenn die Nahrung nicht gleich genommen wird, sondern beim Schluckversuch in den Sand fällt, so hat man bei der Raubseeschwalbe – der größten Seeschwalbenart – beobachtet, wäscht der Elternvogel den Fang noch einmal im Wasser.

Für den Nestbau brauchen Seeschwalben nicht lange – eine Mulde wird mit dem eigenen Körper in den Sand gedreht, ein paar Federn, ein paar Stöckchen reichen. Hier am Haringvliet legen die Vögel die Kolonien ihrer Nester gleich hinter der Staumauer an und verteidigen ihr Brutgebiet gegen Menschen und Füchse mit wilden Flugattacken, die auf die Köpfe der Eindringlinge zielen und zu blutigen Striemen führen können. Am Reeser Altrhein hatte mir das eine Trauerseeschwalbe demonstriert.

Die Flussseeschwalben nisten nicht nur hier in den Mündungsarmen des Rheins, sondern überall an seinem Lauf bis hinauf an den Bodensee. Doch es werden jedes Jahr weniger, die Wasserqualität nimmt ab, der Fischbestand vermindert sich, und die Kiesbänke zum Brüten werden immer weniger. Flussseeschwalben wandern auf ihrem Zug nicht so weit südlich wie die Küstenseeschwalben und überwintern nicht in der Antarktis, sondern in Westafrika. Raubseeschwalben, Brandseeschwalben – die ebenfalls etwas größer sind als die Küstenseeschwalbe und vorwiegend in der Brandung jagen – sind dagegen schon äußerst selten geworden und an der Nordseeküste hier oder nur weiter im Norden zu finden.

Die Beharrlichkeit, mit der Zugvögel ihrem Brutgebiet treu bleiben, ist erstaunlich. Der Haringvliet, an dem sie seit Generationen nisten, ist nicht mehr der breite, wilde, weit ins Binnenland hineinragende Meeresarm, über den Lachse und Störe den Rhein hinaufwanderten, sich langsam ans Süßwasser gewöhnten, während sich auf den Sandbänken an seinem Zugang Seehunde und Kegelrobben sonnten. Der Tidenhub betrug einst bis dreißig Kilometer weit im Landesinneren noch zwei Meter. Salz- und Süßwasser tauschten sich in einer riesigen Zone aus, ein fruchtbarer Bereich. Doch seit 1970 der Vliet durch einen Staudamm vom Meer abgetrennt ist, wandelte sich das Wasser von salzig in süß. Nun sind es verschiedene Fische, die die Seeschwalben im Salzwasser vor und im Süßwasser hinter der Staumauer erbeuten. Und auch das wird sich vielleicht wieder ändern. Seit 2018 lässt man die Schleuse einen Spaltweit offen, um den Wasseraustausch zwischen Meer und Fluss wieder zu ermöglichen.

Zwei Monate lang fliegen jeden Sommer Tausende von Seeschwalben von ihren Nestern auf und über die Sperrmauer hin und her, sie füllen den Horizont bis hin zum Meer mit einem tausendfachen, immerwährenden Flügelschlagen. Es ist, als wäre man in eine Vogelwolke geraten, ein stilles Eilen, durchstoßen von den Schreien der Möwen, die den Seeschwalben ihren Fang aus dem Schnabel schnappen wollen. Aber meist genügt den Seeschwalben ein kaum merkliches Zucken der schmalen Schwingen, um den Möwen auszuweichen und unbehelligt weiterzugleiten, mit einem Flügelschlag Tempo zu gewinnen und in einem Bogen in der Brutkolonie am eigenen Nest zu landen – einem von Hunderten, die dicht nebeneinander auf einer Kiesbank im struppigen Dünengras liegen.

5 Slufter

Der Fluss ist ständig in Bewegung. Aber nicht nur das Wasser bewegt sich auf seinem Weg aus einer Höhe von 2400 Metern in den Alpen, sondern auch die Sohle, der Boden des Flussbetts aus Geröll, Kies, Felsbrocken, Sand und Schlick. Wäre der Fluss ohne Verbauung, ohne Dämme, Schleusen, Staumauern und Molen, würde diese Sohle in einer ständigen leichten Wellenbewegung stromab fließen. Es gäbe Geröllfänger wie den Bodensee, in den eine Zunge aus Ablagerungen des Alpenrheins jährlich um fast 29 Meter hineinwächst. Es gäbe natürliche Sperren, an denen sich das Geröll staute, am dramatischsten am Rheinfall bei Schaffhausen, aber auch an der Nackenheimer Schwelle südlich von Mainz oder bei dem Quarzit-Riff bei Bingen. Sandbänke würden sich bilden, langsam wachsen und stromab abreißen, ihr Geröll wieder in das Geschiebe des Flusses entlassen.

Wenn man die Ohren unter Wasser hält, kann man dieses geheime Leben des Flusses hören – abhängig von der Schleppspannung, wie die Hydrologen sagen: dem Vermögen der Strömung, grobe und große Kiesel zu transportieren oder eben nur noch Sand und Schlick. Entlang dem Flusslauf baut sich diese Schleppspannung mit nachlassendem Gefälle ab, aber es gibt zahlreiche Stellen, wo wir sie bemerken. Wenn wir am Ende der Binger Kribben an einem Sandstrand stehen, sehen wir, wie die Strömung mit ihren unterschiedlichen Geschwindigkeiten das Gestein sortiert, grobe Kiesel, schartige Felsbrocken eher auf der Sandbank an der Innenseite der Biegung ablegt und Sand hinter der letzten Buhne in einer flachen Bucht anschwemmt. Kurz vor der Mündung des Mains und dem weiten Bogen des Inselrheins durch den Rheingau hatte die Strömung so sehr nachgelassen, dass sich Unterwasserdünen bildeten, die von Mainz in Richtung Bingen wanderten und die Schifffahrt behinderten.

Durch unsere Eingriffe in den Flusslauf ist die natürliche Sohlenbewegung überall unterbrochen. Die Begradigung, das Eindeichen, die Staustufen und Staudämme, die Kribben, Buhnen und künstlichen Schwellen, die Kanalisierung, das unüberlegte Ausbaggern zur Kiesgewinnung, das Absinken der Landschaft, weil frühere Bergwerke in Ufernähe einbrechen – all das hat Folgen für das Flussbett. Die Unterwasserdünen und Sandbänke haben sich ohne den Menschen gebildet, jetzt werden sie von ihm kontrolliert.

Es gibt auch ein Zuwenig an Geröll. Die Mosel wurde mit Schleusen ganzjährig für Lastkähne schiffbar. Dadurch kam der Geschiebetransport des Flusses zum Erliegen. Wo früher die Mosel die Sohle des Rheins ständig mit neuem Material fütterte, kerbt er sich jetzt immer tiefer in das eigene Flussbett ein, was bei niedrigen Wasserständen zum Problem wurde, da die Fahrrinne zwar tiefer, aber immer enger wird. Deshalb wird auf dem letzten Flusskilometer mit Klappschuten Kies in die Mosel eingebracht oder auf ihre Sandbänke gebaggert und die Fahrrinne im Rhein über drei Kilometer kontrolliert. Bei den Sanddünen vor Mainz wurden entgegengesetzte Maßnahmen ergriffen: Man baggerte ein Loch ins Flussbett, das wie eine Geröllfalle funktioniert, aus der man nun Jahr für Jahr bis zu dreimal so viel Sand gewinnt, als man bei Koblenz Kies in die Mosel schüttet.

Es ist nicht nur das Geröll, das in der Flusssohle wandert, auch wir lassen unseren Abdruck darin zurück. 130 Liter Wasser verbraucht statistisch gesehen jeder Bewohner im Rhein-Einzugsgebiet am Tag, die als Abwasser über die Kanalisation wieder in den Fluss gelangen. Das Einzugsgebiet des Rheins betrifft nicht nur die Menschen, die gleich am Fluss leben, sondern das vollständige, in den Rhein mündende Gewässersystem, dessen Ausdehnung der Fläche der gesamten alten Bundesrepublik entspricht.

Als im Juni 1969 das Insektizid Thiodan der Farbwerke Hoechst den gesamten Fischbestand vom Binger Loch abwärts tötete, führten in den Orten am Rhein die Kanalisationen noch direkt in den Fluss.

Zwar hatte man die dicken Rohre weit in den Strom gelegt, aber bei Niedrigwasser quoll der Unrat sichtbar hervor: Es war, wie Bernhard Grzimek schrieb, »Deutschlands größte Kloake«. Man sprach damals schon von einem »toten« Fluss. Das Fischsterben von 1969 gab den Anstoß, endlich überall am Fluss Klärwerke zu bauen. In den folgenden Jahren erholte sich der Fluss so gut, dass er sich selbst nach der größten der folgenden Katastrophen, dem Brand der Lagerhalle des Chemiekonzerns Sandoz 1986, erstaunlich schnell stabilisierte. Damals starben von Basel stromab nicht nur alle Fische, sondern auch sämtliche Kleinstlebewesen. Der Fluss war bis hinter Mainz biologisch tot.

Seit die industrielle Verschmutzung eingedämmt und überall Kläranlagen gebaut wurden, rührt die größte Belastung des Flusses von der Menge der Substanzen her, die wir mit dem Abwasser einleiten und die nicht herausgefiltert oder abgebaut werden können: Arzneien, Röntgenkontrastmittel, Herbizide, Stickstoff durch die auf den Feldern verklappte Jauche und starke Zunahmen an Schwermetallen, die von Fassadenflächen aus Kupfer oder Zink herrühren. Für jedes Loch, das wir stopfen, reißt woanders ein Faden. Die meisten dieser Substanzen laufen durch keine Kläranlage, und selbst dann gäbe es bis jetzt keine Möglichkeit, sie effektiv zu neutralisieren. Sie kommen alle im Fluss an, lagern sich in der Sohle ab und wandern langsam mit ihr stromab. Dabei nimmt ihre Konzentration stetig zu: Wenn die Schleppspannung der Strömung nachlässt, wächst mit der Schlickschicht der Gehalt an Schadstoffen, der Schlamm bremst die Bewegung, immer mehr Schwebstoffe werden am Boden abgelagert. Wie der Schiefer am Boden der Grube Messel archiviert dieser Schlick die Geschichte unseres Umgangs mit dem Fluss. Denn selbst wenn das Wasser in der Gegenwart viel sauberer geworden ist, wirkt sich das auf den Schlamm in der Flusssohle nur wenig aus. So wie wir in ihm Münzen und Scherben aus der Römerzeit finden können und nicht detonierte Bomben aus dem Zweiten Weltkrieg, lagern darin auch Schichten mit den Giften der Chemieunfälle, der bekannten wie der unbekannten. Wenn nun am Ende des Stroms die Fahrrinne des Rotterdamer Hafens ausgebaggert wird, ist die Schadstoffkonzentration in dem geförderten Material so hoch, dass sie bei weitem die Grenzwerte überschreitet, bis zu denen das Geröll einfach in der Nordsee verklappt werden könnte, wie man es früher gehandhabt hat. Aber wohin mit dem hochtoxischen Geschiebe?

*

Wir sitzen auf dem höchsten Damm im Delta. Den Riesenhafen im Rücken, schauen wir auf einen künstlichen Dünenstrand, dessen Sand aus der Nordsee hochgepumpt wurde und wie frisch gewaschen wirkt – fast ein Anklang an die Karibik. In den Gezeitenprielen und -tümpeln steht das Wasser und mäandert bei einsetzender Ebbe der abziehenden Brandung hinterher. Im Holländischen heißen solche manchmal tiefgrün veralgten, bei Wind aufglitzernden und dann wieder zum Spiegelbild der Wolken werdenden Wasserläufe »Slufter«. Sie sind die eigentlichen Wiegen des Lebens, voller Plankton, Muscheln und Schnecken. Hunderte von Wasservögeln laufen aufgeregt am Rand und stempeln ihre Füße, ihre Krallen, ihre Schwimmhäute tausendfach übereinander in die sandige Erde, die in schlammigen Lagen versinkt: brauner Schlick, schwarzer Morast, grüne Algenfäden und losgerissenes Leben, warm wie Spülwasser, weich wie Moos, das die Schnäbel der Eiderenten, Austernfischer und Knutts unablässig drehen und wenden.

»Slufter« nannten die Betreiber des Rotterdamer Hafens wohl auch deswegen den vulkangroßen künstlichen Krater, den der höchste Sicherungsdamm im Delta umläuft. Schon die Deiche der gesamten Hafenanlage sind so hoch, dass nur eine rechnerisch alle 10 000 Jahre eintretende Sturmflut sie überwinden könnte. Der Damm des Slufters liegt noch höher, denn es wäre eine Katastrophe, wenn er überspült würde: In ihm sammeln sich nicht wie unten am Strand die organischen Bestandteile des Lebens, sondern der Aushub des Rotterdamer Hafens, das Geschiebe und Geröll, das nicht mehr in der Nordsee verklappt werden darf. Es ist ein Endlager, eine gigantische Giftmüllhalde.

Die Betreiber – und hier läuft einem bei dem Zahlenspiel von vermeintlicher Anschaulichkeit das Grauen über den Rücken – behaupten, dass man, wenn die Deponie voll wäre, mit dem Material eine zweieinhalb Meter hohe und einen Meter breite Mauer rund um den Äquator bauen könnte. Habe man so viel Gift aus dem Rhein geborgen, werde die Deponie begrünt und Teil des Naherholungsgebiets – so wie der Strand da unten auf der Rückseite eines der großen Containerterminals der Welt. Es fällt leicht, das zynisch zu finden. Aber die Niederländer sitzen am Ende der Pipeline, die wir gespeist haben, und müssen eine Lösung finden. Die Aufbereitung der Chemikalien ist aufwendig, braucht Zeit, und es ist ungewiss, was mit den Folgeprodukten geschieht. Eine Versiegelung der Substanzen, indem man das Material zum Beispiel in Betonblöcke gießt, verschiebt das Problem nur. Überall in Holland stehen oder entstehen ähnliche Deponien: Hollands Diep ist die nächstgelegene, IJsseloog die größte nach dem Slufter, der über 150 Millionen Kubikmeter fasst und seit seiner Erbauung 1987 schon über die Hälfte gefüllt ist.

Die Röntgenuntersuchung in Stuttgart, die bei Aschaffenburg ausgefahrene nitrathaltige Gülle, die Krebsbehandlungen in Bernkastel-Kues, Dortmund und Schaffhausen, das Kontrastmittel einer MRT in Frankfurt, die Reste von Chemikalien in verwesten Kadavern von Tieren, die bei einem Chemieunfall verendeten – sie alle haben zu dem Kratersee beigetragen, dessen Dämme Windschatten für die Nester der Austernfischer und Möwen bieten. Im Gegensatz zu uns können die Holländer das alles nicht an den nächsten Anrainer weitergeben, aber auch nicht mehr im Meer verschwinden lassen.

Stattdessen verstecken sie es in einem sogenannten Naturschutzgebiet. Die Hinderplaat, die unterhalb des Slufters liegt, ist der Versuch einer Reparationsleistung. Die ganze Küste zwischen Hoek van Holland und dem Haringvliet war einst vom Auslaufen des Rheins ins Meer bestimmt, ein fruchtbares Schwemmland mit Dünen und Salzmarschen, dessen Charakter durch den Bau der Maasvlakte vollkommen verändert wurde. Der Sand ganzer Inseln wie der Beer-Insel wurde verlagert und vom Nestbau zum Dockbau umgewidmet. Gleich daneben entstand ein Binnensee – das Oostvoornse Meer. Die Hinderplaat darf als strenge Naturschutzzone für nistende Vögel und rastende Robben gelten, kein Boot, kein Spaziergänger soll hier hinein. Doch gleich daneben ist ein Areal für Kitesurfer reserviert, die hoffentlich die Grenzmarkierungen in der Brandung erkennen. Daran schließt sich ein Familienstrand an, schließlich eine Nudistenzone. So ist an alle gedacht. Der Natur wurde ein neues Areal zugewiesen, eine Parzelle gleich unterhalb des Vulkans, der statt Lava Gifte in sich birgt, Rückstände des Lebensstils, den wir hervorgebracht haben und nicht aufgeben wollen. Ein dynamisches Miteinander, so wie es sich das FutureLand vorstellt mit seinen optimistischen Prospekten, die eine auf Nachhaltigkeit pochende Herrschaft über die Natur versprechen.

Ratlos stehen wir vor dem Zaun, der den Slufter umgibt. Es gibt vielleicht keinen zweiten Ort am Rhein, der unsere widersprüchliche Lage so genau fasst: Das Unheil, das wir in der Natur angerichtet haben, und dessen Kosten liegen offen vor uns und stellen ein unkalkulierbares Risiko für zukünftige Generationen dar. Und doch hat man vielleicht die einzige Möglichkeit gewählt, die bleibt: statt alles im Meer zu verklappen, das Gift in einer Deponie zu lagern, um es für einen gewissen Zeitraum kontrollieren zu können. Bis, sagt uns eine innere Stimme, die Hochwasser und Fluten kommen, von denen unsere Statistiken noch nichts wissen.

Hat die Antike einst in den verschlungenen sumpfigen Flussmündungen der Donau oder der Rhône den Eingang zur Unterwelt vermutet, scheinen wir hier ganz nah an der Schwelle zu einem Zustand »nach« der Natur. Willkommen im Anthropozän, dem ersten Erdzeitalter, in dem nicht der Einfluss von Kometen, die kippende Erdachse, tektonische Verschiebungen, Urmeere oder Vulkane eine geologische Erdepoche prägen – sondern der Einfluss des Menschen. Er findet sich wie der Niederschlag der Atombomben überall auf der Erde in Gesteinen und Mineralien wieder. Im Pazifik bilden sich Plastikinseln so groß wie ganze Länder und durch neue

Techniken und Eingriffe in die Stoffkreisläufe entstanden in den letzten 300 Jahren mehr als 208 neue Mineralien. Niemals zuvor gab es in einem so kurzen Zeitraum einen solch starken Anstieg an neuentstandenen Steinen – wie das in einer griechischen Schlackenhalde entdeckte Fiedlerit. Welche Verbindungen sich wohl gerade im Slufter bilden?

*

Auf dem Rückweg von der Maasvlakte hatten wir uns verlaufen. Wir gerieten auf eine wie mit dem Lineal gezogene zweispurige Asphaltpiste zwischen vier Meter hohen, mit Stacheldraht bewehrten Zäunen, dahinter Lagerhallen, die in der Hitze vor sich hin klickten. Alles war riesig, vollkommen eben und leergefegt. In der Sommerhitze schäumte der breite sandige Streifen vor und hinter den Zäunen von niedrigem Grün, Gras, Goldrute und anderen Neophyten, eingewanderten Pflanzen, die als blinde Passagiere im Ballast der Schiffe mit hergereist waren und an Land gingen.

Die Zone im Windschatten der Lager hatte eine Kolonie von Silbermöwen zu ihrem Nistplatz gemacht. Ihre Küken waren geschlüpft und sahen aus wie struppige Gänsejunge. Die Luft war voller Elternvögel, die mit Nahrung vom Meer zurückkehrten und mit großem Kreischen begrüßt wurden, bevor sie ihren Fang in die Rachen der Kleinen stopften. Die ersten Küken hatten ihre Nester verlassen oder fanden sie nicht wieder. Sie irrten mit verzweifeltem Schreien umher und reckten bei jedem Schatten, der sie streifte, die aufgerissenen Schnäbel in die Luft. Die Wärme des Asphalts, die sie in der anbrechenden Nacht gesucht hatten, war vielen zum Verhängnis geworden. Zu Hunderten waren ihre Kadaver von den Reifen auf die Straße getackert. Ihre Geschwister stakten zwischen ihnen umher und zerrten die Eingeweide aus den schwarzen geplatzten Bälgen, deren Inneres gelb und rot schimmerte. Wenn wir uns ihnen auf Armlänge näherten, flohen sie kurz in den struppigen Randstreifen, sobald wir vorbei waren, schossen sie wieder hervor. Einige liefen ein paar Meter hinter uns her.

Am Ende der Straße ein Anleger mit Wartehäuschen und Tankstelle für die Fährboote. Abwasser schäumten auf dem Kanal. Lotsen standen davor und rauchten, warteten auf den nächsten Einsatz. Die letzte Fähre hatte abgelegt.

6 Die Mündung

Wir sitzen auf der letzten Mole. Über einen Kilometer weit führt sie auf groben schwarzen Steinblöcken, die recycelt von einer anderen Hafenanlage aus Skandinavien stammen sollen, hinaus aufs Meer. Links die letzten Meter des Rheins, dessen Wellen von den ausfahrenden Schiffen mit einem klatschenden Geräusch an den Damm schlagen, rechts die See, ein schwarzes, olivgrünes Gewässer. Die anbrandenden und zurückströmenden Wellen verwandeln die Oberfläche in ein Tuch aus Gischt, das hin und her wogt und von Möwen genau beobachtet wird. Schnurgerade trennt die Mole die Fahrrinne ab, auf der im Abendlicht die Schiffe in einer stillen Prozession ausfahren. Ihre Konturen verlieren sich im orange-grauen Dämmer.

Am Signalmast der Noorderpier endet der Weg, und über die schartigen Klötze, feucht vom Sprühen der Wellen, will niemand so recht weiterklettern – auch nicht die Paare, die eine angefangene Rotweinflasche für den Sonnenuntergang dabeihaben. Sie setzen sich nach wenigen Metern auf ihre Decken, ducken sich zwischen die Steine und ziehen die Ärmel über die Hände.

An der Mole, mit dem Gesicht zum gegenüberliegenden Damm der Maasvlakte, stehen Angler. In Holland braucht man an Binnengewässern wie überall am Rhein einen Angelschein, nicht aber hier, da die Mole, obwohl man im Fluss fischt, schon zur Küste gehört. Vor allem Einwanderer fischen hier, es beißen Brassen, die aber als zu klein wieder zurückgeworfen werden. Heute ist nichts los, das sagen am Fluss immer alle. Aber beim Blick in die Eimer sieht es oft gar nicht so hoffnungslos aus. Vielleicht war der Fang nicht so schlecht, und man wollte nur vermeiden, dass sich einer danebenstellt? Der Mann aus Algerien lacht nur.

Die Noorderpier ist gerade 150 Jahre alt und eines der letzten Bauwerke des sieben Kilometer langen Kanals, der dem Rhein einen »Nieuwe Waterweg« bescherte und damit erst seine heutige Mündung. Die Bauarbeiten begannen 1866. Davor leitete ein vier Kilometer breites Dünenstück den Rhein bei Maassluis, wo heute das Flusssperrwerk am Ufer liegt, nach Südwesten ab. Diese ins Meer ragende »Ecke«, den »Hoek«, zu durchstechen war die Aufgabe, die sich der Wasserbauingenieur Pieter Caland stellte, denn durch den Hoek drohte die Hafenzufahrt nach Rotterdam immer wieder zu versanden und mit Schlick und Schlamm zugespült zu werden. Die Industrialisierung des Rheintals machte aus Rotterdam den wichtigsten Umschlagplatz für das Ruhrgebiet, der Hafen bei Duisburg wurde ständig erweitert. Ein schneller und unproblematischer Zugang zum Meer wurde gebraucht, denn die anderen Deltaarme bedeuteten große Umwege.

Nach der Fertigstellung des »Nieuwe Waterweg« 1872 hatte die Noorderpier eine Parallele, ein Gegenüber, das genauso weit ins Meer hinausragte. Zwischen ihnen waren die Schiffe vor den tückischen Strömungen der Nordsee in Sicherheit. Aber nicht alle fanden die Einfahrt. Im Februar 1907 kollidierte das Passagierschiff »Berlin« der Fährlinie nach Harwich mit der Spitze der nördlichen Mole. 168 Menschen ertranken in der rauen Dünung, gerade 2000 Meter vom rettenden Ufer entfernt.

Mit dem Bau des »Nieuwe Waterweg« begann auch die Geschichte von Hoek van Holland als Ort. Es entstand der Fährhafen mit dem Bahnhof. Dort, wo früher nur eine sandige, wüste, vom Sturm gepeitschte Dünenlandschaft gewesen war, lag nun nicht nur der Zugang zu einem der größten Häfen Europas, sondern auch eine der Endstationen internationaler Zuglinien. Militärisch geriet der Ort dadurch ins Fadenkreuz. Deshalb ist der Weg hinaus zum Noorderpier von Bunkern gesäumt, Teil des Atlantikwalls, mit dem die Deutschen im Zweiten Weltkrieg ganz Europa auf einer Länge von 5000 Kilometern gegen eine mögliche Invasion schützen wollten. Hoek van Holland war in dieser sich vom Golf von Biskaya bis zum Nordkap in Norwegen erstreckenden Verteidigungslinie eine der elf »Festungen«, die die Deutschen als uneinnehmbar ansahen.

Bei Hoek zogen sich die Bauten des Schutzwalls von der Küstenlinie entlang dem »Nieuwe Waterweg« weit ins Landesinnere und wurden bei Rozenburg mit Geschützen des irreparabel von Bomben beschädigten Schlachtschiffes Gneisenau bestückt. Stahl ging wie viele Rohstoffe zur Neige, man musste an Material sparen, und Geschütze waren rar. Der im November 1943 geplante Wall war eine militärische Chimäre, für die die Leben ganzer Heere von Zwangsarbeitern, Kriegsgefangenen und deutschen Soldaten geopfert wurden – und die letztlich die Invasion nur einen Tag lang aufhalten konnte. Nur die Festungen hielten länger stand: Waren ganze Städte in den Festungsring einbezogen, verteidigten sie die Deutschen unerbittlich. Saint-Nazaire, das als Stadt an der Loire-Mündung in einer strategisch ähnlich exponierten Situation war wie Hoek, wurde monatelang von den Alliierten eingekesselt. Die Bevölkerung musste bis zur Kapitulation am 11. Mai 1945 ausharren – bis sich die deutsche Besatzung endlich drei Tage nach dem Kriegsende ergab. Hoek van Holland blieb zwar solch eine Belagerung erspart, nicht aber die Bombardierung, die die Stadt vollkommen zerstörte.

Der Beton der Bunker verrottet heute in den Dünen, vor denen direkt am Meer auf Stelzen kubische Strandhäuser und Restaurants mit Flair gebaut wurden – mit Blick auf die in den Sonnenuntergang ziehenden Schiffe. Doch bei keinem Besuch kann ich meine Beklemmung abschütteln. Es ist kein Ort wie die Stelle in Rheinhessen, wo man im Zug in einer langen Kurve auf Bingen zufährt: die freudige Erwartung, gleich hinter dem Schimmern der Pappeln den Fluss zu sehen, wie er sich aus dem weiten Becken des Inselrheins zwischen die Hangschultern in das Gebirge zwängt. Der Ort, wo die Seele sich an die Landschaft knüpft: die Kribben bei Bingen, der Blick über das Val Cadlimo mit dem Reno da Medel, im Rauschen des Stroms unter den überhängenden Bäumen der Töss-Mündung, auf der Fähre in Basel, die zur Münstersceite hinüberschwingt … Zur Mündung bin ich oft gereist, weil ich dachte, das würde der letzte Ort in dieser langen Reihe.

Vergebens schaue ich den ausfahrenden Schiffen hinterher und suche nach dem Spalt, durch den die Friesen ihre mit Seelen beladenen Kähne auf die andere Seite ruderten. Stattdessen wirkt hier alles wie eine hilflose Wiedergutmachung. Strandhäuser und ein Freizeitpark vor der Bunkerdüne, die einen Kanal als Zufahrt zu einem Hafen bewacht. Hier wurde Sand angeschüttet, um den Verlust der Dünenlandschaft durch den Bau der Maasvlakte und des Slufters auszugleichen. Es ist, als würde sich Plakatwand vor Plakatwand schieben. Eine Kompensationslandschaft.

Auf dem Rückweg komme ich an einer Stelle vorbei, an der wie überall am Fluss Buhnen weit ins Wasser gelegt wurden, um die Fahrrinne besser zu fassen. Zum Strom hin sind die Steindämme durch Mauern zu riesigen Rechtecken verbunden. Ebbe, das Wasser ist gefallen und hat das bei Flut leicht unter Wasser liegende Gitter freigelegt. Auf dem schwarzen Stein trocknen grüngelbe, fast neonfarbene Algen. Sie leuchten wie Flachs. Völlig reglos spiegeln die Staubecken den blass orangenen Abendhimmel, das Grün der Algen und das Rot der Bojen, die die Fahrrinne markieren. Dahinter die Wellen, die Kräuselung, die Schiffe und dann der Hafen mit seinen Ladebrücken und Kraftwerken. Im Inneren der Rechtecke scheint das stille Wasser all das zu fassen – eine Leerstelle zwischen den Dingen, bis sich Wind erhebt und den Spiegel verwischt.

Kurz hat der glatte Wasserspiegel den Sog der Strömung erahnen lassen. Ein Fließen, das nicht zu halten ist und sich nicht erschöpft. Ihm bin ich bis hierher gefolgt. Es hat etwas Unaufhaltbares und zugleich eine Ruhe, eine Gewissheit: Das Wasser ist immer schon geflossen, wenn auch in anderen Rinnen und Tälern, der Rhein hat immer schon sein Ziel gefunden. Und auch hier, kurz vor dem Ende, lässt sein Drang nicht nach. Er wird nicht von der See aufgesogen, er speist das Meer. Uneinholbar.

7 Die Ankunft

Mitte April 2019 streiften wir eine Woche lang von Süden nach Norden an der Nordseeküste des Rheindeltas entlang und warteten auf den Augenblick, in dem die Seeschwalben von ihrer Wanderung zurückkehren. Als wir zu Hause aufbrachen, hingen plötzlich wieder Schneeflocken in der Luft. Am Strand standen wir in Handschuhen und Daunenjacken und suchten den Horizont mit Ferngläsern ab.

Silbermöwen, Lachmöwen, Austernfischer, Brandenten – alle versammeln sich in den beim Ablaufen der Flut stehengebliebenen Prielen, durchkämmen die Gezeitentümpel, laufen durch die seicht auslaufende Brandung, stochern im Sand oder lassen sich mit einem Platschen zwischen die Wellen plumpsen. Wir fahren das ganze Rheindelta ab – nirgends eine Seeschwalbe.

Nach drei, vier heißen Frühlingstagen steht unsere Abreise bevor. Noch einmal auf die Maasvlakte. Im letzten Jahr haben sich noch mehr Lagerhallen und Containerdepots auf das Gelände geschoben. Die weiten Schleifen aus Straßen, die sich im letzten Sommer noch eben und leer über den Sand schlängelten, sind jetzt zu Einfahrten, Zufahrten geworden und enden vor Toren, Zäunen und den Schranken von Containerdepots, die so groß sind wie Kleinstädte aus nach Farbe und Reederei sortierten Stahlbehältern. Zwischen Baustellensperren verlieren wir den Weg und setzen immer wieder zurück, bis plötzlich ein Polizist auf dem Motorrad neben dem Auto steht und fragt, was wir hier treiben. Wir suchen den Weg zum Strand. Er will uns aus der Welt der Express-Container und Güterverladestationen heraushaben und zeigt uns höflich, aber bestimmt eine weitere Schleife bis hinauf an den Slufter, den Krater mit dem toxischen Schlick.

Sonntag, der Krater liegt still unter dem Surren der Windräder, die sich leicht ruckend über unseren Köpfen drehen. Das Geräusch gibt dem Slufter etwas Neutrales, wie zwischen den Terminals da unten an den Kais, wo Kräne mit von Computern gesteuerten Laufkatzen Container von den Schiffen heben – ein Zischen der Stahlseile, ein hohles Poltern, ein metallisches Klirren. Es ist ein technischer Klangraum hier oben unter dem blauen Himmel, der sich zwischen dem breiten Schlickkragen des Slufters spiegelt. Er nimmt dem Krater das Natürliche, mit dem man ihn umgeben will.

Im wilden Gestrüpp, das den steilen Damm vom Slufter hinunter zum Strand bedeckt, singen Schwarzkehlchen, sperlingsgroße Wiesenschnäpper, die in Südwesteuropa überwintern und sechs, sieben Wochen vor den Seeschwalben hier eintreffen – wie die Kiebitze, die auf den Marschwiesen hinter dem Deich und entlang dem Niederrhein mit ihrem Balzflug begonnen haben, eine mit breiten Flügeln dicht über den Boden gezogene liegende Acht. An ihren paddelartig großen Schwingen sind die schwarzweißen Vögel leicht zu erkennen. Zur Paarungszeit verteidigen sie ihr Revier mit Sturzmanövern, wie aus dem Himmel trudelnde Drachen, die sich erst knapp über der Erde wieder fangen.

Wir gehen die Düne hinunter zu dem »Kleinen Slufter«, wie die Tafel an der Aussichtsplattform den Slufter am Strand, den Priel dort unten, nennt: ein Geflecht aus Gezeitentümpeln zwischen der Hinderplaat, dem für Menschen gesperrten Naturschutzgebiet im Osten, und dem neu aufgeschütteten Sand der Maasvlakte, ihrem künstlichen Strand. Im klaren Wasser der Gezeitenteiche scheint alles unseren Augen näher gerückt. Die Farben leuchten heller, auch die Schatten scheinen aus Licht. Die Textur der Dinge öffnet sich dem Betrachter. Heben wir etwas aus dem Wasser, bemerken wir, dass das Licht die Verwandlung bewirkt. Der karmesinrote Kiesel wird zur dunkelbraunen Erzknolle. Doch die leuchtende Transparenz und sinnliche Tiefenschärfe scheint bis zur Entstehung des Lebens selbst zu reichen, mit den ersten Molekülen, die sich in solchen urzeitlichen Tümpeln zu organischen Strukturen verbanden. Wenn wir die Füße aus dem weichen Schlick heben und der dunkle morastige Abdruck unserer Spuren in dem klaren Wasser aufwölkt, scheint dieser Prozess noch immer im Gange und ernährt die vielen Weißfische, Muscheln und Krebse, Krabben und Sandwürmer. Wir beobachten, wie sich die fingergroßen Sandaale, bernsteinfarben vor dem ockerfarbenen Untergrund, von den Wellen bis fast ans Trockene tragen lassen, dann schnell wenden und zurückflitzen. Ein Tauchvogel hockt im Seichten, ein angeschlagenes Tier, das sich mit dem einen heilen Fuß ins tiefere Wasser abstößt, wenn ihm die Hunde der Strandgänger zu nahe kommen. Die Schreie der Möwen.

Ein leerer Horizont. Aber plötzlich streichen Vögel über die Sandbank: ein Pulk aus vier, fünf Seeschwalben, die im Gegenlicht nur schwer auszumachen sind. Die sichelförmigen Schwingen sind schmaler als die der Möwen, der Kopf wirkt durch die schwarze Haube gedrungener – aber durch die Eleganz des langsamen Gleitens dicht über den Wellen, bei dem sie jeden Windstoß ausnutzen, die Art, die Flügel eng an den Körper zu legen und sich fast ansatzlos aus dem Flug ins Wasser zu stürzen, ohne ein Spritzen zu erzeugen, die Plötzlichkeit, mit der sie mit den Flügeln zuerst und mit einem glitzernden Sandaal im Schnabel wieder auftauchen und in der Luft sind, sind sie mit keinem anderen Vogel zu verwechseln.

Die Vögel jagen ein paar Minuten. Kaum können wir ihren Bewegungen mit dem Fernglas folgen, sind sie wieder genauso rasch verschwunden. Aufgesogen vom Licht.

*

Von dem höchsten Punkt der Düne kann man weit über das Naturschutzgebiet schauen und hat einen guten Blick auf die große Sandbank an ihrem Rand, die bei Flut kleiner geworden ist. Die Schar der Vögel ist zusammengerückt: Kormorane, Möwen, Austernfischer, Brandenten – sie alle bilden kleinere oder größere Gruppen, doch zwischen ihnen sind neue aufgetaucht, Knutts – kleine Strandläufer, Watvögel, so groß wie Amseln auf Stelzen.

Sie sind vielleicht von Guinea oder den Kapverdischen Inseln gekommen und werden lange Zeit über dem offenen Wasser geflogen sein – wie ihre Verwandten, die Goldregenpfeifer, die jedes Jahr von Schottland kommend auf Island die Wiederkehr des Frühlings anzeigen. Sie legen ihren Weg in großen Abschnitten von mehreren tausend Kilometern zurück und verdoppeln davor ihr Körpergewicht durch Fettreserven. Von einem mit einem Sender ausgestatteten Pazifischen Goldregenpfeifer wissen wir sogar, dass er die berühmteste aller Zugpassagen über dem offenen Meer – 5000 Kilometer von Alaska nach Hawaii – in fünfzig Stunden nonstop hinter sich gebracht hat. Ein zarter, zerbrechlicher Heroismus lebt in den schmalen Körpern.

Und da sind sie: die Seeschwalben. Vielleicht hundert Tiere sitzen im Sand, rasten, fliegen in einer aufflackernden Unruhe hoch, streichen kurz über das Wasser, scheinen nach dem langen Weg ihre Flügel zu testen, ein paar schnelle Wendungen, als wollten sie etwas nicht verlernen, und wieder zurück auf den Sand.

Die Küstenseeschwalben sind von ihrer Reise ans andere Ende der Welt zurückgekehrt. Die vergangenen vier heißen Tage mit ihrem gleißenden Licht müssen sie weitergelockt haben. Ob die Schar auf der Sandbank hier an einem der Mündungsarme des Rheins nisten wird oder ihren Flug weiter in die Arktis jenseits des Polarkreises fortsetzt, ist ungewiss. In den nächsten Tagen werden Tausende von ihnen hier durchziehen, und nur die hier geschlüpften werden bleiben.

Jetzt wird die ganze Schar unruhig, die Vögel falten ihre Schwingen auf, dann wieder ein, recken ihre Flügelspitzen und sind schon in der Luft. Ein, zwei Flügelschläge, und sie gleiten dahin.

Die Vögel verschwinden im Licht. In einem Raum, dessen Koordinaten wir umreißen können, dessen Dimensionen uns aber verschlossen bleiben. Nur der Flug eines Vogels scheint ihn zu fassen. Als trüge das kleine Tier das ganze Firmament wie einen Kompass in sich, als schaute die Seeschwalbe mit einem Wissen auf die Erde, das so alt ist wie die Jahrmillionen, in denen sie den Fischschwärmen um den Globus folgt. Unsere Geschichte darin ist nur eine Sekunde.

Dank an alle Lotsen und Kapitäne

Achim Vossmeyer, Alexander Roesler, Alina, Alma, Anselmo Gadola, Barry Lopez, Cécile Wick, Christina Müller, Christoph Ransmayr, Corinna Fiedler, Elke Fuhrmann, Elke Wiepen, Fellini, Frank Geck, Friedjo Goedert, Gerd-Peter Kossler, Hendrik Halbleib, Heidi Borhau, Herr Endress, Ingeborg Voigt, Jasmin Rackl, Jitka Hanzlová, Jörg Bong, Jörg Hahn, John Berger, Jürgen Czwienk, Jürgen Hosemann, Julia Giordano, Julia Holbe, Katrin Altenhein, Katrin Meerkamp, Kerstin Seydler, Lars, László Krasznahorkai, Maria, Marion Gerwien, Michael Krüger, Miyuki, Monika Schoeller, Myriam Alfano, Nancy Campbell, Nina Sillem, Paul und Flavia Ulmer, Peter Sillem, Petra Wittrock, Ralph Baumgärtel, Richard Powers, Robert Hass, Robert Macfarlane, Robert Schlepütz, Sabine Bischoff, Sebastian, Siv Bublitz, Steffen Gommel, Ulrike Holler, Wouter Südkamp

und an meine Eltern Marie-Luise und Rudolf Balmes.

Anmerkungen

I Der Fluss der Zeit

19 *Ur-Rhein* Zur Entdeckung des Ur-Rheins s. S. 245 ff. Wurde früher seine Entstehung vor 10 Millionen Jahren angenommen, geht man inzwischen von 15 Millionen Jahren aus, vgl. Böhme: The Antiquity of the Rhine River: Stratigraphic Coverage of the Dinotheriensande.

21 *Die Grube Messel* Die Fossilien aus Messel werden heute von dem Hessischen Landesmuseum in Darmstadt und der Senckenberg Gesellschaft in Frankfurt erforscht, vgl.: Gruber: Messel – Schätze der Urzeit. Hessisches Landesmuseum Darmstadt, sowie Schaal: MESSEL – ein fossiles Tropenökosystem. Senckenberg Gesellschaft für Naturforschung.

31 *Als hätte selbst der Mond geblüht* Bashô: »Ein Feld voll Baumwolle – / hat selbst der Mond / geblüht?« in: Haiku. Herausgegeben und aus dem Englischen übersetzt von Hans Jürgen Balmes. Mit Zeichnungen von Cécile Wick. Frankfurt am Main: Fischer Taschenbibliothek 2016. S. 60.

32 *Klang … aus der Glocke schält* Buson: »Kühlung – / wie Klang sich aus / der Glocke schält«. Ebd., S. 67.

II In den Alpen

46 *Dr. F. G. Strebler und Prof. Dr. C. Schröler* Aus dem Hüttenbuch der Zapporthütte.

47 *Windhöhle … Wetterloch* Ebel: Anleitung auf die nützlichste und genussvollste Art, die Schweiz zu bereisen, S. 689 f.

48 *hier nimmt das Thal einen schauerlichen Charakter an* Leonhard: Taschenbuch für die gesammte Mineralogie, S. 356.

50 *Laut den Glaziologen* Die Gletscher der Schweizer Alpen. Jahrbücher der Expertenkommission für Kryosphärenmessnetze.

50 *Zungenende des Paradiesgletschers* Oscar Hugentobler: Wie lange ist der Paradiesgletscher noch ein Gletscher? In: Pötschli. 6. 11. 2003.

53 *Wie zerbrochen oder ungeordnet* John Ruskin: Modern Painters. Volume IV. Of Mountain Beauty (1856). Übersetzt von Thomas Pöhler in seinem Essay: Steine und Leben – Vom Verschwinden, Wachsen und Sein. In: Emacora: Die Kräfte hinter den Formen, S. 73.

57 *Arsiert ... Val Pardi* Gadola: Die Schalen- und Zeichensteine im Schams. Band I, S. 19, 61.

58 *Vernetzungs-Darlegungen* Ebd., S. 11 f.

60 *durchkreuzte konzentrische Kreisbild* Ebd., S. 138.

62 *Erst die Erkundung vor Ort* Ebd., S. 135.

62 *geistige Zentrumsörtlichkeit* Ebd., S. 121.

63 *pfotenabdruckförmige* Ebd., S. 21.

64 *Vermessungsgeschicklichkeit* Ebd., S. 133.

64 *Im Sog dieses bildhaften Mittelpunktes* Ebd., S. 121.

64 *Nur der Schalenstein bewahrt sich seine Seele* Ebd., S. 58.

66 *peilt mit einem Azimut* Website des Parc la Mutta: www.parclamutta.falera.net.

69 *10 000 Millionen Kubikmeter* Die genaue Zahl ist schlecht abzuschätzen, es werden auch 25 000 oder gar 40 000 Millionen Kubikmeter genannt.

72 *Die Strömung schwillt im Takt* Surselva. nossa patria – unsere Heimat. Zum 20-Jahr-Jubiläum der Zeitschrift »La Quotidiana« und zum 50-Jahr-Jubiläum der »Regiun Surselva«. Glarus: Somedia 2017, S. 100 f.

74 *Tausende der »Rheinlanken«* http://www.fischerweb.ch/news/seeforellen.htm

74 *drei Photos dieser Wanderfische* Diese Photos und weitere Informationen aus: Mendez: Laichwanderung der Seeforelle im Alpenrhein.

75 *aus Genfer See ... Walensee ... in den Bodensee umgesiedelt* Rey: Die Seeforelle in der Steinach, S. 5.

77 *in achtzehn Stunden ...* Mendez: Laichwanderung der Seeforelle, S. 27. – Ricardo Mendez führt eine norwegische Studie an, nach der Meerforellen, die aus dem Meer in die Heimatgewässer aufsteigen, zehn Tage vor einem Stauwerk abwarten, bis die Restwasserstrecke genügend Wasser führt, um von ihnen erkannt zu werden, ebd., S. 47.

86 *Winter 30 Prozent ... Sommer 70 Prozent* Price: Mountains, S. 34. Price rekurriert auf U. Bundi (Hg.): Alpine Waters. Springer: Heidelberg 2010.

86 *Wahrscheinlichkeit extremer Hochwasser* Handbuch Rhein, S. 147.

95 *Andres Ryff* Gustav Solar gibt in seiner Monographie der Zeichnungen Hackaerts das Originalzitat wieder: »gantz sorgliche, von holtz gemachte stroßen, so ahn die felsen gekleibt sind, so do der lenge noch ob dem wasser des hinderen Rihns ahn den felsen kläben wie ein schwalmennäst an einem trom {Balken}, und sind nit breitter dan daß bloß ein saumroß passieren kann.« In: Jan Hackaert. Die Schweizer Ansichten, S. 52. – Zum ersten Mal zitiert bei S. Stelling-Michaud, dem Entdecker der

Zeichnungen Jan Hackaerts: Unbekannte Schweizer Landschaften, S. 40.

95 *Im November 1652* Solar: Jan Hackaert. Die Schweizer Ansichten, S. 52.

97 *transalpine Wasserstraße* Wanner: Pietro Caminada, S. 117.

98 *Er war ein Feuerkopf* Ebd., S. 126.

98 *technische Dichtung* Vgl. Anm. zu S. 137.

101 *dem sogenannten Geheimatlas* Solar: Jan Hackaert. Die Schweizer Ansichten, S. 10.

102 *folgte dem Hinterrhein hinauf zur Via Mala* Stelling-Michaud: Unbekannte Schweizer Landschaften, S. 96.

103 *Zeichnungen genau zu lokalisieren* Solar: Jan Hackaert. Die Schweizer Ansichten, S. 19.

104 *Sprengung … Hochzeit* Vgl. https://viamala.graubuenden.ch/de/regionen-entdecken/thusis/verlorenes-loch

109 *Das Wasser reicht bis in das Innere der Flamme* Aus dem *Sutra der Berge und Wasser* von Meister Dōgen. In: Shōbōgenzō, Bd. 1, S. 199.

112 *auf den höchsten Gebürgen beginnet zu fallen* Zitiert nach Dobras: Der Mailänder oder Lindauer Bote, S. 343.

III Auf dem Hochrhein

118 *Unzählige Male haben der Nil* Leonardo da Vinci: Das Wasserbuch, S. 49.

118 *findet keine Ruhe* Leonardo: Das Wasserbuch, S. 21.

119 *Wenn das Herz links sitzt* Tomas Tranströmer: Aufrecht. In: In meinem Schatten werde ich getragen. Gesammelte Gedichte. Aus dem Schwedischen von Hanns Grössel. Mit einem Nachwort von Hans Jürgen Balmes. Frankfurt am Main: Fischer Taschenbuch 2013. S. 121.

124 *Wachstum und der Saft aller lebendigen Körper* Leonardo: Das Wasserbuch, S. 21.

125 *aus den tiefsten Tiefen der Meere … die es durchläuft* Leonardo: Das Wasserbuch, S. 49.

125 *Plinius* in seiner Naturalis Historia, II, 66. – Vgl. a. Plinius der Ältere: Historia Naturalis. Eine Auswahl aus der »Naturgeschichte« von Michael Bischoff. Greno: Nördlingen 1987, S. 67 f.

125 *Ovid in seinen Metamorphosen* Buch V, Vers 572 ff.

131 *Die Stille ist nicht das Fehlen* Vaughan-Lee, E.: Emergence Magazine. Vol. 1. Inverness CA: Emergence Magazine 2019. S. 56.

131 *wo die Schöpfung an sich selber arbeitet* Tomas Tranströmer: Der Posten. Ebd., S. 129.

131 *Newbey Lowson* Cecilia Powell, Turner Society News, Nummer 54, Februar 1990. S. 12.

132 *sehr schöne Gewitterstürme* Aussage Turners: »He saw very fine Thunder Storms among the Mountains« nach dem Tagebuch von Joseph Farington. Zitiert nach Hamilton: Turner, A Life, S. 76.

132 *in der Luft schwebende Stein* Niedergang einer Lawine in Graubünden. Ausgestellt 1810. Vgl. Kunstmuseum Luzern: Turner. Das Meer und die Alpen, S. 19.

132 *Soldaten an der Engstelle der Passstraße* Die Schlacht von Fort Rock, Aostatal (1796), 1815 in der Royal Academy ausgestellt, basiert auf einem Aquarell von 1804, nach Skizzen von 1802. Vgl. Turner. Das Meer und die Alpen, S. 46.

133 *Mer de Glace* Das Mer de Glace, Blick zur Aiguille de Tacul. Aquarell 1802. Vgl. Turner. Das Meer und die Alpen, S. 52.

134 *Der Rheinfall bei Schaffhausen* Öl auf Leinwand, 1806 ausgestellt, 144,7 × 233,7 cm, Museum of Fine Arts Boston, Mass.

135 *nachts nur so hell leuchten* Leonardo: Das Wasserbuch, S. 27.

136 *Sonnenuntergang vom Gipfel der Rigi* Öl auf Leinwand, 71,1 × 96,5 cm, Tate Gallery, London. S. a.: Turner. Das Meer und die Alpen, S. 82

136 *in Melbourne* The Falls of Schaffhausen. 91 × 122 Zentimeter. National Gallery of Victoria, Melbourne.

136 *Mer de Glace* Vgl. die Radierungen von 1812, in: Turner. Das Meer und die Alpen, S. 53.

137 *O Meer* Leonardo: Das Wasserbuch, S. 53.

137 *technische Dichtung … »Central-Hafen«* Teuscher: Schweiz am Meer, S. 33, 9.

138 *streben wir nach drei Richtungen* Ebd., S. 137.

138 *sobald es die wirtschaftlichen Verhältnisse erlauben* Ebd., S. 78.

140 *Rheinau … Pläne zu diesem Kraftwerk* Ebd., S. 109–124.

145 *Manche sagen, dass das Regenwasser* Leonardo: Das Wasserbuch, S. 50 f.

146 *Das Wasser der Flüsse … aus den Wolken* Leonardo: Ebd., S. 51.

148 *Das Wasser bewegt sich innerhalb des Wassers* Leonardo: Ebd., S. 39.

148 *Ansehnlicher Salmenfang* Die Rheinlande, Schwarzwald, Vogesen. Handbuch für Reisende von Karl Baedeker, S. 439 f.

149 *Abfolge von Flussstauseen* Handbuch Rhein, S. 61.

IV J. M. W. Turner

155 *Vier ist my simmer* Cecilia Powell hat die Deutschland-Reisen Turners anhand seiner Notizbücher und Skizzenhefte minutiös rekonstruiert und transkribiert sowie die Orte zahlloser Aquarelle und Zeichnungen zum ersten Mal benannt. – Den Satz notierte Turner in seinem Notizbuch: Itinerary Rhine Tour, mit der Inventarnummer des Turner Bequest,

seiner in der Tate Gallery verwahrten Schenkung an die Nation: TB CLIX.

155 *the castellated Rhine* Lord Byron: Don Juan, Canto X, Strophe LXI.

155 *Die Widerspiegelungen sind von solch unendlicher Variation* Zitiert nach Powell: Turner in Deutschland, S. 125.

156 *wenn sich auf der leicht geneigten Wasserfläche* 1808 – Tabley No. 2 Sketchbook. TB CIV – vgl. Hamilton: Turner. A Life, S. 110.

156 *Tambora* Vgl. Gillen D'Arcy Wood: Vulkanwinter 1816. Die Welt im Schatten des Tambora.

156 *Regen, Regen, Regen* Brief Turners an James Holworthey, abgestempelt am 11. 9. 1816. John Gage: The Collected Correspondence of J. M. W. Turner. Oxford: Clarendon Press 1980, S. 68. Zitiert nach Hamilton: Turner. A Life, S. 178.

157 *die Hälfte seines Gepäcks verlor* Clara Wells, zitiert nach Hamilton: Turner. A Life, S. 277.

157 *3 Hemden, 1 Nachthemd* TB CLIX 101r, zitiert nach Powell: Turner in Deutschland, S. 29. Übersetzt von Wolfgang Himmelberg.

164 *auf einer Doppelseite festhält* Itinerary Rhine Tour Sketchbook, TB CLIX, S. 116/117.

165 *Zeichnungsfolge aus acht Ansichten* Waterloo and Rhine Sketchbook. TB CLX, S. 4/5 – D12703 und D 12704 – und S. 154/155 – D12846 und D 12847.

166 *Blick auf Sankt Goarshausen* Brussels to Mannheim – Rhine Sketchbook, 1833, TB – D 29710 und D 29701.

167 *die Umrisse des Ufers mitzustenographieren* Waterloo and Rhine Sketchbook, TB CLX, S. 146/147 – D 12838 und D 12839.

167 *Turners Blick scheint … alles zusammenzuraffen … eher schrieb als zeichnete* beobachtet von Charles Eastlake und Cyrus Redding, vgl. Hamilton: Turner. A Life, S. 167.

171 *im Londoner Atelier fertiggestellt* Warrell: Turner's Sketchbooks, S. 95.

173 *Ackermann Geld anzubieten* Powell: Turner's Rivers of Europe, S. 35, Anm 65.

174 *Sutherland … Schütz* Eine illustrierte Synopsis der Zeichnungen und Aquarelle von Schütz sowie der Aquatinta Sutherlands findet sich in Forster: Rheinromantik, S. 100 – 113. Das Koblenz-Blatt von Sutherland befand sich in der Sammlung meines Vaters Rudolf Balmes.

173 *Wasser und Land aufgrund der Horizontlinie* Powell: Turner in Deutschland, S. 246. Übersetzung von W. Himmelberg.

176 *Licht ist und so Farbe* »Light is therefore colour.« Turner, 1808 in einer Vorlesung an der Royal Academy.

178 *Er treibe die Farben übers Papier … Turner kam zum Tee* Hamilton: Turner. A Life, S. 56.

178 *Während Turner malte … das Aquarell im Triumph heruntergebracht* Hamilton: Turner. A Life, S. 191.

182 *in der namenlosen Erscheinung, die sie im Antlitz trägt* Walter Benjamin entwickelte den Gedanken in seiner *Kleinen Geschichte der Photographie* und verknüpfte ihn mit der Aura eines Kunstwerkes. S. Walter Benjamin: Kleine Geschichte der Photographie. In: Gesammelte Schriften. Hg. von R. Tiedemann und H. Schweppenhäuser. Frankfurt am Main: Suhrkamp 1980. Bd. II. S. 379.

V Am Oberrhein

185 *Wir gingen durch die Stadt zum Rheinufer* Zitiert nach Schelling-Michaud: Unbekannte Schweizer Landschaften, S. 83 f.

189 *der Große Winter von 1709* Vgl. hier im Buch S. 456.

189 *Verstärkung ihres Schutzwalls … hydrologisches Bockspringen* Blackbourn: Die Eroberung der Natur, S. 103, 105.

190 *Kein Strom oder Fluss … mehr als ein Flussbett* Blackbourn: Die Eroberung der Natur, S. 114.

190 *die meistern Hydrotechniker* Blackbourn: Die Eroberung der Natur, S. 109.

193 *Stromab stieg … Eisganggefahr* Bereits 1826 wären deswegen die Anliegerstaaten Preußen, Hessen und die Niederlande einem Folgevertrag gern ausgewichen.

194 *Sumpfgladiole* Blackbourn: Die Eroberung der Natur, S. 141.

194 *Lachsstation im Elsass* Blackbourn: Die Eroberung der Natur, S. 135.

195 *direkt proportional der Absorptionsfläche* Lauterborn: 50 Jahre Rheinforschung, S. 44.

195 *Anfangs schien sein Vertrauen* Lauterborn: Die Ergebnisse einer biologischen Probeuntersuchung des Rheins. In: Arbeiten aus dem Kaiserlichen Gesundheitsamte. Bd. 22, 1905. S. 652. www.digi-hub.de. Zur Selbstreinigungskraft des Wassers s. a. Lange: Zur Geschichte des Gewässerschutzes, S. 116–139.

195 f. *die Abwasser von Worms … als breiter Farbstreifen … am linken Ufer … hinziehen* Lauterborn: Bericht über die Ergebnisse der vom 2.–14. Oktober (1905) ausgeführten biologischen Untersuchung des Rheines auf der Strecke Basel-Mainz. In: Arbeiten aus dem Kaiserlichen Gesundheitsamte. Bd. 25, 1907. S. 132, 126.

196 *Sturzbäche von gelber und rosa Farbe* Lauterborn: Bericht über die Ergebnisse der 6. biologischen Untersuchung des Rheines auf der Strecke Basel-Mainz (vom 15.–30. November 1907). In: Arbeiten aus dem Kaiserlichen Gesundheitsamte. Bd. 32, 1909. S. 51.

196 *Die Abwässer der Anilinfabrik … 800 Meter* Lauterborn: Bericht über

die Ergebnisse der 2. biologischen Untersuchung des Rheines auf der Strecke Basel-Mainz (vom 30. April bis 12. Mai 1906). In: Arbeiten aus dem Kaiserlichen Gesundheitsamte. Bd. 28, 1908. S. 20.

196 *Strombefahrung vom Niederrhein bis Mannheim* Lauterborn: 50 Jahre Rheinforschung, S. 532.

197 *Fäkalbrocken aus Mannheim* Lauterborn: Bericht über die Ergebnisse der 5. biologischen Untersuchung des Rheines auf der Strecke Basel-Mainz (vom 4.–16. Juli 1907). In: Arbeiten aus dem Kaiserlichen Gesundheitsamte. Bd. 30, 1909. S. 535.

197 *Tullas Zeitbombe* Ein Ausdruck von Leopold und Roma Schua, hier zitiert nach Blackbourn: Die Eroberung der Natur, S. 143.

207 *Nur so funktioniert die Geschlechtserkennung* Pfeifer: Das Naturschutzgebiet Kühkopf-Knoblochsaue, S. 88.

209 *Mirjamsbrunnen* Midrasch zu Num 21, 18–18, Schabbat 35a. Zitiert nach Peter Zürn zur Lesung am 3. Fastensonntag SKZ 6–7/2008 – https://www.bibelwerk.ch/d/m68597

212 *Mikwen* Eigentlicher Plural: Mikwaot.

213 *Auf ihrem Nachhauseweg* Vgl. Hanna Liss: El'asar ben Yehuda von Worms, Hilkhot ha-Kavod. Die Lehrsätze von der Herrlichkeit Gottes. (Edition. Übersetzung. Kommentar.) Mohr-Siebeck, Tübingen 1997. (Texts and Studies in Medieval and Early Modern Judaism, 12). – Hanna Liss und Unter-Wasser-Aufnahmen aus der Mikwe in Friedberg: Die Welt der Rituale – 03: Reinheitsrituale im mittelalterlichen Judentum – https://www.youtube.com/watch?v=GHaDFer0guY

217 *den Tempel Salomos* 2 Chronik 5,14 und 1 Könige 5,5 – Vgl. Hildenbrand: Das romanische Judenbad, S. 5, Anm. 5. (Damals galt: »Besuch zu jeder Tageszeit möglich. Man wende sich an die Polizeiwache Zimmer Nr. 4 im alten Kaufhause.«) – Bereits 1897 hatte sich A. Epstein mit dieser Anekdote befasst, vgl. A. Epstein: Jüdische Alterthümer in Speier. In: *Monatsschrift für Geschichte und Wissenschaft des Judentums*, 41 (N.F. 5), Nr. 1, 1897, S. 25–43. *JSTOR*, www.jstor.org/stable/44758670. Accessed 8 Mar. 2020 – Nach seiner Einschätzung müsste es sich bei dem genannten Kalonymos entweder um den Dichter Kalonymos ben Jehuda oder aber um Kalonymos den Älteren gehandelt haben. Mit Verweis auf ähnliche Berichte schließt er seine Ausführung aber mit der Warnung: »Übrigens scheint die Unterredung erdichtet zu sein.« Ebd., S. 42, Anm. 6.

219 *Haubentaucher … Balz* Grzimeks Tierleben: Siebter Band. Vögel 1, 108 f. sowie Amt für Naturschutz: https://natursportinfo.bfn.de/tierarten/voegel/haubentaucher.html – 15.03.2020.

223 *wenig größer als der Frankfurter Flughafen* Kühkopf 17 km², Flughafen 21,6 km², Kühkopf mit Knoblochsaue 24,4 km².

225 *ökologische Trittsteine* Atlas Biotop-Verbund am Rhein, S. 11 u. ö.

225 *Landschaftsreparatur* Handbuch Rhein, S. 38.

226 *das letzte Exemplar erlegt* So im Standardwerk: Ludwig Gebhardt/Werner Sunkel: Die Vögel Hessens. Unter Mitarbeit von Joachim Steinbacher hg. von der Senckenbergischen Naturforschenden Gesellschaft zu Frankfurt am Main. Frankfurt am Main: Waldemar Kramer 1954. S. 348.

227 *Die erste Beobachtung in diesem Jahrhundert* Pfeifer: Das Naturschutzgebiet Kühkopf-Knoblochsaue, S. 115.

VI Am Inselrhein

232 *das weite Rheintal mit der Schlinge des Kühkopfes* Carl Theodor Reiffenstein: Ebene bei Seeheim, 27. Juli 1872. 11,4 × 31 cm. Aquarell über Bleistift auf Papier. Inventarnummer 11259. Klebeband 31, S. 3. – https://sammlung.staedelmuseum.de/de/werk/ebene-bei-seeheim

233 *über Wiesbaden hinweg nach Süden* Carl Theodor Reiffenstein: Blick beim Jagdschloss Platte über den Rheingau, 25. August 1875. 17,2 × 33,4 cm, Aquarell, stellenweise über Bleistift, auf Papier. Inventarnummer 11670. Klebeband 33, S, 29. – https://sammlung.staedelmuseum.de/de/werk/blick-beim-jagdschloss-platte-ueber-den-rheingau

239 *Steller'sche Seekuh* Vgl. Grzimeks Tierleben: Zwölfter Band. Säugetiere 3, S. 533 f.

240 *Halitherium schinzii* Manja Voß und Oliver Hampe vom Berliner Museum für Naturkunde haben herausgefunden, dass mindestens zwei verschiedene Arten von Seekühen im Rupel-Meer gelebt haben müssen. Sie bilden eine eigenständige Gruppe, für die sie den Namen Kaupitherium vorschlagen. Vgl. Voss, M. & Hampe, O. 2017. Evidence for two sympatric sirenian species (Mammalia, Tethytheria) in the early Oligocene of Central Europe, Journal of Paleontology http://dx.doi.org/10.1017/jpa.2016.147

243 *Leerstellen der Evolution* Kaup: Das Thierreich in seinen Hauptformen systematisch beschrieben. Band I, S. 385 f.

243 *Faulthiere oder Ameisenfresser … Ungeheurem Riesenthier* Ebd., Band I, S. 268 f. Dort spekuliert Kaup: »Ob die ungeheuren Stoßzähne ihnen {den Dinotherien} auch gedient, den schwerfälligen Körper fortzubewegen, indem sie dieselben in die Erde eingehackt, um den übrigen Körper nachzuziehen, lasse ich dahingestellt seyn.«

245 *das British Museum den Ankauf ablehnte* Vgl. C.W. Andrews: Note on the Skull of *Dinotherium giganteum* in the British Museum. In: Proceedings of the General Meeting for Scientific Business of the Zoological Society of London 1921. Vol. I, March 1921, S. 526.

246 *ein weites, von wenigen hohen Inseln durchsetztes Tal* Zitiert nach: Sommer: Die obermiozänen Dinotheriensande, S. 342.

247 *Schließlich orientierte er sich* Vgl. Wagner: Vom Urrhein zum heutigen Rhein im Raum Worms – Mainz – Bingen, S. 7.

254 *Reben auf dem Disibodenberg* Kloster Disiboden wurde von einem irischen Missionar, dem hl. Disibod (619–710), gegründet und von Benediktinern geführt, deren Orden Hildegard von Bingen (1098–1179) angehörte. 1259 übernahmen Zisterzienser das Kloster, und so kann es sein, dass die beim Stammkloster der Zisterzienser in Eberbach im Rheingau stehenden Reben Ableger der Disiboden-Reben sind. Vgl. Andreas Jung: Weißer Orleans – mittelalterliches Wärmezeitrelikt auf dem Disibodenberg? In Daim: Als Hildegard noch nicht in Bingen war. Der Disibodenberg, S. 141.

254 *Frostnächte bis in den Sommer* Vgl. in diesem Buch S. 456.

257 *Steinkugeln und -knollen* Vgl. Südkamp: Steinharte »Steinhardter Erbsen« aus Geiz?, S. 48 – 57.

262 *Oliver Sacks betonte* Vgl. seinen Essay *Water Babies* (1995).

VII Rheinisches Schiefergebirge und oberer Mittelrhein

275 *das sich senkende Neuwieder Becken* Kümmerle: Steinreiches Weltkulturerbe, S. 62.

276 *tiefer hineinarbeiten* In der Sprache der Geologie, die Antezedenz.

277 *Es wurde errechnet* Vgl. Kümmerle: Steinreiches Naturerbe, S. 69.

280 *Hölzer Urban … Schiefergrube Heidenloch* https://www.schieferverein.de/index.php/2016-02-15-10-43-45/schieferbergbaugeschichte/60-der-tod-stand-stig-neben-ihnen

283 *Seelilien … Seeigel, Seegurken oder Seesterne* Zu der ganzen Fülle der gefundenen Fossilien vgl. die hervorragenden Darstellungen und Abbildungen in: Südkamp: Leben im Devon. Bestimmungsbuch Hunsrückschieferfossilien.

293 *im Kauber Kirchenbuch* Will Kimpel: Das Lotsenwesen auf der Gebirgsstrecke am Mittelrhein. web.archive.org, abgerufen 1.8.2019.

298 *Heimfindevermögen … natürlichen Sextanten* Grzimeks Tierleben: Vierter Band. Fische 1, S. 235 f.

299 *in die Schweiz* Grzimeks Tierleben: Vierter Band. Fische 1, S. 219.

300 *keinen Fang* Schautafel Stadtmuseum Oberwesel. Die Zahlen bestätigt die niederländische Statistik, die Lachs- und Maifischfang in Relation darstellt in: LANUV: Die Wiederansiedlung des Maifischs, S. 6.

301 *Uns wurde nur ein Fischsterben gemeldet* Der Spiegel 27/1969 vom

30. Juni 1969. In der gleichen Nummer wurde u. a. über den Amtsantritt von Bundespräsident Heinemann berichtet.

301 *Doch was helfen all diese Maßnahmen* Grzimeks Tierleben: Vierter Band. Fische 1, S. 87.

302 *wieder anzusiedeln … an der Wisper* Ehmke: Zwischen Mittelrhein und Taunus, S. 225 f.

302 *die Zahlen stagnieren* Vgl. Schneider: Wiederansiedlung des Atlantischen Lachses (*Salmo salar*) in der Wisper (Hessen).

303 *des vom Aussterben bedrohten Maifisches* Zur Wiederansiedelung s. LANUV: Die Wiederansiedlung des Maifischs, S. 227.

304 *Hat ein Männchen die anderen Rivalen vertrieben* Grzimeks Tierleben: Vierter Band. Fische 1, S. 220 f.

305 *Nahrungsreichtum des Meeres ins Innere des Landes* Amerikanische Forscher an der Pazifikküste haben diesen Nahrungskreislauf untersucht: Von den Bären ausgehend, die die Lachse fressen und mit ihren Exkrementen die Nährstoffe weitergeben, die von Kleintieren oder Vögeln weiterverteilt werden, die selbst wiederum tote Lachse zerlegen usw. All diese Stoffe werden vom Boden aufgenommen und schließlich von Pflanzen aufgesogen. Dabei wurde festgestellt, dass 75 % des für das Wachstum der in Ufernähe stehenden Bäume notwendigen Stickstoffs aus diesem Kreislauf stammt. (Vgl. http://web.uvic.ca/~reimlab/salmonforest.html?smid=nytcore-ios-share)

306 *eine Million Larven* Zur Statistik: Verband Hessischer Fischer: Der Maifisch kehrt zurück. Juni 26, 2017. https://hessenfischer.net/der-maifisch-kehrt-zurueck/ (letzter Zugriff 19. 11. 2020) und Ehmke: Zwischen Mittelrhein und Taunus, S. 227.

308 *Sommer 2018* Bis Juli 2019 war nach den Meteorologen der Juli 2016 global der heißeste Monat gewesen, seit Wetterdaten aufgezeichnet werden. 2018 war der Juli wiederum äußerst heiß, am Rhein kam eine extreme Regenarmut dazu. Im Juli 2019 umfasste die Hitzewelle auch Grönland, Alaska und Sibirien, was zu einem massiven Abschmelzen der Eisdecke und einem Auftauen des Permafrosts führte und sich 2020 fortsetzte.

315 *Körbchenmuscheln* Zum fossilen Vorkommen: Nassauischer Verein für Landeskunde: Streifzüge, S. 29.

VIII Kornsand

317 *Könnte die Natur nicht* Novalis: Die Lehrlinge zu Saïs, in: Werke, Tagebücher und Briefe Friedrich von Hardenbergs. Hg. von Hans-Joachim Mähl und Richard Samuel. Band I. München: Carl Hanser 1978, S. 224.

325 *Nie habe ich eine gleich traurige Rheinfahrt unternommen* Lauterborn: 50 Jahre Rheinforschung, S. 532.

331 *Kornsand* Vgl. Darmstadt: Die Kornsand-Morde. Eine Dokumentation der Nazi-Verbrechen der letzten Kriegstage, 1989. – Hexemer: Begrüßungsansprache bei der Eröffnung der Ausstellung Das Kornsandverbrechen in Nierstein, 2006. – Seibert: Das Kornsandverbrechen und die Justiz, 2008. – Internet-Dokumentationen s. Arntz: http://www.hans-dieter-arntz.de/das_kornsandverbrechen_und_die_justiz.html und Pilgerstorfer www.kornsandverbrechen.de

331 *Die letzten Kriegstage* Zum Panorama der entfesselten Gewalt in den letzten Kriegsmonaten s. Stargardt: Der Deutsche Krieg 1939–1945, S. 533–642.

336 *sämtliche Akten, insbesondere die Geheimakten* Faksimile des Befehls vom 15. 3. 1945 bei Arntz: http://www.hans-dieter-arntz.de/das_kornsandverbrechen_und_die_justiz.html

339 *Außer der Frau* Vernehmung von Leutnant Kaiser am 24. September 1948. Vgl. Seibert: Das Kornsandverbrechen und die Justiz, Anmerkung 5.

IX Unterbrochene Landschaft und unterer Mittelrhein

352 *Dättnau* Bosinski: Gönnersdorf, S. 26 f. – S. a. Michael Wiesner: Nacheiszeitlicher Birken-Föhren-Wald im Dättnau. Eingestellt am 10. Februar 2013 auf www.waldzeit.ch.

355 *Entstehung der Eifelvulkane* Schmincke: Vulkane der Eifel, S. 14.

355 *tektonische Spannungen* Schmincke: Vulkane der Eifel, S. 23 f.

356 *Es war 10 996 v. Chr.* Die Präzisierung nach: Generaldirektion Kulturelles Erbe Rheinland-Pfalz: vorZeiten, S. 67.

356 *blühende Maiglöckchen* Park / Schmincke: Apokalypse im Rheintal, S. 82.

357 *nicht wie in einer mondlosen Nacht* Plinius der Jüngere, Epistulae VI, 19. Vgl. Radice (Hg.): Pliny: Letters. Lateinisch-Englisch, 2 Bde., Cambridge (MA): Loeb Classical Library 1969.

357 *von Asche gefüllt* Allein in den ersten Tagen wurden 6,5 Kubikkilometer Magma ausgestoßen, genug Material, um 1500 Fußballfelder 50 Meter hoch zu bedecken. Das Magma trat meist als vom Gas aufgeschäumter Bims aus, dessen Volumen viel höher ist: In den ersten zwei, drei Tagen werden es allein 20 Kubikkilometer gewesen sein, was die Fußballfelder 150 Meter hoch bedecken würde. Das ist mehr als beim Ausbruch des Vesuvs, der die Städte Herculaneum und Pompeji unter sich begrub und von dem Plinius berichtete. Vgl. Schmincke: Vulkane der Eifel, S. 91. – Spätere Umrechnungen kommen zu noch beeindruckenderen

Ergebnissen: 200 Milliarden Bierfässer von je 100 Liter Fassungsvermögen. Vgl. Park / Schmincke: Apokalypse im Rheintal, S. 80.

358 f. *Bei der … Schicht* Park / Schmincke: Apokalypse im Rheintal.

361 *Teile eines menschlichen Skeletts* Bosinski: Eiszeitjäger im Neuwieder Becken, S. 107 f.

361 *zwei verschütteten Birkenwäldchen* gefunden bei Thür in der Nähe Mayens und bei Meisenheim in der Nähe Andernachs, s. Bosinski: Eiszeitjäger im Neuwieder Becken, S. 97 ff.

365 *Im Moselschotter* Verwahrt im Landesmuseum Koblenz.

365 *bei Kärlich entdeckt* Bosinski: Eiszeitjäger im Neuwieder Becken, S. 17, Abb. 3.

365 *Neandertalerschädels* Die sogenannte Schädelkalotte wird heute im Landesmuseum Koblenz aufbewahrt. Entdeckt hatte sie Axel von Berg 1996 bei Ochtendung, vgl. dessen Betrag in: Clemens: Kreuz, Rad, Löwe, S. 45 f.

366 *Gönnersdorf* Bosinski: Gönnersdorf, S. 29.

366 f. *mit Fell oder Leder bespannte Boote* Bosinski: Gönnersdorf, S. 33.

368 *Pferdes* Bosinski: Gönnersdorf, S. 99, Abb. 88.

368 *fratzenhafte Zeichnungen von Männergesichtern* Bosinski: Gönnersdorf, S. 125.

369 *Darstellung … hervorzuheben* Bosinski: Gönnersdorf, S. 122.

370 *Akt des Zeichnens* Bosinski: Gönnersdorf, S. 102.

371 *Oberkassel … Paar* S. Katalog zu der Ausstellung im LVR-LandesMuseum Bonn: Eiszeitjäger. Leben im Paradies. Europa vor 15 000 Jahren. – S. a. Jasmin Fischer: Moderne Technik lüftet die Geheimnisse der Toten. General-Anzeiger, Bonn 27.06.2014 und Bernd Linnarz: »Oberkasseler Grab« sorgt für Furore. General-Anzeiger, Bonn 22.03.2013.

374 *Jungbauern* Reinhard Pabst konnte 2014 die Identität der »Drei Bauern auf dem Weg zum Tanz« neu bestimmen: Es waren Grubenarbeiter. Vgl. https://www.faz.net/aktuell/feuilleton/kunst/entraetseltes-foto-wunder-august-sanders-jungbauern-12895300.html.

374 *An windgeschützten Stellen* August Sander: Rheinlandschaften, S. 46. Das besprochene Bild Abb. 16.

375 *wie ein Fabrikhof nach Feierabend* August Sander: Rheinlandschaften, S. 42.

377 *Durch den Stacheldraht* Alle halbfett wiedergegebenen Zitate aus: Günter Eich: Abgelegene Gehöfte, S. 29–49.

378 *Pontonbrücken* Zwischen Kripp und Linz wurde am 11. / 12. März die Rozisch-Blackburn-Thompson-Brücke geschlagen, über die Panzer, Truppen und Material rollten. Eine Photographie: https://archivlinz.hypotheses.org/555

378 *waren hier 253 000 Gefangene … und mehr* Insgesamt gab es nach dem

Krieg 11 Millionen deutsche Kriegsgefangene, davon 7,7 Millionen bei den westlichen Alliierten. Rund eine Million davon war in den Rheinlagern untergebracht.

380 *starben … 1200 Menschen* Die Sterberate wird mit 0,5 Prozent angegeben, das ist hundertmal niedriger als bei russischen Kriegsgefangenen in deutscher Hand.

380 *Andernach und Rheinberg* Auch die anderen Rheinwiesenlager wurden aufgelöst – Ende September 1945 existierte nur noch eines in Heilbronn und eines in Bretzenheim bei Bad Kreuznach, das den Franzosen bis zum Dezember 1948 als Durchgangsstelle für nach Frankreich zu Reparationsarbeiten abgeordnete Gefangene diente.

382 *zur besonderen Verwendung abgestellt* Berbig: Am Rande der Welt, S. 17.

382 *lyrische Weltanschauung* So der Freund Hermann Kasack noch in seinem Schreiben für das Nachrichtenkontrollamt/Dienststelle Regensburg am 19. August 1946. Vgl. Storck: Marbacher Magazin, S. 31

383 *in seinem Fließen … wird kein Wort sein* Werner Weber schreibt 1967 über dieses Gedicht: »*Camp 16* ist eine Gegen-Lore-Lei; ein Akt gegen das Singen. In diesem Gedicht ist die antiromantische Kritik zur Sprache geworden. (…) Hinter dieser Sprache steht nicht nur die Erfahrung dessen, was der Lore-Lei-Geist mit seinem Singen getan hat, sondern auch der Schreck darüber.« In Storck: Marbacher Magazin, S. 28.

384 *nach Niederbayern entlassen* An Hermann Kasack, in Storck: Marbacher Magazin, S. 29.

384 *Geisenhausen* Vgl. Berbig: Am Rande der Welt, S. 32 f.

X Am Niederrhein

390 *Flutenband* So Lauterborn: 50 Jahre Rheinforschung, S. 533.

396 *Gefälle wie auch Wassermenge haben sich verdoppelt* Hoppe: Die großen Flußverlagerungen des Niederrheins, Fußnote 134 auf S. 34. Zur Entstehung der Kalfack, ebd., S. 22 ff.

398 *Mäanderweg* Begriff, geprägt von Christine Hoppe, um die unablässige Dynamik der Flussverlagerungen hervorzuheben, ebd., S. 36.

398 *Harold Fisk* Vgl. http://www.radicalcartography.net/index.html?fisk

399 *Parey* Pareys Vogelbuch. Hg. von Heinzel, H., Fitter, R. und Parslow, J. Hamburg und Berlin: Paul Parey 1972.

399 *Collins* Collins Bird Guide. Text von Svensson, L. und Grant, P. G., Illustrationen von Mullarney, K. und Zetterström, D. London: Harper-Collins 1999. – Auf Deutsch: Kosmos Vogelführer. Stuttgart: Franckh Kosmos, 3. Auflage 2017.

401 *Bestand der Pflanzen … zurückgegangen* vgl. LIFE-Projekt Lebendige

Röhrichte, Röhrichtanpflanzung. Prospekt vom Naturschutzzentrum im Kreis Kleve e.V., Niederstr. 3, 46459 Rees-Bienen.

408 *Untersuchungen an dem Grenzfluss Thaya* Vašek: Diet of two invading gobiid species.

408 *Großen Höckerflohkrebs* Jörg Andreas Brandner macht in seiner Dissertation die Beobachtung, dass die Grundeln sich hauptsächlich von diesem ebenfalls invasiven Flohkrebs ernähren: »Beide Arten {die Schwarzmaul-Grundel wie die Kessler-Grundel} fraßen hauptsächlich andere nicht-heimische Spezies (~92 % des Verdauungstraktinhalts) und scheinen von vorausgegangenen Invasionen exotischer Beuteorganismen zu profitieren.« Ecology of the invasive neogobiids, S. IXf.

409 *die Ökologen Dov F. Sax und Jason D. Fridley* In: The imbalance of nature: revisiting a Darwinian framework for invasion biology – S.a. Carl Zimmer: Turning to Darwin to Solve the Mystery of Invasive Species. New York Times, 9.10.2014.

412 *Nutria – oder der Sumpfbiber* Grzimeks Tierleben: Elfter Band. Säugetiere 2, S. 419 ff.

413 *Der Wasserspiegel verschwand … fast völlig* Lauterborn: 50 Jahre Rheinforschung, S. 538.

415 *Bitterling* Grzimeks Tierleben: Vierter Band. Fische 1, S. 347 f.

XI Im Delta

422 *auf der anderen Seite* Antike Quelle: Prokopius von Caesarea: De bello gothico IV, 48. Hendrik Wagenvoort zitiert den Text in: Nehallenia and the Souls of the Dead.

424 *florierte der Handel* Zum Handel der Friesen, zu Domburg und Dorestad, s. Pye: Am Rand der Welt. Eine Geschichte der Nordsee.

425 *den Preis eines Menschenlebens: 108 Gramm Feinsilber* Vgl. Pye: Am Rand der Welt. Eine Geschichte der Nordsee, S. 59, Fußnote 50 mit dem Verweis auf Dirk Jan Henstra, The Evolution of the Money Standard in Medieval Frisia, Groningen 2000, S. 263.

430 *Doggerland* Geprägt wurde der Name 1998 von der britischen Archäologin Bryony Coles. Ihre Karten des Küstenverlaufs im Nordseeraum von 18000 Jahren bis vor 7000 Jahren finden sich in: Blackburn, Time Song. – Jim Leary spricht dagegen vom »Northsealand« – Vgl. Leary, The Remembered Land. Surviving Sea-Level Rise after the Last Ice Age. London: Bloomsbury 2015.

431 *in digitalen Modellen nachzuzeichnen* Gaffney: Europe's Lost World, sowie Mapping Doggerland.

436 *am 5. Januar 1647* Haupt: Landschaftsarchäologie. S. 143. – Dort auch

der Besuch vom »Apostel der Friesen« Willibrord in Walichrum im 7. Jahrhundert mit Zerstörung einer Götzenfigur: »Hierbei könnte es sich um ein Kultbild der Nehalennia gehandelt haben.« Ebd., S. 149.

441 *Nachtanzeiger* Wagenvoort: Nehalennia and the Souls of the Dead, Exkurs S. 290 f., zur Göttin des Lichts ebd., S. 285.

443 *Im Amsterdamer Rijksmuseum … zwei Altarflügel* Wolters' Beitrag in: Early Netherlandish Paintings, online coll. cat. Amsterdam 2010: hdl.handle.net/10934/RM0001.collect.9055 (accessed 5 May 2019).

XII Zur Mündung

454 *die Bombardierung wurde befohlen* Verantwortlich war der Kommandant der Luftflotte 2, Generalfeldmarschall Albert Kesselring, der später im März 1945, nun als Kommandant der gesamten Westfront, persönlich nach Groß-Gerau fährt, um den amerikanischen Brückenkopf bei Oppenheim zurückzuerobern, vgl. hier im Buch S. 336 und Leiwig: Finale 1945 Rhein-Main, S. 79.

458 *Im April erreichten die ersten Auswanderer die Hafenstadt* Vgl. die Darstellung in: Otterness: Becoming German.

459 *als »Zigeuner« beschimpft* Otterness: The 1709 Palatine Migration, S. 14.

460 *Die Pfälzer sollten 1720 die Zahl ihrer Opfer … höher angeben* »Viertausend von ihnen wurden nach New York in Amerika geschickt, von denen 1700 an Bord oder bei der Ankunft in dieser Provinz an unvermeidbaren Krankheiten starben.« Vgl. Blaschka-Eick: Plötzlich da!, S. 76 sowie S. 101.

461 *wie ein Sohn bei den Mohawks* Weiser erhielt auch einen Mohawk-Namen: »Holder of the Heavens«, der »Himmelsträger«, nach der griechischen Mythologie wäre er Altas. Vgl. Blaschka-Eick: Plötzlich da!, S. 90.

461 *hieben einen Weg aus von Schoharie nach Susquehanna-River* Conrad Weiser's Tagebuch. In: Der deutsche Pionier. Eine Monatsschrift für Erinnerung aus dem Deutschen Pionier-Leben in den Vereinigten Staaten, Cincinnati, Ohio, 1870/1871. – Zitiert nach Blaschka-Eick: Plötzlich da! S. 100.

451 *um ein Holzgestell wurde Rinde gespannt* McPhee: The Survival of the Bark Canoe.

462 *Im Susquehanna-River stießen sie auf den Maifisch* Wie im Rhein musste hier der Fisch wieder eingeführt werden, die gewonnenen Erfahrungen, vgl. LANUV: Die Wiederansiedlung des Maifischs, S. 8. – Zur Bedeutung des »American shad« für die Gründerjahre der USA s. McPhee: The Founding Fish.

463 *Während der Seefahrt* Vgl. Gerhard E. Solbach: Reise des schwäbischen Schulmeisters Gottlieb Mittelberger nach Amerika. 1750–1754. Wyk auf Föhr 1992. S. 36. Vgl. auch die regionalgeschichtliche Website zur Auswanderung aus den Regionen des heutigen Rheinland-Pfalz: www.auswanderung-rlp.de – zuletzt 29.11.2020.

473 *Patrick Leigh Fermor* Die Zeit der Gaben, S. 41.

473 *Lager … in dem deutsche Emigranten interniert wurden* Katja Happe: Deutsche in den Niederlanden 1918–1945. Eine historische Untersuchung zu nationalen Identifikationsangeboten im Prozess der Konstruktion individueller Identitäten. Promotion: Siegen 2004.

478 *im Schnitt 123 Kilometer zurück* Die anhand von beringten Vögeln erstellten Statistiken von C. Curry-Lindahl nach Klaus Richarz: Vogelzug, S. 76f.

479 *acht Monate … in 24-stündigem Licht* Grzimeks Tierleben: Achter Band. Vögel 2, S. 219.

480 *wäscht der Elternvogel* Vgl. zur Raubseeschwalbe, ebd., S. 222.

484 *Deutschlands größte Kloake* Vgl. hier im Buch S. 301.

486 *Überall in Holland … entstehen ähnliche Deponien* Vgl. die von Greenpeace International erstellte Dokumentation: Hidden Consequences.

Literaturhinweise

Zum Rhein allgemein

Atlas Biotop-Verbund am Rhein. Hg. von der Internationalen Kommission zum Schutz des Rheins (IKSR). Koblenz 2006.

Die Rheinlande, Schwarzwald, Vogesen. Handbuch für Reisende von Karl Baedeker. Leipzig: 31. Auflage 1909.

Handbuch Rhein. Hg von Rahe, J., Stieghorst, M., Weber, U. Darmstadt: Wissenschaftliche Buchgesellschaft 2011.

Forster, P., Haberland, I., Kölsch, G. (Hg.): Rheinromantik. Kunst und Natur. Museum Wiesbaden. Regensburg: Schnell & Steiner 2013.

Grzimek, B. (Hg.): Grzimeks Tierleben. Enzyklopädie des Tierreiches. XIII Bände. Zürich: Kindler 1971.

Heidenreich, E.: Alles Fließt. Der Rhein. Eine Reise, Bilder, Geschichten. Mit Fotografien von T. Krausz. Wiesbaden: Corso. 2. Auflage 2018.

Imhof, M. und Kemperdick, S.: Der Rhein. Kunst und Kultur von der Quelle bis zur Mündung. Darmstadt: Wissenschaftliche Buchgesellschaft. 2. Auflage 2012.

Plessen, M.-L. von / Kunst- und Ausstellungshalle der BRD (Hg.): Der Rhein. Eine europäische Flussbiografie. München: Prestel 2016.

Quitzow, H.W., Wagner, W., Wittmann, O.: Die Entstehung des Rheintales vom Austritt des Flusses aus dem Bodensee bis zur Mündung. Sonderdruck. 1967.

Fluss der Zeit

Böhme, M., Aiglstorfer, M., Uhl, D., Kullmer, O.: The Antiquity of the Rhine River: Stratigraphic Coverage of the Dinotheriensande (Eppelsheim Formation) of the Mainz Basin (Germany). PLoS ONE 7(5) 2012: e36817. doi:10.1371/journal.pone.00368

Gruber, G., Micklich, N. (Hg.): Messel – Schätze der Urzeit. Darmstadt: Hessisches Landesmuseum 2007

Rothe, P.: Erdgeschichte. Spurensuche im Gestein. Darmstadt: Wissenschaftliche Buchgesellschaft 2000.

Schaal, S., Smith, K.T., Habersetzer, J. (Hg.): MESSEL – ein fossiles Tropenökosystem. Senckenberg Gesellschaft für Naturforschung. Frankfurt am Main und Stuttgart: Schweizerbart'sche Verlagsbuchhandlung 2018.

Zu den Quellen und dem Hochrhein

Die Gletscher der Schweizer Alpen. Jahrbücher der Expertenkommission für Kryosphärenmessnetze der Akademie der Naturwissenschaften Schweiz (SCNAT). Seit 1964 hg. durch die Versuchsanstalt für Wasserbau, Hydrologie und Glaziologie (VAW) der ETH Zürich. No. 1–136. http://www.glamos.ch.

Dobras, W.: Der Mailänder oder Lindauer Bote: Eine zuverlässige Transporteinrichtung zwischen Lindau und der Lombardei. In: Bündner Monatsblatt: Zeitschrift für Bündner Geschichte, Landeskunde und Baukultur. Heft 5/1989.

Dōgen: *Das Sutra der Berge und Wasser* von. In: Shôbôgenzô. Die Schatzkammer des wahren Dharma-Auges. Aus dem japanischen Urtext ins Deutsche übertragen von Ritsunen Gabriele Linnebach und Gudô Wafu Nishijima-Rôshi. Werner Kristkeitz Verlag: Heidelberg, 2. Auflage 2008, Bd. 1.

Ebel, J. G.: Anleitung auf die nützlichste und genussvollste Art, die Schweiz zu bereisen. Im Auszuge ganz neu bearbeitet von G. v. Escher. Zürich: Orell, Füssli/Co. 1843.

Emacora, B., Hirsch, H., Holzhey, M.: Die Kräfte hinter den Formen. Erdgeschichte, Materie, Prozess in der modernen Kunst. Ausstellungskatalog. Köln: Snoek 2016.

Gadola, A.: Die Schalen- und Zeichensteine im Schams. Band I. Ihre Wechselbeziehung zueinander in Licht, Raum und Zeit. Andeer-Bärenburg: 2. überarbeitete und ergänzte Auflage 2004.

Gadola, A.: Die Schalen- und Zeichensteine im Schams. Band II. Val Farera, Avers/Val Madris, Rheinwald und angrenzendes Italien. Neufunde 1996–2000. Verzeichnis. Andeer-Bärenburg 2001.

Gadola, A.: Die Schalen- und Zeichensteine im Schams. Band III. Val Farera, Avers/Val Madris, Rheinwald und angrenzendes Italien. Grundlagenerarbeitung zwischen 1990 und 2018. Prähistorisch-megalithisches Koordinatengitter. Eine Wanderung als Erlebnis. Andeer 2019.

Kruker R., Solèr, R.: Surselva. Täler und Übergänge am Vorderrhein. Wandern im Westen Graubündens. Zürich: Rotpunktverlag 2011.

Labhart, T. P.: Geologie der Schweiz. Bern und Stuttgart: Hallwag. 4. verbesserte Auflage 1987.

Leonardo da Vinci: Das Wasserbuch. Schriften und Zeichnungen. Ausgewählt und übersetzt von Marianne Schneider. München: Schirmer/Mosel 1996.

Leonhard, C. C. (Hg.): Taschenbuch für die gesammte Mineralogie, mit Hinsicht auf die neuesten Entdeckungen. Frankfurt am Main: Hermannsche Buchhandlung 1815.
Märtin, R.-P.: Die Alpen in der Antike. Von Ötzi bis zur Völkerwanderung. Frankfurt am Main: S. Fischer 2016.
Mendez, R.: Laichwanderung der Seeforelle im Alpenrhein. Diplomarbeit an der Eawag 2007.
Price, M.F.: Mountains. A Very Short Introduction. Oxford: University Press 2015.
Rey, P. und Hesselschwerdt, J. (HYDRA AG): Die Seeforelle in der Steinach. Charakterisierung und Bestandsentwicklung der Seeforellenpopulation in der Steinach vor dem Hintergrund der Verlegung der Abwässer der ARA Hofen. Bericht zuhanden des Amtes für Natur, Jagd und Fischerei, St. Gallen. Juni 2017.
Schweizerische Greina-Stiftung (Hg.): La Greina. Das Hochtal zwischen Sumvitg und Blenio. Fotografien von Herbert Maeder. Chur: Verlag Bündner Monatsblatt. 2. erweiterte Auflage 1997.
Solar, G.: Jan Hackaert. Die Schweizer Ansichten 1653 – 1656. Zürich: Josef Stocker 1981.
Stelling-Michaud, S.: Unbekannte Schweizer Landschaften aus dem XVII. Jahrhundert. Zürich / Leipzig: Max Niehans Verlag 1937.
Teuscher, A.: Schweiz am Meer. Pläne für den »Central-Hafen« Europas inklusive Alpenüberquerung mit Schiffen im 20. Jahrhundert. Zürich: Limmat 2014.
Wanner, K.: Pietro Caminada und seine »via d'acqua transalpina«: ein wenig bekanntes Kapitel in der Geschichte des Splügenpasses. In: Bündner Monatsblatt. Zeitschrift für Bündner Geschichte, Landeskunde und Baukultur. Heft 2 / 2005.

Zu J. M. W. Turner

Hamilton, J.: Turner. A Life. London: Sceptre 1997.
Kunstmuseum Luzern (Hg.): Turner. Das Meer und die Alpen. München: Hirmer Verlag 2019.
Moyle, F.: Turner. The Extraordinary Life and Momentous Times of J. M. W. Turner. New York: Penguin Press 2016.
Powell, C.: Turner's Rivers of Europe. The Rhine, Meuse and Mosel. London: Tate Gallery Publications 1991.
Powell, C.: Turner in Deutschland. Mit einem Beitrag von Pia Müller-Tamm. Hg. von Manfred Fath. München und New York: Prestel 1996.
Warrell, I.: Through Switzerland with Turner. Ruskin's First Selection form the Turner Bequest. London: Tate Gallery Publications 1995.

Warrel, I.: Turner's Secret Sketches. London: Tate Gallery Publications 2012.
Warrell, I.: Turner's Sketchbooks. London: Tate Gallery Publications 2015.
Wilton, A.: J. M. W. Turner. His Art and Life. New York: Rizzoli 1979.

Ober- und Inselrhein

Blackbourn, D.: Die Eroberung der Natur. Eine Geschichte der deutschen Landschaft. Aus dem Englischen von Udo Rennert. München: Deutsche Verlags-Anstalt 2007.
Böhme M., Aiglstorfer M., Uhl D., Kullmer O.: The Antiquity of the Rhine River: Stratigraphic Coverage of the Dinotheriensande (Eppelsheim Formation) of the Mainz Basin (Germany). PLoS ONE 7(5) 2012: e36817. doi:10.1371/journal.pone.00368.
Daim, F., Kluge-Pinsker, A. (Hg.): Als Hildegard noch nicht in Bingen war. Der Disibodenberg – Archäologie und Geschichte. Regensburg und Mainz: Schnell & Steiner und Verlag des Römisch-Germanischen Zentralmuseums 2009.
Hildenbrand, F. J.: Das romanische Judenbad im alten Synagogenhofe zu Speier am Rhein. Speier: D. A. Koch's Verlagsbuchhandlung 1920.
Kaup, J. J.: Skizzirte Entwickelungs-Geschichte und Natürliches System der Europäischen Thierwelt. Darmstadt und Leipzig: Carl Wilhelm Leske 1829.
Kaup, J. J.: Das Thierreich in seinen Hauptformen systematisch beschrieben. Band I. Naturgeschichte der Menschen und der Säugethiere. Darmstadt: Johann Philipp Diehl 1835.
Lange, J.: Zur Geschichte des Gewässerschutzes am Ober- und Hochrhein. Eine Fallstudie zur Umwelt- und Biologiegeschichte. Promotion, Freiburg 2002.
Lauterborn, R.: 50 Jahre Rheinforschung. Lebensgang und Schaffen eines deutschen Naturforschers. Hg. von RegioWasser e.V. und Jörg Lange. Lavori Verlag: Freiburg 2009.
Pfeifer, S. (Hg.): Das Naturschutzgebiet Kühkopf-Knoblochsaue. Frankfurt am Main: Strobach, 4. Auflage 1979.
Sommer, J. u. a.: Die obermiozänen Dinotheriensande (Eppelsheim-Formation) bei Eppelsheim / Rheinhessen unter dem Gesichtspunkt neuer sedimentologischer, taphonomischer und paläoökologischer Ergebnisse. Mainzer naturwissenschaftliches Archiv, Bd. 47, Mainz 2009, S. 327 – 345.
Südkamp, W: Steinharte »Steinhardter Erbsen« aus Geiz? In: Fossilien. 36. Jg. 5 / 2019.
Wagner, W.: Vom Urrhein zum heutigen Rhein im Raum Worms – Mainz – Bingen. In: H. W. Quitzow / W. Wagner / O. Wittmann: Die Entstehung des Rheintales vom Austritt des Flusses aus dem Bodensee bis zur Mündung. Sonderdruck 1967.

Oberer Mittelrhein / Rheinisches Schiefergebirge

Ehmke, W. (Hg.): Zwischen Mittelrhein und Taunus. Naturschätze in Lorch am Rhein. Jahrbücher des Nassauischen Vereins für Naturkunde. Sonderband 3. Wiesbaden 2016.

Keth, R.: Niedrigwasser bei Worms. Hungersteine im Rhein zeugen von Trockenperioden aus mehreren Jahrhunderten. In: Wormser Zeitung, 17.09.2015

Kümmerle, E.: Steinreiches Weltkulturerbe. Geologie für Mittelrhein-Freunde. Nassauischer Verein für Naturkunde. Sonderband 4. Wiesbaden 2017.

LANUV (Hg.): Die Wiederansiedlung des Maifischs (Alosa alosa) im Rhein-System. Landesamt für Natur, Umwelt und Verbraucherschutz Nordrhein-Westfalen = LANUV-Fachbericht 28 (2011).

Nassauischer Verein für Naturkunde (Hg.): Streifzüge durch die Natur von Wiesbaden und Umgebung. Wiesbaden: Jahrbücher des Nassauischen Vereines für Naturkunde. Sonderband II. 2. verbesserte und erweiterte Auflage 2012.

Park, G.: Die Geologie Europas. Aus dem Englischen von Heiner Flick. Darmstadt: Wissenschafliche Buchgesellschaft 2015.

Schneider, J.: Wiederansiedlung des Atlantischen Lachses (*Salmo salar*) in der Wisper (Hessen). Studie im Auftrag des Landes Hessen – Regierungspräsidium Darmstadt – Obere Fischereibehörde. Werkvertrag FP 04 – 01/2017.

Südkamp, W.: Leben im Devon. Bestimmungsbuch Hunsrückschieferfossilien. / Life in the Devonian. Identification Book Hunsrück Slate fossils. München: Verlag Dr. Friedrich Pfeil 2017.

Kornsand

Arntz, H. D.: http://www.hans-dieter-arntz.de/das_kornsandverbrechen_und_die_justiz.html – Wiedergabe des Aufsatzes von Winfried Seibert mit ergänzenden Materialien.

Darmstadt, R.: Die Kornsand-Morde. Eine Dokumentation der Nazi-Verbrechen der letzten Kriegstage, Nachdruck in: Mainzer Geschichtsblätter, Veröffentlichungen des Vereins für Sozialgeschichte Mainz e.V. (Hg.). Heft 5 (1989). 2. Auflage 1990, S. 147–174.

Hexemer, H. P.: Begrüßungsansprache bei der Eröffnung der Ausstellung »Das Kornsandverbrechen in Nierstein«, 17. März 2006 – https://www.geschichtsverein-nierstein.de/ks_rede_hexemer.htm.

Leiwig, H.: Finale 1945 Rhein-Main. Düsseldorf: Droste 1985.

Pilgerstorfer, H.-J.: Dokumentation www.kornsandverbrechen.de.

Seibert, W: Das Kornsandverbrechen und die Justiz, in: Berufung als Beruf. Festschrift für Sigmar-Jürgen Samwer zum 70. Geburtstag. Hg. von Rainer Jacobs und Michael Loschelder. München: C.H. Beck 2008.
Stargardt, N.: Der Deutsche Krieg 1939–1945. Aus dem Englischen von Ulrike Bischoff. Frankfurt am Main: S. Fischer 2015. S. 533–642.

Der untere Mittelrhein

Berbig, R.: Am Rande der Welt. Günter Eich in Geisenhausen 1944–1954. Göttingen: Wallstein 2013.
Bosinski, G.: Eiszeitjäger im Neuwieder Becken. Koblenz: Landesamt für Denkmalpflege Rheinland-Pfalz. 2. erweiterte und veränderte Auflage 1983.
Bosinski, G.: Gönnersdorf. Eiszeitjäger am Mittelrhein. Bd. 2 der Schriftenreihe der Bezirksregierung. Koblenz: Rhenania-Verlag 1981.
Clemens, L., Felten F. J. und Schnettger, M. (Hg.): Kreuz, Rad, Löwe. Rheinland-Pfalz. Ein Land und seine Geschichte. Darmstadt/Mainz: Philipp von Zabern 2012.
Eich, G.: Abgelegene Gehöfte. Mit vier Holzschnitten von Karl Rössing. Frankfurt am Main: Verlagsbuchhandlung Georg Kurz Schauer 1948.
Generaldirektion Kulturelles Erbe Rheinland-Pfalz, Direktion Landesarchäologie (Hg.): vorZeiten. 70 Jahre Landesarchäologie Rheinland-Pfalz. Regensburg: Schnell & Steiner 2017.
Hunold, A.: Das Erbe des Vulkans. Eine Reise in die Erd- und Technikgeschichte zwischen Eifel und Rhein. Regensburg und Mainz: Schnell & Steiner und Verlag des Römisch-Germanischen Museums 2011.
LVR-LandesMuseum Bonn: Eiszeitjäger. Leben im Paradies. Europa vor 15 000 Jahren. Bonn: LandesMuseum und Mainz: Nünnerich-Asmus. 2. leicht überarbeitete Auflage 2016.
Park, C. und Schmincke, H.-U.: Apokalypse im Rheintal. In: Spektrum der Wissenschaft. H. 2, Februar 2009. S. 82.
August Sander: Rheinlandschaften. Photographien 1929–1946. Mit einem Text von Wolfgang Kemp. München: Schirmer/Mosel, 2. Auflage 1981.
Schmincke, H.-U.: Vulkane der Eifel. Aufbau, Entstehung und heutige Bedeutung. Berlin und Heidelberg: Springer. 2. Auflage 2014.
Storck, J.W. (Bearb.): Günter Eich 1907 – 1972. Marbacher Magazin 45/1988.

Niederrhein

Brandner, J.A.: Ecology of the invasive neogobiids Neogobius melanostomus and Ponticola kessleri in the upper Danube River. Dissertation eingereicht an der Technischen Hochschule München, Lehrstuhl für Aquatische Systembiologie 2013.

Fridley, J.D./Sax, D.F.: The imbalance of nature: revisiting a Darwinian framework for invasion biology. In: Global Ecology and Biogeography, (Global Ecol. Biogeogr.) (2014) 23, 1157–116 – S.a. Carl Zimmer: Turning to Darwin to Solve the Mystery of Invasive Species. New York Times, 9.10.2014.

Hoppe, C.: Die großen Flußverlagerungen des Niederrheins in den letzten zweitausend Jahren und ihre Auswirkungen auf Lage und Entwicklung der Siedlungen. Bonn-Bad Godesberg: Bundesforschungsanstalt für Landeskunde und Raumordnung 1970.

Straßer, R.: Veränderungen des Rheinlaufs zwischen Wupper- und Düsselmündung seit der Römerzeit. Geschichtlicher Atlas der Rheinlande. Beiheft I/6. Köln: Rheinland-Verlag 1989.

Vašek, M., Všetičková, L., Roche, K., Jurajda, P.: Diet of two invading gobiid species (Proterorhinus seminularis and Neogobius melanostomus) during the breeding and hatching season: No field evidence of extensive predation of fish eggs and fry. In: Limnologicus, Nr. 46, 2013. S. 31–36.

Delta

Blackburn, J.: Time Song. Searching for Doggerland. Mit Karten von Bryony Cole. London: Jonathan Cape 2019.

Doeve, P., Jansma, E., van Dierendonck, R., ten Harkel, L.: Dendrochronologie. Bepaling van de ouderdom en herkomst von vroegmiddeleeuwse grafplanken van Oostkapelle-Berkenbosch door middel von jaarringoderzoek. 2015, zugänglich auf https://www.academia.

Gaffney, V.: Europe's Lost World. The Rediscovery of Doggerland. London: Council for British Archaeology 2009.

Gaffney, V.: Mapping Doggerland. The Mesolithic Landscapes of the Southern North Sea. Oxford: Archaeopress 2007.

Haupt, P.: Landschaftsarchäologie. Eine Einführung. Stuttgart: Theiss 2012.

Hijma, M.P., Cohen, K.M., Robroeks, W., Westerhoff, W.E., Busschers, F.S.: Pleistocene Rhine–Thames landscapes: geological background for hominin occupation of the southern North Sea region. Journal of Quaternary Science 27, 2012. S. 17–39.

Leary, J.: The Remembered Land. Surviving Sea-Level Rise after the Last Ice Age. London: Bloomsbury 2015.
Pye, M.: Am Rand der Welt. Eine Geschichte der Nordsee und der Anfänge Europas. Aus dem Englischen von Michael Bischoff. Frankfurt am Main: S. Fischer 2017.
Vos, P.: Origin Of The Dutch Coastal Landscape. Long-term landscape evolution of the Netherlands during the Holocene, described and visualized in national, regional and local palaeogeographical map series. Eelde: Barkhuis 2015.
Wagenvoort, H.: Nehalennia and the Souls of the Dead. In: Mnemosyne. Fourth Series, vol. 24, Fasc. 3 (1971), S. 273–292.
Weninger, B., Schulting, R., Bradtmöller, M., Clare, L., Collard, M., Edinborough, K., Hilpert, J., Jöris, O., Niekus, M., Rohling, E.J., Wagner, B.: The catastrophic final flooding of Doggerland by the Storegga Slide tsunami. Documenta Praehistorica XXXV, 2008. S. 1–24.
Wolters, M.: ›Master of the St Elizabeth Panels, *Inner Left Wing of an Altarpiece with the Wedding Feast of St Elizabeth and Louis of Thuringia in the Wartburg*, c. 1490 – c. 1495‹. In J. P. Filedt Kok (ed.), *Early Netherlandish Paintings*, online coll. cat. Amsterdam 2010: hdl.handle.net/10934/RM0001.collect.9055 (accessed 5 May 2019).

Mündung

Berthold, P.: Vogelzug. Eine kurze, aktuelle Gesamtübersicht. Darmstadt: Wissenschaftliche Buchgesellschaft. 2. Auflage 1992.
Blaschka-Eick, S. und Bongert, C. (Hg.): Plötzlich da! Deutsche Bittsteller 1709, türkische Nachbarn 1961. Bremerhaven: DAH (Deutsches Auswandererhaus) 2016.
Fermor, P. L.: Die Zeit der Gaben. Zu Fuß nach Konstantinopel. Von Hoek van Holland an die mittlere Donau. Der Reise erster Teil. Aus dem Englischen von Manfred Allié. Zürich: Dörlemann 2005.
Greenpeace International: Hidden Consequences. The Cost of industrial water pollution on people, planet and provet. Amsterdam o.J. – Zuletzt aufgerufen 29.11.2020: https://www.greenpeace.de/sites/www.greenpeace.de/files/Hidden_Consequences_D11_ARTWORK_LORES_0.pdf
Institut für Geschichtliche Landeskunde an der Universität Mainz (Hg.): Auswanderung aus den Regionen des heutigen Rheinland-Pfalz. Regionalgeschichtliche Internet-Sammlung: www.auswanderung-rlp.de. Zuletzt 29.11.2020
McPhee, J.: The Founding Fish. New York: Farrar, Straus and Giroux 2002.
McPhee, J.: The Survival of the Bark Canoe. New York: Farrar, Straus and Giroux 1975.

Otterness, P.: Becoming German. The 1709 Palatine Migration to New York. Ithaca und London: Cornell University Press 2004.

Otterness, P.: The 1709 Palatine Migration and the Formation of German Immigrant Identity in London and New York. In: Pennsylvania History: A Journal of Mid-Atlantic Studies Vol. 66, Explorations in Early American Culture (1999).

Richarz, K.: Vogelzug. Darmstadt: Theiss 2019.

Verzeichnis der Illustrationen

Victoria and donations from Associated Securities Limited, the Commonwealth Government (through the Australia Council), the National Gallery Society of Victoria, the National Art Collections Fund (Great Britain), The Potter Foundation and other organisations, the Myer family and the people of Victoria, 1973 This digital record has been made available on NGV Collection Online through the generous support of Digitisation Champion Ms Carol Grigor through Metal Manufactures Limited / Bridgeman Images

22 Joseph Mallord William Turner: Waterloo and Rhine Sketchbook [Finberg CLX], S. 4/5, (1) (2) The Lorelei, Looking Downstream to Burg Katz; (3) Cliffs on the Rhine near the Lorelei; (4) The Lorelei, with a Moored Boat, 1817; Photo © Tate

23 Joseph Mallord William Turner: Waterloo and Rhine Sketchbook [Finberg CLX], S. 4/5, (1) The Lorelei, Looking Downstream; (2) The Lorelei, Looking Downstream, with a Boat; (3) The Southern End of Oberwesel, Looking Upstream; (4) Oberwesel and the Schönburg, Looking Upstream, 1817; Photo © Tate

24 Joseph Mallord William Turner: Waterloo and Rhine Sketchbook [Finberg CLX], S. 146/147, Sketches of the Rhine and the Rheingau from a Boat on the River, 1817; Photo © Tate

25 Joseph Mallord William Turner: Waterloo and Rhine Sketchbook [Finberg CLX], S. 146/147, Sketches of the Rhine and the Rheingau from a Boat on the River, 1817; Photo © Tate

26 Bleistift, Aquarell und Gouache auf Papier, 19,7 × 31 cm, British Museum London. © The Trustees of the British Museum

27 Aquarell und Deckweiß auf Papier, Private Collection. Photo © Agnew's, London / Bridgeman Images

28 Joseph Mallord William Turner: Burg Sooneck with Bacharach in the Distance, c.1819-20, Aquarell auf Papier, 49,4 × 38,6 cm, TB CCLXIII 120; Photo © Tate

29 Joseph Mallord William Turner: Boppard, c.1819-20, Aquarell auf Papier, 18,6 × 29,5 cm, TB CCLXIII 259; Photo © Tate

30 Christian Georg Schütz, Koblenz und Ehrenbreitstein, 1818, Aquarell, 21,1 × 29,1 cm, Museum Wiesbaden, Inv. Nr. Z 117; © Foto: Ed Restle, Museum Wiesbaden

31 Thomas Sutherland, Koblenz und Ehrenbreitstein, 1819, Aquatinta, 20,5 × 27,5 cm. Aus: Forster, P. Haberland, I., Kölsch, G. (Hg.): Rheinromantik. Kunst und Natur. Museum Wiesbaden. Regensburg: Schnell & Steiner 2013. Seite 111

32 Joseph Mallord William Turner: Ehrenbreitstein, 1841, Aquarell und Federzeichnung auf Papier, 25 × 31,5 cm, TB CCCLXIV 285. Photo © Tate

33 Joseph Mallord William Turner: Ehrenbreitstein, 1841, Aquarell auf Papier, 24,2 × 30,2 cm, TB CCCLXIV 319. Photo © Tate

34 Aquarell, stellenweise über Bleistift, auf Papier, 17,2 × 33,4 cm; CC BY-SA 4.0 Städel Museum, Frankfurt am Main; https://creativecommons.org/licenses/by-sa/4.0/deed.de

35 Aquarell über Bleistift auf Papier, 11,4 × 31 cm; CC BY-SA 4.0 Städel Museum, Frankfurt am Main; https://creativecommons.org/licenses/by-sa/4.0/deed.de

36 23,5 × 29,2 cm; © Die Photographische Sammlung/SK Stiftung Kultur – August Sander Archiv, Köln; VG Bild-Kunst, Bonn 2021

Die Zeichnungen, zum Teil nach den Abbildungen in *Grzimek's Tierleben*, stammen von Alma Lucia Balmes, die Karten vom Autor.

Register

Graue Ziffern weisen auf die Abbildungsnummern im Bildteil hin.